제6판

도시사회지리학의 이해

제6판

도시사회지리학의 이해

Paul Knox, Steven Pinch 지음 | 박경환, 류연택, 정현주, 이용균 옮김

URBAN SOCIAL GEOGRAPHY
An introduction

Σ 시그마프레스

도시사회지리학의 이해 제6판

발행일 | 2012년 3월 2일 1쇄 발행
2014년 8월 2일 2쇄 발행
2016년 7월 2일 3쇄 발행
2024년 9월 5일 4쇄 발행

저자 | Paul Knox, Steven Pinch
역자 | 박경환, 류연택, 정현주, 이용균
발행인 | 강학경
발행처 | (주)시그마프레스
편집 | 차인선
교정 · 교열 | 박미라

등록번호 | 제10-2642호
주소 | 서울특별시 영등포구 양평로 22길 21 선유도코오롱디지털타워 A401~402호
전자우편 | sigma@spress.co.kr
홈페이지 | http://www.sigmapress.co.kr
전화 | (02)323-4845, (02)2062-5184~8
팩스 | (02)323-4197

ISBN | 978-89-5832-832-2

Urban Social Geography : An Introduction, 6th Edition

* 책값은 책 뒤표지에 있습니다.

역자 서문

이 책은 2010년에 제6판으로 개정 · 출간된 폴 녹스(Paul Knox)와 스티븐 핀치(Steven Pinch)의 『*Urban Social Geography*』를 우리말로 옮긴 것이다. 폴 녹스는 영국 셰필드 대학에서 1972년에 박사학위를 취득하였고, 1985년부터 버지니아 공대의 건축 · 도시연구대학에서 지리학을 가르쳐 왔다. 1997년부터 10년간 같은 대학 학장으로 봉사한 후, 현재는 버지니아 공대의 석좌교수이자 학생들의 국제진흥원의 선임연구원 재직 중이다. 폴 녹스는 초기에는 사회지표(SI)의 지리적 분포에 관한 연구 등 복지지리학에 관심을 두었다가, 이후 개발을 둘러싼 도시 내부 정치, 글로벌화와 세계도시, 거대도시 구조에 관한 연구 등 도시지리학 전역으로 관심을 넓혀 왔다. 무엇보다 폴 녹스는 영국 및 미국 대학교에서 널리 사용되고 있는 일련의 지리학 개론서를 출간한 것으로 명성이 높은데, 대표적인 개론서로는 본 도서를 포함하여 『*Urbanization*』, 『*Human Geography*』, 『*World Regions in Global Context*』, 『*The Geography of the World Economy*』 등이 있다. 한편, 스티븐 핀치는 사우스햄튼 대학교 지리학과 교수로 재직 중이며, 영국 자동차 산업의 경제지리와 디자인 산업의 도시지리에 관심을 두고 도시경제의 사회 · 공간적 관계를 탐구하고 있다.

도시지리학과 사회지리학과 관련된 훌륭한 도서가 많지만, 이 책이 기존의 책과 비교할 때 독특하다고 생각되는 점을 몇 가지 살펴보면 다음과 같다. 우선, 이 책은 도시라는 하나의 사회공간 구성물이 어떻게 구성 · 변화해 오고 있는가를 거시적 맥락에서 개괄하면서도, 도시 내부의 경제적 변화, 사회적 문제와 갈등, 문화적 변동 등을 구체적인 경험을 통해 세밀하게 기술함으로써 구조와 행위주체성이라는 전통적인 이분법의 경계 넘기를 시도하고 있다. 이러한 맥락에서 이 책은 구체적 연구와 사례를 풍부하게 제시함으로써 추상성 높은 개념을 독자들이 쉽게 이해할 수 있도록 구성되어 있다.

또한 여러 사진이나 지도와 함께 도시사회지리학과 관련된 여러 이론적 틀이나 접근 방법을 명쾌하게 정리하고 있는 도표는 이 책이 갖고 있는 또 다른 장점 중의 하나라고 생각된다. 아울러 도시사회지리학과 관련된 주요 사상가, 핵심적인 논쟁, 최근의 주요 경향, 대표적인 영화와 소설을 글상자로 처리하여 명료하게 설명하는 점이 돋보이며, 독자들은 이를 통해 도시사회지리학에 대한 관심을 보다 심화·확장할 수 있을 것으로 생각된다.

마지막으로 이 책의 말미에 첨부되어 있는 용어 해설은 독자들이 본문에서 뚜렷하게 파악할 수 없었던 부분들을 보다 명료하게 하는 데에 큰 도움이 될 것이라 생각된다. 각각의 용어 해설에는 관련 용어가 함께 소개되어 있기 때문에, 독자들은 마치 사전을 찾아 읽는 것처럼 이쪽저쪽을 넘나들며 지리적 사고 폭을 넓힐 수 있을 것으로 기대된다.

이 책을 우리글로 옮기는 작업은 도시·사회·경제지리학 분야를 전공한 네 사람이 각자의 전공과 관련된 부분을 중심으로 분담하여 진행하였는데, 주택 및 도시구조와 관련된 내용(4장, 6장, 12장)은 충북대학교 류연택 교수께서, 도시정치 및 젠더와 관련된 내용(5장, 10장, 11장)은 서울대학교 정현주 교수께서, 도시경제와 관련된 내용(2장, 7장, 13장)은 전남대학교 이용균 교수께서 맡아 우리글로 옮겨 주셨고, 도시사회 내용을 포함한 나머지 부분은 본인이 맡았다. 학술적으로 바쁜 과정에서도 이 책이 완성될 수 있도록 끝까지 함께하여 주신 데에 진심으로 감사드린다.

끝으로 원저를 옮기는 과정에서 생길 수 있는 오류와 한계는 부디 독자들이 너그러이 이해해 주시길 바란다. 모쪼록 대학에서 도시사회지리학과 관련된 분야를 공부하는 많은 학생 및 전공자들에게 이 책이 유용하게 읽힐 수 있기를 희망한다.

2012년 1월
역자진을 대표하여 박경환

이 책의 구성

이 책은 도시사회지리학에 대한 이해를 돕기 위해 다음과 같은 몇 가지 특징을 갖추고 있다.

- 각 장의 서두에서 핵심 질문을 제시하고 있다.
- 새로운 개념은 굵은 서체로 표시하였다.
- 독자의 이해를 돕기 위해 다섯 가지의 추가적인 내용을 함께 실었다.

첫째, 도시사회지리학 발전에 영향을 끼친 《주요 사상가》에 대한 읽을거리를 실었다. 지리학이라는 한 학문의 발전은 많은 사람들의 노력에 의해 이루어지지만, 때로는 몇 사람이 엄청난 영향을 끼치기도 한다. 《주요 사상가》에서는 특정한 시대에 특정한 곳에서 살아 숨쉬던 학자들의 연구를 소개한다. 물론 모든 사상가를 소개하는 것은 아닐 뿐더러 특정 사상가에 대해 아주 세부적인 사항까지 설명하는 것은 아니라는 점을 염두에 두어야 할 것이다. 다만 독자들이 이 내용을 보다 강한 지적 자극으로 받아들임으로써 더 심층적으로 탐구할 수 있기를 바란다.

둘째, 현재 도시사회지리학 분야에서 치열하게 진행되고 있는 《주요 논쟁》에 관한 내용을 실었다. 독자들은 이를 통해 이 책이 다루고 있는 내용이 불변의 고정된 지식이 아니라, 끊임없는 정교화, 타협, 변화 속에 있음을 알기 바란다.

셋째, 도시사회지리학의 《주요 경향》에 관한 내용을 실었다. 독자들은 이를 통해 도시적 삶이 언제나 변화 중에 있다는 점을 이해하기 바란다.

넷째, 《주요 영화》를 소개함으로써 도시적 삶의 사회지리가 어떻게 변화해 왔는지를 이해할 수 있게 했다. 의심의 여지없이 영화는 오늘날 21세기에 있어서 가장 중요한 예술 양식이다. 영화는 일차적으로 오락을 위한 것이지만, 도시사회지리를 이해함에 있어서 흥미롭고 깊은 통찰력을 제공한다. 그렇다고 해서 수수께끼와 같이 난해한 '예술적 영화'에 몰두하라는 것은 아니다. 다만 이 책에서는 독자들이 즐겁게 감상하면서도 지적인 자극을 받을 수 있는 영화를 소개하고 있다. 한편 영화 목록 중에는 주변에서 쉽게 구하기 힘든 것들도 있기 때문에, 이러한 영화는 전문적인 공급업체나 방송국을 통해 구하여 감상하기 바란다.

마지막으로 이 책에는 도시사회지리와 관련된 주요 소설을 소개하고 있다. 아마 세계가 전자 미디어에 의해 지배당할 즈음이면 소설이라는 양식이 사라질지도 모르겠다.

모쪼록 이 다섯 가지의 내용에서 독자들이 흥미로운 경험을 하기 바란다.

- 각 장의 말미에는 다음의 내용을 실었다.
  ① 핵심 내용의 요약
  ② 주요 개념 목록
  ③ 더 읽을거리

- 아울러 이 책의 제일 마지막에는 《용어 해설》을 실었다. 각각의 용어는 상호 참조할 수 있도록 구성했기 때문에, 독자들은 이를 통해 각 장의 내용을 보다 잘 기억할 수 있고 관련된 내용을 추적해서 알아볼 수 있을 것이다.

차례

제 1 장 사회지리학과 사회공간 변증법

제 2 장 도시생활의 경제적 맥락 변천

제 3 장 도시의 문화

제 4 장 사회공간적 차별화 패턴

제 5 장 공간적 · 제도적 틀 : 시민, 국가, 시민사회

제6장 건물 공급 구조 및 도시 환경의 사회적 생산

제7장 근대 도시주의의 사회적 차원

제8장 분리와 응집

제 9 장 근린지구, 공동체, 장소의 사회적 구성

제 10 장 도시 환경과 행태

제 11 장 몸, 섹슈얼리티, 도시

제 12 장 주거 이동성과 근린지구 변화

제 13 장 도시 변화와 갈등

제 14 장 도시사회지리학의 최근 논의와 미래

제 1 장

사회지리학과 사회공간 변증법

> **핵심 문제**
>
> - 지리학자가 도시구조에 관심을 가지는 이유는 무엇일까?
> - 지리학자는 도시구조의 이해에 어떻게 기여했는가?
> - 도시구조는 경제적, 인구학적, 문화적, 정치적 변화를 어떻게 반영하고 있는가?

도시 인구는 왜 인종과 사회 계급에 따라 분리되어 각 집단마다 독특한 근린지구를 형성하는 것일까? 이러한 분리는 어떤 과정 때문에 나타나는 것일까? 개인 및 가구는 인종이나 계급 외에도 무엇으로 인해 도시 내에서 물리적으로 분리될까? 거주지는 사람의 행태에 어떤 영향을 미칠까? 사람은 거주할 곳을 어떻게 선택하고, 그 선택에 영향을 미치는 요인은 무엇일까? 특정 목적을 위해 도시의 '지리'를 치밀하게 관리할 수 있는 집단이 있다면, 과연 그 집단의 본질은 무엇이고 누구의 이익을 대변하는 것일까? 이러한 질문이 바로 이 장에서 검토하려고 하는 핵심 문제이다. 많은 학자들이 공감하는 것처럼, 이러한 질문은 궁극적으로 보다 넓은 사회적, 경제적, 정치적 조직의 맥락에서 그 해답을 찾아야 한다. 이는 곧 어떤 도시를 올바로 이해하기 위해서는 매우 넓은 접근법이 필요하다는 점을 말한다. 도시에서는 모든 현상이 서로 연결되어 있기 때문에, 원인과 결과를 엄밀히 구별하기가 어려울 때가 많다. 지리학에는 도시에 대한 여러 접근법이 있는데, 이 책에서는 이를 크게 네 가지로 구분해 본다.

1.1 인문지리학의 여러 접근법

계량적 접근

첫 번째는 **계량적 접근**(quantitative approach)인데, 이는 통계 자료를 지도, 그래프, 표, 수학 방정식 등의 형태로 재현하여 도시의 공간 조직을 설명하려 한다. 이 접근은 대체로 **신고전주의 경제학**(neo-classical economics)과 **기능주의 사회학**(functional sociology)에 뿌리를 둔다. 또한 이 접근은 소위 '과학적임'을 추구하면서, 관찰자의 가치와 태도는 분석에 영향을 미치지 않는다는 생각하에 도시를 객관적으로 기술하고자 한다. 관찰의 주체와 대상을 분리하는 이러한 관점은 종종 **데카르트적 접근**(Cartesian approach)이라고도 불린다. 그러나 많은 학자들은 과연 이러한 중립성이 가능한지에 대해 의문을 제기한다. 왜냐하면 불가피하게도 연구자의 가치는 선택된 자료, 이론적 분석 틀, 자료를 재현하는 데에 이용되는 단어와 은유적 표현에 반영될 수밖에 없기 때문이다.

행태주의 접근

두 번째는 소위 **행태주의 접근**(behavioural approach)이라고 불리는데, 처음에는 신고전주의적·기능주의적 이론이 가정하는 비현실적인 **규범적**(normative) 추론에 대한 반발로 등장했다. 즉, 계량적 이론은 실제로 존재하는 것을 설명하기보다는 '무엇이 이러이러해야 한다'는 당위성을 강조했기 때문이다. 행태주의적 연구는 인지된 세계 내에서의 사람들의 행동과 (가령, 어디에 거주할지와 같은) 의사결정 과정을 강조한다. 이러한 접근은 주로 사회 심리학을 이론적 기반으로 하지만, 생활세계에서 사람의 경험을 강조하는 **현상학**(phenomenology)도 이러한 행태주의 연구에 상당한 영향을 끼쳤다. 지리학자들은 오랫동안 도시 환경과 사람들의 행태 사이의 관계성에 관심을 두어 왔는데, 이러한 접근은 '공간'을 원인으로 간주하는 결정론적 사고 틀에 빠질 위험성이 높다. 실제로, 환경과 행태 사이의 관계는 **상호구성적**이다. '근린지구의 특성은 그곳에 거주하는 사람들의 가치와 생활방식에 기인한다. 그러나 반대로 근린지구의 성격은 사람들의 반응을 강화하거나 좁히는 하나의 맥락으로 작용하기도 한다' (Ley, 1983, p. 23). 그럼에도 불구하고 이 분야의 주요 연구는 도시 환경의 '성격'이 개인 및 집단 행태에 어떤 영향을 미치는지에, 특히 '비정상적인' 행태가 도시 환경과 어떻게 관련되어 있는지에 초점을 두어 왔다.

구조주의 접근

셋째로 흔히 **구조주의**(structuralism)라고 불리는 접근을 들 수 있다. 계량적 접근이나 행태주의 접근과는 달리, 구조주의자는 일상적인 겉모습과 세계에 대한 사람들의 주관적 해석 및 반응을 의심스럽게 바라본다. 대신, 구조주의자는 사회를 이해하기 위해서는 명백한 외적 세계의 기저를 탐구함으로써 실제 작동하는 근본적 메커니즘을 밝혀야 한다고 주장한다. 이러한 메커니즘은 직접적으로 관찰될 수 없기 때문에 이론적 구성에 의한 추상화의 과정을 통해 탐구된다. 이러한 구조주의 접근은 초기에는 '원시' 사회를 연구하는 데에 활용되었다. 즉, 세계는 다양한 문화 양식으로 구성되어 있지만, 그 기저에는 모든 인간의 행태에 영향을 미치는 (근친상간 금지와 같은) 보편적인 문화 구조가 있다는 것이다. 그러나 대부분의 지리학자들은 구조주의 접근을 인류학보다는 **마르크스주의**(Marxian) 이론과 결합시켜 왔다. 구조주의 지리학자들은 19세기의 칼 마르크스의 사상[**고전 마르크스주의**라 부르기도 함]을 20세기의 맥락에서 더욱 발전시키고자 하는데, 이러한 새로운 마르크스주의 이론은 **신마르크스주의 접근**(neo-Marxist approaches)으로도 일컬어진다.

마르크스는 자본주의 사회를 뒷받침하는 핵심 메커니즘이 가치의 문제를 둘러싼 두 주요 계급, 곧 자본을 소유한 집단과 자본 없이 노동력을 소유한 집단 간의 갈등이라고 주장했다. 물론 마르크스가 살았던 19세기 이후 많은 것이 변화했다. 특히, 계급구조와 국가의 역할은 훨씬 더 복잡한 양상으로 전개되고 있다. 그럼에도 불구하고 마르크스주의적 관점은 현대 사회의 전개 과정을 설명함에 있어서 근본적으로 가치를 둘러싼 계급 갈등에 초점을 둔다. 결국 구조주의 접근은 전체로서의 사회 구성체와 권력화된 집단의 활동 및 제도가 개인의 행태를 어떻게 구속하는가를 강조한다.

오늘날 많은 학자들은, 마르크스주의 이론가들이 사람들의 인식의 문제를 간과한 채 사회 내에는 계급 외에도 젠더, 민족성, 연령, 섹슈얼리티, 종교, 장애, 국적, 정치적 성향, 거주지 입지 등에 따른 많은 다른 갈등이 있음을 간과한다고 비판한다. 오늘날의 도시는 다양한 이해 관계와 다양한 '목소리들'뿐만 아니라, 이러한 각각의 이해를 대변하는 다양한 이론이 있다.

또한 마르크스주의 이론가들은 **인간 행위주체성**(human agency), 즉 사람들이 특정한 선택과 행위를 취하여 자신의 운명에 영향을 끼칠 수 있는 능력에 대한 이해를 결여하고 있다고 비판받는다. 그러나 많은 사람들이 경제적 힘 앞에서는 상대적으로 무력하다는 점은 의심의 여지가 없어 보인다. 나아가 마르크스주의는 매우 다양한 이론가들을 포괄하고 있고, 이들은 최근 전통 마르크스주의의 한계점을 상당히 극복해 나가고 있다. 이 책 후반부에서도 논의하겠지만, 구조주의적 사상의 근본 원리는 현대 사회의 변화를 이해하는 데 여전히 강력한 도구를 제공하고 있다. 이와 관련하여 인문지리학에서 마르크스주의 접근의 핵심적인 주창자인 데이비드 하비(David Harvey)에 관한 글상자 1.1의 내용을 참고하라.

포스트구조주의 접근

포스트구조주의 접근(poststructuralist approaches)은 세계가 계급적 갈등과 같은 단일하고 근본적인 구조에 의해 설명될 수 있다는 관념을 강하게 거부한다. 대신 사회적 불평등은 불안정하고 가변적인 차원들로 구성되어 있음을 주장한다. 나아가 이러한 불평등은 언어, 이론, 광고, 대중음악, 도시경관과 같은 다양한 재현 양식에 반영되어 있다고 주장한다. 이러한 재현 양식은 소위 **담론**(discourses)이라는 공유된 의미들의 집합체와 관련되어 있다. 따라서 포스트구조주의는 순수하고 단순한 경험이란 존재하지 않으며, 우리의 모든 경험은 독특한 문화적 가치들의 집합체를 통해 이루어진다고 주장한다. 나아가 우리가 현실을 재현하는 방식은 현실 그 자체만큼이나 중요하다고 본다. 언어란 결코 중립적이지 않으며 오히려 강력한 추론과 의미를 내재하고 있다는 주장은 **문화**(culture) 분석이 언어와 담론을 이해하는 데에 핵심적임을 의미한다. 포스트구조주의 사상은 학계에 막대한 영향을 끼쳐 왔으며, 이는 결과적으로 도시사회지리학의 '**문화적 전환**(cultural turn)'을 일으켰다.

글상자 1.1

도시사회지리학의 주요 사상가 – 데이비드 하비

데이비드 하비(David Harvey)의 경력은 1970년대 이후 지리학에서 나타난 엄청난 방법론적 변화를 단적으로 보여 준다. 아마 이 시기 동안 인문지리학에 있어서 데이비드 하비보다 훨씬 더 강한 영향을 끼친 사람을 생각하기란 어려울 것이다.

하비의 학문적 경력은 1960년대 후반 '과학적' 접근법, 실증주의 및 계량적 방법에 대한 옹호자로서 시작되었다. 1969년 이러한 접근법을 강하게 드러내는 『지리학에서의 설명(*Explanation in Geography*)』을 저술했다. 그러나 1970년대 초반의 험난한 시기에 들어서면서, 하비는 지리학자들이 당시의 수많은 사회적 문제에 충분히 주목하지 않는다고 느끼기 시작했다. 두 번째의 역작인 『사회정의와 도시(*Social Justice and the City*)』를 1973년에 발간했는데, 이 저술은 자유주의적 입장을 넘어 마르크스주의적 접근을 지향하는 (가령, 이 책의 전반부는 문제해결에 있어 주류 사회과학에 의존하지만, 후반부는 최근의 변화를 설명하기 위해 고전 마르크스주의를 더욱 발전시키고 있는 것처럼) 자신의 사상적 전환 자체를 그리고 있다. 도시는 하비의 관점이 급진적으로 변화하는 데에 중요한 영향을 끼쳤다. 하비는 1969년 영국 브리스톨 대학에서 미국 볼티모어의 존스 홉킨스 대학으로 이직한 후, 당시 광범위한 실업으로 시련을 겪던 미국의 많은 도시에 엄청난 규모의 빈곤이 만연하고 있음을 목격하게 되었다.

데이비드 하비는 포스트구조주의 관점의 광범위한 확산에 반대하면서, 도시 변화에 대한 마르크스주의적 해석을 철두철미하게 옹호해 왔다. 이는 최근 사회과학계에 있어 베스트셀러가 된 1989년의 역작 『포스트모더니티의 조건(*The Condition of Postmodernity*)』에 잘 표현되어 있다. 하비의 저술은 계급적 갈등에 기반을 둔 경제적 측면에 집중하는 대신, 젠더, 민족성, 섹슈얼리티와 같은 계급 이외의 불평등을 경시한다는 측면에서 비판받아 왔다(Deutsche, 1991). 하비(1996)는 사회에는 여러 측면에서 '차이들'이 나타나지만, 이 모든 차이의 토대는 궁극적으로 착취로 이어지는 경제적 과정이라고 주장한다.

주요 관련 개념

물신숭배, 신마르크스주의, 공간적 조정, 구조화된 통일성, 시공간 압축, 도시 기업가주의

더 읽을거리

Castree, N. (2004) David Harvey, in P. Hubbard, R. Kitchin and G. Valentine (eds) *Key Thinkers on Space and Place Sage*, London

Castree, N. and Gregory, D. (eds) (2006) *David Harvey: A Critical Reader* Blackwell, Oxford

Deutsche, R. (1991) *Boy's town, Environment and Planning D: Society and Space* **9**, 5–30

Harvey, D. (1996) Justice, *Nature and the Geography of Difference* Blackwell, Oxford

Harvey, D. (2006) *A Brief History of Neoliberalism* Oxford University Press, Oxford

관련 내용

2장 : 마르크스와 산업도시, 포드주의와 산업도시, 신포드주의

5장 : 현대 도시의 정치경제학에 대한 구조주의적 해석, 지방국가와 사회공간 변증법, 도시에서 사회정의에 대한 문제

6장 : 건축업자, 개발업자 및 이윤 탐색, 사회지리의 조종 : 블록버스팅 및 젠트리피케이션

9장 : 공간적 실천을 통한 장소의 구성, 글상자 9.4 앙리 르페브르

10장 : 소외, 구조주의 이론

13장 : 도시 변화와 갈등

14장 : 글상자 14.3 〈더 와이어〉의 의미?

도시사회지리학의 연구

앞에서 언급한 여러 관점이 어떠한 함의를 지니는가는 이 책에서 매우 상세히 다루어질 것이다. 무엇보다도 가장 먼저 강조하고 싶은 것은 도시란 단순히 물리적 구조만이 아니라 인간 상상력의 산물이라는 점이다. 오늘날 지리(geography) 대신 지리'들'(geograph'ies')이라는 복수형이 사용되는 이유는 사람에 따라 지역이라는 관념이 매우 상이하기 때문이다. 더군다나 공간을 바라보는 시각은 시간이 지남에 따라 변화한다. 이는 곧 어떤 '단일한' 도시사

회지리학이란 결코 존재하지 않는다는 점을 의미한다. 무엇보다도 상상의 지리는 도시의 물리적 구조를 형성할 뿐만 아니라, 우리가 이러한 구조에 의해 형성되는 방식에 영향을 끼친다.

예를 들어 교외는 대개 사회적으로 등질적이고, 상대적으로 안전하며, 여성 지배적인 가정적, '사적' 영역으로 그려진다. 반면, 도시 중심은 이와 뚜렷하게 대비되어 사회적으로 이질적이고, 남성 지배적이며, 상대적으로 위험한 '공적'공간으로 그려진다. 뒤에서 살펴보겠지만 이러한 일반화에는 의심할 바 없는 상당한 진실성이 있다. 그러나 최근 많은 연구는 공적/사적, 남성/여성의 구분이 어떠한 한계점과 단순성을 지니는지를 지적한다. 이러한 관념 또는 편견은 도시 계획과 설계에 영향을 미치는 강력한 이데올로기로 작용해 왔다. 3장에서 살펴보겠지만, 이처럼 도시의 물질적 차원은 우리의 문화적 가치를 반영하는 동시에 이를 형성하기도 한다.

도시에 대한 상상은 주로 다양한 은유(metaphor)의 사용을 통해 이루어진다. 은유란 어떤 대상을 다른 대상에 대한 참고를 통해 ('도시 정글'과 같이) 비유적으로 기술하는 방식이다. 도시를 기술하고, 분석하고, 이해하는 데에 사용되어 온 ('미로', '악몽', '정글'과 같은) 많은 은유는 대체로 부정적인 느낌을 주는데, 이는 서양적 사고에 깊게 배어 있는 반도시적인 감정을 반영한다. 반면, 도시를 즐거움, 해방, 계몽의 장소로 표현하는 ('테마 공원', '극장', '도가니'와 같은) 은유는 도시 환경의 모호성을 드러내고자 한다. 마찬가지로 소수민족집단이 거주하는 내부도시의 게토 지역에 대한 기술도 이러한 복잡성을 드러낸다. 즉, 한편으로는 범죄가 들끓고 쇠락해 가는 구역으로 묘사되지만, 또 다른 측면에서는 종종 문화적 소생의 공간으로 그려지기도 한다. 결국 이러한 은유는 단순하게 표현적 자유에 그치는 것이 아니라, 도시를 특수한 방식으로 이해하고 도시 정책적 접근을 정당화하는 데에 활용된다.

이와 관련하여 더욱 중요한 점은, 우리가 도시를 분석하기 위해 사용하는 많은 은유, 이론, 개념, 재현 양식은 결코 중립적이지도, 객관적이지도, 가치중립적이지도 않다는 것이다. 오히려 이는 특수한 이론적 관점과 집단의 이해를 대표한다. 그러나 이러한 이해관계는 항상 즉각적이고 명백하게 드러나지는 않는다. 도시 내 불평등을 자연적인 또는 불가피한 결과로 기술하는 이론은 중립적으로 보이지만, 사실상 기존의 사회적 조건을 뒷받침하는 데에 기여한다. 이러한 측면에서, 생물학적 은유를 사용해서 도시를 설명하고자 했던 시카고 도시사회학파의 연구는 아마 가장 큰 영향력을 발휘했던 사례였다고 할 수 있다(7장 참고). 이 학파는 도시에 대한 '과학적인' 관점을 제시하고자 했지만, 이들이 사용했던 은유는 기존의 사회 질서를 자연적이고 불가피한 것처럼 보이게 했다. 요컨대, 우리는 모든 사상, 이론, '지식이라고 주장되는 것'을 비판적으로 바라봐야 한다.

1.2 사회공간 변증법

도시 공간은 사람에 의해 창조되기 때문에, 도시 공간의 특성은 그곳에 거주하는 사람을 반영한다. 사람은 도시 공간에서 일하고 살아가면서, 점차 환경을 개조하고 조정함으로써 가능한 한 최대로 자신의 필요를 충족시키거나 가치를 표현한다. 그러나 동시에 사람은 자기 주변의 물리적 환경이나 사람들에 점차 순응하기도 한다. 이러한 지속적인 쌍방향의 과정을 **사회공간 변증법**(socio-spatial dialectic)이라고 하는데(Soja, 1980), 이는 곧 사람이 도시 환경을 창조하고 개조하면서도 동시에 자신의 생활공간에 조건화되어 있음을 일컫는다. 가령 근린지구와 공동체는 상호 창조되고, 유지되고, 개조된다. 한편으로 근린지구에 거주하는 사람들의 가치, 태도, 행태는 자기 주변의 환경과 주변 사람들의 가치, 태도 및 행태에 의해 영향을 받는다. 그러나 이와 동시에 부단한 도시화의 과정은 경제적, 인구학적, 사회적, 문화적 힘이 도시 공간과 끊임없이 상호작용하는 맥락에 변화를 가져온다.

그렇다면 공간은 단순히 사회적, 경제적, 정치적 과정이 나타나는 중립적인 매개물로 인식되어서는 안 된다. 오히려 공간은 도시 발전의 패턴뿐만 아니라 도시 내 다양한 사회집단 간의 관계성에 중대한 영향을 미치고 있다. 공간과 거리가 사회적 네트워크, 친구 관계, 혼인 등의 결정 요인만큼 중요하다는 것은 명백하다. 마찬가지로, 대체로 영역성은 거주자의 태도와 행태에 큰 영향을 미치는 뚜렷한 사회적 환경(milieux)을 형성하는 토대가 된다. 또한 거리(distance)는 삶의 질을 결정하는 주요 요인인데, 왜냐하면 직장, 상점, 학교, 병원, 공원 및 스포츠센터와 같은 기회와 편의시설에 대한 물리적 접근성에 영향을 미치기 때문이다.

위와 같은 편의시설에 근접함으로써 얻을 수 있는 혜택은 사람들의 복지에 크게 기여할 수 있기 때문에, 입지 문제는 도시 내 갈등의 초점이 된다. 이처럼 공간적 관점은 도시 정치를 분석하는 데에 핵심적이다. **법률상**(de jure) (또는 공식적, 형식적) 영역 경계를 설정하여 공간을 구획하는 것은 도시적 삶의 여러 영역에서 직접적인 반향을 일으킨다는 측면에서 공간적 속성의 중요성을 보여 준다. 가령, 학군의 경계는 공동체의 지위와 주택 가격에 중요한 결과를 가져오며, 선거구의 획정은 도시 내의 공식적인 정치적 경쟁에 핵심적이다.

1.3 거시 지리적 맥락

이 책은 **'탈산업'사회**('postindustrial' societies)의 성격을 지닌 (곧, 제조업 부문의 고용이 감소하는 대신 서비스 부문의 고용이 증가하는) 선진국 도시에 관심을 둔다. '탈산업'이라는 용어는 오해의 소지가 많은데, 왜냐하면 이러한 도시에서 제조업 부문은 여전히 중요하기 때문이다. 다만 '탈'이라는 용어는, 이러한 도시들이 19세기와 20세기 초반의 고전적인 산업도시와는 구별되는 여러 변화를 경험하고 있다는 점을 함축한다. 이러한 변화가 가장 선도적으로 나타나는 사회는 도시화율이 높은 수준에 달한 유럽과 북아메리카 지역이다. 아울러, 이 책에는 다른 지역 도시에 관한 사례도 많이 포함되어 있는데, 이는 대조적이거나 보완적인 사례를 소개하여 위의 주장을 보다 넓은 시각에서 바라보기 위함이다.

그러나 유럽과 북아메리카라는 상대적으로 협소한 문화적, 지리적 권역 내에서도 도시 환경의 특성에는 중요한 차이점이 있다. 이에 대해서는 뒤에서 좀 더 상세하게 살펴보겠지만, 무엇보다도 도시지리학에 관한 어떠한 논의도 **문화적 근시안**(cultural myopia)에 빠져서는 안 된다는 점을 염두에 두어야 한다. 달리 말하면, 자신의 국가나 문화의 공간적 양상이 유일하다거나, 보편적이라거나, 우월하다고 가정해서는 안 된다.

따라서 유럽과 북아메리카 도시 간에 주요한 차이가 있음을 인정하는 것이 중요하다. 우선 유럽의 도시는 대개 역사적으로 오래된 까닭에, 앞선 시기의 경제적 · 사회적 양식의 유산이 물리적 구조에 깊이 뿌리내리고 있다. 또한 유럽의 도시는 인구 구조 면에서 북아메리카에 비해 소수민족의 비중이 상대적으로 낮은 특징을 보인다. 세 번째의 차이는 도시 정부가 발전되어 온 방식과 관련되어 있다. 미국의 도시는 수많은 독립적인 지방자치단체로 쪼개져 있는 반면, 유럽의 도시는 이러한 분절화의 정도가 덜하고 대체로 중앙정부가 공공 서비스를 제공하기 때문에 도시에서의 자원의 배분은 상대적으로 더 공평하게 이루어진다. 이는 유럽의 경우 발달된 복지국가들이 존재한다는 또 다른 차이와 관련되어 있다. 복지국가는 도시 내에서 **사회적 임금**(social wage)의 규모와 분배에 영향을 미칠 뿐만 아니라 주택시장에 개입함으로써 도시의 사회지리에 중대한 영향을 끼친다. 미국의 경우 공영주택에 거주하는 가구는 전체의 5%에도 미치지 못하는 반면, 영국 도시의 경우 소위 '사회적 주택(social housing)'에 거주하는 (곧, 정부기구나 비영리단체의 주택조합으로부터 주택을 임대하고 있는) 가구는 전체의 20%를 넘는다.

유럽에서는 **사유주의**(privatism) 이데올로기가 강하지 않고 도시 스프롤에 의한 양질의 농업용지의 침해를 비판적으로 인식하기 때문에, 도시계획은 훨씬 강하고 광범위한 권력과 영향력을 갖는다. 이러한 결과 유럽 도시의 형태와 사회구조는 도시계획의 법률과 철학에 크게 빚지고 있다. 예를 들어, 유럽에 있어 직장과 주택의 탈중심화 경향이나 도시 외곽에서의 슈퍼마켓과 쇼핑몰의 확대 경향은 미국에 비해 훨씬 덜 두드러지는데, 이는 유럽의 도시계획 당국이 도시 확대를 억제하는 정책을 취하고 있기 때문이다. 당연히 유럽 도시의 중심업무지구(CBD)는 미국 도시에 비해 상업적인 활기가 훨씬 더 강한 경향을 띤다.

끝으로 도시의 사회지리에 지역적 차이와 기능적 차이를 인식하는 것 또한 중요하다는 점도 인식해야 한다. 즉, 캐나다의 도시와 미국의 도시가 서로 다른 것처럼, 미국 내에서도 북동부 지역의 도시는 '선벨트' 지역의 도시와 비교할 때 여러 측면에서 서로 다르다.

도시사회지리학의 맥락 변천

> 도시를 기술하는 것은 이제 불가능한 일이 되어 버렸다. 도시 중심은 예전처럼 중심적이지 않으며, 도시의 경계는 뚜렷한 시작과 끝도 없이 모호해졌다. 어떤 단어로도, 숫자로도, 사진으로도 도시의 복잡한 형태와 사회구조를 충분하게 파악할 수 없다.
>
> (Ingersoll, 1992, p. 5)

> 이제 우리는 앞 세대가 단순히 산업도시의 혼돈이라고 불렀던 것의 기저에서 독특한 질서를 볼 수 있게 되었고 심지어 사랑하기까지 한다. … 이러한 변화는 기업을 위한 오피스 파크, 망사르드(mansard) 지붕의 스위트 호텔, 건물 벽면이 장식된 타운하우스와 같은 거대한 물결을 동반하여, 우리를 괴물 같은 클로버 잎 모양의 환상도로 밖으로 내던지고 있다.
>
> (Sandweiss, 1992, p. 38)

선진국의 도시들이 최근 새로운 국면에 도달했다는 사실 또는 최소한 뚜렷한 과도기에 진입했다는 사실은 너무나 분명하며, 이는 도시화의 궤적과 도시 개발의 본질에 대해 중요한 함의를 갖는다. 이러한 새로운 국면은 자본주의의 역학에 뿌리를 두고 있는데, 특히 자본주의 경제의 **글로벌화**(globalization), 거대 기업의 지배력 강화, 그리고 제조업으로부터 서비스업 활동으로의 핵심 경제의 변동으로 인한 것이다. 하지만 이와 같은 경제의 근본적인 변동이 변화를 주도하고 있지만, 이와 더불어 인구 구성이나 문화적 · 정치적 삶과 관련된 새로운 변동도 더욱 구체화되고 있다.

경제 변화와 도시 재구조화

1970년대 이후 유럽과 북아메리카의 경제는 생산하는 상품, 상품의 생산 방식, 그리고 상품의 생산 지역의 측면에서 실질적으로 **신포드주의적**(neo-Fordist) 축적체제라고 불리는 새로운 국면에 들어섰다(2장 참고). 우선, 생산하는 **상품**에 있어서 주요 경향은 농산물과 공산품에서 서비스 활동 중심으로 변화했다. 아울러 서비스업 부문 내의 다양한 활동 간에도 중요한 차이가 나타났다. 대체로 선진 경제는 소매업과 소비자 서비스업을 추진력으로 한다는 대중의 생각과는 달리, 실제로 이는 급속하게 성장한 부문이 아니었다. 오히려, 서비스업 부문의 급속한 고용 확대를 가져온 것은 (사업서비스업으로도 불리는) 생산자 서비스업, 공적 서비스, 그리고 (주로 고등교육이나 보건과 관련된) 비영리적 서비스였다. 다음 장에서도 살펴보겠지만, 이러한 경제적 변동은 노동시장의 재구조화를 동반하면서 도시 내 사회지리를 다양한 방식으로 변화시켰다.

둘째, 상품의 **생산 방식**과 관련해서는 크게 두 가지 주요 경향이 나타났다. 우선 효율성이 높은 거대기업이 경쟁자들을 퇴출시키고 자신의 활동 범위를 넓히면서, 시장이 소수 기업에 의해 독점되는 과점 현상이 두드러지게 되었다. 또한 대량생산 방식이 틈새시장을 겨냥하는 유연적 생산 체제로 변동하게 되었다. 후자의 경향은 특히 도시사회지리에 매우 중요한데, 왜냐하면 경제활동의 유연성은 기존의 사회적 균열을 이용함과 동시에 새로운 균열을 일으킴으로써 도시의 사회적 조직과 삶에 그 자체를 투영시켜 왔기 때문이다.

셋째, 생산이 일어나는 **장소**와 관련해서 대체로 거대 기업의 재구조화의 영향으로 인해 대도시적, 국가적, 국제적 스케일에서 생산 활동을 재배치하는 경향이 나타났다. 새로운 거대 기업은 자신들의 활동을 다양한 방식으로 합리화하면서 진화해 왔는데, 이는 지역 및 국가 간에 중복되는 활동을 제거하고, 일상적 생산과 조립 기능은 노동비가 더 저렴한 지역으로 재배치하고, '백오피스(back office)' 활동은 사무실 임대료가 저렴하고 세금이 낮은 교외로 옮기며, 본사 및 R&D 기능은 핵심 조직으로 통합하는 과정을 포함했다. 이에 따른 복잡하고 모순적인 과정은 세계의 경제경관을 새롭게 구성해 왔다.

도시사회지리와 관련된 주요 결과 중 첫째는 유럽과 북아메리카의 산업 핵심부에 위치한 도시들에서 나타난 **탈산업화**(deindustrialization)이다. 둘째는 대도시 지역 내에서 제조업과 서비스업 부문의 고용에서 **탈중심화**(decentralization)가 가속화되었다는 점이다. 셋째는 몇몇의 대도시들이 전문적인 정보와 지식의 생산, 가공 및 교환 활동을 전문화함으로써 이른바 **세계도시**(world cities) 또는 **글로벌 도시**(global cities)로 변화하게 되었다는 점이다(2장 참고). 넷째는 고차위의 생산자 서비스업 부문의 고용이 **재집중화**(recentralization) 경향을 보였다는 점이다.

한편, 경제 글로벌화와 새로운 디지털 정보통신기술의 영향으로 인해 개별도시와 도시 내 하위지역은 끊임없이 팽창하고 더욱 복잡해지는 신포드주의의 경제적 · 기술적 회로 내에서 상이한 역할을 수행하게 되었다(2장 참고). 전통적인 도시화의 패턴은 (세계 곳곳을 초고속으로 연결하는 인터넷, 핸드폰 및 위성TV와 이러한 매체들의 뛰어난 정보서비스 접근성을 바탕으로 하여) 초고속-초광역적으로 연결된 사람, 기업, 단체의 엔클레이브가 주도하는 새로운 동학에 의해 재편되고 있다. 정보통신 네트워크의 불균등한 진화는 도시의 새로운 혁신경관, 경제 발전, 문화적 변천을 형성하고 있고, 동시에 도시 내의 사회경제적 불평등을 심화시킴으로써 스테판 그라함과 사이먼 마빈(Stephen Graham & Simon Marvin, 2001)이 일컬었던 소위 **파편적 도시성**(splintering urbanism)을 야기하고 있다. 이러한 변화는 불가피하게 모든 도시의 사회지리에 중대한 영향을 끼침으로써, 계급 구조와 공동체 조직에서 도시 서비스의 공급과 도시 정치의 구조에 이르기까지 도시의 모든 방면에 영향을 끼치고 있다. 한편, 경제 재구조화에 따른 신포드주의로의 이행은 도시 내의 경제적 양극화를 포함하여 도시 노동시장의 구성 전반에 큰 변화를 일으키고 있다. 이러한 결과 중 하나는 세계의 핵심 산업지역의 도시에서 나타나는 실업률이 뚜렷한 증가 추세에 있다는 것이다. 아울러 제조업 부문의 쇠퇴로 인해 육체노동의 고용이 감소하는 대신 사무직 노동의 고용은 증가하고 있다. 그러나 사무직 노동 그 자체도 전문적인 관리직과 일상적인 사무직 간의 양극화가 더욱 심화되고 있다.

제조업에서의 기술적 발달과 자동화는 기술자/전문가 직종과 미숙련/반숙련 직종 간의 고용 기회를 양극화하고 있다. 또한 서비스 부문 내에서도 소매업과 소비자 서비스업은 주로 파트타임 고용이나 (기술이 거의 필요 없고 임금도 적으며 승진 기회도 제한된) '이차적' 직종의 고용 규모를 확대시키고 있지만, 정부의 공공 서비스는 (임금도 많고 안정성도 높은) '일차적' 직종의 고용 규모를 확대하는 경향을 띤다.

도시사회지리학적 관점에서 볼 때 이러한 변화가 야기하는 주요 결과 중 하나는, 노동계급과 중산계급 가정 모두 배우자 중 어느 한쪽의 임금만으로는 만족할 만한 정도의 생활수준을 달성하는 것이 점점 어려워진다는 것을 깨달아 가고 있다는 점이다. 이에 대한 반응으로 점차 맞벌이 가구 수가 크게 증가하고 있다. 또 다른 결과로서 비공식경제가 더욱 정교하게 성장하고 있는데, 이로 인해 새로운 가구 형태, 새로운 형태의 가사 및 도시 공간의 분업, 새로운 형태의 공동체적 관계 등이 출현하고 있다.

끝으로, 경제적 변동에 따른 이러한 변화가 대부분의 대도시에서 동시에 일어나고 있다는 점을 염두에 두어야 한다. 가령 선진화된 기업 서비스의 발전은 미등록 이주노동자를 고용하고 있는 노동착취공장의 성장과 나란히 나타나고 있다. 또한 전문적인 경영자와 기술자 집단과 같은 신흥 부유층의 대두는 새로운 취약 집단들의 주변화와 동시에 나타나고 있다. 대도시에서 부상하고 있는 이러한 새로운 지리는 복잡한 양상으로 전개되고 있다. 이러한 변화는 새로운 사회적 영역을 뚜렷하게 형성하고 있지만, 동시에 이러한 여러 영역은 동일한 기능적 단위 내에서 상호 연결되어 있다.

인구학적 변화의 영향

지난 30여 년간 나타난 굵직굵직한 인구학적 변화는 21세기 초반 오늘날의 도시사회지리에 반영되기 시작했다. 오늘날 동화 속 '딕과 제인'의 가족(앞치마를 두른 어머니가 빵을 구우면서 두 명의 자녀와 함께 돈 벌러 간 아버지가 집에 오기를 기다리는 모습)은 사라지지는 않았지만 다른 가족 형태가 등장하면서 점차 쇠퇴하고 있다. 예를 들어 미국의 경우

글상자 1.2

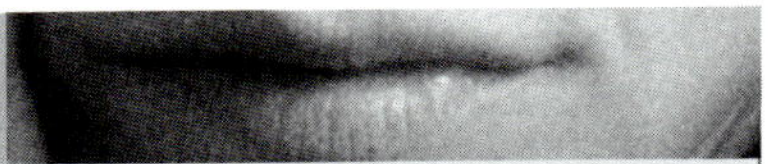

도시사회지리학의 주요 논쟁 – 인터넷의 영향은 어느 정도인가?

최근 사회과학에서 벌어진 중요 논쟁 중 하나는 인터넷과 관련된 새로운 사회경제적, 문화적 실천의 영향에 관한 것이다. 보다 일반적으로 말한다면 이러한 논쟁은 핸드폰, 전자수첩, 원격화상회의와 같은 새로운 정보통신기술뿐만 아니라 사회적 네트워킹 서비스, 온라인 쇼핑, 도박, 오픈 소스 프로그램 등이 총체적으로 형성하고 있는 이른바 '네트워크 정보 사회(networked information society)' (Benkler, 2006)에 관한 것이다. 지리학자들은 이러한 요인이 산업 조직, 도시생활 및 거주지 형태 등에 어떤 영향을 미치는가에 관심을 두어 왔다. 그러나 인터넷에 의한 영향을 평가하는 것은 매우 어려운 일인데, 왜냐하면 이러한 영향이 비교적 최근의 현상이고, 기존의 연구결과가 거의 없으며, 증거가 없는 상태에서 과장되는 경향이 있기 때문이다. 더불어 이러한 영향은 장기적인 차원에서 나타난다. 예를 들어, 전기와 내연기관은 19세기 말에 발명되었지만, 이에 따른 결과(대규모의 교외화와 지구 온난화와 같은 현상)는 20세기 후반에 이르러서야 완전하게 나타났다. 이처럼 기술적 변화는 더욱 가속화되고 있지만, 네트워크 정보 사회의 완전한 영향을 평가하기에는 더 오랜 시간이 필요할 것이다.

그러나 인터넷과 관련된 다소 섣부른 추정과 미래학적 논의들이 이미 현실에서 많이 벗어났다는 사실에는 의심의 여지가 없다. 예를 들어 소설가 마크 트웨인이 자서전에서 언급했던 '거리의 종말'에 관한 내용은 엄청나게 과장되어 있다. 물론 오늘날 (사용자 매뉴얼과 같은) 형식화된 지식은 전자적 매개체를 통해 전 세계에 쉽게 확산될 수 있지만, 동시에 (실제 프로그램의 운용에 필요한) 암묵적 지식은 대면접촉에 의존하는 경향이 강해지고 있다. 이러한 이유 때문에 캘리포니아의 실리콘밸리와 같이 교외에 입지한 기술집약적인 산업 클러스터는 복잡한 지식 구성체의 교환을 필수적으로 요구한다. 마찬가지로 영화, 음악, 디자인, 광고와 같은 창조산업은 '다른 사람들보다 얼마나 더 많이 알고 있는지' 가 관건이므로 (맨체스터의 북쪽 지구와 같은) 도심의 문화 지구에서 번성한다. 요컨대 우리는 최근 새로운 정보통신기술의 발달이 도시를 불필요한 잉여로 만드는 것이 아니라 오히려 도시의 부활을 가져오고 있음을 목격하고 있다.

또한 인터넷이 사회적 관계의 친밀도, 공동체적 삶, 사회적 자본을 약화시킬 것이라는 선정주의적인 주장도 지나치게 과장되었다. 오히려 우리는 공동체 및 사회성과 관련하여 다음과 같은 상반된 변화를 경험하고 있다. 첫째, 인스턴트 메시징(IM) 기술은 각 가정의 부모가 자녀의 생활에 더 주목하게 만듦으로써 가족 구성원 간의 관계를 더욱 두텁게 만들었다. 동시에 청소년층과 청장년층 모두 이의 영향으로 자신의 동료집단과의 관계가 더욱 조밀해졌다. 원거리 가족과 친구들은 전화 통화에 따른 비용 부담 없이 이메일을 통해 더욱 빈번하게 연락한다. 또한 많은 사람들은 일, 여가, 소비와 관련된 많은 '가상 공동체' 에 가입, 활동하고 있다. 또 많은 사람들이 온라인에서 배우자를 선택하기도 한다. 이처럼 매우 유동적이지만 여전히 유의미한 새로운 사회적 네트워크가 출현하고 있는 것이다. 현재까지의 많은 증거들은, 많은 인터넷 사용자들이 더욱 원거리의 관계를 형성하고 있지만 이러한 경향 때문에 자기 주변의 국지적 관계가 약화되는 것은 아니라는 점을 증명한다 (DiMaggio *et al.*, 2001). 오히려 당사자의 개성이나 동네에서 얼마나 시간을 많이 보내는지의 여부가 국지적인 관계에 더 큰 영향을 미치는 결정 요인으로 남아 있다.

그럼에도 불구하고 네트워크 정보 사회의 도래가 일으키는 많은 영향이 나타나기 시작하고 있다.

- 지식 또는 지적 · 예술적 재산에 의존하는 많은 산업은 비시장적 유통 네트워크로부터의 도전에 직면해 있다. 가령 음악의 불법 다운로드는 음반 산업을 침식하고 있고, 온라인 블로그는 신문사를 위협하고 있다.
- 네트워크로 느슨하게 연결된 개인은 리눅스와 같은 새로운 소프트웨어를 개발하고 있다.
- 수많은 개인들의 자발적인 참여는 위키백과사전과 같은 형태로 나아가고 있다. 물론 이러한 노력의 지적 가치에 대한 찬성과 반대 입장은 팽팽하다.
- 2008년 버락 오바마의 대통령 당선은 새로운 정보통신기술의 성공적인 활용에 힘입은 바가 크다.

다음과 같은 큰 문제는 여전히 남는다.

- 이러한 새로운 정보통신기술은 대중의 권력을 강화함으로써 새로운 민주주의적 책임과 탈집중화된 문화적 생산의 시대로 나아갈 것인가?
- 그렇지 않다면, 이는 피상적인 수준의 '아마추어적' 지식에 의해 권력을 상실한, 멍청해진, 그리고 인쇄물을 보지 않는 세대를 낳을 것인가?
- 저작권을 지키는 것이 더욱 어려워지고 지적 재산의 비합법적 유통은 최근의 서구 경제를 뒷받침해 온 (지식) 산

계속

업을 침해할 것인가?

주요 관련 개념

공동체, 가상공간, 거리화, 정보경제, 근린 지구, 네트워크 사회, 흐름의 공간, 파편적 도시성, 무중량 세계

더 읽을거리

Benkler, Y. (2006) *The Wealth of Networks* Yale University Press, New Haven, CT

DiMaggio, P. et al. (2001) Social implications of the Internet, *Annual Review of Sociology* **27**, 307–36

Hippel, E. von (2005) *Democratizing Innovation* MIT Press, Cambridge, MA

관련 내용

2장 : 글상자 2.4 마누엘 카스텔

7장 : 글상자 7.4 네트워크 분석은 어떻게 유용한가?

대부분의 가구는 맞벌이 가정이다. 또한 모든 가구 형태 중 한부모 가족이 가장 급속히 증가하고 있으며, 거의 셋 중 한 가구가 홀로 살아가는 단독가구이다(표 1.1 참고). 미국 이외의 서구화된 사회에서도 같은 이유에서 이와 유사한 변화가 나타나고 있다.

이러한 변화에서 가장 중요한 것은 소위 '베이비 붐 세대'로 불리는 2차 세계대전 이후에 태어난 사람들의 경험이다. 베이비 붐 세대는 1946년부터 1964년 사이에 태어난 사람들을 가리키는데, 이들은 유럽과 미국 사회에 가장 강하고 지속적인 인구학적 영향을 끼쳐 왔다. 전후의 베이비 붐은 많은 자녀를 낳은 여성들의 문제를 일컫는 것이 아니다. 오히려 베이비 붐 세대는 대부분 혼인을 하고 혼인 초기에 적어도 두 명의 자녀를 가진 사람들을 말한다. 1950년대와 1960년대 초반 동안 젊은 여성들은 앞선 세대보다 훨씬 일찍 결혼을 해서 자녀를 낳았다. 이 결과 오늘날 40대 중반에서 60대 초반에 해당되는 연령층의 인구가 엄청나게 많은데, 이들은 다른 연령층의 인구에 막대한 영향을 끼쳐 왔고 또 앞으로도 그러할 것으로 예상된다.

1960년대 중반부터는 효과적인 피임법이 보급되면서, 첫 베이비 붐 세대의 자녀들이 결혼 연령층에

표 1.1 미국의 가구 구성 (1950～2000년) (단위 : %)

	혼인가구					
	가정주부	취업주부	여성가장 가구	단독가구	기타	전체
1950	59.4	19.6	8.4	10.8	1.8	100
1955	54.2	21.7	8.8	12.8	2.5	100
1960	51.2	23.3	8.5	14.9	2.5	100
1965	47.0	25.6	8.7	16.7	2.0	100
1970	41.6	28.9	8.8	18.8	1.9	100
1975	36.6	29.2	10.0	21.9	2.3	100
1980	30.3	30.6	10.8	26.1	2.2	100
1990	23.0	32.2	11.6	29.8	3.4	100
2000	17.5	34.2	12.2	31.9	4.2	100

출처 : US Census Bureau.

도달했지만 이들의 출산 시기는 점차 늦어지게 되었다. 또한 '최저생계비'라는 개념이 종언을 고하면서, 더 많은 여성들이 전일제로 직장을 갖고 출산을 연기하거나 출산 후에도 다시 직장 생활을 계속하게 되었다. 이와 같은 출산율의 감소는 결과적으로 베이비 버스트(baby-bust) 세대를 야기했다. 베이비 붐 세대는 자기 생애의 가장 높은 임금 수준에 도달하게 되면서 중요한 문화적 전환을 야기했는데, 이들의 생활양식이 가족 중심주의로부터 소비주의로 변했기 때문이다.

이러한 경향은 도시사회지리에 중대한 결과를 가져왔다. 소비주의의 부상은 도시적 삶의 생활양식을 변화시켰고, 출산율의 감소는 여러 측면에서 **집합적 소비**(collective consumption)에 영향을 끼쳤으며, 취업 여성의 증가는 보육시설의 수요를 증대시켰다. 이와 더불어 베이비 붐 세대의 노령화도 이러한 영향에 한몫을 했다. 물론 베이비 버스트 세대는 베이비 붐 세대가 직장에서 승진, 은퇴한 후의 빈자리를 차지할 것이다. 베이비 붐 세대의 인구규모는 매우 크기 때문에 베이비 버스트 세대의 직장 생활에 큰 영향을 끼칠 것이며, 이들이 은퇴 연령층에 접어듦에 따라 연금 지급을 위한 베이비 버스트 세대의 재정적 부담은 더욱 가중될 것이다. 이 중 가장 중요한 변화는 여성에 대한 태도가 바뀌었다는 점인데, 이는 소비주의, 산아 제한, 여성의 노동시장 참가율 증대와 관련되어 있다. 이미 여성의 지위 변화는 여성의 교육 기회의 향상과 취업 기회의 확대에 반영되어 있으며, 이는 비전통적인 가족 구조와 생활양식의 발전을 일으켜 왔다.

게다가 섹스는 출산을 위한 것이라는 관념의 사멸은 더 많은 변화를 야기했다. 결혼의 사회적 가치가 약화되면서 혼인율은 낮아지고, 이혼율은 높아졌으며, 미혼자의 동거율도 높아지고 있다. 이 모든 과정은 출산율의 감소를 야기했을 뿐만 아니라 수많은 (특히 한부모 가구와 같은) 비전통적인 가구의 등장을 야기했는데, 이는 비전통적인 주택 수요, 비전통적인 주거 행태, 비전통적인 도시 서비스에 대한 수요를 동반했다. 한편, 경제 재구조화는 여성가장 가구의 수적 증가와 노동시장에서의 여성의 열등한 지위와 더불어, 도시사회지리에 있어서 여성의 경제적 주변화와 **빈곤의 여성화**(feminization of poverty)라는 결과를 야기했다.

최근의 서구 도시에서 나타난 인구학적 변화에서 마지막으로 지적하고 싶은 것은 이른바 범세계주의로 지칭되는 문화적·민족적 다양성의 증대 현상이다. 이는 특히 런던(그림 1.1 참고), 파리, 뉴욕, 로스앤젤레스와 같은 대도시에서 가장 뚜렷하게 나타난다(글상자 1.3 참고). 이러한 도시는 오랜 세월 동안 많은 국가로부터 이민자가 유입되어 왔으며, 오늘날의 다양성은 대체로 지난 세월 동안 이루어진 이민자의 후손에 의한 것이다. 이와 같은 설명은 오늘날 많은 민족집단 근린지구가 뒤섞여 있는 미국 도시의 경우에 더욱 적합하다. 그러나 최근 새로운 이주의 물결이 도래하면서 도시의 성격을 바꾸고 있다. 이동의 규모는 아마 과거보다 작을 수 있겠지만, 이주자들의 범주는 훨씬 더 다양화되어 있다. 유럽으로부터 미국으로의 이주나 구식민지로부터 유럽 도시들로의 이주와 같은 주요한 패턴은 더 이상 나타나지 않는 대신, 전 세계 사람들이 서구의 주요 도시에 집중하고 있다. 일시적이든 영구적이든, 합법적이든 불법적이든, 이러한 이주자들은 서구 도시에서의 경제적 기회에 의해 유인되고 있다. 이 중에는 글로벌 노동시장에서 일하는 고도로 숙련된 엘리트 집단도 있지만, 상대적으로 저임금에 종사하는 비숙련 노동

글상자 1.3

도시사회지리학의 주요 경향 – 서구 도시의 범세계주의 성장 : 런던의 사례

최근 서구 도시에서는 범세계주의의 경향이 급속하게 부각되고 있다. 이러한 문화적 다양성은 기존 이민자들의 후손뿐만 아니라 이주노동자, 학생, 난민, 망명 신청자, 장기 여행자와 같은 최근의 이주자들에 의한 것이다.

아마 런던만큼 이러한 범세계주의가 뚜렷하게 나타나는 도시는 거의 없을 것이다. 햄넷(Hamnett, 2003)이 지적하는 것처럼 1960년대에 런던의 소수민족집단은 그 규모나 범위가 매우 제한적이었다. 그러나 다음 표에서 알 수 있는 것처럼, 센서스 결과에 근거할 때 2001년 현재 런던 인구의 1/3 이상이 '영국계 백인' 이외의 인구 집단이다. 물론 로스앤젤레스와 같은 도시는 라티노와 흑인 등의 인구 집단이 훨씬 더 높은 비중을 보인다. 그러나 민족집단의 다양성에 있어서는 단연 런던이 압도적일 것이다. 이러한 다양성은 과거 영국의 식민주의의 결과일 뿐만 아니라, 국제 금융, 생산자 서비스업, 창조산업 및 문화산업 등에 있어서 런던의 중심적인 지위를 반영한다.

민족집단	인구(1,000명)	인구 비중
백인 : 영국계	4,287	59.8
백인 : 아일랜드계	220	3.1
백인 : 기타	595	8.3
혼혈	226	3.2
인도계	437	6.1
파키스탄계	143	2.0
방글라데시계	154	2.1
기타 아시아계	133	1.9
흑인 : 카리브해계	344	4.8
흑인 : 아프리카계	379	5.3
기타 흑인	60	0.8
중국계	80	1.1
기타 민족집단	113	1.6
전체	7,192	100.0

출처 : US Census Bureau.

사회 평론가인 앤서니 샘슨(Anthony Sampson)은 최근 런던의 이러한 분위기를 잘 포착하고 있다.

> 수도는 [런던은] 위에서 아래까지 미국인, 유럽인, 오스트레일리아인, 아시아인, 아프리카인, 아랍인 등으로 넘쳐나는, 세계에서 가장 범세계주의적인 도시가 되었다. … 거리와 버스는 외국어로 시끌벅적하고, 무슬림의 베일과 턱수염, 아프리카인의 옷차림으로 가득 차 있다. 도시의 번화가에는 이라크, 이란, 수단을 포함해서 30개 국가의 레스토랑이 들어서 있다.

1999년 〈뉴스위크〉가 '런던: 지구상에서 가장 근사한 도시'라는 제목의 표제기사를 실은 것은 놀랄 일도 아니다.

더 읽을거리

Hamnett, C. (2003) *Unequal City; London in the Global Arena* Routledge, London

White, P. (1998) The settlement patterns of developed world migrants in London *Urban Studies* **35**, 1725–44

Massey, D. (2007) *World City* Polity Press, Cambridge

관련 내용

3장 : 포스트식민 이론과 도시

8장 : 소수집단의 공간적 분리, 글상자 8.1 미국 도시의 라틴화

12장 : 글상자 12.4 초국적 도시성의 성장

13장 : 글상자 13.1 망명자와 난민 집적지의 출현

자 집단도 있다. 또한 정치적 억압을 피해 이주하는 망명 신청자도 있다. 이 중에는 실제로는 경제적 기회 때문이지만 명목상으로는 정치적 망명을 내세우는 이주자도 있다.

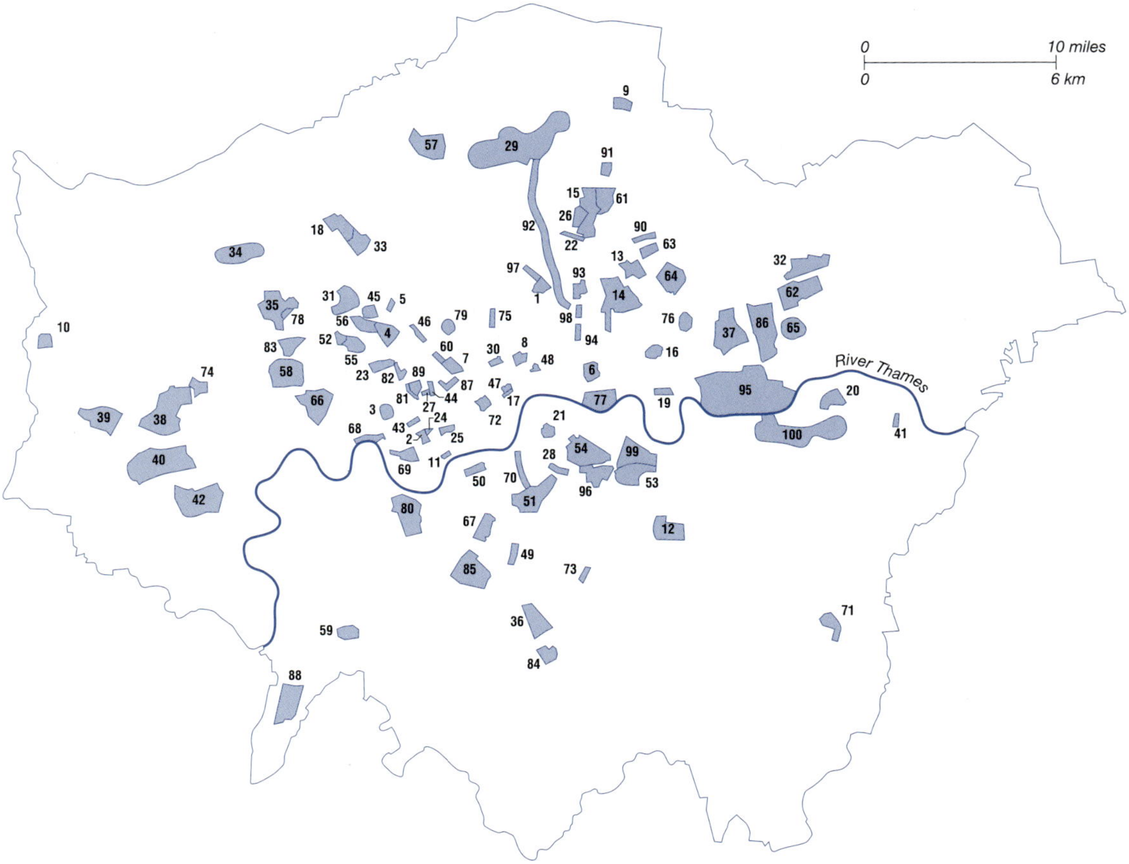

1 **Algerian** Finsbury Park
2 **Australian/New Zealander** Earl's Court
3 **Australian/New Zealander** Shepherd's Bush
4 **Australian/New Zealander** Willesden Green/Brondesbury
5 **Baltic/Eastern European** Chicele Road
6 **Bangladeshi** Brick Lane/Spitalfields
7 **Bangladeshi** Church Street estates
8 **Bangladeshi** King's Cross
9 **Bangladeshi** Ponder's End
10 **Bangladeshi** South Uxbridge
11 **Bangladeshi & Filipino** World's End estate
12 **Caribbean** Catford
13 **Caribbean** Lea Bridge
14 **Caribbean & West African** Clapton
15 **Caribbean (esp Guyanese), West African & Turkish** Tottenham
16 **Caribbean (esp St Lucian)** Bow
17 **Chinese** Lisle Street/Gerrard Street
18 **Chinese & Indonesian/Malaysian** Colindale
19 **Chinese/Vietnamese** Poplar
20 **Chinese/Vietnamese** Thamesmead
21 **Colombian/Ecuadorian** Elephant and Castle
22 **Congolese** West Green Road
23 **Ethiopian/Sudanese/Eritrean/Djiboutian** North Kensington
24 **Filipino/Thai** Kenway Road/Hogarth Road
25 **French & American** South Kensington
26 **Ghanaian** Broadwater Farm estate
27 **Greek** Moscow Road
28 **Greek Cypriot** Camberwell
29 **Greek Cypriot** Green Lanes (north)/Palmers Geen/ Brunswick Park/Southgate/Winchmore Hill
30 **Indian** Drummond Street
31 **Indian** Neasden
32 **Indian** Seven Kings
33 **Indian** West Hendon
34 **Indian (esp east-African Gujarati)** Harrow & Kenton
35 **Indian (esp east-African Gujarati)** Wembley
36 **Indian (esp Hindu) & Jamaican** Thornton Heath
37 **Indian (esp Hindu)/Pakistani** Green Street
38 **Indian (esp Punjabi Sikh)/Pakistan/Sri Lankan** Southall
39 **Indian (esp Sikh)** South Hayes
40 **Indian (esp Sikh)/Pakistani** Heston
41 **Indian Sikh** Mitchell Close
42 **Indian/Pakistani** Hounslow
43 **Iranian** High Street Kensington
44 **Iranian** Queensway
45 **Irish** Dollis Hill/Dudden Hill
46 **Irish & Eastern European** Kilburn High Road
47 **Italian** Old Compton Street
48 **Italian** Clerkenwell
49 **Italian & Somali** Streatham High Road
50 **Jamaican** Battersea
51 **Jamaican** Brixton
52 **Jamaican & Somali** Stonebridge
53 **Jamaican & West African** New Cross (south)
54 **Jamaican & West African** Old Kent Road & North Peckham estates
55 **Jamaican/Barbadian/St Lucian** Harlesden
56 **Jamaican/Barbadian/St Lucian** Willesden
57 **Japanese** Totteridge
58 **Japanese & Iranian** Hanger Hill/Ealing
59 **Korean** New Malden
60 **Lebanese/Arab** Edgware Road
61 **Nigerian** Northumberland Park
62 **Pakistani** Ilford/Loxford
63 **Pakistani** Queen's Road
64 **Pakistani & Caribbean** Leyton
65 **Pakistani/Indian** Barking
66 **Polish** Acton
67 **Polish** Balham High Street
68 **Polish** King Street
69 **Polish** Lillie Road/Dawes Road
70 **Portuguese** South Lambeth Road/Stockwell Road
71 **Roma** St Paul's Cray/St Mary Cray
72 **Russian** Mayfair
73 **Somali** Crystal Palace
74 **Somali** Dormer's Wells
75 **Somali** Kentish Town Road
76 **Somali** Stratford
77 **Somali** Wapping
78 **Somali** Wembley Central Square
79 **South African Jewish** Swiss Cottage
80 **South African/Australian/Zimbabwean** Putney/Southfields
81 **Spanish/Portuguese** Portobello Road
82 **Spanish/Portuguese & Moroccan** Ladbroke Grove/Goldborne Road
83 **Sri Lankan** Alperton
84 **Sri Lankan** Broad Green
85 **Sri Lankan/Indian/Pakistani** Tooting
86 **Sri Lankan/Tamil** East Ham High Street
87 **St Lucian** Paddington
88 **Tamil** Chessington
89 **Trinidadian/Barbadian** Notting Hill
90 **Turkish** Walthamstow High Street
91 **Turkish** Edmonton
92 **Turkish/Kurdish** Green Lanes (south)
93 **Turkish/Kurdish** Stoke Newingham
94 **Vietnamese** Mare Street & Kingsland Road
95 **West African** Canning Town/Beckton/Royal Docks
96 **West African** Rye Lane & Peckham
97 **West African & Caribbean** Stroud Green Road
98 **West African & Turkish** Dalston
99 **West African (esp Nigerian)** New Cross (north)
100 **West African (esp Nigerian)** Woolwich/Plumstead/Abbey Wood

그림 1.1 영국의 범세계주의 : 2004년 민족집단 군집의 분포

출처 : The world in one city, *Guardian*, G2 Supplement, 21 January 2005 (Benedictus, L.), Copyright Guardian News & Media Ltd. 2005.

도시와 문화적 변화

소비주의와 물질적 가치의 부상은 1980년대 이후의 문화적 경향을 지배해 왔다. 앞서 살펴본 바와 같이, 이러한 원인 중 하나는 베이비 붐 세대의 생활양식의 변동에 의한 것이다. 또한 자본주의의 관심이 고도로 통제적인 생산영역에서 이윤 획득이 용이한 소비영역으로 옮겨짐에 따라, 사람들이 점점 더 물질주의적으로 변화한 것도 이의 한 원인이다. 동시에 전후의 상대적 부유함도 많은 가구들이 소비에 관심을 기울이게 한 원인이었다. 사람들은 과시적 소비에 쉽게 빠져들게 되었다. 이러한 변화는 도시사회지리에 큰 영향을 미쳤는데, 특히 주택 소유에 대한 요구가 증가했고 집과 집의 부속물은 자아와 사회적 정체성의 표현으로서의 중요성이 강조되었다.

소비주의로의 변화를 가져온 이러한 배경과 반대로, 1960년대에는 물질만능주의, 규모, 첨단기술을 배격하는 중산계급 배경의 청년층을 중심으로 독특한 하위문화가 출현했다. 이와 더불어 도시 개발과 집합적 소비에 있어서 자유주의적 · 생태주의적 가치가 정치화되었고, 포스트모던적 · 신낭만주의적 건축과 도시 디자인이 등장하기 시작했다. 그러나 이러한 가치의 확산은 물질만능주의를 대체하지 못했고, 오히려 물질만능주의와 함께 성장했다. 즉, 이들뿐만 아니라 중산계급도 유기농 케이크를 함께 만들어 먹었는데, 상품과 서비스의 상업적 개발이 자유주의적 · 생태주의적 취향을 겨냥하여 조정되었기 때문이다.

한편 디지털 정보통신, 혁신적인 전자적 재현의 양식, 경제 글로벌화는 주류 문화를 빠른 속도로 등질화해 나감에 따라, 개인적 장소와 공동체의 의미와 독특성은 점차 약화되었다. 이 결과 일부 소비자 사이에서는 도시의 장소감을 보전하고 발전시키려는 관심이 점차 증대되었다.

정치적 변화와 사회공간 변증법

앞의 변화가 내포하는 문제와 위험은 결과적으로 주요 정치적 사안들로 나타나게 되었다. 경제 재구조화는 다양한 차이를 점차 지리적 · 구조적 경계에 따라 분리시킴으로써 계급 관계를 재편했다. 노동시장은 더욱 분절화되었고, 성장과 쇠퇴의 차별적인 과정이 지속되고, 경제적 · 사회적 권력 균형의 변화가 정치경관을 재형성함에 따라, 결과적으로 정치적 긴장 상태가 상존하게 되었다.

이러한 맥락에서 특히 중요한 것은, 복지국가가 비정상적으로 높은 세율, 재정 적자, 근로 및 저축 의욕 감퇴, 비생산적 노동계급의 확대를 야기했을 뿐만 아니라 사회의 '문제' 집단에 대해 '부드러운' 태도를 장려했었다는 생각이 1980년대와 1990년대에 널리 확산되었다는 점이다. 역설적이게도, 당시 이러한 이데올로기가 선거 전략에 동원되었던 것은 이전 시기의 복지국가가 물질적 박탈이라는 유령이 임박했음을 유권자들의 머리에서 지우는 데 성공했기 때문이다. 결과적으로 복지국가의 예산 지출에 있어 우선순위는 국가의 역할을 최소화하는 **신자유주의 정책**(neoliberal policies)에 의해 대체되었는데, 이들은 자유시장이 경제 조직뿐만 아니라 정치적 · 사회적 삶의 이상적인 상태에 가장 바람직하다고 보았다(Brenner, 2002). 공적 부문의 쇠퇴는 주거와 공공 서비스의 사유화 등을 야기함으로써 도시경관에 중요한 변화를 가져왔다. 한편, 탈산업화와 경기 후퇴로 사회공간적 불균형이 가속화되었다. 이 결과 내부도시의 정치 동학이 변화되었고, '전통적인' 노동계급의 정치는 역량과 호소력을 잃어가면서 지방정치라는 '새로운 물결'에 의해 대체되고 있다(5장 참고). 신자유주의는 1980년대 초반 이후 서구 경제를 뒤흔들어 왔는데, 과연 신용경색으로 인해 금융 시스템에 이루어진 막대한 공적 개입이 향후 (도시 구조에 영향을 미치는) 다른 정책 영역들도 급진적으로 재편할지는 두고 볼 일이다.

요약

1.1 현대 도시를 이해하는 데에는 계량적, 행태주의, 구조주의, 포스트구조주의와 같은 여러 접근법이 있다.

1.2 도시는 사회공간 변증법을 반영하는데, 이는 사람들이 도시 공간을 바꾸는 동시에 도시 공간이 사람들을 조건화하는 쌍방향적 과정을 의미한다.

1.3 도시구조는 도시를 둘러싼 경제적, 인구학적, 문화적, 정치적 배경을 반영한다. 따라서 북아메리카의 도시는 유럽의 도시와는 상이한 특징을 보인다.

주요 개념

계량적 접근
고전 마르크스주의
구조주의
규범적 추론
글로벌 도시
글로벌화
기능주의 사회학
담론
데카르트적 접근
마르크스주의 이론
문화
문화적 근시안
문화적 전환
빈곤의 여성화
사유주의
사회공간 변증법
사회적 임금
세계도시
신고전주의 경제학
신마르크스주의 접근
신자유주의 정책
신포드주의
인간 행위주체성
재중심화
집합적 소비
탈산업사회
탈산업화
탈중심화
파편적 도시성
포스트구조주의 접근
행태주의 접근
현상학

읽을거리

사회공간 변증법

Soja, E. (1980) The socio-spatial dialectic, *Annals of the Association of American Geographers*, **70**, 207-25

Soja, E. (1989) *Postmodern Geographies* Verso, London (Chapter 3)

도시 연구 관련 읽기 교재

Bridge, G. and Watson, S. (2002) *The Blackwell*

City Reader Blackwell, Oxford

Bridge, G. and Watson, S. (2003) *A Companion to the City* Blackwell, Oxford

Fyfe, N. and Kenny, J.T. (eds) (2005) *The Urban Geography Reader* Routledge, London

Le Gates, and Stout, S. (eds) (2003) *The City Reader* (3rd edn) Routledge, London

Lin, J. and Mele, C. (eds) (2005) *The Urban Sociology Reader* Routledge, London

도시지리학자를 위한 사전 및 용어집

Hubbard, P., Kithchin, R. and Valentine, G. (2004) *Key Thinkers on Space and Place* Sage, London

Johnston, R., Gregory, D., Pratt, G. and Watts, M. (2000) *The Dictionary of Geography* Blackwell, Oxford

McDowell, L. and Sharpe, J.P. (eds) (1998) *A Glossary of Feminist Geography* Arnold, London

도시지리학 개론서

Badcock, B. (2002) *Making Sense of Cities: A geographical survey* Arnold, London

Berry, B. and Wheeler, J. (2005) *Urban Geography in America, 1950-2000: Paradigms and personalities* Routledge, London

Dear, M. (2000) *The Postmodern Urban Condition* Blackwell, Oxford

Hall, P. (1997) *Cities of Tomorrow* (2nd edn) Blackwell, Oxford

Hall, P. (1998) *Cities in Civilization* Phoenix Giant, London

Hall, T. (2006) *Urban Geography* (3rd edn) Routledge, London

Hall, T., Hubbard, P. and Rennie-Short, J. (2008) *The Sage Companion to the City* Sage, London

Knox, P. (1993) *The Restless Urban Landscape* Prentice Hall, New York

Latham, A., McCormack, D., McNamara, K. and McNeill, D. (2009) *Key Concepts in Urban Geography* Sage, London

Lin, J. and Mele, C. (eds) (2004) *The Urban Sociology Reader* Routledge, London

McNeill, D. (2004) *New Europe: Imagined spaces* Arnold, London

Olds, K. (2001) *Globalization and Urban Change* Arnold, London

Pacione, M. (2005) *Urban Geography: A global perspective* (2nd edn) Routledge, London

Paddison, R. (2000) *Handbook of Urban Studies* Sage, London

Parker, S. (2004) *Urban Theory and the Urban Experience* Routledge, London

Savage, M. and Warde, A. (1993) *Urban Sociology, Capitalism and Modernity* Macmillan, London

Short, R.R. (2006) *Urban Theory: A critical assessment* Palgrave Macmillan, Basingstoke

Soja, E. (2000) *Postmetropolis: Crtical studies of cities and regions* Blackwell, Oxford

사회지리학

Pain, R., Fuller, P., Gough, J., McFarlane, R. and Mowl, G. (2001) *Introducing Social Geographies* Arnold, Oxford

Panelli, R. (2004) *Social Geographies: From difference to action* Sage, London

Valentine, G. (2004) *Social Geographies: Space and society* Prentice Hall, Harlow

문화지리학

Holdsworth and Mitchell (eds) (1998) *Cultural Geography: A reader* Arnold, London

Crang, M. (2003) *Cultural Geography* (2nd edn) Routledge, London

국제 저널

- *Annals of the Association of American Geographers**
- *Antipode**
- *Area**
- *Australian Geographical Studies**
- *Built Environment**

- *Canadian Geographer**
- *Capital and Class**
- *Children's Geographies**
- *Cities*
- *City: Analysis of urban trends, Culture, theory, policy, action*
- *Cultural Geographies**
- *Economic Geography**
- *Ecumene**
- *Environment and Planning A**
- *Environment and Planning C (Government and Policy)**
- *Environment and Planning D (Society and Space)**
- *Ethics, Place and Environment**
- *Ethnicities**
- *European Planning Studies**
- *Gender, Place and Culture**
- *Geoforum**
- *Geografiska Annaler**
- *Housing Studies**
- *International Journal of Urban and Regional Research**
- *International Planning Studies**
- *Journal of the American Institute of Planners**
- *Journal of the American Planning Association**
- *Journal of Property Research**
- *Journal of Historical Geography**
- *Journal of Social and Cultural Geography**
- *Journal of Urban Affairs*
- *Journal of Urban Design*
- *Journal of Urbanism*
- *Local Economy**
- *Local Government Studies**
- *New Community**
- *New Zealand Geographer**
- *The Planner**
- *Planning Practice and Research**
- *Policy and Politics**
- *Political Geography**
- *Population, Space and Place**
- *Professional Geographer**
- *Progress in Human Geography**†
- *Progress in Planning**
- *Regional Studies**
- *Scottish Geographical Magazine**
- *Service Industries Journal**
- *Social and Cultural Geography*
- *Space and Culture**
- *Space and Polity**
- *Tijdschrift voor Economische en Sociale Geografie**
- *Town and Country Planning**
- *Tourism Geographies**
- *Transactions of the Institute of British Geographers**
- *Urban Affairs Quarterly*
- *Urban Geography*
- *Urban Policy and Research*
- *Urban Research and Practice*
- *Urban Studies*

* 도시와의 관련성이 다소 낮은 편임.
† 인문지리학의 모든 측면을 포괄하는 리뷰 논문이 많이 게재된 중요한 저널임.

주 : 이 저널 외에도 도시에 관한 많은 훌륭한 저널이 있음을 염두에 두어야 함.

제 02장

도시생활의 경제적 맥락 변천

핵심 문제

- 전산업시대 도시의 주요 특징은 무엇인가?
- 산업자본은 도시구조에 어떠한 영향을 미쳤는가?
- 포드주의 도시가 의미하는 것은 무엇인가?
- 신포드주의는 도시구조에 어떻게 영향을 미쳤는가?
- 글로벌화가 도시사회지리학에 미친 영향은 무엇인가?
- 신기술은 도시 형태에 어떤 영향을 미칠 것으로 예상되는가?

이 장에서는 경제 구조의 변화가 서구 도시구조에 미친 영향을 살펴보고자 한다. 경제적 측면에서 도시구조를 파악하는 이유는 경제 시스템이 도시 형태와 도시사회지리학에 결정적인 영향을 미치기 때문이다. 이에 대한 구체적 설명은 전산업시대 경제로부터 시작하여, 전통적인 산업시대 도시의 자본주의 경제를 거쳐, 후기 산업도시인 현재의 개발을 통하여 살펴보고자 한다. 시대별로 문화가 도시구조에 큰 영향을 미쳤으나, 문화는 3장에서 포괄적으로 다루어진다.

2.1 전자본주의, 전산업시대 도시

18세기 자본주의 경제의 출현과 19세기 산업혁명이 일어나기 이전의 중상주의 경제 시스템이나 중세 봉건주의의 경직된 사회 질서 속에서는 도시 규모가 적을 수밖에 없었다. 비록 고대 거주지에 대한 우리의 지식이 상당히 부족하더라도, 초기 거주지의 구

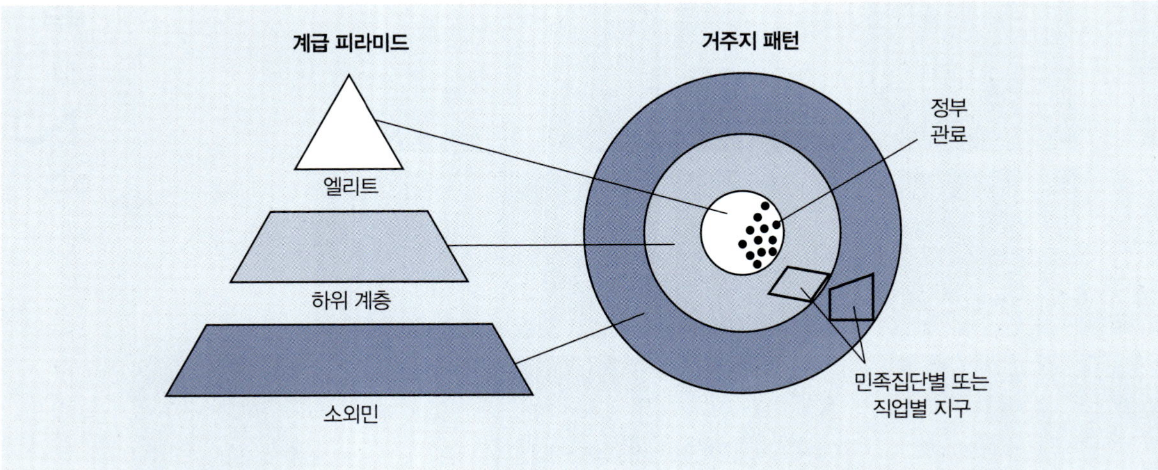

그림 2.1 쇼베르그의 전산업도시의 사회 및 지리 구조에 대한 이상 모델
출처 : Radford(1979), p. 394.

조가 매우 다양했다는 것은 당연하게 인식된다. 쇼베르그(Sjoberg, 1960)는 **전산업도시**(preindustrial city) 사회지리학의 이상적 모델을 제시하였다(그림 2.1 참고). 기본적으로 산업화 이전의 도시 공간은 소규모 엘리트의 거주지역과 대규모 하위 계층 및 소외민의 거주지역으로 분리되어 있었다. 엘리트 계층(그 시대의 기준에 따라)은 쾌적하고 배타적인 중심부에 거주하였고, 하위 계층과 소외민은 환경이 좋지 못하고 쓰레기가 널려 있는 주변부에 살았다.

쇼베르그에 의하면, 엘리트 계층은 도시의 종교적, 정치적, 행정적 및 사회적 기능을 통제하는 사람들이었다. 일반적으로 상인은(심지어 부자들도) 엘리트 계층에서 배제되었는데, 왜냐하면 돈과 세속적 이익에 집착하는 것은 지배 집단의 종교적 · 철학적 가치와 일치하지 않기 때문이었다(Sjoberg, 1960, p. 83). 이러한 가치에 따라 엘리트 계층은 도시 중심에 위치하였던 행정, 정치, 종교 기관의 근처에 거주하는 것을 선호하였고, 이로 인하여 도시 중심부는 배타적이고 부유층의 핵심지역으로 성장하게 되었다. 시간이 흐르면서 엘리트 계층은 점차 도시의 다른 지역과 분리되었는데, 이는 한편으로는 중심부 이외 도시지역의 환경이 좋지 못했기 때문이었고, 다른 한편으로는 엘리트 계층의 친분 유지와 엘리트 구성원 간의 결혼에 의한 결속이 도시 중심부를 중심으로 이루어졌기 때문이다.

이러한 도시구조는 도시마다 차이가 있었으나, 전반적으로 도시의 주변지역에 하위 계층이 거주하였다. 도시의 주변지역에서는 다양한 부류의 장인들이 특정 공간에 집적하면서 독특한 사회경제적 클러스터를 발달시키기도 하였다. 이러한 클러스터는 구성원들의 결집과 공간적 집적을 유도하는 길드(guild)와 같은 사회적 조직에 의해 더욱 강화되는 경향이 있었다. 반면에 가난한 사람, 소수민족집단 및 종교적 소수자, 악취를 풍기는 일에 종사하는 사람(예 : 염색), 천한 일(수레 끌기, 청소 또는 행상)에 종사하는 사람들은 도시 외곽에 넓게 분포하고 있었으며, 대개 열악한 주거지역에 밀집하여 거주하는 경향이 있었다. 표 2.1은 전산업시대 도시에 관한 쇼베르그의

구 도시 형태의 모습 : 벨기에 헨트(Ghent)의 주거지 도로 패턴(사진 : Paul Knox)

이상적 모델을 요약한 것이다.

도시 중심부로부터 거리가 멀어짐에 따라 주거 환경과 소득수준이 떨어지고, 중심부는 도시 외곽의 넓은 주변부에 의해 둘러싸인 배타적인 공간으로 존재하는 것이 전산업시대 사회지리학의 특성이었다는 쇼베르그의 주장에 대해 밴스(Vance, 1971)는 반대 의견을 제시하였다. 밴스는 전산업시대 도시구조는 장인 길드의 사회적 및 경제적 조직의 상호 관계에 의해 유사한 직업이 특정 공간에 집적되면서 나타났다고 본다. 밴스에 의하면, 초기 도시는 서로 다른 유형(철공, 목재, 직물 등)의 장인 집적지구가 형성되면서 다수의 중심지를 갖게 되는데, 하나의 장인 집적지구에는 가게, 작업장 그리고 다양한 유형의 사람들이 거주하고 있었다고 한다. 길드 멤버십에 의한 정치적, 사회적 및 경제적 이익은 공간적 연합으로부터 파생되는 외부경제를 발달시켰는데, 이러한 외부경제는 숙련된 장인 중심적 가부장적 사회 시스템 속에서 살아가는 사람들이 한 지역에 집적하면서 나타난 것이었다.

다양한 장인지구에서 주거, 작업장 및 창고와 같은 공간 활용은 수평적이 아니라 수직적으로 나타났다. 즉, 1층은 작업장이고, 2층은 장인 가족의 주거 공간, 그리고 층을 올라가면서 창고와 기능인, 견습생 및 하인의 숙소가 있었다. 쇼베르그와 마찬가지로 밴스는 전문화된 장인 거주지 너머에는 가난한 하층계급이 거주하고 있었으며, 도시의 중심부는 엘리트 계급이 거주하였다고 본다. 그러나 쇼베르그와 달리 밴스는 엘리트 계층이 도시사회지리에 미친 영향은 적었다고 보는데, 그 이유는 계급과 위상의 계층화에 의해서가 아니라 다양한 장인지구의 모자이크에 의해 도시 공간의 차이가 나타났다고 보기 때문이다. 그는 계급과 위상을 도시 공간의 수평적

표 2.1 쇼베르그의 전산업도시에 대한 이상적 모델의 특성

■ 비활성화된 권력 토대	■ 도시는 세 가지 계층으로 구분됨
■ 노예노동에 대한 의존	■ 사회는 영토의 주권자를 가짐
■ 도시의 인구 적음	■ 경직된 계급 구조
■ 총인구 중 도시 거주 인구의 비율이 낮음	■ 소외민 집단의 존재
■ 도시는 담으로 둘러싸임	■ 계급에 따른 예절, 의상 및 말하기 차이는 계급 분화를 심화시킴
■ 도시는 중요한 내부 성곽을 가짐	■ 장인과 상인 길드
■ 봉건적 엘리트가 지배	■ 시간은 조절되지 않음
■ 엘리트는 전통적 가치관에 의해 고립	■ 신용이 개발되지 못함
■ 엘리트는 독특한 생활양식을 가짐	■ 주거 환경은 중심으로부터 거리에 따라 나빠짐
■ 다른 계층이 엘리트로 진입하기 힘듦	■ 엘리트 계급이 도시 중심을 차지
■ 엘리트는 대가족 구조를 가짐	■ 도시의 핵심부는 상징적 장소를 가짐
■ 엘리트는 여가를 선호했고, 산업과 통상을 무시함	■ 소외민은 도시 주변부에 거주함
■ 엘리트 여성은 나태함	■ 주변부에 파트타임 농부가 존재
■ 교육은 엘리트 계층에 한정됨	■ 도시 내부에 민족 거주지가 형성
■ 상인 계층은 엘리트 계층에서 배제됨	■ 주거지역은 소유에 의해 차별화됨
■ 상인은 낯설고 이단적 사고를 퍼뜨리는 사람으로 인식	■ 토지이용의 기능적 전문화가 미약
■ 성공한 상인은 엘리트 계층의 상징을 획득하기 위해 부를 사용함	

출처 : Sjoberg(1960); Radford(1979).

구조보다는 수직적 구조에 영향을 미치는 요소로 본다.

사회사에 대한 연구에서 흔히 볼 수 있듯이 앞에서 언급한 전산업시대 도시에 관한 두 가지 설명 중 어떤 것이 보다 정확한지에 대한 증거는 불충분하나, 두 학자의 공통점으로부터 상식적 합의를 도출하는 것이 필요하다. 두 학자는 물리적인 모든 것이 인간 스케일이었던 도시를 묘사한다. 즉, '걷는 도시(walking city)'의 형태 속에 가부장적 및 가족적인 구분에 의해 일(직업)이 조직되었고 가정과 직장 사이의 거리는 멀지 않았다. 두 학자의 연구는 전통적이고 본질적으로 비물질적인 가치체계에 기초한 불변적인 사회적 질서에 따른 도시구조를 언급하며, 이 연구들은 비록 강조하는 점은 다르지만 도시 중심에는 애국적인 엘리트의 거주지가, 중간부에는 직업은 다르나 사회적으로는 혼합된 거주지가, 그리고 외곽부에는 매우 가난한 사람들의 거주지가 분포하고 있었다고 본다.

2.2 산업도시의 성장

산업도시는 전산업시대의 도시사회적 또는 도시 형태적 특성과 차이가 있다. 볼로냐(Bologna), 브루게(Bruges), 노르위치(Norwich), 스털링(Stirling)은 성, 성당, 궁정 및 정부 기관의 건물, 그리고 주거 형태가 전산업시대의 특징을 유지하고 있다는 점에서 행운이다. 에그모르트(Aigues Mortes), 베른카스텔

(Bernkastel), 러들로(Ludlow)와 같은 도시는 산업도시로의 변화에서 제외되면서 전산업도시의 모습을 상당 부분 유지하고 있다. 물론 위생시설과 건물의 개조가 있었지만, 우편엽서에서 볼 수 있는 길의 모습을 하고 있다. 많은 산업도시는 사실상 이전의 토대 없이 새롭게 형성된 것으로 새로운 경제적 논리의 부산물이다. 산업도시는 전산업도시의 모델과는 달리 부자가 도시구조상 과거에 가난한 사람들이 거주하던 도시 외곽에 거주한다. 전산업도시의 직업별 클러스터에 의한 거주지의 차별화가 사라지고, 신분, 가족 구조, 민족 및 생활양식에 따른 거주지의 차이가 나타난다. 도시에서 권력과 신분은 전통적 가치에 의해 결정되는 것이 아니라 부에 의해 결정되며, 토지의 소유권과 이용은 분리되었고, 직장과 가정이 공간적으로 분리되고, 가족 구조에서의 변화가 나타났다.

이러한 변화의 주된 원인은 경제적인 것으로, 이는 산업혁명에 의한 기술에 의해 지지되고 생산과 교환의 주된 수단으로서 등장한 자본주의의 출현에 기인한다. 아마도 자본주의와 새로운 생산 시스템(공장)의 출현에 의한 가장 근본적인 변화는 산업자본가와 비숙련 공장 노동자라는 새로운 사회적 집단의 출현이었다. 이들 집단은 각각 신 엘리트와 무산 계급의 토대를 형성했고, 기존의 사회적 질서는 바뀌게 되었다. 개인에 의한 자본축적이 도덕적으로 인정되었을 뿐만 아니라 신분과 권력을 구분하는 기준이 되었으며, 기업가는 도시에 새로운 유물론적 가치체계를 도입했다.

새로운 공장, 창고, 상점, 사무실의 최적 지점을 위한 경쟁은 토지이용에서 결정적인 변화를 가져왔다. 토지는 전통적인 사용자 그룹에 의해 이용되는 것이 아니라 최고 지대수익을 얻기 위한 수단으로 사용되었다. 공장과 상업지구의 토지는 보증되었고, 노동자와 그들의 가족을 거주시킬 수 있는 대규모의 주거지대가 출현했다. 가정이 더 이상 작업장의 역할을 하지 않게 됨에 따라 도시구조의 차별화가 나타나게 되었고, 주거지대는 입지 차이에 따른 지대 차이에 의해 가치가 달라졌다. 돈에 의한 사회적 지위가 형성되면서 사회적 지위는 지대 지불(rent-paying) 능력과 비슷하게 인식되었고, 그 결과 이웃은 신분의 분업이 만든 결과물이었다.

빌딩의 규모와 질이 가격 및 건축업자의 수익과 직결되었는데, 토지가격이 낮은 하층민의 주택은 질이 낮게 건축될 수밖에 없었으며 한 장소에 밀집되는 경향이 있었다. 이와 동시에, 부자들은 도시 외곽의 신규 입지로 이동하게 되었다. 공장과 창고가 도시 내부의 인접지역에 입지하면서 공장 근처에 저소득층 주거지역이 확대되고, 부유층은 저소득층과의 사회적 차이는 거주 공간의 차이로 나타나야 한다고 인식하였다. 19세기 초반에 새로운 교통서비스가 도입되면서 부유층은 개발업자에 의해 새로운 수익 시장으로 개발된 교외의 신축 주택으로 이주하게 되었다.

의학기술과 의료서비스의 개선에 의하여 사망률보다 출산율이 높아지게 되면서 도시가 제공하는 기회의 범위와 숫자는 커지게 되고, 도시로 대규모 인구유입이 나타나면서 도시 성장률은 치솟게 되었다. 빌딩건축 기술에서 변화가 나타나면서 도시는 높이와 넓이의 변화를 경험했고, 도시 교통시스템의 개선과 함께 자본주의 경제의 주기적 성장은 성장단계의 연속을 야기했으며, 그 결과 산업도시는 서로 연결되었지만 각각 독특한 특성을 가진 교외지대를 갖게 되었다.

글상자 2.1

도시사회지리학과 관련된 주요 소설

이 글상자와 같은 다양한 글상자에서 우리는 도시생활의 변화하는 사회지리학과 관련된 몇몇 소설을 언급하고자 한다. 이 소설은 여러분에게 지적 자극뿐 아니라 흥미를 제공하기 위해 선별되었다. 이 중 많은 소설은 영화로 만들어졌고, 영화에 관한 글상자에서 관련 리스트를 참조하면 될 것이다.

- Bonfire of the Vanities(1987) : Tom Wolfe
  사우스 브롱크스에서 교통사고에 연루된 뉴욕 금융 중개자의 몰락을 중심으로 신자유주의 자본주의와 금융 탈규제화의 지나친 확대에 대한 비판을 담고 있다. 도시에서 민족적 긴장감과 계층 분화를 담고 있다.
- The Gapes of Wrath(1939) : John Steinbeck
  오클라호마 농촌과 캘리포니아 시골 농장을 중심으로 전개된 퓰리처상 수상작이다. 도시를 바탕으로 한 소설은 아니지만, 일반 사람들의 삶에 자유스러운 자본주의가 미치는 영향을 감동적으로 묘사하여 읽을 가치가 충분하다. 행복하게 끝을 맺는 영화와 달리, 정부 재정착 캠프에서 오클라호마 사람들에게 정착지를 제공하면서 조드(Joad) 집안은 사정이 악화되어 간다는 내용을 담고 있다.
- Hard Times(1954) : Charles Dickens
  디킨스의 고전적 소설로 초기 자본주의 도시에 의한 궁핍에 대해 다루고 있다. 가상적 도시인 코크타운(Coketown)에 대해 다루면서 디킨스의 인상적 특성을 잘 읽을 수 있다.
- The Jungle(1906) : Upton Sinclair
  고삐 풀린 자본주의의 쇼킹한 노출에 대한 것으로 시카고 정육업의 사례를 다루고 있다. 공공 의료의 법률 제정을 유도한 고전적이고 상당히 영향력 있는 소설이다.
- Love on the Dole(1933) : Walter Greenwood
  랭커셔 주 공장지대의 노동자 계층 삶을 다룬 소설이다.
- North and South(1855) : Elizabeth Gaskell
  빅토리안 시대 풍요로운 영국 남부와 대조되는 북부 밀 타운(mill town)의 불균형을 다룬 소설이다.
- Saturday Night and Sunday Morning(1958) : Alan Sillitoe
  1950년대 노팅엄의 노동자 계층의 한계를 묘사한 소설이다.

산업도시의 초기 공간구조 모델

19세기의 도시 연구가에게 도시를 연구함에 있어 가장 당황스러웠던 것 중의 하나는 계급에 따라 공간적 분리가 나타나고 있었다는 점이다. 이에 대한 대표적인 사례는 맨체스터에서 나타났는데, 이는 최초의 '충격도시(shock city)'에 해당한다. 아마도 계급에 따른 공간적 분리에 대하여 가장 잘 알려진 것은 엥겔스(Engels, 1844)가 쓴 『영국에서 노동자 계급의 조건(*The Condition of the Working Class in England*)』이란 책에서 다룬 맨체스터에 대한 연구일 것이다(이 책은 그의 친구 칼 마르크스의 이론에 대한 증거 자료를 제공한 것이다). 엥겔스는 도시 거주자가 부족한 맨체스터의 상업 중심지 외부지역이 다음과 같은 특징을 보인다고 하였다.

> 도시 상업 중심지는 평균 폭이 1.5마일 정도인 띠 모양의 혼합되지 않은 노동자 지구로 둘러싸여 있다. 이 띠의 외부에는 중상류층 부르주아 계급이 거주하는데, 중류 부르주아는 노동지구와 인접한 규칙적으로 건설된 거리에 거주하고 … 상위층 부르주아는 좀 더 거리가 떨어진 정원을 가진 빌라에 거주한다 … 자유롭고 시골적인 분위기에, 좋고 안락한 집에서, 승합자동차가 매 30분 또는 15분 간격으로 도시로 향하는 곳에 거주한다. (Engels, 1844, p. 80)

노동자 계급이 도시 중심에 거주하는 이러한 집중 패턴은 많은 빅토리안 도시의 전형적인 모습이 되었다. 1900년 런던은 도시의 상업 중심지에는 인구가 거의 살지 않는 네 가지 독특한 지대로 구성되었다. 찰스 부스(Charles Booth)는 『런던 사람들의 생활과 노동(*Life and Labour of the People of London*)』이라는 책에서 이들 지대의 특성을 상세하게 보여 주는 사회적 지도의 시리즈를 제공했다(Booth, 1903). 도시 내부의 가장 안쪽 지대는 서부의 부유층 거주지를 제외하고는 빈민 계층이 밀집되어 있었다. 두 번째 지대는 첫 번째 지대의 서부 지역보다 못살지만 대체로 부유층이 덜 밀집된 형태로 거주하는 특징을 보인 반면, 세 번째 지대는 중하류 계층에 속하는 단거리 통행자가 주로 거주했다. 도시 중심에서 가장 멀리 떨어진 네 번째 지대는 부유층만이 사는 특징을 보였다. 도시 중심 공간에 대한 치열한 경쟁은 토지 가격의 지속적인 상승을 가져왔고, 제조업은 상업지대로부터 운하, 강 및 철도를 따라 외곽으로 밀려나기 시작했다. 이로 인하여 도시구조는 쐐기형(V형) 또는 부채꼴 형태로 바뀌었다.

북아메리카의 도시도 지대 패턴의 공간구조를 나타내는 것이 일반적이나, 섹터마다 핵심 구성요소를 갖는 특징을 보인다. 미국의 시카고는 이러한 도시 구조의 전형적인 사례에 속한다. 20세기 초반 시카고 사회지리학의 이상적 모델은 도시지리학자들에게 도시의 사실과 허구를 이해하는 이론, 규범 및 출처에 대한 모판(seedbed)과 같았다(Robson, 1975, p. 4). 시카고의 도시구조에서 섹터(sector)와 지대(zone)가 뚜렷하게 구분되는데, 이는 노동이민자의 대량 이주와 철도의 급격한 발전에 기인하며, 철도는 도시 중심으로부터 외곽으로 부채꼴로 발전하면서 제조업의 회랑이 철도를 따라 형성되었기 때문이다. 도시 성장이 지속되던 시기에 방사상 회랑 사이에 발달한 주거 공동체는 도시사회학을 연구하는 시카고학파에 의해 그래픽으로 제시되었는데, 이는 도시 연구에서 생태학적 관점의 토대를 제공하게 되었다(7장 참고).

마르크스와 산업도시

칼 마르크스가 자본주의 사회에 대한 견해를 형성하고 있었을 때는 19세기 산업도시에서 급격한 변화가 나타나던 시기였다. 그의 연구에서 주요 개념은 사회의 하부 경제적 토대(산업자본주의 체계)로, 마르크스는 이것을 **생산양식**(mode of production)이라 했다. 생산양식은 두 가지 요소로 구성되는데, 첫째는 **생산력**(forces of production)으로 이는 생산과정을 지탱하는 기술이며, 둘째는 **생산의 사회적 관계**(social relations of production)로 이는 생산체계를 지배하는 소유권과 노동조합법에 대한 법률적 체계이다.

마르크스는 생산력이란 생산의 사회적 관계에 의해 유지되는 경향이 있어, 신기술이 나타날 때 신기술의 생산적 이용이 가능하기 위해서는 새로운 사회적 관계가 요구된다고 주장했다. 마르크스는 전산업시대의 사회적 관계는 새로운 무역 패턴과 산업기술의 성장으로 나타난 새로운 힘에 대처할 수 없다고 지적한다. 이런 관점에서 사회의 경제적 토대는 광범위한 사회적 제도[때로는 **상부구조**(superstructure)라고 불리는 것]의 체계가 형성되는 촉진제가 된다.

마르크스는 자신의(그리고 엥겔스의) 관찰을 자본주의 비판에 사용했다. 왜냐하면, 빅토리안 도시에서 노동의 과도한 공급에 의해 임금은 매우 낮았기 때문이다. 그 당시 지배적인 경제적 통념은 이러한 낮은 임금은 정당하고 공정한 것으로 보았는데, 왜냐하면 낮은 임금이 가장 효율적인 결과(균형 유지를 위한 공급과 수요의 교차)를 가져온다고 보았기 때문이다. 그러나 마르크스는 상품가격은 상품의 **교환가치**(exchange value: 시장에서 가치가 있는 정도)에 의해 결정되는 것이 아니라 **사용가치**(use value: 인간의 필요를 충족시킬 수 있는 정도)에 의해 결정된다고 본다. 노동자가 재화를 생산하면서 받은 임금과 재화가 시장에서 팔리는 가격의 차이를 마르크스는 **잉여가치**(surplus value)라 했다. 그의 **노동가치론**(labour theory of value)에 의하면, 시장의 교환가치보다는 상품가격이 생산에 참여하게 되는 사회적으로 필요한 노동의 양을 반영한다. 이러한 관점을 통해 마르크스는 공장 소유자가 막대한 이익의 형성과정에서 신규 산업노동자로부터 잉여가치가 착취되고 있다고 주장했다. 이러한 이익은 자본투자의 위험 부담에 대한 공정한 보상이라기보다 노동자가 생산한 부를 부도덕하게 자본가가 소유하는 것이라고 보았다.

이런 착취 관계는 연속적인 **생산순환**(circuit of production)으로서 설명된다. 이런 순환 관계는 노동력, 원료 및 생산수단에서 상품에 대한 자본 또는 현금 투자로써 시작되는데, 이는 보다 많은 상품을 생산하기 위해 사용되는 것이고, 그런 다음 시장에서 돈을 획득하기 위해 팔리게 된다. 그러므로 마르크스 접근에서 핵심 원리는 자본주의는 단순히 부에 대한 소유권을 의미하는 것이 아니라 사회적 관계 또는 제도적 배열의 체계에 해당하며, 이것이 궁극적으로 두 계급 사이의 갈등(자본 소유자가 보다 많은 부를 생산하기 위해 노동자를 지배하는)을 야기하게 된다고 본다.

노동가치론은 상당히 논란의 여지가 많은 것이며, 경험적으로 실험하기 힘든 것으로 입증되었다. 게다가 마르크스가 살았던 19세기 당시와는 너무 많은 것이 변했으며, 부가 은행, 연금 펀드 및 투자 신탁 사이에서 분산되면서 자본의 이윤은 개인 계급(비록 최고 부자들의 존재가 파악되지만)에 의해 확인하기 어렵게 되었다. 이제 기업은 한 개인에 의해 소유되지 않고, 생산체계에서 미숙련 육체노동자보다 숙련노동자 및 지식이 보다 중요해졌으며, 경제를 조절하는 데 있어 국가의 역할이 커져 가고 있다. 게다가, 20세기 말 공산주의 체제의 붕괴는 마르크스 설명이 정치적 이데올로기로서 그리고 경제적 효율을 촉진시키는 시스템으로서 보편적으로 실패한 것으로 인식된다. 그럼에도 불구하고 이 장의 뒷부분과 다음 장에서 설명하듯, 마르크스 견해를 지탱하는 기본 개념들은 서구 도시의 학자들에게 많은 영감을 주는 원천으로 작용하고 있다.

포드주의와 산업도시

1920년대부터 1970년대 중반까지 도시 변화를 분석하기 위해 사용된 주요 개념이 **포드주의**(Fordism)이다. 이 개념의 기원은 이탈리아 공산주의자인 그람시(Gramsci, 1973)까지 거슬러 올라가지만, **조절이론**(regulation theory)으로 알려진 프랑스 학자 그룹에 의해 광범위하게 사용되었다. 이 접근은 자본주의의 내재적 갈등과 모순에도 불구하고 왜 자본주의가 유지되는가를 이해하려고 시도한다. 조절이론가들은 그러한 긴장과 문제는 통상, 무역 및 노동관계, 그리고 이들 영역을 지배하는 다양한 제도적 활동에 관한 법률에 내재된 조절 메커니즘에 의해 극복된다고 본다. 때때로 이러한 다양한 조절 메커니즘은 안전성을 보여 주는데, 이때 **조절양식**(mode of regulation)이 나타난다. 조절이론에서 강조하는 것은 조절 메커니즘이 국가마다 상당히 다르다는 점이다. 하지만 시간이 지나면 다른 장소에서도 조절 메커니즘의 유사성이 나타나는 경향이 있다고 본다.

만약 우리가 보다 넓고 광범위한 관점에서 경제적 시스템을 바라본다면, 생산과 소비를 연결하는 데 도움을 주는 보다 일반적인 제도적 체계가 존재함을 알 수 있다. 이러한 광범위한 구조들이 이른바 **축적체제**(regime of accumulation)를 형성하며, 포드주의는 그러한 축적체제 중의 하나를 표현한 것이다. 포드주의는 최소한 세 가지 다른 방법에서 변화를 분석하는 데 사용될 수 있는 매우 포괄적인 개념이다. 즉, 포드주의는 첫째, 일하는 방식에서의 변화, 둘째, 산업생산이 조직되는 방식에서의 변화, 셋째, 사회 조직에서의 변화(특히 생산과 소비가 조정되는 방법)를 분석하는 데 사용된다.

일하는 방식으로서 그리고 산업을 조직하는 방식으로서 포드주의는 20세기 초 디트로이트에서 헨리 포드에 의한 자동차 대량생산 과정에서 나타난 공장 시스템과 관련된다. 포드는 초기에는 **테일러리즘**(미국 엔지니어 프레데릭 테일러의 이름에서 따온)을 따랐는데, 테일러리즘은 제조업에서 노동의 계획과 통제가 철저히 경영에 의해 움직이면서 노동자는 할당된 전문화된 직무에만 전념하도록 하는 생산 시스템이다. 이러한 전문화는 노동자의 시간과 움직임에 대한 연구(과학적 경영)를 통해 세심하게 분석되었다.

헨리 포드의 천재성은 이러한 테일러리즘을 이동 조립라인에 적용시키는 데 있었는데, 각각의 노동자는 조립라인에서 상대적으로 단순한 직무(가끔씩 전문화된 기계의 도움을 받으면서)를 수행하게 된다. 헨리 포드는 이동 조립라인에 대한 아이디어를 시카고 도살장 주변의 고기 운송 방법에서 착안했다. 사실은 공장의 수석 엔지니어였던 찰스 소렌센(Charles Sorensen)도 이러한 아이디어를 갖고 있었으나, 포드는 이러한 아이디어에 대해 처음에는 회의적이었다(Brandon, 2002). 조립라인에 대한 영감의 근원이 무엇이든지 간에, 이러한 제조방식에서의 새로운 접근은 생산성을 향상시키게 되어, 헨리 포드는 생산된 차의 가격을 종전의 반으로 줄일 수 있었으며, 노동자에게는 당시 근로자 평균보다 2배나 되는 일당 5달러를 지급하게 되었다.

신용체계의 사용과 결합되면서 포드주의의 효율적 시스템은 생산에서 혁명을 가져왔다. 이러한 성공은 한편으로는 T모델 승용차는 운전과 유지가 편하고 간단하여 소비자의 수요가 많았기 때문이고, 다른 한편으로 포드주의 생산체계는 유럽으로부터 많은 이주자가 집중된 미국 도시의 노동시장에 적합했기 때문이다. 조립라인에서 상대적으로 단순한 일은 영어 훈련 또는 지식에서 제한을 가진 이주자에게 적합했다. 헨리 포드의 공장 시스템은 **노동의 기술적 분업**(technical division of labour: 요구되는 직무의 분업)과 **노동의 사회적 분업**(social division of labour: 직무 수행이 가능한 기술을 가진 사람들의 분업)을 생산적으로 연결하는 결과를 낳았다. 그 결과는 대량생산의 제품과 개발을 위한 공급과 수요의 증가로 나타났다.

케인스주의와 포드주의의 장기 호황

비록 포드주의가 1920년대와 1930년대 소비재 재화의 급격한 생산 능력을 가져왔으나, 포드주의 생산체계는 당시 수요 부족에 의해서 위축되었고, 이는 대공황으로 알려진 경제 침체를 가져왔다. 그러나 2차 세계대전 후 25년 동안 생산과 소비에서 상대적으로 조화가 이루어지는 생산체계가 나타났다. 이 시기는 포드주의의 **장기 호황**(long boom)이라고도 불린다. 이 시기를 지탱하는 것은 경제학자 메이나드 케인스(Maynard Keynes)의 경제적 원리에 따르는 **케인스주의**(Keynesianism)라고 알려진 정부 정책이었다. 그는 자본주의 경제를 특징짓는 성장과 침체를 조절하기 위해 정부가 개입해야 한다고 주장했다. 특히, 정부는 침체기에 개인 소비재와 서비스에 대한 보다 효율적인 수요를 창출하기 위해 지출을 확대해야 한다고 보았다.

2차 세계대전 후 미국은 주정부 간 그리고 주정부 내 고속도로 건설에 대한 정부 지출에 의해 경제의 활성화를 경험하였다. 이러한 새로운 도로 건설은 수많은 도시 내부 거주자를 인구밀도가 낮은 교외지역으로 분산시키는 결과를 가져왔다. 이는 결과적으로 가정, 직장, 상점의 거리를 멀게 하는 결과를 낳았고, 자동차 산업의 성장을 부추기게 되었다. 건축업은 도로 건설뿐만 아니라 교외 주거지 건설에 의해 활성화되었고, 또한 텔레비전, 요리기구 및 냉장고와 같은 가정용 소비재 제품에 대한 수요의 급격한 증가를 가져왔다.

유명한 프랑스 도시 분석가 앙리 르페브르(Henri Lefebvre)에 영향을 받으면서 데이비드 하비(David Harvey)는 이러한 새로운 공간 배열과 자본주의 수요의 관계를 연결하는 이론을 정립했다. 하비(1978)는 이러한 대규모의 교외화는 자본의 1차적 순환(생산 시스템에 대한 투자)으로부터 2차적 순환(건조환경을 포함하는 다양한 소비자금)을 나타낸다고 주장한다(그림 2.2 참고). 이 순환 모델은 다양한 방식[하비가 **공간적 조정**(spatial fix)이라고 부른 방식을 포함하여]으로 이 시대의 자본주의 시스템을 설명하는 데 유용하다. 하비는 교외화는 한 가족이 다른 가족과 경쟁하고 소비재 제품을 통해 그들의 부를 표현하는 집착적 성향으로서 '**물신숭배**(commodity fetishism)'를 부추겼다고 주장한다. 이와 함께 대부분의 가정이 재산 구입을 위해 모기지(mortgage)를 활용하게 된 이후로, 급격한 변화를 원하지 않으면서 모기지를 활용하는 가구의 계급이 생성되면서 전체 사회경제 시스템이 안정되는 경향이 나타난다고 주장했다.

1장에서 언급하였듯이 포드주의 기간 동안 유럽의 도시에서 교외화 현상은 많이 나타나지 않았다. 그럼에도 불구하고 상대적으로 비싸지 않은 독일의 폭스바겐 비틀, 프랑스의 시트로엥 2CV, 이탈리아 피아트의 토폴리노, 영국의 모리스 마이너와 같은 유럽의 차량들과 유럽의 다양한 고속도로(아우토반, 오토루트, 아우토스트라다, 모터웨이) 시스템은 미국에서의 모델 T와 주정부 간 고속도로의 역할을 했다. 그러나 유럽 도시에서 자동차 수요 증대를 촉진시킨 것은 **복지국가**(welfare state)와 **복지국가주의**(welfare statism)의 발전이라고 할 수 있다. 복지국가는 구조와 범위 면에서 매우 다양하지만, 시장 메커니즘과 관련된 불균형 완화를 시도하는 공통적인 목표를 공유하고 있다. 영국의 도시에서는 도시 내부의 재생지역과 교외지역에서 공공주택[지방 공사 또는 카운실(council) 주택으로 알려진] 공급이 나타났다. 유럽 내륙도시에서 국가에 의한 주택 공급은 드물었으나, 국가의 지원에 의존하는 사회적 주택 형태가 있었다.

복지국가주의는 복지국가에 비해 공공 부문에 의한 재화와 서비스의 직접적인 공급이 많이 포함되는데, 완전고용, 최저 임금제, 안정적 작업 조건을 보장하는 광범위한 복지 시스템을 갖추고 있으며, **사회적 임금**(social wage)으로 알려진 저소득층을 위한 소득 이전 시스템이 포함된다. 13장에서 살펴보겠지만 최근 서구 정부는 이러한 복지제도를 줄이는

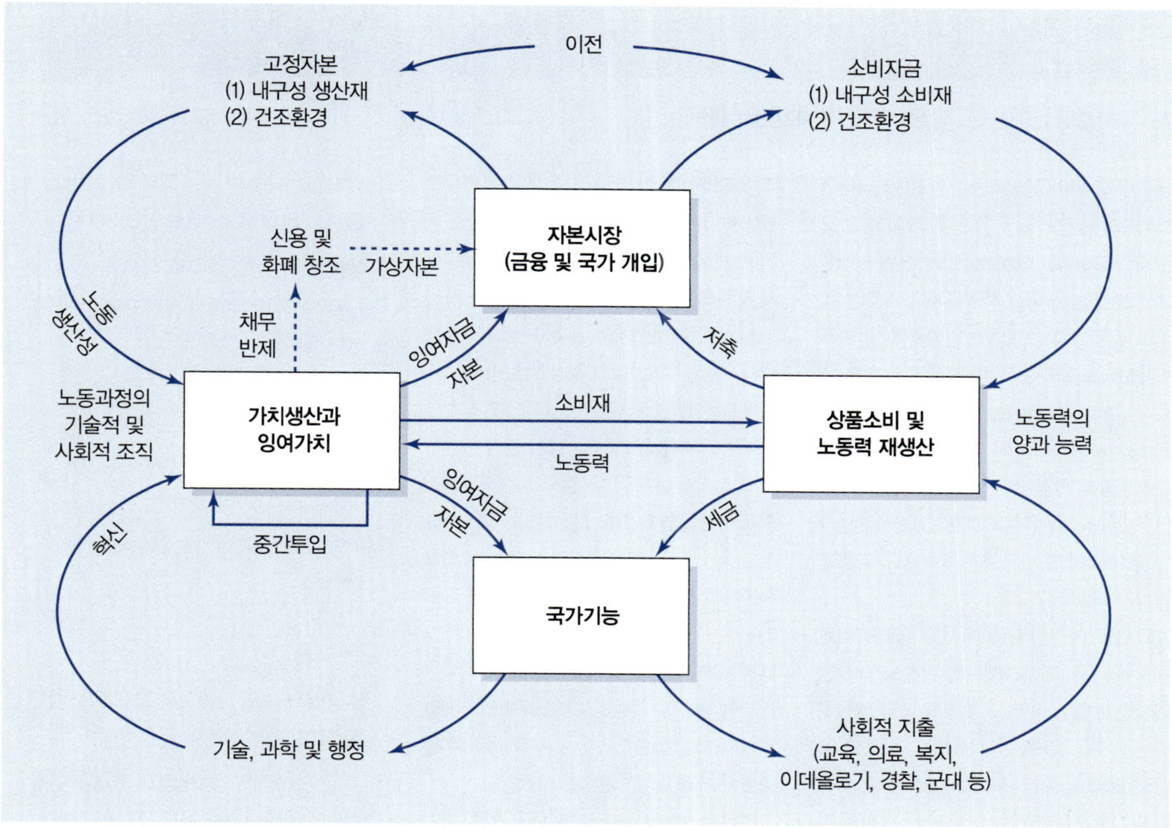

그림 2.2 데이비드 하비의 교외화에 포함된 자본순환 모델
출처 : Harvey(1982), Fig. 21.1, p. 408.

경향이 있으나, 포드주의의 장기 호황 속에서 복지국가는 소비자 수요를 확대하는 데 기여했다. 또한 이 시기의 상대적 풍요는 산업관계 시스템에 의해 유지되었는데, 노조와 집단 교섭은 노동자의 노력이 충분히 보상받을 수 있도록 보장해 주었다.

그러나 포드주의의 장기 호황에 대한 이상적 그림을 그리지 않는 것이 요구된다. 예를 들어, 자동차 조립라인과 같은 대규모 산업 부문의 일부가 상대적으로 높은 임금을 제공한 반면에, 다른 노동착취 공장에서는 그렇지 못했다. 게다가 여성, 소수민족, 다른 소외 그룹은 특정 경제 부문의 종사에서 제외되었다. 또한 이 기간 동안 경제의 성장과 침체는 주기적으로 나타났다. 예를 들어, 미국에서 자동차 판매는 1950년대 초반에 붐을 이루어 1955년에 정점에 이르렀으며, 1960년대 다시 붐이 일어나기까지 판매가 주춤했다. 그 당시 실업은 상대적으로 낮았고, 생산과 소비의 조화를 이끌어 주는 선순환이 나타나고 있었다. 그러나 1970년대 중반 이후 포드주의 시스템은 심각한 문제에 부딪히게 되었고, 이는 결과적으로 도시구조에 영향을 미치게 되었다.

글상자 2.2

도시사회지리학의 주요 사상가 – 도린 매시

데이비드 하비(글상자 1.1 참고)와 나이젤 스리프트(글상자 9.5 참고)를 제외하고, 도린 매시(Doreen Massey)만큼 인문지리학에 강한 영향을 미친 사람을 찾기는 힘들다. 최소한 영국에서 그녀의 영향력은 위의 두 학자보다도 크다는 주장이 제기될 수도 있겠다. 하비와 스리프트와 마찬가지로 매시의 도시사회지리학에 대한 공헌은 특별한 도시생활에 관한 연구에 의한 것은 아니지만, 인문지리학 발전에 대한 그녀의 전반적인 영향력이 도시사회지리학에도 영향을 미치게 되었다.

하비와 마찬가지로 매시도 공간경제의 개발에 대한 마르크스주의 관점으로 가장 인정받고 있다. 아마도 그녀의 가장 영향력 있는 연구는 1980년대 수행된 '**노동의 공간적 분업**(spatial division of labour)'에 따른 산업 재구조화의 영향에 대한 것일 것이다. 이젠 고전서가 된 『노동의 공간적 분업』(Massey, 1984)에서 매시는 경제는 지역적 부문별 전문화(지역이 디자인, 금융 또는 제조 분야와 같은 특정 제품의 생산에서 전문화되는 경향)에서 지역적 기능의 전문화(지역이 디자인, 금융 또는 제조 분야의 다양한 범위의 제품 생산에서 특정한 단계에 전문화가 되는 경향)로 전환되고 있음을 주장했다. 최근 많은 학자들은 비록 논쟁의 여지는 있으나, 신산업지구의 성장에 따라 지역적 부문별 전문화의 부활이 나타난다고 주장할지 모르겠다.

매시의 접근에서 가장 중요한 점은 전통적인 지역경제지리학으로부터 벗어나고, 웨버의 산업지리학에 영감을 받은 현대적 입지 분석으로부터 벗어나고, 경제활동에 대한 교통비용의 영향에 집착하는 연구로부터 벗어나 모든 의미에서 급진적 접근을 하는 것이다. 매시는 도시 및 지역 개발은 자본주의 경제 발전의 광범위한 기간(wave)이란 맥락에서 살펴야 한다고 주장한다. 그녀는 기반암의 층상과 같이 투자의 라운드는 다음의 재투자 시기에만 침식될 수 있는 경제활동의 층을 남겨 둔다는 유명한 지질학적 은유(비록 결국에는 중요하지 않게 받아들였지만)를 사용했다. 가장 중요하고 가장 논쟁적인 매시의 연구는 지역을 자본주의 힘에 의해 단순히 수동적으로 받아들이는 것으로 보지 않는다는 점이다. 그녀는 비록 자본의 힘이 결과적으로 독특한 경제적 변화에 적응하도록 하지만, 도시와 지역의 사람들은 이러한 경제적 변화에 반응할 여지가 있다고 본다.

인문지리학의 선도적 발전에 꾸준히 기여하면서 최근 매시는 관계적 또는 비스케일적 접근을 주장하는 핵심 지리학자 중의 한 사람으로 활동하고 있다. 이런 연구는 그녀의 또 다른 기념비적인 저술인 『공간을 위하여(*For Space*)』(2005)로 나타났다.

주요 관련 개념

축적, 소외, 생산순환, 페미니스트 지리학, 젠더, 로컬리티 연구, 마르크스주의 이론, 권력 기하학, 노동의 사회적 분업, 노동의 기술적 분업

더 읽을거리

Callard, F. (2004) Doreen Massey, in P. Hubbard, R. Kitchin and G. Valentine (eds) *Key Thinkers on Space and Place Sage*, London

Massey, D. (1984) *Spatial Divisions of Labour* Macmillan, Basingstoke(2nd edn 1995)

Massey, D. (1994) *Space, Place and Gender* Polity Press, Cambridge (contains reprints of many of her articles)

Massey, D. (2005) *For Space* Sage, London

관련 내용

2장 : 마르크스와 산업도시, 포드주의와 산업도시, 신포드주의

5장 : 현대 도시의 정치경제학에 대한 구조주의적 해석, 지방국가와 사회공간 변증법, 도시에서 사회정의에 대한 문제

6장 : 건축업자, 개발업자 및 이윤 탐색, 사회지리학의 조종 : 블록버스팅 및 젠트리피케이션

9장 : 공간적 실천을 통한 장소의 구성, 글상자 9.4 앙리 르페브르

10장 : 소외, 구조주의 이론, 글상자 10.2 관계적 지리학의 유용성은 무엇일까?

13장 : 도시 변화와 갈등, 집합적 패턴의 집합적 효과

2.3 오늘날의 도시

포드주의 체계가 어떻게 문제에 직면하게 되었는가에 대하여 많은 논쟁이 전개되고 있다. 가장 핵심적 문제는 포드주의 체계의 생산성 감소이며, 이 문제는 다양한 요인과 결합되어 나타나고 있다. 이러한 요인 중 가장 중요한 것은 다음과 같다.

- 연구와 개발에 대한 충분한 투자의 실패(특히 미국과 영국에서)
- 원자재 값의 인상(1974년, 1979~80년 사이 원유 가격의 급격한 인상)
- 대량생산된 재화의 과잉, 그리고 비슷비슷하고 품질이 좋지 않은 재화에 대한 소비자의 불만 고조
- 생산라인 구축의 고비용을 요구하는 포드주의 체계의 경직성
- 반복적이고, 지루하고, 고정된 조립라인에서 노동은 작업장의 단절을 야기하며 조잡하고 저질의 제품을 생산하게 됨
- 대립적인 노사 관계의 파생과 노동에 대한 불만 팽배
- 안전 및 환경 관련법의 적용에 따른 비용 부담 증가

이러한 문제의 결과로 포드주의와 케인스주의는 자체적으로 붕괴되었다. 어떤 측면에서 포드주의는 자체의 변화에 따른 희생이었는데, 대량 소비시장의 포화는 생산자로 하여금 수익을 위한 틈새시장, 포장 방법, 상품의 참신성 및 디자인에서의 변화를 유도했다. 케인스주의는 초국적기업의 글로벌화에 의한 조직화된 노동의 중요성 감소와 국가 정부의 권한이 축소되면서 그 효율성을 잃게 되었다. 포드주의와 케인스주의는 신경제[**신포드주의**(neo-Fordist) 혹은 포스트포드주의 시스템은 세계적 수준의 정보기술과 네트워크에 의해 지탱됨]와 **신자유주의**(neoli-beralism: 국가는 최소한의 역할만 수행해야 한다는 견해)에 의해 대체되었다. 국가, 주정부 및 지방정부는 신경제를 조절하거나 통제하는 어려움에 직면하였고, 중개자와 조절자로서 전통적인 역할을 잃게 되었다.

그러는 동안, 신자유주의 정책의 지지자들은 경제적 조직뿐만 아니라 정치적 및 사회적 생활을 위한 이상적 조건으로서 자유시장을 옹호하게 되었다. 물론, 신자유주의는 상당히 이상적인 것이다. 자유시장은 장소와 지역 사이에서 불균등 관계를 발생시켰고, 이로 인하여 근린지구에서부터 국가라는 공간 스케일에 걸쳐 경제적 불균형을 확대하는 결과를 야기했다. 신자유주의 정책 및 자유시장의 이상에 대한 추구는 서구 사회에서 당연한 것으로 인정되던 도시 건설 및 커뮤니티 개발의 기본 구조(공공재라는 광범위한 개념으로부터 조절적 환경에 대한 기초에 이르기까지)를 상당 부분 해체시키는 결과를 가져왔다. 그러는 동안, 글로벌화는 장소 및 물질적 소유의 상징적 자산이 매우 중요하게 인식되는 포스트모던 문화의 출현에 기여했고, 이 과정에서 장소는 소비의 중요한 대상이 되었다.

신포드주의

포드주의 시스템이 갖는 결정적인 문제는 시장 및 기술적 변화에 대한 대처에서 경직성을 보였다는 점이다. **유연성**은 포드주의 시스템을 신포드주의 시스템으로 수정함에 있어 나타나는 다양한 변화를 포괄하는 핵심 요소이다(표 2.2 참고). 특히, 유연성은

표 2.2 포드주의와 신포드주의의 이상적 형태 사이에서의 차이

포드주의	신포드주의
노동 과정	
비숙련 및 반숙련 근로자	멀티 숙련 근로자
단일 직무	다양한 직무
일의 전문화	직업 경계
제한된 훈련	폭넓은 직무 훈련
노동관계	
일반 또는 산업 노조	노조의 부재, 회사 노조, 파업 없음
테일러리즘	인간관계 경영
본사 단위의 임금협상	지방공장(지사) 단위의 임금협상
산업조직	
수직적으로 통합된 대규모 기업	준수직적 통합(하청), 탈중심화, 전략적 제휴, 소규모 비즈니스의 성장
기술	
단일 제품 생산	유연적 생산체계, CAD/CAM, 정보기술
조직화 원리	
표준화된 제품의 대량생산	소규모 배치 생산
규모경제(자원 중심)	범위경제(시장 중심)
대량 재고(just-in-case)	소량 재고(just-in-time)
조립 후 질적 검사	생산과정에서 질적 검사
제고품에 결함 부분 포함	불량 요소에 대한 즉각적인 폐기
임금 통제에 의한 비용절감	혁신을 통한 경쟁력 확보
소비양식	
소비재 재화의 대량생산	분화된 틈새시장
동일성과 표준화	다양성
입지적 특성	
공간적 노동분업에 의한 분산된 공장입지	유연적 산업지구에 산업의 집적
지역적 기능의 전문화	집적
부품의 전 세계적 수입	근접지역에서 부품 조달
대규모 산업도시의 성장	준주변부 지역에서 신산업공간의 성장
국가의 역할	
케인스식 복지국가	근로복지 국가
수요 중심의 경제 운영	혁신과 경쟁 중심의 경제
정부 지원	민영화, 탈규제
사회적 임금의 보호	자기의존의 강조
문제점	
인플레이션	실업률 증가
시장포화	노동시장 이중화
품질저하	사회적 양극화, 배제 및 긴장 심화
경직성	경제적 불안정에 의한 소비자 신용의 불안정성
단절된 작업공간	시장의 변화 심화
임금 상승과 생산성 향상의 불일치	
국가의 재정위기	

출처 : Pinch(1997).

변화하는 시장조건하에서 기업이 생산 수준과 형태를 조정하는 능력을 포함하는 것이다. 유연성을 증대시키는 방법 중의 하나는 새로운 기술[컴퓨터 지원 디자인 및 제조(CAD/CAM)] 사용의 증가를 통해 가능하다. 또한 노동력의 유연적 이용이 매우 중요하다. 이제 노동자들은 포드주의에서와 같이 한 업무에 전념하는 것이 요구되는 것이 아니라 다방면의 기술을 겸비할 것이 요구된다. 또한 노동력은 갈수록 **수량적 유연성**(numerical flexibility)의 원리를 따르면서 필요(예 : 시간제, 임시직, 용역 또는 하청 노동 등)에 의해 고용과 해고가 결정된다. 이는 그림 2.3에서 보는 바와 같은 이중 노동시장을 야기하게 된다. 포스트포드주의적 경제에서 기업은 가격에 토대를 두고 경쟁하기보다는 신뢰, 스타일, 혁신 및 브랜드와 같은 요소를 통하여 경쟁한다. 어떤 사람들은 이러한 변화들이 **유연적 축적**(flexible accumulation)으로 설명되는 새로운 축적체제를 구성한다고 주장하기도 한다.

노동시장의 핵심지역에는 좋은 근무조건과 혜택을 주는 상대적으로 안정적인 고소득 직업에 의해 기능적 유연성을 보상받을 수 있는 다양한 근로자들이 존재한다. 그러나 핵심지역의 주변부는 보상이 제한적이고, 직업이 불안정하고, 상대적으로 근무여건이 좋지 못하고, 수량적 유연성에 노출되는 2차적, 부수적 또는 주변부적 특성을 지닌 다양한 근로자들이 존재한다. 시간제, 용역 대행, 기간제 고용과 같은 노동 이용이 증대되는 현상을 **비정규직화**(casualization)라고 한다. 이는 노동시장에서 노동에 관한

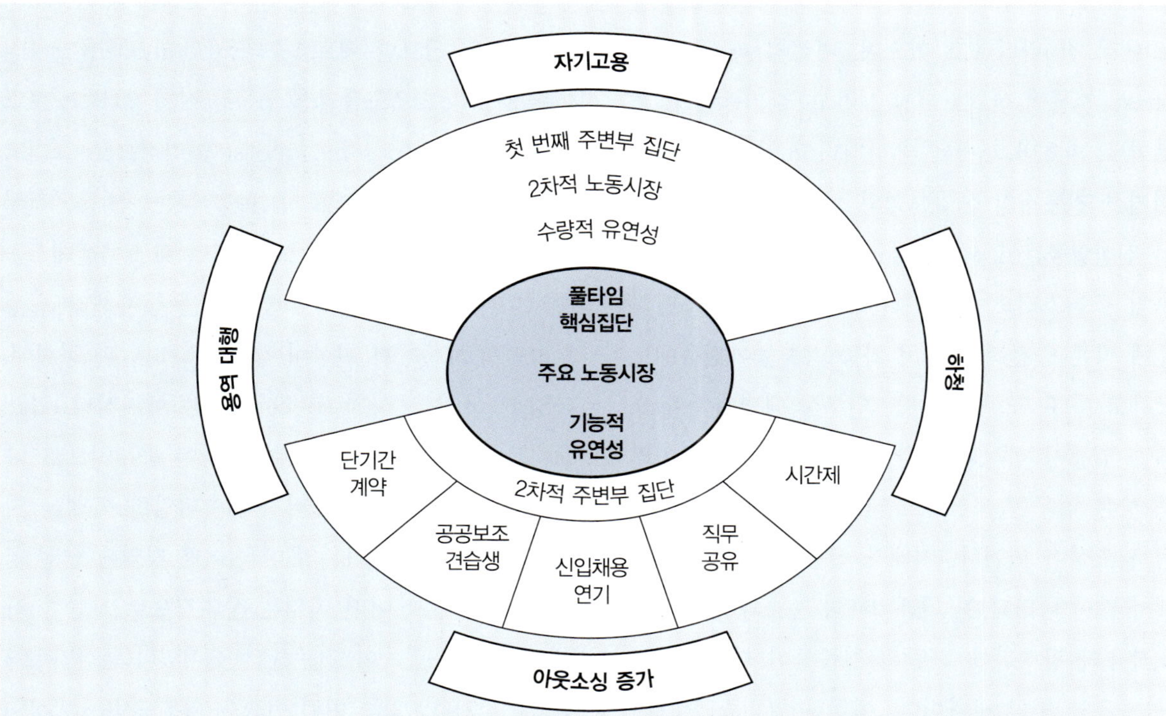

그림 2.3 신포드주의 경제에서 유연적 기업의 이상적 모델
출처 : Atkinson(1985), Fig. 2.1, p. 19.

효율성을 추구하는 모델이며, 이런 노동구조 속에는 노동 패턴의 다양한 변이가 존재한다. 예를 들어, 어떤 핵심적 일에 종사하는 근로자의 직업은 상대적으로 불안정할 수 있으며, 반면에 다수의 주변부 노동자는 그들이 원하는 한 안정적으로 일할 수 있다.

신포드주의하에서 도시 변화

신포드주의의 결과는 도시 변화에 중요한 영향을 미친다. 신포드주의 기술과 노동에서의 주요 특징 중의 하나는 제품 생산에 요구되는 노동자의 수가 줄어들었다는 점이다. 또한 표준화된 제품의 생산은 서구 도시가 아닌 다른 저임금 지역에서 이루어지고 있다. 그 결과로서 나타나는 것은 대규모의 **탈산업화**(deindustrialization)와 전통적 산업도시의 변화이다. 전통적인 중공업의 쇠퇴는 특히 영국의 하트랜드(heartlands: 미들랜드, 북부지역, 웨일스와 스코틀랜드)에서 잘 나타나고 있으며, 미국의 러스트벨트(rustbelt: 전통적 산업도시인 시카고, 클리블랜드, 디트로이트, 피츠버그)에서 잘 나타나고 있다.

이러한 전통적인 산업지역의 쇠퇴와 함께 나타난 것이 **신산업공간**(new industrial space)으로 불리는 신산업 클러스터의 출현이다. 고도 통신 시스템의 이용에 따른 공간적 분산의 가능성이 높아졌음에도 불구하고, 주요 교차지역에는 업무상 대면접촉이 요구되는 업종이 집적되는 경향이 커지고 있다. 이러한 현상은 업무상 복잡하고 다양한 지식이 상호 교환될 필요성이 있거나, 거래가 신용에 의존하는 업종에서 많이 나타난다. 거래비용의 축소와 대면접촉 상호작용의 활성화는 관련된 업종들이 클러스터를 이루는 요인 중의 하나이다. 이러한 클러스터의 대표적 사례 지역은 미국 캘리포니아의 실리콘밸리와 오렌지카운티 그리고 보스톤의 루트 128, 영국의 M4 코리더와 모토 스포츠 밸리, 제3이탈리아(볼로냐, 에밀리아, 아레조), 프랑스의 그르노블(Grenoble), 독일의 바덴-뷔르템베르크(Baden-Württemberg) 지역이다.

클러스터와 연관된 도시화의 특성은 입지하는 산업에 따라 달라진다. 미국의 캘리포니아와 남서부지역의 선벨트는 급격히 성장하면서 교외화가 광범위하게 발달하고 보수적인 정치 체제가 나타나는 특징을 보인다. 반면에 뉴욕, 파리, 밀란 및 런던 등의 주요 도시에서는 금융, 디자인 및 마케팅과 같은 산업에서 클러스터가 나타나고 있다. 한편, 유럽의 좌파 지방정부가 들어선 곳에서는 신발, 세라믹 및 의류 제품이 전문화되는 클러스터가 발달하고 있다.

로스앤젤레스는 새로운 유연적 축적체제에 의한 도시화가 나타나고, 미래 도시 형태의 선구적 역할을 하는 사례로 자주 언급된다. 소자(Soja, 1989)는 **포스트모던 글로벌 메트로폴리스**(postmodern global metropolis), **코스모폴리스**(cosmopolis), 그리고 **포스트메트로폴리스**(post-metropolis: 물리적으로 그리고 사회적으로 분절된 대도시)(1997)라는 용어를 적절하게 사용하여 왔다(그림 2.4 참고). 로스엔젤레스는 중심부가 신지구화경제로 연결되는 통제센터로 성장하면서 재중심화 현상이 강하게 나타남과 동시에, 다양한 차하 중심지(subcentre)와 **에지시티**(edge city)를 발달시키는 탈중심화 현상이 동시적으로 나타나고 있다. 이러한 교외지역은 다양한 특성을 지닌 잘 사는 지역은 아니었는데, 어떤 지역은 산업 및 상업지역이었고 어떤 지역은 상대적으로 가난한 사람 또는 소수민족이 거주하던 곳이었다(글상자 2.3 참고). 소자(1992)는 이런 현상을 **외부도시**(exopolis)의 개념으로 설명하는데, 외부도시란 거꾸로 뒤집어진 도시라는 의미이다. 이러한 도시 변화 속에서 인

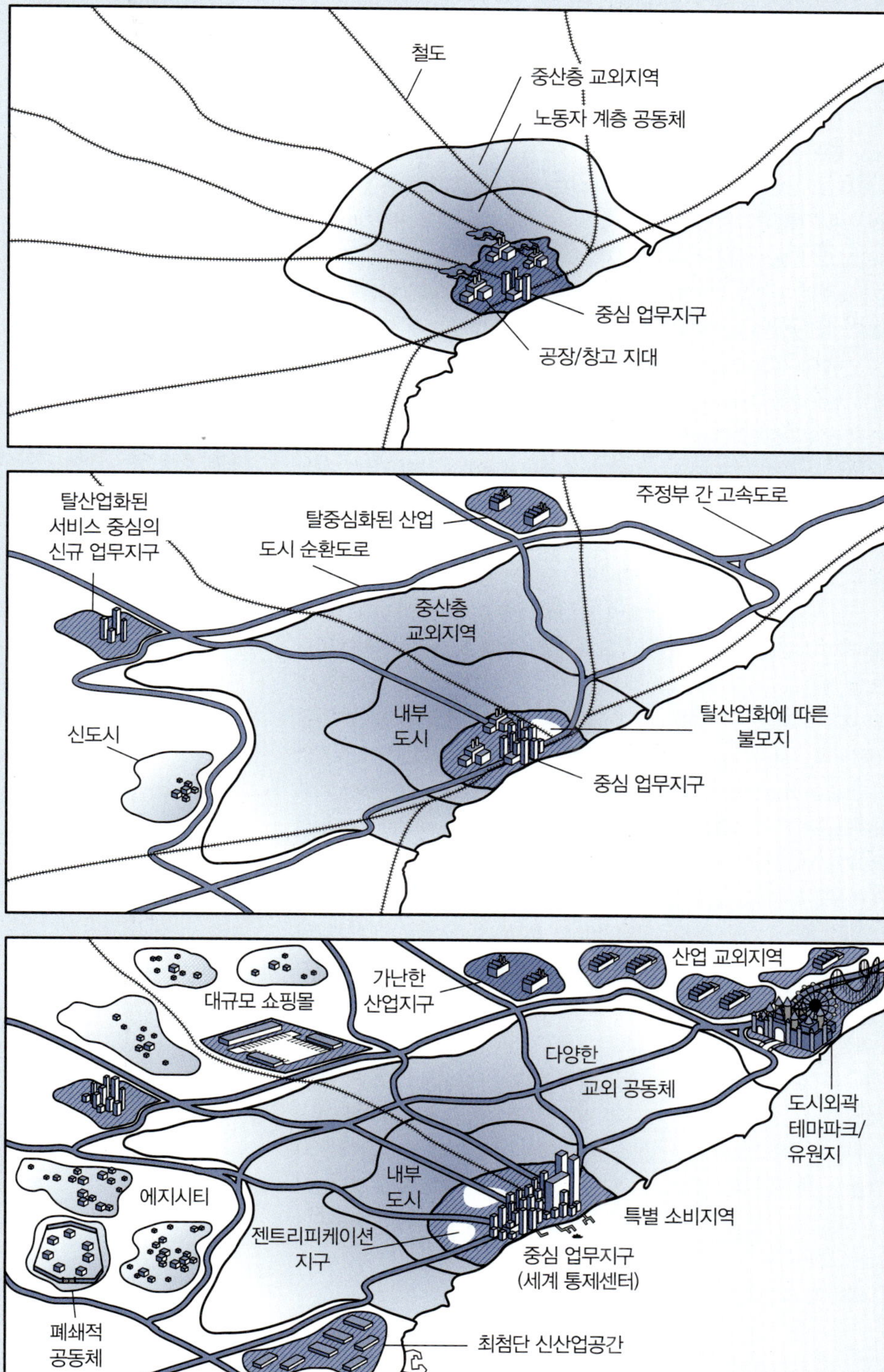

그림 2.4 전통 산업도시(1850～1945)(위), 포드주의 도시(1945～1975)(중간), 신포드주의 대도시(1975～)(아래)

글상자 2.3

도시사회지리학의 주요 경향 – 에지시티

최근 서구 도시에서 주요 변화는 현존하는 교외지역의 외곽에서 도시 개발이 전개되고 있다는 점이다. 이런 개발은 사람뿐만 아니라 고용, 서비스 및 소매활동이 도시 내부로부터 탈중심화되고 있음을 반영한다. 어떤 외곽지역은 새로운 정주공간을 형성하면서 도시 중심지역과 기능적으로 독립하여 존재한다. 이처럼 외곽지역에 다수의 정치적 및 행정적 권역이 존재하면서 도시의 자치권이 낮아질 수 있다. 도시외곽 개발은 대개 주요 고속도로가 교차하는 곳에서 이루어지는데, 워싱턴 DC의 타이슨스 코너가 가장 자주 언급되는 에지시티의 하나이다.

미국에서 에지시티에 대한 대중적 관심은 저널리스트 조엘 개류(Joel Garreau, 1992)가 쓴 책의 내용에 집중된다. 그는 다양한 비슷한 용어(예 : stealth city, technoburb, suburban downtown, cyberbia)가 있음에도 불구하고 에지시티(edge city)란 용어를 주조했는데, 에지시티는 다음과 같은 특징을 갖는 곳으로 정의했다.

- 460,000m^2 또는 그 이상의 임대 가능한 사무공간을 가짐
- 56,000m^2 또는 그 이상의 임대 가능한 소비공간을 가짐
- 침실보다 직업의 수가 많음(이곳이 단순히 통근자를 위한 침상도시가 아님을 보여 주는 지표)
- 사람들에게 한 장소로 인식됨
- 30년 전의 도시와는 차이가 있음

개류는 에지시티 거주자를 도시와 시골의 최상의 것을 결합시키면서 새로운 생활방식을 추구하는 혁신적 개척자로 표현한다. 아마도 이런 점이 그의 책이 잘 팔리는 이유인지 모르겠으며, 교외 거주자(이들은 많은 도시 연구자로부터 보수적이고 감각이 둔하다고 조롱받았다)가 찬양되고 있다. 최근에 버지니아공과대 도시 연구소(Virginia Tech's Metropolitan Institute)는 대도시 탈중심화가 어떻게 에지시티를 넘어 붐버브(boom-burbs)—사무공간의 밀집이 약하면서 빠르게 성장하는 교외 지구—를 생성하고, 또한 'edgeless city'(저밀도 상업 및 주거 개발의 스프롤이 나타나면서 물리적 경계가 약한 곳)를 생성하는지를 잘 보여 주었다.

도시 개발의 다른 맥락을 고려하면서 도시 연구자들은 유럽지역에서 외곽도시의 개념을 적용하는 데 신중을 기하고 있다. 유럽의 경우, 에지시티보다는 외곽도시지역(edge urban areas)이나 주변도시지역(peripheral urban areas)이란 용어가 선호되는데, 이는 유럽의 외곽지역은 미국보다 자치권이 상대적으로 약하기 때문이다. 유럽의 외곽지역 개발 계획은 지방정부 및 공공 부문의 적극적 참여를 통해 이루어지고 있다(Phelps & Parsons, 2003). 에지시티는 서구 사회에서 큰 관심을 보인 이슈였는데, 특히 일부 에지시티는 첨단기술 산업[비록 이런 산업이 때로는 Nerdistans(도시지역에서 기술 엘리트에 의해 다른 지역과 차별적으로 건설되는 곳)로 조롱받기도 하지만]의 입지에 따른 혁신의 원동력이었기 때문이었다.

주요 관련 개념

탈중심화, 외부도시, 대도시 분절화, 다핵모델, 신산업공간

더 읽을거리

Beauregard, R.A. (2003) Edge cities: peripheralizing the centre, *Urban Geography* **16**, 708–21

Garreau, J. (1992) *Edge City: Life on the new frontier* Random House, New York

Lang, R.E. (2003) *Edgeless Cities: exploring the elusive metropolis* Brookings Institution Press, Washington, DC

Phelps, N.A. and Parsons, N. (2003) Edge urban geographies: notes from the margins of Europe's capital cities, *Urban Studies* **40**, 1725–49

Phelps, N.A. Parsons, N., Ballas, D. and Dowling, A. (2006) *Post-Suburban Europe: Planning and politics at the margins of Europe's capital cities* Palgrave Macmillan, Basingstoke

관련 내용

9장 : 교외 근린지구 : 변형된 공동체?, 파편적 도시성과 교외세계의 다양성

13장 : 서비스와 어메니티에 대한 접근성, 서비스에 대한 탈중심화와 접근성, 도시 사회 지속가능성

간이 일관되게 하나의 실체에 소속된다는 느낌을 갖는다는 것은 힘들어진다.

유연적 축적체제하에서 나타나는 또 다른 주요 이슈는 사회적 양극화의 확대와 예방적 조치의 개발이라고 할 수 있다. 예방적 조치는 폭력과 범죄가 일상적으로 일어나는 환경 속에서 사회의 부유한 집단에 의해 나타난다. 이러한 방어적 조치들 중에서 눈에 띄는 것 중의 하나가 **벙커 건축**(bunker architecture)이다(이와 유사한 용어로 성채 건축, 요새 건축, 피해망상적 건축이 사용된다). 벙커 건축이란 게이트, 차단기, 담장, 경비원, 적외선 센서, 상황실, 움직임 탐지기 등을 갖춘 도시 개발이 경찰서 및 CCTV와 같은 감시장치에 빠르게 반응하도록 설계된 건축물을 의미한다. 이는 데이비스(Davis, 1990)가 **탐지경관**(scanscape)이라는 용어로 설명한 것으로 모든 설치는 원하지 않는 것을 배제하려는 목적으로 고안된 것이다. 이런 시스템은 종종 거주지역에서 볼 수 있으며, 쇼핑몰과 도시센터에서도 감시장치가 사용되고 있다. 로스앤젤레스의 어떤 중심부 일대는 공원 벤치가 구부러져 있는데, 이는 사람들이 밤에 잠을 잘 수 없도록 고안된 것이다. 도시생활이 점차 감시화되고 있다는 것은 놀라운 일이 아니다. 현대 도시에서 감시하에 살아가는 사람이 단순히 주변부 계층에 국한된 것은 아니다. 신용 및 적립 카드, 컴퓨터, 서비스 대행 설비 등의 신기술은 기업과 정부가 개인의 여행과 소비 습관에 대한 방대한 정보에 접근이 가능함을 의미한다.

신포드주의하에서의 탈산업사회

포드주의와 신포드주의의 조절이론적 관점에서 주요 약점은 서비스에 대한 간과이다. 아이러니하게 **탈산업사회**(postindustrial society) 주제는 포드주의가 정점에 위치한 1950년대와 1960년대를 거치면서 출현했다. 벨(Bell, 1973)은 중공업이 사회에서 차지하는 중요성이 감소하기 시작한 반면에, 서비스 산업의 고용은 증가하고 있으며, 특히 금융, 사업서비스, 소매, 레저 및 엔터테인먼트 산업의 성장이 나타나고 있다고 지적했다. 벨은 이는 사회적 구조와 사회적 관계에서 엄청난 변화를 의미한다고 지적했다.

이러한 서비스 성장에 대한 공간적 패턴을 일반적으로 설명하기 힘드나, 주된 경향은 전통적 제조업 중심지가 아닌 지역에서 서비스가 성장한다는 점이다. 서비스 경제의 성장은 도시의 사회지리학에 중요한 결과를 가져왔다. 서비스 성장이 가져온 가장 큰 영향 중의 하나는 사회적 양극화를 강화시키는 경향이 있다는 점이다. 전통적인 제조업이 상대적으로 높은 급여, 블루칼라, 중간소득 직업의 특징을 보인다면, 서비스는 상대적으로 고임금과 저임금 직업으로 구분되는 경향이 있다.

서비스 성장의 또 다른 결과는 고용을 위한 도시간 경쟁의 심화라고 할 수 있다. 중공업이 특정 장소에 확고하게 뿌리를 내리는 경향이 있는 반면에(왜냐하면 중공업은 원료와의 근접성이 요구되며, 건물, 기계, 장비 및 전문화된 숙련 노동력에 대한 많은 자본투자에 의존하기 때문이다), 서비스 산업의 입지는 상당히 유동적이다. 이처럼 서비스의 이동성이 높은 이유는 일상적인 서비스 산업(적정한 사무공간의 확보와 많은 여성 노동자의 공급 가능성)의 주된 구성요소가 보다 지리적으로 분산되어 있기 때문이다. 결과적으로 서비스 산업은 입지적으로 자유롭다는 특성을 가지며, 그 결과 도시 정부는 주요한 서비스 고용을 끌어들이기 위해 적극적인 캠페인을 벌이게 되었다.

글로벌화

글로벌화(globalization)는 일반적으로 하나 이상의 국가에서 운영되는 **다국적**[multinational: 또는 **초국적**(transnational)]기업의 성장과 관련된다. 사실, 포드와 같은 대기업들은 오래전부터 거리가 먼 시장에서 지역 소비를 충족시키기 위해 본국을 벗어나 다른 국가에서 재화 생산을 해 왔다. 그러므로 글로벌화는 생산과 마케팅의 영역에서 다국적기업의 운영이 지구적 스케일에서 **통합되는** 현상이 증가하는 현재의 과정에 해당한다. 즉, 제품은 다양한 장소에서 만들어지는데, 이는 부품의 제조가 다양한 장소에서 만들어지기 때문이다.

글로벌화는 또한 광범위한 글로벌 **문화**의 발전과 관련된다. 이는 논쟁의 여지는 있으나, 글로벌화는 본질적으로 물질주의라는 서구 가치관의 광범위한 확산을 포함한다. 또한 글로벌화는 할리우드 영화의 전 세계에 걸친 인기나 세계음악에 대한 인기 증가에서도 나타난다. 그러므로 글로벌화는 전 세계를 통하여 문화의 상호 연관된 발전이라는 문화의 동질화를 포함한다고 주장할 수 있다. 글로벌화 과정은 새로운 통신 시스템에 의해 촉진되었는데, 새로운 통신 시스템은 전 세계에 걸쳐 정보와 이미지의 빠른 전송을 가능하게 했다. 그러나 지방의 문화적 정체성을 주장하면서 글로벌 힘에 대한 저항이 나타났는데, 이에 대한 대표적 사례는 이슬람 근본주의 운동이나 다양한 지역에서 경험한 정치적 자치권 운동을 통해서 나타났다.

글로벌화는 도시사회지리학에 막대한 영향을 미쳤다. 가장 두드러진 것은 소위 **세계도시**(world cities)의 출현이라고 할 수 있는데, 뉴욕, 런던 및 도쿄와 같은 통제센터는 세계 금융 시스템과 이들 금융 시스템을 원조하는 사업서비스의 핵심 요소가 집중되어 있다[사센(Sassen, 2001)은 역사상 특정 국면에서 도시 개발을 지칭하면서 이런 도시를 **글로벌 도시**(grobal cities)라고 칭했다]. 사센은 세계도시의 주요한 특징 중의 하나를 사회적 양극화라고 본다. 이러한 불균형은 금융서비스의 특성에서 살필 수 있다. 금융서비스는 소수의 고소득 노동자 계층에 의존하는데, 이들은 식당, 상점, 청소와 같은 많은 소비자 서비스를 필요로 하며, 이들 소비자 서비스는 많은 저임금 근로자를 필요로 한다. 이러한 사회적 불균형은 세계도시의 사회지리학에서도 분명히 나타난다. 금융서비스에서 부유한 근로자를 위한 집은 런던 도크랜드(Dockland)에서 볼 수 있듯이 저급 주택에 인접하여 건축될 수 있다. 이러한 불균형과 관련된 사회적 긴장이 의미하는 것은 부유층은 많은 보호적 전략에 대한 의존을 필요로 한다는 것이다(3장 참고).

비록 세계 경제에서 통제센터로서 진정한 글로벌 위상을 지니고 있다고 할 수 있는 도시는 별로 없으나, 이제 모든 도시센터는 글로벌이라고 할 수 있는데, 왜냐하면 도시센터는 그들의 경계를 벗어난 사건과 결정에 영향을 받기 때문이다. 게다가 이들 도시는 자본을 끌어오기 위한 극심한 경쟁에 모두 참여하고 있다. 그러므로 글로벌과 로컬 힘 사이에 긴밀한 상호작용이 존재하는데, 이는 흔히 **글로컬화**(glocalization)라 불리는 과정에 대한 것으로 **글로벌-로컬 연계**(global-local nexus)로 언급되기도 한다.

도시 발전에서 또 다른 중요한 변화는 많은 서구 세계에서 새로운 정설로 받아들이는 것으로 3장에서 상세하게 고려될 문화적으로 추진된 도시 활성화이다(Paddison & Miles, 2006). 이런 접근은 다양한 형태를 갖는데(Mommas, 2004), 문화는 소비되면서(예 : 갤러리와 전시회 센터) 또는 문화는 생성되면

글로벌화 경제에서 통제센터 : 시카고 중심부(사진 : Michael Edema Leary)

서(예 : 다양한 경제적 부문의 원조를 위하여) 문화를 위한 다양한 형태의 지원이 추구된다. 제조업이 쇠퇴하면서 도시는 **문화산업**(cultural industries: 공연예술, 디자인, 광고, 엔터테인먼트, 미디어와 출판 등)을 촉진시키려고 노력했고, 과거의 산업지역들은 종종 문화지역으로 변모했다(Bell & Jayne, 2004). 그러나 이러한 문화정책이 갖는 가치는 상당한 논쟁의 원천이 되고 있다(Cooke & Lazzeretti, 2008).

지식 경제와 정보도시

도시 개발의 변화하는 경제적 맥락과 관련된 최근의 아이디어 중의 하나는 현 경제에서 지식의 중요성 증대에 관한 것이다. 지식의 중요성과 관련하여 다양한 용어가 사용되었는데, 예를 들어 **지식기반 자본주의**(Florida, 1995), **네트워크 사회**(Castells, 1996), **성찰적 축적**(reflexive accumulation : Lash & Urry, 1994), **소프트 자본주의**(Thrift, 1998), **무중력 세계**(Coyle, 1997)가 대표적이다. 이들 이론은 경제 개발에서 지식의 중요성을 다양한 방법에서 지적하고 있다.

첫째, 재화와 서비스의 기술적 정교함이 끊임없이 그리고 급격하게 변화하고 있다. 컴퓨터, 카메라, 휴대폰과 같은 제품은 단기간에 보다 복잡한 모델로 대체된다. 제조업자가 지식 습득을 통해 이러한 급격한 변화의 추세를 따라 간다는 것은 상당한 프리

글상자 2.4

도시사회지리학의 주요 사상가－마누엘 카스텔

지난 30년간 도시사회지리학에서 주요 인물 중의 한 명이 마누엘 카스텔(Manuel Castells)이다. 스페인에서 태어났고, 학생 시절 급진적 행동주의자였던 카스텔은 프랑코(Franco) 장군의 독재를 피해 프랑스로 이동했다. 1968년 5월 폭동 가담으로 프랑스 정부로부터 추방을 당하기도 하였다(나중에 사면받음)(Hubbard, 2004). 그의 책 『도시 문제(*The Urban Questions*)』에서 발전시킨 카스텔의 공공 서비스 공급에 대한 견해(집합적 소비라고 설명한 것)는 1970년대 막대한 영향을 미쳤다(5장 참고). 그러나 카스텔이 캘리포니아 대학 버클리로 이동하면서 그의 연구는 지방 저항집단에 대한 연구(The City and the Grassroots, 1983), 정보 도시(The Informational City, 1989)에 대한 연구와 같이 급진성이 약화되었다. 카스텔은 또한 게이 공간에 대한 초기 연구를 수행하기도 했다(Castells & Murphy, 1982).

카스텔은 도시의 사회집단 사이에서 불균형을 심화시키는 정보기술의 역할을 강조하는 최초의 학자 중 한 사람이었다. 이를 바탕으로 그는 『정보시대』라는 일반적 제목을 붙인 세 권의 책을 저술했는데, 1권은 『네트워크 사회의 도래』(1996), 2권은 『정체성의 권력』(1997), 3권은 『밀레니엄의 종말』(1998)이다.

이런 저술을 통해 카스텔은 도시를 고정된 경계를 지닌 정적인 장소로 인식해서는 안 되며, 흐름의 공간 — 사람, 아이디어, 이미지 및 소비자 재화의 끊임없는 순환 — 이라고 그가 부르는 지점으로 인식해야 함을 강조한다. 카스텔의 접근은 사회과학에서 수많은 유동성 형태의 개념화에 해당하며, 사회적 생활이 이동과 흐름을 구성하는 것으로 인식한다. 카스텔은 그의 견해를 글로벌화가 특별한 장소의 구분을 없애고 있다는 견해와 접목시키고 있다. 이러한 대표적인 예는 공항, 호텔 및 쇼핑몰의 내부 모습뿐만 아니라 많은 포스트모던 도시의 스카이라인에서 볼 수 있는 개성 없는 국제화 스타일이 해당된다.

카스텔에 의하면, 글로벌 네트워크 사회는 세 가지 차원에서 구성된다. 첫째, 하부구조적 차원으로 정보기술은 전 세계에 급격한 지식 흐름을 가능하게 한다. 둘째, 글로벌 이동센터의 차원으로 세계도시는 지식의 흐름을 위한 구조를 제공한다. 셋째, 경영 엘리트 차원으로 이들은 실질적인 글로벌 경제를 작동시킨다.

많은 독창적이고 영향력 있는 학자처럼 카스텔의 저작도 도전을 받게 되었다. 특히, 집합적 소비와 같은 그의 초기 연구는 그 당시에는 각광을 받았지만 현재는 심한 비판을 받게 되었고 문제점이 있는 것으로 인식되고 있다. 카스텔의 최근 견해인 네트워크 사회도 심한 비판을 받고 있는 것이 사실이다(Crang, 2002; Smart, 2000). 그럼에도 불구하고, 카스텔의 견해는 매우 영향력이 있으며, 도시를 심도 있게 연구하는 학생들에게 그의 연구는 필독서에 해당한다.

주요 관련 개념

집합적 소비, 정보도시, 거대도시, 네트워크 사회, 흐름의 공간

더 읽을거리

Crang, M. (2002) Between places: producing hubs, flows and networks, *Environment and Planning A* **34**, 569–74

Hubbard, P. (2004) Manuel Castells, in P. Hubbard, R. Kitchin and G. Valentine (eds) *Key Thinkers on Space and Place* Sage, London

Smart, B. (2000) A political economy of the new times? Critical reflections on the network society and the ethos of informational capitalism, *European Journal of Social Theory* **3**, 51–65

Susser, I. (ed.) (2001) *The Castells Reader on Cities and Social Theory* Blackwell, Oxford

관련 내용

7장 : 글상자 7.4 네트워크 분석은 어떻게 유용한가?

10장 : 글상자 10.2 관계적 지리학의 유용성은 무엇일까?

11장 : 동성애와 도시

13장 : 서비스 부문 재구조화

미엄을 제공한다. 둘째, 제품의 디자인 또는 유행 요소는 점차 중요해지고 있으며, 특히 전 세계적으로 전문화된 틈새시장의 수가 증가하고 있다. 기술 변화의 경우와 마찬가지로 이러한 유행 변화는 상당히 빠른 속도로 발생하고 있다. 비록 제품이 기능적으로 우수하더라도 유행의 변화에 뒤늦은 제품을 만드

는 것은 때때로 **기호과잉**(semiotic redundancy)이라 불린다(기호에 대한 연구인 기호학의 용어를 따라서, 3장 참고). 마지막으로, 엔지니어링과 최종 생산품의 디자인을 통합할 필요성에 대한 인식이 커지고 있다. 이러한 모든 과정은 기업이 더 이상 가격에 기초한 이익 하나만으로 경쟁적 이점을 얻을 수 없음을 의미하며, 기업은 품질, 성능, 디자인 및 마케팅과 같은 요소에 의존하여 경쟁적 이점을 갖게 됨을 의미한다.

앞에서 언급한 개발과 긴밀하게 연관되는 것은 통신의 영역(원격회의, 팩스, 이메일, 인터넷 및 다양한 전문화된 컴퓨터 시스템)에서 신기술의 진화이다. 이러한 신기술은 서구 경제의 주변부 지역과 저개발 및 신흥공업국의 저임금 노동에 의해 단순 업무 기능이 수행될 수 있음을 의미한다. 그러나 디지털 통신기술은 글로벌 통제센터에 연결된 혜택받은

글상자 2.5

도시사회지리학과 관련된 주요 영화

- Among Giants(1988)
  Full Monty와 동일 작가가 쓴 재미있는 코미디물로 Full Monty와 비슷한 주제를 다룬다. 즉, 탈숙련과 일시적 일이 특징인 계약직 부문에서 포스트포드주의 사회에서의 남자의 역할을 다루고 있다.
- Blue Collar(1978)
  디트로이트에서 포드주의 조립라인의 노동자들이 직면한 문제를 보여 주는 소수의 영화 중 하나이다.
- Bonfire of the Vanities(1990)
  톰 울프의 베스트셀러 소설을 토대로 한 영화로 1980년대 미국에서 경제적 변화에 따른 사회적 및 민족적 분리 현상을 강조하고 있다.
- Bread and Roses(2000)
  많은 찬사를 받는 좌파 감독인 켄 로치가 캘리포니아에서 라틴계 하류계층을 다룬 영화이다.
- City of Hope(1991)
  존 세일즈가 감독한 경제적 침체(뉴저지시)에 의해 발생한 복잡한 갈등을 보여 준 영화이다.
- The Deer Hunter(1978)
  이 영화의 중간 부분은 베트남 전쟁의 극단적 비극을 보여 준다(비록 러시안룰렛 테마는 분명히 허구적이다). 그럼에도 불구하고, 처음과 마지막 부분은 펜실베이니아 제철 도시에서 산업 노동자와 그들의 지역 환경이 만들어 낸 상황을 다루고 있다.
- The Full Monty(1997)
  실업에 직면한 남성 제철 노동자들이 스트리퍼를 통해 새로운 일자리를 찾으면서 좌충우돌하는 코믹하면서도 감동적인 영화이다. 탈산업화와 신 서비스 경제의 출현에 의해 직면하게 되는 남성 정체성을 심각하지 않는 방법으로 다루고 있다.
- Matewan(1987)
  이 영화는 주요 도시가 배경은 아니지만, 1920년대 서부 버지니아의 석탄 탄광 공동체를 담고 있다. 미국에서 계층 간 갈등의 복잡한 측면을 다루고 있다.
- On the Waterfront(1954)
  독특한 로컬리티에 토대를 둔 문화를 둘러싼 사회적 관계에 초점을 둔 대표적 영화로 뉴저지 부두 노동자 사이에서 부정을 다루고 있다. 사회적 리얼리즘으로 분류되는 영화 중 초기 작품에 해당한다.
- Roger and Me(1989)
  진실에 대한 마이클 무어의 편안한 태도가 논란이 되었던 것으로 이 다큐멘터리는 때때로 매우 즐겁고 또한 슬프고 고통스러운 미시건 주 플린트에서 탈산업화에 따른 사회적 결과를 묘사하고 있다.
- Saturday Night and Sunday Morning(1960)
  1950년대 영국 북부의 공장 노동자 계층의 억압적 삶에 초점을 둔 고전적인 실제적인 드라마이다.
- Traffic(2002)
  국제 마약 경제를 다루고 있는 잘 만들어진 스릴러 작품이며, 이 책에서 다루는 불법 경제활동, 사회적 양극화, 폭력과 초국적 도시성을 다루고 있다.
- Wall Street(1987)
  멜로드라마와 급박한 촬영 기법이 가득한 올리버 스톤의 전형적 영화로 1980년대 금융서비스의 탈규제를 둘러싼 탐욕의 정신을 잘 묘사한 것으로 유명하다.

도시와 이전 산업지역의 혜택받지 못한 지역 사이에서 분업을 야기한다는 주장이 증대하고 있다. 도시 내부에서도 사회적 양극화를 심화시키고 강화시키는 디지털 격차에 대한 증거가 나타나고 있다. 이러한 새로운 사회적 과정과 이것이 도시에 미친 영향과 관련된 가장 영향력 있는 아이디어는 마누엘 카스텔로부터 얻어질 수 있다(글상자 1.2, 2.4 참고).

2.4 결론

이 장에서 논의한 현재에 진행되고 있는 신포드주의, 서비스 부문 성장, 글로벌화와 신 통신 시스템은 모두 긴밀하게 상호 연관되어 있음을 알 수 있다. 이런 요소들이 독립적으로 설명되면 도시의 변화하는 경제적 맥락을 충분히 설명할 수 없다. 이들을 동시에 고려할 때 최근 도시구조를 급격하게 변화시키는 요인을 설명할 수 있게 된다. 도시는 더 이상 생산과 소비에 의해 설명되거나, 국가적 계층을 설명하는 데 사용되는 단일 실체가 아니다. 이제 도시는 다핵화되면서 생산자와 소비자 서비스 모두에 기반하여, 새로운 통신기술에 의해 지탱되는 글로벌 네트워크로 연결된다. 이러한 발전은 다음 장에서 살펴볼 도시의 문화에 큰 영향을 미치고, 또한 도시의 문화에 영향을 받고 있다.

요약

2.1 전산업도시는 근본적으로 소규모의 걷는 도시였다. 비록 이런 도시들이 직업적 길드 지구 내에서 사회적 분업에 기초한 수직적 분리의 면모를 보여 주었지만, 전산업도시의 진정한 분업은 배타적인 중심부에 살고 있던 엘리트 계층과 도시의 주변부에 살던 대중 사이에서 나타난 것이다.

2.2 산업자본주의는 가난한 사람을 질적으로 낙후된 도시 내부로 몰아넣고, 중상류층은 도시 주변부로 빠져나가게 하면서 전산업도시의 구조를 바꾸었다. 초기 산업도시의 극화된 계층 구조는 보다 복합적인 사회적 분업으로 전환되면서 자본주의 계급이 쉽게 인식되지 않게 되었다.

2.3 포드주의의 장기 호황은 교외화를 가져오면서 대량생산과 소비의 조화를 이루었다. 포드주의적 경제적 체계가 갖는 많은 문제는 집적하는 산업에 초점을 둔 새로운 도시 형태의 신포드주의적 개발을 가져왔다.

2.4 글로벌화는 기업과 금융 통제의 중심지인 세계도시를 출현시키면서 도시에 막대한 영향을 미쳤다. 또한 이는 도시 간 경쟁을 증대시켰고, 사회적 양극화를 강화시켰다.

2.5 새로운 통신 시스템은 원거리에서 보다 복잡한 정보 교환을 가능하게 했다. 그러나 정보 생산과 교환의 센터로서 도시의 역할이 약화되지는 않고 있다.

주요 개념

공간적 조정	사용가치	장기 호황
교환가치	사회적 임금	전산업도시
글로벌 도시	상부구조	조절양식
글로벌-로컬 연계	생산력	조절이론
글로벌화	생산순환	초국적기업
글로컬화	생산양식	축적체제
기호과잉	생산의 사회적 관계	케인스주의
노동가치론	성찰적 축적	코스모폴리스
노동의 기술적 분업	세계도시	탈산업사회
노동의 사회적 분업	수량적 유연성	탈산업화
다국적기업	신산업공간	탐지경관
문화산업	신자유주의	테일러리즘
물신숭배	신포드주의	포드주의
벙커 건축	에지시티	포스트메트로폴리스
복지국가	외부도시	포스트모던 글로벌 메트로폴리스
복지국가주의	유연적 축적	
비정규직화	잉여가치	

읽을거리

도시 발전의 역사적 배경

Chant, C. (1999) *The Pre-industrial Cities and Technology Reader* Routledge, London

Chant, C. and Goodman, D. (1999) *Pre-industrial Cities and Technology* Routledge, London

Hall, P. (1997) *Cities in Civilization* HarperCollins, London

Harvey, D. (2003) *The Capital of Modernity: Paris in the Second Empire* Routledge, New York

Radford, J.P. (1979) Testing the model of the preindustrial city: the case on ante-bellum Charleston, South Carolina, *Transactions, Institute of British Geographers* 4, 392-410

Sjoberg, G. (1960) *The Pre-industrial City* Free Press, Chicago, IL

Vance, Jr, J.E. (1971) Land assignment in pre-capitalist and post-capitalist cities, *Economic Geography* **47**, 101-20

도시 발전의 경제적 배경

Harvey, D. (1989) *The Condition of Postmodernity* Blackwell, Oxford

Knox, P., Agnew, J. and McCarthy, L. (2003) *Geography of the World Economy* (4th edn) Arnold, London

Perrons, D. (2003) *Globalization and Social Change* Routledge, London
Sheppard, E. and Barnes, T. (2003) *A Companion to Economic Geography* blackwell, Oxford

포드주의와 포스트포드주의

Meegan, R. (1988) A crisis of mass production?, in J. Allen and D. Massey (eds) *The Economy in Question* Open University Press, London

서비스 경제

Leyshon, A. and Thrift, N. (1997) *Money/Space* Routledge, London
Marshall, N. and Woods, P. (1995) *Services and Space* Longman, London
Martin, R. (ed.) (1998) *Money and the Space Economy* John Wiley, Chichester

글로벌 도시

Brenner, N. and keil, R. (eds) (2005) *The Global Cities Reader* Routledge, London
Clark, D. (2003) *Urban World/Global City* (2nd edn) Routledge, London
Marcuse, P. and Van Kempen, R. (eds) (1999) *Global Cities: An international comparative perspective* Blacwell, Oxford
Sassen, S. (2000) *Cities in a World Economy* Pine Forge, London
Sassen, S. (2000) *The Global City* (2nd edn) Princeton University Press, Princeton, PA
Soja, E. (1999) *Postmetropolis* Blackwell Oxford
Taylor, P. (2004) *World City Network* Routledge, London
Taylor, P., Derudder, B., Pieter, S. and Willcox, F. (eds) (2007) *Cities in Globalization: Practices, policies and theories* Routledge, London and New York

신산업공간

Castells, M. and Hall, P. (1994) *Technolpoles lf the World: The making of 21st-century industrial complexes* Routledge, London

문화와 도시 재활성화

Bell, D. and jayne, M. (eds) (2004) *City of Quarters: Urban villages in the contemporary city* Ashgate, Aldershot
Cooke, P. and Lazzeretti, L. (eds) (2008) *Creative Cities: Cultural clusters and local economic development* Edward Elgar, Cheltenham
Scott, A. (2000) *The Cultural Economy of Cities* Sage, London

원격통신기술과 디지털 경제

Castells, M. (1996) *The Rise of the Network Society* Blackwell, Oxford
Castells, M. (1997) *The Information Age: Economy, society and culture*: Vol. 2 *The Power of Identity* Blackwell, Oxford
Graham, S. (ed.) (2003) *The Cybercities Reader* Routledge, London
Graham, S. and Marvin, S. (2001) *Splintering Urbanism* Routledge, London

제 03 장

도시의 문화

> **핵심 문제**
> - 문화란 무엇인가?
> - 문화연구와 포스트식민 이론이 도시 연구에 중요한 이유는 무엇인가?
> - 문화의 형성에 있어 공간과 장소의 역할은 무엇인가?
> - 포스트모던 도시란 무엇인가?

최근 도시 연구에서 가장 괄목할 만한 변화는 문화의 중요성이 훨씬 더 중요해졌다는 점이다. 이는 소위 '**문화적 전환**'(cultural turn)이라고 알려진 사회과학 전반의 보다 폭넓은 경향을 반영한다. 지난 20여 년간 문화적 전환은 도시 문화연구에 있어서 새로운 연구 대상과 연구 방법을 부각시키면서 큰 영향을 끼쳤다. 사회공간 변증법이 제시하는 바와 같이, 도시는 오랫동안 문화적 변동에 의해 영향을 받아 왔을 뿐만 아니라 반대로 문화적 변동에 큰 영향을 끼쳐 왔다. 특히 오늘날의 맥락에서 도시가 특히 매력적인 이유는 상대적으로 제한된 공간 내에 많은 다양한 문화들이 집약되어 있기 때문이다. 아파두라이(Appadurai, 1996)는 이민자, 관광객, 난민, 망명자 등 여러 이동 집단의 다양한 경관이 소위 **민족경관**(ethnoscape)을 형성하고 있다고 지적한다. 이러한 사람들의 병존은 문화적 상호작용의 과정에서 혁신을 일으켜 새로운 문화 양식을 창출한다. 그렇지만 이는 동시에 긴장과 갈등을 낳기도 하는데, 특히 문화 집단이 도시의 특정 구역으로 밀집하는 경우에 두드러진다.

이 장에서는 문화적 전환에 대해 개괄적으로 살펴

보고, 왜 문화라는 이슈가 도시를 바라보는 방식을 그토록 급진적으로 전환시켰는지를 설명하고자 한다. 이 장에서 살펴보게 될 많은 개념과 관점은, 이 책의 후반부에 등장하는 시민권(5장), 민족 분리(8장), 근린지구 형성(9장), 섹슈얼리티(11장) 등의 많은 이슈에 접근하는 데에 도움이 될 것이다.

3.1 문화란 무엇인가?

우리는 대개 **문화**(culture)란 박물관, 미술관, 콘서트홀, 극장과 같은 공간에서 접하는 회화, 조각, 드라마, 클래식 음악과 같은 형태의 '고급 예술'이라고 생각한다. 그러나 사회과학에서는 문화를 이보다 훨씬 넓은 의미로 해석한다. 문화는 단순하게 정의하기 어려운 복잡한 현상인데, 다양한 생활양식의 총체라는 표현이 가장 적절할 것 같다. 이러한 생활양식은 다음의 세 가지 중요한 요소를 포함한다.

1. 사람들이 지닌 (이상이나 열망과 같은) 가치 : 이러한 가치에는 부나 재화에 대한 욕망, 위험요소를 찾아내는 것, 가족에 대한 돌봄, 친구나 이웃을 돕는 행위, 정치적 변화를 위한 운동 등이 포함된다.
2. 사람들이 따르는 (삶의 규칙이나 원리와 같은) 규범 : 이러한 규범에는 자동차 운행에서 속도를 얼마로 제한할지 또는 어떤 형태의 세금 회피를 불법화할지와 관련된 법적 이슈가 포함된다. 아울러 배우자에 대한 도덕적 의무를 어디까지 볼 것인지 또는 개인의 이익을 다른 사람의 이익보다 얼마나 우선시할지와 관련된 규범도 이에 포함된다.
3. 사람들이 사용하는 구체적 사물 : 부유한 서양 사회의 경우 이러한 범주는 매우 넓어서, 일상적인 소비재뿐만 아니라 교통체계, 건축물, 도시 기반시설 등을 포괄한다.

문화의 물질성

문화의 구성요소인 가치, 규범, 사물은 상호 밀접하게 관련되어 있다. 문화는 관념적인 것에 국한되지 않는다. 오히려 우리는 사람들이 사용하는 구체적 사물에서 그들의 가치체계에 대한 실마리를 찾을 수 있다. 예를 들어, 우리는 자동차의 광범위한 보급에서 개인적 이동성을 중시하는 가치를 발견할 수 있다. 이는 도시경관에도 똑같이 적용될 수 있다. 자동차 도로망이든, 대중교통체계든, 무질서한 도시 스프롤 현상이든, 빈틈없이 통제되는 고밀도 개발이든 간에, 모든 도시의 구조에는 그 사회의 폭넓은 가치를 파악할 수 있는 지표들이 반영되어 있다.

우리는 사람들이 거주하는 경관으로부터 그들의 가치를 '해독하고자' 하기 때문에, 경관이란 마치 책을 읽는 것처럼 내적 의미의 층을 조사할 수 있는 일종의 '**텍스트**(text)'라고 할 수 있다. '**지향성**(intentionality)'이라는 개념은 구체적 사물과 문화와의 관계를 잘 포착하고 있다. 지향성이란, 사물은 그 자체로 의미를 갖는 것이 아니라 오직 그것을 사용하는 사람에 의해 의미를 부여받는다는 사실에 기초한다. 요컨대 문화는 고급 예술 그 이상이다. 문화연구에서 텍스트란 의미를 지닌 모든 종류의 '**재현**(representation)' 양식으로서, 광고, TV 프로그램, 영화, 대중음악, 음식까지도 포함한다.

공유된 의미

문화의 핵심은 공유된 의미의 총체라고 할 수 있는

데, 이는 흔히 **담론**(discourses) 또는 서사(narratives)라고 불린다. **기호학**(semiology or semiotics)은 기호에 내재되어 있는 이러한 의미를 해석하는 학문이다. **기표**(signifiers)란 이러한 의미를 나타내는 사물을 뜻하며, 반대로 **기의**(the signified)란 이러한 문화적 의미를 말한다. 그리고 문화적 상징으로 가득한 (사실상 모든 사회적 활동을 포괄하는) 활동은 **의미화 실천**(signifying practices)이라고 불린다. 또한 도시경관에 내재된 의미에 관한 학문은 일반적으로 '**도상학**(iconography)'이라 불린다. 도심의 대기업 본사 건물은 도상학의 좋은 사례이다. 이들은 대개 위압적이고 값비싼 건축 형태를 띠는데, 이는 기업 권력이라는 담론의 기표라고 할 수 있다. 이처럼 상징으로 가득한 대형 건물은 **기념비적 건축**(monumental architecture)이라 불린다. 기념비적 건축은 위압적인 건물과 기념비를 통해 특수한 가치를 상징화한다. 또한 이러한 건물은 대개 접근이 제한되어 있는데, 이는 기념비적 · 위압적인 지위에 핵심 요소이다. 예를 들어, 제인 제이콥스(Jane M. Jacobs, 1996)는 런던 금융 중심가의 건물에 대한 재개발 계획 이면에는 제국주의적 열망이 담겨 있음을 보여 주었다. 즉, 대영제국이 정점에 달했던 시기에 건설된 많은 건축적 유산을 보존하려는 계획은 런던이라는 도시의 세계적 지위를 재강화하려는 방식으로 해석된다.

다양성과 차이

사회에는 지배적 가치체계가 있지만, 많은 집단은 이에 저항하기도 한다. 예를 들어, 도심의 업무지구는 금융 권력과 영향의 상징이지만, 어떤 사람은 이를 부당한 노동 행위와 기업적 탐욕의 상징이라고 생각한다. 런던의 도크랜드(Docklands)는 아마 도시 문화의 충돌을 가장 극명하게 보여 주는 좋은 사례일 것이다. 이 지역은 원래 황폐한 내부도시였지만, 한 부동산 개발 회사가 민간 투자를 끌어들임으로써 이 지역의 하부구조를 바꾸어 왔다. 도크랜드의 카나리 와프(Canary Wharf)에 있는 거대한 기념비적 건물은 도심재생에 있어서 민간 자본의 새로운 역할을 상징적으로 드러낸다. 그러나 재개발된 주택지구로 고임금의 전문직 종사자들이 이주해 오면서, 도크랜드의 업무지구 개발은 부유함과 빈곤이 공존하는 양상으로 전개되었다. 나아가 도크랜드의 개발은 전통적인 민주적 의사결정 과정을 거치지 않았다. 개발 계획에 대한 공청회가 개최되었지만, 이는 자문과 참여의 분위기만 조성했을 뿐 실질적으로는 이미 결정된 사항을 적법화하는 도구로 이용되었다. 이 결과 노동계급 중심의 도크랜드 원주민들은 이러한 개발에 뿌리 깊은 적개심을 가지게 되었다. 이러한 적개심은 많은 도시를 자극하여 도시의 역사를 지역 주민의 입장에서 새롭게 기술하려는 움직임을 촉발시켰다. 지역 주민 중심의 도시 역사는, 개발 회사들이 내부도시를 팔아 부동산 투기꾼들의 영리 추구의 장으로 변질시킴으로써 생산하는 ('불순한' 것들이 제거된) 깔끔한 도시 역사와 대비된다.

이러한 논의를 따른다면, 경관 및 구체적 사물로 구체화된 가치는 자연적이거나 필연적이라기보다는 사회 내의 여러 집단이 능동적으로 참여 · 경합하여 창출한 산물이라고 할 수 있다. 그럼에도 불구하고, 지배적 가치의 총체는 광고, 정치, 대중매체, 교육제도 등을 통해 사회 내의 지배적 권력을 반영하는 경향을 띤다. 도시경관에 뿌리내린 공간적, 인문적 기호는 권력집단의 문화적, 정치적 영향력을 당연하고 친숙한 것처럼 나타낸다. 즉, 은밀하면서도 때로는 환각적인 정상성을 갖춘 **도덕경관**(moral landscape)은 건조환경에 새겨진 (지배적인) 암묵적 가치를 반

기념비적, 도상학적 건축 : 파리의 라데팡스(사진 : Paul Knox)

영하고 이를 더욱 강화한다. 피에르 부르디외(Pierre Bourdieu, 1977, p. 188)는 '가장 성공적인 이데올로기적 효과는 아무런 말도 없고, 아무도 캐묻지 않는, 공모된 침묵이다'라고 지적한다.

문화연구의 핵심 주제 중 하나는 '다양성'과 '차이'이다. 사회의 지배적 가치 내부에는 뚜렷한 문화를 지닌 보다 작은 하위집단들이 있다. 이는 **하위문화**(subcultures)로 불리기도 하고, 다수집단의 지배적 가치와 정면으로 대비되는 경우에는 **'일탈적' 하위문화**(deviant subcultures)로도 불린다. 그리고 **대타성**(alterity)이라는 용어는, 지배적인 가치와 급진적으로 대비될 뿐만 아니라 지배적 가치 범주의 외부로 완전히 벗어나 있는 문화를 지칭하는 데에 사용된다. 그러나 이러한 하위문화 내에도 대개 많은 구별과 분리가 존재한다. 가령, 영국의 경우 지역 언론이 대개 '무슬림 공동체'라고 지칭하는 사회 내에는 많은 이질적인 종파와 집단이 속해 있다. 경관에 있어서와 마찬가지로, 다양한 집단에 대한 범주화는 사회 내의 권력 집단에 의해 결정된다.

정체성

사회의 문화적 가치의 다양성은 사람들이 자기 자신을 어떻게 바라보는가의 문제, 곧 **정체성**(identity)의 문제와 직결된다. 이에 대해서는 철학자 데카르트에서부터 시작되는 한 관점이 있는데, 이는 사람들의 정체성이란 단일하고 합리적이며 안정적이라고 가정한다. 그러나 오늘날의 문화연구 관점은 이러한 가정을 반박하고 있다. 이들에 따르면, 우선 정체성이란 계급, 연령, 직업, 젠더, 섹슈얼리티, 국적, 종교, 고향 등 많은 요인에 의해 형성된다. 또한 우리의 행태에 영향을 미치는 개별 특성 및 능력, 곧 **주체 위치**(subject positions)에 관한 다양한 담론이 이러한 요인을 둘러싸고 있다. 다울링(Dowling, 1993, p. 299)은 주체 위치를 다음과 같이 기술한다.

> 어떤 행동, 사유 및 존재의 방식은 구체적인 담론에, 그리고 (한 개인이 자신의 특징에 따라 받아들인) 그 담론을 통한 자신에 대한 인식에 은연중 내재되어 있다. 따라서 이러한 담론과 자기 인식은 결과적으로 어떤 속성이나 능력을 지닌 사람을 생산해 내는 셈이다.

이처럼 정체성이란 많은 주체 위치의 교차에 의해 형성되는 것이다. 물론 보다 넓은 측면에서 볼 때, 이는 사람들의 개별적 특성과 삶의 경험에 의해 형성되는 것이기도 하다. 이러한 모든 요소들이 결합되어 소위 **주체성**을 형성한다. 요컨대 정체성은 고정된 것이 아니라 시간과 공간에 따라 가변적이다. 특히, 이러한 불안정한 정체성과 주체성은 우리 자신을 누구와 비교하는가에 달려 있다는 점을 염두에 두어야 한다.

도시 환경 또한 많은 다양한 사람들을 비슷하게 병치시킴으로써 주체성에 큰 영향을 끼친다. 이러한 혼합에 대해 도시 거주자는 무관심, 두려움, 혐오, 몰이해, 감탄, 부러움 등의 다양한 방식으로 반응한다. 이러한 비교는 때때로 특정 집단을 과장되거나 단순화된 또는 왜곡된 방식으로 해석하고 고정관념화함으로써 이루어지기도 한다. 특히 (남성/여성, 건강한/아픈, 제정신의/미친, 이성애/동성애, 토착민/외국인, 진짜/가짜와 같은) **이분법**(binaries)은 이러한 차이를 창출하는 데 핵심적으로 이용된다. 나아가 이러한 비교에는 권력의 문제가 개입되어 있어서, 우리는 대체로 비교 대상 집단보다 우월하거나 열등하다고 생각하는 경향이 있다.

어떤 집단이 열등하다고 간주되는 과정은 종종 **대상화**(objectification)라고도 불린다. 따라서 정체성과 문화적 가치는 고립적으로 전개되는 것이 아니라, 가치의 위계적 구조에서 배제된 또는 하층에 위치한 정체성 및 가치와의 대립을 통해 형성된다. 이러한 정체성 형성 과정은 사회적 배제와 거주지 분화를 일으킴으로써 도시의 사회지리에 중대한 영향을 끼친다. 정체성의 형성은 다중적이고 불안정한 과정이지만, 도시 내의 물질적 · 정치적 · 심리적 자원의 배분을 둘러싼 권력 관계에 뿌리내리고 있다.

3.2 포스트식민 이론과 도시

포스트식민 이론(postcolonical theory)은 정체성의 형성 과정에 가장 중요한 통찰력을 제공해 준다. 이 관점은 서양에 의한 비서양의 도시와 사회의 재현 과정을 관통하는 **제국주의 담론**(imperialist discourses)을 검토하는 데에 초점을 둔다. 따라서 포스트식민 이론은 서양의 사상이 우월하다는 **자민족중심주의**(ethnocentrism)를 해체하고자 한다. 헤게모니적 담론에 예속된 사람들은 종종 **서발턴 계급**(subaltern classes)이라고 불린다. 에드워드 사이드(Edward Said, 1978)는 자신의 명저 『오리엔탈리즘(*Orientalism*)』에서 유럽의 사상이 어떻게 동양인에 대한 시각을 형성했는지를 서술한다. 사이드의 주장에 따르면, 동양이라는 관념은 서양의 산물로서 동양인에 대한 이국적이고 관능적인 이미지를 불러일으킨다. 동양이라는 관념은 그 대립물로서 이성적인, 문명화된, 안전한 서양이라는 인식과의 관계를 통해 정의되었다. 달리 말하면 동양은 서양이 자기 자신을 정의하도록 도와주었다. 그러나 사이드의 저술은 식민지배자와 식민지인이라는 이분법적 분리를 근거로

글상자 3.1

도시사회지리학의 주요 경향 – 민족성과 문화적 혼성화의 표현으로서의 음식

문화적 가치의 지표로서 음식과 음악은 많은 공통점을 갖고 있다(글상자 3.2 참고). 음식과 음악은 민족 정체성에 핵심적이며, 종교적 풍습에 있어서도 (가령, 이슬람교도의 할랄 음식, 유태교도의 코셔 음식, 힌두교도 및 불교도의 채식과 같이) 중요한 역할을 한다. 그러나 음식과 음악은 오랜 세월에 걸쳐 복잡한 혼성화의 과정을 겪어 왔다. 물론 이와 동시에 순수한 본연의 형태를 추구하는 경향도 나타나고 있다.

영국에서 '아시아' 요리의 영향은 최근 영국에서 가장 유행하는 메뉴인 치킨 티카 마살라(tikka massala)와 관련하여 많이 논의된 바 있다. 원래 치킨 티카는 인도 북쪽 지방의 전통 음식이며, 마살라 소스에 치킨을 끓이는 것은 (영국 레스토랑 노동자의 상당한 비율을 차지하고 있는) 방글라데시 요리사가 고안해 냈지만, 치킨 티카 마살라는 어쨌든 서양적 산물이다. 아시아 요리는 지리적으로도 다양하고 시크교, 힌두교, 이슬람교 등 종교적으로도 다르지만, 쌀, 향신료, 조리된 음식을 파는 많은 대규모 회사의 성장을 통해 영국 전체 인구에 큰 영향을 끼치고 있다. 육류 소비 여부와 도축 과정 등은 지리적 · 종교적으로 상이하지만, 향신료를 사용한다는 공통점으로 인해 대규모 산업이 되어 가고 있다.

그러나 많은 아시아계 이민자들이 1950년대에 영국에 도착하기 시작했을 때에는 전통 음식을 만들어 먹을 수 있는 식재료와 취사도구가 거의 없었다. 이 결과 이러한 결핍을 보충할 대체물이 나타났다. 예를 들어, 종교 의식에 맞추기 위해 할랄 음식을 먹는 무슬림은 세 가지 중 선택을 할 수 있었다. 첫째는 채식을 하는 것, 둘째는 (할랄과 비슷하게 도축되어 이슬람 율법이 허용하는) 코셔 고기를 먹는 것, 셋째는 기도를 반복한 후 닭을 잡아먹는 것이었다(Panayi, 2008). 여러 민족집단들이 레스터의 구자라트 힌두인이나 브래드퍼드의 파키스탄계 무슬림처럼 도시 내에 공동체를 형성함에 따라, 이들은 보다 전통적인 식단에 맞추어 음식을 먹을 수 있게 되었다. 이는 장소가 여러 시설을 제공함으로써 집단 정체성을 강화하는 데에 얼마나 중요한지를 잘 보여준다.

아시아계 영국인들의 2세대, 3세대가 성장함에 따라, 복잡한 혼성화의 과정이 음식의 영역에서도 나타나고 있다. 예를 들어, 어떤 무슬림은 소위 '무슬림 만찬(full Muslim)'이라 불리는 할랄 고기 위주의 영국식 아침 정찬을 먹음으로써 주간에 금식해야 하는 라마단의 계율에 순종한다. 이 식단은 낮 동안의 금식을 견디기 위해 대개 베이컨, 달걀, 빵, 돼지고기 소시지, 토마토, 버섯, 콩, 그리고 (보다 최근에는 미국의 영향을 받아) 해시브라운 등 매우 높은 칼로리의 음식들로 구성되어 있다. 아이러니컬하게도 많은 영국인은 건강상의 이유로 아침 정찬을 하지 않는 경향이 강해지고 있다. 또 다른 문화적응의 사례로 '마살라 버거'와 '치킨 타카 패스티'를 들 수 있다. 패스티(pasty)는 영국의 콘월 지방에서 광부들이 작업 중 간편하게 식사할 수 있게 빵에 고기와 야채를 다져 넣은 것을 말한다.

주요 관련 개념

전유, 행태적 동화, 구성적 타자성, 문화적 실천, 문화순응, 민족성, 혼성성, 정체성, 근린지구 효과, 문화횡단

더 읽을거리

Bell, D. and Valentine, G. (eds) (1997) *Consuming Geographies: We are where we eat* Routledge, London

Panayi, P. (2008) *Spicing Up British Life: The multiculturalization of food* Reaction Books, London

관련 내용

글상자 3.2 혼성화 : 대중음악의 사례

8장 : 문화적 보전을 위한 군집

하여 식민 담론을 식민지배자의 산물로 간주했다는 측면에서 비판을 받았다. 즉, 이러한 비판가들은 식민지배자와 식민지인의 상호작용을 강조한다. 포스트식민 이론은 서양의 도시를 연구하는 데에 매우 귀중한 관점인데, 왜냐하면 서양 도시의 많은 이민자들은 과거 서양의 식민지 출신이기 때문이다. 오늘날 많은 이론가들에 따르면, 전 세계의 사상이 서양의 주요 도시 중심부로 유입, 융합됨에 따라 '서양과 그 나머지'라는 이분법적 구분이 전복되고 있다.

혼성성

혼성성(hybridity)은 포스트식민 이론의 핵심 개념 중 하나로서, 모든 문화는 **혼합물**이라는 관점에 입각하여 어떤 문화가 다른 문화보다 우월하다는 주장을 반박한다. 포스트식민 연구는 **진정성**(authenticity)이라는 개념을 문제시함으로써 근원적이고 순수한 문화가 있다는 생각을 거부한다. 문화는 필연적으로 혼성적인 섞임일 따름이며, 진정성이라는 잘못된 관념은 많은 민족주의 운동을 추동해 오고 있다. 또한 음악의 경우를 볼 때, 서양의 상업주의에 때묻지 않은 순수하고 근원적 문화를 반영하는 '진정한', '민족적' 음악에 대한 잘못된 욕망은 오늘날 소위 '세계'음악이 왜 유행하는지에 대한 충분한 설명을 제공한다(글상자 3.2 참고).

문화의 혼성적 섞임은 특히 식민주의적 맥락에서 **양가성**(ambivalence)이라는 개념을 낳았는데, 이는 식민지배자와 식민지인 사이에 나타나는 끌어당김과 물리침의 복잡한 결합 상태를 일컫는다. 예를 들

글상자 3.2

도시사회지리학의 주요 경향 – 혼성화 : 대중음악의 사례

대중음악의 전개 양상은 문화적 혼성화의 좋은 사례이다. 슈커(Shuker, 1998, p. 228)는 '본질적으로 모든 대중음악은 여러 음악 스타일과 영향력의 혼성이다'라고 지적한다. 특히 현대 사회에서 음악은 고도로 전달, 확산, 재생이 가능하다. 또한 음악은 교묘한 조작을 통해 쉽게 전유되고, 복제되며, 변경될 수 있다. 네거스(Negus, 1992, p. 121)가 말하는 것처럼 '음악과 같은 문화 형식은 일단 유통되기만 하면 어떤 한 집단에 국한되어 향유되지도 않고 특정 사람의 독점적인 표현으로 간주되지도 않는다'. 가령 로큰롤은 백인 노동계급의 시골 음악에 아프리카계 미국인의 R&B가 섞인 대중음악의 사례이다. 물론 블루스조차도 재즈, 소울과 같은 다양한 흑인 음악이 섞여서 만들어진 음악 양식이다. 소울은 가스펠 음악이 재즈와 펑크와 섞여 세속화된 음악이다. 보다 최근의 혼성적 음악의 사례로는 록, 컨트리, 블루스, R&B에 스페인과 멕시코의 전통 음악이 섞인 텍스–멕스(Tex–Mex), 그리고 뉴욕의 푸에르토리코인이 대중화시킨 쿠바 음악으로서 재즈, 소울, 록, 펑크 등의 요소가 섞인 살사를 들 수 있다.

대중음악은 오늘날 가장 널리 유포되고 있는 소비재 상품이 되었다. 아울러 많은 사회집단의 문화, 생활양식, 정체성을 구성하는 요소이며, 특히 10대 청소년들이 집중적인 마케팅의 대상이 되었다. 예를 들어 1960년대 초반에 유행했던 서프 록(surf rock)은 태양, 모래, 서핑, 섹스, 자동차 경주로 대표되는 남부 캘리포니아의 생활양식을 찬양했던 음악이다.

위와 같은 음악의 혼성성은 특정 지역을 중심으로 해서 뚜렷하게 음악 스타일을 구별하고자 하는 문화 이론가들을 매우 난처하게 만들고 있다. 그럼에도 불구하고 음악 스타일의 혼성화는 도시와 같은 구체적인 장소에서 이루어지고 있다. 다음과 같은 몇 가지 경향이 (음악적) 혁신으로 이어지는지 논란이 되고 있다.

- 상이한 문화 집단의 지리적 공존
- 선도적인 지역 음반회사의 출현
- 학생 공동체의 능동적인 참여
- 활발한 클럽 현장

음악적 혁신은 세계의 주류 음악이 지역의 하위문화와 상호작용하는 '주변적' 위치에서도 빈번하게 발생한다. 예를 들어, 1990년대 초반의 그런지(grunge) 록을 특징으로 하는 시애틀 사운드는 로스앤젤레스와 상대적으로 가깝기 때문에 나타난 음악이다. 또한 더니든(Dunedin) 사운드는 이 지역이 뉴질랜드에서 상대적으로 고립되어 있었기 때문에 나타났다. 그리고 캐나다의 동부 해안에서도 켈트인의 요소가 가미된 새로운 혼성적 음악이 출현했다.

주요 관련 개념

전유, 문화산업, 혼성성

더 읽을거리

Leyshon, A., Matless, D. and Revill, G. (1995) The place of music, *Transactions, Institute of British Geographers* **20**, 430–3

Negus, K. (1992) *Producing Pop* Edward Arnold, London

계속

발생지	대략적 시기	장르	대표적 가수/그룹
New York	1945–1955	Doo-wop	Ravens, Oriels
Chicago	1940s–1960s	Electric blues	Muddy Waters, BB King, John Lee Hooker
Memphis	1950s and 1960s	Rock and roll	Elvis Presley, Chuck Berry, Jerry Lee Lewis
Liverpool, UK	Late 1950s–1960s	Britbeat	Beatles, Gerry and the Pacemakers
Los Angeles	Early 1960s	Surf rock	Beach Boys, Dale and the Del-Tones, Surfaris
San Francisco	1960s	Psychedelic rock	Jefferson Airplane, The Grateful Dead, Moby Grape
Bronx, New York	Late 1970s, 1980s	Early rap	
Athens, Georgia	1980s	Alternative	B-52s, Love Tractor, Pylon, REM
Boston/Amherst	1980s	Alternative	Dinosaur Jnr, The Pixies, Throwing Muses, The Lemonheads
Dunedin, New Zealand	1980s	Alternative	The Chills, The Verlaines, The Clean, Toy Love
Ireland	1980s, 1990s	Celtic-rock/punk/grunge/new age	Van Morrison, Clannad, The Chieftains, Enya, Corrs, Pogues
East Canadian Coast	1980s, 1990s	As above	Rawlins Cross, Ashley MacIsaac, The Barra McNeils, The Rankin Family
Bristol, UK	Mid-1990s	Trip-hop	Massive Attack, Portishead, Tricky
Seattle	1990s	Alternative/grunge	Nirvana, Pearl Jam, Soundgarden
Manchester, UK	1990s	Alternative/Britpop	Oasis, Happy Mondays, Stone Roses

Shuker, R. (1998) *Key Concepts in Popular Music* Routledge, London

관련 내용

8장 : 글상자 8.4 문화적 표현과 상업화로서의 랩

어, 식민지배자는 식민지인이 자신의 문화를 모방하게 함으로써 거만하게 우쭐해하면서도, 완전히 똑같은 복제는 허락하지 않는다. 왜냐하면 완전한 복제는 식민지배자 자신의 우월감을 훼손하기 때문이다. 식민지인은 종종 식민지배자의 문화를 숭상하며 모방하지만, 동시에 이러한 **전유**(appropriation)의 과정으로 인해 자신의 예속적인 위치에 분개한다.

바바(Bhabha, 1994)는 식민 문화란 결코 똑같이 모방될 수 없기 때문에 혼성성이 발달한다고 주장한다. 곧, 전유는 **흉내내기**(mimicry)라고 불리는 일종의 식민 문화에 대한 패러디로 이어진다. 흉내내기의 가장 고전적인 사례로는 식민주의 시기 영국인 관료의 품행을 모방하는 인도인 공무원을 들 수 있다. 이는 식민지배자의 입장에서 잠재적인 위협이 될 수 있는데, 왜냐하면 흉내내기는 조롱거리가 되어 식민 권위를 침해할 수 있기 때문이다. 우리는 이러한 과정은 포스트식민 시대에도 계속되고 있으며 모든 문화는 어떤 형태로든 전유의 산물이라는 점을 염두에 두어야 한다. 요컨대, 우리는 혼성성이란 단순히 문화적 혼합을 의미하는 것이 아니라, 지배적 문화에 속한 많은 권위적 상징을 불안정화하려는 것임을 주지해야 한다.

문화의 사회적 구성

문화연구와 포스트식민 이론은 공통적으로 문화란 **'사회적 구성물'**이라는 점에 주목한다. 예를 들어, 민족 정체성의 경우 몇몇 측면은 따로 분리되어 뚜렷한 사실적 요소로 간주된다. 베네딕트 앤더스(Benedict Anderson, 1983)은 **'상상의 공동체**(imagined communities)' 라는 용어를 사용하면서 민족 정체성이 본질적으로 사회적으로 구성되었다는 점에 주목한다. 그의 주장에 따르면, 민족 정체성은 많은 상상을 동원함으로써 형성되는데, 왜냐하면 국가 내의 모든 사람들이 실제로 서로 알고 지낼 수 없음에도 불구하고, 책, 신문, 텔레비전을 통한 상상적 기획이 많은 사람들 사이에 강한 애국적 연대감을 불러일으키기 때문이다. 그러나 중세 유럽의 경우에서와 같이 과거에는 민족 정체성이 오늘날보다 훨씬 더 약했다.

민족국가에 대한 사람들의 일체감은 이보다 훨씬 더 늦은 프랑스 시민혁명과 미국 독립혁명 후에 발달하게 되었다. 그리고 민족 정체성은 '타자', 특히 식민지인과의 비교를 통해 형성되었다. 이처럼 영국 정체성은 대영제국 식민지의 '야만적인' 문화와 달리 '이성', '민주주의', '문명'을 토대로 한다고 간주되었다. 오늘날의 도시 내에서 발견되는 많은 공동체 또한 구성원끼리 대면접촉을 통해 일일이 알고 지내는 것이 어렵기 때문에 대개 사회적으로 구성된 상상적 성격을 띤다. 근린지구, 마을, 도시에서 나타나는 다른 공동체들도 대중매체와 대중문화가 형성한 상상적 요소를 동반한다.

3.3 공간, 권력, 문화

앞에서 이미 언급했던 바와 같이, 오늘날의 문화연구는 문화의 형성 과정을 고찰함에 있어서 **공간**의 역할이 핵심적이라고 이해한다. 문화와 마찬가지로 공간 또한 사회의 구성물로서 권력 및 권위와 밀접하게 연관되어 있다.

푸코와 감금도시

미셸 푸코(Michel Foucault)는 현대 문화연구의 근거를 제공한 핵심 사상가로서 공간, 권력, 문화에 관한 논의에 큰 영향을 끼쳐 왔다(글상자 3.3 참고). (2장에서 포드주의라는 용어를 처음으로 사용했던) 그람시와 마찬가지로, 푸코는 한 사회에서 어떻게 합의가 나타나게 되는가의 문제에, 즉 다른 사람들이 이미 결정해 놓은 삶에 대해 사람들이 자발적으로 동의하는 과정에 관심을 가졌다.

푸코는 합의가 어떤 단일한 거대이론에 의해 설명될 수 있다는 생각에 반대했다. 대신 푸코는 합의란 다양한 종류의 담론에 의해 달성된다고 주장했다. 이러한 담론은 사람들이 자기 자신을 바라보는 관점을 형성하기 때문에 권력의 작동에 있어서 핵심적이다. 푸코는 권력이 사람들의 매일매일의 일상생활을 구성하는 핵심적인 요소라고 보았다. 따라서 푸코에 따르면 권력은 사람들이 가지거나 뺏을 수 있는 것이 아니다. 달리 말해, 사람은 개별적 특성이나 사회적 지위에 의해서 권력을 획득하는 것이 아니라, 그 사람이 권력을 실행할 수 있다고 여기는 다른 사람들의 인식을 통해 나타나는 것이다. 결국 권력은 어떤 대상이라기보다는 하나의 과정으로 이해되어야 한다. 또한 푸코는 권력이란 긴장 관계에 있는 여러 관계들의 네트워크와 같다고 주장했다. **미시권력**

(micropowers)이라는 개념은 이러한 과정을 포착하는 데에 사용되었다. 나아가 푸코는 **감금도시**(carceral city)라는 용어를 창안했는데(라틴어로 'carcer'는 감옥을 의미한다), 이는 권력이 탈중심화되어 사람들이 미시권력에 의해 통제되는 도시지역을 일컫는다.

이러한 측면에서 본다면, 사람은 자기 자신을 지배하는 행위 주체라고 할 수 있다. 푸코는 소위 **규율사회**(disciplinary society)를 설명하기 위해 판옵티콘이라는 은유를 사용한다. **판옵티콘**(panopticon)은 19세기의 사상가 제레미 벤담(Jeremy Bentham)이 고안했던 감옥 모델을 말하는데, 이 모델에서 수감자들은 중앙 지점으로부터의 감시에 노출된 상태에 놓인다. 이 모델 자체는 실제로 적용되지는 않았지만, 오늘날 판옵티콘('panoptic'은 '하나의 시선으로 모두를 아울러 볼 수 있는'이라는 의미이다)이라는 은유는 쇼핑센터와 같은 도시 공간이 CCTV나 사설 경비업체 등에 의해 감시되고 있는 현실을 기술하는 데에 이용된다.

어떤 학자들은 푸코의 권력 개념이 지나치게 수동적이어서 사람들이 규율적 힘에 대해 저항할 수 있는 역량을 과소평가한다고 지적한다. 예를 들어, 위

글상자 3.3

도시사회지리학의 주요 사상가 – 미셸 푸코(1926～1984)

20세기 후반부터 오늘날에 이르기까지 프랑스 학자들은 서양의 사상적 흐름에 중대한 영향을 끼쳐 오고 있다. 바르트, 보드리야르, 부르디외, 카뮈, 들뢰즈, 데리다, 파농, 라캉, 르페브르, 레비-스트로스, 리오타르, 사르트르와 같은 이들은 전체의 지극히 일부에 불과하다. 이들에 대한 앵글로-색슨계 학자들의 태도는 두 가지로 양분되어 있다. 일부는 이들의 복잡하면서도 수수께끼 같은 사상에 넋을 잃고 한껏 매료되어 있는 반면, 다른 사람들은 이들을 지적 사기꾼이라고 폄하한다.

이 둘 중 어떤 입장이든지 간에 분명한 것은, 현대 사회과학의 문화연구를 뒷받침하고 있는 이들 사상가 집단의 핵심에는 바로 미셸 푸코라는 인물이 있다는 점이다. 미셸 푸코의 생애와 저술 모두는 복잡하고, 불가사의하며, 신비롭고, 다채로운 성격을 띠고 있으며, 양자 모두 수많은 책과 전기의 주제가 되어 왔다(Macey, 1993; Jones & Porter, 1998; Falzon, 1998). 푸코의 문체는 때때로 이해하기 어려움에도 불구하고, 그의 사상은 엄청난 영향을 끼쳐 왔다. 후속 학자들이 푸코의 사상을 전개하고, 재해석하고, 비판하고, 확대하는 과정에서 사실상 거대한 '푸코 산업'이 부상하게 되었다.

공평하게 말하자면 푸코의 사상은 그 자체로도 책 한 권에 달할 만큼 방대하다. 그럼에도 불구하고, 우리가 핵심적으로 지적하고 싶은 것은 푸코의 사상으로 인해 많은 지리학자들은 권력의 실행과 다양한 지식 형성의 과정에서 공간의 역할이 무엇인지에 대해 관심을 갖게 되었다는 점이다.

주요 관련 개념

미시권력, 판옵티콘, 퀴어 이론

더 읽을거리

Barry, A. Osborne, T. and Rose, N. (1996) *Foucault and Political Reason* UCL Press, London

Crampton, J.W. and Elden, S. (2007) Space, *Knowledge and Power: Foucault and geography* Ashgate, Oxford

Falzon, C. (1998) *Foucault and Social Dialogue* Routledge, London

Jones, C. and Porter, R. (1998) *Reassessing Foucault: Power, medicine and the body* Routledge, London

Macey, D. (1993) *The Lives of Michel Foucault* Vintage, London

McHoul, A. and Grace, W. (1995) *A Foucault Primer* UCL Press, London

관련 내용

11장 : 섹슈얼리티와 도시

렌(Warren, 1996)은 아마 오늘날 세계에서 가장 철저하게 감시되는 공간이라고 할 수 있는 디즈니 테마 공원의 경우 사람들이 감시와 통제 체제를 벗어나기 위해 사용하는 다양한 전략을 강조한다. 이곳에서는 관람객과 직원 모두를 감시하기 위해 경비원이 마스코트 인형 복장을 하거나 관람객으로 위장하기도 한다. 그러나 일부 관람객과 직원은 이러한 감시 조치에도 불구하고 (놀이기구를 탔을 때 최고의 희열을 느끼거나 긴 대기행렬에 서 있는 지루함을 덜기 위해) 마약이나 술을 갖고 들어온다.

공간의 사회적 구성

공간은 우리가 항상 이동하면서 당연시하는 경향이 있다. 따라서 공간은 '빈 컨테이너' 이상이라는 생각에 대해 일부 사람들이 회의적으로 생각하는 것은 그리 놀라운 일이 아니다. 그러나 도시에는 문화, 공간, 권력 간의 관계에 대한 많은 사례들이 있으며, 우리는 이를 통해 '사회적 구성물'로서의 공간이 무엇을 의미하는지를 파악할 수 있다. 가령, 어떤 사람들은 **공적공간**(public spaces)에서 배제된다. 현대 도시는 청소년 갱, 알코올 중독자, 무주택자, 정신질환자와 같은 '일탈자'를 '공적' 공간으로부터 배제하기 위해 여러 조치를 취하고 있다. 리스(Lees, 1997)는 밴쿠버의 신축 공공도서관을 공적공간의 사례로 제시하면서, 어떻게 이 도서관의 경비원들이 무주택자에 대해 위생 기준을 적용하여 여성과 아이들에게 안전감을 제공하는지를 분석한다. 이러한 집단을 배제하는 이유는 그들이 청결이나 정숙과 같은 특정한 행태 규약을 어지럽힌다고 보기 때문이다. 그러나 많은 경우 이러한 집단이 행태 규약을 어지럽힐 것 같다는 '인식'이 중요한 배제의 이유가 된다.

이와 같이 공간 내에서의 행태적 패턴은 특정한 문화적 가치를 반영하므로, 우리는 공간이 문화를 강화한다고 파악한다. 이러한 측면에서 분리는 일정한 경관과 공간을 확보함으로써 소위 **배제의 공간**(spaces of exclusion)을 창출하는 데에 핵심적이다. 권력은 어떤 집단이 특정 공간을 독점하거나 반대로 취약 집단이 다른 공간으로 배제됨으로써 표현된다. 그러나 이러한 권력 관계는 대개 반복적인 일상생활에서 '자연적'이라 당연시된다(글상자 3.4 참고). 결국 사회의 지배적 권력 관계는 '비가시화'되는 반면 주변 집단은 '타자'로 부각되는데, 우리는 이러한 상태를 **문화 제국주의**(cultural imperialism)라고 일컫는다. 문화 제국주의는 민족 정체성에 관한 논의에서 매우 빈번하게 사용되는데, 이는 소수민족집단의 뚜렷한 특징에 초점을 두면서 넓은 주류 사회나 '백인성(whiteness)'이 갖는 의미에 대해서 침묵하는 태도를 비판한다.

공간과 정체성

공간은 위에서 살펴본 정체성 형성, 고정관념화, 객체화, 이분법적 구성 등의 모든 과정에 중요한 역할을 한다. **공간화된 주체성**(spatialized subjectivities)이라는 용어는 이러한 정체성 형성 과정을 기술하는 데에 사용된다. 그리고 도시는 이러한 과정에 핵심적인 역할을 해 왔다. 가령 노동계급은 더럽고, 질병을 옮기며, 위험하다는 인식은 산업혁명 초기 도시에서 계급의 공간적 분리가 이루어지면서 나타났다. 이러한 맥락에서 리처드 세넷(Richard Sennett, 1971)은 자신의 영향력 있는 저술 『혼돈의 활용(*The Uses of Disorder*)』에서 '**정화된 공동체**(purified communities)'라는 용어를 사용하면서, 사회집단이 타자를 배제하기 위해 자신들을 어떻게 성벽으로 에워싸는지를 분석했다.

글상자 3.4

도시사회지리학의 주요 사상가 – 데이비드 시블리

데이비드 시블리(David Sibley)는 비록 자신의 학문적 생애에서 뒤늦은 감이 있지만, 도시사회지리학에 큰 영향을 끼친 지리학자 중 하나이다. 그의 연구가 뒤늦게 알려지게 된 것은, 아마도 그의 사상이 시대를 앞서 나갔기 때문이기도 할 것이다. 사실 시블리는 연구자로서 초년기에 책을 출간하는 데에 어려움을 겪은 바 있다. 그는 캠브리지 대학에서 계량지리학자로 훈련을 받았지만, 점차 정신분석이론에 매료되어 성인의 자녀 양육에 대한 태도를 분석하는 데에 관심을 갖게 되었다. 그리고 인문지리학에서 정신분석이론은 아주 최근에 이르러서야 받아들여지고 있는 실정이다.

무엇보다도 시블리와 동료들은 학계 밖으로 나가 집시 아이들을 위한 학교를 만드는 데에 힘을 쏟았다. 시블리는 배제의 과정이 공간과 어떤 관계를 맺는지에 대해 연구했으며, 그의 사상은 『배제의 지리(*Geographies of Exclusion*)』(1995)에 잘 녹아 있다. 사회의 권력 집단은 공간을 '정화'하기 위해 외부로부터의 '불순한', '더러운' 영향이라고 인식되는 것을 배제하려는 경향을 띤다. 이러한 배타적 실천은 사람들로 하여금 자신의 집합적 정체성을 유지하게 할 뿐만 아니라, 청결함과 순수함을 유지하려는 (유년기의 경험을 통해 발달하게 된) 무의식적 욕망을 반영한다.

시블리는 자신의 사상이 담긴 책을 출간하는 데에 어려움을 겪으면서, 학계를 통치하고 있는 (중산계급의 중년층 백인 남성으로 대표되는) 지배적 집단이 어떤 사람들과 어떤 사상적 관점을 배제하고 있는가에 관심을 갖게 되었다. 나아가, 시블리는 시카고 인간생태학파가 대부분 여성들로 구성되었던 시카고 사회복지학파의 사상을 무시하고 폄하했던 이유를 밝혀내고자 했다(Sibley, 1990; 7장 참고). 많은 사람들은 정신분석과 관련된 이론에 부정적이지만, 시블리는 최근 청소년 및 아동의 지리에 대한 관심을 불러일으키는 데에 크게 기여했다(Skelton & Valentine, 1998; Holloway & Valentine, 2000).

주요 관련 개념

배제, 배타적 용도구역제, 정화된 공동체, 정화된 공간

더 읽을거리

Holloway, S. L. and Valentine, G. (eds) (2000) *Children's Geographies: Playing, living, learning* Routledge, London

Mahtani, M. (2004) David Sibley, in P. Hubbard, R. Kitchin and G. Valentine (eds) *Key Thinkers on Space and Place* Sage, London

Sibley, D. (1988) Survey 13: Purification of space, *Environment and Planning D* **6**, 409–21

Sibley, D. (1990) Invisible women? The contribution of the Chicago School of Social Service Administration to urban analysis, *Environment and Planning A* **22**, 733–45

Skelton, T. and Valentine, G. (eds) (1998) *Cool Places: Geographies of youth cultures* Routledge, London

관련 내용

10장 : 글상자 10.3 청소년 문화의 지리를 어떻게 이해해야 할까?

우리는 여기에서 사회공간 변증법이 작동한다는 것을 다시 한 번 확인할 수 있다. 도시는 특정한 문화적 가치가 표현되는 사회적 환경을 제공하지만, 반대로 특수한 문화적 가치가 형성되는 데에 영향을 끼치기도 한다. 그러나 도시 내의 문화는 공간적으로 고립되어 형성되는 것은 아니다. 한 도시지역의 문화는 다른 문화와의 관계 속에서 정의될 뿐만 아니라, 다양한 문화 요소와의 혼성적인 섞임을 통해 형성된다. 예를 들어, 영국 노동계급 문화에서 전통적인 주식이라고 할 수 있는 '생선과 감자튀김'도 사실 문화적 혼성성을 보여 주는 매우 좋은 사례이다. 감자튀김은 프랑스의 위그노교도가 영국에 정착하면서 처음으로 들여온 요리이며, (생선의 살을 골라내 반죽해서 튀긴) 생선튀김은 러시아–유럽계 유태인이 들여온 것이다. 최근의 여론 조사에 따르면 영국에서 가장 대중적인 음식은 더 이상 생선과 감

자튀김이 아니라 소위 치킨 티카 마살라로 불리는 카레 요리이다. 치킨 티카 마살라도 실제 인도와는 큰 관련성이 없는 전적으로 혼성적인 결합의 산물이다. 영국 음식 문화의 또 다른 아이러니 중 하나는, 영국에서 유행하는 '인도' 요리의 대부분은 방글라데시 출신의 요리사에 의해 만들어진다는 점이다(글상자 3.1 참고).

이와 같이 특정한 공간의 역사는 그 공간 외부의 사건과 긴밀하게 연결되어 있다. 매시(Massey)는 다음과 같이 지적한다.

> 우리는 공간이란 상호관계의 총체를 통해 구성된다고 이해해야 한다. [즉] 공간은 국지적인 스케일에서 세계적인 스케일에 이르는 모든 사회적 상호 관계와 상호작용의 동시적 공존을 일컫는다.
>
> (Massey, 1992, p. 80)

공간이 사회적으로 구성된다는 것은 곧 도시란 시간에 따라 의미가 새겨지는 일종의 텍스트임을 함축한다. **각인**(scripting)이라는 용어는 우리가 여러 재현을 통해 도시를 생산, 구성해 나가는 과정을 일컫는다. 그렇다고 도시는 우리가 선택한 대로 머물러 있지 않는다. 즉, 도시는 분명한 물리적 속성을 갖고 있어서 도시의 표현 방식을 제한하고 이에 영향을 끼치지만, 이러한 재현은 매우 쉽사리 변동한다. 가령, 런던의 가난한 이스트엔드(East End) 지역에 대한 재현이 시간에 따라 변화해 온 과정은 이의 좋은 사례이다. 19세기에만 하더라도 이스트엔드는 위험한 장소로 간주되었지만, 1890년대에 들어서면서 (도시 개혁 운동, 노동당, 교회, 공교육, 주택 재개발, 예술적 재현 등과 관련된) 여러 요인의 영향으로 활기차고 애국적인 런던내기(Cockneys)의 공간으로 변화했다. 이후 방글라데시 이주민과 같은 소수민족의 유입과 1980년대 대처주의의 영향으로 인해, 이 지역은 자립적인 기업가들로 구성된 '상상의 공동체'가 되었다.

도시 이미지의 변화에 관한 또 다른 사례를 들자면, 오늘날 많은 공공기관이 도시를 '재브랜드화' 함으로써 투자자에게 매력적인 곳으로 만들려는 시도를 들 수 있다. 특히 오늘날 미국의 경우 **장소 판촉**(place promotion) 또는 **장소 마케팅**(place marketing)은 수십억 달러에 이르는 대형 산업으로 성장하여, 많은 컨설턴트와 홍보업체가 전문적으로 도시를 상품처럼 패키지화, 선전, 판매하고 있다. 글로벌화의 과정은 이와 같이 문화와 지리적 영역 사이의 연결 관계를 약화시키고 있다. 왜냐하면 대중매체와 정보통신과 관련된 새로운 기술이 등장함에 따라, 초국적기업이 기존의 문화적 영역을 횡단하면서 '추상적 전자 공간'(Robins, 1991)을 형성하고 있기 때문이다. 이는 전 세계적으로 스타 연예인을 동시에 볼 수 있는 영화 및 음악 산업에서 두드러지게 나타난다. 오늘날 청중은 글로벌 스케일에서 같은 경험을 공유하고 있으며, 문화와 로컬 지식과의 관계는 더욱 소원해지고 있는 실정이다.

글로벌화의 과정은 대개 로컬 문화를 침해하고 있기 때문에 **탈로컬화**(delocalization)라고도 불린다(2장 참고). 그러나 많은 사람들은 이러한 문화적 등질화의 경향이 과장된 표현일 수 있음을 지적하고 있다. 즉, 로컬 정체성을 띤 문화는 다양한 민족주의 운동이나 도시 내에서의 뚜렷한 문화적 표현을 통해 재확인받고 있다. 이러한 경향은 대개 외부로부터의 대중문화 유입이라는 위협에 대한 의식적인 대응이다.

결국 문화는 어떤 사회의 엘리트 집단의 전유물이

아니다. 문화는 소비재 상품, 경관, 건물, 장소 등 우리 주변의 모든 것을 아우른다. 또한 문화는 어떤 정적인 대상이라기보다는 언제나 분쟁 중에 있고 항상 변화하고 있는 영역으로서, 우리의 언어와 매일 매일의 사회적 실천에 살아 숨 쉬고 있다.

3.4 포스트모더니즘

모더니즘(modernism)과 **포스트모더니즘**(postmodernism) 개념은 최근 도시에서 나타나는 문화적 변동을 잘 요약하고 있다. 2장에서 언급했던 포드주의와 신포드주의 경우와 마찬가지로, 모더니즘과 포스트모더니즘이라는 용어 또한 많은 복잡한 맥락에서 사용되고 있다. 즉, 이들은 구체적인 '문화 양식'을 지칭하기도 하고, '분석 방법'을 뜻하기도 하며, '역사 시대'를 구분하는 용어이기도 하다(Dear, 1990). 하비(Harvey, 1989b)와 제머슨(Jameson, 1984)은 공통적으로 포스트모더니즘이란 유연적 축적체제에 대한 논리적인 문화적 파트너라고 주장한다. 포스트모던 문화는 많은 다양한 틈새시장의 출현을 지원하고 있을 뿐만 아니라, 소비의 화려함에 사로잡혀 분절화된 채 사회의 지배적 권력에 도전할 수 있는 집합적 제도를 상실한 군중을 낳고 있다. 위의 개념이 어떻게 사용되고 있는지를 이해하기 위해서 우선 모더니즘이라는 용어부터 검토해 보자.

모더니즘은 대개 르네상스와 함께 출현한 광범위한 문화적·철학적 운동을 지칭하는데, 19세기 말과 20세기 초반에 그 정점에 달했다. 모더니즘은 무엇보다도 이성적 사유와 과학적 분석이 보편적인 진보로 이어진다는 믿음을 특징으로 한다. 이는 결과적으로 **사회공학**(social engineering)으로 발전하게 되었는데, 이는 합리적 계획과 과학적 원리의 적용을 통해 사회를 향상시킬 수 있다는 관념을 토대로 한다. 이러한 철학은 1960년대에 이루어진 (슬럼 철거와 같은) 대대적인 도시 재개발 계획과 교통관리 체계 등에 잘 스며 있다. 모더니즘은 이미 1장에서 논의했던 계량적, 행태주의적 접근의 근본적인 토대로 간주되기도 한다. 그러나 20세기에 나타난 일련의 전쟁, 기근, 정치적 억압, 과학적 시도와 계획이 야기한 사회적·생태적 비용은 모더니즘이 제시했던 환상으로부터 각성할 수 있는 계기가 되었다.

포스트모더니즘의 핵심적인 특징은 '어떤 순수한, 즉각적인, 원초적인 경험이란 존재하지 않으며, 우리의 모든 경험은 언어와 같은 여러 재현에 내재된 문화적 가치를 통해 매개된다'는 주장이다. 즉, 세계에 대한 우리의 이해는 항상 특정한 이론적 시각을 투과하며 걸러진다는 것이다. 그렇기 때문에 세계에 대한 자신의 이해방식이 다른 것보다 우월하다고 주장하는 집단은 타자에게 자신의 이해방식을 강요하고자 한다. 이러한 맥락에서 포스트모더니즘은 현실 그 자체보다는 현실을 재현하는 방식과 체계에 초점을 둔다. 따라서 포스트모더니스트들은 이론 또는 지식이라 주장되는 것은 (어떤 관점을 타자에게 제시하려는 시도이기 때문에) 권력과 밀접히 얽혀 있다고 주장한다. 포스트모더니즘은 세계를 분석하는 데에 단 하나의 효과적인 방법만이 있기란 불가능하다고 보면서, 이를 **메타서사**(metanarrative) 또는 **전체론적 담론**(totalizing discourse)이라고 명명한다. 대신, 포스트모더니스트들은 어떠한 권력 관계와 결합되어 있는가에 따라 진실을 재현하는 데에는 복수의 방식이 있다고 주장한다.

포스트모더니즘의 타당성은 많은 논란이 되고 있

다. 많은 반대론자들은 포스트모더니즘이 도덕적 상대주의를 함의하고 있기 때문에 사람들로 하여금 현재의 활동, 경험, 생활 상태에 안주하도록 이끈다고 비판한다. 기든스(Giddens)는 현대 사회를 (포스트모던 사회가 아니라) 개인의 강도 높은 **성찰성**(reflexivity)을 특징으로 하는 **후기 모더니즘**(late modernism) 사회라고 진단한다. 그에 따르면, 후기 모더니즘 사회에서 사람들은 일상생활에서 자신의 태도와 선택을 더 잘 인식하고 있으며 자신의 성찰성 또한 자각하고 있다는 것이다.

도시의 포스트모더니즘

문화연구와 관련되어 있는 포스트모던 사상은 사회 내의 다양한 집단을 인식하는 데에 초점을 둔다. 이러한 집단과 각 집단의 열망은 학술 문헌뿐만 아니라 음악, 광고, 문학과 같은 대중적 재현 양식에도 반영되어 있다. 가령, 도시경관과 관련된 포스트모더니즘은 (사각형의 모던 건축이 아닌) 다양한 건축 양식에 반영된다. 포스트모던 양식은 최첨단 기술을 사용하는 것에서 신고전 양식에 이르기까지 다양할 뿐만 아니라, 종종 많은 상이한 모티브를 차용하여 절충적으로 혼합하는 양식을 취하기도 한다. 포스트모던 디자인은 의도적으로 장난스럽게 연출하기도 하고 의미를 암시적인 방식으로 표현한다. 근대 도시의 건축과 도시계획은 진보를 향한 노력을 반영했지만, 현대 건축은 소비, 쾌락주의, 또는 사회적 결과를 고려하지 않는 이윤 추구를 특징으로 한다. 이러한 문제는 9장에서 논의될 것이다.

이 결과 포스트모던적 도시 해석은 일상 세계에서 기호와 이미지가 더욱 중요시되고 있음에 주목한다. 선구적인 포스트모더니스트 중의 한 명인 보드리야르(Baudrillard, 1988)는 포스트모던 문화가 실제 세계의 이미지나 모사물에 기반하고 있다고 주장했다. 그는 이러한 허구적 구성물이 그것이 모방하는 실제 세계와 구별하기 어렵거나 불가능하다는 측면에서 이를 **시뮬라크라**(simulacra)라고 명명했다.

또 다른 포스트모던 문화의 특징 중 하나는 광고와 대중매체를 통한 소위 **초현실성**(hyperreality)의 생산이라고 할 수 있는데, 이는 기호와 이미지가 그 자체로서 내적 의미를 갖고 있음을 지칭하는 용어이다. 이러한 초현실성이 지배하는 공간은 **초공간**(hyperspace)이라 불린다. 디즈니 테마 공원은 아마 가장 극단적인 형태의 그리고 가장 전형적인 형태의 초현실성을 보여 준다. 디즈니랜드는 애국주의, 전통적 가족 가치, 기업 활동의 자유를 극찬하면서 불순물이 정제된 세계관을 표현함으로써, 현실의 폭력, 착취, 갈등의 문제를 얼버무린다. 이와 같이 의식적으로 환경을 창조해 내는 것을 **이미지공학**(imagineering)이라고 한다.

올랜도에 건설된 셀레브레이션 시티(Celebration City)는 디즈니 철학의 궁극적인 완성으로서, 사회적 양극화와 같은 긴장이 완전히 배제된 고급의 주거 공동체이다. 셀레브레이션 시티에는 8,000개 이상의 주택뿐만 아니라 이를 뒷받침하는 마을 중심과 200만 평방피트(약 185,000m^2)에 달하는 상업지구가 함께 계획, 조성되고 있는데, 이는 상점, 아파트, 학교, 대학 캠퍼스, 호텔, 사무실 공간 등 거의 모든 시설을 포함한다. 또한 마을 관리 사무소는 매우 인상적인데 28개의 기둥과 거대한 현관을 갖추고 있다. 이 마을에 정부란 존재하지 않으며, 다만 디즈니 경영진이 마을의 매니저 역할을 한다. 이 도시의 건축물은 70페이지 분량의 주택 디자인 규약을 따르는데, 이는 기본적으로 주택, 인테리어, 음식 등 '행복한 생활'을 담고 있는 월간지인 『*Southern Living*』에 등

현대 도시의 전형적인 '소비의 공간' : 버지니아 주 알링턴에 위치한 펜타곤 시티의 쇼핑몰(사진 : Paul Knox)

장하는 주택에서 영감을 받은 것이다. 각 주택의 도로 쪽 창문 커튼은 반드시 흰색이나 옅은 미색이어야만 한다. 주택의 색상은, 만약 흰색이 아니라면 도로를 중심으로 같은 쪽에 있는 세 주택의 색상과 겹쳐서는 안 된다. 주택 정원의 적어도 1/4 이상에는 잔디 외에 채소를 재배해야 한다. 이 마을의 많은 '전통'은 디즈니사가 디즈니의 스타일을 구현하여 이미지 공학적으로 유지한다. 가령 추수감사절 이후부터 연말까지는 매일 밤 (비눗방울로 만들어진) 눈이 내린다. 10월의 두 주말 동안에는 (종이로 만든) 참나무 낙엽이 마을 중심의 야자수에서 떨어진다.

소킨(Sorkin, 1992)에 따르면, 포스트모던 시대에 도시는 하나의 거대한 '테마 공원'이 되어 감에 따라 세계에 대한 왜곡된 시각을 제공하는 다양한 시뮬레이션으로 가득 차 있다. 소킨은 이러한 도시 공간을 **비지리적 세계**(ageographia)라고 지칭한다. 이 결과 현대 도시의 다양한 포스트모던 건축물은 문화의 아주 얕은 표면만을 나타내고 있으며, 이는 종종 **디즈니화**(Disneyfication)라고 불린다(글상자 3.5 참고).

낭만적 자본주의 : 소비의 심미화

위치재(positional good)는 오늘날 소비자의 우월성을 잘 드러내는 개념이다. 그러나 포스트모던 사회에서 소비라는 행위는 이보다 훨씬 더 큰 의미를 지닌다. 더 이상 출신이 위치를 규정하지는 않는다. 오히려 사람들은 상품의 소비를 통해 다양한 정체성을 선택할 수 있다. 이러한 과정은 소위 소비의 **심미화**(aestheticization)라고 한다.

글상자 3.5

도시사회지리학의 주요 논쟁 – 영화 〈블레이드 러너〉는 얼마나 디스토피아적 포스트모던 도시를 재현하고 있는가?

아마 최근에 들어 고전적인 공상과학 컬트 영화인 〈블레이드 러너(Blade Runner)〉만큼 많이 분석된 영화는 없을 것이다. 이 영화의 역사는 영화 내용과는 관계없이 매우 극적이다. 이 영화는 필립 딕(Philip K. Dick)의 공상과학 소설 『안드로이드는 전기 양을 꿈꾸는가?(*Do Androids Dream of Electric Sheep?*)』를 원작으로 하는데, 1982년에 개봉되었을 때에는 상업적으로나 비평적으로나 실패한 작품이었다. 이 영화는 1940년대 탐정 누아르 영화와 공상과학 영화의 혼합물이라 할 수 있는데, 액션 영화를 기대했던 관람객은 그리스의 반젤리스(Vangelis)가 작곡한 음울하고 을씨년스러운 음악과 침울한 분위기의 장면을 마주 대하게 되었다. 애초 시사회의 관람객들은 이 영화를 난해하고 우울할 뿐만 아니라, 영화의 내용을 설명하기 위해 조잡한 목소리 해설(voice-over)이 급조되어 삽입되었다고 (감독의 기대와는 반대로) 폄하했다. 또한 시사회 관람객들은 이 영화가 스탠리 큐브릭(Stanley Kubrick)의 〈샤이닝(The Shining)〉에 등장하는 목초지 장면을 결말에 사용함에 따라 마지막의 해피엔딩이 삐걱거린다고 평가했다. 그러나 〈블레이드 러너〉는 여러 측면에서 '시대를 앞서 나간' 영화였으며, 많은 광적인 팬들이 비디오를 구입하고 일부러 심야 상영관에서 관람하면서 이 영화를 우상적으로 추종했다.

이 영화의 성쇠에 큰 전환점은 리들리 스콧(Ridley Scott) 감독의 버전이 캘리포니아의 베니스에서 개최된 한 고전 영화제에서 상영된 것이었다. 관람객들이 애당초 개봉되었던 버전의 문제점을 깨달으면서, 영화의 상영 직후 자발적이고 열광적인 기립박수가 이어졌다. 워너 브러더스(Warner Brothers)사는 이 영화의 상업적 성공 가능성을 눈치채고 1992년에 '감독판'으로 새롭게 개봉했다. 그 이후 영화는 사실상 '블레이드 러너 산업'이라고 명명할 정도의 수많은 후속 출판물, 연구 논문, 영화가 속출했다. 또한 이 영화에는 시각적으로 매우 새로운 캐릭터들이 등장했는데, 이는 이후의 공상과학 영화에 큰 영향을 끼쳤다. 그토록 많은 주목을 받게 된 것은, (감독의 편집증적 시각에서도 나타나는 것처럼) 이 영화가 다음과 같은 포스트모던 도시의 핵심 요소를 놀라울 정도의 선견지명으로 잘 표현했기 때문이었다.

- 환경 재해 : 이 영화의 배경인 2019년의 로스앤젤레스는 (밝은 햇살이 비추는 땅은 보이지 않고) 어둡고, 오염됐으며, 안개로 가득 차 있는 비에 젖어 있는 도시로 묘사되었다. 냉소적인 사람들은 이러한 분위기가 리들리 스콧이 어린 시절을 보냈던 영국 북동부의 산업도시 게이츠헤드(Gateshead)의 밤 날씨와 비슷하다고 비꼬기도 했다. 중요한 것은 이 영화가 미래를 기술적으로 세련되고 편안한 장소의 이미지로 묘사하지 않은, 미래의 모습을 문제적으로 묘사한 최초의 영화였다는 사실이다.
- 도시 극빈층 : 로스앤젤레스는 사회적 양극화로 인해 여러 민족집단들로 구성된 힘없는 극빈층으로 가득한 도시로 묘사되었다. 재미있게도 이 중 아프리카계 미국인은 보이지 않았다. 이 영화에서 극빈층은 일본의 경제적 영향 때문인 것으로 나타나는데, 이는 1980년대 초반 일본의 경제적 영향력이 급속히 증대되었던 것에 대한 편집증적인 반응이라고 할 수 있다.
- 기업의 지배 : 이 영화에서 사람들은 얼굴 없는 거대한 기업에 의해 지배당하고 있다.
- 유전공학 : 새로운 과학기술은 사실상 인간과 구분할 수 없는 복제물인 안드로이드를 생산하는 데에 이용된다. 영화의 주인공인 데카드(Deckard)의 이름이 '나는 생각한다, 고로 존재한다'고 했던 데카르트(Descartes)와 유사한 것은 결코 우연이 아니다.
- 포스트모던 문화 : 도시에서의 지배적인 담론은 상업적으로 이익이 되는지의 여부에 기초하고 있다. 따라서 많은 도시 내 극빈층은 어떤 집단적인 비전을 형성하지 못한다. 이들을 지배하는 지배적 윤리는 이기심으로서, 이는 단순히 적대적 세계에서 살아남기 위한 최선의 선택으로 그려진다. 포스트모던 도시에서와 마찬가지로 이러한 미래 도시의 문화는 혼성적인 것으로 묘사되어 있다. 언어, 음식, 옷, 기호 등 모두는 미국적인 것, (헝가리 중심의) 유럽적인 것, (일본 중심의) 아시아적인 것의 혼합물이다.
- 하청 : 포스트포드주의적 경제에서와 마찬가지로 타이렐(Tyrell)사는 작은 기업들에게 (안드로이드에게 필요한 안구 등을) 하청을 주고 있다.
- 하이테크 건축물 : 이 영화에 등장하는 건축물은 이 영화의 또 다른 선견지명을 보여 준다. 많은 건물은 환기구, 온도조절장치, 건물 외부의 서비스용 도관이 설치되어 있는데, 이들은 실제로 오늘날 몇몇 포스트모던 건축가들이 채택하고 있는 시설이다.

계속

주요 관련 개념

초현실성, 포스트모더니즘, 시뮬라크라

더 읽을거리

Brooker, W. (2005) *The Blade Runner Experience* Wallflower Books, London

Bukatman, S. (1997) *Blade Runner* British Film Institute, London

Doel, M.A. and Clarke, D.B. (1997) From Ramble City to the screening of the eye: *Blade Runner*, death and symbolic exchange, in D.B. Clarke (ed.) *The Cinematic City* Routledge, London

Neuman, D. (1998) Before and after metropolis: film and architecture in search of the modern city, in D. Neuman (ed.) *Film Architecture From Metropolis to Blade Runner* Prestel-Verlag, NewYork

Sammon, P.M. (1996) *Future Noir: the making of Blade Runner* Orion Media, London

관련 내용

14장 : 영화와 도시

> 점차 생산이 증가하는 것은 사물이 아니라 기호이다. … 이는 실질적인 미적 요소를 내재한 (음악, 영화, 비디오와 같은) 비물질적 대상이 증가하고 있을 뿐만 아니라, 사물에 있어서 기호와 이미지가 더욱 중요해지고 있음을 의미한다. 사물의 심미화는 상품의 생산과정에서도 발생하고, 그런 상품이 유통 및 소비되는 과정에서도 발생한다. (Lash & Urry, 1994, p. 15)

나이키 운동화는 패션 아이콘이 된 상품의 고전적 사례이다. 나이키 신발은 원래 스포츠 용도로 제작되었지만, 뉴욕 브롱크스의 청년층에서 이를 소비하면서 주류 문화에 대한 거부의 상징이 되었다. 나이키사의 마케팅 담당자들은 이러한 상징적 문화 가치를 재빨리 이용하여 에어쿠션이 들어간 굽창, 색깔 있는 운동화 끈, 펌프-액션 내장재와 같은 일련의 혁신을 내놓았다. 나이키사는 고급의 광고를 유포하며 막대한 이윤을 얻었지만, 가난한 가정에서는 나이키 신발을 구입하기 위해 상당한 고통을 감내하게 되었다. 물론 오늘날 나이키 신발이 사회에 널리 퍼지게 되면서 예전의 침범, 전복과 같은 의미는 퇴색되었다.

이처럼 최근 도시에 대한 포스트모던 이론화에 있어서 핵심 중 하나는 정체성 형성에 있어서 소비가 중요한 역할을 한다는 인식이다. 잭슨과 스리프트(Jackson & Thrift, 1995, p. 227)가 언급한 바와 같이, '정체성은 소비라는 구체적인 행위를 통해 확인되고 경합된다'. 사람들은 특정 상품을 구입함으로써 자신을 다른 사람들로부터 차별화하려고 할 뿐만 아니라, 자신을 표현하고 자신의 새로운 주체 위치를 시험적으로 드러내 보이는 수단으로 삼는다. 사람들은 예전과 같이 소득, 계급, 민족적 배경과 같은 전통적 요인이 아니라 그 사람이 무엇을 소비하는가에 따라 (다소 논란의 여지가 있지만) 정의된다.

이러한 측면에서 자본주의와 프로테스탄트 윤리의 관계를 새롭게 해석하는 콜린 캠벨(Colin Campbell, 1987)의 연구는 매우 흥미롭다. 막스 베버(Max Weber)는 19세기의 자본주의를 칼뱅주의적 정신으로 무장된 합리적 체계로 이해했는데, 이는 경제적 성공을 중시하면서도 냉철하고, 금욕적이며, 신비로움, 낭만, 황홀함을 적대시했던 사회였다. 캠벨은 20세기 후반의 상황을 검토하면서, 이러한 실용적 합리성이 즐거운 취향의 사회적 기준에 대한 사람들의 욕구에 기원하는 '근대 소비주의의 정신'으로 이행하고 있다고 주장했다. 캠벨의 주장에 따르면, 원래 세련됨과 훌륭한 인품은 미와 선을 추구하는 사람들의 본질적 속성이라고 간주되었고 사람들은 이 속에서 기쁨을 추구했다. 곧 기쁨의 추구는 아름답고 화려한 상품의 소비와 직결되었다. 사람들의 삶은 소비재 상품에 대한 환각, 백일몽, 환상으로 가득하게 되었다. 캠벨은 이러한 과정에서 '자기환상적 쾌락주의'를 특징으로 하는 근대 소비주의의 정신이 태동했다고 본다. 결국, 사람들은 자기환상적 쾌락주의로 인해 새로운 것이 항상 그 이전의 것보다 더 큰 충족감을 줄 것이라는 믿음하에 일련의 사물에 매혹되어 끊임없이 즐거움을 추구한다. '낭만적 자본주의'란 프로테스탄트의 노동 윤리가 아니라 꿈과 환상이 이끄는 이러한 과정에 토대를 둔다.

낭만적 자본주의는 전후 경제적 호황과 신용카드의 보급에 힘입어 1950년대에 꽃을 피웠다. 계급, 민족집단, 연령에 따른 전통적인 집단 정체성은 차츰 희미해지기 시작했고, 사람들은 소비 패턴을 통해 자신의 정체성과 생활양식을 자유롭게 만들어 나가기 시작했다. 또한 전통적인 위치재의 소비와 아울러, 새로운 계급적 분파와 정서에 기반을 둔 '신부족(neotribal)' 집단은 개인화된 소비 패턴을 통해 자신의 독특성을 추구하고자 했다. 소비는 생산을 능가함으로써 가장 중요한 사회적, 문화적, 정치적 갈등과 경쟁의 장이 되었다. 포드주의의 덕분에 소비자들의 꿈은 보다 빨리 보다 쉽게 성취될 수 있었다. 대량생산에 따른 안정된 생활과 선택은 사람들에게 환상을 불러일으켰다. 그러나 역설적이게도 대량생산은 상품의 새로움, 배타성, 독특성, 낭만성을 제공하지 못함으로써 이러한 환상을 (불가피하게 그리고 변증법적으로) 충족할 수 없었다. 결국, 이러한 경향에 대처하는 과정에서 상품 디자인, 틈새시장 마케팅, 상표의 '시학(poetics)'은 사물에 환상을 입히고, 환상에 환상을 덧입히는 데에 핵심적인 방법이 되었다. 또한 조지 리처(George Ritzer, 2005)가 지적한 바와 같이, 소비를 조장하고 용이하게 하는 수많은 전문화된 환경도 이러한 환상을 보장하게 되었다. 소위 '소비의 전당'이라고 할 수 있는 이러한 환경에는 쇼핑몰, 체인점, 카탈로그, 프랜차이즈, 패스트푸드점, 인터넷 쇼핑몰, TV 홈쇼핑, 유람선, 카지노, 테마 레스토랑 등이 포함된다. 리처는 보드리야르와 같은 학자의 주장을 이어받아 스펙터클, 화려한 오락물, 시뮬레이션, 테마화, 현대 물질문화의 거대함에 주목하면서, 이러한 모든 것은 현대 소비세계의 환상화와 재환상화의 핵심이라고 지적했다.

현대 도시에서 이처럼 소비의 중요성이 부각됨에 따라 쇼핑을 위해 조성된 공간은 엄청나게 팽창하게 되었다. 이들은 넓은 교외지역의 쇼핑몰을 점유할 뿐만 아니라 재생된 도심부와 축제의 시장터까지도 아우르게 되었다. 새로운 소비공간의 내부 건축은 사람들의 소비를 조장할 수 있도록 고안되어 있다. 위와 같은 소비공간으로 사람들을 유혹하기 위해 특별한 이벤트, 거리 공연, 극적인 건축 양식이 사용되고 있다.

3.5 결론

이 장에서는 최근 서구 도시의 문화에서 나타나고 있는 복잡한 변화 양상을 소개하고자 했다. 이러한 변화의 복잡성으로 인해 도시를 단일한 문화경관으로 '읽고' 이해하는 것이 더욱 어려워지고 있다. 이제 더 이상 '단일한' 도시지리학이란 존재하지 않으며(사실 과연 그랬던 적이 있었던가?), 여러 가지의 도시지리학'들'의 총체만이 존재할 따름이다. 도시는 공간적, 구조적인 차원뿐만 아니라 사회적, 개념적 차원에서도 탈중심화되었다. 물론 탈중심화된 각 요소는 상호 밀접하게 얽혀 있다. 그러나 문화연구 중심의 도시지리학에 대한 비판론자들은, 이러한 연구가 수많은 '로컬' 형태의 지식과 정체성에 초점을 맞추는 대가로 로컬 문화가 작동할 수 있는 보다 넓은 정치경제적 구조를 간과하고 있다고 지적한다.

많은 문화지리학자들은 이분법적 구분을 본질화하고, 객체화하고, 창출하는 경향을 탈피하려고 노력하는 과정에서, 전통적으로 도시사회지리학의 주요 과업이었던 지도화와 도표화를 의심하고 심지어 이에 적대적인 태도를 보이고 있다. 이와 같은 기존의 재현 양식은 권력 관계를 은폐할 뿐만 아니라 문화지리학자들이 전복하려는 고정관념을 생산하기 때문에 신뢰받지 못하고 있다. 대신 '새로운' 문화지리학은 특히 심층면접과 같은 민족기술지(ethnographic) 방법을 강조하면서 사람들의 관점이 지니는 복잡성과 다양성을 드러내고자 한다.

도시 연구자들은 이러한 문제에 대해 매우 상이한 태도를 취하고 있다. 이러한 스펙트럼의 양극단에는 계량적 방법과 질적 방법이 상호 배타적으로 위치해 있다. 그러나 저명한 사회 비판가인 앤서니 기든스(Anthony Giddens, 1991, p. 219)는 '내가 볼 때 모든 사회 연구는 얼마나 수학적이든 또는 계량적이든 간에 민족기술지를 가정하고 있다'고 말한다. 이러한 측면에서 볼 때, 계량적 방법과 질적 방법을 신중하게 결합하는 것이 도시사회지리학을 연구하는 적절한 태도일 것이다. 질적 방법은 도시 내의 다양한 목소리를 드러낼 수 있는 반면, 지도와 도표는 그 한계를 충분히 인식한 상태에서 활용되기만 하면 보다 넓은 그림을 보여 줄 수 있다. 특히, 지도와 도표는 도시 '내부자'의 목소리에 대한 이해와 동반될 경우 사회 문제의 해결을 위한 집합적 정책을 제시하는 데에 꼭 필요하다. 다음 장에서는 위의 두 방법론이

글상자 3.6

도시사회지리학과 관련된 주요 영화 – 3장

- **Alice in the Cities(1974)**
  윔 웬더스(Wim Wenders)의 영화 대부분이 그렇듯 이 영화도 분류하기가 어렵다. 미국, 네덜란드, 독일을 배경으로 하는 일종의 로드무비이다. 미국의 문화가 유럽에 끼친 영향에 대해서 다루고 있는데, 군데군데 느리면서도 놀라운 장면이 포함되어 있다.
- **Blade Runner(1984)**
  모든 공상과학 영화 팬이 즐길 수 있는 누아르 영화이자 컬트 영화로서, 이 영화의 포스트모더니즘적 성격을 두고 많은 논란이 되었다(글상자 3.5 참고). 도시에 관한 연구자들이 꼭 봐야 하는 영화이다.
- **La Dolce Vita(1960)**
  이탈리아 감독 펠리니(Fellini)의 고전적 컬트 영화로서, 전후 이탈리아의 도덕적 쇠락을 보여 준다. 놀라운 도시 이미지들과 기억에 남을 만한 장면이 포함되어 있다.
- **Lone Star(1995)**
  텍스-멕스(Tex-Mex) 국경지대를 배경으로 하는 탐정 영화로 역사, 정체성, 문화적 혼성성의 문제를 미묘한 방식으로 그려냈다. Matewan, Passion Fish, Sunshine State 등을 감독했던 존 세일즈(John Sayles)의 영화이다.
- **Network(1976)**
  대중매체의 권력을 다루는 최초의 영화이다. 시청률을 높이기 위해 선정주의를 추구하는 텔레비전 뉴스 보도의 도덕적 타락을 보여 준다.
- **The Ploughman's Lunch(1983)**
  포스트모던 사회에서 대중매체, 광고, 홍보 산업을 둘러싼 도덕적 파탄을 비꼬는 내용의 충격적인 영화이다.

도시 내의 사회적 분화 패턴을 설명하는 데 어떻게 이용되는지를 살펴볼 것이다.

글상자 3.7

도시사회지리학과 관련된 주요 소설 – 3장

- Brave New World(1932) : Aldous Huxley
  작가의 선견지명이 돋보이는 고전으로서, 미래 사회의 모습을 국가의 감시에 의한 지배, 성의 상품화, 소비의 물신화가 지배하는 디스토피아적 세계로 그려내고 있다.
- Brick Lane(2003) : Monica Ali
  젊은 방글라데시 여성이 런던 이스트엔드 지역에서 살아가는 모습을 그리고 있는 베스트셀러 소설로서 영화로도 제작되었다. 소설 속 여주인공은 런던 방글라데시 커뮤니티의 전형적인 모습이 아니었기 때문에, 런던의 방글라데시 커뮤니티에서는 이 소설이 자신들의 모습을 왜곡하고 있다고 비판하기도 했다.
- City of Glass(1985) : Paul Auster
  『유령들(*Ghosts*)』(1985) 및 『잠겨 있는 방(*The Locked Room*)』(1996)과 더불어 소위 '뉴욕 3부작'이라 불리는데, 표면적으로는 탐정 소설의 형식을 취하면서 뉴욕이라는 포스트모던 도시의 조건을 스산하면서도 흥미롭게 그려내고 있다.
- Do Androids Dream of Electric Sheep?(1968) : Philip K. Dick
  영화 Blade Runner에 영향을 주었다(글상자 3.5 참고).
- Fear and Loathing in Las Vegas(1971) : Hunter S. Thompson
  두 작가가 마약에 취해 이곳저곳을 돌아다니는 모습을 그림으로써 포스트모던 도시의 쾌락주의를 풍자하고 있다. 조니 뎁(Johnny Depp) 주연의 영화로도 제시되었다.
- Neuromancer(1984) : William Gibson
  도시생활에 컴퓨터가 미치는 영향이 점차 위협적으로 변해 가는 모습을 그린 스릴러 소설로서, 선구적이면서도 미래에 대한 통찰력이 돋보이는 작품이다.
- Super-Cannes(2000) : J. G. Ballard
  풍자적인 스릴러 작품으로서 탈산업사회의 기업적인 도시에서 감시가 만연한 모습을 그려내고 있다.
- White Teeth(2000) : Zadie Smith
  대중적으로 매우 널리 알려진 작품으로 현대의 포스트식민 런던에 있어서 정체성과 혼성성의 문제를 생생한 인물 묘사를 통해 그려내고 있다.

요약

3.1 도시는 문화 형성에 중요한 역할을 한다. 문화는 사람들이 가지고 있는 '가치', 사람들이 따르는 '규범', 사람들이 사용하는 구체적 '사물'을 포함하는 '생활양식'을 일컫는다.

3.2 모든 문화는 시간에 따라 변화하는 다양한 효과가 혼성적으로 결합된 것이다. 따라서 순수한, 진짜 문화가 존재한다는 것은 일종의 신화이다.

3.3 공간은 문화적 가치들이 형성되는 데에 중요한 역할을 한다. 왜냐하면 공간은 문화와 마찬가지로 권력과 권위와 밀접하게 얽혀 있는 하나의 사회적 구성물이기 때문이다.

3.4 포스트모더니즘은 많은 논란이 되고 있는 개념이지만, 소비, 분절화, 다양성을 중심으로 나타나는 최근 도시 변화는 포스트모던 조건이 명시적으로 나타나고 있음을 보여 준다.

주요 개념

각인
감금도시
공간화된 주체성
공적공간
규율 사회
기념비적 건축
기의
기표
기호학
담론
대상화
대타성
도덕경관
도상학
디즈니화
메타서사
모더니즘
문화
문화적 전환
문화 제국주의
미시권력
민족경관
배제의 공간
비지리적 세계
사회공학
상상의 공동체
서발턴 계급
성찰성
시뮬라크라
심미화
양가성
위치재
의미화 실천
이미지공학
이분법
일탈적 하위문화
자민족중심주의
장소 마케팅
장소 판촉
재현
전유
전체론적 담론
정체성
정화된 공동체
제국주의 담론
주체성
주체 위치
지향성
진정성
초공간
초현실성
탈로컬화
텍스트
판옵티콘
포스트모더니즘
포스트식민 이론
하위문화
혼성성
흉내내기

읽을거리

문화지리학

Allen, J., Massey D. and Pryke, M. (eds) (1999) *Unsettling Cities? Movement/settlement* Routledge, London

Allen, J., Massey, D. and Pryke, M. (eds) (1999) *Unruly Cities? Order/disorder* Routledge, London

Anderson, K. and Gale, F. (1996) *Cultural Geography* (2nd edn) Longman, London

Anderson, K., Domosh, M., Pile, S. and Thrift, N. (eds) (2002) *Handbook of Cultural Geography* Sage, London

Blunt, A., Gruffud, P., May, J., Ogborn, M. and Pinder, D. (2003) *Cultural Geography in Practice* Hodder Arnold, London

Crang, M. (2002) *Cultural Geography* (2nd edn) Routledge, London

Duncan, J.S., Johnson, N.C. and Schein, R.H. (eds) (2003) *A Companion to Cultural Geography*

Blackwell, Oxford
Fincher, R. and Jacobs, J.M. (eds) (1998) *Cities of Difference* The Guildford Press, New York
Featherstone, M. and Lash, S. (1999) *Spaces of Culture: City, nation, world* Sage, London
Jackson, P. (1989) *Maps of Meaning* Unwin Hyman, London
Massey, D., Allen, J. and Pile, S. (eds) (1999) *City Worlds* Routledge, London
Miles, M. (2006) *Cities and Cultures* Routledge, London
Miles, M. and Hall, T. (2003) *The City Cultures Reader* (2nd edn) Routledge, London
Mitchell, D. (2000) *Cultural Geography: A critical introduction* Blackwell, Oxford
Oakes, T. and Price, P.L. (eds) (2008) *The Cultural Geography Reader* Routledge, London
Shurmer-Smith, P. (ed.) (2002) *Doing Cultural Geography* Sage, London
Stevenson, D. (2003) *Cities and Urban Cultures* Open University Press, Maidenhead
Westwood, S. and Williams, J. (eds) (1996) *Imagining Cities* Routledge, London

소비

Campbell, C. (1987) *The Romantic Ethic and the Spirit of Modern Consumerism* Blackwell, Oxford
Clarke, D.B. (2003) *Consumer Society and the Postmodern City* Routledge, London
Jayne, M. (2005) *Cities and Consumption* Routledge, London
Miller, D. (ed.) (1995) *Acknowledging Consumption* Routledge, London
Miller, D., Jackson, P., Thrift, N., Holbrook, B. and Rowlands, M. (eds) (1998) *Shopping, Place and Identity* Routledge, London
Paterson, M. (2005) *Consumption and Everyday Life* Routledge, London
Ritzer, G. (2005) *Enchanting a Disenchanted World* (2nd edn) Pine Forge Press, Thousand Oaks, CA
Wrigley, N. and Lowe, M. (eds) (1996) *Retailing, Consumption and Capital: Towards the new retail geography* Longman, London

문화와 정체성

Amin, A. and Thrift, N. (eds) (2004) *The Blackwell Cultural Economy Reader* Blackwell, London
Bourdieu, P. (1977) *Outline of a Theory of Practice* Cambridge University Press, Cambridge
Du Gay, P., Evans, J. and Redman, P. (eds) (2000) *Identity: A reader* Sage, London
During, S. (ed.) (1998) *The Cultural Studies Reader* Routledge, London
Jenks, C. (1993) *Culture* Routledge, London
Miles, M., Borden, I. and Hall, T. (eds) (2000) *The City Cultures Reader* Routledge, London

포스트식민 이론

Ashcroft, B., Griffiths, G. and Tiffin, H. (eds) (1993) *The Post-colonial Studies Reader* Routledge, London
Ashcroft, B., Griffiths, G. and Tiffin, H. (eds) (1997) *Key Concepts in Post-colonial Theory* Routledge, London
Jacobs, J.M. (1996) *Edge of Empire: Postcolonialism and the city* Routledge, London
Loomba, A. (1998) *Colonialism/Postcolonialism* Routledge, London

포스트모더니티와 도시

Dear, M. (1999) *The Postmodern Urban Condition* Blackwell, Oxford
Hannigan, J. (1998) *Fantasy City: Pleasure and profit in the postmodern metropolis* Routledge, London
Watson, S. and Gibson, K. (eds) (1995) *Post-modern Cities and Spaces* Basil Blackwell, Oxford
Zukin, S. (1995) *The Cultures of Cities* Blackwell, Oxford

제 04 장

사회공간적 차별화 패턴

핵심 문제

- 도시의 물리적 구조에서 나타나는 주요 패턴은 무엇인가?
- 도시구조를 형성하고 변형시키는 주요 프로세스는 무엇인가?
- 도시구조의 주요 사회경제적 측면은 무엇이며, 어떻게 지리적으로 뚜렷이 나타나는가?
- 도시 내에서 삶의 질이 공간적으로 어떻게 다른가?

도시사회지리학자들은 도시 형태와 도시구조에 대한 일반화를 추구하면서 도시 내부의 사회공간적 차이에 연구의 초점을 두었다. 이러한 도시 형태와 도시구조에 대한 일반화는 특정 시점에서의 사회공간 변증법의 산출물을 파악한 것이라고 볼 수 있다. 도시사회지리학자들은 도시 성장 과정과 도시 내에서의 사회적 상호작용 패턴에 관한 유용한 모델을 제시하면서 가정과 이론을 수립, 검증했다. 도시사회지리학자 간의 시각의 차이가 있을지라도 도시사회지리학의 초기 목표는 도시 내에서 내부적으로는 비교적 동질적인 특성을 지니면서 다른 지역과는 뚜렷하게 특성이 다른 지역을 파악하는 것이었다. 여기서 '비교적'이라는 용어에 주의할 필요가 있다. 도시 내에서 지역을 구분할 때 동일 지역 내의 거주자들이 비슷한 특징을 공유하고 있다고 단정해서는 안 된다는 것이다. 왜냐하면 내부적으로 가장 동질적으로 보이는 도시지역이라고 할지라도 다양성과 차이를 지니고 있기 때문이다. 하지만 도시는 뚜렷한 공간적 패턴을 지닌다. 이 장에서 우리는 현대 도시의 물리적 그리고 사회경제적 측면에서 발생하는 기본적인 패턴을 다양한 각도에서 살펴볼 것이다.

4.1 도시 형태와 도시의 물리적 구조

도시 환경의 물리적 특징에 관한 연구는 도시지리학의 가장 오랜 전통을 지닌 분야 중 하나로서, 특히 '도시경관'과 '형태학적 지역(morphological region)'에 관한 연구가 도시 연구에 있어 중요한 위치를 차지해 왔던 유럽에서 성행했다.

주택유형, 택지, 가로망

도시의 형태적 패턴은 크게 두 가지 기본적 요소인 ① 구획된 토지의 규모와 형태, ② 도로망에 근거한다. 이 두 가지 요소는 역사적 시기에 따라 다르게 나타난다. 건축용 토지가 부족한 경우에 또는 수변(waterfront)이나 시장 광장 주변처럼 도로 · 해안 · 강변 등에 접해 있는 토지에 최대한 건물을 많이 세우고자 할 경우에는 결과적으로 작으면서도 긴 토지 구획이 나타나기 쉽다. 또한 구획된 토지의 규모와 형태는 해당 지역에서 지배적인 주택유형에 의해 결정되는 경우가 많다. 예를 들어 잉글랜드, 네덜란드, 독일 북부 해안의 소도시들은 역사적으로 작은 주택으로 이루어져 있는 것이 특징이며, 토지 전면부가 5m 정도밖에 안 되는 작은 토지로 구획되어 있다. 미국 도시의 경우 19세기 공동주택은 9m 정도의 토지 전면부가 필요했던 반면에, 아파트는 32m 정도의 토지 전면부가 필요했다.

형태 형성

형태 형성(morphogenesis)이란 도시 형태의 물리적 구조를 창출하고 변형하는 과정을 의미한다. 도시에 새로운 도시구조적 요소가 첨가될 뿐만 아니라 현존하는 도시구조가 수정됨에 따라 도시 형태는 시간이 지나면서 변화한다. 새로운 건축물이 오래된 건축물을 대체하고, 구획된 토지들이 합병되거나 더 세분화되고, 가로망이 변형됨에 따라 주택, 구획된 토지, 가로 유형으로 구성된 기본적 도시 형태는 혼성화되어 간다. 도시 성장 과정에서 나타나는 일련의 연속적인 단계들은 서로 다른 사회적, 경제적, 문화적 힘의 영향을 받는다. 모든 도시의 성장은 외연적 확대와 도시 내부의 재조직화라는 두 가지 과정을 내포하고 있다. 각각의 도시 성장 단계에서 도시구조적 요소의 첨가와 대체가 일어나면서 새로운 도시구조가 형성된다. 도시의 외연적 확대 과정은 그림 4.1에서 나타나는 바와 같이 환상(環狀) 패턴을 지니는 것이 일반적이다. 우리는 도시 내부의 재조직화 과정을 그림 4.2에서 엿볼 수 있다. 그림 4.2는 영국 리버풀의 일부 지역에서 대학, 로마 가톨릭 성당, 병원을 포함한 기관이 19세기 도로 패턴을 잠식하면서 세분화되어 있는 주거지 도로가 보다 저밀도 형태의 단지로 구성된 구조로 대체되어 가는 과정을 보여 주고 있다.

도시에서 가장 오랜 역사를 지닌 도심은 특히 재조직화되기 쉽다. 도심은 물리적으로는 낙후된 주거 · 상업 · 공업 기능이 혼재되어 있는 형태적 요소가 형성된다. 작은 공장과 작업장은 도심의 분위기를 자아내는 요소이다. 이러한 공장 중 일부는 교외의 새로운 장소로 이전해 가는 교외화 경향을 거부하고 도심에 남아 있기도 한다. 일반적으로 도심의 공장은 CBD 주변의 복잡하며 쇠퇴한 주거지역의 골목에 위치해 있는 오래된 건물을 차지하고 있다.

이러한 도심을 벗어나면 공업적, 상업적, 주거적 형태적 요소들이 명확히 차별화되어 나타나는 경향

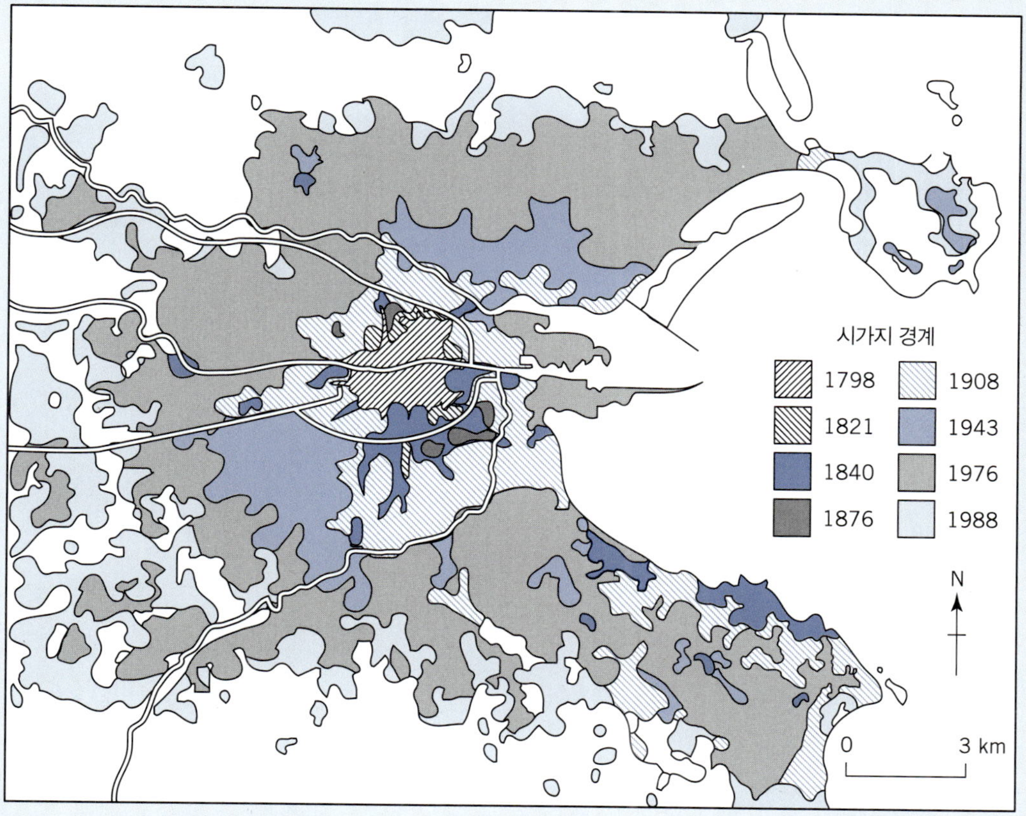

그림 4.1 더블린의 성장 단계
출처 : MacLaran(1993), Fig. 2.9, p. 42.

이 있다. 하지만 상업 및 공업 개발과 관련된 방사형 도로, 주요 도로, 철도 노선으로 인해 공업 · 상업 · 주거 지역 간의 구분이 완벽하지는 않다. 더 나아가 도시가 발달하더라도 계속 잔존하려는 형태적 요소가 존재한다. 예를 들어 성, 교회, 대학가, 도로, 공원, 공유지는 시장의 논리를 따르지 않는 경향이 있어 새롭게 개발되거나 재개발된 근린지구 내에서도 과거의 흔적으로 남아 있는 경우가 많다.

심지어 비교적 최근 형성된 내부적으로 특징이 동질적인 교외 주거지역에서도 형태적 재조직화가 일어날 수 있다. 그림 4.3은 영국 남동부 도시의 교외 지역 근린지구의 내부 및 외부 구역에서 1950년대 중반부터 1980년대 말까지 일어난 형태적 재조직화의 정도를 보여 주고 있다. 영국 남동부에서의 평균 가구규모의 축소와 인구 · 고용 기회 · 소득의 증가로 인한 주거지 개발에 대한 강한 압력의 결과로써 형태적 재조직화가 나타난 것이다. 그림 4.3에서 나타난 바와 같이 형태적 재조직화는 구획 토지의 세분화 및 재개발(기존 비주거용 토지의 주거지 개발을 포함)의 형태로 일어났다. 이러한 개발 패턴은 선진국 도시의 교외지역에서의 사회공간 변증법에 중요한 변화의 한 측면인 충전(infill)과 재개발을 나

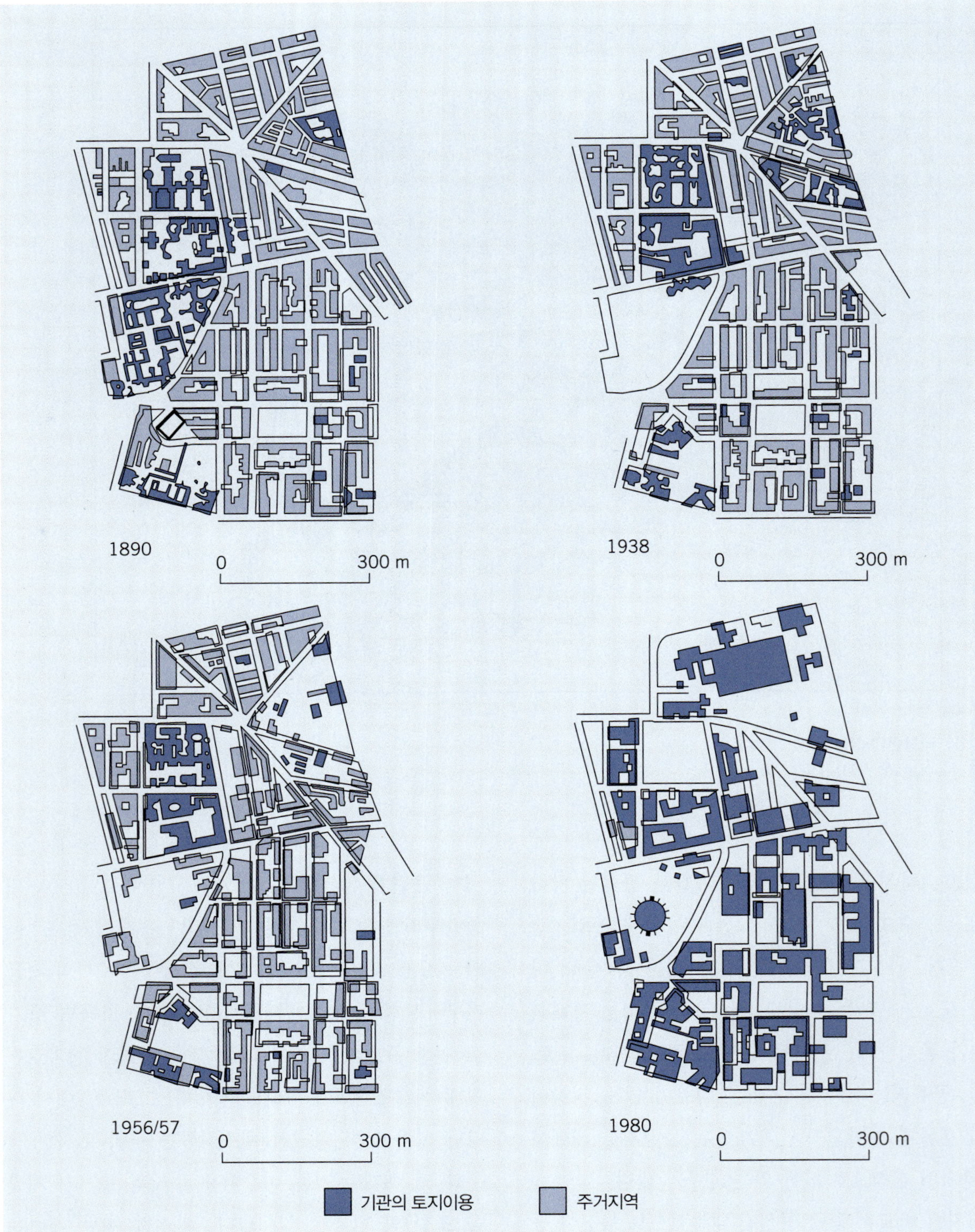

그림 4.2 리버풀 내 대학가의 형태적 재조직화(1890 ~ 1980)
출처 : Chandler *et al.*(1993), Fig. 5.3, p. 112.

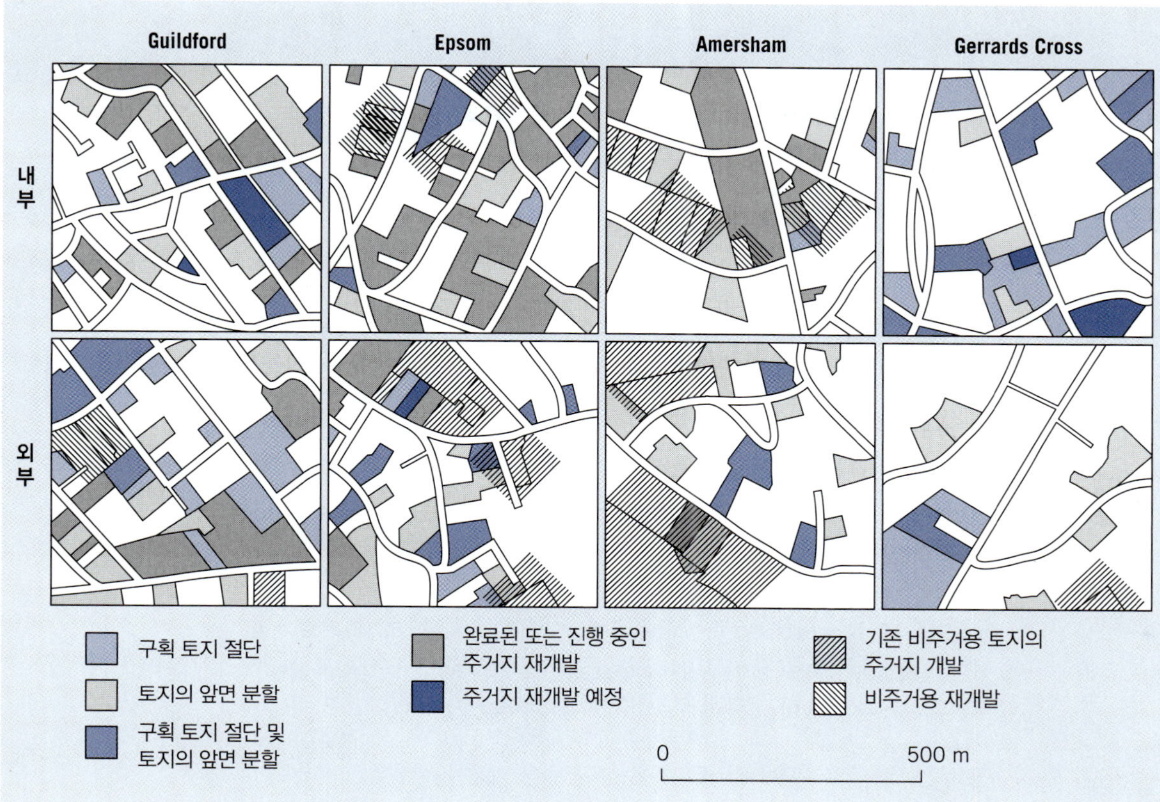

그림 4.3 영국 남동부 사례 도시에서의 저밀도 주거지역의 구획 토지 세분화 및 재개발(1955～1986)
출처 : Whitehand(1992), Fig. 4.4, p. 141.

타내고 있다.

사회공간 변증법은 형태 형성에 있어 매우 중요하다. 오랜 시간에 걸쳐 형태 형성은 권력, 공간, 디자인의 규범과 미학의 연속적 진화에 휘말리는 것이다. 도시 디자인에 있어서의 연속적인 혁신(표 4.1)은 건물 증축과 재조직화의 형태로 경관에 새겨질 뿐만 아니라 특정 가치 및 태도를 상징화한다. 이러한 맥락에서 교통기술의 혁신은 매우 중요하다. 왜냐하면 교통기술의 혁신은 권력, 공간, 디자인의 규범과 미학의 진화에 기여할 뿐만 아니라 도시지역의 전반적인 물리적 구조에 직접적인 영향을 미치기 때문이다. 교통기술에 있어서의 주요 혁신(철도, 전차, 고속철도, 자동차, 트럭과 버스)은 도시구조를 변혁하는 효과를 지닌다. 왜냐하면 교통기술에 있어서의 주요 혁신은 상대적 접근성의 패턴을 급진적으로 변화시킬 수 있기 때문이다. 교통기술의 혁신이 도시의 물리적 개발 패턴에 영향을 미친다. 즉, 교통기술이 변화함에 따라 도시의 물리적 개발 패턴도 변화하게 된다. 미국 도시를 사례로 교통기술의 시대를 구분해 보면 다음과 같다(그림 4.4 참고).

- 철도 등장 이전(1830년 이전) 및 기관차(1830~1870년) 시대
- 전차(streetcar)시대(1870~1920년)

표 4.1 도시 디자인의 혁신

시기	혁신	입지
1100~1500	중세의 불규칙적 타운(town)	중부 유럽
1200~1400	중세의 규칙적 타운	프랑스, 독일 남서부, 발트 해, 엘베 강 동부
1500~1700	르네상스 타운 개념	이탈리아, 프랑스, 독일, 미국
1600~1900	바로크 타운 개념	로마, 파리
1800~1830	고전적 격자/블록으로부터 르네상스 원칙으로의 복귀	크레펠트(Krefeld), 프러시아
1800~1880	기하학적 타운 디자인	중부 유럽
1850~1900	오스만(Haussmann) : 축 개념, 원, 삼각형, 대로, 전망	파리
1857	원형 개념	비엔나, 쾰른
1889~1930	지테(Sitte), 헨리치(Henrici), 언윈(Unwin) : 예술 운동	오스트리아, 독일, 영국
1898~1903	하워드(Howard), 파커(Parker)와 언윈(Unwin) : 전원 도시(Garden city)	레치워스(Letchworth)
1902~1970	전원 도시 운동(Garden city movement)	전 세계
1900~1930	모던 블록(modern block)	네덜란드, 독일
1920~1930	코르뷔제(Corbusier), 타우트(Taut), 메이(May) 그로피우스(Gropius) : 합리주의와 신건축(Neues Bauen)	프랑스, 독일
1930~1945	파시스트 신고전주의	이탈리아, 독일
1945~1975	흐름의 공간	
1975~현재	재도시화 : 블록 시스템으로의 회귀	유럽
1975~현재	포스트모더니즘	전 세계
1985~현재	해체주의	서구

출처 : Curdes(1993), Table 14.2, p. 287.

- 저유가 · 자동차 · 항공 시대(1920~1970년) 및 제트 추진 및 전자 통신 시기(1970년 이후)

환경의 질

건조환경(built environment)의 여러 측면 중 사회적 관점에서 특별히 고려할 만한 가치가 있는 측면은 바로 환경의 질이 공간적으로 상이하게 나타난다는 점이다. 서로 다른 도시의 하위지역들은 환경의 질 수준이 서로 다르며 미적 수준도 서로 다르다. 또한 도시의 하위지역 중에서 일부는 물리적으로 낙후화되는 반면에 일부는 재활성화되고 물리적으로 상향화된다. 도시의 하위지역들은 투자와 투자 중단(6장)의 패턴 및 과정 그리고 사회적 분리(social segregation)(8장)의 패턴 및 과정을 통해 사회공간 변증법과 밀접한 관련이 있기 때문에 건조환경의 질적 측면은 공간적으로 상당히 응집해서 나타나는 경향이 있다.

교외지역은 안정적인 반면에 도심지역은 19세기 주거지구의 재생 및 상향화 그리고 운하를 따라 사적 주택이 우세한 근린지구가 분포함으로 인해 교외

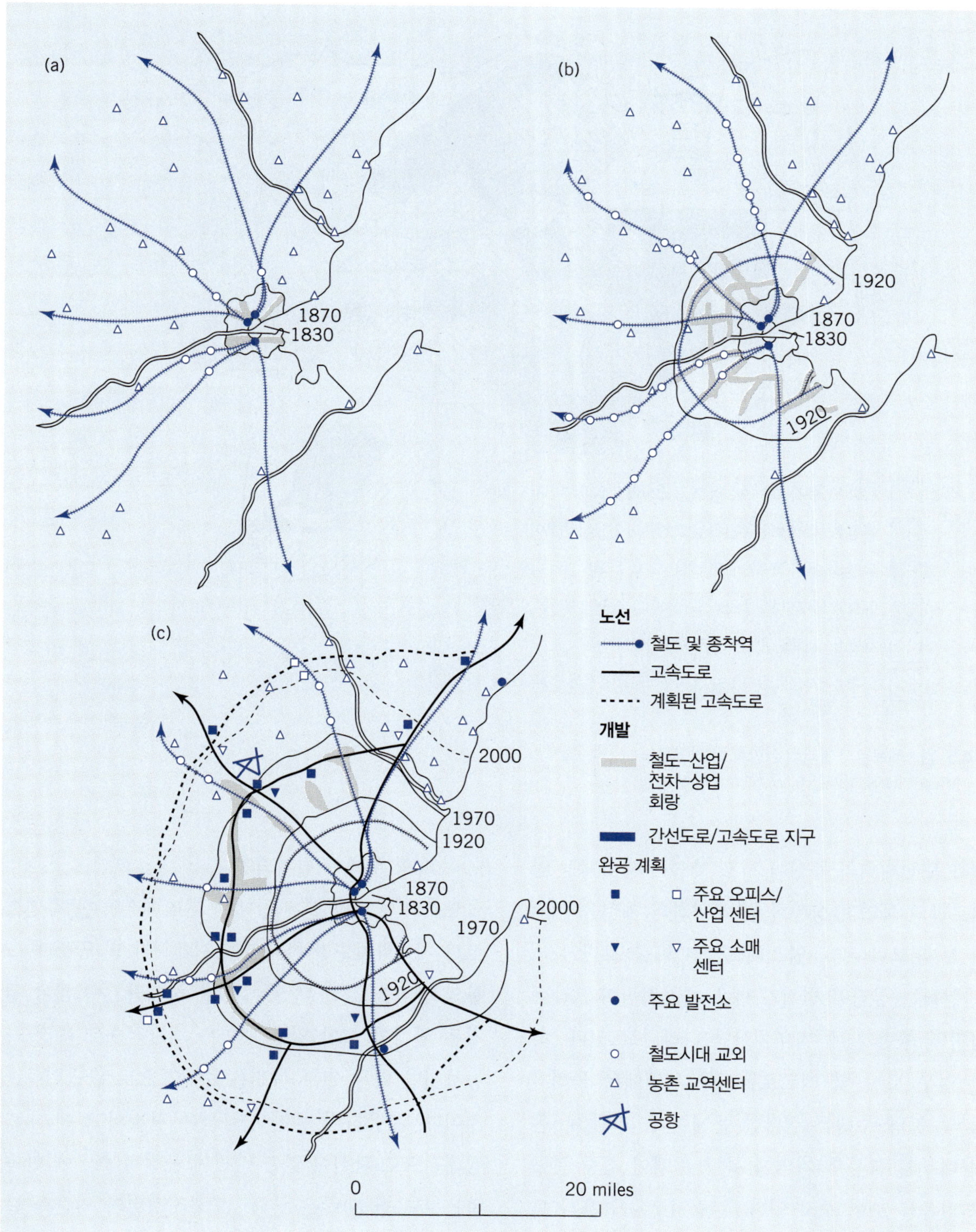

그림 4.4 메트로폴리탄 지역에서의 성장 패턴 모식도 : (a) 1870년 이전, (b) 1870~1920년, (c) 1970년 이후
출처 : Borchert(1991), Fig. 12.21.

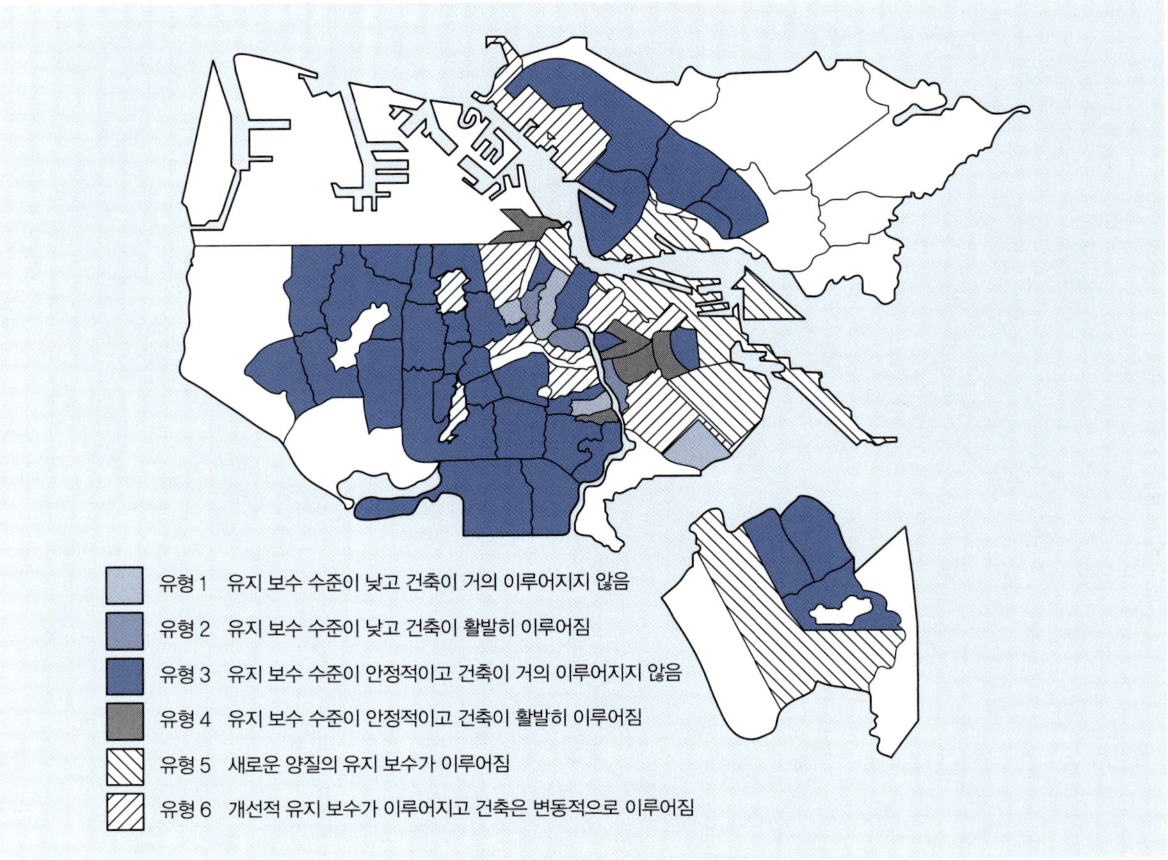

그림 4.5 암스테르담의 물리적 상향화 및 하향화
출처 : Musterd(1991), Fig. 5, p. 37.

지역과 도심지역의 특성이 서로 확연히 대비되는 암스테르담의 물리적 상향화 및 하향화의 패턴을 예로 들어 보자(그림 4.5). 암스테르담의 예를 보면 물리적 하향화는 공간적 범위가 매우 제한적이며 오래된 산업지역 주변의 네 지역에서만 나타나고 있다. 하지만 일부 도시 및 메트로폴리탄 지역에서 물리적 쇠퇴 및 불량 주택은 심각한 문제이다. 그림 4.6은 파리 내부의 북동부 지역에 불량 주택이 집중 분포하고 있음을 보여 주고 있다. 그림 4.7은 뉴욕의 도시 쇠퇴 현상이 매우 국지화되어 집중적으로 나타나고 있음을 보여 주고 있다. 특히 브롱스의 일부 지역(그림 4.7b)에서는 비교적 단기간(약 10년) 동안 50~80%의 주택이 철거되었다.

도로와 빌딩의 실제 상태는 건조환경의 한 측면으로서 지리학자뿐만 아니라 도시계획가 및 공동체 그룹의 관심을 점점 더 끌어왔다. 하지만 주목해야 될 것은 환경의 질의 일부 측면은 객관적으로 측정 가능하지만 다른 일부 측면은 주관적으로 판단된다는 것이다. 부유하지 못한 사람들은 환경의 질에 대해 상대적으로 관심이 없는 반면에 물질적 요구에 만족하는 부유한 사람은 주택 · 도로 · 정원의 외관과 같은 환경적 요인에 특히 민감하게 반응할 가능성이 높다.

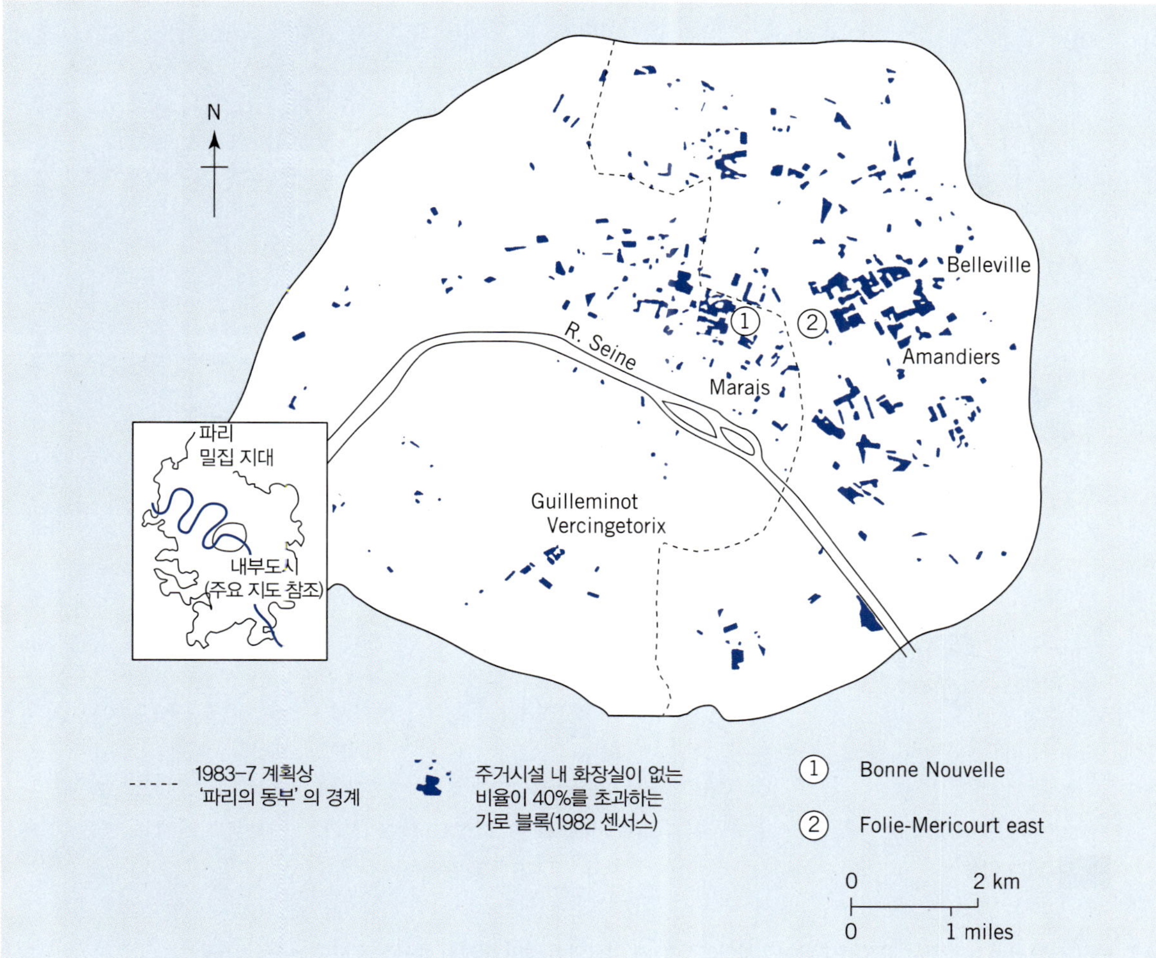

그림 4.6 파리의 불량 주택 : 주거시설 내 화장실이 없는 비율이 40%를 초과하는 가로 블록
출처 : White & Winchester(1991), Fig. 1, p. 41.

4.2 차이와 불평등 : 사회경제적 및 사회문화적 패턴

2장과 3장에서 논의한 서구 도시에서 점점 증가하고 있는 복잡성과 사회적 양극화를 고려해 본다면 도시사회지리학의 주요 주제 중 하나는 차이와 불평등의 공간적 패턴화임을 예상해 볼 수 있다. 구체적으로 말하자면 그러한 패턴은 분리 · 병렬 · 양극화의 만화경으로 나타날 수 있다.

런던 E1의 Cannon St. Road의 한쪽 끝에서는 4파운드로 두 코스의 식사를 구매할 수 있다. 그 도로에서 거리가 500m도 되지 않는 반대편 끝에서는 상류층 주거지 개발로 인해 들어선 포스트모던 쇼핑몰 내 Henry's 와인 바에서 동일한 돈으로 싱글 칵테일을 구매할 수 있다. 이 사례뿐만 아니라 전 지구적으로 여타 수많은 도시에서도 도시구조는 지난 10여 년간 과열된 양상으로 바뀌어 왔다.

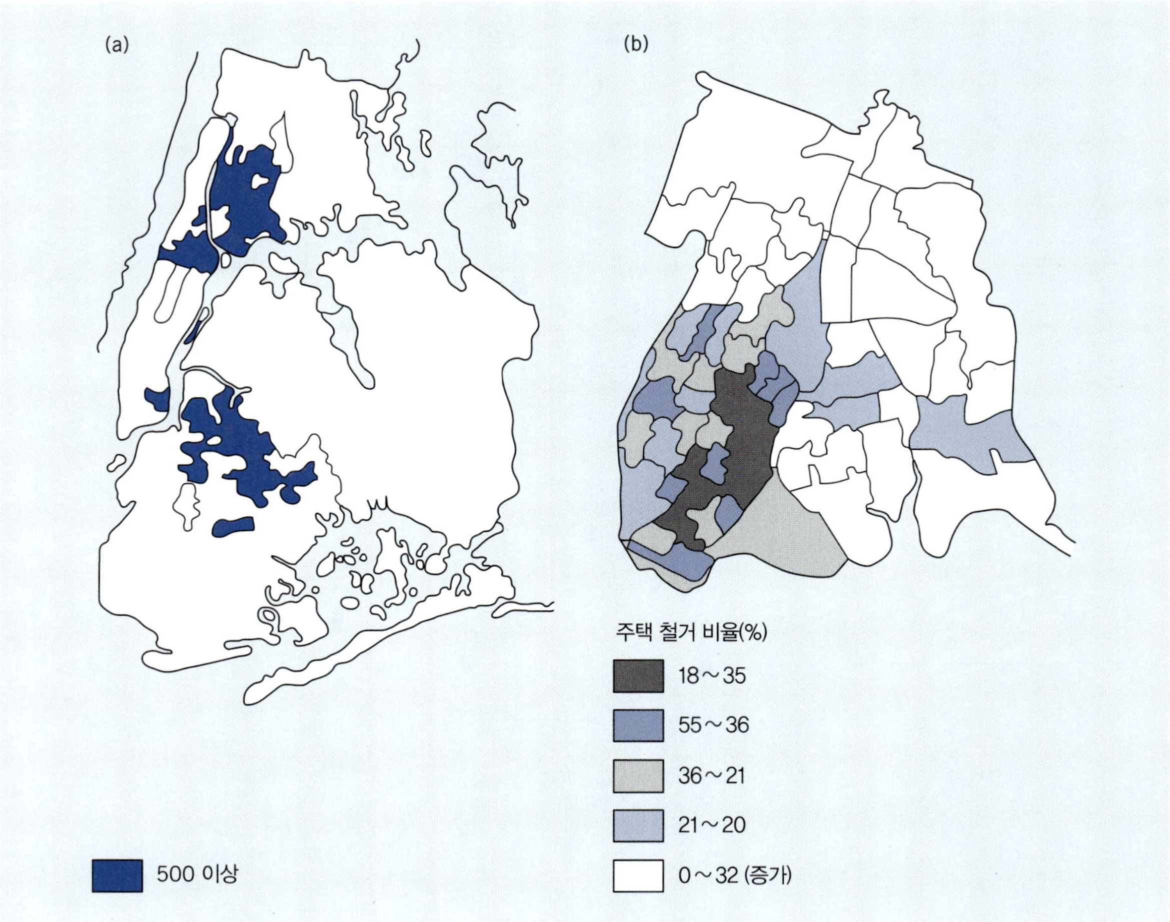

그림 4.7 도시 쇠퇴 : (a) 뉴욕에서 1970～1980년 사이에 500개 이상의 주택이 철거된 센서스 조사구(census tract); (b) 브롱스에서 1970～1980년 사이의 주택 철거 비율
출처 : Wallace(1989), Fig. 4(일부), p. 1590; Wallace & Fullilove(1991), Fig. 2, p. 1703.

Cannon St. Road는 Commercial Road 상의 양탄자 무역의 중심지이자 공장 및 도소매 의류 쇼룸의 중심지로부터 남쪽으로 뻗어 있다. 거주지 특성상 Cannon St. Road의 북쪽 끝은 벵골인 공동체가 다른 민족에 대해서 거의 배타적으로 형성되어 있다. 영국 도시에서 벵골인 공동체는 가장 빈곤한 지역이다. 남쪽으로 300야드 떨어진 곳에서 Cannon St. Road는 Cable Street와 교차되는데, 이 지점은 1926년에 모즐리의 파시스트 당원에 맞서 대항하는 유태인 공동체의 모습을 기념하는 벽화가 있는 곳으로부터 가깝다. 벽화에 새겨진 '그들은 여기를 통과하지 못할 것이다'라는 문구를 현재는 젠트리피케이션이 일어난 거리상에서 찾을 수 있다. 몇 백 야드를 더 가면 Tobacco Dock이 위치해 있는데 이 지역은 1990년대 초반에 심한 경제적 침체를 겪었다.

사회적 양극화는 필연적으로 나타나기 마련이다. 빈곤은 뚜렷하고 부는 과시한다. 가치 하락이 심한 오

래된 도심지역 바로 옆에서 젠트피케이션이 일어나고 있다. (Keith & Cross, 1992, p. 1)

넓은 의미에서 불평등의 패턴과 공간적 차별화는 규칙성을 지니고 있으며 대개 도시마다 나타난다. 시장에서의 경쟁과 보상을 기반으로 하는 사회에서 개인 소득은 아마도 가장 중요한 지표일 것이다. 개인 소득은 교육 정도, 직업, 구매력(특히 주택 구매력), 타인에 대한 가치와 태도 등을 통해서도 짐작할 수 있다. 도시 내에서 소득의 차이는 심하며 고소득층 밀집 지역과 도시 내부 빈곤 지역은 지리적으로 확연히 구별되어 나타난다. 예를 들어 투손(Tucson) 메트로폴리탄 지역의 가구 소득을 나타낸 지도(그림 4.8)를 살펴보면, 부유한 북쪽 교외지역의 중위 가구 소득이 내부도시에 비해 4~6배 정도임을 알 수 있다.

현대 도시에 있어 가장 중요한 측면 중 하나는 사회경제적 차별화이다. 연령 및 가족 구조와 같은 인구학적 특성 또한 사회적 삶에 중요한 의미를 지니며 사회경제적 지위의 차이와도 간접적으로 연관되어 있다. 하지만 가구유형에 따라 도시구조상 특정 지역에 거주하게 되는 경향성으로 인해 도시 내 인구학적 지리적 분포는 확연한 패턴을 지니게 된다. 예를 들어 미취학 자녀를 둔 가족은 신개발의 교외 지역 및 아파트 단지에 거주하게 되는 경향이 있는 반면에 노년층은 오래된 도시 내부의 주거 근린지구에 집중 분포하는 경향이 있다.

현대 사회의 주변부 집단도 경제적 지위와 인구학적 특성이라는 주요 계층 구분 기준에 의해 규정되는 사회공간적 체계 내에 위치한다. 주변성(marginality)은 상대적인 개념이며 인지된 규범과 준거에 기초한다. 힐러리 윈체스터와 폴 화이트(Hilary Winchester & Paul White, 1988)는 이러한 규범과 준거는 경제적, 사회적 그리고 법적 성격을 지니고 있음을 제시했다.

그들은 4개의 **경제적 주변부 집단**을 다음과 같이 제시했다.

- 실업자, 특히 장기적 실업자
- 빈곤 노년층
- 학생
- 한부모 가족(single-parent family)

또한 그들은 경제적으로 그리고 사회적으로 주변부인 세 집단을 다음과 같이 제시했는데 **경제적 주변성**과 **사회적 주변성**은 일반적으로 서로 강화시키는 작용을 한다.

- 소수민족집단
- 피난민
- 장애인(정신적 또는 육체적), 만성적 환자(특히 에이즈 감염자)

여타 주변부 집단은 경제적, 사회적 주변성뿐만 아니라 **법적 주변성**으로 특징된다.

- 불법 이민자
- 노숙자
- 마약 중독자 및 거래자
- 경범죄자
- 매춘부
- 동성애자(남성 및 여성)

주변부 집단은 주거지 입지와 활동 공간의 측면에

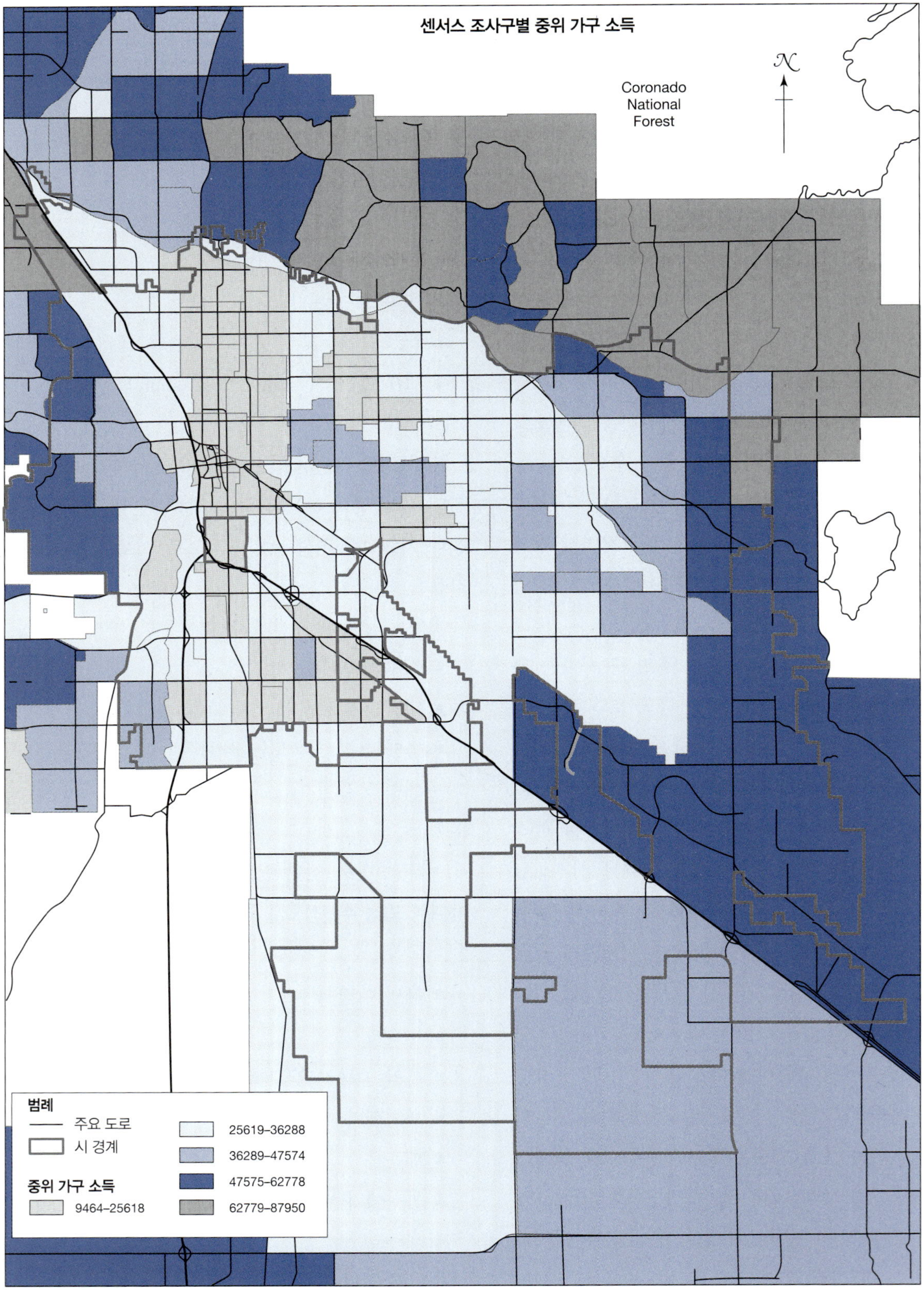

그림 4.8 2000년 투손의 센서스 조사구별 중위 가구 소득
출처 : www.tucsonaz.gov/planning/maps/census/data/00incct-pdf

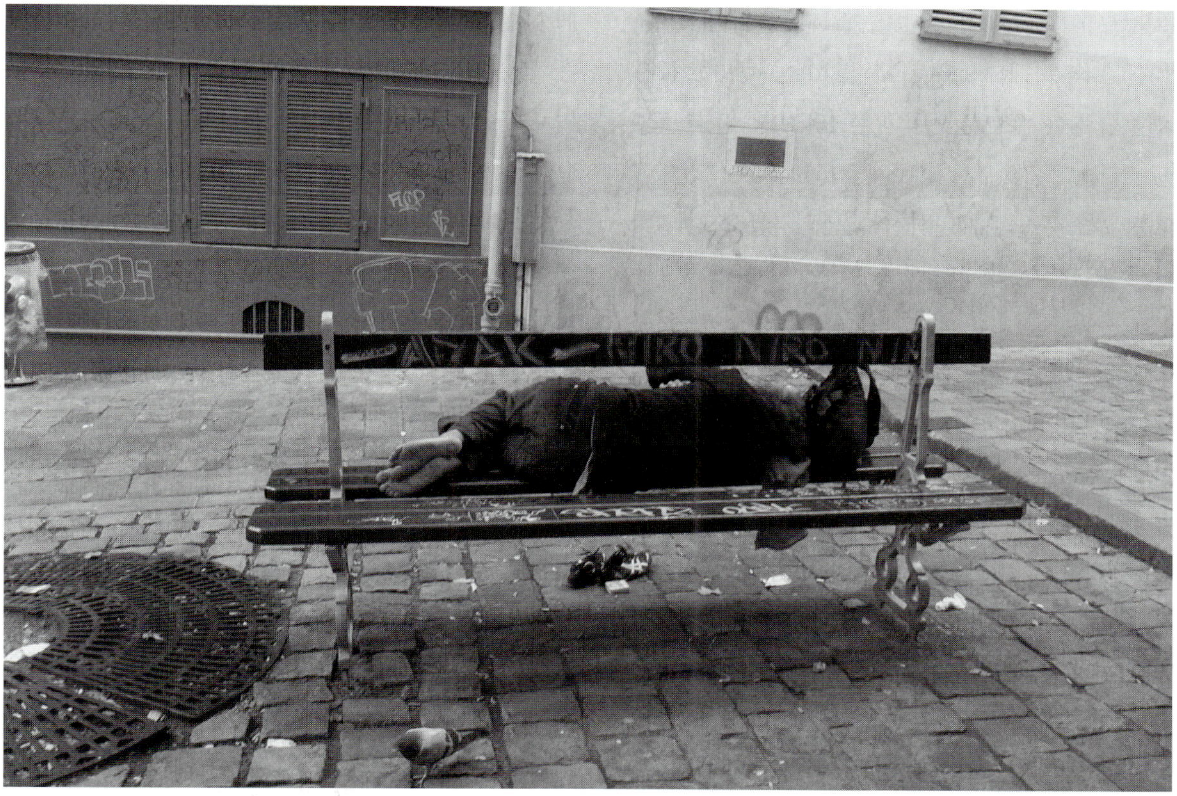

도시 내 사회적 양극화 및 불평등의 일상적 징후 : 파리의 노숙자(사진 : Paul Knox)

서 공간적으로 주변화되는 경향이 있다. 일반적으로 이는 파편화되고 고립되고 국지적인 클러스터의 형태로 나타난다. 하지만 빈곤 노년층과 같이 수적으로 많은 집단의 경우에는 공간적 집중이 덜 뚜렷이 나타난다. 일부 범죄자, 매춘부, 동성애자를 제외하고는 이러한 국지화는 경제적으로 그리고 사회적으로 가장 주변부적 특성을 지닌 주택의 입지에 의해 결정된다. 내부도시의 오래된 주거지역, 쇠퇴하고 버려진 공간, 저급의 사회(공공)주택이 그 예이다.

여성가장 가구가 내부도시에 높은 비율로 국지화되어 분포하는 이유는 여성가장 가구가 내부도시의 공공주택에 집중적으로 거주하고 있기 때문이다. 다양한 주변부 집단(앞에서 언급한 주변부 집단은 서로 배타적으로 형성되는 것은 아님)은 이러한 클러스터에 동시에 분포하는 경우가 많으며, 특정 하위지역은 거주자의 혼합 형태에 따라 매우 뚜렷한 특징(예 : 보헤미아, 게토, 슬럼, 마약 시장)을 지니기도 한다(글상자 4.2 참고). 이는 근린지구의 특성과 상대적 동질성에 따라 도시가 어떻게 패턴화되는가라는 보다 일반적인 질문과 관련이 있다. 이 질문에 대해서는 요인생태학을 통해 경험적이면서도 가장 효과적으로 답을 제공할 수 있다.

요인생태학적 연구

요인분석(factor analysis)은 **주성분분석**(principal components analysis)을 포함한 다변량 통계 기법과 함께 모든 종류의 사회 연구에 가장 많이 사용되어 온 기법 중 하나이다. 요인분석은 다양한 도시의 사

글상자 4.1

도시사회지리학의 주요 경향 – 학생 엔클레이브(student enclave)의 성장

최근 영국의 많은 도시에서 나타남에도 불구하고 비교적 많은 연구가 이루어지지 않은 중요한 경향은 젊은 성인(예 : 18~24세 성인)이 집중적으로 분포하고 있는 주거지역의 성장이다. 지리적 분포 측면에서 이러한 연령 집단이 영국 도시 내에서 특정 지역에 점점 더 집중하고 있다. 넓은 의미에서 이러한 성장은 영국 내에서 점점 더 많은 사람들이 고등교육을 받고 있음을 반증하는 것이다. 여타 몇몇 국가의 경우와는 대조적으로 영국 학생의 대다수는 부모의 집과 고향을 떠나 다른 도시에 위치한 대학에 진학한다. 이러한 이주는 주거에 대한 수요를 창출하는데 이는 대학 소유 부지만으로는 충족될 수 없다. 따라서 영국 대학생의 약 3/4은 민간 임대 주택시장에 진입하게 되는 것이다. 이러한 부동산은 가끔씩 대학 캠퍼스 부근의 비교적 부유한 근린지구(리즈 북서부의 교외인 Headingly와 같은)에 분포하기도 하지만 내부도시 지역에 과도하게 집중되어 분포하는 경향이 있다.

이러한 패턴은 여러 가지 중요한 결과적 양상을 가져온다. 가장 뚜렷한 결과적 양상은 더 나이가 많은 원거주민과 일시적으로 거주하는 학생 간의 생활양식의 충돌이다. 야밤의 파티, 시끄러운 음악, 소란스러운 행동은 양자 간에 나쁜 관계 형성으로 이어질 수 있으며, 더 나이가 많은 원거주민이 이사를 나가기도 한다. 실제로 몇몇 소수민족집단 거주지역의 경우 때로는 원거주민인 소수민족집단의 전출이 심화되고 학생의 비율이 급격히 증가하여 거주지역의 특성이 변화하는 경우도 발생한다. 다른 영향은 술집, 클럽, 레스토랑, 디스코 바와 같이 학생들의 구미에 영합한 도시 구역의 성장이다. 이러한 지역은 도시 내 젊은 성인의 구미에 영합하여 형성된다. 하지만 때로는 학생과 원래 거주하고 있던 젊은 성인 인구 간의 적대 행위로 인해 학생들만의 구미에 영합한 지역으로 되는 경향도 있다. 고등교육에 필요한 자금을 조달하기 위해 저임금의 파트타임 직업을 구하는 학생들의 유입은 로컬 원거주민의 취업 전망을 불투명하게 만들거나 경제적으로 평균 임금 수준을 낮출 수도 있다는 주장도 제기되고 있다.

고등교육이 도시 경제에 미칠 수 있는 엄청난 파급 효과에 관한 관심이 고조되고 있다. 대학은 대개 주요 고용주로서 로컬 서비스의 구매 그리고 교직원 봉급 지출을 통해 거대 자금을 로컬 경제에 유통시킨다. 또한 대학은 과학적 · 기술적 자산의 사용을 통한 파생 효과를 발생시킴으로써 로컬 경제 발전의 촉매 역할을 할 수 있다. 전반적으로 대학이 제공하는 지적 · 문화적 시설은 로컬 경제 성장을 가능하게 하는 데 있어 점점 그 역할이 중요해지고 있는 유능한 '창조적' 계층에게 매력적인 환경으로 다가서고 있다. 영국에서는 2008년 대학 도시의 주택 매매가가 평균 이상이었을 뿐만 아니라 신용경색으로 인한 주택 매매가 하락 시기에도 대학 도시의 주택 매매가가 영향을 적게 받는 것으로 나타났다.

주요 관련 개념

공동체 행동, 외부성, 하위문화, '티핑 포인트', '세력권' 정치

더 읽을거리

Chatterton, P. (1999) University students and city centres: the formation of exclusive geographies – the case of Bristol UK, *Geoforum* **30**, 117–33

Chatterton, P. and Hollands, R. (2003) *Urban Nightscapes: Youth cultures, pleasure spaces and power* Routledge, London

Hollands, R. and Chatterton, P. (2002) Changing times for an old industrial city: hard times, hedonism and corporate power in Newcastle's nightlife, *City* **6**, 291–317

관련 내용

6장 : 사적 임대의 감소

10장 : 글상자 10.4 '도시 야간경관'의 발달

13장 : 외부성

회 · 경제 · 인구 · 주택의 특성 간의 관계를 분석하는 귀납적 장치로 자주 사용되어 왔으며, 요인분석의 목적은 어떠한 공통적 패턴이 데이터에 존재하는가를 밝히는 것이다. 이 책에서는 요인분석 및 관련 기법의 방법론에 대해서는 구체적으로 논하지 않는다. 요인분석 및 관련 기법은 변화에 있어 유사한 패턴을 지니는 변수의 집단을 파악할 수 있는 종합적 또는 합성적 기법이라고 말할 수 있다. 이러한

변수의 집단은 요인 또는 주성분으로 불리는 새로운 혼합 변수로 표현된다. 각각의 요인은 입력 데이터의 측정 가능한 분산의 양을 설명하며, 각각의 요인은 지도화되거나 기타 통계적 분석을 위한 입력 데이터로 사용될 수 있다. 요인들이 나타내는 관계성과 공간적 패턴을 집합적으로 **요인생태학**(factorial ecology)이라고 한다. 일반적으로 통계 처리 과정을 통해 일련의 혼합 변수(요인)를 추출하게 되는데, 각각의 요인은 데이터 공분산의 주요 측면을 보여 주며, 통계적으로 서로 독립되어 있으며, 입력 데이터의 총 분산의 일부를 설명한다.

요인생태학적 연구를 통해 밝혀낸 점은 바로 선진국 및 공업국의 대부분의 도시에서의 거주지 분화(residential differentiation) 현상은 세 가지 측면에 의해 설명된다는 것이다. 첫 번째 가장 중요한 측면은 **사회경제적 지위**(socio-economic status)이고, 두 번째 측면은 **가족적 지위**(family status)와 생애주기 특성이고, 세 번째 측면은 분리(segregation)와 연관되는 **인종적 지위**(ethnic status)이다. 변수의 종류 및 통계적 방법이 바뀌더라도 이 세 가지 측면이 도시 내 거주지 분화 현상을 설명하는 데 중요한 것으로 나타났다. 일부 요인생태학적 연구에 의하면 이 세 가지 주요 측면은 적어도 20~30년간 지속되는 경향이 있다. 그리고 도시마다, 센서스 시기마다 이 세 가지 측면의 **공간적 표출**은 일관된 패턴을 지니는 경향이 있다.

이러한 일관성은 사회경제적 지위, 가족적 지위, 인종적 지위가 도시의 사회적 공간(social space)의 주요 측면임을 보여 주고 있다. 도시의 사회적 공간을 구성하는 세 가지 측면을 도시의 물리적 공간(physical space)과 중첩시키면 사회적 동질성(social homogeneity)을 지니는 도시 내 하위지역을 파악할 수 있다. 즉, 도시의 사회적 공간을 구성하는 세 가지 측면을 도시의 물리적 공간과 중첩시키면 세 가지 측면의 선형, 동심원, 다핵 패턴이 서로 얽혀 형성된 격자가 마치 거미줄 모양을 띠게 되는데, 이때 중첩의 결과 나타나는 각각의 셀(cell) 모양의 지역이 바로 사회적 동질성을 지니는 도시 내 하위지역인 것이다. 그림 4.9는 도시 생태 구조의 이상적 모델이다. 하지만 세 가지 측면에서의 선형, 동심원, 다핵 패턴의 지대들이 단순히 도시의 물리적 형태와 단순히 중첩되었다고 이해하기보다는 사회적 공간과 물리적 공간 간의 상호작용에 의미를 부여할 필요가 있다. 예를 들어 방사상 교통로는 사회경제적 지위의 선형 패턴의 형성에 큰 영향을 미치며 가족적 지위의 동심원 패턴에 변화를 가져올 수 있다. 유사한 맥락에서 사회경제적 지위의 선형적 패턴과 가족적 지위의 동심원 패턴은 토지이용 패턴과 도시 성장 패턴에 의해 영향을 받을 수 있다. 이러한 점을 고려하여 이상적 모델을 수정하면 보다 더 현실 세계에 부합할 수 있다.

전통적 모델은 일반화를 위한 것이며 때로는 연구 결과가 이상적 모델과는 차이가 나거나 정반대일 수도 있음을 유의할 필요가 있다. 그럼에도 불구하고 많은 지리학자들의 주장에 따르면 전통적 세 가지 요인 모델이 서구 문화 지역의 도시구조에서 일반적으로 나타난다. 캐나다, 오스트레일리아, 뉴질랜드 도시의 요인생태 구조는 이상적 모델에 의해 설명이 가능하지만, 유럽 도시에 대한 연구에 따르면 유럽 도시의 요인생태 구조는 이상적 모델에 의한 설명이 상대적으로 부적절하다. 일반적으로 유럽 대륙 도시에서의 거주지 분화는 자영업자의 주택 지위와 국지화와 관련이 있지만 전반적으로 사회경제적 지위 측면과 깊은 연관성이 있는 경향이 있다. 또한 유럽

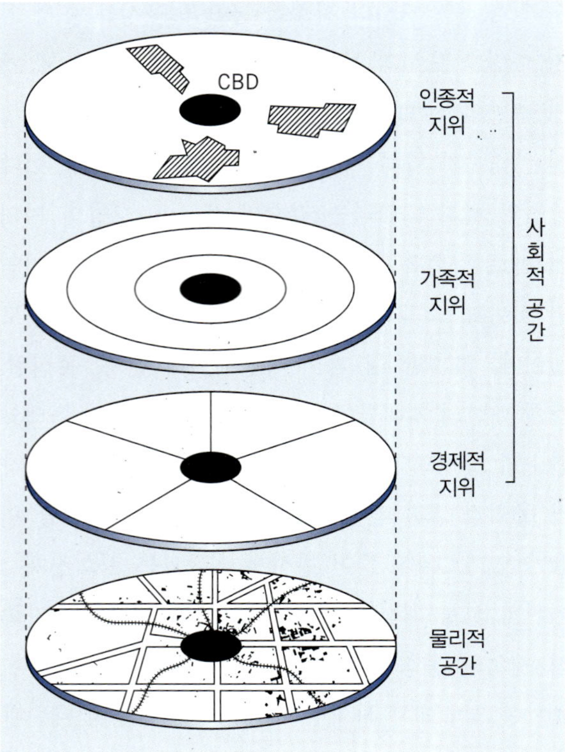

그림 4.9 도시 생태 구조에 관한 이상적 모델
출처 : Murdie(1969), p. 8.

대륙 도시에서 가족적 지위 특징은 도시 요인 구조상에 뚜렷이 나타난다는 점에서는 '전통적' 생태학적 모델에 부합하는 경향이 있다. 하지만 인종적 측면은 전반적으로 독립적인 측면으로 나타나지 않는다. 이는 뚜렷한 대규모 소수민족집단이 없다는 점과 소수민족집단이 센서스 조사구 수준에서 원거주민과 통합하여 함께 거주하고 있다는 점에 기인한다. 영국 도시는 일반적 서구 모델과 직접적으로 일치하지 않는다. 영국 도시는 다소 차별화된 생태 구조를 나타내며, 비교적 많은 비중을 차지하는 사회주택 부분과 관련된 건설 및 임대 정책으로 인해 전통적 모델의 주요 측면이 다른 양상을 띤다.

일반적으로 도시 생태 구조의 이상적 모델에서 제시한 패턴은 글로벌 경제 내에서 서구 경제가 탈산업적 토대로 변모함으로써 나타난 '파편적 도시성(splintering urbanism)'의 등장으로 점차 사라지고 있다. 요인생태학적 고전적 모델은 설명력이 약해지고 있다. 1, 2, 3장에서 이미 살펴보았듯이 선진국의 도시는 인구적 · 문화적 · 정치적 · 기술적 변화와 함께 경제적 전환이 이루어지면서 새로운 국면에 접어들었다. 정보통신의 발달은 경제활동에 있어서의 전통적 공간 마찰을 제거함으로써 전통적인 도시 공간을 해체하고 새로운 도시 공간의 다양성이 등장할 수 있는 가능성을 열어 놓고 있다. 이는 거주지 분화와 분리 현상이 사라짐을 의미하지는 않는다. 거주지 분화와 분리 현상이 사회경제적 지위, 가족적 지위, 인종적 지위와 관련된 선형, 동심원, 다핵 패턴으로 나타나기보다는 보다 복잡한 양상을 띠면서 그리고 보다 정교한 수준으로 나타날 것이라는 의미를 내포하고 있다.

생태적 도시구조에 대해 경제적 · 기술적 · 인구적 · 사회적 변화가 함축하는 바는 바로 사회가 점차 더 복잡해짐으로써 차별화가 보다 다양한 측면에서 나타날 수 있다는 점이다. 예를 들면 다음과 같다.

- 강력한 차별화의 근거로서 이민자 지위의 등장
- 신규 이민자 집단의 유입으로 인한 인종적 차별화의 강화
- 서비스 직업의 팽창과 관련하여 새로운 직업적 차별화의 등장
- 사회복지 의존도의 차이에 있어서의 확연한 구분 가능
- 도시 극빈층(underclass)의 증가로 인한 빈곤 심화 및 불량 주택의 증가
- 가구 구성의 변화에 따른 젊은 성인과 노년층

간의 사회공간적 차별화 증가

- 도시 외곽에서의 독특한 사회생태적 특성의 등장

또한 오랫동안 구분해 왔던 교외지역과 중심도시 지역 간의 차별성이 사라지고 있다. 이는 교외가 일상적 경제활동의 중심지가 되고 있으며 또한 중심도시의 일부 지역에서 도심 재생, 도심 재개발, 젠트리피케이션이 이루어지면서 '교외의' 사회경제적 · 인구적 특성이 도심 근린지구에서도 나타나고 있기 때문이다.

사회복지 패턴

전통적 요인생태학적 연구의 주요 단점은 입력 변수의 혼합적 사용이 환경의 질, 병원 · 쇼핑센터 · 도서관 · 공원과 같은 시설과의 접근성, 범죄 · 마약 중독과 같은 사회적 병리 현상의 국지적 발생을 포함한 도시적 삶의 다양하고도 중요한 측면을 간과했다는 점이다. 인문지리학 내에서 **삶의 질**(quality-of-life)에 대한 지표와 '영역적 정의(territorial justice)'가 중요한 관심거리가 되었다는 점은 사회경제적 차별화의 패턴에 대하여 과거와는 다소 다른 관점을 요구하는 동시에 삶의 질과 영역적 정의와 같은 사회적 이슈에 보다 더 많은 관심을 가지게 되었음을 의미한다.

사회복지 패턴에 대한 관심은 다양한 요인을 반영하고 있다. 첫째, 2장에서 이미 살펴본 바와 같이 서구 사회에서 사회적 불평등이 점차 증대하고 있다. 둘째, 대륙적 유럽의 지적 전통의 영향력 확대에 따라 **사회적 배제**(social exclusion)라는 사상에 초점이 맞추어지기 시작했다. 이 접근에 의하면 물질적 자원에의 접근성뿐만 아니라 사회적 참여와 소속과 같은 사회적 이슈 면에서 빈곤을 정의한다. 이 접근은 5장에서 살펴볼 **시민권**(citizenship) 개념의 재정의 형태로 구체화되고 있다. 셋째, 특히 지구 온난화의 영향 때문에 환경 이슈에 대한 관심이 고조되고 있다. 이로 인해 경제 성장 척도뿐만 아니라 환경 영향 및 삶의 질 관련 요인에 관한 척도를 찾으려는 경향이 나타났다.

영역적 사회지표(territorial social indicators)는 다양한 공간적 스케일에서 **사회복지**(social well-being)의 지리를 밝히는 데 있어 매우 유용한 기술적 도구이다. 세 가지 부류의 연구에 주목할 필요가 있다. 첫 번째 부류의 연구는 사회복지의 전반적 수준에 있어서의 차이를 기술하고자 하는 '삶의 질' 연구이다. 두 번째 부류의 연구는 거주자들이 상대적으로 소외되어 있는 특정 하위지역을 파악하고자 하는 '박탈(deprivation)' 연구이다(글상자 4.2 참고). 세 번째 부류의 연구는 물질적 소비와 생활양식 측면에서 하위지역을 파악하고자 하는 연구이다.

도시적 삶의 질에 있어서의 도시 내 차이

삶의 질 연구는 '좋음'에서 '나쁨'까지 연속되는 개념적 척도상에서 도시 공동체들을 사회지리적으로 분석한다. 따라서 삶의 질 연구는 도시를 하위지역으로 세분화하는 데 있어 강력한 지표를 제공한다. 하지만 이러한 지표의 구성에는 여러 가지 어려움이 따른다. 첫 번째 문제는 통계적으로 측정이 가능하도록 사회복지를 어떻게 정의할 것인가이다. 이 문제에 관해 사회과학자들은 고민을 해 왔다. 인간의 복지 수준이 향상되거나 저하되는 데 잠재적으로 영향을 미치는 요인이 너무 광범위하기 때문이다. 더 나아가 서로 다른 요인의 중요성에 관한 견해가 사회지리적 집단마다 다르다는 것이다. 하나의 지리적 측면에서 중요할 수 있는 요인이 다른 지리적 측면

글상자 4.2

도시사회지리학의 주요 논쟁 – 서구 도시는 사회적으로 양극화되어 가는가?

도시 연구에서의 주요 논쟁 중 하나는 서구 도시의 계층구조와 직업구조의 변화를 둘러싼 논쟁이다. 특히 논쟁이 심한 화두는 바로 서구 도시는 점점 더 양극화되어 가고 있는가이다. 소위 '양극화 논지(polarization thesis)'의 주장에 따르면 1980년 이래 비교적 보수를 많이 받는 제조업 관련 직업이 감소하고 저임금 및 고임금 서비스 부문 직업의 급격한 증가로 인해 중간 임금의 직업이 감소했다. 다시 말해서 서구 사회의 사회구조는 마치 '모래시계' 구조로 변해 가고 있다. 이러한 사라지는 중산층의 경향은 고용인에게 높은 보수가 주어지는 고급 비즈니스 및 금융서비스가 집중되어 있는 '세계도시(world city)'(Friedmann & Woolff, 1982) 또는 '글로벌 도시(global city)'(Sassen, 1991)에서 가장 뚜렷이 나타나고 있다.

'사회 밑바닥' 형태로 주요 도시의 거리에서 나타나는 빈곤의 증가와 함께 새롭게 등장한 도시 엘리트층의 뚜렷한 소비 행태를 보면 앞에서 서술한 양극화 논지가 직감적으로 호소력이 있고 상식으로 받아들이게 한다. 하지만 사회적 양극화가 발생하는 것을 증명하는 것은 개념적 문제 및 방법론적 난관을 야기한다(상세한 내용은 Pinch, 1993; Hamnett, 2003 참고). 예를 들어 양극화 논지는 단순히 부유층은 더 부유해지고 빈곤층은 더 빈곤해짐을 의미하는 것이 아니다. 오히려 양극화 논지는 직업구조상의 비율과 관련이 있다. 따라서 양극화는 소득 불평등의 증가를 의미할 수 있다. 하지만 양극화와 관련하여 과거보다 빈곤층이 증가했다고 하더라도 과거보다 상대적으로 덜 빈곤할 수도 있음을 생각해 볼 필요가 있다. 더 나아가 양극화 논지에 반대하는 두 가지 논지가 있다. 첫 번째는 서구에서 주로 나타나는 상향적 직업 기술 재훈련이 있음을 주장하는 전문직화 논지(professionalization thesis)이고, 두 번째는 점차 직업 기술의 단순화가 발생하고 있다는 프롤레타리아화 논지(proletarianization thesis)이다.

금융 및 비즈니스 서비스 부문의 성장, 부유층을 위한 감세, 비교적 보수를 많이 받는 제조업 관련 직업의 감소, 복지국가적 성격의 축소가 모두 서구 도시에서의 소득 불평등의 증가로 나타나고 있음을 부인하기 어렵다. 이러한 과정은 대규모 이민 노동력이 유입되고 있고 고용법이 덜 제한적이어서 저임금의 서비스 부문 직업의 급증을 유인해 온 미국 도시에서 가장 뚜렷이 나타나고 있다. 미국보다는 이민 노동력이 상대적으로 적은 유럽은 고용법이 더 제한적이고 위협을 받고 있지만 강한 복지국가적 특성으로 인해 소득 불균등이 덜함에도 실업률이 훨씬 높다. 그럼에도 불구하고 유럽에서도 서구 도시에서의 직업구조의 상향적 이동이라는 일반적 패턴이 나타나고 있다.

신용경색으로 인해 사회적 양극화 및 소득 불균등과 관련된 수많은 이슈가 현저히 줄어들었다. 한편 경기 침체로 인해 개인 및 기업 파산, 실업, 주택 압류가 모두 증가함에 따라 경제적 결핍 · 빈곤 · 난관이 증가하게 되었다. 하지만 과도한 금융 위험 부담을 조장하는 인센티브제 임금 지급의 역기능적 성격에 대한 인식이 확대됨과 동시에 일부 금융 부문에서 발생하고 있는 과도한 보상에 대한 혐오감이 널리 퍼지면서, 최근에는 금융 부문에 대한 점진적 규제, 보수 제한, 총소득 불균등을 초래하는 과정의 축소가 나타나고 있다.

주요 관련 개념

신자유주의 정책, 전문직화 논지, 프롤레타리아화 논지, 잔여화, 극빈층, 세계도시

더 읽을거리

Friedmann, J. and Woolff, K. (1982) World city formation: an agenda for research and action, *International Journal of Urban and Regional Research*, **6**, 309–44

Hamnett, C. (2003) *Unequal City: London in the global arena* Routledge, London

Pinch, S. (1993) Social polarization: a comparison of evidence from Britain and the United States, *Environment and Planning A* **25**, 779–95

Sassen, S. (2000) *The Global City* (2nd edn) Princeton University, Princeton, NJ

관련 내용

2장 : 탈산업사회

13장 : 사회적 양극화

14장 : 로스앤젤레스와 캘리포니아학파

에서는 전혀 관련성이 없을 수도 있다. 그러므로 사회복지에 관한 결론적이거나 일반화된 정의를 추구하는 것은 헛된 일이다.

삶의 질에 관한 분석은 복지 의존도, 대기 오염, 여가시설, 마약 범죄, 가족 안정성, 공공 참여도를 측정하는 데 의존한다. 이는 요인생태학적 연구에서 사용된 변수와는 뚜렷이 대조된다. 하지만 삶의 질을 분석하는 데 있어서의 주요 약점은 바로 어떠한 사람들의 복지를 분석하느냐에 따라 변수의 상대적 중요도를 따져서 각각의 변수의 가중치를 결정해야 한다는 것이다. 예를 들어 사회조사에 따르면 영국인과 미국인은 그들의 복지에 있어서 건강을 주택 조건보다 중요하게 여긴다. 반면에 그들은 건강과 주택 조건이라는 두 가지 요인이 여가시설에 대한 접근성보다도 훨씬 더 중요하다고 느낀다. 또한 이러한 가치는 사회지리적 집단마다 확연히 차이가 나타나는 경향이 있다. 예를 들어 영국의 경우 교육에 대한 태도에 있어서의 도시 내 차이는 교육전문가에게도 널리 알려져 있다. 이러한 차이에 대한 이유는 다양하다. 사회복지의 일부 측면(예 : 레저 및 물질 소비)은 매우 소득 탄력적이어서 소비적 소득의 증가는 그러한 측면에 가치를 두는 정도의 뚜렷한 증가로 나타날 것이다.

이는 인간의 동기는 인간 욕구의 계층성과 연관된다는 매슬로우(Maslow, 1970)의 유명한 논지와도 맥락을 같이한다. 즉 인간의 기본적 욕구(영양, 주거, 개인 안전)가 충족되면 인간의 동기는 사회적 지위, 위엄, 자아 표현의 획득과 같은 보다 상위의 목표를 추구한다. 같은 맥락에서 물질적 복지 수준이 낮은 사람들은 삶의 미적 · 정신적 · 문화적 측면보다는 물질적 측면을 중요시한다. 또한 사람들의 가치는 그들의 가족생애주기상의 단계, 특정 종교 · 문화 집단에의 소속 여부에 따라 차이가 난다. 더 나아가 도시의 사회지리는 근린지구마다 중요하게 여기는 가치에 있어서의 차이를 발생하거나 강화시키는 경향이 있다. 이러한 이유는 바로 서로 다른 근린지구의 서로 다른 사회인구적 구성으로 인해 삶에 대한 사람들의 태도에 있어 확연히 구별되는 국지적 집단을 형성하기 때문이다(7장 참고).

박탈 및 불리의 지리

박탈(deprivation)의 패턴은 도시의 사회지리에 있어 특히 중요한 측면이다. 이러한 맥락에서 박탈의 서로 다른 측면 간의 공간적 구성 및 상호 관계에 주의를 기울이면서 박탈을 다측면적으로 간주하여 **다중적 박탈**(multiple deprivation)로 인식하는 것은 유용하다. 많은 도시에서 사회경제적으로 낮은 지위의 근린지구는 박탈의 축적적 분포가 나타나는 경향이 있다. 이러한 맥락에서 박탈과 관련된 지표를 총합하여 '다중적 박탈'을 나타낼 수 있는 단일의 지표를 생성하는 것이 합리적일 것이다. 2001년 글래스고 조사 지구 중 가장 열악한 1%와 5%를 나타낸 그림 4.10은 이러한 접근을 보여 주는 좋은 사례이다. 이 그림은 교통 접근성, 건강, 주택 소유 형태, 가구 구성, 인구 밀집도, 사회적 지위, 실업률을 포함한 박탈과 관련된 10개 종류의 센서스 지표의 주성분 분석으로부터 도출된 불리(disadvantage) 합성 지표를 바탕으로 나타낸 것이다. 글래스고에서는 박탈 정도가 심한 지역이 오래된, 사적 소유의, 세입자 주택이 분포하는 도시 중심지역뿐만 아니라 신규 도시 외곽 지역의 공공주택 단지의 일부에서도 우세하게 나타나 도시 전역에 걸쳐 나타나는 특징이 있다.

하지만 이러한 접근은 박탈의 다양한 측면을 나타내는 지표를 합하는 것이 바람직한 것인가 그리고

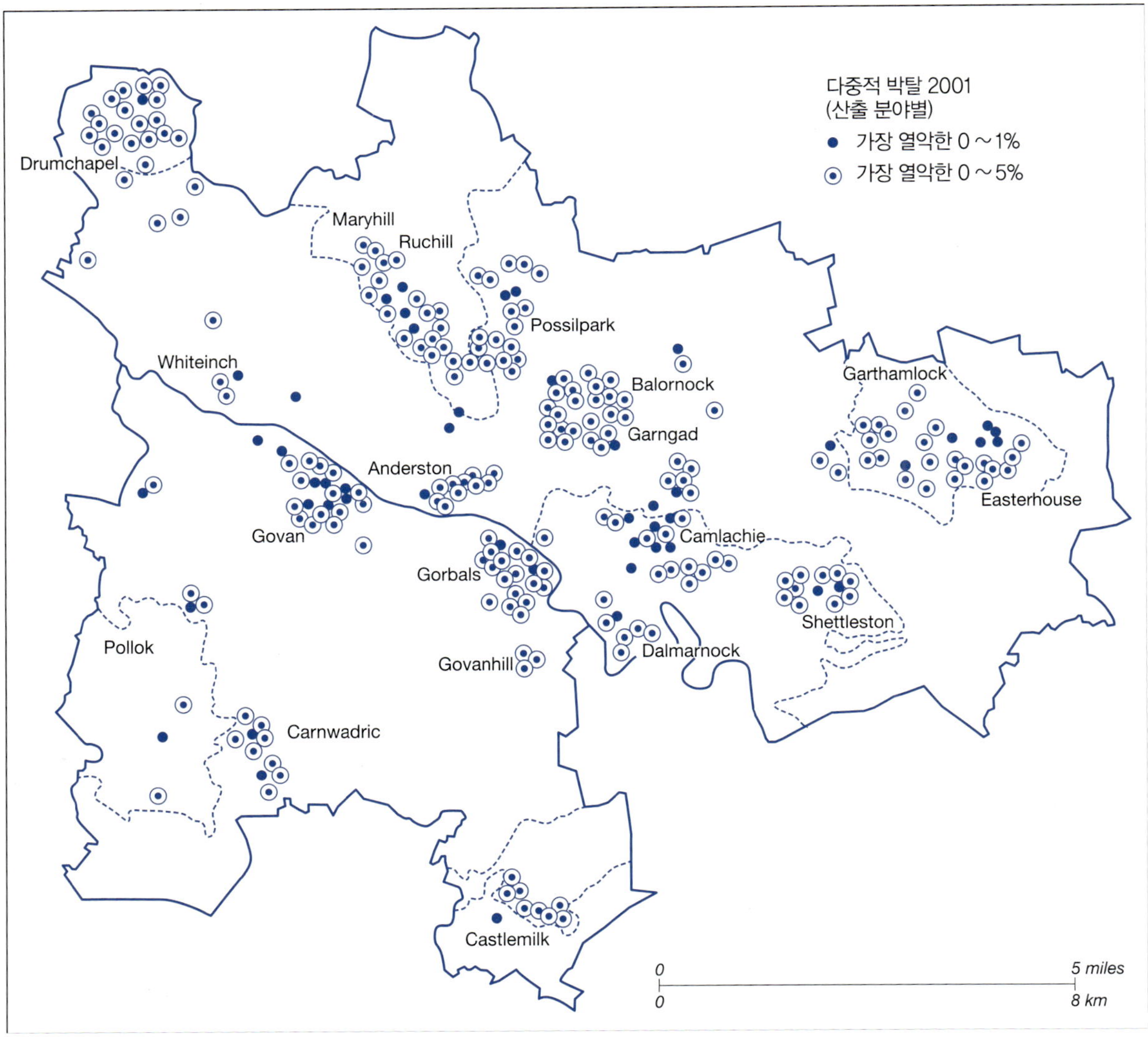

그림 4.10 2001년 글래스고에서의 사회적 박탈
출처 : Pacione(2004).

통합적 지표를 산출하는 데 있어 각각의 지표에 동일한 가중치를 매기는 것이 유효한가(삶의 질 지표에 관한 논의 참고) 등의 여러 가지 측면에서 비판받을 수 있다. 또한 **생태학적 오류**(ecological fallacy)(예 : 사람들에 대한 총합을 근거로 한 데이터로부터 개인에 관한 추론을 하는 것)의 위험을 경계할 필요가 있다. 따라서 박탈 지역(deprived area) 내 모든 사람이 반드시 박탈된 것은 아니며, '다중적 박탈' 지역 내 모든 사람이 반드시 다중적으로 박탈된 것은 아니다.

가구 소득, 부, 조세, 복지 혜택과 관련된 이슈에 관한 지리적으로 세분화된 정보의 부재로 말미암아 영역적 사회지표의 개발이 불가능한 시기도 있었다. 예를 들어 영국의 경우 작은 지역 단위 수준에서는 소득에 관한 정보가 거의 공표되지 않는다. 따라서 소득에 관한 데이터 분석의 대부분은 연구의 지리학적 함의에 전혀 관심이 없는 경제학자에 의해 행해져 왔다. 하지만 최근 이러한 난국은 **지리정보시스템**(geographical information systems, GIS)의 발달을 이용한 마이크로 시뮬레이션 기법에 의해 극복되었다.

이 기법은 큰 공간적 스케일에서 공표된 세부 정보를 바탕으로 소지역에 대한 데이터 추정 시뮬레이션을 가능하도록 한다. 예를 들어 영국의 경우 익명기록 표본(Sample of Anonymized Records, SARs)에 가구와 관련된 복잡한 데이터가 무수히 많다. 이 데이터는 **교차분석**(cross-tabulations)으로 알려져 있는 많은 변수 간의 상호 관계를 보여 주지만 비밀을 유지하기 위해 이 정보는 큰 공간적 스케일로만 공표된다. 하지만 선형계획법(linear programming)과 반복비례적합(iterative proportional fitting)과 같은 통계 기법은 집계 지구와 같은 소지역에 있어서 변수 간의 연관성에 대한 시뮬레이션을 할 수 있다. 또한 이러한 기법은 다양하면서도 상이한 데이터 출처로부터 얻은 데이터를 새로운 소규모 공간적 스케일에서 상호 연결한다. 이러한 접근의 주요 결점은 새로 만들어진 데이터 세트를 유효화하는 데 어려움이 있다는 것이다. 이러한 문제에 대한 두 가지 해결책이 있다. 첫 번째는 소지역에 대한 현지조사를 하여 그 결과를 마이크로 시뮬레이션과 비교하는 것이다. 두 번째는 세부 정보가 있는 공간적 스케일로 새로운 데이터를 재조합함으로써 시뮬레이션이 적절한지 살펴보는 것이다.

마이크로 시뮬레이션은 **지역기반 도시 정책**(area-based urban policy)(예 : 도시 내에서 필요도가 높은 특정 지역을 목표로 하는 도시 정책)에 대한 우리의 시각을 재평가할 수 있는 가능성을 보이고 있다. 에드워즈(Edwards, 1995, p. 710)는 이러한 정책이 다음과 같은 이유로 전반적으로 허울뿐이라고 주장한다.

> 내부도시 거주자의 사회 · 경제적 필요의 대부분은 도시의 특정 정책에 의해 충족되는 것이 아니라 주요 주택, 건강, 소득 지원과 교육 공급에 의해 충족된다.
>
> 우리는 박탈당한 사람을 공간적으로 대상으로 삼는지 또는 개별 가구에서 발견되는 필요의 중복성과 상이한 추가적 필요를 충족시키는지에 대해 그러한 프로그램의 효율성을 거의 모른다.
>
> (Edwards, 1995, p. 711)

우리가 가지고 있는 지식에 있어서의 이러한 공백을 바로잡기 위한 연구가 행해져 왔다. 예를 들어 신정책협회(New Policy Institute)와 요셉 라운트리 재단(Joseph Rowntree Foundation)은 가구의 빈곤, 부, 사회적 배제에 근거한 일련의 박탈 지표를 고안했다(Howarth *et al.*, 1998). 또한 영국 부수상실(Office of the Deputy Prime Minister, ODPM)은 영국의 소규모 지역인 구(ward) 수준에서 불리의 정도를 측정할 수 있는 다중적 박탈의 종합적 척도를 제시했다(표 4.2 참고). 비록 영향력은 컸지만 이 복잡한 지표는 데이터의 속성뿐만 아니라 데이터가 병합되는 방법 측면에서 비판을 받아 왔다. 도시 분석가들은 도시 내 소지역을 위한 유사한 지표를 개발해 왔다. 브램리와 랭커스터(Bramley & Lancaster, 1998)는 가구 내 노동자의 수, 경제활동률, 가구 소유를 바탕으로 하여 소지역에 대한 소득 데이터를 창출하는 모델을 개발했다. 콜드웰 등(Caldwell *et al.*, 1998)도 부채뿐만 아니라 금융자산과 같은 요인을 고려하면서 미국적 맥락에서의 부(wealth)의 지리를 보여 주기 위해 마이크로 시뮬레이션 기법을 사용했다.

생활양식 패턴

현대 도시의 특색인 분열적 도시성은 생활양식의 모자이크 생태를 창출해 왔다. 기업의 시장 연구자들은 이를 정확하게 파악하고 있다. 예를 들어 전 세계에서 다섯 번째로 큰 광고 에이전시이면서 '메트로섹슈얼(metrosexual)'이라는 용어를 대중화시킨 기업인 Euro RSCG는 상류층 미국인 엄마들을, 흠이 없는 아이들로 양육하기 위해 유모를 고용하고 집을 멋있게 꾸미기 위해 가정부를 고용하는 더메스틱 디바스(Domestic Divas, 살림의 여왕), 아이들이 어릴 때에는 일을 하고 아이들이 10대가 되면 일을 그만두는 부메랑 맘즈(Boomerang Moms), 멋있게 보이기를 유지하기 위해 체육관에서 운동하는 여미 머미즈(Yummy Mummies), 아이들이 패션 액세서리인 미니미 맘즈(Mini-Me Moms)라는 광고 카테고리로 분류했다. 닐센(Nielsen) 기업의 클라리타스(Claritas) PRIZM®NE 마케팅 시스템은 66개의 생활양식 분야로 세분되는 14개의 사회집단을 확인했다. '어번 업타운(Urban Uptown)' 사회집단 내 '영 디제라티(Young Digerati, 젊은 디지털지식층)', '보헤미안 믹스(Bohemian Mix)', '코스모폴리탄즈(Cosmopolitans, 세계주의자)'가 그 예이며, 이들은 우편번호 지역 수준에서 지도화될 수 있다.

심층적 마케팅 연구 및 대량의 사회경제적 데이터 분석을 기초로 하여 앞에서 기술한 구분을 통해 확인된 공간적 패턴은 현대 도시사회지리를 가장 종합적으로 표현한 것이라고 주장할 수 있을 것이다. 소비자 행태에 관한 가장 정교한 접근 중 하나는 소비자의 가치와 우선 사항에 대한 시장 연구를 기반으로 소비자를 분류한 SRI 컨설팅 비즈니스 인텔리전스(SRI Consulting Business Intelligence, SRIC-BI)이다. 이 시스템에서는 이상, 성취, 자아 표현이라는 세 가지 종류의 주요한 동기부여에 따라 소비자들이 차별화된다. 이상에 의해 주로 동기를 부여받는 소비자는 정보와 원칙에 의해 구매를 결정하는 경향이 있다. 성취에 의해 주로 동기를 부여받는 소비자는 동료에게 자랑할 수 있는 상품을 구매하려고 한다. 자아 표현에 의해 주로 동기를 부여받는 소비자는 사회적 또는 육체적 활동, 다양성, 스릴을 지향하는 지출 패턴을 보인다.

물론 소비자는 자신이 지닌 자원에 따라서도 차별화될 수 있다. 소득과 부는 분명히 중요하지만 SRI-BI의 VALStm 분류는 건강, 자신감, 에너지, 최신의 아이디어 · 상품 · 스타일에 대한 인식 면에서도 사람들의 자원을 고려한다. 이러한 자원을 고려해 볼 때 주요 동기가 이상인 소비자는 두 가지 부류로 구분된다. 첫 번째 부류의 소비자는 보다 적은 자원을 지니고 있는 '믿는 자(Believers)'이고, 두 번째 부류의 소비자는 보다 많은 자원을 지니고 있는 '생각하는 자(Thinkers)'이다. 이와 유사하게 주요 동기가 자아 표현인 소비자는 보다 적은 자원을 지니고 있는 '만드는 자(Makers)'와 보다 많은 자원을 지니고 있는 '경험하는 자(Experiencers)'로 구성되어 있다. 주요 동기가 성취인 소비자는 보다 적은 자원을 지니고 있는 '분투하는 자(Strivers)'와 보다 많은 자원을 지니고 있는 '성취하는 자(Achievers)'로 구성되어 있다. 주로 지니고 있는 자원에 의해 뚜렷이 구별되는 또 다른 두 가지 부류가 있다. 첫 번째 부류는 풍부한 자원을 지니고 있으며, 정도의 차이는 있지만 세 가지 주요 동기 모두를 채울 수 있는 '혁신하는 자(Innovators)'이다. 두 번째 부류는 지니고

표 4.2 영국 부수상실의 다중적 박탈 지표(2004년)

소득 박탈 영역(22.5% 가중치)
- 소득 지원 가구의 성인 및 자녀(2001년)
- 소득 기반 구직자 가구의 성인 및 자녀(2001년)
- 주택 비용 전의 1인당 소득(주택 혜택은 제외)이 중앙값의 60% 이하인 근로 가족 세액 공제(Working Families Tax Credit) 가구의 성인 및 자녀(2001년)
- 주택 비용 전의 1인당 소득(주택 혜택은 제외)이 중앙값의 60% 이하인 장애자 세액 공제(Disabled Person's Tax Credit) 가구의 성인 및 자녀(2001년)
- 잉글랜드 내에서 최저 생계 유지비 및 수용시설 지원을 받는 국가 망명 지원 서비스(National Asylum Support Services) 망명 신청자(2002년)

고용 박탈 영역(22.5% 가중치)
- 실업 수당을 청구한 18~59세 여성 및 18~64세 남성의 수(2001년)
- 장애인 수당을 청구한 18~59세 여성 및 18~64세 남성(2001년)
- 수당 청구자 수에 포함되지 않은 18~24세의 뉴딜 참가자(2001년)
- 수당 청구자 수에 포함되지 않은 25세 이상의 뉴딜 참가자(2001년)
- 18세 이상의 편부 또는 편모를 위한 뉴딜 참가자(2001년)

건강 박탈 및 장애 영역(13.5% 가중치)
- 사망 가능성 연도(1997~2001년)
- 상대적 질병 및 장애 비율(2001년)
- 병원 응급 치료 측정치(1999~2002년)
- 기분 및 불안장애로 고통받는 60세 미만 성인(1997~2002년)

교육 기술 및 훈련 박탈 영역(13.5% 가중치)
하위영역 : 어린이/젊은이
- 주요 단계 2에 속하는 어린이의 평균 포인트 득점(2002년)
- 주요 단계 3에 속하는 어린이의 평균 포인트 득점(2002년)
- 주요 단계 4에 속하는 어린이의 평균 포인트 득점(2002년)
- 어린 자녀 중에서 학교에 다니지 않거나 16세 이상의 학교 수준 교육을 받지 않는 비율(2001년)
- 고등교육에 진학하지 않은 21세 미만 비율(1999~2002년)
- 중등학교 결석률(2001~2002년)

하위영역 : 기술
- 자격 미달이거나 저조한 근로 연령 성인(25~54세)의 비율(2001년)

주택 및 서비스 장벽 영역(9.3% 가중치)
하위영역 : 넓은 의미의 장벽
- 가구 과밀 인구(2001년)
- 무주택자 지원을 받는 LA 퍼센트
- 자가 소유에의 접근성의 어려움

하위영역 : 지리적 장벽
- 지역 보건(GP) 부지까지의 도로 거리(2003년)
- 슈퍼마켓 또는 편의점까지의 도로 거리(2002년)
- 초등학교까지의 도로 거리(2001~2002년)
- 우체국까지의 도로 거리(2003년)

범죄 영역(9.3% 가중치)
- 강도(4개의 기록 범죄 행위 유형, 2002년 4월~2003년 3월)
- 절도(5개의 기록 범죄 행위 수준, 2002년 4월~2003년 3월)
- 기물 파손(10개의 기록 범죄 행위 수준, 2002년 4월~2003년 3월)
- 폭력(10개의 기록 범죄 행위 수준, 2002년 4월~2003년 3월)

생활환경 박탈 영역(9.3% 가중치)
하위영역 : '실내' 생활환경
- 열악한 조건의 사회 주택 및 사적 주택(2001년)
- 중앙난방이 없는 주택(2001년)

하위영역 : '실외' 생활환경
- 대기의 질(2001년)
- 보행자 및 자전거 타는 사람에게 부상을 가하는 도로 교통사고(2000~2002년)

출처 : http://www.odpm.gov.uk/stellent/groups/odpm_urban_policy/documents/page/odpm

있는 자원이 아주 적어서 욕구를 충족하기보다는 요구 충족에 초점을 두어야만 하며, 그들의 소비 패턴을 통해서 강한 주요 동기를 표현할 수 없는 '생존하는 자(Survivors)'이다.

현대 도시사회지리의 물질적 문화 측면에서 가장 흥미로운 두 부류는 혁신하는 자와 성취하는 자이다. 혁신하는 자는 교육을 잘 받았으며, 자신감이 있으며, 혁신에 개방적이며, 활동적인 경향이 있다. 그

글상자 4.3

도시사회지리학의 주요 논쟁 – 영국 센서스는 얼마나 유용한가?

최초의 센서스는 5천 년 이상 전이었던 기원전 3,800년에 바빌로니아인에 의해 고안되었던 것으로 믿어지고 있다. 이 센서스는 매 6~7년마다 행해졌던 것으로 알려져 있으며, 사람뿐만 아니라 가축, 버터, 꿀, 우유, 채소까지도 조사하였던 것으로 알려져 있다. 영국에서는 1941년(2차 세계대전 중)을 제외하고는 1801년 이후로 매 10년마다 행해져 왔다. 현재 영국의 센서스는 연령, 성, 종교, 인종 구성, 교육, 사회 · 경제적 계층, 주택, 가족 구조, 교통수단, 노동의 성격 및 입지와 같은 광범위한 주제에 관한 정보를 수집한다.

하지만 최근 영국(특히 지방정부 간)에서의 주요 논쟁 중 하나는 바로 센서스가 정책 입안의 도구로서 얼마나 유용한가에 대한 논쟁이다. 사회분석에 있어서의 센서스의 역할에서 더 나아가 센서스에 의해 수집된 데이터의 대부분은 로컬 서비스 계획뿐만 아니라 중앙정부에 의한 지방정부 당국으로의 자원 배분을 결정하는 데 이용된다. 다양한 추정 및 예측으로 정보를 업데이트하기 위한 시도들이 있음에도 불구하고 지방정부 당국은 센서스가 점점 더 그들이 직면하는 사회적 이슈의 진정한 범위를 파악하지 못하고 있다고 주장한다. 거주 인구에 대한 1년의 중간쯤의 예측치는 흔히 단기간의 이주민을 포함하지 못하고 있다. 센서스의 정확도는 지리적으로 다양하게 나타난다는 점과, 학생 인구 · 이주자 인구 · 다세대 가구 · 일시적 거주자가 많은 것이 특징인 도시지역에서는 센서스가 더 부정확하기 쉽다는 점을 영국 통계위원회(UK Statistics Commission)는 인정하고 있다.

영국 센서스에 대한 동요의 근원의 대부분은 바로 최근에 영국으로의 이민이 급격히 증가하고 있다는 점이다. 2004년 동부 유럽 국가의 유럽연합 가입은 60만 명 이상으로 추정되는 이민자의 영국으로의 유입을 초래했다(비록 이민자의 정확한 수는 알 수 없으며 또한 많은 이민자들이 최근의 경기 침체로 되돌아갔지만). 이 이민자들은 영국 전역에 퍼져 거주하고 있지만 특정 도시에 집중 분포하는 경향이 있다. 슬라우(Slough)에서부터 런던 서부까지가 대표적인 예이다. 그러한 지방정부 당국의 주장에 따르면 동부 유럽 출신 이민자의 유입은 로컬 서비스에 대한 막대한 부담으로 작용해 왔으며, 이는 센서스에 기초하여 중앙정부가 배분한 자원으로는 보상될 수 없는 조세 기반에 대한 심한 부담으로 이어지고 있다.

슬라우는 정확한 인구규모를 측정하고 보다 많은 자원을 확보하기 위해 국가 보험 신청을 포함하여 다양한 방법을 동원해 왔다. 응답자가 영어를 잘 못하거나, 근무 교대로 인해 집에 없거나, 여러 가지 이유로 공공기관에 자신에 대해 밝히기를 꺼리거나 등의 한계가 있음에도 불구하고 가구별 설문지 조사가 기타 방법으로 동원되었다. 더 나아가 슬라우는 2006년 1월부터 4월까지의 하수도 흐름도 분석했는데, 4개월 동안 전년 12개월 대비 10%의 증가가 나타났다(더 이코노미스트, 2007년 5월 19일자).

영국 센서스가 직면한 또 하나의 이슈는 '사라진 100만'으로, 이는 최근의 영국 센서스 추정치가 기대치에 비해 100만 명이 부족한 데에서 연유한다. 가장 최근의 영국 센서스에 의하면 영국에는 여성 100명당 남성 94명이 있는 것으로 나타났는데, 사라진 100만의 대부분은 젊은 성인 남성인 것으로 인식되고 있다. 그들이 영국에 없는 이유에 대해서 다양한 추측이 제시되었다. 전 세계를 배낭여행하고 있기 때문에, 유럽 다른 곳(지중해 해변 리조트와 같은)에서 일하고 있기 때문에, 센서스 조사에 응하기를 꺼리기 때문에, 비공식경제에 가담되어 있기 때문에 등과 같은 다양한 추측이 제시되었다. 최근 센서스에 대한 대중의 신뢰도에 관한 유럽연합의 연구에서 조사된 27개 국가 중에서 영국이 최하위를 차지한 것도 전혀 놀라운 일이 아니다.

주요 관련 개념

지역기반 도시 정책, 디아스포라, 행정구역 분할, 마이크로 시뮬레이션, 영역적 사회지표, 영역적 정의, 초국적 도시성

더 읽을거리

House of Commons Treasury Committee(2008) *Counting the Population* Eleventh Report of Session. Vol. 1. HMSO, London

관련 내용

12장 : 글상자 12.1 영국 도시에서의 동부 유럽 공동체의 성장, 글상자 12.4 초국적 도시성의 성장

13장 : 글상자 13.1 망명자와 난민 집적지의 출현

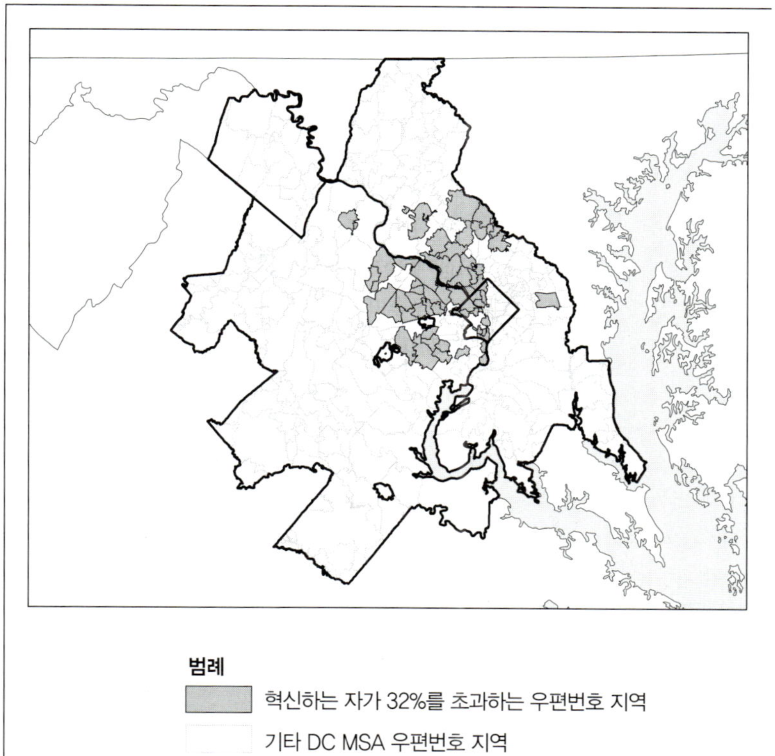

그림 4.11 워싱턴 DC 메트로폴리탄 통계 지역(Washington, DC, Metropolitan Statistical Area)에서 혁신하는 자가 많이 거주하는(5분위 중 최고 분위) 우편번호 지역의 분포
출처 : Knox(2005), Fig. 2, p. 41.

들은 여타 집단보다도 '긍정적인 삶의 경험'(승진, 봉급 인상 등)을 겪는 경향이 있으며, 그러한 경험을 겪을 때 소비의 형태로 자신을 위해 자주 보상한다. 그들의 소비 패턴은 고급의 틈새시장 제품과 서비스에 대한 취향을 반영하고 있다. 혁신하는 자와 성취하는 자는 장소에 대한 매우 세련된 소비자이며, 그들 자신과 자신의 생활양식을 뚜렷이 나타내는 주택을 원하는 경향이 있다(기본적으로 '나는 큰/ 보다 큰/ 시설이 잘 갖추어진/ 보다 웅장한/ 보다 고급의 주택을 가지고 있다'는 말로 표현될 수 있는). 하지만 자원이 풍부한, 성공적인, 활동적인, 열정적인 소비자에게 주택은 단지 시작일 뿐이다. 주택은 자신이 선호하는 생활양식과 자신의 이미지를 나타내는데 필요한 가구, 소유물, 시설의 진열장이 되어야만 한다. 또한 성취하는 자는 비교적 높은 수준의 자원을 지니고 있지만, 주로 보수성(conser-vatism)과 지위, 구조, 안정성, 예측 가능성에 대한 강조로 특징된다. 소비자로서 그들은 동료에게 자신의 성공을 보여 주는 집, 근린지구, 제품, 서비스를 선호한다. 성취하는 자는 매우 모방적이여서 가치 있다고 여기는 의견을 지니고 있는 또는 모방하기 원하는 사람이 구매하는 것과 유사한 것을 구매한다.

미국의 성인 인구 가운데 혁신하는 자와 성취하는 자는 합쳐서 약 25%를 차지하고 있다. 성인 인구 10명당 1명은 혁신하는 자이다. 하지만 혁신하는 자는 메트로폴리탄 지역에 따라 불균등하게 분포하고 있

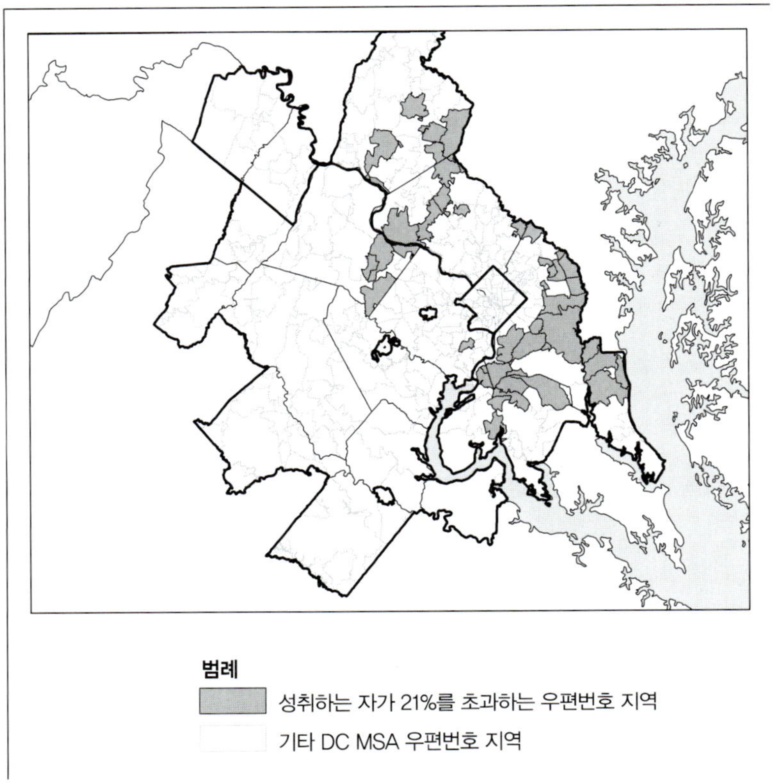

그림 4.12 워싱턴 DC 메트로폴리탄 통계 지역에서 성취하는 자가 많이 거주하는(5분위 중 최고 분위) 우편번호 지역의 분포
출처 : Knox(2005), Fig. 3, p. 42.

다. 예를 들어 워싱턴 DC 메트로폴리탄 지역의 경우 혁신하는 자는 주로 버지니아 주 페어팩스 카운티(Fairfax County), 메릴랜드 주 몽고메리 카운티(Montgomery County), 버지니아 주 라우던 카운티(Loudoun County)에 특히 집중 분포하고 있어 뚜렷한 사회지리를 반영하고 있다(그림 4.11 참고). 성취하는 자는 전반적으로 비슷한 패턴을 지니며 국지적으로 분포하고 있으나 공간적으로 보다 더 분산된 패턴을 보인다(그림 4.12 참고). 몇몇의 우편번호 지역(zip code areas)에서는 혁신하는 자가 공간적으로 집중 분포하여 성인 인구의 50% 이상을 차지하고 있다. 일리노이 주 쿡 카운티(Cook County)의 케닐워스(Kenilworth), 메릴랜드 주 몽고메리 카운티의 글렌 에코(Glen Echo), 매사추세츠 주 미들섹스 카운티의 와반(Waban)에서는 혁신하는 자의 비율이 약 58%에 달한다. 성취하는 자는 우편번호 지역 스케일로 볼 때 가장 높은 집중률이 30~35% 정도로 공간적으로 다소 덜 집중 분포한다.

글상자 4.4

도시사회지리학과 관련된 주요 소설 – 4장

- High Rise(1975) : J.G. Ballard
  고층에서의 도시적 삶과 그에 따른 사회적 불평등에 대해 비판하였다.
- How Late it Was, How Late(1994) : James Kelman
  한 실직 노동자가 복지국가를 상대로 어떻게 대처하는지에 대한 이야기를 다루고 있다. 이 소설은 직설적인 언어를 구사하여 논란이 되었으며 글래스고 방언을 사용한다.
- Last Exit to Brooklyn(1957) : Hubert Selby Jnr.
  뉴욕 극빈층의 삶을 다룬 놀랍고도 적나라한 소설이다.
- London Orbital(2002) : Ian Sinclair
  새로운 도시 형태에 의해 생긴 딜레마를 다루고 있으며, 이야기가 산만하지만 흥미를 자아내는 소설이다.
- The Motel Life(2006) : Willy Vlautin
  이 소설의 저자는 리치먼드 폰테인(Richmond Fontaine)이라는 가수 그룹의 일원이다. 리치먼드 폰테인이 불렀던 노래의 가사에 나오는 것처럼 이 등단 소설은 미국의 풍기 문란한 부문에서 분주히 살고 있는 두 형제를 비관적으로 묘사하고 있다.
- Trainspotting(1993) : Irvine Welsh
  스코틀랜드 방언으로 쓰인 개척자적인 소설로서 에든버러 마약 중독자의 어두운 삶을 해학적이면서도 충격적으로 묘사하였다(글상자 7.6의 영화에 대한 설명 참고).

요약

4.1 도시의 물리적 구조는 중첩되는 과거의 다양한 프로세스를 반영하여 복잡한 패턴을 지닌다. 도시 내에서 환경의 질은 매우 상이하게 나타난다. 또한 도시 내 서로 다른 지역은 각각 근린지구의 정취를 반영하는 독특한 특징을 지닌다.

4.2 서구 도시에 관한 연구는 세 가지 주요 측면, 즉 경제적 불평등, 가족적 지위, 인종을 반영하는 변수의 집단 간의 연관성을 밝혀냈다. 경제적 지위는 선형 패턴으로 나타나며, 가족적 지위는 동심원적 패턴으로 나타나며, 인종적 지위는 다핵적 패턴으로 나타난다. 하지만 도시 내의 독특한 프로세스를 반영하면서 거주지 구조는 매우 다양하게 나타난다. 영역적 사회지표도 도시 내 삶의 질의 다양성을 보여 주고 있다. 이러한 지표는 중첩되면서 도시 내 다중적 박탈을 드러내기도 한다.

주요 개념

가족적 지위
교차분석
도시 사회지역
사회복지
사회지역분석
삶의 질 지표
생태학적 오류
영역적 사회지표
요인분석
요인생태학
인종적 지위
주성분분석
지리정보시스템
지역기반 도시 정책
형태 형성

읽을거리

형태 형성과 도시구조

Whitehand, J. (1992) *The Making of the Urban Landscape* Blackwell, Oxford

Whitehand, J. and Larkham, P. (eds) (1992) *Urban Landscapes: International Perspectives*, Routledge, London

Knox, P. (1993) *The Restless Urban Landscape* Prentice Hall, New York (Chapter 8, pp. 207-36)

Larkham, P. and Jones, J. (1991) *A Glossary of Urban Form*, Historical Geography Research Series No. 26, Urban Morphology Research Group, University Of Birmingham

도시 거주 패턴

Davies, W.K. (1984) *Factorial Ecology* Gower, Aldershot

Johnston, R. and Herbert, D. (1976) *Social Areas in Cities*, John Wiley, London (chapter by Johnston, pp. 193-236)

White, M. (1987) *American Neighborhoods and Residential Differentiation* Russell Sage Foundation, New York

사회복지

Pacione, M. (2003) Quality-of-life research in urban geography, *Urban Geography* **24**, 314-39

Randall, J.E. and Morton, P.H. (2003) Quality of life in Saskatoon 1991 and 1996: a geographical perspective, *Urban Geography* **24**, 691-722

Smith, D. (1973) *The Geography of Social Well-being in the United States* McGraw-Hill, New York

지리학 방법론

Flowerdew, R. and Martin, D. (eds) (1997) *Methods in Human Geography* Longman, London

Rees, P., Martin, D. and Williamson, P. (eds) (2002) *The Census Data System* John Wiley, Chichester

Indices of Deprivation used by the UK's office of the Deputy Prime Minister see : http://www.odpm.gov.uk/stellent/groups/odpm

제 05 장

공간적 · 제도적 틀 : 시민, 국가, 시민사회

핵심 문제

- 법과 정부와 정치 구조는 어떻게 도시구조에 영향을 미치는가?
- 대도시 분할의 결과는 무엇인가?
- 도시의 제도적 구조가 민주주의의 작동에 어떻게 영향을 미치는가?
- 도시에서 권력은 어떻게 배분되는가?

이 장에서 우리는 사회공간 변증법의 핵심적인 요소(시민권, 민주주의, 시민사회와 관련된 사회적 · 법적 · 정치적 구조 등)를 탐색하고자 한다. 4장에서 설명한 물리적, 사회경제적 패턴은 모두 사회적 · 공간적 현상이 한데 엮어진 과정이 중층적으로 그리고 복합적으로 작용한 결과이다. 이러한 사회공간 변증법은 1장에서 설명한 바 있다. 이 모든 과정은 선거구나 학군, 법조문, 주택 소유자 협회 증서 등과 같은 공간적이고 제도적인 틀 안에서 작동한다. 우리는 개인적으로, 집합적으로 이러한 제도적이고 공간적인 틀 안에서, 그리고 그 틀을 통해 우리의 삶을 살며 이익을 추구한다. 우리의 삶과 생활세계는 이러한 틀에 의해 활성화되고, 형성되고, 제약될 뿐만 아니라 우리는 의식적으로나 무의식적으로 이러한 틀을 만들어 내고 특징짓는 데 관여한다.

5.1 공적인 제도와 사적인 삶의 상호 의존성

근대 도시사회의 기초가 놓인 것은 자본주의적 민주주의의 등장부터이다. 산업자본주의의 새로운 논리가 요구하는 삶의 규모와 리듬, 분절은 전통적인 사회를 완전히 재구조화해야 함을 의미했다. 도시화 및 산업화 체제가 만들어 내는 유례없이 광범위하고 복합적이며 빠르게 변화하는 경제 및 사회 구조를 유지하게 위해 지방마다 특수하게 비공식적으로 이루어지던 실천은 점점 더 표준화되고 공식화되어 갔다. 이러한 전환의 중심에는 새로운 정치경제를 활성화하고 통제하기 위한 공공기관의 성장과 변화가 자리 잡고 있었다. 이 시기는 새로운 국민국가가 형성되던 시기였으며, 오래전에 형성된 국가는 통치와 민주주의 및 사법 과정을 근대적 제도로 탈바꿈하던 때였다.

이러한 제도는 18~19세기에 있었던 변화의 홍수 속에서 단지 자동적으로 등장하게 된 것이 아니었다. 사적인 삶의 영역을 고립시키며 등장한 **공적영역**(public sphere)은 그 존재이유를 시민의 필요와 요구의 변화에서 찾았다. 사회이론가 위르겐 하버마스(Jurgen Habermas, 1989)에 의하면, 공적영역과 그곳을 채우는 시민은 근대사회의 사회조직을 특징짓는 핵심적인 4개 범주 중 하나로 간주될 수 있다. 나머지 3개의 범주는 **경제**, **시민사회**, **국가**이다. **시민사회**(civil society)의 의미는 시대마다 변해 왔으나 보통 정부 이외의 주요 사회 구성요소를 포함하는 것으로 인식된다. 하버마스의 지적에 따르면 이 4개 범주는 공적영역이 사적영역과 맺는 관계가 정립되면서 등장하게 되었다고 한다. 그러면서 대부분의 경우 공적영역과 사적영역의 관계는 아래의 세 가지 부류의 권리에 의해 좌우된다고 했다.

1. 이성적이고 비판적인 공적 논쟁에 관련된 권리 : 의사의 자유, 언론의 자유, 집회와 결사의 자유 등
2. '가부장적 핵가족제도에 기반한' 개인의 자유에 관련된 권리 : 개인의 자유, 가정 불가침성 등
3. 시민사회에서 개인 자산의 거래에 관련된 권리 :

공공시위의 공간으로서 도시 : 학생 시위(사진 : Paul Knox)

법 앞의 만민평등, 사유재산권 보호 등

이상의 권리가 특정 지역에서 유기적으로 통합되고 지지되는 방식은 무엇보다 정치경제적 권력에 접근하고 사회문화적 정당성을 취득하는 방식에 결정적인 영향을 미쳤다. 따라서 시민권, 법조항, 도시정부의 역할 등에 관련된 현안은 사회공간 변증법의 작동과 밀접한 연관이 있다.

시민권, 가부장제, 인종차별주의

권리와 특권에 대한 전근대적 위계질서가 군주에 대한 신하의 충성에 바탕을 둔 것(2장 참고)과 반대로 **시민권**(citizenship)은 상호 의무에 기반한 합리성을 함의하고 있다. 근대성의 발발과 더불어 등장한 시민권(3장 참고)은 귀족의 신성한 권위보다는 새롭게 재구성된 민족국가의 영역적 경계에 따라 형성되었고, 국가마다 헌법에 명시된 정치적 · 시민적 권리를 구성했다. 이후 대부분의 선진국에서는 정치 및 시민적 권리뿐 아니라 사회적 권리도 포함하는 시민권 개념이 발달되었다. 가령 최소한의 개인 안전에 대한 권리나 경제적 복지권 등이 이에 포함된다.

시민권이라는 근대적 아이디어가 생성되는 과정은 누가 시민이고 누구는 시민이 아닌지에 대한 열띤 논쟁을 필연적으로 불러일으켰다. 특히 해외 이주민 수용을 통하여 인구 및 경제적 성장을 일구어온 미국이나 오스트레일리아와 같은 나라에서는 더욱 그러했다. 그 결과 3장에서 소개한 바와 같이 시민권은 깊게 뿌리박힌 선입견과 문화적 실천을 통해 사회적으로 구성되었다. 요컨대 **성차별주의**(sexism)와 **인종차별주의**(racism)가 시민권 개념 형성에 개입하게 되었고, 그로부터 공적영역과 사적인 삶의 관계 및 현대 도시를 주조한 사회공간 변증법의 핵심을 구성하게 되었다.

물론 초기에는 시민권이 백인 토지 소유주 남성에게만 주어졌다. 여성이 시민권에서 배제된 연유는 상당 부분 서구 문화에 내재된 **가부장제**(patriarchy), 특히 여성과 남성에게 할당된 사회적 역할에 대한 가정에 기인한다. 그 가정이란 다음과 같다. 첫째, 아내에 대한 남편의 우월성은 '자연의 법칙'이다. 둘째, 남성은 자연적으로 경제적이고 공적인 삶을 공격적으로 추구하는 것에 적합하도록 태어난 반면, 여성은 가정에서 양육하는 역할에 더욱 적합하도록 태어났다. '공적인 남성'이라는 관념(이에 상응하는 관념은 '사적인 여성'임)은 참정권이 여성에게 확대된 이후에도 지속되었으며, 1960년대 '여성' 해방 이후에도 여전히 지속되고 있다.

소수인종의 배제는 최소한 전쟁 이전의 미국에서는 더욱 노골적으로 나타났는데, 당시 흑인 노예는 시민권의 정반대 상황을 대변했다. 1960년대 민권법안 제정 이전까지 인종차별주의가 만연했던 '주류' 사회는 19세기 후반과 20세기 초반 미국의 도시화가 이루어 놓은 멜팅 팟(melting pot)에서 북아메리카 원주민과 중국인, 흑인이 완전한 시민의 권리를 가지는 것을 노골적으로 제약했다. 유럽에서 인종차별주의는 2차 세계대전 이후 아시아와 아프리카 이주민이 대거 영국과 프랑스, 독일의 도시로 이주하기 전까지는 주로 유태인과 집시에 초점이 맞추어졌다. 시민권 및 시민의 정치적 권리라는 측면에서 이들 이민자에게 가해진 노골적이고 공공연한 제약 이외에도, 조직적인 차별로 인해 이들은 시민이 누려야 될 사회적 권리마저 침해당했다. 8장에서는 이러한 인종차별의 결과가 사회적 공간의 생산과 사회공간적 분리에 어떻게 작용했는지를 살펴볼 것이다.

글상자 5.1

도시사회지리학의 주요 논쟁 : 다양성, 차이, 불균등의 관계

대부분의 서구 사회에서 산업혁명은 어마어마한 물질적 불균등을 낳았고, 이를 타개하기 위한 계급에 기반한 정치투쟁을 촉발시켰다. 이러한 투쟁으로 인하여 사회개혁이 단행되었고, 노조가 인정받게 되었으며, 다양한 형태의 복지국가가 등장하게 되었다. 그러나 최근 신자유주의 정책이 범람하면서 물질적 불균등이 다시 심화되고 있는 가운데 '유명인 계급'이나 금융재벌과 같은 특권계층이 등장한 것과는 별개로 계급투쟁이 더 이상 지배적인 영향력을 미치지 못한다는 것은 놀라운 일이다. 대신 계급 이외의 다른 차이(젠더, 연령, 섹슈얼리티, 민족성, 장애, 국적, 종교, 생활양식 등)에 기반한 다양한 형태의 '문화' 또는 '정체성'의 정치가 계급투쟁을 대체하고 있다. 이에 낙태, 동성혼, 동물복지, 히잡 착용 등과 같은 문제가 빈곤의 문제보다 더 진지하게 공적인 논쟁의 주제로 부상하는 듯하다.

정체성의 정치의 부상은 사회개혁가에게 복잡한 문제를 제기한다. 특히 불균등과 차이는 무슨 관련이 있는가? 어떤 종류의 차이가 사회적 관심사와 개혁의 주제로서 정당성을 확보하게 되는가? 개혁가들은 자원과 권력의 불균등 문제와 관련이 있는 차이에 주목해 온 경향이 있다(예 : 젠더와 관련된 임금 불평등, 여성에 대한 남성의 가정폭력, 게이에 대한 공공연한 성희롱, 소수민족에 대한 다양한 형태의 차별 등).

그러나 어떤 종류의 차이는 불평등보다는 주류 규범과 다른 생활양식 선택과 더 밀접하게 연관된다. 이 경우, 특히 당사자에게 해를 끼치는 습관(예 : 흡연, 마약, 약물남용, 과음, 정크푸드 섭취, 비만 등)과 관련될 때, 생활양식을 변화시키기 위해 정부가 어느 정도로 개입해야 하는지 등의 복잡한 문제가 제기된다. 이러한 행위는 주로 해당 개인에게 영향을 미치지만 건강 비용과 사회혼란과 같은 사회적 비용도 발생시킨다. 이때 가치의 충돌은 주로 공공장소에서 발생하기 때문에 이러한 종류의 논쟁에서 지리학은 중요한 역할을 한다. 예를 들어 현재 서구 사회에서 통용되고 있는 공공장소에서의 흡연 금지는 수동적 흡연자들의 이의제기로 추진된 면이 없잖아 있다.

정체성의 정치가 사회지리학과 관련된 또 다른 예는 '에루브'(eruv)이다. 정통 유태교인이라면 안식일에 어떤 물체를 밀거나 지니고 다니는 행위(예 : 휠체어나 유모차를 미는 행위, 열쇠나 기도책을 지니고 다니는 것 등)를 집 안에서만 해야 하는데, 에루브란 이런 제약을 면제해 주도록 지정된 공간이다. 유태인의 법에 따르면 이러한 행동제약은 유태인은 안식일에 공공장소에서 어떤 물건도 지니고 다니지 못하도록 가르치는 구약성서에서 비롯되었다고 한다. 실제로 많은 유태인의 집에는 이러한 에루브가 설정되어 있어서 정통 유태교를 믿는 가족이 안식일에 금지된 행동을 할 수 있도록 허용하고 있다. 많은 경우 에루브 제도는 별다른 분쟁 없이 실시되어 왔지만, 일부는 다른 교파에서부터 세속주의자에 이르기까지 다양한 집단의 격렬한 저항에 부딪히기도 했다. 특히 에루브가 막대(주로 세로 10m짜리 막대가 와이어로 연결되어 있음)로 구분되어 있는 곳에서는 논란이 더욱 분분했다. 그러나 막대 없이 설정된 에루브도 있으며, 철도나 도로, 심지어 절벽이나 해안으로 구분된 에루브도 있다. 비유태인 거주자는 에루브가 유태교도를 집단적으로 끌어들이게 되지 않을까 염려하기도 한다. 마치 님비운동에 대해서 그랬던 것처럼, 에루브에 대한 반대도 자연과 야생에 대한 두려움과 같이 종종 다른 말로 표현되곤 한다(가령 새가 와이어에 걸리거나 나무를 손상시킬 것에 대한 두려움).

주요 관련 개념

계급, 공동체 행동, 문화정치, 차이, 배타적 용도구역제, 정체성의 정치, 님비, 거주지 분화, 구조적 동화, '세력권' 정치

더 읽을거리

Cooper, D. (2004) *Challenging Diversity: Rethinking equality and the value of difference* Cambridge University Press, Cambridge

관련 내용

3장 : 문화란 무엇인가?

9장 : 글상자 9.3 새로운 '신성 공간'의 발달

법과 시민사회

법은 공적영역과 사적영역뿐만 아니라 국가와 경제를 연결하는 주요 매개체이다. 사회공간 변증법의 주요 구성요소인 법은 사회적 작용과 공간적 배경의 결과물일 뿐만 아니라 사회공간적 생산 및 재생산의 동인이기도 하다. 이러한 맥락에서 법의 구체적인

구성요소는 다음과 같다. 우선 시민에 의해 선출되어 정의와 공정 등에 대한 시민의 관념을 수렴하는 입법기관이(주로 매우 추상적이고 일반적인 방법으로) 법을 **제정**한다. 그러면 다양한 기관(경찰, 사회복지사, 주택기구 등)이 특정한 장소와 상황에 이 법을 **적용**하는데 이때 이들의 권위는 국가에게서 나온다. 법의 구체적인 의미를 둘러싼 문제나 분쟁이 발생하면 원칙적으로 법원이라는 또 다른 시민사회 기제를 통해 법을 해석한다.

각 구성요소는 장소와 권력의 상호 침투를 수반하므로 매우 지리적인 특징을 지닌다는 사실은 이제 잘 알려져 있다. 법과 시민사회, 도시지리학 간의 상호 침투에 대해 가장 잘 기록한 사례는 투표권, 인종차별로 인한 학교분리 철폐, 주거 개방 및 용도구역제 등에 대한 대법원 판례일 것이다. 몇 가지 예를 들자면, 인종차별로 인한 학교분리가 위헌임을 판결한 브라운 대 교육위원회 판례(Brown v. Board of Education, 1954), 부동산 매매 계약서에 인종제한을 두는 것이 불법임을 판결한 쉘리 대 크레이머 판례(Shelley v. Kraemer, 1948), 공공의 이익을 보호하기 위한 용도구역제 지정 권한을 지자체에 위임한 유클리드 대 앰블러 판례(Euclid v. Ambler, 1926), 차별적인 용도구역제를 무효화한 전미유색인지위향상협회 대 마운트로렐 타운십 판례(NAACP v. Mt. Laurel, 1972) 등이 있다.

이러한 사례를 통해 특정한 사회적 가치나 윤리적 가치판단이 도시경관에 새겨지고 다른 가치는 폄하되거나 근절되었다. 물론 이러한 과정은 절대로 간단하지 않다. 무엇보다 법의 제정과 적용 및 해석은 국가적 스케일뿐만 아니라 지자체 또는 '**지방 국가**(local state)' 수준에서도 일어남으로써 도시의 사회적 공간에 포개지고 그 공간을 관통하는 법적 공간의 틀이 매우 복잡하고 때론 상충하는 방식으로 형성되었다. 이와 동시에 사회의 지속적인 진화와 재조직화는 변화의 요소를 만들어 냈고 이는 누적되어 시민사회 자체의 행로를 수정하고 중앙정부와 지방정부의 관계를 변화시키고 법과 도시 거버넌스에 새로운 도전을 제기했다.

도시 거버넌스의 성격 변화

도시의 경제적 기반이 변화함에 따라 상이한 집단의 운명도 변화했다. 도시도 새로운 문제와 도전에 직면하게 되었고 도시 정부도 상이한 동기와 목표를 지닌 다양한 사람들을 도시로 유인했다. 이러한 변화를 반영하는 도시 정부의 경향과 기풍은 또다시 도시발전 방향과 본질을 변화시키는 촉매를 제공했다. 오늘날 도시 거버넌스의 범위는 매우 확대되어 도로, 태풍대비 배수로, 가로등, 상하수도에서부터 법 집행, 방재, 학교, 병원, 교통체계, 주택에 이르기까지 거의 모든 종류의 서비스와 상품의 관리와 제공을 포함하고 있다. 13장에서 살펴보겠지만 이 모든 활동은 도시의 물리적 경관은 물론 도시의 사회지리학에 직접적이고 근본적인 영향을 미친다. 뿐만 아니라 현대의 지자체가 지닌 경제 및 입법 권력은 이들 기관이 도시 환경을 조성하고 변형시킬 잠재적 요인이 되도록 만들었다. 도시 거버넌스의 진화는 대체로 다음의 5단계로 구분될 수 있다.

- 1단계 : 19세기 전반기로 거슬러 올라가는 이 시기는 그야말로 무정부 시기로, 공리주의 이념이 지배하던 시기였다. 이러한 **자유방임**(laissez-faire) 철학은 공공의 최대이익은 구속받지 않는 시장의 작동에서 얻어질 것이라는 가정에 근거한 것으로 이는 곧 자유주의 고전

경제학의 입장을 견지한다. 상인과 귀족의 과두정치가 도시 현안을 관장했지만 도시의 유기적 성장을 막지는 못했다.

- 2단계 : 1850~1910년 사이의 기간으로, 빅토리아 시대 도시에 창궐했던 전염병과 도시 무질서 및 혼잡에 대응하여 사회지도자들이 '**도시 사회주의**(municipal socialism)'를 주창한 시기였다. 이 시기 법과 도시 거버넌스는 공공 서비스와 가족주의에 대한 강력한 요구를 수용했으며, 그 결과 자유주의 개혁을 광범위하게 불러일으켰다. 이와 동시에 정치지도자에게 더 많은 권력과 책임이 부가되면서 도시 행정에 부정부패가 만연하게 되었다.
- 3단계 : 1910~1940년 사이의 기간으로, 이 시기 발생한 결정적인 사건인 대공황은 지자체가 도시민의 삶과 복지향상에 더욱 영구적이고 주요한 역할을 담당하도록 여론을 움직였다. 대공황을 야기한 시장의 실패는 고전적인 방임적 자유주의의 정당성을 잠식했고, 국가가 경제발전을 관장하고 자유시장 자본주의의 부작용을 완화할 것을 옹호하는 평등주의적 자유주의의 등장과 함께 쇠퇴했다. 대부분의 도시는 보건, 복지, 주택, 교육, 보안, 레저 제공에까지 그 역할을 확대해 갔다. 그와 동시에 시의회의 구성과 성격 역시 변했다. 영국에서는 지방자치법(1929)에 의거한 산업 부문의 75% 세율 인하와 1930년대 중앙정부의 산업보호정책이 맞물려 단행된 결과 자본가들이 지방자치에 참여함으로써 얻어지는 인센티브가 줄어들었다. 반대로 노동자 계급과 하층 중산층은 증가하는 시공무원과 블루칼라 노동자들을 대변해야 한다는 명분 아래 의회에 참여할 새로운 동기를 얻게 되었다. 이러한 상황 변화는 온정주의적 자본가와 사회지도자 대신 다양한 사회 계층의 '공인'들로 시의회를 구성하는 결과를 가져왔다. 또한 노동당 지부에서 내보낸 노동자들의 대변인이 시의회에 진출하게 되었고, 이는 곧 **정당정치**가 도시 거버넌스의 중요한 새 국면이 되는 계기가 되었다.
- 4단계 : 1940~1975년까지의 기간으로, 도시 정부의 다양한 역할로 인해 전문 행정가 집단으로 구성된 거대하고 수직적으로 분리된 관료조직이 발달하였으며 이 관료조직이 도시와 도시환경을 관장하게 되었다. 전문가 집단과 정당정치인은 양두정치 체제를 성립시켰고 두 세력 간의 권력의 균형은 기능에 따라, 도시에 따라 다양하게 유지되었다. 그러나 이 시기에 이르러 도시 문제에 관심을 가진 모든 사람들은 한 가지 깊은 역설에 봉착하게 되었다. 그 역설이란 다음과 같다. 즉, **도시화는 상품과 노동을 효율적으로 집결시킴으로써 자본주의 발달에 필수적인 수단이 되지만 자본주의 경쟁의 패배자와 착취당한 자들이 스스로 조직을 결성하고 연대를 만들어 나갈 수 있는 위험한 조건을 동시에 생성한다는 사실**이다. 이 역설에 직면하여 도시 거버넌스와 관리는 절충적인 형태로 진화해 갔다. 즉 한편으로는 인간적이고 민주적인 개혁에 열중하면서 다른 한편으로는 특정 종류의 경제 및 사회 조직이 도시 관리의 책임을 지게 되었다. 이러한 작업을 수행하기 위해서는 시의원의 의사결정에 자문을 해 줄 수 있는 전문가 집단의 고용 증가가 불가피했다. 이는 곧 시의원의 정책입안 권한이 감소함을 의미했다. 지방 재정, 공공보건, 교육 행정, 도시계획 등과 같이 기술적으

로 복잡한 과정이 증가함에 따라서 시의원이 이들 전문가 집단의 전문성에 의존하는 경향도 증가했다. 그 결과 대부분의 도시는 전문가 집단의 가세로 더욱 거대해진 관료조직에 점점 더 의존하게 되었다.

- 5단계 : 가장 최근의 단계로 1970년대 중반 이후의 신자유주의 시기를 일컫는다. 시장의 실패가 고전주의적 자유주의로부터 1930년대의 평등주의적 자유주의로의 이념적 전환을 강력하게 유도했던 것처럼, 정부의 실패 역시 1970년대 중반과 후반에 이르러 평등주의적 자유주의(특히 케인스주의 복지국가론)를 폄하하게 되는 강력한 기제가 되었다. 당시의 논쟁에 따르면 정부는 비효율적이며, 지나치게 비대해진 관료조직을 수반하며, 경제 발전을 저해하는 과잉규제에 국제 경쟁력을 잠식하는 사회 및 환경 정책을 고수한다는 것이다. 결과는 평등주의적 자유주의를 고전주의적 자유주의의 이념을 선택적으로 조합한 신자유주의로 대체하는 것이었다. 1980년대 영국과 미국에서는 대처 정부와 레이건 정부가 각각의 케인스주의 복지국가를 해체하고 산업규제 완화(미국에서는 특히 주택대출과 부동산 부문에서)를 단행함으로써 장소조성과 경제 발전에서 민관 합동의 시대를 열어 갔고, 이는 사유재산권의 우위를 주창하는 자유주의 이념을 재점화했다.

보다 일반적인 차원에서 사회학자 울리히 벡(Ulrich Beck)은 글로벌화와 관련된 초국가주의와 세계시민주의는 '두 번째 근대성'을 초래한다고 주장한다. 두 번째 근대성이란 관리자본주의와 계획된 근대성이라는 대립된 요소로 구성된 20세기 근대성에 구조적 변화가 일어나는 시대를 뜻한다. 이는 수많은 거버넌스 제도와 이에 대한 아이디어가 해체되고 재구성되는 과정을 수반한다. 벡에 의하면, 19세기에 일었던 사회근대화와 민족국가에 그 기원을 두고 있는 이러한 기관과 관련된 아이디어는 '좀비 범주'로서, 이 시대에는 무용지물인 경우가 많다. 벡은 이러한 좀비 범주가 19세기 사람들의 경험의 지평, 즉 '첫 번째 근대성'의 지평을 만들어 냈다고 주장한다. 그러나 오늘날에는 부적절한 이 지평이 선험적 관념으로, 분석적 범주로 여전히 우리의 인식세계를 구조화하고 있기 때문에, 우리가 실제로 경험하는 것을 보지 못하도록 만들고, 이는 두 번째 근대성의 모호성을 만들어 낸다고 한다(Beck & Willms, 2003, p. 19).

신자유주의의 공간

신자유주의의 자유시장주의는 누적순환의 과정을 통해 승승장구해 왔다. 탈산업화의 피해자들을 구제하기 위한 자금 확보를 위해 세금은 늘어났고, 실업과 도심쇠퇴는 세금을 많이 내는 부유한 계층에게 불만을 자아내는 데 기여했다. 이들은 유례없이 증가한 물질문화의 수혜자들로 사적 소비를 위한 더 많은 소득을 원했다. 공공자금 지출에 대한 불만이 증가함에 따라서 공공 서비스 및 공공상품, 물리적 하부시설의 질적 하락은 불 보듯 뻔했고, 이는 또다시 사적 소비로 공공 서비스를 대체할 수 있을 정도로 여유 있는 계층의 불만을 증폭시켰다. 자녀를 '좋은' 학교에 다니게끔 하려는 그들의 요구는 그들만의 지역 유치원과 초등학교를 갖춘 고급 주택지 개발에 대한 수요 증가로 이어졌다. 점점 더 많은 사람들이 개인안전시스템을 설치하고 자녀의 사교육에 투자하며 동네 놀이터보다는 쇼핑센터에서 시간을 보내게 되었다. 이렇듯 사적으로 서비스를 부담하는 사람들이 그들이 필요치도 않다고 생각하는 공공 서비스를 위해 세금을 내는 것에 불만을 가지는 것은 어찌 보면 당연한 일이었다. 사회적 · 지리적 재분배 프로그램에 더 이상 돈을 내는 것에 반대하는 이들은 '재정 대응성', 즉 편익자부담원칙을 주창하는 정책 전문가와 정치가의 견해를 지지하기 시작했다.

(도널드 레이건 식으로 말하자면) 정부 자체가 문제해결사가 아닌 문제로 지목됨에 따라서 공익이라는 개념은 케인스주의와 동류로 취급되었다. 여기에 글로벌화 역시 일정 역할을 했다. 케인스주의 경제정책과 재분배 프로그램은 국제 경쟁력 강화에 장애물로 비춰졌다. 노동시장 '유연성'은 새로운 통념으로 자리 잡았다. 미국에서는 1980년대와 1990년대의 공화당 집권이라는 정치적 구성과 역동성 덕분에 이 경제 근본주의는 도덕적 보수주의와 불가분의 관계를 맺게 되었다. 이는 곧 조지 부시 정권의 상징이 된 보수주의와 자유주의의 독특한 혼합을 낳았다. 1990년대 중반에 이르러 신자유주의는 심지어 주류 민주당원 사이에서도 경제적 통념으로 굳어졌다.

제이미 펙(Jamie Peck)과 애덤 티켈(Adam Tickell) 및 그들의 동료가 지적한 바와 같이 이 모든 과정은 정치경제 변화의 연속적 과정의 한 부분이지 단순히 일련의 정책 결과물이 아니다. 펙과 티켈(2002)은 이 과정을 '퇴행적(roll-back)' 신자유주의와 '공격적(roll-out)' 신자유주의의 조합으로 설명했다. 퇴행적 신자유주의란 금융과 산업 부문 규제 완화, 공공주택 프로그램 중단, 공공장소의 사유화, 푸드 스탬프와 같은 재분배성 복지 프로그램 축소, 중재자 및 통제자로서 중앙정부과 지방정부의 전통적인 역할의 상당 부분 이양, 노조와 도시계획기관과 같은 공공기관의 권력과 영향력 제한, 도로, 교량, 기타 공공시설 등의 하부구조에 대한 투자 축소 등을 포함한다. 공격적 신자유주의란 노조 의무 가입제 폐지, 민관합작 기관 설립, 근로복지 요구조건 확립, 사유재산권 천명, 도심 젠트리피케이션 활성화, 자유무역지구와 기업지구 및 기타 규제 완화 지구 신설, 토지이용계획에서 '최대유효이용'의 원칙 천명, 공공 서비스 유료화, 경쟁주의 교육의 도입과 정부 서비스의 민영화 등을 포함한다. 미국의 일부 소규모 지자체는 최소한의 전일제 인력만을 고용함으로써 공공 서비스의 민영화를 완벽하게 달성했다. 플로리다 주의 인구규모 7만 명인 소도시 웨스턴(Weston)은 달랑 3명의 공무원을, 조지아 주 애틀란타 근교의 샌디 스프링스(Sandy Springs)라는 인구 8만여 명의 베이비부머 교외 거주지는 공공안전 요원을 제외하고 4명의 공무원을 고용하고 있다. 치안과 소방을 제외하고 거의 모든 정부 기능이 실제로 외주화되었다. 한편 신자유주의가 '상식'적인 이데올로기로 정립되면서 닐 스미스(Neil Smith)가 말한 **보복주의**는 거의 현실화되고 있다. 보복주의란 '좋은 기업환경'을 조성한다는 명목으로 공권력을 동원하여 노숙인과 저소득층을 퇴거 또는 배제시키면서 자본이 도시 공간을 재탈환하는 것을 의미한다.

그 결과 중앙정부의 역할은 축소된 반면, 지방정부는 고용창출과 수입증대를 도모하면서 **시민 기업가주의**(civic entrepreneurialism)를 추구하여 친기업적인 재정지출과 부동산 가격을 부양하는 도시계획을 도입하게 되었다. 이는 곧 투기적이고 지엽적인 도시 관리 정책을 유도하여 도심 쇼핑센터나 축제 성격의 시장, 회의장 및 박람회장 건립 등의 정형화된 프로젝트를 강조하게 되었다. 이러한 프로젝트는 부동산 가격을 최대한 상승시켜 지방 세수기반을 늘리고 소매업을 활성화시키며 고용창출을 유도할 것이라고 여겨졌다(글상자 5.2 참고). 브레너와 테오도르(Brenner & Theodore, 2002, p. 21)는 광역시 규모에서 신자유주의의 암묵적인 목표는 '도시 공간을 시장 지향적인 경제 성장과 상류층 소비를 위한 맞춤 공간'으로 조성하는 것이라고 주장한다. 실제로 신자유주의 정책 주창자들은 자유시장이 경제조직뿐만 아니라 정치 및 사회적 삶에 있어서도 이상적인 조건이라고 옹호한다. 물론 일부에게만 해당되지만 말이다. 자유시장은 장소와 지역 간에 불균등한 관계를 조성했고 이는 근린지구에서부터 국가 스케일에 이르기까지 모든 스케일에서 경제 불균등의 심화라는 불가피한 결과를 가져왔다. 지방국가 역할의 축소로 인한 공공기능의 공백상태에서 궁핍한 지역에서는 **주의주의**(voluntarism)가 이들의 필요를 채워주는 주요 수단이 된 반면, 부유한 지역사회에서

글상자 5.2

도시사회지리학의 주요 경향 : '도시 기업가주의'의 성장

데이비드 하비는 1989년에 '도시 기업가주의'에 대한 관심을 환기했다. 도시기업가주의란 도시를 통치하는 방식에 있어서 새롭게 부상하는 일련의 변화를 의미한다. 하비가 도시 기업가주의에 주목한 이후로 이 현상은 더욱 강화되어 왔고 많은 이들이 '기업가주의 도시'에 대한 광범위한 분석을 제시했다(Hall & Hubbard, 1996; Jessop, 1997).

기업가는 새로운 상품과 서비스를 창출하는 사람이다. 도시에서 기업가주의란 전통적인 서비스를 새롭게 재창출하는 것과 완전히 새로운 정책을 제시하는 것 모두를 의미한다. 이러한 혁신은 중앙정부의 '공동화'(hollowing out), 즉 중앙정부의 책임이 하위 단위 정부로 이양되고 서비스 제공에 민간 부문의 개입이 증가하는 현상에 대한 필연적인 반응이었다.

이러한 변화는 단순히 공공 부문이 관련 단체나 시장이나 고객이 쓰는 민간 부문의 용어를 차용하여 마치 '사업가처럼' 효율성을 추구하는 행위 그 이상을 의미한다. 이를 위해서는 민간 자본을 유치하며, 민간전문가를 동원해 지역 서비스를 제공하고 지역 문제를 해결하는 등의 민관합작을 수반한다. 그 결과 각 도시는 중앙정부와 민간 부문의 투자를 관할구역으로 끌어오기 위해 극한 경쟁에 내몰리게 되었다. 이는 곧 도시의 외관적인 이미지와 '도시 브랜드' 및 '장소 마케팅'에 대한 관심 증대로 귀결되었다. 이뿐만 아니라 도시는 내부 근린지구를 변화시키고 원거주민의 혁신과 기업가주의로의 전환을 도모하는 사업을 벌이게 되었다.

도시 기업가주는 도시가 새롭고 혁신적인 방식으로 변할 것을 강조하지만 실제로 도시는 경쟁도시에서 가장 성공한 정책 베끼기에 열중함으로써 일종의 새로운 교조주의에 빠지고 있다. 도시 기업가주의의 단골메뉴로는 하이테크 클러스터 육성, 도시 내부 젠트리피케이션, 워터프론트 재개발, 문화지구 육성, 유통업 중심의 재활성화 등이 있다. 이러한 정책은 민간 자본에 큰 권한을 이양함으로써 전통적인 형태의 민주주의 대표성을 잠식한다는 비판을 받고 있다.

주요 관련 개념

거버넌스, 공동화, 장소 마케팅, 성장연합, 부동산 선도 개발

더 읽을거리

Harvey, D. (1989a) From managerialism to entrepreneurialism: the transformation of urban governance in late capitalism, *Geografiska Annaler* **71B**, 3–17

Hall, T. and Hubbard, P. (1996) The entrepreneurial city: new urban politics, new urban geographies, *Progress in Human Geography* **20**, 153–74

Hall, T. and Hubbard, P. (1998) *The Entrepreneurial City: Geographies of politics, regime and representation* John Wiley, Chichester

Jessop, B. (1997) The entrepreneurial city: re-imagining localities, redesigning economic governance or restructuring capital, in N. Jewson and S. MacGregor (eds) *Transforming Cities: Contested governance and new spatial divisions* Routledge, London

관련 내용

13장 : 글상자 13.3 사회적 기업의 출현

'장소 브랜딩'의 수단이 되는 도상학적 건축물의 한 예 : 영국 포츠머스 소재 165m 높이의 스피내이커 타워(Spinnaker Tower)
(사진 : Andy Vowles)

는 주택 소유자 협회와 같은 '은밀하고', '사적인' 정부가 난립하게 되었다.

녹색정치

이상의 신자유주의적 추동과는 대조적으로 경제적 **지속가능성**(sustainability)을 추구하는 지방정치 단계가 새롭게 떠오르고 있는 것도 사실이다. 경제적 지속가능성은 지속가능한 지구발전의 틀인 의제 21을 채택한 1992년 리우데자네이루 지구정상회담 이래로 환경문제에 관한 공적 관심을 환기시켜 왔다. 리우 지구정상담회담 이후 제2차 유엔인간정주회의(헤비타트) 정상회담이 1996년 이스탄불에서 개최되어 도시와 지속가능성 문제를 전면에 부각시켰고 가장 최근에는 지구기후변화와 관련된 광범위한 관심사가 형성되고 있다. 영국의 경우, 수자원 관리와 교통서비스 제공으로 지방정부의 권한이 축소되었고 나머지 공공 서비스를 민간 부문으로 이양함에 따라 지방정부의 역할이 폄하되어 왔음에도 불구하고 환경규제와 재활용 사업에서 지방정부의 역할이 더욱 커질 것이라는 전망이 나오고 있다. 그러나 비평가들은 현 체제에서 지자체는 환경에 영향을 미치는 제 분야를 통제할 권한을 상실했기 때문에 도시의 지속가능성을 제고하는 지방 정책은 앞뒤가 안 맞고 그 규모에서 한계를 지닌다고 지적한다. 뿐만 아니라 의제 21은 의사결정이 문제해결에 가장 적절한 단위에서 일어나도록 규정하는 **보충성 원리**(subsidiarity)를 천명했다. 그러나 이는 무엇이 의사결정의 가장 적절한 단위인가에 대한 질문을 제기한다. 지속가능한 정책은 지방정부의 권력 강화와 민주적인 참여를 필요로 하는 동시에 여러 행정구역을 아우르는 중앙 조율도 필요로 하기 때문이다.

5.2 '법률상' 도시 공간

광역도시의 지정학적인 조직은 사회공간 변증법의 주요 구성요소이다. **'법률상' 영역**(De jure territories)은 정치 및 행정구역처럼 법적 구속력이 있으며 법으로 보장된 지리적 영역으로서 사회공간 변증법의 결과물이자 틀로서 계속 작동한다. 이 절에서는 광역도시 내부에서 합법적인 공간의 진화를 살펴보면서 특정한 정치적, 행정적 목표 아래 도시 공간이 합법적인 역공간으로 구획되는 양상에 대해 논의하고자 한다.

대도시 분절화와 그 공간적 결과

근대 대도시권은 다양한 목적을 지닌 지방정부 관할권과 특별한 기능(학교, 병원, 상하수도 등)을 지원하는 다양한 특수 행정구역으로 복잡하게 공간을 구획한다. 이를 **행정구역 분할**(jurisdictional partitioning)이라고 한다. 지방자치에 대한 신념이 강한 북아메리카와 오스트레일리아에서는 이러한 구획이 가장 복잡하게 진행되었는데 그 절정은 미국에서 찾아볼 수 있다. 미국에서 가장 큰 대도시권은 수백 개의 독립된 자치관할권으로 구성되어 있다. 이 정도 복잡성에는 미치지 못하지만 유럽에서도 비슷한 현상이 발견된다. 영국의 경우, 런던 시정부는 아직까지도 32개의 버러(borough)로 분절되어 있으며 모든 도시는 보건 서비스와 상수도 제공을 위한 특별 관할기구를 운영하고 있다.

이러한 복잡성은 상당 부분 대도시의 변화하는 경제 및 사회구조에 대한 정치 및 행정 시스템의 대응이라고 볼 수 있다. 요약하자면, 고용과 주거가 도심으로부터 탈중심화되면서 이에 상응하는 지방 관할구역의 탈중심화 및 난립이 초래되었다. 새로운 교외지역 및 초교외 기숙 공동체에 서비스를 제공하기 위해 새로운 지방정부가 생겨났고 이는 광역도시권 안에서 경쟁하는 지자체가 난립하는 '**발칸화**(balkanization)'를 야기했다. 미국에서는 지방자치 원리를 따르는 정책으로 인해 이러한 경향이 심화되었는데 이 정책은 기존 도시가 인근 지역을 병합하는 것을 어렵게 만든 반면 지자체 설립 절차는 매우 용이하게 만들었다.

한편 단독 기능을 수행하는 새로운 특수 행정구역은 전 광역도시권역 내에서 급증했는데 대개의 경우 기존의 정치 및 행정 시스템이 관내 거주민의 변화하는 필요와 수요에 대한 대응실패에 따른 것이었다. 1942년과 1972년 사이 미국에서 학교지구를 제외한 특수지구의 수는 6,299개에서 23,885개로 증가했다. 1992년 일리노이 쿡 카운티는 516개의 독립된 관할구역으로 나뉘어져 있었으며 각 구역의 관내 거주민은 10,000명이었다. 특수지구는 지방정부의 법적, 재정적 권한에 대한 법적 제약을 피할 수 있게 해 주기 때문에 다양한 문제를 해결할 수 있는 매력적인 대안이다. 특히 지자체는 특수 목적을 지닌 정부기구를 추가로 신설함으로써 세금 수익이나 빚을 늘릴 수 있다. 또한 특수지구는 기능지역과 더욱 긴밀하게 연관되어 있다는 장점을 가졌기에 지방의 사회 조직과 시민참여에 더욱 세밀하게 대응할 수도 있다. 특수지구가 난립하게 된 또 다른 이유는 특수한 이익집단 때문이다. 이들은 특정 이슈나 기능에 관심을 가진 시민 그룹이거나 특수지구를 신설함으로써 경제적 이윤을 추구하는 기업가 단체였다.

물론 공간적 분절이 정치가와 행정가들이 지방의 요구에 더욱 민감하게 반응할 수 있는 조건을 마련해 준다고 옹호할 수 있지만 행정적 복잡성을 증가시키고 정치적 무질서와 공공재 및 서비스의 비효율적인 분배를 초래했다는 평가도 받을 수 있다. 문제는 이러한 부정적 측면이 서로 다른 관할구역이 기능적·공간적으로 중첩된 것에서 오는 단순한 혼란에 그치지 않는다는 점이다. 의사결정의 분권화는 값비싼 관료조직의 확대를 가져오고 서비스의 중첩과 상충하는 정책을 추구하도록 만든다. 물론 모든 공공 서비스가 광역도시권 전역에서 조직될 필요는 없다. 어떤 도시 문제는 순전히 지엽적인 이해관계만을 반영하기도 한다. 그러나 상수도, 도시계획, 교통, 보건, 주택, 복지 등과 같은 다수의 서비스는 규모의 경제를 위해 큰 인구규모를 가진 광역 지역이 있어야 더욱 효율적이고 균등하게 제공될 수 있다.

보편적 기능을 아우르는 정부의 분절로 인해 미국의 경우 사회집단 간의 정치적 갈등이 억제되기도 한다. 사회집단은 동일한 정치권역 내에 속해야 서로 대립하는 일이 생기는데 서로 다른 권역으로 분리되면 대립할 일이 줄어든다. 이러한 민주주의의 전복은 결국 지역사회 정치의 약화를 의미하며 전 광역도시권을 아우르는 정치는 거의 실종됨을 의미한다. 그 결과 국지적 정치가 정착되어, 지엽적인 이슈가 정치를 지배하고 더 큰 문제를 다룰 수 있는 정치 구조는 결핍되는 현상이 초래되었다.

재정 불균형과 사회공간적 불균등

대도시 분절화(metropolitan fragmentation)가 야기한 가장 큰 폐해는 **재정 불균형**(fiscal imbalance)인데, 그로 인해 중앙정부는 책임져야 할 서비스 수요에 비하여 재정과 자원이 턱없이 부족한 상황을 맞이하게 되었다. 고용과 주거의 교외화와 그에 따른 중심도시 환경의 노후화 및 노령인구와 저소득가구의 도심 집중은 공공 서비스 수요는 증가시킨 반면 더불어 세수기반을 잠식하는 결과를 초래했다. 가령 도심지역에 전형적으로 나타나는 노후하고 과밀한 주택은 더 높은 소방수요를 야기하며, 높은 범죄율은 더 많은 치안 경비를, 높은 실업률과 열악한 보건 상태는 복지서비스와 보건시설의 확충을 야기한다. 이러한 압력의 결과 수많은 미국의 중심도시는 **재정 압박**에 시달리게 되어 뉴욕 시의 경우 1975년에 거의 파산에 이르게 되었고 이러한 위기가 1990년대에 또다시 재현되는 상황이 발생했다. 혹자는 도심지역에서 일하고 쇼핑하는 교외지역 거주자로 인해 추가로 발생한 서비스 요구 때문에 도시의 재정 불균형이 더욱 악화되었다고 한다. 이것이 바로 **교외착취론**(suburban exploitation thesis)이다. 교외에서 도시로 통근하고 쇼핑하는 사람들이 도로, 주차공간, 공공시설, 치안 등등에 대한 지출을 더욱 증가시켰다는 것은 이론의 여지가 없다. 교외 고객의 도심 상업시설 이용은 도시의 세수기반을 확대한 반면 그들이 거주하는 교외지역 정부는 그들의 자녀교육을 위한 경비를 부담해야 한다는 논리도 설득력을 얻는다. 그러나 어느 선에서 이러한 비용과 수익이 균형을 이루는지에 대해서는 결정적으로 제시된 바가 없다.

이에 대한 더 설득력 있는 주장을 제시한 이들은 재정 압박이 경제 변화에 따른 필연적 결과물이라는 해석을 내놓았다. 이 해석에 따르면 **공공** 부문에 높은 비용을 부가한 주범은 새로운 종류의 **사적** 경제 활동의 증가이다. 일반적으로 말해, 새로운 종류의 도시 경제활동의 증가는 중앙도시 거주자를 위한 고용과 소득을 창출해 내는 데 실패했기 때문에 비용을 초래한다. 새로운 오피스 산업은 더욱 교육수준이 높고 유복한 교외의 노동력을 필요로 한다. 동시에 중앙도시에 급증하는 오피스 산업은 하부구조 유지를 위한 공공 부문의 지출을 요구하는데 그 수준은 개별 지자체가 감당할 수 있는 비용을 초과한다. 가령 대중교통, 주차, 도심 재활성화, 그 밖에 보다 전통적인 형태의 하부구조 등이 이에 해당된다.

하부구조에 대한 투자는 새로운 형태의 행정 및 재정 기법을 동원함으로써 갈등을 무마한다. 독립적인 특수지구, 은행가 위원회, 새로운 형태의 세입담보채 등이 그 예이다. 그 결과 지방 지출의 두 가지 갈래가 등장하게 되었다. 하나는 도시민을 위한 공공 고용과 서비스 제공을 지향하고, 다른 하나는 수익성을 담보하는 사적 개발에 필요한 하부구조 조성을 지향하는 것이다.

재정적 중상주의

도시 공공 경제에 대한 고전적인 경제학자인 티부(Tiebout)는 서로 다른 광역도시권마다 제공하는 상이한 공공재 '묶음(bundles)'을 지적하며 각 가구는 이 묶음에 대한 비용 지불 능력에 따라서 자연스럽게 자신이 살 지역을 선택하는 경향이 있음을 주장했다(Tiebout, 1956). 그러나 이제는 사회공간적인 분류의 상당 부분이 지방정부에 의해 의도적으로 조장된다는 사실이 점차 널리 받아들여지고 있다. 광역권의 정치적 분할이라는 이 불행한 현실은 이웃한 정부 간에 세금을 더 많이 낼 수 있는 토지사용자들을 끌어들임으로써 수익을 증대하려는 경쟁체제에서 비롯되었다. 이러한 현상을 **재정적 중상주의**(fiscal mercantilism)라고 부른다. 그 결과는 공공 서비스 제공의 지리뿐만 아니라 거주지 분리에도 큰 함의를 던진다.

재정적 차원에서 볼 때 바람직한 가구는 그 규모와 필요로 하는 공공 서비스 범위에 비해 더 많은 세금을 낼 수 있는 자본(주택이라는 형태로)을 가진 가구일 것이다. 따라서 저소득가구는 과세표준이 되는 자본규모가 작을 뿐만 아니라 필요로 하는 공공 서비스 범위는 가장 크기 때문에 지자체에 재정적 부담을 가중시키는 구성원으로 간주된다. 더구나 그들의 존재 자체는 지역사회의 사회적 지위를 떨어뜨리며 고소득가구를 끌어들이는 데 방해가 된다. 바람직한 구성원을 끌어들이려는 경쟁에서 이기기 위해 지자체는 세금은 줄이는 반면 좋은 학교와 높은 공공 안전 수준, 양질의 환경을 제공하면서 사회적·재정적으로 바람직하지 않은 요소를 제거해야만 한다.

미국에서 가장 보편적으로 채택되는 전략은 **용도구역제**(zoning) 지정 권한을 활용해 재정적으로 바람직하지 않은 요소를 다양한 방법으로 배제하는 것이다. 아마도 가장 일반적인 방법은 '대토지구획'으로, 관내 토지 중 개별 지구마다 최소한의 토지(주로 반 에이커 또는 0.2 헥타르)를 주택용도로 떼어놓을 것을 강제한다. 이는 곧 고급 주택 개발을 유도하며 재정적·사회적으로 바람직하지 않은 요소를 배제시킨다. 사실 미국 교외지역의 토지분할에서 각 주거지당 1에이커 미만의 땅만 차지할 수 있다는 점은 전혀 이상하지 않다. 다른 배제 전략으로는 아파트 건축 금지, 하수도 설치에 대한 지불유예 부과, 비싼 시공기법을 요구하는 건축법규 도입 등이 있다.

관내에 남아 있는 대규모의 미개발지는 향후 저소득층을 몰아내고 부유한 가구나 재정적으로 유익한 상업시설(오피스나 쇼핑센터 등)을 끌어들이도록 지구 지정을 할 수 있기 때문에 주요 자산으로 간주된다. 중심도시는 개발지가 부족하기 때문에 세수기반 확대를 위해 더욱 비싼 전략에 눈길을 돌릴 수밖에 없다. 젠트리피케이션이나 수익성 없는 슬럼가를 수익성 높은 사무지구로 바꾸는 재개발 사업을 추진하는 것이 그 한 예이다. 두 가지 모두 저소득가구를 도시의 다른 지역, 주로 타 관할지역으로 이주시키는 효과가 있다. 그 결과 도심 인구는 지역사회 유지를 위해 비정상적으로 높은 비용을 지불하고 자신들을 규제하는 데 표를 던지는 셈이 된다.

광역도시 분절과 관련된 쟁점에 각인되어 있는 자원을 둘러싼 갈등이나 재정적 불균형, 재정적 중상주의는 모두 공공 서비스 제공에 있어서 지방행정구역 간에 불평등을 초래한 원인이자 그 결과이다. 그러면 여기서 우리는 사회공간 변증법의 또 다른 측면을 보게 된다. 그것은 법적이고 제도적인 틀과 사회정치적 과정의 결과로서 야기된 공간적 불평등이 또다시 권력과 사회적 지위를 규정하는 원인이 된다는 점이다.

글상자 5.3

도시사회지리학의 주요 논쟁 : 뉴올리언스와 허리케인 카트리나

'허리케인 카트리나'를 검색엔진에 쳐 보면 역사적인 고도 뉴올리언스를 파괴한 이 '자연'재해에 대한 어마어마한 양의 정보가 뜰 것이다. 이 사건은 피해비용과 사망자 수에 있어서 미국 역사상 최악의 자연재해 중 하나로 기록된다. 그러나 이러한 세세한 숫자나 단순한 음모이론에서 벗어나 이 사건이 미국 사회와 특히 미국 도시 정책에 어떤 시사점을 주는지에 대해 질문해 보는 것은 매우 중요하다. 또한 이 드라마틱한 사건(글상자 13.4에서 다룬 폭동도 포함해서)에 대한 언론 보도가 주로 과장되었거나 협소한 서사에서 벗어나지 못했다는 사실도 기억할 필요가 있다. 예를 들어, 자연재해에 대한 보도는 소위 말하는 '할리우드 모델'(Couch, 2000)을 따르는 경향이 있다. 이 서사 속에 등장하는 사람들은 본성적으로 폭력적이고 이기적이지만 한 영웅이 등장해서 후손을 무정부 상태에서 구하는 것으로 주로 묘사된다.

허리케인 카트리나에 대한 기본적인 세부 사항은 잘 알려져 있지만 이에 대한 무덤덤함은 쇼킹할 만하다. 지진이나 화산폭발도 아닌 상당히 예측 가능한 사고로 1,500명이 목숨을 잃었다. 뿐만 아니라 지구상에서 가장 부유한 미국이라는 나라는 홍수방지 공학기술을 이용해서 허리케인의 영향을 최소화하는 것이 충분히 가능했을 것이다. 2005년 8월 29일 이전까지 뉴올리언스는 마치 '재해를 기다리고 있는' 듯한 도시라는 사실을 강조하는 논문이 꼬리에 꼬리를 물고 발표되었다. 당시 공공연하게 비난받았던 연방재난관리국(FEMA)의 대응실패로 인해 연방재난관리국이 이 지역에서 'Fix Everything My Ass'로 통용되었다는 사실도 새삼 놀랍지 않다.

사건발생 2주 후에 조지 부시 당시 대통령은 '이 위대한 도시는 다시 일어설 것이다'라고 선언했지만 언론의 관심은 멀어져 갔고 결국 재개발 계획은 축소되었다. 2005년 9월 7일, 당시 일리노이 상원의원이었던 버락 오바마는 '뉴올리언스 시민은 허리케인이 밀어닥치는 동안에만 방치된 게 아니라, 그 이전부터 방치되어 있었다'고 주장했다.

이 불행한 사건이 미국에서 지속되어 온 인종과 계급 분열에 대한 증표라는 결론을 벗어나기란 매우 어렵다. 가장 심하게 침수된 지역은 가난한 흑인 밀집지였던 폰트차튼(Pontchartain) 호수 남부의 저지대였고, 이 지역은 엄청난 사상자를 냈다. 이 지역에 살던 대다수의 사람들은 도시를 재빨리 벗어날 수 있는 개인 교통수단도, 인근 호텔로 도피할 경제력도 없었다. 더욱이 이후의 재개발 프로그램이 부유한 백인 동네에만 집중되었기 때문에 이 지역은 여전히 절망적인 상태에 놓여 있다. 구제자금은 허리케인 이전의 시장 가치를 기준으로 산정되는 탓에 큰 피해를 입은 빈민 지역의 재건에는 턱없이 부족했다. 그리하여 이러한 지역은 현재 50%도 안 되는 정주율을 보이고 있다. 현재 뉴올리언스 인구는 예전 인구의 2/3 정도 되는 30만 명을 약간 상회하고 있으며 다시는 돌아오지 못하는 인구는 대부분 흑인이다. 돌아온 사람 중에서도 알레르기와 우울증, 자살을 겪는 비율이 매우 높다.

그러나 사회 변화는 한쪽으로 치우치거나 무조건 암울하지만은 않다. 실제로 사회적 재건의 징후가 나타나고 있다. 뉴올리언스 시장인 레이 나진(Ray Nagin)의 시장의 존적인 재건 정책에 진절머리가 난 시민들이 자신의 손으로 도시를 재건하기 위해(신념을 같이하는 외부 봉사자의 도움을 받아서) 자원봉사와 공동체 조직에 박차를 가하기 시작했다. 궁극적으로 이 사건의 규모는 정부의 개입을 필요로 하며, 최근 신용하락 사태와 더불어 카트리나는 지난 30여 년 동안 미국 도시에 팽배했던 신자유주의에 대해 재고할 것을 촉구하고 있다.

주요 관련 개념

신자유주의, 인종 선호 가설, 보복주의 도시, 분리, 사회적 폐쇄

더 읽을거리

Berqual, J., Shipley-Hiles, S. and Koughan, F. (2007) *City Adrift: New Orleans before and after Katrina* Louisianan State University Press, Baton Rouge, Mi

Couch, S.R. (2000) The cultural scene of disasters: conceptualizing the field of disasters and popular culture, *International Journal of Mass Emergencies and Disasters* **18**, 21–38

Eckstein, B (2005) *Sustaining New Orleans: Literature, local memory and the fate of a city* Routledge, London

Hartman, C. and Squire, D. S. (2006) *There is No Such Thing as a Natural Disaster: Race, class and Hurricane Katrina* Routledge, London

Sother, B. (2007) *Down in New Orleans: Reflections on a disaster* University of California Press, Berkeley, CA

계속

McNulty, I. (2008) *A Season of Night: New Orleans life after Katrina* University Press of Mississippi, Jackson, MI

http://understandingkatrina.ssrc.org

관련 내용

13장 : 글상자 13.4 2005년 프랑스 폭동

5.3 민주주의의 기초와 그 공간적 틀

서구의 모든 도시에서 정치적 틀은 권력은 동등한 권리를 가진 시민으로 구성된 유권자에게서 나온다는 민주주의 이념에 기초하여 구조화되었다. 그러나 현실 도시 정치에서 두드러진 특징은 선거 시기만 되면 투표율이 낮아진다는 점이다. 등록된 유권자 중 50% 이상이 지방자치 선거에 참여하는 경우는 매우 드물다. 실제로 30% 정도가 보편적인 투표율이며 25% 이하로 떨어지는 경우도 낯설지 않다. 지방자치 선거에서 유권자의 투표 행태에 대한 데이터가 단편적이라는 점을 감안하더라도 유권자 중 1/5은 한 번도 투표를 해 본 적이 없다는 사실은 설득력이 있다. 이렇듯 낮은 참여율은 삶에 대한 두 가지 상이한 관점을 지닌 집단 때문이라고 설명된다. 먼저, 기존의 권력구조가 자신의 이해에 잘 부합된다고 느껴 별다른 행동의 필요성을 못 느끼는 집단이 있다. 또 다른 집단은 정부가 자신의 이해를 계속 무시해 왔거나 희생시켜 왔다고 생각하지만 자신이 이를 바꿀 방법이 거의 없다고 보는 사람들이다.

이러한 수동성은 당연히 시민사회에 활력을 주지 못한다. 그러나 이보다 더 심각한 점은 정치 시스템이 사회 모든 부문의 이해에 민감하게 반응할 필요가 없도록 만든다는 점이다. 왜냐하면 투표하지 않는 집단은 전 인구 중 무작위로 분포하지 않기 때문이다. 임대주택 거주자의 투표율은 집 소유주보다 낮은 경향이 있다. 여성의 투표율은 남성보다 대체로 낮다. 젊은 층과 은퇴한 계층은 그 사이 연령계층보다 잘 투표하러 가지 않는 성향이 있다. 저소득층과 저학력층은 고소득층과 고학력층보다 낮은 투표율을 보인다. 최근에 이민 온 사람들은 장기 거주자보다 투표할 확률이 낮다. 이러한 사실은 사회공간 변증법의 또 다른 중요한 측면을 드러낸다. 즉 이러한 사실의 조합은 민주주의의 기초를 왜곡함으로써 결국 선출된 대표의 정치적 성향에도 편향을 가져온다. 투표하지 않는 유권자에 비해 투표에 참여한 유권자의 전반적인 구성을 고려해 볼 때, 이러한 편향은 자유주의가 아닌 보수주의적인 지역정책으로 표출될 것이라고 예상해 볼 수 있다.

선거의 공간적 조직

이와 동시에 선거 과정의 **공간적 조직**은 그 자체가 갈등의 원인이자 결과가 된다. 즉 선거 결과는 유권자 분포와 관련해서 선거구의 규모와 형태에 영향을 받을 수 있다. 지정학적 조직이 도시 문제에 미친 영향력을 평가하기란 쉬운 일이 아니다. 왜냐하면 선거의 대표성을 창출하는 시스템과 그와 관련된 공간조직은 매우 복잡하게 작동하기 때문이다. 이러한 복잡성은 대부분의 국가에서 다양한 기능을 담당하는 정부조직의 위계로 인해 더욱 심화된다. 이를 더욱 복잡하게 만드는 요소는 바로 선거제도 자체이다. 선거제도는 선거구와의 조합을 고려해 봤을 때 다음의 몇 가지 형태로 나타난다—① 소선거구 최다득표제, ② 중/대선거구 최다득표제, ③ 가중치 최다득표제, ④ 소선거구 선호투표제, ⑤ 중/대선거구 선호투표제, ⑥ 중/대선거구 명부제. 여기서 각 제도가 사회공간 변증법에 미칠 잠재적 영향력을 모두 평가하기란 불가능하다. 대신 특정 지역, 특정 사회집단, 특정 정당에 유리하도록 선거구의 공간조직을 조작하는 데 쓰이는 가장 보편적인 방법 두 가지를 소개하고자 한다. 그것은 불균등선거구획과 게리맨더링이다.

불균등선거구획과 게리맨더링

불균등선거구획(malapportionment)이란 선거구 분할 시 인구규모를 동등하지 않게 나누는 것을 일컫는다. 간단히 말해 작은 선거구의 유권자는 대부분의 선거제도에서 과대대표성을 갖게 되는 반면 평균 이상 규모의 선거구 유권자는 과소대표성을 갖게 된다. 의도적인 선거인 불공정 배분은 반대파들이 유권자 다수를 차지하는 지역에 평균 이상 규모의 선거구를 만들어 낸다. 미국에서는 대법원이 1962년과 1965년에 걸쳐 여러 차례의 판결을 통해 국회의원, 주상원의원, 주의원 선거구에서 이러한 행위를 금했는데 이를 소위 '균등 구획의 혁명'이라고 부른다. 그러나 선거인 불균등 구획은 시의회 수준에서는 여전히 자행되고 있어 선거구 규모가 최대 30%까지 왜곡되는 것은 흔한 일이다. 이 정도 규모의 왜곡은 영국의 광역도시 내부에서도 많은 시민의 권리를 효과적으로 박탈하기 위해서 일어난다. 많은 경우 선거인 불균등 구획의 대상은 도심 빈민으로 가정되는데, 이 경우 더욱 심각한 문제가 벌어진다. 임대료 조절과 쓰레기 처리 정책이나 위해시설의 입지선정이나 통근자 세금부과 등에 관한 문제에 있어서 교외지역에 유리한 결정이 날 수 있다.

게리맨더링(gerrymandering)은 특정 집단이나 정당이 자신에게 유리하도록 선거구 형태를 만들기 위해 선거구 경계를 조작하는 것을 말한다. 가령 지지계층이 몰려 있는 지역을 포함시키기 위해 또는 반대파를 배제하기 위해 비정상적인 모양의 경계를 설정하거나 반대파들이 몰려 있는 지역을 가로지르도록 경계를 설정해 양쪽 선거구에서 반대파들이 소수가 되도록 하는 것 등이 포함된다. 모든 게리맨더링이 항상 의도적인 것은 아니지만 특정 집단은 지리적 밀집 또는 분산으로 인해 이러한 공간적 구획을 통해 불이익을 받을 수 있다. 정당에 의한 게리맨더링은 그 특성상 '당파적 게리맨더링'이라고 볼 수 있으며, 미국의 경우 선거구 경계를 다시 책정할 권력이 여당에게 주어질 때 종종 일어난다.

도시 거버넌스 주요 행위자의 공간성 : 선출직 공무원과 도시 관료

도시 문제에 대한 민주주의는 선출된 정치인들의 불완전한 행태에 상당히 좌우되기도 한다. 시의회 의원이 표면상 해당 지역의 대표이기는 해도 지역구민의 이해에 부합하는 의정활동을 펼칠지에 대해서는 의문의 여지가 있다. 무엇보다 시의원의 개인적 특징, 성격, 태도가 전체 유권자를 반영한다는 식으로 그들에게 대표성을 부여할 수 없다. 대도시에서조차도 지역 정치에 활발하게 참여하는 사람들은 소수이며 그들은 자신의 지역적 이해를 관철시키기 위한 공동체를 형성하는 경향을 보인다. 뿐만 아니라 시의회 의원으로 선출된 사람도 중산층 이상인 경우가 많으며 전체 유권자 평균보다 나이가 많고 대개의 경우 남성이다.

따라서 어떤 경우든 시의회 의원이 지역구민의 이

해에 가장 부합하도록 행동할 수 있거나 또는 행동할 의지가 있는지 여부는 불투명하다. 가령 특정 정당에 가입된 의원들은 정당의 공식 입장과 지역구민의 이해가 상충하는 경우도 종종 경험한다. 또는 어떤 의원은 개인적 이익이나 정치적 야망에 휘둘리는 경우도 있다.

시의원을 지역 대표로 삼는 것이 효율적인가에 대한 또 다른 의문은 공직에 대한 상충하는 요구에서 나온다. 특히 상당수의 시의원들은 공직자로서 그들의 역할이 특정 지역의 목소리를 대변하기보다는 시 전체나 위원회 일원으로서 책임감을 다하는 것으로 보는 경우가 많다. 따라서 우선순위와 최고 관심사에 있어서 지역 유권자들과 대표 간에 큰 차이가 생기는 사례를 찾아보기란 어렵지 않다. 시의원의 인식과 지역구민 간의 인식 차이는 양방 간의 소통 부족에서 오는 것일 수도 있다. 따라서 지역의원과 지역구민이 만나는 경우, 의원 사무실에서는 불편한 기류가 형성되는 경우가 많다. 대화는 거의 대부분 개인적인 분노를 일방적으로 쏟아놓는 것으로 점철되는데 주로 주택 문제가 자주 거론된다.

관료제와 사회공간적 (재)생산

이론적으로 전문가들은 '쓰임 받도록 준비된' 자이지 '군림하는' 자가 아니다. 그러나 막스 베버가 지적한 것처럼 행정적 복잡성만으로도 '공무원 독재'를 불러올 수 있다는 데 많은 사람들은 동의한다 (Weber, 1947). 전문가들의 영향력은 실로 엄청나다. 그들이 내리는 **결정 규칙**(decision rules)은 너무 복잡해서 가장 강력한 정치권력을 쥔 집단조차도 대부분의 공공 서비스 배분을 그들 맘대로 좌지우지 못한다. 여기서 중요한 점은 전문 관료의 목표와 동기가 공공의 이해와 항상 잘 부합되는 것이 아니며 선출된 대표의 견해와도 늘 일치하지는 않는다는 점이다. 물론 관료들이 '공공의 이해'는 아랑곳하지 않는다고 말하기엔 지나친 감이 없이 않지만 그들이 전문적 이데올로기와 관행을 더 따르는 것은 사실이다. 이러한 것을 성공적으로 따르는 것이 고객의 기대에 부응하여 업무를 완수하는 것보다 그들의 경력에 더 중요할 수 있다.

전문 관료들이 자신의 의도를 관철시키기 위해 사용하는 몇 가지 기술이 있다. 그중 가장 대표적인 것으로는 ① 다량의 긴 보고서를 작성해서 시의원을 궁지에 빠뜨리기, ② 과학으로 시의원을 현혹하기 (전문용어와 통계로 가득 찬 보고서 작성하기 등), ③ 오직 한 가지 결론만 나올 수밖에 없는 보고서 제시하기, ④ 정보제공을 보류하거나 너무 늦게 증거를 제시해서 의사결정에 영향을 미치지 못하도록 만들기, ⑤ 거부당한 제안서를 수정하되 주요 지적 사항을 고치지 않고 시간이 한참 흐른 후 제출하기, ⑥ 처음 몇 문단에 의도적인 실수를 집어넣어서 그걸 발견하는 시의원을 기쁘게 하여 나머지는 무사통과하도록 보고서 작성하기 등이 있다.

그러나 전문 관료가 어느 정도 자율성을 가지는지에 대해서는 합의된 바가 없다. 그 어떤 관료라도 통제할 수 없는 거시적인 사회 · 경제적 힘이 존재할 뿐만 아니라 중앙정부 명령에 의거하여 그들의 활동에 가해지는 강력한 제약이 있다. 뿐만 아니라 도시 정치의 최고봉은 예산결정 과정에서의 득과 실이라고 볼 수 있는데 전문 관료들은 이 과정에 거의 접근할 수 없다. 따라서 정치가들은 '게임의 법칙'을 정하고 관료들이 심판이 되어 경기를 하도록 내버려 둔다고 볼 수 있다.

의사정치적 구조

정치가뿐만 아니라 관료들도 의사정치적 구조라고 일컫는 요소에 의해 영향을 받는다. **의사정치적 구조**(parapolitical structure)란 개별 가구와 제도 정치 사이에 중재 역할을 하는 비공식 집단을 의미한다. 이들은 상공회 단체나 노동조합뿐만 아니라 임차인 단체와 보존단체와 같은 각종 이익단체를 포함한다. 상대적으로 이러한 단체는 정치적 성향을 노골적으로 드러내지는 않지만, 많은 경우 정부 중재를 통한 단체 행동을 하기 때문에 정치 세력화되기도 한다.

실제로 정치학에서 최소한 미국 도시에서는 사적인 단체가 공적인 논쟁을 제기하고 규정하는 데 매우 큰 영향력을 행사한다고 주장하는 학파가 있다. 이 학파에 따르면, 정치가와 공무원은 특정 이슈에 어떤 단체가 개입하게 될지, 어떤 공식 결정이 내려져야 할지가 분명해질 때까지는 논쟁에서 한걸음 물러나 있는 경향이 있다고 한다. 이는 결국 도시 정부가 사적이고 지엽적인 이해 간의 분쟁에 심판 역할을 하게 만들며, 방관자들이 주요 현안의 결과를 비공식적으로 결정하도록 만든다.

기업

기업가와 기업 단체는 도시 문제에 오랫동안 활발히 개입해 왔다. 대부분의 지역에서 큰 영향력을 행사하는 단체는 상공회의소이지만, 이것이 사적인 기업의 이해를 대변하는 유일한 통로는 아니다. 기업 활동은 그 자체가 전형적인 **연합 구축**(coalition building)의 형태를 띤다. 기업 임원은 다수의 시민단체 형성과 운영에 주도적인 역할을 한다. 이들은 문화행사나 자선활동을 위한 기금을 조성하는 데 주요한 역할을 담당하며 다양한 교육, 의료, 종교 기관에서 위원회 위원으로 활동한다. 재계가 고용창출과 세금 납부 등을 통해 도시 경제 활성화에 이바지하는 바가 크기 때문에 이들은 매우 높은 협상력을 지닌다. 따라서 주요 기업가들이 제공하는 특권과 명분, 후원을 기대하는 정치가와 고위 관료들과 달리 이들의 이해는 직접적으로 표출되지 않는 경우가 많다.

기업 단체들이 도시 문제에 관여하게 되는 기본적인 이유는 공공자원 배분이 그들의 투자지역에 유리하게 작용하도록 의사결정 과정에 영향력을 미치기 위해서이다. 일반적으로 가장 큰 영향력을 행사하는 이해 집단은 '도심의 고위 기업가' 연합이다. 이들은 바로 부동산 회사와 백화점과 은행의 간부, 소매업자, 그리고 지면광고 수입을 유지하기 위해 도심 경기에 크게 의존하는 지역신문사 소유주와 간부들이다.

이들은 도심 경제의 활력을 유지하거나 증대시킬 것으로 기대되는 정책을 입안시키기 위해 로비를 펼친다. 고용과 주거의 탈중심화 경향을 고려해 볼 때, 이들의 주된 목표는 중심업무지구를 일하고 쇼핑하는 데 매력적이고 접근이 용이한 장소로 만드는 것이었다. 따라서 이들은 공적 자금을 활용하여 도시 고속도로를 개통하고, 대중교통체계를 개선하며 도심 재활성화를 추진하고 주요 공공시설(컨벤션센터나 극장 등)을 확충하는 방안을 지지해 왔다.

노동

노조처럼 조직화된 노동은 도시 정치에 큰 영향력을 미치는 고위 기업가들에게 명백한 대항세력을 형성한다. 그러나 조직화된 노동이 전국 단위에서는 의사정치적 구조의 주요 구성요소가 되지만 도시 정치에서는 전통적으로 큰 영향력을 발휘하지 못해 왔다. 물론 노조가 시민단체에 대하여 대표성을 확장해 온 것은 사실이며 많은 노조 간부들이 지역 정당

정치에 활발히 개입해 온 것도 사실이다. 그러나 일반적으로 조직화된 노동은 조합원의 임금과 노동조건에 직접 관련된 일이 아닌 사안에서는 그 권력을 행사하는 것(파업)을 꺼려 왔다. 영국에서는 무역위원회(Trade Councils)가 노동조합원을 위해 지역에 기반한 포럼을 개최해서 주택 문제와 거시적인 사회문제에 대한 직접적인 관심을 표명해 왔지만 그들의 일차적인 관심은 '사회적 임금'의 규모와 분배보다는 생계와 직결된 산업일선의 문제에 있었다.

여기서 중요한 점은 대부분의 국가에서(대표적으로 프랑스와 이탈리아를 제외하고) 조직화된 노동은 본질적 · 잠재적으로 개혁적이라는 점이다. 노조의 활동이 도시 환경에 직접적인 반향을 가지고 오는 경우도 더러 있었다. 예를 들어 오스트레일리아에서는 건축노동자연합이 일명 '그린 밴스(Green Bans)'를 조직해서 환경에 유해한 개발 사업을 연기시킨 적이 있다. 미국에서도 건설노조가 조합원의 고용기회를 위협해 온 건축규제 완화를 반대하기도 했다. 또한 지방정부의 재정 감축은 공무원 노조가 지방정치 전면에 나서게끔 했다.

시민단체와 이해집단

자발적 시민단체는 개인의 요구가 적절한 정부부처에 전달되도록 매개함으로써 민주주의 하부구조에 필수적인 구성요소가 된다. 이러한 사실은 정치사회학 문헌에서 공통적으로 지적한다. 그러나 정작 도시에 온갖 종류의 시민단체가 얼마나 있는지, 그들이 누구의 이해를 대변하는지, 그들 중 어느 정도가 정말 정치적으로 활발한 활동을 하는지 등에 대해서는 거의 알려진 바가 없다. 도심 재개발이나 교통 및 학군 조직과 같이 논쟁적인 사안에 대해서 압력단체가 어떤 역할을 하는지에 대한 경험 연구는 수도 없이 축적되었다. 그러나 이 연구들은 압력단체의 빙산의 일각만을 보여 줄 뿐 나머지 9/10에 대해서는 거의 알려 주지 않았다. 이 나머지 9/10는 정치 단체 이외에도 다양한 단체를 포함하는데, 직장 관련 동호회 및 협의회, 교회 모임, 복지 단체, 임차인 협회나 학부모회의와 같은 지역에 기반한 단체, 스포츠 친목회, 사교단체, 쉘터나 노인구호기구 및 빈곤아동구호단체와 같이 문제 원인 해결을 지향하는 단체, 특별한 지역 현안을 해결하기 위해 결성된 단체 등 수없이 많다.

지방정부 의사결정 과정의 특징을 고려해 볼 때, 우는 아이에게 젖 주듯이 이러한 단체들이 지역정책과 자원 배분에 영향을 미칠 가능성이 높다. 이 과정이 반드시 떠들썩하거나 시위를 동반하는 것도 아니다. 로스앤젤레스의 공원도로 조성 시스템을 예로 들어 보자. 이 시스템은 특히 남부 캘리포니아의 원예와 식목에 유난히 집착하는 선셋 매거진(Sunset magazine)의 오랜 로비의 결과물이라고 정평이 나 있다. 그러나 모든 시민단체가 정치적으로 활발히 활동하는 것은 아니다. 그렇지 않은 단체의 수동성은 대체적으로 그 지역의 정치적 수동성을 반영한다고 볼 수 있다. 그럼에도 불구하고 수동성이 도시 문제의 현 상태를 강화하는 데 이바지함으로써 사실상 보수적일 수밖에 없다는 점에서 수동성과 중립을 혼돈해서는 안 될 것이다.

'주택 소유주' 단체 : 사적인 정부

일부 시민단체의 수동성과는 대조적으로 부유한 주택 소유주들은 의사정치적 구조 내에서 점점 더 중요한 목소리를 내고 있다. 이러한 활동은 주택 소유주 단체(거주자협회나 지주협회 등으로 알려지기도 함)를 통해 이루어진다. 법적으로 볼 때 이들 집단

글상자 5.4

도시사회지리학의 주요 경향 : 바르셀로나의 부활

가장 칭송받는 도시 기업가주의의 사례 중 하나가 바로 스페인 북동부 카탈란 지역의 도시 바르셀로나이다(글상자 5.2 참고). 1970년대 바르셀로나는 쇠락하고 지저분하며 교통이 혼잡한 항구였지만 불과 몇십 년 만에 문화 재활성화로 경제 성장을 이룬 대표적인 사례지역으로 변모했다.

파스쿠알 마라갈(Pasqual Maragall) 시장의 지도력 아래에 자유주의 중산층과 이민 노동자의 성장연합은 카탈란 지방의 정체성 확립과 지역자치를 통해 재개발된 코스모폴리탄 도시를 만들어 냈다. 르네상스를 일구어 낸 요소 중 특히 중요한 것은 1992년 올림픽게임 유치였다. 올림픽 유치는 도시의 명성을 쌓는 데 큰 활약을 했으며 이는 민간 자본의 투자유치를 촉진했다. 글래스고가 매킨토시가 남긴 건축유물을 활용했던 것처럼 바르셀로나도 독특하고 신비에 싸인 건축가 가우디(Gaudi)가 디자인한 위대한 건물을 최대한 활용했다. 이를 위해 박물관, 화랑, 레저센터, 사무실 등을 유치하는 새로운 건축물로 빼곡히 들어찬 지구를 조성했다.

하지만 다른 재생된 도시에서처럼 바르셀로나의 재활성화 역시 아무런 사회적 비용 없이 이루어진 것은 아니었다. 수많은 빈민집단이 퇴출되었고 그 자리에는 젠트리피케이션이 진행되었다. 또한 라 람블라(La Rambla)라고 불리는 유명한 가로수 길은 유명세 탓에 너무 붐비게 되어 관광객들은 거리를 따라 숍과 바와 카페를 거니는 산책의 매력을 폄하하기에 이르렀다(McNeill, 2004a). 마지막으로 젠트리피케이션된 워터프론트에 위치한 포트베일(Port Veil)은 더 이상 부유층이 즐겨 찾는 명소가 아니게 되었다. 대신 젊은 관광객과 이민자들과 노동자 계급 시민이 한데 섞여 사회적 갈등을 일으키고 때론 범죄와 폭력을 야기하는 곳이 되어 버렸다. 에콰도르 출신의 한 이민자가 이곳의 한 유명한 클럽에서 퇴출된 뒤 클럽 직원에게 폭행을 당한 후 익사한 사건 이후로 이러한 갈등은 곪아터질 지경이 되었다(Chatterton & Hollands, 2003). 이에 시 당국은 음주를 제한하면서 사회적 다양성과 가족 중심의 활동을 권장하는 일련의 안을 계획하게 되었다.

최근의 신용위기를 맞아 많은 이들은 '바르셀로나 모델'을 이용한 도시 재활성화가 어떤 유익이 있는지 의문을 제기하기 시작했다. 급등하던 스페인 부동산 가격의 하락으로 많은 건축회사는 부도가 났고 도시에서 진행되던 최첨단 건축물의 신축은 중단되었다. 대표적인 예로, 리처드 로저스(Richard Rogers)가 디자인한 라스 아레나(Las Arenas) 투우장 개조사업, 노먼 포스터(Norman Foster)가 추진하던 바르셀로나 풋볼 클럽 스타디움 신축, 프랭크 게리(Frank Gehry)가 계획하던 엄청난 고층빌딩 블록 등이 있다.

주요 관련 개념

시민 선전주의, 젠트리피케이션, 성장연합, 부동산 선도 개발, 레짐이론, 스펙터클, 도시 기업가주의

더 읽을거리

Chatterton, P. and Hollands, R. (2003) *Urban Nightscapes: Youth cultures, pleasure spaces and power* Routledge, London

Marshall, T. (ed.) (2005) *Transforming Barcelona* Routledge, London

McNeill, D. (2004a) Barcelona as imagined community: Pasqual Maragall's spaces of engagement, *Transactions, Institute of British Geographers* **26**, 340–52

McNeill, D. (2004c) *New Europe: Imagined spaces* Arnold, London

관련 내용

10장 : 글상자 10.4 '도시 야간경관'의 발달

11장 : 글상자 11.3 더블린의 부활

은 거주지 구획이나 아파트 개발을 관리하거나 통제하기 위해 설립된 사적 단체에 불과하다. 그러나 실제로 이들은 일종의 사적인 정부를 구성해 사회공간 변증법에서 강력한 영향력을 행사하는 제도와 금융관행 및 주요 결정을 만들어 내고 있다. 주택 소유주 단체는 자신이 선출한 사람들로 관리위원회를 구성한다. 관리위원회는 감정평가를 실시하여 세금을 부과하고 각 집문서에 명시된 약정조항과 규제와 제한 등을 활용하여 물리적 환경도 통제하며, 개발 규제를 제정하고, 공공시설(회의장, 피트니스 센터, 스

쿼시 코트, 피크닉 장 등)을 유지 · 관리하며, 공동서비스(쓰레기 수합, 상하수도 서비스, 도로보수, 제설, 치안 등)를 제공한다.

1920년대에 첫 출현하여 교외화의 물결 속에서 새로운 종류가 양산되기 시작한 1960년대 중반까지 초창기 주택 소유주 단체는 배타적인 분리에 대부분 주안점을 두었다. 당시에는 인종적 · 경제적으로 동질적인 단독주택 지구를 조성하는 데 총력을 기울였다. 이들의 활동은 노골적인 법적 · 공간적 전술을 구사했다. 먼저 가장 많이 이용된 전술은 인종제한 조항이었다. 이 조항은 지자체가 제정한 분리법령에 반대하는 대법원 판결(Buchanan v. Warley, 1917)에 대한 저항이었다. 인종차별조항은 나중에 또 다른 대법원 판결(Shelley v. Kraemer, 1948)에서도 금지되었다. 이후 주택 소유주 단체는 공공 정부로 그 성격이 변화하는 과정에서 거주지 분리를 한층 강화할 '재정적 용도구역제'(다세대주택 신축금지나 신축 부지의 최소단위 규모를 늘릴 수 있음)를 지정할 수 있도록 **병합**을 주창하는 캠페인을 펼쳤다.

최근 주택 소유주 단체의 폭발적인 성장은 부동산 산업의 논리와 맞닿아 있다. 즉, 최근의 부동산 시장은 그 어느 때보다 분양 패키지와 거주지 다양성이 증가하고 고도화되고 있는 상황에서 개발 과정과 그 이후까지도 지역사회의 성격을 일관되게 유지하기 위해서는 입주하기 전에 주택 소유주 단체에 미리 가입하는 것을 의무화하는 것이 최선의 방법이라고 본다. 처음에는 주로 미관과 '상류층' 주거 개발이 추구하는 디자인을 유지하는 데 주력했던 이 단체는 곧 원하지 않는 개발유형(산업단지, 아파트, 사무실 등)으로부터 자신의 거주지를 방어하는 데 초점을 옮겼고, 이후 환경의 질이 점차 중요한 사회적 가치로 부상함에 따라 그 어떤 종류의 개발도 반대하기 시작했다. 원치 않는 개발과 주거지 잠식에 대해 항의하면서 이들은 님비(NYMBY)운동의 선봉에 서게 되었다(글상자 5.1 참고).

이러한 단체의 사적인 특성은 이들이 이례적으로 의사정치적 구조의 '은밀한' 구성요소임을 의미한다. 대부분의 선진 산업사회에서 주택 소유주 단체는 증가해 왔지만 그 수와 활동은 대부분 보고되지 않았다. 이러한 현상이 가장 명백하게 나타나는 미국에서 주택 소유주 단체의 규모와 구성은 도시의 한 거리에 인접해 있는 몇 개 가구에서부터 수백 에이커에 이르는 수백 개의 단독주택 및 공동주택에 이른다. 미국에서 활동하고 있는 이들 단체는 총 86,000개 이상인 것으로 추정되는데, 이는 전국 가구 수의 20% 이상이며 5,700만 명에 해당되는 수치이다(1960년대 초반에는 500개 이하였고 1970년대 중반에는 20,000여 개였다는 사실과 비교해 보라). 2000년 이후 미국에서 지어진 주택 5개당 4개가 주택 소유주 단체가 관리하는 지구에 포함되어 있었고, 현재 50대 도시의 주택시장에 나와 있는 주택의 최소한 절반가량, 그리고 캘리포니아, 플로리다, 뉴욕, 텍사스, 워싱턴 DC 교외의 모든 주거 개발이 주택 소유주 단체의 관리하에 있도록 의무화되었다.

미국법으로 보장된 이 사적인 정부의 핵심 구성요소는 '지역권제도'이다. 이는 거주민의 행위와 개인 소유의 집과 정원을 개조할 수 있는 권리에 제약을 가하는 약정조항과 규제와 제한을 의미한다. 이러한 규정은 보통 개발업자들이 조경과 도시미관의 일관성을 유지하기 위해 설정하지만 사유지의 재산 가치를 지키기 위해 거주민의 주택과 개인적인 행동거지를 세세하게 통제하려는 의도도 지니고 있다. 이처럼 개발업자는 새로운 개발지에 부르주아적 성향의 문화적 준거를 심어놓음으로써 자애로운 독재자가 된다. 그러나 지역권제도의 실행은 모든 집주인들이 의무적으로 가입한 주택 소유주 단체를 통해 행사된다.

소비자 입장에서 볼 때 지역권제도는 부동산 가격을 유지하고 무엇보다 생활양식을 결정짓는 물질적 소비 행태의 물리적 준거를 설정함으로써 불확실성을 줄이는 수단이 된다. 정원 울타리, 데크, 욕조, 빨랫줄, 문과 우편함 색깔 등을 결정하는 데 무엇은 되고 무엇은 안 되는지를 세세하게 규정해 놓은 조항을 따르다 보면 실제로 마음대로 할 수 있는 여지가 별로 없다. 대부분의 조항은 부동산 플래카드를 제외하고는 일체의 푯말을 금지하며, 외부와 심지어 자신의 집 앞 진입로에 주차해 놓을 수 있는 차의 종류까지도 규제한다. 어떤 조항은 차고 문을 열어 둘 수 있는 시간 상한선이나, 창문을 통해 보일 수 있는 가구의 종류, 성탄절 트리의 전구 색상, 방문객이 머무를 수 있는 시간까지도 규정해 놓는다. 대부분의 조항은 정원이나 진입로, 거리, 공공장소에서 허용되는 행동의 종류는 물론, 집에서 할 수 있는 비즈니스 종류뿐만 아니라 주민이 기르는 애완동물의 종류와 수도 규제한다. 지역권제도는 개인의 자유를 숭상하는 미국적 정서와 불협화음을 이룬다고 종종 지적된다. 맥켄지(McKenzie, 1994)는 이를 두고 '분홍색 홍학(교외지역 단독주택의 정원에 세워놓은 장식물로서 한때 유행이었음—역자주)은 이제 그만'이라고 비판한다.

주택 소유주 단체가 관장하는 교외지역 개발은 지역공동체 거버넌스 측면에서 볼 때 분열된 '사적인 이상향'이라고 인식되어 왔다. 그 속에서 '지배적인 이데올로기는 사유권주의이며 계약법은 절대적 권위를 가지고 토지소유권과 지가는 공동체 삶의 핵심이며 동질성과 배타성, 배제는 사회 조직의 기초가 된다'(McKenzie, 1994, p. 1). 사적인 이상향은 치밀하게 고안된 지역권제도를 동원해 합법적으로 격리된 엔클레이브에 성공한 자들을 분리시켜 거주하도록 디자인한 프리미엄 공간이다. 그곳은 문화적으로 밀폐된 공간이며, '정화된' 사회적 재생산의 영역이며, 물질적 소비와 사회적 격리가 지배하는 곳이다. 토지 소유주 단체를 통해 동일한 이해를 지닌 공동체로 관리되는 이 사적인 종합계획 공동체에는 통제, 민주주의, 시민권, 갈등해결이라는 전례 없는 내부정치가 작동하고 있다.

이처럼 사유화된 정부와 지역사회를 지향하는 경향은 파편화된 도시화라는 현대 도시의 일반적인 조류의 한 부분이다. 그 결과 상실하게 된 사회적 접촉과 연결은 시민사회의 이상을 더욱 잠식하며 '시민의 분리'를 만들어 낸다.

> 지역공동체의 일원이 된다는 것이 무엇을 의미하는지에 대한 사회적 이상은 거의 감지할 수 없을 정도로 미세하게 변화해 왔다. 이제 시민보다 납세자에 대해 말하는 것이 더 보편화되었다. … 폐쇄공동체 및 기타 사유화된 격리지구에서 거주민들이 지역공동체라고 규정하는 범위는 격리시키는 문 내부이다. 그들이 내는 주택 소유주 단체 회비는 마치 세금과 같다. 지역공동체에 대한 의무는 그 문 앞까지지만 적용된다. … 텍사스 플라노(Plano)의 한 시청 공무원은 관할지역 내 이러한 거주지 주민의 태도에 대해 다음과 같이 요약한 바 있다. '나는 내 의무를 다했다. 나는 여기서 안전하다, 나를 지켜주는 문이 있고 나는 (주택 소유주 단체) 회비를 납부했다. 나는 내 집 앞의 거리를 책임질 뿐이다. 따라서 나는 공공복지에 대한 책임이 없다. 왜냐하면 당신 몫은 당신이 책임져야 하니까.' (Blakely & Snyder, 1999, pp. 139-40)

세타 로우(Setha Low, 2003)는 약한 사회적 관계와 분산된 개인 간 조직을 지닌 등질적인 이해관계 공동체는 일종의 '도덕적 미니멀리즘'을 촉진한다고 주장한다. 즉, 구성원들은 그 어떤 종류의 정치적 논쟁에도 개인적으로 관여하는 것을 거부한다는 것이다. 이들은 다른 누군가가 도덕적 책임을 진다고 확신할 때에만 대외적인 사회적 통제 활동에 참여하려고 한다.

도시사회운동

부유한 토지 소유주 단체의 영향력은 비특권층도 도시 문제를 다루는 전통적인 제도권이 아닌 다른 통로를 통해 영향력을 행사할 수 있는가라는 문제를 제기한다. 기존의 관행으로 볼 때 대답은 부정적이지만, 1970년대 재정위기와 그로 인한 집합적 소비 제공의 위기에 대응하여 독특한 형태의 도시**사회운동**(social movement)이 촉발되었다는 점은 주목할

글상자 5.5

도시사회지리학의 주요 사상가 : 마이크 데이비스

최근 도시사회지리학과 특히 로스앤젤레스에 대한 대중의 인식에 큰 영향을 미친 저술가가 바로 마이크 데이비스(Mike Davis)다. 하비와 마찬가지로(글상자 1.1 참고) 데이비스의 접근도 마르크스주의 전통에 굳건히 기반하고 있다. 그는 로스앤젤레스의 다양한 도시 형태를 인지하면서도 계급투쟁이 여전히 지속되고 있다는 증거를 포착했다. 그러나 하비의 다소 추상적인 경제이론과는 달리 데이비스의 저작은 로스앤젤레스에 대한 경험적 세부 사항으로 가득 차 있는데, 특히 개발업자의 탐욕스런 행태와 교외 주택 소유주의 편협한 보수주의, 착취당하는 라티노와 흑인 노동자의 투쟁이 자세히 기록되어 있다.

데이비스 저작의 대중성과 영향력은 무엇보다 대중이 매우 접근하기 쉬운 신문 기사체에 가까운 그의 글쓰기 덕을 보았다. 그렇다고 해서 데이비스의 저작이 읽기에 유쾌한 내용을 다루는 것은 아니다. 데이비스가 제시하는 로스앤젤레스에 대한 시선은 매우 암울해서 혹자는 현대판 예레미야라고 그를 지칭하기도 했다(McNeill, 2004b; Merrifield, 2002). 데이비스의 책 『석영의 도시 : 로스앤젤레스의 미래를 발굴하다(*City of Quartz : Excavating the Future in Los Angeles*)』(1990)에 나타난 반유토피아적 시선은 동시대의 정서를 대변하고 있는 듯하다. 이러한 정서는 1992년 로스앤젤레스 폭동으로 확인되었다.

후속 저작인 『두려움의 생태학 : 로스앤젤레스와 재해에 대한 상상(*Ecology of Fear: Los Angeles and the Imagination of Disaster*)』(1998)에서 데이비스는 이전의 도시 연구가에 비해 자연을 둘러싼 이슈에 더욱 주목했다. 그는 로스앤젤레스를 지진, 화재, 가뭄, 등의 다양한 재앙의 손에 내맡겨진 과대 팽창된 생태계에 자리 잡고 있는 도시라고 묘사했다. 또한 이 책에서 데이비스는 감시 및 사적 경호업체, 폐쇄 공동체의 증가와 같은 지표를 통해 범죄와 마약밀매, 폭력 증가가 도시에 미친 영향을 제시했다.

도시 개발에 대한 암울한 예언으로 유명해진 전작과는 달리 그의 세 번째 주요 저작인 『마술과 같은 도시화 : 라티노가 미국 도시를 재발명하다(*Magical Urbanism: Latino reinvent the American City*)』(2000)는 라티노 공동체가 미국 도심에 불러일으킨 다양성과 생명력을 찬양한다. 그러나 더 최근에 발표된 책인 『슬럼의 행성(*The Planet of Slums*)』(2006)은 묵시의 형태로 회귀하고 있다(Angotti, 2006).

주요 관련 개념

벙커 건축, 로스앤젤레스학파, '탐지경관'

더 읽을거리

Angotti, T. (2006) Review essay: Apocalytic anti-urbanism: Mike Davis and his planet of slums. *International Journal of Urban and Regional Research*, **30**. 961–7

McNeill, D. (2004b) Mike Davis, in P. Hubbard, R. Kitchin and G. Valentine (eds) *Key Thinkers on Space and Pace* Sage, London

Merrifield, A. (2002) *MetroMarxism: A Marxist tale of the city* Routledge, New York

관련 내용

2장 : 신포드주의

8장 : 글상자 8.1 미국 도시의 라틴화

14장 : 로스앤젤레스와 캘리포니아학파

만하다. 당시 위기는 비특권 계층과 소외 집단뿐만 아니라 수많은 숙련 노동계급과 중하층 노동자, 젊은 중산층에게도 심각한 영향을 초래했다. 그 결과 병원, 대중교통(특히 출퇴근 기차), 학교 등을 이용할 권리에 대한 문제의식이 기술관료 세력의 증가 및 시민사회의 공식적인 제도에 대한 환멸과 더불어 새로운 형태의 도시사회운동을 촉발시켰는데 이 운동은 광범위한 반체제 지지층을 아울렀다.

그러나 도시사회운동은 대체로 간헐적이고 개별적으로 진행되었다. 따라서 혹자는 집합적 소비와 관련된 쟁점을 통해 고양된 공동체 의식이 보다 영구적인 세력 확보를 위한 필수요건이라고 여겨지는 계급의식을 형성할 것이라는 초기의 기대에 대해 의문을 제기하기도 한다. 이에 대한 이 책의 대답은 상황에 따라 유동적이다. 즉, 계급의식 형성 여부는 그 공동체가 지역 문제를 야기하는 구조적인 원인에 대한 각성을 이루어 낼 수 있느냐에 달려 있다. 이러한 단서조항은 그림 5.1의 정치운동 유형을 설명해 준다. '**공동체에 국한된 운동**'이란 순전히 지역적인 운동을 말하는데 주로 특정 지역 상황과 맥락에 국한된 사안을 해결하고자 하는 운동이다. '**공동체에 기반한 운동**'이란 처음의 지역 이슈 및 지역 상황을 초월하여 보다 광범위하고 영구적인 세력화를 이룰 수 있는 연대를 형성하는 운동을 일컫는다.

계급의식	공동체 의식: 낮음	공동체 의식: 높음
낮음	경쟁적인 개인주의	공동체에 국한된 운동
높음	계급투쟁	공동체에 기반한 운동

그림 5.1 정치운동의 유형
출처 : Fitzgerald(1991), Fig. 1, p. 120.

5.4 공동체의 권력구조와 지방국가의 역할

그렇다면 이처럼 다양한 집단과 의사결정권자 간의 관계는 어떻게 구조화되는가? 누가 진정 공동체를 움직이며 또한 그것이 지역민의 삶의 질에 어떤 차이를 만들어 내는가? 한동안 정치학과 도시사회학자들의 주요 관심사였던 이러한 질문은 사회공간 변증법을 내포하기 때문에 도시사회지리학자들의 주목을 받기 시작했다. 도시의 권력구조는 '전통적으로' 두 가지 유형으로 분류된다. 그것은 바로 단일구조와 다원구조인데, 각각은 순차적으로 헌터(Hunter, 1953)와 달(Dahl, 1961)이 '발견'한 이후로 광범위한 도시에 적용되어 왔다. 헌터는 '지역적 도시'(애틀랜타 사례)에 대한 연구에서 거의 모든 결정이 권력의 위계에서 정상을 차지하고 있는 일군의 개인들로 구성된 집단에 집중되어 있음을 발견했다. 이들은 대개 사업가와 산업자본가 출신으로 지역에 공고하게 뿌리내린 선별된 집단이었다. 이들의 축복이 있어야 각종 사업은 진행될 수 있었고 이들의 동조나 암묵적 동의 없이는 그 어떤 중요한 일도 진척되지 않았다.

이와는 달리 코네티컷 뉴헤이븐(New Haven)의 의사결정 과정을 사례로 한 달이 발전시킨 지역공동체에 대한 전통적인 **다원주의 모델**(pluralistic model)은 다양한 엘리트 집단이 상이한 쟁점에 대하여 상이한 시점에 지배력을 행사함으로써 권력이 분산되는 경향을 설명한다. 만일 쟁점이 공공주택이라면 특정 이해관계자들이 사안을 지배할 것이고, 새로운 건강센터 건립 건이라면 이와는 다른 의견 주도층이 연합하여 사안을 다룬다는 것이다. 따라서 헌터가 발견한 애틀랜타 의사결정 과정에서 주도권을 행사한 비즈니스 엘리트 집단은 달의 모델에서는 영향력 있는 '권력 클러스터' 중 하나에 불과한 것이다. 달의 주장에 의하면, 의사정치적 구조는 광범위한 스펙트럼을 형성하며 대중의 충성심을 놓고 경쟁하는 엘리트들을 통해 정치적 자유가 보장되기 때문에 정치 시스템은 전체적으로 볼 때 민주적이다. 이에 따르면 현존하는 권력구조에서 야기된 활동과 정책이 유권자의 가치와 괴리될 때 사람들은 자신의 의사를 표출하고자 하며 새로운 권력 클러스터가 등장할 것이다. 따라서 다원주의 모델을 놓고 볼 때, 특정 도시 안에서 야기되는 견해와 이해 충돌은 장기적으로 모든 이해집단과 근린지구의 필요를 어느 정도 만족시키는 자원 배분을 야기한다. 가령 근린지구 쇠퇴와 같은 문제는 정치과정 참여자들의 단기적인 실패에 불과한 것으로 이해될 수 있다. 반면 단일 권력구조는 지배 엘리트의 장기적 이해에 부합하지 않는 삶의 질의 양극화로 귀결된다고 예상할 수 있다.

레짐이론

보다 최근에는 도시 정치를 단일 권력구조 대 다원적 권력구조로 볼 것이 아니라 일련의 레짐의 진화와 연속으로 봐야 한다는 주장이 제기되고 있다. **레짐이론**(regime theory)은 어떻게 이해집단이 다양한 연대를 이루어서 도시에서 원하는 목표를 이루는지를 탐색한다. 대개의 경우 이들 집단은 '**친성장연합**(pro-growth coalitions)'으로, 정치적 기업가들이 뭉쳐서 특정 사안에 대한 구체적인 해결책을 찾으려는 움직임을 일컫는다. 레짐이론의 핵심 요지는 권력이란 자동적으로 흐르는 것이 아니라 능동적으로 성취하는 것이라는 점이다. 경제 재구조화와 광역도시권의 변화 속에서 도시 공무원들은 연대할 세력을 모색하게 되고 이는 가시적인 정책 결과를 내는 데 도움을 준다고 합리화된다.

공공기관 공무원과 사적인 행위자의 연대는 레짐을 구성하며, 이를 통해 거버넌스는 공식적 권위보다는 느슨하게 구조화된 조직과 협상에 더욱 의존하게 된다. 경제 및 사회 변화가 집중적으로 일어나고 있는 '탈산업사회' 도시에서는 새로운 사회정치의 분파(녹색, 여피, 포퓰리즘, 신자유주의자)가 전통적인 계급과 인종에 기반한 분파에 추가되었고, 따라서 레짐은 더욱 복잡하고 잠재적으로 불안정하게 변화했다. 한편 경제 재구조화의 스케일과 범위는 경제 발전 투자를 둘러싸고 지자체 간의 경쟁이 한층 강화됨에 따라 정치적인 내부 갈등에 침묵하게 되는 새로운 형태의 체제가 등장했음을 알려 준다.

현대 도시의 정치경제학에 대한 구조주의적 해석

도시 공간구조를 도시사회제도와 연관시킬 필요가 제기됨에 따라 많은 학자들은 구조주의 이론에 눈을 돌렸다. 가장 기초적으로, 정치경제학에 대한 구조주의 이론은 모든 사회적 현상들이 2장에서 설명한 지배적인 생산구조와 연관되어 있다는 주장을 펼친다. 지배적인 생산구조란 생산을 제외한 모든 것(사회적 **상부구조**)이 배태되는 물질경제의 하부구조를 의미한다.

역사적으로 볼 때, 경제적 하부구조는 일련의 생산양식을 지탱하는 지배적인 이데올로기나 '테제'가 모순된 힘('안티테제')과 경합하는 변증법적 과정을 통해 산출된다. 이는 사회의 변동을 가져와 더 높은 단계로 사회 발전을 견인한다. 즉 원시적 채집경제에서 봉건제로, 자본주의로, 궁극적으로는 마르크스가 믿었던 사회주의로 발전한다는 것이다. 서구 사회의 하부구조는 물론 자본주의적 생산구조이며, 이는 다른 하부구조와 마찬가지로 모든 경제 질서에 내제된 사회 계급 간 대립으로 특징지어진다. 자본주의의 상부구조는 이러한 경제 질서에서 야기되고 이와 관련된 모든 것을 망라한다. 가령 도시 형태와 같이 만져질 듯한 특징부터 법과 정치제도나 자본주의 이데올로기나 그에 대항하는 반이데올로기처럼 불분명한 특징에 이르기까지 다양하다.

이러한 상부구조의 일부로서 도시의 주요 기능 중 하나는 자본주의 명령을 완수하는 것으로, 그중 가장 핵심적인 것은 자본의 순환과 **축적**(accumulation)을 도모하는 것이다. 따라서 도시의 공간적 형태는 생산의 간접비용과 순환비용을 줄이고 자본의 빠른 순환을 촉진하여 더욱 많은 축적을 유도하도록 조성된다. 구조주의자들에 의하면 도시의 또 다른 주요 기능은 경제적 하부구조를 영구적으로 만드는 데 필요한 조건을 제공하는 것이다. 요약하면 이는 노동자와 자본의 관계가 **사회적으로 재생산**(social reproduction)되도록 하여 이와 관련된 사회구조의 안정을 도모하는 것이다. 이러한 기능의 한 측면은 도시 생태적 과정, 특히 서비스와 하부시설 및 자원에 대한 차별화된 접근성을 지닌 다양한 교외지역 개발을 통해 경제적 계급 관계를 영구화하는 것이다.

이 과정에서 정부의 역할은 특히 중요하다. 왜냐하면 정부는 학교, 주택, 쇼핑, 레저시설을 비롯하여 전반적인 집합적 소비의 분포와 제공 여건을 통제하기 때문이다. 더욱이 도시 근린지구는 개인의 소비 습관과 도덕적 기준, 가치, 기대치 등을 형성하는 독특한 장을 제공한다고 주장된다. 각각의 근린지구에서 형성되는 동질한 삶의 경험은 비교적 영구적으로 분화된 거주지 구조 안에서 비교적 영구적인 사회집단이 형성되는 경향을 한층 강화한다.

거주지 분화과정을 통해 노동자 계급이 지역에 기반하여 독특하게 형성된 공동체로 나누어지는 것은 계급의식과 노동자 연대의 분절에 기여하면서 다른 한편으로는 전통적인 엘리트 집단의 권위를 더욱 강화한다. 엘리트 집단의 권력 또한 건조환경의 상징적 권력을 통해 더욱 강화된다. 한마디로, 도시는 자본주의의 표출이며 자본주의의 영구적 정착의 수단이 된다. 도시는 사회공간 변증법을 가장 광범위하게 관찰할 수 있는 곳이기도 하다.

한편 도시의 구조는 자본주의 사회가 안고 있는 많은 **모순**을 반영하고 생산함으로써 지역 갈등과 마찰을 야기한다고 인식된다. 이러한 갈등은 이윤창출을 추구하기 위한 자본주의의 '창조적 파괴'에 대응하여 도시의 경제경관이 지속적으로 변형됨에 따라 더욱 강화된다. 가령 새로운 오피스 개발은 기존의 거주지를 철거하고, 임대주택에 대한 투자 철회는 도심공동화 현상을 야기한다. 또한 민영 주택시장에서 더욱 높은 이윤을 창출할 수 있는 부문으로 투자를 전환함에 따라 교외지역은 더욱 팽창한다.

공간구조물의 연속적인 등급하락, 재창조, 변형은 다양한 형태의 입지 갈등을 촉발시킨다. 거대 자본은 도매업체, 부동산 개발업자, 사업체라는 형태로 소자본과 충돌을 일으킨다. 갈등은 한편으로는 자본가 간에, 다른 한편으로는 기존의 공간구조물로부터 사용가치와 교환가치를 얻는 사람 간에도 불거진다. 이러한 갈등은 자연보존과 새로운 도시 개발 입지를 둘러싸고 벌어지기도 하며, 도시 재개발, 도로 건설, 보전, 용도구역제 설정 등을 둘러싸고도 벌어진다. 이러한 갈등은 사실 도시 문제의 거의 전반에 걸쳐서 발생한다.

도시의 정치경제에 대한 구조주의적 분석의 이면에는 정부가 다양한 방식으로 자본주의 명령을 실현하는 데 도움을 줌으로써 자본주의를 합리화하는 **정당화 기구**(legitimating agent)의 역할을 한다는 가설이 존재한다. 즉 정부는 복지정책을 제공하여 불만을 완화하고, 법과 사법제도를 통해 예측 가능하고 안정적인 사업 환경을 조성하며, 교육제도나 경찰, 도시 서비스 등을 통해 사회 조직을 통제하고 조정함으로써 경제적 하부구조의 작동과 유지에 도움이 되는 이데올로기를 전파한다는 것이다.

이쯤에서 구조주의 이론에 대한 주요 비판을 살펴볼 필요가 있다. 구조주의 이론은 인간 **행위주체성**(agency)에 대해 충분히 인지하지 못했다는 것이 비판의 핵심이다. 즉 개인의 행위는 경제 및 사회정치 구조의 직접적인 결과물로 가정되었다. 그러나 도시에 생명을 부여하고 구조를 형성하는 데에는 인간의 행위와 기초적이고 보편적인 인간적 동기가 작동하며, 인간은 주요 아이디어와 행위를 독립적으로 만들어 낼 수 있다는 비판이 제기되었다. 이러한 비판은 1장에서 언급한 후기 구조주의 접근의 기초가 되었다(이에 대해서는 다음 장에서도 언급될 것이다). 그럼에도 불구하고 구조주의 이론의 기여는 명백하다. 구조주의 이론은 도시의 사회공간적 관계에 대한 이전의 편협한 인식을 단절하여 광범위한 사회현상을 설명할 수 있는 유연한 이론적 틀을 제시했다. 앞으로 보겠지만 구조주의 이론은 다양한 분석에서 활용되었다.

지방국가와 사회공간 변증법

지방정부의 중요성은 너무도 명백하지만(공공 서비스 지출의 규모만 봐도 알 수 있을 정도로) 지방정부 또는 '지방국가'를 제대로 설명하는 널리 알려진 이론은 없다. 이에 대한 논쟁에는 세 가지 주요 입장이 있다.

1. 구조주의 관점 : 지방정부는 중앙정부의 부속기관으로, 둘 다 한 사회의 계급 균형을 이루는 역할을 한다.
2. 관리주의 관점 : 지방정부는 관료에 의해 통제되며 이들의 가치와 목적이 정책결정에 절대적인 영향을 미친다.
3. 도구주의 관점 : 지방정부는 기업가 엘리트 집단의 도구이다.

관리주의(managerialism) 관점은 광범위한 지지와 관심을 받았다. 전문적인 의사결정권자의 활동과 이데올로기에 초점을 맞추는 것은 도시의 사회공간적 과정을 이해하는 데 큰 도움이 된다는 점은 명백하다(이 점은 6장 건조환경의 사회적 생산에서 다시 다룰 것이다). 그러나 관리주의 관점은 지방 엘리트와 압력단체의 영향도, 국가 차원에서 야기되는 정치경제적 제약에 대해서도 충분한 설명을 제시하지 못한다.

이러한 한계로 인해 최근에는 구조주의와 도구주의 입장에 더욱 많은 관심이 쏠리고 있다. 이 두 입장은 지방정부에 대해 공통된 입장을 견지하는데, 다음의 세 가지 기능에 대해 동의한다.

1. 사적 생산과 자본축적을 촉진한다(이를 위해 도시 하부구조 제공, 경제 재구조화의 공간적 문제를 완화하는 도시계획, 기술교육의 제공, 공공사업 계약 등을 통해 시장에 안정성과 안전성을 가져오는 '수요 조정' 등의 기법이 동

원된다).

2. **집합적 소비**(collective consumption)를 통해 노동력 재생산을 촉진한다(가령 공공임대주택).
3. 사회 질서와 통합을 유지한다(가령 경찰, 복지 정책, 사회서비스, 학교나 공공참여 제도와 같은 '정당화 기구' 등을 통해).

구조주의 관점이 도구주의와 다른 점은 정부의 기능을 규정하는 점에 있기보다는 누구를 위해, 무엇을 위해 그러한 기능이 작동하며 그러한 기능이 계급 편향적인지, 외부 정치세력을 어느 정도 반영하는지에 대한 질문에 있다.

조절이론과 도시 거버넌스

일부 이론가들은 세 가지 관점(관리주의, 구조주의, 도구주의)을 통합하려는 시도를 했다. 이들은 조절주의 접근(2장에서 소개한)이 지방국가를 이해하는 데 가장 적합한 틀을 제공한다고 제시한다. **조절이론**(regulation theory)은 특정한 자본주의 조직 형태(예 : 포드주의)를 대변하는 일련의 **축적체제**(regimes of accumulation)가 경제조직, 수입분배, 집합적 소비의 특징적인 패턴 및 구조와 결합되어 있다는 개념에 기초하고 있다. 각각의 축적체제는 조절양식을 동반하는데, **조절양식**(mode of regulation)이란 개인과 집단의 행위를 규정하는 게임의 규칙을

문화주도 도시재생의 대표적 사례인 바르셀로나 모델 : 바르셀로나 현대 미술관(사진 : Michael Edema Leary)

설정하는 제도적 조합과 구조적 형태(정치적, 경제적, 사회적, 문화적)의 집합이다. 따라서 조절양식은 근본적인 사회관계를 나타내며 이를 재생산한다. 또한 정치경제 전반에 걸쳐 변화를 유도하고 수용하는 데 기여한다. 이런 점에서 지방국가는 조절의 목적이자 행위주체이며, 도시 공간상에서 새로운 정치, 경제, 사회적 관계를 형성하는 데 도움이 되는 전략과 구조를 스스로 조절해 내는 반자율적 기관이다.

조절주의에 영향을 받은 주요 개념 중 하나가 바로 **거버넌스**(governance)이다. 이 용어는 위계적인 관료제를 통해 정부가 경제와 사회를 **직접적으로** 통제하는 것에서 벗어나 다양한 비정부조직을 통해 **간접적으로** 통제하는 것을 일컫는다. 여기서 쟁점이 되는 것은 거버넌스가 새로운 신포드주의적 축적체제의 요구에 부응하는 새로운 조절양식으로 전환하는 과정의 한 부분이라는 점이다. 2장에서 소개한 바와

글상자 5.6

도시사회지리학의 주요 경향 : 문화주도 도시재생의 성장

지난 25년 동안 전 세계 도시에 100개 이상의 주요 화랑들이 건립되었고 셀 수도 없이 수많은 소규모 미술상점과 전시관이 생겨났다. 이러한 현상은 제조업과 전통적인 서비스 분야의 고용 감소와 씨름하고 있는 최근 서구 사회에서 새로운 도시계획의 정설로 부상하고 있는 경향을 잘 설명해 준다. 그것은 바로 문화 사업을 통해 재생을 꾀하는 문화주도 도시재생이다. 이 정책은 '창의적 산업생산과 이와 관련된 소비활동을 고밀도로, 복합적으로 개발하는 것'으로 정의되며, '종종 도심부 가장자리에 역사지구 및 상업, 제조업 시설의 재건을 수반한다' (Porter & Barber, 2007, p. 1327). 이러한 정책은 여러 형태를 취한다. 가령 소비되는 문화(화랑, 극장, 공연장, 전시관 등)를 결합하거나, 생산된 문화(다양한 경제 부문을 지원하는 형태로)를 결합하기도 한다.

문화주도 도시재생은 행위예술이나 광고, 디자인, 연예오락, 미디어, 출판 등의 '문화산업'의 중요성이 점점 증가하고 있는 현상을 반영한다. 문화산업은 정확히 정의하기 어렵고 성격상 이질적이지만, '표현의 가치'를 구현해 낸 작품을 상업화하려는 열망을 공통적으로 가지고 있다. 문화산업은 전형적으로 미학적이고 상징적인 특징을 통해 문화적 이해를 확장시키는 영역으로, 도서, 영화, 연극, 광고, 그래픽 디자인, 비디오 게임 등을 포함한다. 물론 문화산업은 고도의 재능(주로 창의성이라고 불리는)을 지닌 인력을 필요로 하지만, 최근에는 문화적 창의성이란 복합적인 사회적 네트워크 안에서의 상호작용에 상당히 영향을 받는다고 인식되고 있다. 문화산업에서의 혁신을 이루기 위해 핵심적인 것은 바로 창의적인 '소통(buzz)', 즉 대면접촉을 통한 개인적 의사소통으로 복잡한 형태의 지식을 상호 교환하는 것이다. 인터넷의 중요성이 점점 커지고 있지만, 도시는 다양한 맥락에서(회사, 기관, 공공기관, 노동시장, 미로와 같은 사회적 관계망 등) 사람들을 한데 모음으로써 창의성 창출에 핵심적인 역할을 수행하고 있다. 따라서 문화산업은 대개 주요 도시에 밀집되어 있으며, 특히 도심의 구 산업시설 부지에 자리 잡은 특정한 동네(문화지구라고 불리기도 하는)에 집중된 경우가 많다. 이러한 지구 중에는 맨체스터의 북부 지구처럼 의도적인 계획 없이 자생적으로 발달한 곳도 있지만 최근에는 계획기관에 의해 의도적으로 개발되는 경우가 대부분이다.

이러한 개발 사업은 일정 정도 리처드 플로리다(Richard Florida, 2004)가 제안한 의견에 큰 영향을 받았다고 볼 수 있다. 플로리다는 지역 경제 발전의 성공 여부는 '신경제'에서 핵심적인 역할을 담당하는 '창의적 계급'을 끌어올 수 있느냐에 달려 있다고 주장했다. 창의적 계급은 예술가 공동체뿐만 아니라 과학자와 공학자도 포함한다. 이들을 끌어오기 위해서는 자유롭고 관용적인 '인간적 환경'을 조성하는 문화시설의 설립이 필수적이다. 플로리다에 의하면 이 '인간적 환경'은 우호적인 '사업 환경' 조성보다 지역 경제 성장에 더 중요한 요소이다. 도시계획가들 사이에서는 플로리다의 아이디어가 폭발적인 인기를 얻었지만 단점과 비판 역시 많이 제기되었다(Peck, 2005). 주요 비판 중 하나는 바로 인과관계의 방향에 관한 것이다. 즉, 창의적 계급의 존재가 경제 성장의 원인인지 결과인지 의문이 제기될 수 있다는 것이다. 이러한 연구들은 사람들이 보통 직업 기회가 없는 도시로 이주하지 않으려고 한다는 사실을 보여 준다. 다른 이들은 상대적으로 잘사는 창의적 계급의 필요에 영합하는 정책은 도시 당국으로 하여금 경제 성장의 침투효과를 누리지 못한 비특권층의 수요를 무시하게 만들 수 있다고 비판한다. 초기 비판

계속

론자인 맥기건(McGuigan, 1996, p. 99)은 이러한 개발은 포스트모던 시대의 전문가들과 관리자 계급의 취향과 이해에 부합될 뿐 생산직 감소나 부와 기회의 양극화, 다양한 사회적 배제와 같은 문제해결에 도움이 되지 않는다고 주장했다. 물론 일부 예술가들은 부자도 아니며 도심의 구 산업시설 부지가 이들에게 매력적인 이유는 지가가 상대적으로 저렴하기 때문이다. 그러나 아이러니하게도 문화지구의 질적 향상을 도모하는 공식 정책은 지가를 상승시키고 이러한 문화지구의 진화를 애초에 가능하게 했던 유기적인 과정을 파괴한다.

주요 관련 개념

보보스, 보헤미아, 창조도시, 창조계급, 문화산업, 문화지구, 경제의 문화화, 유산경관

더 읽을거리

Bell, D. and Jayne, M. (eds) (2004) *City of Quarters: Urban villages in the contemporary city* Ashgate, Aldershot

Cooke, P. and Lazzeretti, L. (eds) (2008) *Creative Cities: Cultural clusters and local economic development* Edward Elgar, Cheltenham

Florida, R. (2004) *Cities and the Creative Class* Routledge, London

McGuigan, J. (1996) *Culture and the Public Sphere* Routledge, London

Porter, L. and Barber, A. (2007) Planning the cultural quarter in Birmingham's Eastside, *European Planning Studies* **15**, 1327–48

관련 내용

7장 : 글상자 7.1 보헤미안 엔클레이브의 성장

같이 이 새로운 체제는 특화된 상품을 생산하는 범위의 경제를 통해 지구적 경쟁력을 갖추는 끊임없는 혁신으로 특징지어진다. 이러한 접근은 대중 소비시장의 포화를 극복하고 탈규제된 세계 금융체제에서 정부가 케인스주의 수요관리 정책을 실시할 수 없다는 점을 상쇄시키는 데 필수적이라고 주창된다. 이러한 변화된 상황은 복지에 대한 관심보다 기업의 이해가 우선시되는 새로운 조절양식을 필요로 한다. 이는 또한 수많은 전통적인 민주적 기관에 제약을 가할 것을 요구한다. 가령 복지 감축, 유연성 확장, 민관합작 등과 같은 새로운 의제에 방해가 된다고 간주되는 지방정부가 바로 그러한 기관의 예가 된다. 또한 공공 부문에 대한 신자유주의적 비판은 관료주의란 본질적으로 비효율적이며 자기 이해를 추구한다고 보기 때문에 거버넌스를 옹호한다. 표 5.1은 조절양식의 변화에 상응하는 영국의 지역 거버넌스의 새로운 변화를 제시한다.

복지영역에서 거버넌스란 다양한 자원봉사 기관과 자선단체를 점점 더 적극적으로 활용하게 됨을 의미한다. 울치(Wolch)는 이러한 경향이 **그림자 국가**(shadow state)를 창조해 내기에 이르렀다고 주장한다. 그림자 국가란 '예전에 공공 부문이 책임지던 집합적 서비스를 제공하지만 전통적인 민주정치 바깥에서 작동하는, 그러나 공식적 · 비공식적 방식으로 통제를 받는 의사 정부기관'을 의미한다(Wolch, 1989, p. 201). 울치는 로스앤젤레스 카운티만 해도 8,500개 이상의 자원봉사 단체(지역사회 조직과 대규모 신탁 및 재단을 포함하는)가 있다는 것을 확인했다. 이들의 활동 범위는 사회복지에서부터 예술에 이르기까지 다양하며, 총지출은 놀랍게도 지자체의 1인당 공공 서비스 지출의 60%를 차지하는 것으로 드러났다. 영국에서도 서비스의 외주화가 진행 중인데, 이는 이제 많은 복지기능의 자금은 공공 부문에서 조달하지만 그 실행은 사적 부문의 조직을 통해

표 5.1 영국의 지역 거버넌스의 새로운 변화

조절의 장	포드주의 체제하의 영국 지역 거버넌스	새로운 체제
금융체제	케인스주의	통화주의
지역 거버넌스의 조직 구조	서비스 제공기관의 중앙집권화, 공식적이고 선출된 지방정부의 지배	서비스 제공업자의 다원화, 지역 거버넌스 행위자의 다원화
경영관리	위계적, 중앙집권적, 관료적	권력이양, '납작한' 위계, 업적 중심
지역 노동시장	규제, 기술로 분절	탈규제, 이중 노동시장
노동과정	기술적으로 발전되지 않음	기술적으로 역동적(정보에 기반)
노동관의	노동집약적, 생산력 증가는 문제를 일으킴	자본집약적, 생산력 증가는 가능하게 함
소비 형태	보편적, 집합적 권리	선별적, 개인화된 '접촉'
서비스의 본질	지역의 필요를 충족시키기 위해, 확장 가능	법적 의무를 충족시키 위해, 제한적
이데올로기	사회민주주의	신자유주의
핵심 담론	기술관료주의/관리주의	기업자주의/권능부여
정치 형태	조합주의	노동이 배제된 신조합주의
경제적 목표	완전고용 추구, 기술 발전과 공공투자를 통한 경제적 현대화	사적 이윤 추구, 저임금, 저숙련, '유연한' 경제를 통한 경제적 현대화
사회적 목표	진보적인 재분배, 사회정의	사적 소비, 능동적 시민

출처 : Goodwin & Painter(1996).

이루어짐을 의미한다. 서비스 제공자의 다원화라는 변화는 종종 **복지 다원주의**(welfare pluralism)라고 표현된다(13장 참고).

시민권 재정의하기

경쟁, 혁신, 유연성이라는 새로운 의제를 중심으로 정부활동을 재구조화하는 데 핵심적인 요소 중 하나가 바로 시민권이라는 개념을 재설정하는 것이다. 이는 복지영역에서 유럽적인 지식 전통의 영향력이 증대하고 있음을 반증한다. (사회란 분리된 개인의 집합에 다름 아니라고 보는) 19세기 영미권의 지식 전통과 달리 유럽식 접근은 사회를 권리뿐만 아니라 의무에 의해 맺어진 상호 계약으로 엮인 집합체라고 본다. 따라서 시민권이라는 인식은 이윤에 대한 권리를 넘어서 자급과 유급노동을 견지하는 호혜적 의무관계를 포함하는 것으로 확장된다. 전 서구세계에 광범위하게 확산된 이러한 전략은 '근로복지제도'라는 개념과 연관되어 있다(13장에서 자세하게 다룰 예정임). 냉소주의자들은 이 새로운 시민권 개념이 부적절한 사람들조차 취업하도록 강제해서 단지 복지예산을 긴축하는 방법에 불과하다고 주장한다. 그러나 사회적 배제에 대한 새로운 관심으로 인해 시민권이 단지 물질적인 요소 그 이상을 포함하고 있으며 소속감과 민주적인 능력부여도 포함하고 있다는 사실을 인식하게 되었다.

5.5 도시에서 사회정의에 대한 문제

이 장에서 다룬 시민권, 가부장제, 인종차별주의, 집합적 소비, 법, 국가, 시민사회와 같은 주제는 다양한 방식으로 도시에서 사회정의에 대한 문제를 제기한다. 엥겔스의 논의를 따라 데이비드 하비는 정의에 대한 인식은 시공간뿐만 아니라 관련된 사람에 따라서도 다양하다고 보았다(Harvey, 1992). 그에 의하면, 다양한 사회정의 개념이 도출되는 생활세계를 구성하는 물질적 · 도덕적 하부구조를 연구하는 것은 매우 중요하다. 이 작업은 다음 장에서 진행할 것이다. 그러나 그 이전에 사회정의와 관련된 기본 개념과 원리를 명백하게 정의하는 것이 필요할 것이다. 사회지리학을 공부하는 학생이라면 도덕적(또는 이론적) 딜레마에 오랫동안 직면하는 것을 피할 수 없을 것이다.

하비도 지적하듯이 사회정의에 대해서는 여러 가지 개념이 난립하고 있다. 그중 실정법적 관점(정의란 단순히 법과 관련된 사안임), 공리주의 관점(최대다수의 최대행복의 원리에 따라 선악을 구분함), 자연권적 관점(최대다수의 최대행복도 양도할 수 없는 권리를 위배하는 것은 정당화될 수는 없음)이 대표적인 정의 방식이다. 이러한 개념에 대해 더욱 분명하게 인식하고 탈산업 도시와 포스트모던 사회(분절된 사회문화 집단과 다양한 사회운동이 각자 나름의 사회정의 개념을 정교하게 발전시키는)의 '도덕지리학'을 이해하는 것은 하비조차도 쉽지 않은 작업이라고 인정한 바 있다. 1973년에 출판되어 지대한 영향력을 미친 저서 『사회정의와 도시(*Social Justice and the City*)』를 쓴 이후에도 하비는 줄곧 이 근본적인 문제와 씨름해 왔다. 하비는 각기 다른 맥락에서 난립하는 사회정의 개념 간에 타협점을 찾으려는 무의미한 시도를 피하는 대신, 아이리스 영(Iris Young, 1990)의 논의에 따라 억압의 근원에 초점을 맞추어 정의로운 도시계획 및 정책과 관련하여 다음의 여섯 가지 제안을 도출했다.

1. 일터와 삶터 모두에서 노동력 착취를 최소화하는 생산 및 소비체제와 사회정치 조직을 창출하는 문제에 직접적으로 개입해야 한다.
2. 비온정주의 체제에서 소외 현상을 직시해야 하며, 억압받는 집단을 그 억압으로부터 해방시켜 줄 수 있도록 소외의 정치학을 조직하는 방안을 강구해야 한다.
3. 억압받는 자들에게서 권력을 박탈하는 것이 아니라 그들이 권력을 쟁취하고 자기표현을 할 수 있도록 능력을 부양해야 한다.
4. 문화제국주의 문제에 민감해야 하며, 도시 프로젝트의 디자인과 국민협의 모두에서 제국주의적인 태도를 다양한 수단을 통해 제거해야 한다.
5. 능력부양과 자기표현 역량을 파괴하지 않으면서도 증가하는 제도적 폭력을 억제하기 위하여 배타적이지 않고 폭력적이지 않은 사회통제 형태를 모색해야 한다.
6. 모든 사회적 프로젝트가 필연적으로 야기하는 생태적 결과는 원거리 집단뿐만 아니라 미래세대에게도 영향을 미친다는 점을 인식해야 하며 이러한 부작용을 실질적으로 완화시킬 수 있는 조치를 취해야 한다.

하비도 인식했듯이 현대 도시의 도덕지리학을 해석하는 데 고군분투해야 할 점은 아직도 상당히 많이 남아 있다. 실제 세계에 대한 지리학은 사회정의의 여섯 가지 측면을 각자 따로 적용하기보다는 모두를 동시에 고려할 것을 요청한다. 이는 즉 우선순위에 대한 합의점을 찾아야 하며 특정 장소와 맥락에서 유래한 억압을 다루는 데 합리적 준거를 마련해야 함을 시사한다.

글상자 5.7

도시사회지리학과 관련된 주요 영화 – 5장

- Chinatown(1974)
  필름 누아르 장르의 복고적인 탐정 영화로 로스앤젤레스의 교외 확장(14장 참고)에 대한 허구적 이야기이지만, 많은 이들은 이 영화가 미국 지방정치의 핵심을 포착한다고 주장한다. 영화와 도시와의 관계에 관심 있는 사람들이 꼭 봐야 할 리스트에 오를 작품이다.
- Devil in a Blue Dress(1995)
  '신 흑인 리얼리즘'이라고 불리는 장르의 또 다른 탐정 영화로 인종, 정체성, 권력을 다루지만 매우 흥미진진한 이야기 속에 버무려져 미묘하게만 전달된다.
- The Phenix City Story(1955)
  다큐멘터리에 가까운 저예산 영화로 앨라배마 주의 한 도시에서 벌어지는 정치적 부패를 다룬다.
- Sunshine State(2002)
  존 세일즈(John Sayles) 감독의 영화로 이 책에서 다룬 많은 주제(정치학, 인종차별주의, 지역사회 변화 등)를 관통한다. 플로리다 해안가에 있는 오래된 한 흑인 마을이 개발업자의 협박으로 갈등에 놓이는 것을 다루었다. 등장인물이 전부 흥미롭고 복잡한 캐릭터를 지닌다.
- When the Levees Broke: A Requiem in Four Acts(2006)
  칭송이 자자한 스파이크 리(Spike Lee) 감독의 다큐멘터리로 허리케인 카트리나로 인해 뉴올리언스에 엄습한 절망을 다룬 영화다. 이 재앙이 단순히 '자연의 법칙'에 의한 것이 아니라 재난 전후로 보여 준 중앙정부와 지방정부의 태만함 때문임을 말해 주는 영화다.

요약

5.1 도시에서 진행되는 과정은 제도적 틀을 규정짓고 동시에 그 틀에 의해 규정된다. 도시민의 삶에 법은 공적영역과 사적영역을 잇는 결정적인 가교 역할을 한다. 도시지역 경제의 기반이 변화하는 것은 도시에서의 삶에 중요한 함의를 던진다.

5.2 도시가 다수의 정치 및 행정 구역으로 분할되는 것은 지역 민주주의 발전에 이바지하는 것으로 정당화되지만 자원 배분의 심각한 불균등을 야기하기도 한다.

5.3 지역 민주주의의 작동은 선거 체제와 선출 공무원, 관료뿐만 아니라 거주민, 노조, 다양한 상업적 이해집단을 중심으로 한 비공식 집단이 구성하는 의사정치적 구조에 의해서도 영향을 받는다.

5.4 누가 도시를 효율적으로 통치할 권한을 가장 많이 가졌는가에 대한 질문은 무수한 이론을 양산해 냈다. 다원주의, 관리주의, 도구주의, 구조주의 해석이 그 예이다. 조절이론은 이러한 기존 이론의 한계를 극복하기 위한 접근이라고 볼 수 있다.

5.5 시민활동과 국가를 매개하는 제도적 틀의 작동은 사회 및 영역적 정의에 대한 결정적인 문제를 제기한다.

주요 개념

가부장제
거버넌스
게리맨더링
결정 규칙
공적영역
관리주의
교외착취론
그림자 국가
님비
다원주의 모델
대도시 분절화
도시사회주의
레짐이론
발칸화
법률상 영역
보충성 원리
복지 다원주의
부동산 선도 개발
불균등선거구획
사회운동
사회적 재생산
상부구조
성차별주의
시민 기업가주의
시민권
시민사회
연합 구축
온정주의
용도구역제
의사정치적 구조
인종차별주의
자유방임
재정 불균형
재정적 중상주의
정당화 기구
조절양식
조절이론
주의주의
지방 국가
지속가능성
집합적 소비
축적
축적체제
친성장연합
행위주체성
행정구역 분할

읽을거리

공간–제도적 틀

Birch, E.L. (2009) *The Urban and Regional Planning Reader* Routledge, London

Blomley, N., Delaney, D. and Ford, T. *et al.* (eds) (2000) *The Legal Geographies Reader* Blackwell, Oxford

Blomley, N. (2004) *Unsettling the City: Urban land and the politics of property* Routledge, London and New York.

Brenner, N, (2004) *New State Spaces: Urban governance and the rescaling of statehood* Oxford University Press, Oxford.

Clark, G. (1990) Geography and law, in R. Peet and N. Thrift (eds) *New Models in Geography* Unwin Hyman, London

Cox, K. (1989) The politics of turf and the question of class, in J. Wolch and M. Dear (eds) *The Power of Geography* Unwin Hyman, London

Dear, M. (1984) *State Apparatus: Structures and language of legitimacy* Allen & Unwin, London

Dehaene, M. and De Cauter, L. (eds) (2008) *Heterotopia and the City; Public space in a postcivil society* Routledge, New York

Feagin, J. (1997) *The New Urban Paradigm: Critical perspectives on the city* Rowman & Littlefield, Lanham, MD

Hackworth, J. (2006) *The Neoliberal City: Governance, ideology, and development in American urbanism* Cornell University Press, Ithaca, NY

Iveson, K.. (2007) *Publics and the City* Blackwell, Oxford

Jacobs, B. (1992) *Fractured Cities: Capitalism, community and empowerment in Britain and America* Routledge, London

Johnston, R. (1979) *Political, Electoral, and Spatial Systems* Clarendon Press, Oxford

Johnston, R. (1990) The territoriality of law, *Urban Geography* **11**, 548-65

Judge, D., Stoker, G. and Wolman, H. (eds) (1995) *Theories of Urban Politics* Sage, London

Lauria, M. (1996) *Reconstructing Urban Regime Theory: Regulating urban politics in a global economy* Sage, Beverly Hills, CA

Leitner, H., Peck, J. and E. Sheppard (eds) (2007) *Contesting Neoliberalism: Urban frontiers* Guilford Press, New York

Mitchell, D. (2003) *The Right to the city: Social justice and the fight for public space* Guilford Press, New York

Smith, M.P. (1988) *City, State and Market* Blackwell, Oxford

Teaford, J.C. (1997) *Post-suburbia: Government and politics in the edge cities* Johns Hopkins University Press, Baltimore, MD

영국의 도시계획 및 정책

Atkinson, R. and Moon, G. (1999) *Urban Policy in Britain: The City, the state and the market* Macmillan, London

Cullingworth, B. and Nadin, V. (2006) *Town and Country Planning in the UK* Routledge, London

Healey, P., Cameron, S., Davoudi, S. and Graham, S. et al. (eds) (1995) *Managing Cities: The new urban Context* John Wiley, London

Hill, D.M. (2000) *Urban Policy and Politics in Britain* Palgrave, Basingstoke

Imrie, R. and Raco, M. (2003) *Urban Renaissance? New Labour, Community and Urban Policy* Policy Press, Bristol

Imrie, R. and Thomas, H. (eds) (1999) *British Urban Policy and the Urban Development Corporations* (2nd edn) Paul Chapman, London

Oatley, N. (ed.) (1998) *Cities, Economic Competition and Urban Policy* Paul Chapman, London

Strom, E. and Mollenkopf, J. (2006) *The Urban Politics Reader* Routledge, London

미국의 도시계획 및 정책

Cullingworth, B. and Caves, R. (2003) *Planning in the USA* Routledge, London

EU 도시의 거버넌스

Herrschel, T. and Newman, (2002) *Governance of Europe's City Regions* Spon, London

Slate, W., Thornley, A. and Kreukels, A. (2002) *Metropolitan Governance and Spatial Planning* Spon, London

시민권

Valentine, G. and Skelton, T. (2007) The right to be heard: citizenship and language, *Political Geography* **26**, 121-40

Urban Studies (2003) Special Issue on Citizenship, Vol. 24, Issue 2

사회정의

Harvey, D. (1992) Social justice, postmodernism, and the city, *International Journal of Urban and Regional Research* **16**, 588-601

Smith, D. (1994) *Geography and Social Justice* Blackwell, Oxford

Smith, D. (2000) *Moral Geographies: Ethics in an world of difference* Edinburgh University Press, Edinburgh

Smith, D. (2000) Social justice revisited, *Environment and Planning A*, **52**, 1149-62

제 06장

건물 공급 구조 및 도시 환경의 사회적 생산

핵심 문제

- 도시 내 주택의 배분에 영향을 미치는 주요 프로세스는 무엇인가?
- 주택시장의 작동은 도시의 주거 구조에 어떻게 영향을 미치는가?

이 장에서는 사회공간 변증법의 근본적인 측면 중의 하나인 건조환경의 생산과 관련된 구조와 프로세스를 살펴보고자 한다. 여기서 '생산'은 건조환경의 건설뿐만 아니라 도시의 경제적 · 사회적 · 문화적 · 정치적 삶을 위한 물리적 체제를 제공하는 상이한 요소 및 배경의 교환 · 분배 · 사용이라는 넓은 의미로 사용된다. 생산의 이러한 모든 측면은 경제학에서 이야기하는 공급 및 수요 측면에서 파악될 수 있다. 공급 및 수요는 5장에서 이미 살펴본 장기적 경기 순환 내에서 작동(또한 상호작용)하며 변화하는 제도적 구조에 의해 제약을 받는다.

하지만 건조환경의 생산을 단지 경제적 · 제도적 힘에 의해 설정된 무대 위에서 작동하는 공급과 수요의 산물로만 이해해서는 안 된다. 건조환경의 생산은 다양한 행위자(토지 소유자, 투자자, 금융업자, 개발업자, 건축업자, 디자인 전문가, 건축 노동자, 비즈니스 및 공동체 대표, 소비자 포함)가 관련되어 있는 시간 및 장소 특수적인 사회관계의 산물이기도 하다. 또한 정부(지방정부 및 중앙정부)는 중요한 에이전트이면서 다양한 행위자 간의 경쟁의 조절자이기도 하다.

이러한 일련의 관계들이 **건물 공급 구조**를 나타내며, 건물 공급 구조를 통해 건조환경의 사회적 생산을 이해할 수 있다. 건물 공급 구조는 정치경제학의 구조적 요소들(경제적 · 제도적 요소)과의 연계(기능적 · 역사적 · 정치적 · 사회적 · 문화적 연계) 측면에서 이해될 필요가 있다. 이 책에서는 건물 공급 구조에 대한 종합적인 연구를 다루지는 않겠다. 대신에 주요 하위주택시장의 역동성을 통해 주택 공급이 어떻게 사회적으로 구성되는지에 대해 살펴봄으로써 그리고 하위주택시장 내 주요 행위자들이 어떻게 건물 공급 구조에 연루되어 있는지를 살펴봄으로써 건조환경의 사회적 생산을 예증하고자 한다.

6.1 하위주택시장

사회공간 변증법에 대한 건물 공급 구조의 중요성의 대부분은 지리적 공간상 고정되어 있는 필수적 재화라는 그리고 시장에서 투기적 활동의 대상이 되기 쉬운 축적된 부의 형태라는 주택의 특성과 관련이 있다. 이러한 주택의 특성으로 인해 매우 복잡한 도시 주택시장이 형성되며, 도시 주택시장 내에서 서로 다른 사회경제적 집단의 필요와 요구는 일련의 서로 다른 시장의 배열을 통해 특정 유형의 주택과 맞물리게 된다. 간단히 말해서 각각의 도시 내에는 일련의 구별되는 **하위주택시장**(housing submarket)이 존재한다. 이러한 하위주택시장은 국지화되는 결과로 도시 주거 구조에 직접적으로 반영되어 나타난다. 한편 각각의 하위주택시장의 공간적 산물은 토지 소유자, 개발업자, 부동산 에이전트, 주택 관리자와 같은 주요 의사결정자 및 중재자의 행위에 의해 뚜렷한 영향을 받는다. 주요 의사결정자 및 중재자의 동기와 행위는 주택 공급을 효과적으로 구조화한다. 한편 이주하는 가구들은 주택 공급으로부터 그들의 선택을 하게 된다.

하위주택시장에서 구입 가능한 주택은 주택 자체가 제공하는 주거 기능을 지닐 뿐만 아니라 더 나아가 주택 관련 재화와 서비스를 포함하고 있음에 유의할 필요가 있다. 또한 주택은 개인의 보안 · 자율 · 안락 · 복지 · 지위의 주요 결정 요인이다. 주택 소유는 교육 · 의료 · 레저시설과 같은 부족 자원에의 접근에도 영향을 미친다. 이러한 주택 관련 서비스의 순효용성을 일반적으로 주택의 **사용가치**(use value)라고 한다. 주택의 사용가치는 주택 자체의 특성들로만 정해지는 것은 아니다. 왜냐하면 효용성은 소유자의 주관적 판단에 의해 정해지며, 생애주기 · 생활양식 · 사회계층 등에 따라 다양하기 때문이다. 비록 상품으로서의 주택의 특성이 주택의 **교환가치**(exchange value)에 영향을 미치지만 주택의 사용가치가 시장에서의 주택의 교환가치를 결정하는 주요 요인이다. 특히 축적된 부의 형태로서의 주택의 역할이란 주택의 교환가치는 주택으로 인해 불로소득을 얻을 수 있는 그리고 자본을 늘릴 수 있는 가능성에 의해서 영향을 받음을 의미한다.

정치적 · 제도적 맥락의 다양한 제약 내에서 다양한 '행위자'들이 주택시장에 관여하고 있다. 이로 인해 토지이용 변화, 거주 패턴, 사회지역 변화, 주택 가격, 주택의 질 측면에서 파악될 수 있는 공간적 산출물이 나타난다(그림 6.1 참고). 하위주택시장은 ① 주택 특성(주거 유형, 주택 보유 형태, 주택 가격), ② 가구유형(가족적 지위, 경제적 지위, 인종), ③ 입지의 측면에서 정의되어 왔다(그림 6.2 참고). 하지만 도시 내에서 하위주택시장을 공간적으로 명확히 구분하기는 어렵다. 이 장에서는 도시 주택 변화의 주요 경향에 대한 요약 및 설명을 시작으로 주택 공급 관련 주택 에이전시에 대해 자세히 살펴보

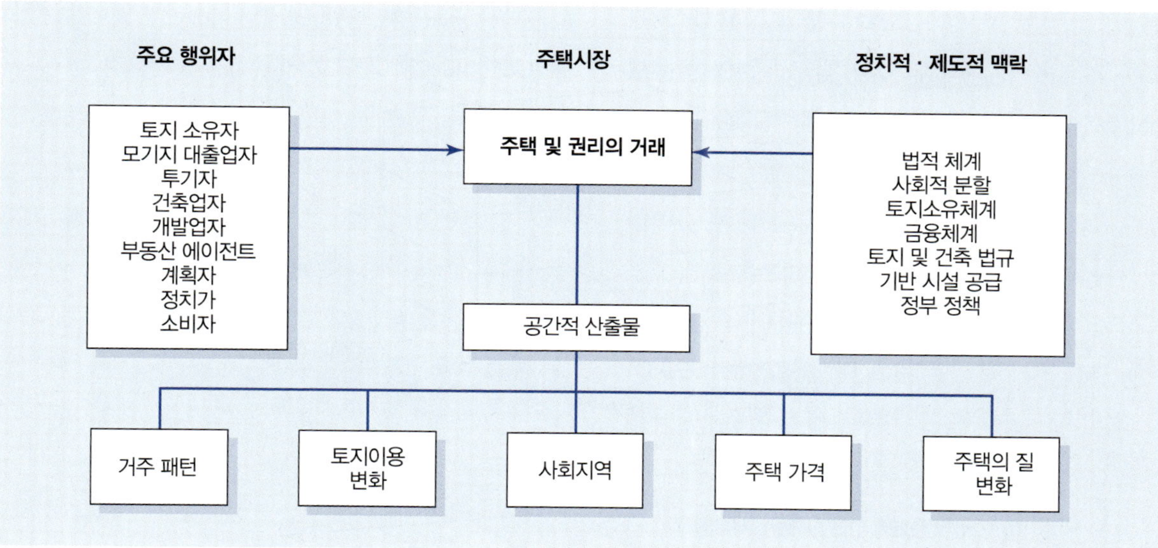

그림 6.1 주택시장에서의 행위자 및 제도
출처 : Bourne(1981), Fig. 4.8, p. 85.

고자 한다. 도시 주택 변화의 주요 경향으로는 주택 소유를 위한 주택 건설의 증가, 저렴한 임대주택의 감소, 많은 국가에서의 공공기관에 의한 주택 건설 및 임대의 증가 및 이후의 감소를 들 수 있다.

주택 소유의 증가

주택 소유의 증가는 모든 서구 국가의 특징이며, 주택 소유는 거주지 분화뿐만 아니라 도시화된 사회의 전체 공간경제에도 뚜렷한 영향을 미친다. 미국의 경우 자가 주택의 비율은 1920년 20%, 1940년 44%, 2005년 65%로 증가했다. 영국의 경우 자가 주택의 비율은 1914년 10.6%에서 1953년 28%로 지속적으로 증가했고, 1973년 52%로 가속화되었으며, 2008년 약 70%로 추산되었다.

19세기 말 전차 교외(streetcar suburb)의 급속한 성장은 주택 소유의 급속한 증가를 가져왔다. 이는 대체적으로 부동산 산업에 의해 조직화되었으며 '아메리칸 드림' 개념을 광고하는 미국의 주택 정책에 뚜렷한 영향을 미쳤다. '아메리칸 드림'이라는 어구는 1931년 제임스 애덤스(James Truslow Adams)의 저서인 『미국의 서사시(*The Epic of America*)』(1931)에 처음 등장했다. 대공황 시대 정치의 산물인 아메리칸 드림의 원래 개념은 미국의 예외주의 사상에 기반을 두었다. 아메리칸 드림은 개인의 자유, 특히 창의성과 노력을 통한 급속한 상향적 사회이동의 기회를 강조했으며, 연속되는 세대들이 지속적으로 향상하는 사회적 · 경제적 조건을 누릴 수 있음을 약속했다. 주택 소유라는 이상은 아메리칸 드림 개념에 접목되었다. 이에 대해 제프리 호스타인(Jeffrey Hornstein, 2005, p. 7)은 다음과 같이 언급하고 있다.

> 직업으로서의 부동산 중개업 개념은 지적 · 문화적 객체로서의 '주택'에 기반을 두었다. … 부동산 중개업자의 문화적 · 정치적 행위로 인해서 저밀도의 교외 개발 지역의 1/4 에이커 필지에 있는 부모 및 자

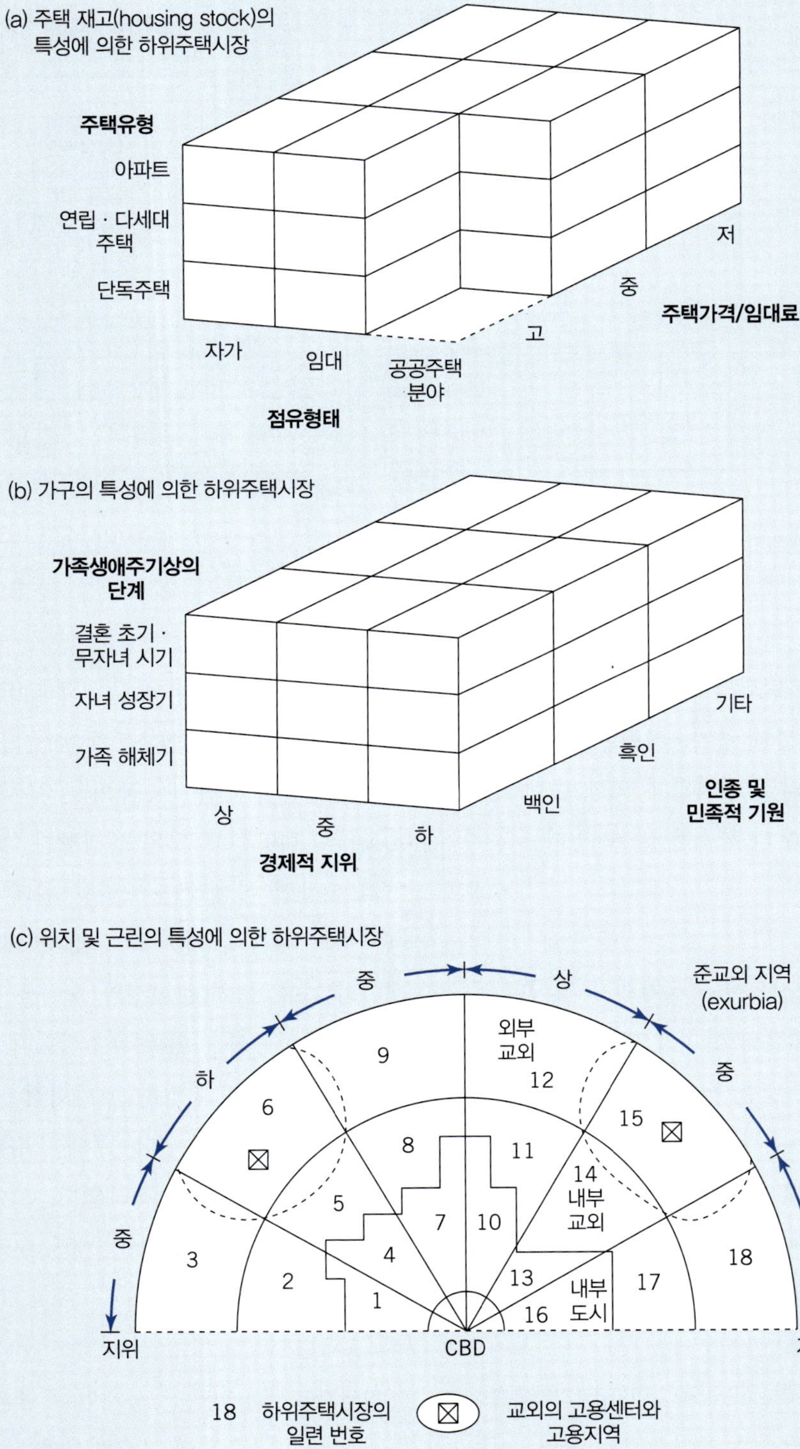

그림 6.2 도시 내 하위주택시장 : 전통적 정의
출처 : Bourne(1981), Fig. 4.9, p. 89.

녀 세대로 구성된 주택은 '아메리칸 드림'이 되었으며, 대부분의 미국인은 이러한 주택을 구입하여 이주했다.

부동산업자는 이러한 주택과 근린지구 개념을 '중산층' 미국 가족의 정상적인 기대로 구체화하는 데 도움이 되는 주택을 판매하기 위한 전략을 체계적으로 개발하고 도입했다.

1915년경부터 1920년대까지 미국 부동산업자는 부모 및 자녀 세대 구성의 주택 소유를 증진시키기 위해 다양한 정부 에이전시 및 시민단체와 협력했다. 그들은 '당신 소유 주택 소유(Own-Your-Own-Home)' 캠페인을 통해 주택을 빚을 져서라도 구입할 가치가 있는 특권적 내구 소비재로 인식시키고자 했다. 대공황의 도래로 주택시장이 붕괴되었을 때 전국 부동산 위원 협회(National Association of Real Estate Boards)는 후버(Hoover) 대통령의 주택 건축 및 주택 소유에 관한 백악관 협의회(White House Conference on Home Building and Home Ownership)와 긴밀히 협력했다. 이러한 협력의 결과로 부동산에 대한 세금 축소가 이루어졌으며, 연방 모기지(mortgage) 은행은 장기 모기지를 대출할 수 있게 되었다. 이는 루즈벨트(Roosevelt) 행정부의 뉴딜 정책 프로그램의 주요 요소가 되었으며, 대공황의 과잉축적에 대응하기 위한 **케인스** 거시경제 관리의 일부가 되었다. 1934년에 설립된 루즈벨트의 연방주택관리국(Federal Housing Admini-stration, FHA)은 모기지 시장을 안정화하고 합리적인 조건의 주택 대출을 조장함으로써 노동집약적인 건설 산업을 증진시키는 데 중요한 역할을 했다. 케인스 정책은 과잉축적 위기에 대한 '공간적 조정(spatial fix)'을 창출하면서 교외 성장의 촉진을 가져왔다. 신규 공급 주택 수가 1933년에는 약 9만 호로 감소된 반면에 1937년에는 33만 2,000호로, 1941년에는 61만 9,000호로 증가했다.

1945년 이후 주택 소유가 다시 급증했다. 이는 전후 베이비 붐과 함께 대공황 및 전쟁 이후의 주택 수요 때문이었다. 전쟁 시기 동안에는 주택 건축업이 파산 상태였으나, 전쟁 종식 후 300만~400만 호의 주택 수요가 발생했다. 1944년 군인재적응법(Servicemen's Readjustment Act)으로 퇴역군인관리국(Veterans Administration)이 설립되었다. 퇴역군인관리국의 주요 목표 중 하나는 퇴역 군인의 주택 소유를 증진하는 것이었다. 이는 1949 주택법(1949 Housing Act)으로 대출 권한이 막강해진 연방주택관리국에 의한 모기지 보험 프로그램에 의해 가능하게 되었다. 결과적으로 교외의 급속한 성장을 가져왔다. 데이비드 하비(David Harvey, 1985)의 주장에 따르면 교외의 급속한 성장은 장기적 성장주기를 창출하고 지속시키기 위한 전략의 일부였으며 국방, 고속도로 건설, 교외 부동산 부문 지원을 위한 엄청난 국가 예산이 투여되는 과정에서 발생한 '공간적 조정'이었던 것이다. 결과적으로 국방 산업 및 건설업뿐만 아니라 자동차 산업 및 소비자 내구재 산업 관련 직업이 증가했다. 역사학자 리자베스 코헨(Lizabeth Cohen, 2003)은 이 시기 동안 어떻게 미국이 새로운 매체인 텔레비전으로 광고되는 자동차, 주택, 제조된 가구 재화에 대한 대량 수요에 기반을 둔 사회, 즉 소비자 공화국으로 발달하였는지에 대해 조명했다.

디지털 기술, 바이오 기술, 고차 비즈니스 서비스에 기반을 둔 산업의 성장으로 인한 1980년대 및 1990년대의 신경제 호황은 주택 호황을 가속화시켰다. 이 시기에 모기지 이자율은 최저 수준이었다.

2000~2001년의 닷컴(dot-com) 투기 버블의 붕괴로 인해 자본이 건조환경 부문으로 이동하면서 부동산 시장은 더 호황을 맞게 되었다. 무모한 닷컴 호황의 몰락으로 인해 부동산은 부유층에게 매력적인 투자 대상이 되었다. 점점 더 경쟁력을 가진 그리고 주택 자금 대출에 관대한 신용 대출업의 보조에 힘입어 사람들은 최대한 빨리 주택 거래를 행하고자 했다. 사람들은 신용 대출업의 매우 다양한 종류의 모기지 상품을 통해 주택을 구입할 수 있었다. 매우 다양한 모기지 상품을 통해 자금이 시장에 과잉 공급됨으로써 2000년대 전반의 주택시장 거품을 초래했다.

전통적으로 은행과 저축 및 대출 회사는 소비자로부터 받은 예치금을 바탕으로 한 모기지 대출을 했다. 이러한 관행과 연방 기관의 개입으로 인해 모기지 대출액의 한도가 설정됨에 따라 시장은 자연스럽게 안정되었다. 하지만 2000년대 초 주택 건설의 호황으로 모기지 대출업자는 모기지를 채권시장에 판매하기 시작했다. 이러한 시스템의 개발로 인해 추가적 대출은 더욱 용이해졌으며 은행은 대출자에 대한 신용도 평가를 더 이상 주의 깊게 하지 않아 주택자금 대출은 남용되기 시작했다. 연방 기관에 의해 보증된 '프라임(prime)' 대출업자가 꺼리는, 신용도가 낮으며 수입이 적은 사람에게 자금을 빌려주는 '서브프라임(sub-prime)' 대출은 새로운 유형의 모기지 중 하나이다. 연방 모기지 한계액인 41만 7,000달러(20만 2,000유로)를 초과하는 부동산에 대출을 해 주는 '점보(jumbo)' 모기지도 새로운 유형의 모기지이다. 은행은 이러한 모기지를 판매하여 수수료로 엄청난 이익을 챙겼다. 자연스럽게 은행은 모기지 브로커에게 이러한 모기지 판매를 종용했다. 2005년 기준으로 5개의 모기지 중에서 1개의 모기지는 서브프라임 모기지였다. 특히 큰 규모의 메트로폴리탄 지역의 값비싼 주택시장에서 처음으로 주택을 구입하려고 하는 최근의 국제 이주자에게는 서브프라임 모기지의 인기가 높았다.

문제는 이러한 서브프라임 모기지는 2년 동안 갚는 금액이 고정되어 있지만 그 이후에는 대출금리가 변동되면서 갚는 금액이 훨씬 증가한다는 것이다. 결과적으로 채무자의 채무 불이행이 증가하고, 불량 대출이 증가함에 따라 채권자는 원리금도 상환받을 수 없게 되었다. 서브프라임 모기지로 인한 첫 번째 피해자는 영국 회사인 노던 록(Northern Rock)이었다. 한편 미국에서는 서브프라임 모기지로 인한 소유권 상실 및 재산 압류의 물결이 거세게 일어났고, 많은 근린지구들이 공가로 인해 쇠퇴되었으며, 1930년대 대공황 이후 처음으로 주택 가격이 하락했다(글상자 6.1 참고). 그림 6.3은 2005년부터 2008년까지 클리블랜드 메트로폴리탄 지역에서의 서브프라임 대출의 분포를 나타내고 있다. 놀랍게도 이 지도에 나타난 서브프라임 대출의 분포는 동일 도시에서의 흑인의 분포와 일치한다(그림 6.4 참고).

영국에서는 주택 소유 비율을 높이기 위한 다양한 정책이 시행되었는데 예를 들면 다음과 같다.

- 주로 임대되었던 1919년 이전에 건축된 주택을 구입할 수 있도록 주택건설조합에게 보조금을 제공하였다.
- 부동산 소득에 대한 과세를 철폐하고, 총 과세 대상 소득으로부터 모기지 이자 상환액을 공제할 수 있는 납세자의 권리를 유지하였다(현재는 폐지됨).
- 양도소득세 부과 시 주택은 제외해 주었다.
- 지방 당국이 모기지를 제공하였다.
- 지방 당국이 소유하고 있는 주택을 현재 세 들

글상자 6.1

도시사회지리학의 주요 경향 – 서브프라임 모기지 대출 위기('신용경색')

서구 경제에 영향을 미치는 주택과 주택 소유의 막강한 힘은 2007년에 발생한 서브프라임 모기지 대출 위기('신용경색'으로도 널리 알려져 있음)에 의해 여실히 드러났다. 문제의 근원은 바로 21세기 초반 미국에서 신용도가 낮은 저소득층을 대상으로 한 모기지 대출의 대중화에 있었다. 신용도가 낮은 저소득층을 소위 서브프라임 시장이라고 하며, 수입이 없고(no income), 직업이 없으며(no jobs), 자산이 없는(no assets) NINJAs라고도 일컫는다. 사실 모기지를 대출받았던 대부분의 사람들은 직업을 가지고는 있었지만, 대출 기관은 대출자 본인 스스로 인증한 고용 관련 내용만을 바탕으로 대출을 시행함으로써 대출자의 소득 안정성을 검토하는 데에는 주의를 거의 기울이지 않았다. 더 나아가 주택을 소유하기 원하는 신용도가 낮은 저소득층을 유혹하기 위한 부도덕한 비즈니스 행위가 이루어졌다. 대출 초기 몇 년 동안에는 저금리가 적용되지만, 많은 대출자들은 대출이 변동금리로 전환되면서 대출 이자액이 상당히 불어난다는 점을 인지하지 못했다. 미국에서 보다 안전한 프라임 시장에서의 대부분의 주택 대출은 일반적으로 고정금리이기 때문에 많은 서브프라임 모기지 대출자(특히 허약자, 노인, 교육 정도가 낮은 사람)들은 대출 기관에 의해 충분히 설명되지 않을 수도 있는 약관 세부 사항을 인지하지 못했다. 또한 주택 가격이 상승하는 시기에 주택을 소유하지 못한 사람은 상승하는 부동산 가치를 어떻게든지 획득해 보고자 하는 엄청난 압박을 받는다.

결과적으로 경제적 불확실성 및 저소득층 실업률 증가, 이자율 상승, 과잉 주택 공급으로 인한 주택 가격 하락이라는 경제적 재난이 발생했다. 2005~2008년 사이에 대출 채무 불이행이 급증했고 대출 시점의 가격보다 낮은 가격으로 주택이 압류되는 사례가 급증했다. 결과는 두 가지로 나타났다. 첫째, 거시적 경제 수준에서 전 세계 은행업이 위기를 맞았다. 이러한 위기 발생 원인은 서브프라임 모기지가 담보 보증 채무 제공(collateralized debt offerings, CDOs) 및 구조 투자 수단(structured investment vehicles, SIVs)으로 알려진 패키지에 포함되어 다른 은행 및 금융기관에게 재판매되었기 때문이었다. 금융 재설계를 통해 대출 관련 위험을 분산시키고 대출 기관은 규제를 받는 대출–자본 비율의 10대 1 한계를 벗어날 수 있기를 기대했다. 하지만 금융서비스 산업 관련자들은 대부분 그들이 무엇을 구입하는지도 충분히 이해하지 못했으며, 다양한 위험 평가 에이전시도 서브프라임 모기지 대출과 관련된 위험을 과소평가했다. 결과는 글로벌 스케일에서 은행의 막대한 손실로 나타났으며, 위험에 대한 반감과 신용을 위한 유동성 결여 소위 '신용경색'을 가져왔다.

둘째, 미시적 수준에서 신용경색은 개별 가구에게 심각한 영향을 끼치며, 신용경색으로 인해 심각한 영향을 받는 가구들은 대개 특정 지역에 집중 분포한다. 미국의 경우 전체 대출 중 서브프라임 대출이 40%를 초과하는 두 지대는 L 모양을 형성하고 있다. 첫 번째는 노스다코타부터 텍사스까지 연결되는 지대이며, 두 번째는 텍사스부터 사우스캐롤라이나까지 연결되는 지대이다(뉴욕타임스, 2007년 11월 3일자). 절대적 수측면에서는 특히 캘리포니아, 일리노이, 오하이오가 모기지 위기로부터 타격을 입었다. 모기지 채무 불이행, 재산 압류, 주택 유기(housing abandonment), 근린지구 쇠퇴에 의해 특히 영향을 받은 도시는 클리블랜드였다. 또한 흑인이 대출 위기의 영향을 더 받았다. 신용경색은 미국 내 흑인 공동체의 막대한 재산 손실을 가져왔다.

주요 관련 개념

소유의 문화, 인종 선호 가설, '레드라이닝', 극빈층 가설

더 읽을거리

Turner, G. (2008) *The Credit Crunch: Housing bubbles, globalization and the worldwide economic crisis* Pluto Press, London

관련 내용

2장 : 케인스주의와 포드주의의 장기 호황

6장 : 글상자 6.3 수잔 스미스

어 사는 사람이나 갓 결혼한 부부에게 시장가격보다 훨씬 낮은 가격에 판매하였다.

- 저소득층이면서 처음으로 구택을 구입하는 사람에게 금리가 낮은 대출을 제공할 수 있는 '선택 모기지(option mortgage)' 제도를 도입하였다.

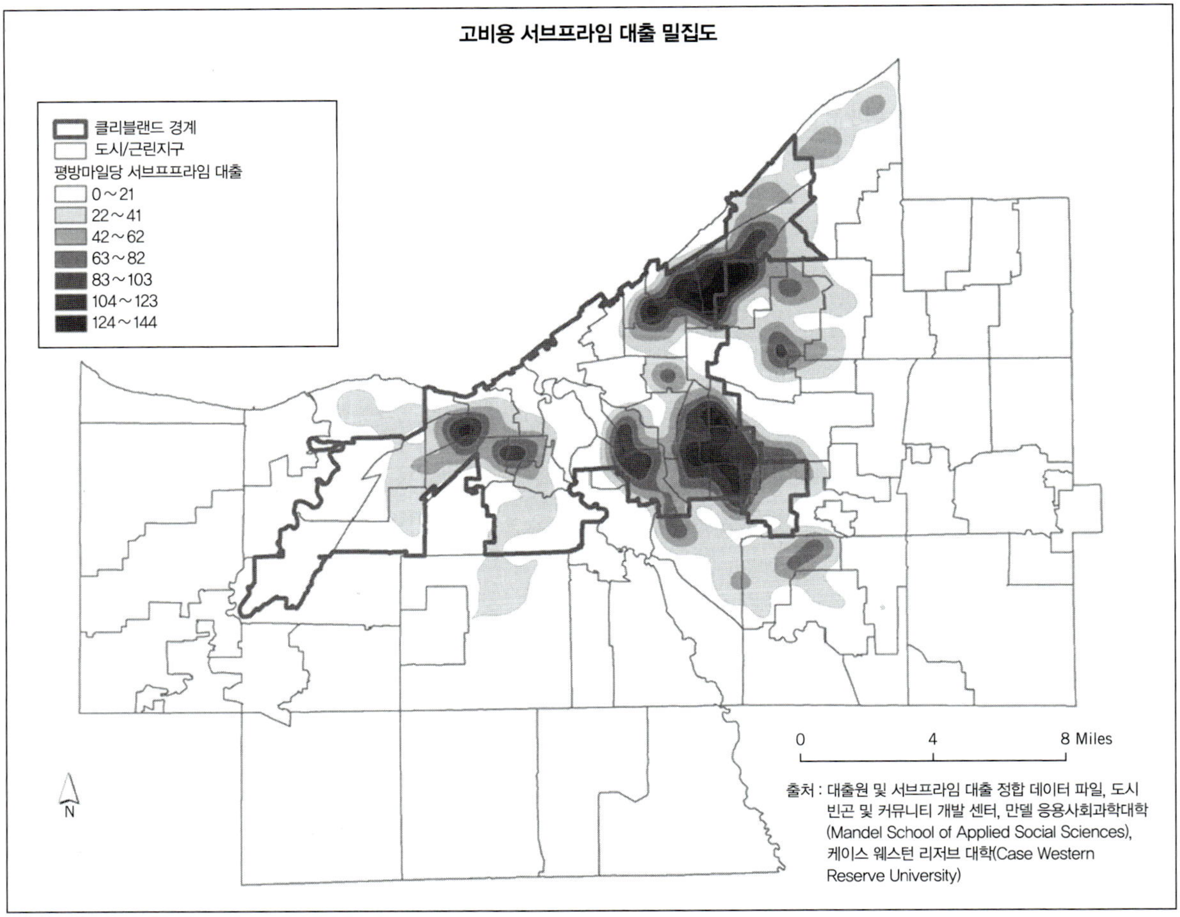

그림 6.3 2005~2008년 클리블랜드 메트로폴리탄 지역 내 서브프라임 대출의 분포
출처 : Western Reserve University, Coulton, C *et al.*(2008), p. 13.

- 자가 주택을 건설할 수 있는 개발 토지를 획득하기 위해 개발 토지를 강제적으로 구입할 수 있는 공권력을 유효화하였다.
- 주택 소유율을 높이는 데 도움이 되는 주택 건설 부문에 대해서 주택 건축 조합을 통한 보증을 해 주었다.
- 공공주택 재고분을 저렴하게 판매하였다.

영국에서는 1970년대 동안에 모기지에 대한 세금 공제 보조금이 5배로 증가했으며, 2000년대 초반에는 자가 소유에 대한 국가 보조금이 공공 부문 주택에 대한 보조금 대비 40% 정도 더 높았다. 비록 구체적 정책 도구들은 상이하지만 영국과 유사한 주택 개발이 다른 국가에서도 이루어졌다. 예를 들어 많은 서부 유럽 국가에서 자가 주택 소유에 대한 직접적인 보조금 지원은 주택 소유율을 높이는 데 주요한 역할을 했으며, 저소득층 가구들은 보조금이 지원되는 대출을 이용할 수 있게 되었다.

사적 임대의 감소

주택 소유의 증가로 인해 사적 임대주택의 감소가 나타났다. 20세기 초반부터 중반까지는 도시에서

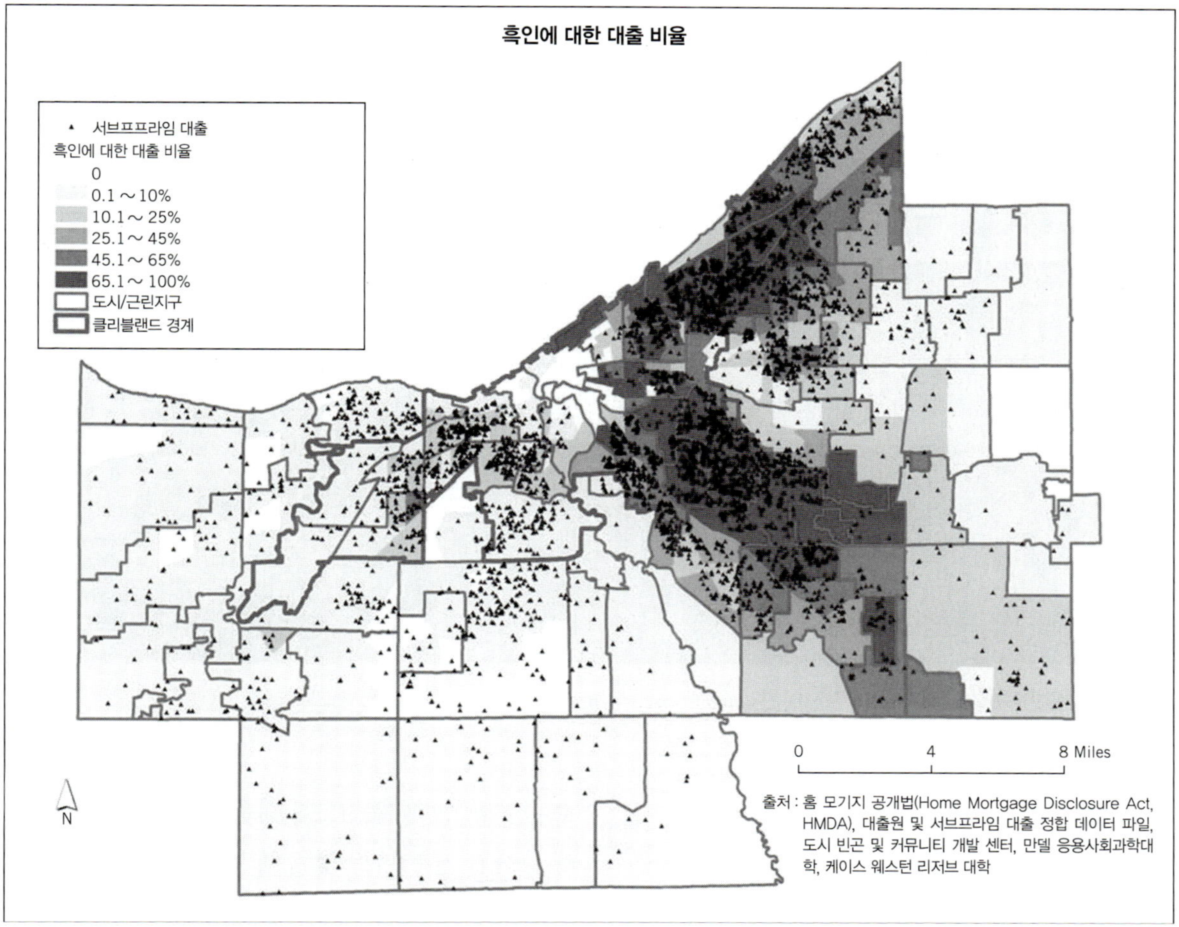

그림 6.4 2005～2008년 클리블랜드 메트로폴리탄 지역 내 서브프라임 대출 및 흑인 인구의 분포
출처 : Western Reserve University, Coulton, C *et al.*(2008), p. 14.

전체 가구의 80~90%가 사적 임대주택에 거주했다. 하지만 현재 북아메리카 도시에서는 전체 가구의 25~35%가 그리고 대부분의 유럽 도시 및 오스트레일리아 도시에서는 10~20%가 사적 임대주택에 거주한다. 이러한 사적 임대주택의 감소는 영국에서 가장 뚜렷이 나타났다. 영국의 경우 1914년에는 주택 재고의 약 90% 그리고 1947년에는 주택 재고의 약 60%가 사적 임대주택이었으나, 현재는 주택 재고의 약 10%만이 사적 임대주택이다.

이러한 사적 임대주택의 감소는 ① 임대주택 투자 시의 상대적 투자 회수율의 변화에 대한 주택 소유주의 반응, ② 주택 소유 및 (유럽에서의) 공공 소유와 연관되어 있는 재정적 이점에 대한 가구의 반응을 반영하고 있다. 사적 임대주택의 감소는 거시적인 경제적 · 정치적 변화의 산물이기도 하다.

임대료 규제의 효과

일반적으로 주택 소유주는 임대주택에의 투자를 줄이기를 원한다. 1914년 이전에 임대 부동산 투자로부터의 소득은 유지 및 관리 비용을 제하더라도 일

영국의 노동자 계층 주택 : 제조업 도시의 유물(사진 : Paul Knox)

류 증권으로부터 얻는 이익의 약 2배에 달했다. 하지만 2차 세계대전 이후 영국에서는 장기 국채로부터 9%의 이익을 얻을 수 있었던 반면에 주택 소유주는 임대주택 투자로부터 단지 6% 정도의 이익만 얻을 수 있었다. 임대주택 투자의 상대적으로 낮은 투자 회수율과 그에 따른 임대주택 공급 감소의 주요 원인 중 하나는 **임대료 규제**였다. 임대료 규제는 1차 세계대전 중의 주택 부족으로 인해 주택 소유주들이 폭리를 취하는 것을 막기 위해 많은 국가에서 도입되었다. 임대료 규제 도입 이후 정부는 도시 유권자들이 임대료 규제 폐지를 선호하지 않을 것을 두려워한 나머지 임대료 규제를 지속하는 경향이 있었다.

임대료 규제로 인해 주택 소유주는 대출 · 유지 · 관리 비용으로 적정 이윤을 남기지 못하게 되었다. 이러한 상황은 주택 소유주가 감가상각비를 세금으로부터 공제받지 못하도록 하는 과세 정책뿐만 아니라 강화된 건축 기준 및 주택 법령의 도입으로 악화되었다. 한편 사적 임대 부문의 세입자들의 소득 증가율은 일반적으로 평균 이하였다. 인플레이션과 함께 증가하는 주택 소유주의 비용으로 인해 많은 주택 소유주들은 주택을 세입자나 재개발에 관심이 있는 개발업자에게 매매했다.

투자 회수의 공간적 효과

일부 도심 근린지구에서는 주택이 물리적으로 노후화되어 주택 소유주가 구매자를 찾지 못하고 주택을 버릴 수밖에 없는 지경에 이르렀다. 주택 수요가 높은 지역에서는 투자 회수를 촉진시키기 위해 전문 에이전시가 투입되었다. 이는 특히 런던에서 뚜렷이 나타났다. 일링(Ealing), 치스윅(Chiswick), 스트리덤(Streatham)과 같은 런던 교외지역 및 켄싱턴(Kensington), 첼시(Chelsea), 웨스트민스터(Westminster)와 같은 런던 도심지역의 많은 주택은 전문 회사를 통해 매매되었는데 이는 대규모의 부동산 회사 및 보험 회사와 같은 주택 소유주를 위한 것이었다.

영국의 경우 2차 세계대전 이후 약 400만 호의 주택이 주택 소유주로부터 자가 소유자에게 매매되었다. 사적 임대를 위한 신규 주택 공급은 거의 없게 되자 노후화된 주택만이 사적 임대 부문에 남게 되었다(영국의 주택 재고 중 약 70%는 1950년 이전에 건축되었다). 그리고 임대료 규제의 여파로 인해 대부분의 사적 임대주택은 심하게 노후화되었다. 이러한 주택 노후화로 인해 많은 도심에서의 사적 임대주택 재고의 고갈을 가져왔으며, 이후 도시재생으로 주택은 철거되었다.

이러한 사적 임대주택의 양 감소 및 질의 저하는 다음과 같은 여러 가지 측면에서 도시의 사회지리에 영향을 미쳤다.

- 사적 임대주택 양의 감소 및 질의 저하로 인해 도심지역의 중산층 및 비교적 경제적 능력이 있는 노동자 계층은 교외의 자가 소유 주택으로 이주하게 되어 도심지역의 쇠퇴를 가속화시켰다.
- 사적 임대주택 양의 감소 및 질의 저하는 값싼 임대주택을 원하는 다양한 사회집단을 점점 더 규모가 축소되는 주택시장으로 내몰았으며, 결과적으로 도심 근린지구 및 도심 인구의 재구조화를 가져오게 되었다. 값싼 임대주택을 원하는 사회집단에는 젊은 부부와 같은 다양한 형태의 단기 체류 가구가 포함된다. 사적 임대주택 이용은 젊은 부부에게 일시적이지만 나중에 자가 소유 주택이나 공공주택으로 이주하기 전까지는 필수적이다. 또한 모기지를 대출받을 확률이 거의 없어 도심에 보다 영구적으로 거주하는 사람들이 있다. 예로는 저소득가구, 저소득 이민자, 한부모 가정, 고정 수입에만 의존하는 노인 가구를 들 수 있다.
- 이러한 경제적 수준이 비슷하지만 사회적·인종적으로 매우 다른 사회집단 간의 값싼 임대주택에 대한 심한 경쟁은 사회적 갈등의 확대를 불가피하게 초래하며, 이는 결국 영역적 분리 및 방어적 근린지구(defended neighbourhood)의 발달을 가져온다.

사적 임대 부문의 축소는 선택적이었음에 유의해야 한다. 대도시의 경우에는 도심에 위치한 고급 아파트에 대한 수요가 충분하기 때문에 도심의 고급 아파트에 대한 투자가 이루어진다. 따라서 런던, 파리, 브뤼셀, 취리히와 같은 도시에서는 사적 임대 부문 내 비싼 주택에 대한 수요가 지속되어 왔다. 오스트레일리아와 북아메리카의 일부 부유한 도시의 경우에는 고소득층을 위한 임대 아파트 신규 건축량이 저소득층을 위한 임대주택 철거량과 비슷해서 주택 재고에서 사적 임대 부문이 차지하는 비중이 유지되어 왔다. 북아메리카의 급성장하는 도시의 경우에는 토지와 자본의 공급이 부족하여 임대주택에 대한 수요가 증가했다.

공공주택 개발

장기적 주택 공급 패턴에 있어서의 여타 주요 변화와 마찬가지로 공공주택의 등장은 주택에 대한 요구·수요 패턴 변화의 결과라기보다는 거시적인 경제적·정치적 요인의 산물이다. 공공주택은 다양한 방법으로 공급된다. 영국의 경우 얼마 전까지만 하더라도 모든 공공주택은 지방정부에 의해 공급되었다. 하지만 현재는 이윤을 추구하지 않는 자발적 부문이 주택 건축 조합을 통하여 공공주택 공급의 주요 역할을 담당하고 있다. 네덜란드, 덴마크, 스웨덴에서는 대부분의 공공주택이 조합에 의해 공급되고 있다.

공공주택의 질과 범위는 궁극적으로 중앙정부, 지방정부, 공공기관의 자원과 성향에 의존한다. 이러한 이유로 특정 사례를 들지 않고서는 공공주택 공급의 경향을 이해하기란 어렵다. 여기서는 영국의 공공주택 사례에 초점을 맞추고자 한다.

영국의 공공주택

비록 최근 몇 년 동안 사유화 정책(글상자 6.2 참고)으로 인해 공공주택이 감소되었지만, 영국 도시에서 공공주택은 많은 비중을 차지하고 있다. 영국 도시에서 공공주택이 차지하는 비율은 평균 20%이며, 스코틀랜드 도시의 경우에는 약 50%를 차지하고 있다. 낮은 임대료의 공공주택 공급은 개혁주의 공중보건 운동 및 도시계획 운동의 일부로서 19세기 말에 등장했다. 하지만 공공주택 개발은 느리게 이루어졌다. 19세기 말 당시의 법률은 엄격하지 않아서 지방정부는 가난한 사람을 위해 주택을 공급할 수는 있었지만 의무적이지는 않았으며, 중앙정부로부터의 재정적 보조는 전무했다. 대부분의 지방정부는 공공주택의 공급을 자선 주택 단체의 활동에만 의존했다.

대규모의 공공주택 공급은 1919년에 처음으로 이루어졌다. 이는 1914~1918년 1차 세계대전 시기의 주택 공급 중단으로 인한 심각한 주택 부족 현상과 함께 로이드 조지(Lloyd George) 수상의 '영웅에게 적합한 주택(Home's fit for Heroes)'이라는 선거 공약에 의한 것이었다. 신규 주택, 특히 노동자 계층 임대주택의 공급을 조절하고 체계화하려는 노력은 정치적으로도 필요했다. 이로 인해 지방정부는 노동자 계층 임대주택의 공급을 책임져야 했으며 재원을 조달해야 했다.

2차 세계대전 후 새롭게 들어선 노동당 정부는 공공 부문에 심혈을 기울였으며, 지방정부의 역할을 노동자 계층을 위한 주택 공급에만 제한하였던 규정을 없애는 주택법(Housing Act)을 1949년에 통과시켰다. 이때부터 지방정부는 공동체의 필요에 따른 공공주택의 공급 확대가 가능하게 되었고, 이로 인해 주택 공급이 급속히 증가했다. 이후 보수적 정부의 회귀와 함께 공공주택 공급은 슬럼 철거 프로그램과 노인, 빈곤자와 같은 특정 사회집단의 필요와 밀접한 연관성을 지니게 되었다. 공공주택 공급 관련 국고 보조금은 꾸준히 증가했으며, 일련의 입법으로 인해 공동체를 위한 지방정부의 공공주택 공급 권한 및 책임이 강화되었다. 1970년대 초반에는 공공주택의 대량 공급으로 인해 영국 도시의 주택 재고 특성이 변하게 되었다.

1980년대 대처(Thatcher) 정부의 등장과 신자유주의 정책 실행으로 인해 공공주택 공급의 증가는 재검토되었다. 동시에 주택의 평가 가치 대비 최대 60%까지 할인하여 세입자에게 지방정부 소유 주택을 매매하는 것을 장려하는 보수주의자들의 정책으로 인해 공공주택 재고는 감소하게 되었다. 이러한 공공주택의 감소는 신자유주의의 등장에 의해 촉진된 **자본 재구성**(recapitalization)의 결과로 나타난 것이었다. 공공주택의 감소는 공공 지출의 축소, 과세 축소, 공공 서비스의 사유화와 함께 나타난 것이었다. 실제로 영국의 경우 지방정부의 지출 예산, 특히 주택 관련 지출 예산은 급격히 삭감되었다. 이러한 주택 관련 지출 예산의 급격한 삭감은 사회보장, 국

글상자 6.2

도시사회지리학의 주요 경향 – 영국 사회 주택 재고의 변화

1997년부터 2009년까지 영국 노동당 정부의 사회 주택 분야의 정책들로 인해 최근 복지 체계 구조의 엄청난 변화가 나타났다. 지방정부가 소유하고 통제하는 주택은 국가 보건 서비스와 함께 한때 영국 복지 체계에서 가장 중요한 부문이었다. 하지만 지방정부의 건축 비율 감소로 인해 지방정부 주택이 영국 전체 주택 재고량에서 차지하는 비율이 약 1/3에서 1/5로 감소하게 되었다. 더 나아가 1980년대 보수당 정부는 사회 주택을 공공 지출 축소를 위한 주요 대상으로 삼았다. 그 결과 보수를 필요로 하는 주택이 급격히 증가했다. 그래서 노동당 정부는 사회 주택 재고의 변화에 사적 부문의 자본과 관리 기술을 끌어들이기 시작했다.

사회 주택의 세입자들은 다음의 양도(transfer) 방안 중에서 한 가지를 선택하기 위해 투표를 할 수 있다.

- 사적 부문의 공인된 사회적 지주(registered social landlord, RSL)(보통은 주택 건축 조합)에게 주택을 양도
- 사적 금융 이니셔티브(private finance initiative, PFI)를 도입

이러한 사회 주택 양도 과정에 대해 논란이 심했으며 일부 거주자들과 의회들은 주택 양도 과정을 저지하고자 했다. 비평가들은 지방정부가 사회 주택을 지속적으로 관리하고 수리할 수 있는 대안적 방안이 훨씬 비용이 적게 들 것이라고 주장한다. 또한 비평가들은 사회 주택 양도를 위한 투표 전에 세입자에게 제공되는 정보가 선전용이라고 주장한다. 사회 주택이 공인된 사회적 지주에게 양도되었을 경우 보통 임대료는 상승했으며 임대료 연체로 인한 세입자의 강제 퇴거율이 증가했다.

사회 주택 양도 정책을 지지하는 사람들은 오히려 사회 주택 정책을 지지하는 사람들이 잘못된 정보를 선전하기 쉽다고 주장하며, 대부분의 공인된 사회적 지주들이 영국주택법인(UK Housing Corporation)에 의해 통제를 받는 주택 건축 조합이라는 점을 강조하고 있다. 주택 건축 조합은 이윤을 주택, 서비스, 근린지구에 재투자하는 비영리의 사회적 비즈니스이다. 또한 사회 주택 양도 정책을 지지하는 사람들의 주장에 따르면, 새로운 임대 계약 체결은 로컬 의사결정에의 민주적 참여도를 제고할 뿐만 아니라 근린지구 쇠퇴와 반사회적 행동과 같은 이슈를 다루는 전략 개발에도 도움이 된다.

최근 사회 주택 정책에 있어서 정책의 강조점이 변화하고 있는 징후가 나타나고 있다. 사회 주택을 임대받기 위해 170만 명의 사람들이 기다리고 있다는 점과 '신용경색'과 함께 주택 재구매율이 급격히 증가하고 있다는 점으로 인해 사회 주택 신축 공급량을 2만 호에서 4만 5,000호로 2배 이상 늘려 공급하려는 계획이 진행되고 있다. 또한 2008년에 노동당 정부는 지방의회와 주택 건축 조합이 부동산 지분을 공유할 수 있는 모기지 구조 제도를 도입했다. 이로 인해 모기지 상환으로 부담을 겪고 있는 가구들의 강제퇴거율이 감소되었다. 전반적으로 볼 때 사회 주택 부문은 엄청난 도전을 받고 있다. 영국에서는 2010년의 경우 약 500만 명의 사람들이 사회 주택을 임대받기 위해 기다리고 있으며, 현재 사회 주택 세입자들의 절반이 실업 상태이다.

주요 관련 개념

자산 매각, 탈분권화, '공동화', 주택 건축 조합, 사유화, 의사국가, 잔여화, 그림자 국가, 자원봉사 부문

더 읽을거리

Hull, A. (2006) Facilitating structure for neighbourhood regeneration in the UK: the contribution of Housing Action Trusts, *Urban Studies* **43**, 2317–50

관련 내용

13장 : 서비스 부문 재구조화

방, 교육, 보건 분야에서 비슷한 정도의 예산 삭감이 보다 어려웠던 것과 연관이 있었다. 만약 사회보장, 국방, 교육, 보건 분야에서 주택 분야와 비슷한 정도의 예산 삭감이 있었다면 집권 보수 정당의 정치적 기반층이 흔들렸을 것이다.

공공 부문 내 사회공간적 차별화

영국의 공공주택 정책은 영국 도시의 형태와 사회지리에 영향을 크게 미쳐 왔다. 공공주택 지역(또는 과거에는 지방정부 소유였으나 소유권이 개인에게 이양된 주택)은 도시구조 전체적으로 나타나지만 특

히 교외지역에 집중 분포한다. 북아메리카 도시에서의 공공주택 지역과 비교해 본다면 일반적으로 영국 도시에서의 공공주택 지역은 자가 소유 주택과 혼합된 형태로 나타나며 보다 광범위한 사회경제적 계층이 거주하고 있다. 영국 도시에서의 공공주택 지역이 자가 소유 주택과 혼합된 형태로 나타나는 것은 영국 지방정부가 도시계획에 있어 강력한 권한을 지니고 있다는 점에서 부분적으로 설명된다.

미국과 같은 보다 개방적인 사회에서는 사회집단 간의 영역적 분리(territorial segregation)가 뚜렷이 나타나는 반면에 영국과 같이 사회적 계층화 정도가 높은 사회에서는 사회집단 간의 **상징적 거리 두기**(symbolic distancing) 형태로 나타난다. 많은 비평가들이 지적한 바와 같이 대부분의 지방정부 소유 주택이 미학적으로 무미건조하게 보인다는 사실이 재정적 제약으로 인해 디자인이 한계를 지니고 있다는 사실보다도 더 중요하기 때문에 건축의 역할을 연구하는 것은 흥미로울 것이다.

또한 공공주택 재고 내에서 상당한 정도의 차별화가 존재한다는 점에 유의해야만 한다. 이러한 차별화의 대부분은 공공주택 공급의 역사적 맥락 내에서 설명될 수 있다. 영국의 경우 다음과 같이 여섯 시기로 구분해 볼 수 있다.

1. 1920년대에는 오두막집 스타일의 두 가구 연립주택들로 주로 구성되어 있었던 초기 주택 단지가 건축되었다.
2. 1930년대에 건축된 의회 주택 단지의 후속 세대는 슬럼 철거 지역에 건축된 3~4층의 계단식 연립주택 단지였다. 이 연립주택 단지는 초기 주택 단지와는 다른 사회적 특성을 지녔으며 단지 건설 이후 대중에게 평판이 좋지 않았다.
3. 전후 공공주택 건설의 호황으로 새로운 특성을 지닌 공공주택 단지가 형성되었다. 이 시기에는 모든 도시마다 수만 명의 공공주택 임대 대기자가 있었으며 심한 재정적 제약과 건축 자재의 심한 부족 현상이 나타났다. 이로 인해 기능적이지만 장식이 없는 거대한 공공주택 단지가 도시 주변 지역에 조성되었으며, 공급된 대부분의 공공주택은 저층의 다가구용 주택 형태를 지니게 되었다. 이러한 도시 주변 지역의 공공주택 단지는 대기자 중에서 공공주택을 가장 필요로 하는 대기자를 우선 대상으로 하여 건설되었기 때문에 사회경제적 수준에 따라 순차적으로 공간적 분리가 나타나게 되었다. 따라서 첫 번째로 건설된 주택 단지는 사적 부문 주택시장에서의 경쟁이 거의 불가능한 비숙련·반숙련 노동자와 이전의 주택에서 과밀하게 거주하였던 대가족에게 임대되었다. 이러한 가구들이 공공주택 대기자 중에서 먼저 임대를 받게 되었고 그 이후에 건설된 공공주택 단지에는 보다 소가족이면서 상대적으로 경제적 여유가 있는 가구들이 거주하게 되었다.
4. 기존의 공공주택 잔여분이 소진된 후에는 건축적인 측면과 계획적인 측면에서의 실험적 시도가 이루어짐으로써 공공주택의 차별화가 보다 심화되었다. 결과적으로 대중성과 지위 수준 측면에서 공공주택의 차별화가 나타났다.
5. 1960년대 공공주택 호황은 복층 아파트와 고층 아파트 단지로 주로 구성되어 있는 독특한 주택 환경의 조성을 가져왔다. 이러한 복층 아파트와 고층 아파트 단지는 대부분 도심의 슬럼 철거 지역에 조성되었다. 1960년대에 고층 개발을 강조한 데는 여러 가지 요인이 있었다.

가장 중요한 요인은 건축가와 계획가가 건축 디자인에서의 '모던 운동'에 심취했으며 도시 스프롤(urban sprawl)을 고층 개발로 해결하고자 했다는 점이다. 또한 많은 도시 의회가 대규모 고층 주택 개발을 도시의 자부심과 성취를 과시할 수 있으며 도시의 위신을 높여 주는 개발이라고 생각한 점도 고층 개발 강조에 한몫을 했다. 중앙정부 보조금 지원도 고밀도·고층 주택 개발을 선호했다. 한편 대규모 건축 및 도시 엔지니어링 회사는 조립식 공법에 투자한 자금을 회수하는 데 유리한 고층 건물 건설을 선호하게 되었다.

6. 하지만 이러한 개발은 1968년 이후 급속히 줄어들었다. 이는 고층 주택에서의 주거가 가족과 사회적 삶에 부정적 영향을 미친다는 인식이 확대된 점, 고층 주택의 디자인 및 건축이 단점을 가지고 있다는 점(이스트 런던에서 로난 포인트 아파트가 부분적으로 붕괴되었던 것이 결정적으로 작용하였음), 대규모 건축 회사들이 1960년대 후반에 시작된 오피스 호황에 눈을 돌렸다는 점이 복합적으로 작용한 결과이다. 지방정부는 저비용·고층·고밀도 주택 개발 대신 지방 특유의 건축 취향이 반영될 수 있고 '방어적 공간(defensible space)'의 형성에 더 유리한 저층의 소규모 주택 개발을 선택하게 되었다.

공공주택의 성층화 또는 차별화는 도시 형태에 반영되어 나타난다. 예를 들어 뉴캐슬어폰타인(Newcastle upon Tyne)의 공영 아파트 및 복층 아파트의 분포는 1950년대 후반부터 1970년대 초반까지 도시 외곽 및 도심의 재개발 사업의 일환으로 행해졌던 대규모 건축 사업을 지리적으로 반영하고 있다(그림 6.5 참고). 이와 같은 형태적 패턴은 또한 사회적 패턴에 반영되어 나타난다. 대부분의 영국 도시의 경우 비록 사적 주택 부문만큼 확실히 나타나지는 않지만 공공주택 부문 내에서 구별되면서도 뚜렷한 사회적 분리 패턴이 나타난다. 예를 들어 소외 계층의 미숙련·반숙련 노동자 가구들은 오래된 공공주택 단지에 특히 집중 분포해 있다. 이러한 패턴은 분리의 심화를 가져오는 토대를 형성하며, 분리의 심화는 주택 관리자(housing manager) 및 지방정부 관리의 행위에 의해 이루어진다.

구매권 법률 제정으로 인한 1980년대 공공주택 매매는 영국 도시의 사회지리에 막대한 영향을 미쳤다. 전체 주택 재고에서 지방정부 소유 주택이 차지하는 비율은 약 1/3에서 약 1/5로 감소했다. 하지만 자가 소유의 정도는 사회적으로 그리고 지리적으로 매우 불평등하게 나타났다. 보다 경제적으로 여유가 있는 공공주택 세입자들은 자가를 소유할 수 있는 가능성이 더 높았다. 반면에 실업 상태의 한부모 가족 및 노인은 거주하고 있었던 공공주택을 구입하기 어려웠다. 공공주택 건축은 전반적으로 감소했으며, 거시경제적 구조는 사회적 불평등의 증가를 가져왔다. 이로 인해 소외된 소수민족만 공공주택에 거주하는 **잔여화**(residualization)가 나타났다. 상태가 양호한 공공주택은 이미 매매가 이루어졌기 때문에 상태가 양호하지 못한 공공주택 단지로부터 이사를 나온 많은 가구들은 그들에게 적합한 주택을 찾기가 더 어려워졌다.

자발적 부문 : 주택 공급의 제3의 부문

공공주택의 매매는 영국 도시의 다양한 주택 정책의 일부로서 집합적·공공적 형태의 주택 공급으로부

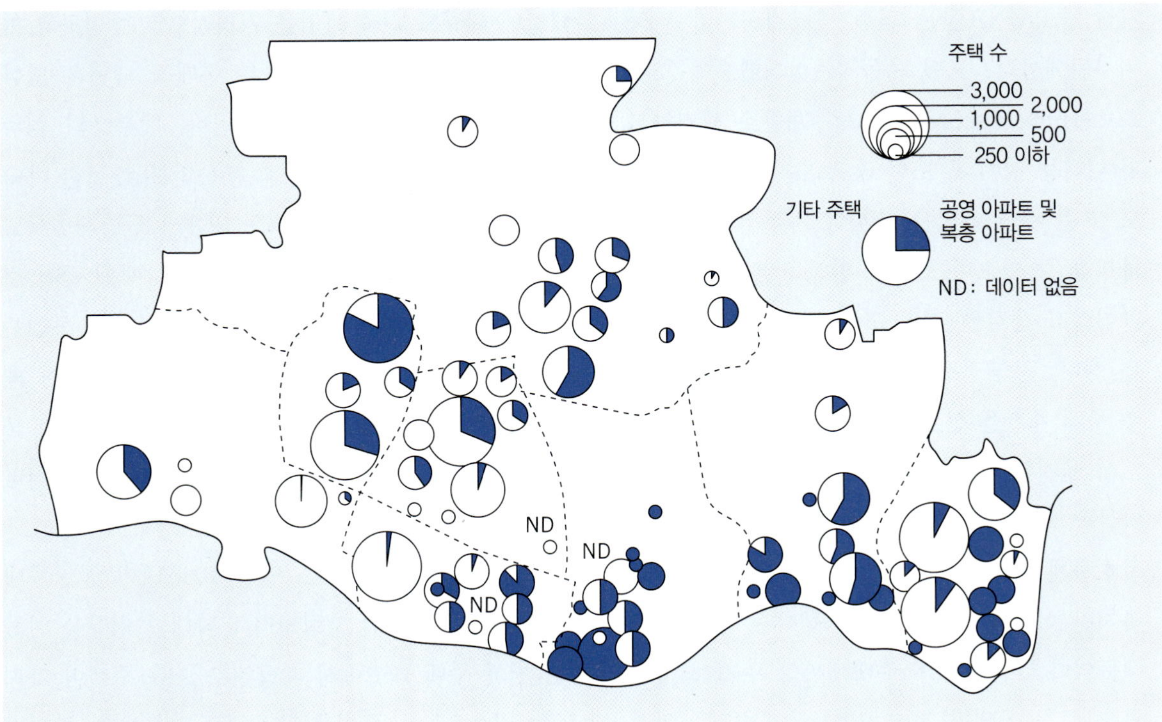

그림 6.5 뉴캐슬어폰타인의 공영 아파트 및 복층 아파트의 분포
출처 : Taylor & Hadfield(1982), Fig. 12.2, p. 248.

근대주의적 메트로폴리스 : 베를린의 고층 주택(사진 : Geoffrey DeVerteuil)

터 개인화된 사적 형태의 주택 공급으로의 변화를 추구한 것이다. 그림 6.6은 이러한 변화와 변화 과정 중에 나타난 공적 부문 및 사적 부문 중간에 자리매김될 수 있는 새로운 혼종 형태의 주택 공급 방식을 요약한 것이다. 새로운 혼종 형태의 주택 공급 정책의 예로 사적 토지를 시장가격보다 낮은 가격으로 개발업자에게 매매하는 방식을 들 수 있다. 주택 체계의 제3의 부문인 비영리의 자발적 부문은 이전에 소외되었던 사회집단의 자가 소유율을 증대시키는 데 아주 중요한 역할을 했다.

영국에서 자발적 부문은 주택공사(Housing Corporation)로 알려진 특수 법인을 통해 공공 부문의 재정 지원을 받는 **주택 건축 조합**(housing association)들로 구성되어 있다. 자발적 부문은 전통적으로

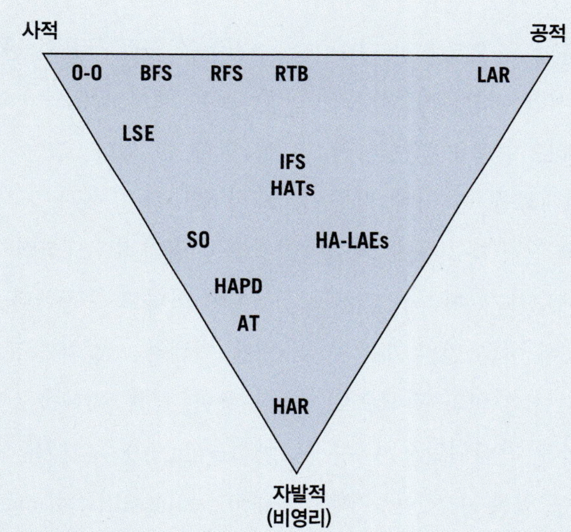

AT	시장 임대료 및 사적 자금 조달을 내용으로 하는 주택 건축 조합 보증 차용 (Housing Associations' s Assured Tenancies)(1988년 이후)
BFS	사적 토지를 시장가격보다 낮은 가격으로 개발업자에게 매매하는 방식(토지를 통해 개발업자에게 보조금을 제공)
HA-LAEs	오래된 지방정부 소유 부동산의 지주로서의 주택 건축 조합(1988년 이후)
HAPD	1980년대 초반 및 1990년대 경기 침체 시기의 신규 부동산을 매입함으로써 민간 개발업자들을 구해내는 데 이용된 주택 건축 조합
HAR	공정 임대료 제도하의 기타 주택 건축 조합 임대(1988년 이전 규정)
HATs	주택 사업 트러스트(Housing Action Trusts) : 다양한 공적/사적/자발적 부문으로 분할된 오래된 공영 부동산
IFS	매매 목적 개발 : 개발 및 사적 매매를 위한 주택 건축 조합의 부동산 매입
LAR	지방정부 임대(전통적)
LSE	노인층을 위한 임대차 보유권 제도 : 노인용 아파트 가치에 대해서 주택 건축 조합이 30%를 소유하고, 사적 소유자가 70%를 소유
O-O	사적 재원을 통한 자가 점유(전통적)
RFS	매매를 위한 재건축 : 민간 개발업자가 공공 보조금을 받아 매매를 위한 지방정부 소유 주택 개발
RTB	매입권 : 지방정부 소유 주택을 현재 차용 중인 입주자에게 보조금을 지급하면서 매매
SO	공유 소유권 : 일부는 주택 건축 조합으로부터 임대하고, 일부는 사적 자금 조달로부터의 모기지를 통해 매입

그림 6.6 1980년대 및 1990년대 영국의 주택 공급 방식의 혼재
출처 : Clarke & Bradford(1998), Fig. 1.

지방정부로부터 다소 소외되었던 특정 소외 집단을 위한 주택을 공급해 왔다. 하지만 신자유주의 정책 기조하에 주택 건축 조합은 지방정부 소유 부동산을 매입하게 되었다. 또한 주택 건축 조합은 부동산을 매입 · 개발했고, 공유 소유권 제도의 시행으로 부동산 소유권의 일부를 차지하게 되었다. 노동당 정부의 1988년 주택법 입법으로 인해 주택 건축 조합은 사적 부문으로부터 재원을 조달해야 했으며 시장 임대료를 부과해야 했다. 사회보장제도 수당을 받는 사람들은 증가된 임대료를 지불할 수 있었지만 다수의 저소득층은 배제되었다. 하지만 저임금의 일자리를 가지고 있으면서 사회보장제도 수당을 받는 사람들은 시간이 지날수록 시장 임대료를 더 이상 지불할 수 없게 되어 '빈곤의 덫'에 점점 빠져들게 되었다. 또한 주택 건축 조합은 매도하기 어려운 민간 개발들을 구입함으로써 어려움에 처한 민간 개발업자들을 구해내기도 했다. 이러한 일련의 정책으로 인해 자발적 부문은 국가에 의해 잠식되었으며, 사회적으로 가장 취약한 계층이 구입할 수 있는 주택의 공급은 감소하게 되었다. 많은 저소득층 가구는 자가 소유의 유혹으로 인해 주택을 구입하게 되었지만 1990년대 초반 및 2000년대 후반의 경기 침체로 주택 대금을 지불하지 못하게 되어 주택을 회수 당하는 사례가 급격히 많아졌다.

6.2 건조환경의 사회적 생산에 있어서의 주요 행위자

앞에서는 하위주택시장과 변화하는 주택 공급 구조에 대해 살펴보았다. 여기서는 다양한 에이전시와 전문적 중개인으로 인해 주택 기회가 어떻게 형성되고 제약을 받는지 살펴보고자 한다. 이러한 주제에 대한 관심은 19세기 막스 베버(Max Weber)에 의해 제시된 계층 관계와 사회적 차별화의 관점으로부터 기인한다. 베버적 분석은 주로 사회 체계를 구성하고 유지하는 사람들의 측면에서 사회 체계를 설명하기 위하여 행위 체계에 초점을 두고 있다. 따라서 서로 갈등적인 사회집단 간의 경쟁의 산출을 설명하기 위하여 제도적 구성과 주요 '행위자'는 연구 주제가 된다.

건축물 공급 구조와 관련하여 이러한 접근이 발달한 것은 레이 팔(Ray Pahl)의 연구에서 비롯되었다고 말할 수 있다. 그는 영향력 있는 에세이를 통해 도시 연구가 주택과 도시 자원에의 접근 기회를 결정짓는 공간적 · 사회적 제약의 상호작용에 초점을 두어야 한다고 주장했다. 더 나아가 그는 사회적 제약을 이해하는 열쇠를 도시체계의 관리자 및 통제자의 행위, 정책, 이데올로기에서 찾을 수 있다고 제안했다(Pahl, 1969). 넓은 맥락에서 이는 '**관리주의 논제**(managerialist thesis)' 및 **관리주의**(managerialism)의 기초가 되었다. 주택의 맥락 내에서 살펴보면 부족 자원의 관리자 또는 '**사회적 게이트키퍼**(social gatekeeper)'는 다음과 같은 영역에서의 주요 행위자를 포함한다.

- **금융자본 영역** : 주택 구매, 주택 개발, 주택 개선을 위한 자금을 빌려주는 주택 조합 및 저축 · 대출 조합 관리자
- **산업자본 영역** : 개발업자 및 건축업자
- **상업자본 영역** : 주택의 시장 배분에 관여하는 부동산 에이전트 및 법률가와 같은 주택 매매 관련 전문가
- **토지자본 영역** : 사적 지주와 같은 토지 소유주

및 임대인

- 국가 에이전시 영역 : 사회보장 에이전시
- 지방정부 에이전시 영역 : 공공 부문에서 가장 직접적인 영향력을 행사하는 관리자는 공공주택 관리자 및 공공주택 임대 공무원이다.

이러한 사회집단의 공통점은 유용한 자원과 수요 인구 간의 중간 매개 역할을 하는 직업을 가졌다는 것이다. 그들의 축적된 일상적 의사결정을 통해 사회공간적 차별화가 발생하며, 그들의 영향력은 일상적 의사결정의 범위에서 벗어나 확대되어 나타날 수 있다. 이와 같은 주택 공급 기관의 권력이 행해져서 그들은 사람들의 실제 기회뿐만 아니라 가능성에 대한 감각까지도 형성한다. 이러한 주택 공급 기관이 사용하는 자원 공급 기준을 **결정 규칙**(decision rule) 또는 **자격 규칙**(eligibility rule)이라고 한다. 이러한 규칙은 관리자들이 해야만 하는 빈번하면서도 반복적이지만 자주 복잡하고도 논쟁적인 결정을 단순화하는 데 필요하다. 때로는 규칙이 정책 서류의 형태로 명료하게 표현되어 있기도 하지만 자주 규칙은 기관 내에서 통용되는 숨겨진 또는 암묵적인 이해라는 함축된 형태로 나타난다.

일련의 경험적 연구에 의해 건축물 공급 구조의 모든 영역에서 관리자들의 행위가 건조환경의 사회적 생산에 상당한 영향력을 미친다는 것이 밝혀졌다. 이는 특히 복지 자본주의의 확대로 인해 주택 분야에 대한 강력하면서도 쉽게 확인될 수 있는 관료주의적 경향을 양산한 유럽에서 뚜렷이 나타난다.

하지만 관리주의 시각을 보다 광범위한 도시의 정치경제학으로부터 구별하여 인식하는 것이 중요하다. 게이트키퍼의 상대적 권력은 중요하다. 그리고 ① '관리적' 결정은 보다 광범위한 사회의 경제적·정치적·이데올로기적 구조에 의해 결정되는 제약에 의해 영향을 받기 쉽다는 점과 ② 도시 패턴에 뚜렷한 영향을 미치지만 관리자들이 전혀 통제할 수 없는 힘이 존재한다는 점을 인식하는 것이 중요하다. 그렇다면 경제적·사회적·정치적 과정이 도시 관리자들의 행위에 제한을 두는 동시에 도시 관리자의 전문적 작업 방식이 결과적으로 도시 패턴의 세부 사항을 결정하는 사회공간 변증법 내에서 도시 관리자를 뚜렷하지만 제한적인 영향력을 지닌 행위자로 인식해야 한다. 다음에서는 특정 유형의 관리자 및 사회적 게이트키퍼가 건조환경의 사회적 생산에 미치는 영향력을 예증하고자 한다.

토지 소유주 및 도시 형태 형성

토지 소유주는 경제적 측면에서 항상 합리적이지는 않은 주요 행위자 및 의사결정자의 연결고리의 시작에 위치해 있다. 주요 행위자 및 의사결정자의 궁극적 공급 대상인 가구도 경제적 측면에서 항상 합리적인 것은 아니다. 토지 소유주는 개발 형태 및 개발 여부에 대하여 원하는 바를 표출함으로써 영향을 미친다. 일부 토지 소유주들은 순전히 투기 목적으로 토지를 매도하지 않고 기다렸다가 상당한 이윤이 발생할 때 도시 개발용 토지를 매도한다. 도시 형태는 특히 개발 장벽으로 작용하는 투기 목적으로 묶여 있는 토지와 토지 매도 순서에 의해 상당히 영향을 받을 수 있다.

상품으로서의 토지 속성 때문에 많은 토지 소유주들은 토지로부터 추구하는 이윤을 획득하지 않는 한 실제로 토지 매도를 꺼린다. 일부 대지주들은 소유하고 있는 토지를 그들의 사회적·정치적 과시를 위한 수단으로 여기기 때문에 토지 매도를 꺼린다. 토지 소유주들은 토지를 매도할 때 그들이 소유하고 있는 토지의 교환가치를 보호하기 위해 때로는 제한 규정을 두어 향후 개발 방식에 영향을 미치기도 한다.

건축업자, 개발업자 및 이윤 탐색

부동산 투기로부터 발생되는 이윤을 추구하는 개발업자들은 건축물 공급 구조에 있어서 가장 중요한 행위자이다. 개발업자는 완성된 프로젝트의 판매로부터 수입을 얻기 훨씬 이전에 토지 매입과 건축을 위해 재원을 조달해야 하기 때문에 개발 속도에 민감하다. 그림 6.7은 개발 기능이 매우 중요함을 보여 주고 있다.

개발 과정을 주도하는 것은 개발업자이다. 개발업자는 특정 입지에 특정 유형의 건축물에 대한 수요를 파악하여 이윤을 창출할 수 있는 기회를 포착한다. 개발업자는 토지에 대한 개발권을 획득하기 위하여 토지 소유주들과 협상을 한다. 개발업자는 부동산에 대한 자유 보유권 또는 토지 임차권을 구매하거나, 토지 소유주와 개발 이익을 분배하는 합동 개발 방식

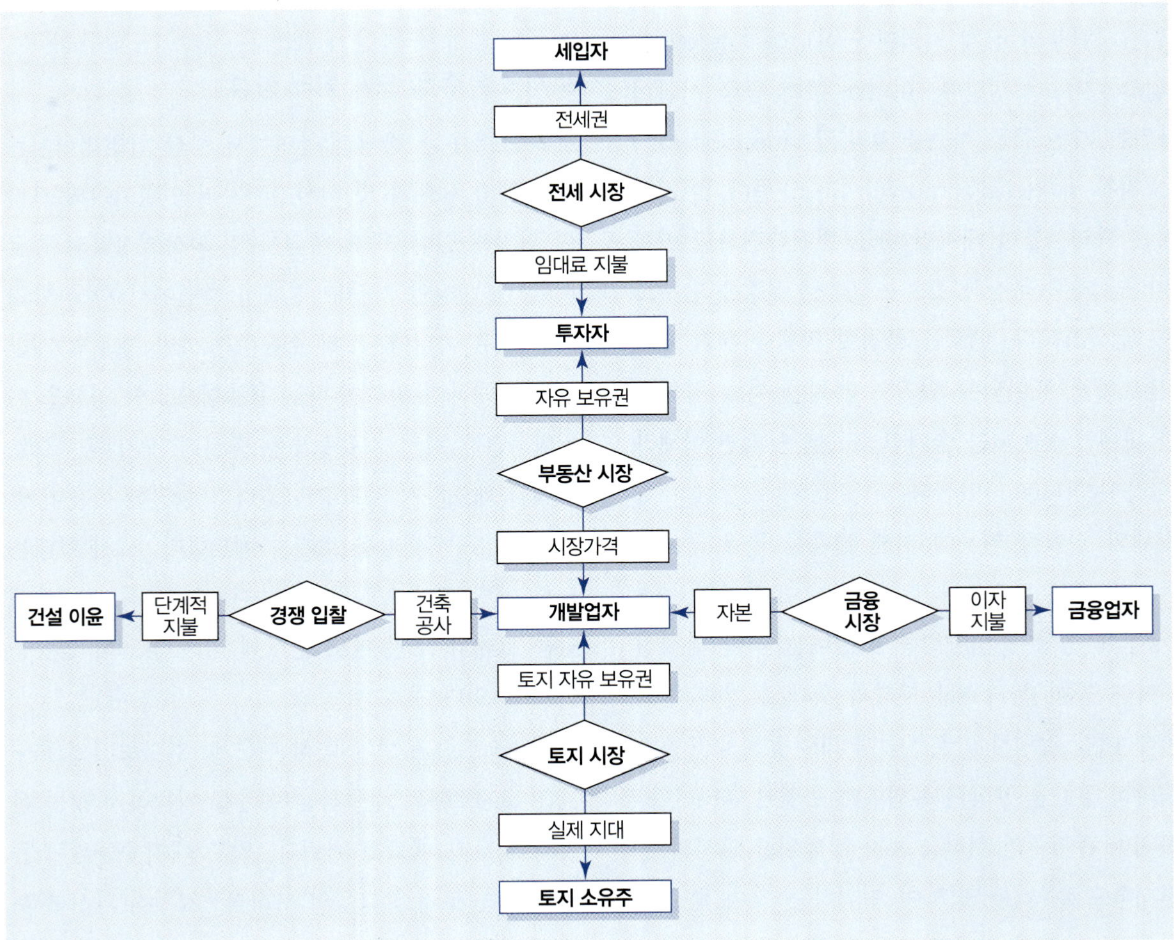

그림 6.7 부동산 개발 산업 내 주요 사적 부문 관계
출처 : MacLaran(1993), Fig. 7.1.

> 을 택한다. 개발업자는 건축을 위해 단기적 자금 조달을 한다. 개발업자는 계획 당국으로부터 허가를 받을 수 있는 건축 설계안을 작성하도록 건축가들에게 비용 제약이 허락하는 범위 내에서 수수료를 제공한다. 건축업자를 끌어들이고 개발 사업이 완료되었을 때 적당한 세입자나 구매자를 구하기 위해 부동산 에이전트를 이용하는 것도 개발업자이다. … 개발업자가 건조환경 조성의 주도적 역할을 맡고 있다고 해도 과언이 아닐 것이다. (MacLaran, 2003)

일부 개발업자는 토지나 건축물 중 하나에만 관여하지만 다수의 개발업자는 토지와 건축물 모두에 관여한다. 토지 개발업자는 전형적으로 나대지나 미개발 토지를 획득한 후 땅 고르기, 도로 건설, 공공 설비 구축, 행위 제한, 권리 부여를 통해 토지를 개발한다. 건축물 또는 프로젝트 개발업자는 개발된 토지나 재개발이 가능한 부동산을 획득하여 신규 건축물을 축조한다. 역사적으로 부동산 개발은 대부분 국지적으로 이루어졌다. 부동산 개발은 개발업자 · 금융업자 · 투자자에 의해 프로젝트별로 조직되었고, 하청을 받은 소규모의 국지적 건축 회사들이 건축을 시행했다. 미국의 경우 1930년대의 모기지 시장 안정화 및 연방주택관리국에 의해 재정적 지원을 받는 주택에 대한 최소 기준 설정으로 인해 점점 많은 회사들이 마크 와이스(Marc Weiss, 1987)가 지칭한 바와 같이 '공동체 건설자(community builder)'가 되었다. 공동체 건설자란 나대지를 분할 구획하고 개발하며, 건축물에 대한 디자인 · 설계 · 재원 조달 · 건축 · 판매를 하는 개발업자를 의미한다. 이러한 공동체 건설자는 현재 미국 도시 주거지역의 디자인과 건축을 장악하고 있는 개발업자－건축업자 합동 회사의 전신이라고 말할 수 있다. 1930~1940년대 공동체 건설자들은 동일한 건물선, 정원, 건물 규모 표준뿐만 아니라 가로 형태 경관의 혁신을 강제하는 행위 제한을 개척했다. 또한 공동체 건설자들은 오피스 빌딩, 공원, 여가시설, 교회, 학교의 공급을 계획하기도 했다.

현재 미국에는 약 8만 명의 주택 건축업자가 있는데 대부분은 규모가 작다. 하지만 대규모의 건축업자들은 급속도로 규모가 커지고 있으며 시장점유율도 증가하고 있다. 1986년에는 신규 주택 판매량 기준 100대 건축업자들이 24%의 시장점유율을 차지했다. 2006년에는 신규 주택 판매량 기준 100대 건축업자들이 44%의 시장점유율을 차지했으며 상위 10대 건축업자들이 25%의 시장점유율을 차지했다. 최근에는 부동산 개발 산업이 여타 생산자 · 서비스 산업에서 나타나는 합병 · 인수, 수직적 · 수평적 통합, 상품 다양화, 신기술 도입, 적시 유통, 틈새시장 공략의 경향을 따라가고 있다. 이로 인해 부동산 개발 산업 부문 내에서 대규모 부동산 회사들이 복잡하고도 고도화된 운영을 바탕으로 점차적으로 부동산 시장을 장악해 가고 있다. 소규모 부동산 회사의 수익성은 대규모 부동산 회사의 규모의 경제 및 범위의 경제로 인해 제약을 받고 있다. 또한 소규모 부동산 회사는 님비(NIMBY) 경향의 급속한 확대, 기반시설 부담금(impact fee)의 광범위한 도입, 과거보다 복잡하고 엄격히 시행되고 있는 환경규제에 대처하는 것이 어렵다는 것을 알게 되었다. 한편 레이건(Reagan) 정부 때 시작되었던 신자유주의적 개혁은 노조를 약화시켰으며, 주택금융체계를 급진적으로 변화시켰으며, 자본시장에 대한 규제를 약화시켰으며, 기업에 대한 과세를 약화시켰다. 대규모 부동산 개발 회사의 입장에서 이는 유토피아와 같았다.

1980년대 및 1990년대 말부터 2000년대 중반까지의 주택 호황으로 인해 대규모 부동산 회사는 수십억 달러의 이윤을 챙겼다. 2006년 말에 주택시장은 진정 국면에 접어들었지만 개발업자의 장기적 예상은 장밋빛이었다. 이는 미국에서 2025년까지 약 2,800만 가구가 증가할 것이며 약 4,500만의 새로운 일자리가 창출될 것이기 때문에 부동산 개발에 대한 지속적인 수요가 있을 것이라는 예측에 근거를 둔 것이다. 이 예측에 따르면 매년 200만 호의 주택 건설이 필요할 것이고 비주거용 건축은 매년 최고 30억 평방피트에 달할 것이다. 또 2000년과 2025년 사이에 최고 30조 달러가 부동산 개발에 유입될 것이며, 2025년에 존재할 것으로 예상하는 주거지의 절반은 2000년에는 존재하지 않았던 주거지일 것이다. 이러한 부동산 개발 수요에 대한 개발업자의 의사결정은 그들의 상업적 성공 여부를 결정할 뿐만 아니라 도시의 형태 및 경관의 진화에 영향을 미칠 것이다. 특히 교외 외곽 지역 개발은 개발업자의 의사결정에 영향을 크게 받는다. 개발업자의 공급 측면적 미학은 주택 건축 산업 내 대규모 회사의 시장 조사 및 생산 결정에 영향을 크게 받는다.

여타 기업가처럼 개발업자들은 위험을 최소화하고자 한다. 주거지역 개발 면에서 위험을 최소화하고자 하는 접근으로 인해 개발업자들은 구매력이 존재하는 시장을 위한 주택을 건설하려는 경향이 있다. 이러한 접근으로 인해 미국에서는 1960년대와 1970년대를 걸쳐 미국의 경제적 · 인구적 구성을 반영하는 3개의 침실이 있는 교외 주택의 건설이 우세했다. 전후 주택 호황이 시작된 1950년의 경우 전체 가구의 절반 이상이 자녀가 있었으며, 평균 가구원 수는 3.4명이었고, 독신 가구는 전체 가구의 약 10% 정도였다. 비전형적 가구를 위한 주택 공급은 미미했으며, 비전형적 가구들은 교외지역 신개발로부터 배제되었다. 부동산 마케팅 컨설턴트들이 전형적 가구의 비율이 감소하는 사회적 전환을 감지하였던 1980년대에는 개발업자들이 부유한 독신, 이혼자, 퇴직자, 무자녀자의 주택 요구를 충족시키기 위해 고급 콘도, 연립주택 등을 공급하기 시작했다. 대규모 건설업자들은 주로 대량의 교외 개발에 집중한다. 중간 규모의 부동산 회사들은 대규모의 개발된 토지에 대한 이자를 지불할 능력이 없다. 따라서 중간 규모의 부동산 회사들이 선호하는 전략은 고밀도로 건축하거나 높은 이윤이 발생되는 고급 부동산 시장을 겨냥함으로써 이윤을 극대화한다. 이러한 중간 규모의 부동산 회사의 전략으로 인해 소규모 부동산 회사들은 맞춤형 건축 계약 및 작은 공지 이용의 기회를 찾기 위해 세부적인 로컬 지식을 이용한다. 소규모 부동산 회사들은 필요한 건축 자재와 노동력을 이용하여 최대한 빨리 건축하고자 하며, 보통 사회적 평판이 좋은 근린지구 내에서 양질의 주택을 건축하는 것을 원한다.

디자인에 의한 차별 : 건축가 및 계획가

디자인 전문가들은 개별 건축물 및 세부적인 조경에서부터 토지이용 규제 및 도시 개발 전략 계획에 이르기까지 건조환경의 다양한 측면의 생산에 직접적인 영향력을 미친다. 그들은 수요자, 정치가, 법률 등에 의해 정해진 준거 기준 내에서 일해야만 한다. 하지만 디자인 전문가는 차별적인 전문적 이데올로기를 지니고 있으며, 사회적 · 문화적 가치를 물질적 형태로 변환하는 기회를 지니고 있다.

따라서 건축가와 계획가는 경제적 · 사회적 · 문화적 · 정치적 역동성을 도시의 진화하는 물리적 환경에 각인하는 것으로 해석될 수 있다. 건축가와 계획가는 특정 도시화 단계와 관련하여 아이디어의 변화 및 권력 관계의 변화를 가져온다. 건축가와 계획가가 어떻게 건조환경의 가부장적 특징을 통해 사회공간 변증법에 영향을 미칠 수 있는지를 예증하고자 한다.

많은 페미니스트 이론가들이 주장한 바와 같이 현대 도시 및 도시사회의 전체 구조는 젠더(gender) 구분 및 갈등을 반영하고 구체화하고 있다. 보다 구체적으로 도시구조는 공간을 생산의 남성적 도심과 재생산의 여성적 교외로 구성하는 것을 반영하고 있다. 가정 밖의 공간은 사회적 관계가 생산되는 무대가 되어 왔다. 반면에 가정 안의 공간은 사회적 관계가 재생산되는 무대가 되어 왔다. 예를 들어 수잰 매켄지(Suzanne Mackenzie, 1988)는 19세기 대규모 산업화에 필수적이었던 가정과 직장의 분리에 근원을 두고 있는 일련의 젠더 갈등에 대한 해결책 측면에서 도시구조의 진화를 해석했다. 이는 7장에서 자세히 다룰 공간과 장소의 사회적 구성의 중요한 측면이다. 여기서는 건축물 공급 구조 내에서 젠더 기호화의 에이전트로서의 건축가와 계획가의 구체적인 역할을 다루고자 한다. 젠더 역할에 관한 공유된 믿음 체계는 부분적으로 도시 디자인의 모든 측면을 통해 창조되고 유지된다.

여성의 공간

건축이론에서 중요하게 다루는 주제 중 하나는 바로 디자인의 '남성적' 그리고 '여성적' 요소의 발현에 관한 것이다. 이는 남근을 상징하는 탑 그리고 유방을 상징하는 둥근 지붕과 같은 조야한 수준에서의 해부학적 참고도 포함하고 있다. 예를 들어 마천루는 자본의 남성적 성격을 구체화한 것으로 볼 수 있다. 하지만 건축사에 대한 일부 페미니스트적 해석이 보여 준 바와 같이 건축의 침묵은 조야한 해부학적 은유보다는 더 깊은 의미를 지니고 있다. 엘리자베스 윌슨(Elizabeth Wilson, 1991)은 모더니스트 건축이론이 남성과 여성 간의 관계에 대해서는 전혀 관심이 없었음을 지적했다. 모더니스트 건축은 가정의 기능과 대립되지 않으면서 주택의 내부 형태를 변화시켰다. 사실 모던 운동(Modern Movement)의 선두에 섰던 바우하우스 학파(Bauhaus School)는 브로이어(Breuer)의 기능적 모던 부엌을 통해 가구 내 노동의 젠더 분리를 심화시켰다.

건축물의 외관 그리고 도시의 전반적 계획 및 형태적 구조와 마찬가지로 건축물의 내부 구조는 개인의 서로에 대한 또는 사회에 대한 관계를 지배하고 있는 당연하게 여겨지는 규칙을 구체화한다. 사실 가부장적 가치들이 건축 평면도나 실내 장식에 기호화되어 표현된다. 건축가들이 강조하는 바와 같이 주택은 단순히 이용하기 위한 구조라기보다는 삶을 위한 디자인이다. 가정 건축에 깃들여 있는 강한 젠더 기호화는 빅토리안(Victorian) 주택 등에 대한 분석에 의해서 예증되어 왔다.

교외지역의 가정 건축에 대한 일반적인 해석에 따르면 가정적이라는 이상과 핵가족 삶의 완결성이 여성적 기호화에 의해 구체화된다. 여성적 기호화는 기능적인 부엌과 일련의 젠더화된 가정 공간의 형성에 초점을 둔 단독가구 가정의 양육 환경 조성으로 발현된다. 가정 공간의 젠더화는 여성의 다용도실 · 욕실 · 침실 · 거실 그리고 남성의 창고 · 작업실로 나타난다. 이러한 기호화가 젠더 차이를 자연스럽게 표현함으로써 특정 형태의 젠더 차이와 가정 내 노동의 분화를 일반화하고 합법화한다는 점에서 기호화가 중요하다.

글상자 6.3

도시사회지리학의 주요 사상가 – 수잔 스미스

수잔 스미스(Susan Smith)는 다양한 측면에서 도시사회지리학에 큰 영향을 미쳤다. 그녀는 피터 잭슨(Peter Jackson)과 함께 도시사회지리학에서의 민족지적(ethnographic) 전통의 부활에 공헌했던 유명한 저서인 『사회지리 연구(*Exploring Social Geography*)』(1984)를 저술했다. 이 책 저술 이후 스미스는 범죄, 인종주의, 인종적 거주지 분리, 보건 불평등, 젠더, 시민권, 변화하는 복지국가, 연구방법론에 관한 연구를 포함한 다양한 주제에 대하여 개척자적인 연구를 수행해 왔다.

이 장과 관련하여 주택시장에 관한 스미스의 연구에 대해 주목해 볼 필요가 있다. 그녀는 주택시장에 대한 개입이 없을 경우 자연스럽게 공급과 수요 간에 평형이 이루어진다는 널리 알려진 시각에 대해 반론을 제기했다. 이러한 공급과 수요 간에 평형이 이루어진다는 시각은 아이덴티티 또는 계층과 같은 화두와 관련해서 제3장에서 다루었던 본질주의의 경제학적 등가물이라고 말할 수 있다. 이는 인간의 삶에 있어 불변의 진리가 존재한다는 사상에서 비롯된 것이다. 본질주의를 경제학에 적용하면 경제주의(economism)가 된다. 경제주의적 접근에 반론을 제기하면서 스미스는 주택시장에 대한 사회적 구성주의적 접근을 제시한다. 즉 주택시장은 무엇보다도 인간에 의해 형성되며 장소마다 그리고 사회마다 서로 다른 일련의 가치, 제도, 조절적 규범에 의해 영향을 받는다.

스미스는 최근의 주택시장 거품과 관련된 소비자 행태 및 불평등을 예로 들면서 이를 증명했다. 예를 들어 주택 소유를 위한 경쟁에서 다수의 주택 구매자가 합리적 소비자로서 행동하지 않고 가격 신호를 무시한 채 도박이나 투기 성향을 지니고 있음을 스미스는 지적하고 있다. 주택 호황은 자연스러운 것이 아니었다. 신자유주의가 만연해 있는 영국과 미국에서 주택 소유는 일련의 정책뿐만 아니라 자신감, 선택, 유연성, 자율(물론 최근의 경기 침체로 인해 난타를 당하고 있는 사상임)을 강조하는 정책 기조에 의해 지지되었다.

이는 시장이 본질적으로 해악적이며 포기되어야 하는 것을 의미하지는 않는다. 서구 경제에서 시장의 언어는 인간의 영혼에 깊게 새겨져 있다. 하지만 시장 자체의 장치에만 맡겨져 조절을 전혀 받지 않는 시장은 원치 않는 결과를 초래할 수 있다. 최근 신자유주의적 시장의 폐해가 명확히 나타난 바 시장은 주의 깊은 조절이 필요하다.

주요 관련 개념

반본질주의, 소유의 문화, 본질주의, 페미니즘, 인종차별주의, 사회 구성주의, 복지국가

더 읽을거리

Jackson, P. and Smith, S. (1984) *Exploring Social Geography* Allen & Unwin, London

Smith, S.J. (1989) *The Politics of Race and Residence* Polity Press, Cambridge

Smith, S.J. (1986) *Crime, Space and Society* Cambridge University Press, Cambridge

Smith, S.J. (2005) States, markets and an ethic of care, *Political Geography* **24**, 1–20

Smith, S.J., Munro, M. and Christie, H. (2006) Performing (housing) markets, *Urban Studies* **43**, 81–98

관련 내용

2장 : 케인스주의와 포드주의의 장기 호황

11장 : 글상자 11.1 피터 잭슨

여성의 장소

도시계획은 명백히 가부장적이며 가장적인 이데올로기를 지니고 있다. 이러한 가부장적이며 가장적인 이데올로기는 다양한 방식으로 표출되어 왔다. 도시계획, 사회, 도시구조 간의 관계의 핵심은 동기, 이데올로기, 전문 계획가의 작업 방식 또는 습관에서 찾을 수 있다. 근대적 도시계획 운동은 공중위생 개혁자, 전원도시 추구자, 전원적 · 건축적 전통 보존자의 연합에서 비롯되었다. 근대적 도시계획 운동은 명백히 진보주의적 성향을 지니고 있었음에도 불구하고 (가부장적) 사회 · 윤리 질서 유지를 추구했다는 점에서는 보수주의적 운동이었다.

1900년대 초반 영국의 도시계획 운동에 영감을 불어넣었던 패트릭 게디스(Patrick Geddes)는 20세기 초반의 도시를 '팽창하는 인간 암초'로 여겼다. 즉, 도시들이 '슬럼, 반슬럼(semislum), 슈퍼슬럼(super-slum)'을 형성하고 인간의 정신건강에 저해되는 사회환경을 조성하면서 자연환경을 대상으로 마치 잉크 자국과 기름 얼룩처럼 번지는 것으로 간주했다. 따라서 도시는 그린벨트에 의해서 축소되고 묶어져야 했으며, '근린지구 단위'로 분절화되어야 했고, 되도록이면 전통적 마을처럼 형성되어야 했다.

도시계획은 도시계획가의 활동을 정당화할 수 있는 기본적 작동 준거를 구성하는 뚜렷한 전문적 이데올로기를 개발했다. 이 이데올로기는 환경결정론, 미학, 공간결정론, 미래주의의 요소를 포함하고 있다. 더 나아가 이 이데올로기는 강한 가부장적 요소를 지니고 있으며, 입법가들이 비판에 귀를 기울일 수 있게 하는 복음주의적 외투를 걸치고 있다. 결과적으로 도시계획은 '가능하게 하는' 직업에서 '불가능하게 하는' 직업으로 변형되었다.

도시계획 이데올로기의 가부장적 요소의 기원은 도시계획 직업의 형성 시기 및 확립된 사회문화적 질서에 대한 새로운 메트로폴리탄 환경의 위협에서 찾을 수 있다. 간단히 말해서 근대 도시는 여성에게 가부장적 관계로부터 도피를 하도록 요구했다. 자유주의적 개혁가 및 초기 도시계획 운동가의 임무는 경제적 효율성과 공중 보건뿐만 아니라 사회적 안정과 도덕적 질서를 위한 물리적 조건을 형성하는 것이었다. 결과적으로 도시계획은 악독한 도시 공간으로부터 방해가 되는 요소(노동자 계층, 빈곤층, 소수민족)와 함께 여성과 어린이를 배제하는 조직화된 캠페인이 되었다(Wilson, 1991, p. 6).

결과적으로 산업 및 상업의 남성적·공적 영역으로부터 가정 살림의 사적·여성적 영역의 공간적 분리의 강화 및 감시가 나타났다. 여성의 필요에 대해 때로는 적대적이었으며 자주 둔감했던 종합적 도시계획 및 용도 지역 지구제 법령으로 인해 여성들은 그들의 장소에 갇히게 되었다. 따라서 현대 도시는 심각한 젠더 불평등뿐만 아니라 도시의 삶과 교외의 삶의 상반되는 경험을 구체화하고 있다.

모기지 금융업자 : 사회적·공간적 편견

모기지 금융기관(주택 조합, 은행, 저축 및 대출 회사 등) 고위 관리자는 사회공간 변증법 내에서 게이트키퍼의 역할을 지니는 대표적인 예 중 하나이다. 먼저 모기지 금융업자는 독립적인 의사결정자는 아니라는 점에 주목해야 한다. 모기지 금융업자의 대부분의 활동은 본사 정책에 의해 제한되어 있으며, 모기지 금융업자의 일상적 의사결정은 변호사, 부동산 에이전트, 은행 관리자 등의 활동에 의존적이다. 그럼에도 불구하고 모기지 금융 관리자는 부동산 매매 전문가의 네트워크에서 중요한 위치를 차지하고 있다. 모기지 배분 체계는 누가 어디에 살며, 얼마나 많은 주택이 건설되며, 어떠한 근린지구가 쇠퇴하지 않는가에 대해 결정적인 영향력을 미친다(Murphy, 1995, p. 136).

적절한 이해를 위해서는 모기지 금융 관리자의 활동을 그들의 상업적 목적의 일반적 배경을 바탕으로 살펴보아야 한다. 모기지 회사의 성공은 재정적 성장, 안전성, 대규모 보유 자금의 운영에 달려 있다. 따라서 모기지 회사는 대출금 차입자보다 투자자에게 정성을 쏟는다. 모기지 회사들은 그들의 운영체계를 보호하기 위해서 엄격한 규칙체계를 지니고 있으며, 직원에게 보수적인 가부장적 태도를 장려한다. 모기지 회사 관리자의 이상적 유형에 대한 일반적 인식은 특정 집단(백인, 앵글로 색슨, 신교도, 교육 수준이 높으며 가정을 지닌 남자)에 속하고, 대출 결정에 있어 흠이 없어 빠른 승진 경력을 지니고, 회사 전통과 대출 정책을 체화하여 태도에 있어 일관성을 지닌 관리자이다.

모기지 금융 관리자는 신중하며, 투자 지향적이며, 타인의 비관습적 행동을 의심하는 경향이 있다. 마찬가지로 모기지 회사 대출 정책의 근본적 규칙은 잠재적 대출금 차입자의 지불 능력과 모기지 회사가 재정적 지원을 하려고 하는 주택의 미래의 교환가치 측면에서 모기지 회사의 재정적 안전성이 보장되도록 신중히 고안되어 있다.

사람에 대한 편견

이러한 모기지 회사의 근본적 규칙을 운영함에 있어 모기지 금융 관리자는 의식적이든 무의식적이든 다양한 방식을 통해 사회적 게이트키퍼의 역할을 한다. 앞에서 설명한 실패했던 서브프라임 대출 에피소드의 경우를 제외하고, 총비용 또는 주택 감정가(두 가지 중 보다 적은 금액)의 단지 80~90%를 대출해 주는 것이 일반적 관행이다. 그리고 대출 한도액은 가구 주요 소득의 2배로 계산되는 것이 일반적 관행이다(일부 기관은 가구의 부수입이 있을 경우 부수입의 일부를 고려하기도 한다). 대출금 상환의 흐름을 유지하기 위해 잠재적 대출금 차입자의 능력을 평가하는 것이 바로 모기지 금융 관리자가 사람을 대상으로 하는 첫 번째 주요 성층화이다.

위험을 최소화하기 위해 대출 담당 직원은 대출 신청자의 신용도 평가에 무게를 두는 경향이 있다. 신용도 평가는 과거의 신용불량 여부를 판정하기 위한 것이다. 신용불량자로 판정될 경우 일반적으로 대출금 인출이 거절된다. 만약 대출 신청자가 신용도 평가를 통과하게 되면 신청자는 소득의 안정성 측면에서 판단된다. 물론 화이트칼라 노동자가 선호되는 경향이 있다. 이는 화이트칼라 노동자의 임금 구조상 보통 연간 보수 증가액이 있으며, 노동 시간의 기복이 적기 때문이다. 반대로 저임금을 받는 독신 여성을 포함한 일부 사회집단은 모기지 대출을 받을 수 있는 확률이 낮다.

모기지 관리자의 결정에 순전히 주관적인 요인이 영향을 미치는 경우도 있다. 모기지 관리자는 위험 정도의 높고 낮음의 틀 내에서 신청자를 분류한다. 하지만 위험 정도를 정확히 측정하기는 어렵다. 심지어 모기지 관리자도 자신의 주관적 판단에 대해 명확히 분석하여 표현하기가 어렵다. 그럼에도 불구하고 모기지 관리자들이 사람에 대해 주관적 판단을 하는 데 사용하는 준거는 재정적 상태 및 사회적 관례에 대한 그들의 가치와 밀접한 관련이 있다.

부동산에 대한 편견

사회공간적 구분은 대출금이 지원되는 부동산에 대한 모기지 관리자의 평가를 통해 발생한다. 어떠한 종류의 대출이라도 모기지 관리자의 최대 관심은 자산의 유동성에 있다. 따라서 대출금 차입자가 채무 상환을 불이행하거나 대출 회사가 파산의 위험에 직면하는 경우 모기지 관리자는 대출금 차입자가 소유하고 있는 부동산의 매매를 통하여 적어도 인출된 대출금을 회수하려고 할 것이다. 이러한 유동성 평가는 궁극적으로 사정관이 한다. 모기지 관리자는 가격대, 규모, 입지 측면에서 가장 안전한 부동산에 대해 분명한 사고를 지니는 경향이 있으며, 사정관은 사정 보고서를 작성함에 있어 가격대, 규모, 입지 측면에서 가장 안전한 부동산에 관한 준거를 예상하는 경향이 있다.

많은 모기지 관리자들은 그들의 이상(3~4개의 침실이 있는 신규 건축된 교외 주택)에서 벗어나는 부동산에 대한 시장 수요는 매우 제한적으로 나타날 것이라고 가정한다. 따라서 그 이상에서 벗어나는 부동산에 대한 대출이 더 위험하다고 생각해 대출 결정에 있어 보다 더 신중하다. 모기지 관리자는 다중 점유 가능성과 만약 대출금 차입자가 채무 상환을 불이행하는 경우 부동산 압류 문제 때문에 주택 규모에 특히 관심을 두는 경향이 있다. 모기지 관리자의 부동산 건축 시기에 대한 관심은 모기지 대출금이 완전히 상환되기 전에 부동산이 노후화되는 것과 관련이 있다. 그리고 모기지 관리자의 부동산 입지에 대한 관심은 근린지구의 인종적·사회적 구성의 변화로 인한 부동산 가치의 하락 가능성과 관련이 있다. 모기지 관리자의 부동산 가격에 대한 관심은 모기지 대출금 신청자가 재정적으로 무리해서 부동산을 구입해서는 안 된다는 모기지 관리자의 사고를 반영한다.

따라서 모기지 금융 관리자는 누가 대출을 받는지뿐만 아니라 대출을 받는 사람이 어떠한 종류의 부동산을 갈망할 수 있는지를 효과적으로 결정한다. 예를 들어 건축된 지 오래된 주택의 가격이 중산층 가구의 경제적 능력을 초과하지 않는데도 중산층 가구는 그 주택을 구입하는 것이 어렵다. 왜냐하면 건축된 지 오래된 주택에 대한 대출금은 보통 단기간에 상환되어야 하기 때문에 월 대출 상환액이 증가하기 때문이다.

결과적으로 서로 다른 근린지구에 대한 대출 수준의 급격한 공간적 격차로 표출된다. 이러한 맥락에서 대출 관리자의 게이트키퍼 역할의 가장 뚜렷한 측면은 바로 대출 관리자가 위험도가 높은 지역이라고 인지하고 있는 근린지구 — 버밍햄(Birmingham)의 경우처럼 보통은 도심지역(그림 6.8 참고) — 내의 부동산에 대해서는 대출금 지원을 하지 않는 관행이다. 이러한 관행을 '**레드라이닝**(redlining)'이라고 한다. 대출 관리자들은 레드라이닝 정책의 존재에 대해 인정하기를 보통은 꺼리지만 레드라이닝 관행은 많은 연구에 의해 밝혀졌다.

미국의 경우 일부 주정부는 레드라이닝 금지 법률을 통과시켰으며, 연방정부는 레드라이닝 관행을 근절시키기 위하여 연방법을 통해 대출 관리자에게 대출 정책 및 대출 기록을 공개하도록 요구하고 있다. 그럼에도 불구하고 레드라인 지역 내 부동산에 대하여 높은 대출 이자율, 많은 계약금, 낮은 주택담보인정비율(loan-to-value rate), 짧은 대출 만기 기간과 같은 은밀한 방법을 통해 레드라이닝 관행은 지속되고 있다.

비록 레드라이닝이 이해될 수 있는 그리고 (대부분의 국가에서) 합법적인 비즈니스 관행이지만 레드라이닝은 도시의 사회지리학에 큰 영향을 미친다. 레드라이닝 관행으로 인해 '부동산 가치는 하락하며 근린지구는 쇠퇴화되고 황폐화된다. 이러한 과정을 통해 레드라인 지역이 아닌 근린지구의 주택은 매매 및 대출 측면에서 신용도가 높아지며, 결과적으로 근린지구에 따라 근린지구의 질, 성장, 쇠퇴, 주택 소유율이 다르게 나타난다'(Darden, 1980, p. 98). 교외지역으로의 자본의 흐름은 모기지 금융기관의 운영 방식과 밀접한 관련이 있다는 점에 주목해야 한다. 모기지 금융기관은 대규모 건설 회사의 교외지역 개발에 재정을 지원하며 통제하는 데 깊숙이 관여한다. 이러한 관여는 예를 들어 주택 건설 관련 기관 및 주택 건설 회사 간의 중복적인 감독권과 같은 전반적인 건축물 공급 구조 내의 연계에 의해 강화된다.

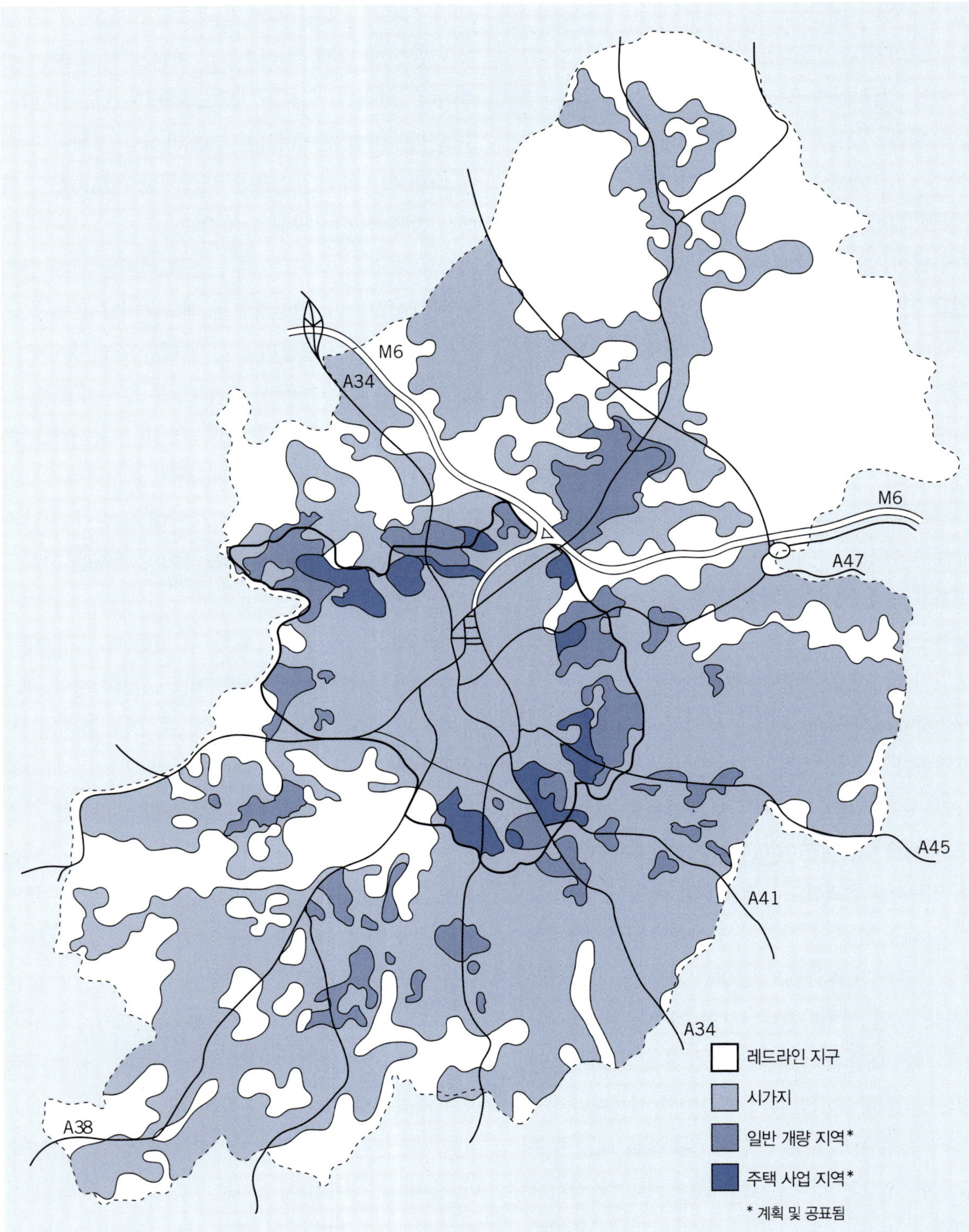

그림 6.8 도시 내부 지역 개선 프로그램 관련 버밍햄의 '레드라인(redline)' 지구
출처 : Weir(1976), p. 111.

또한 교외 주택 건설과 구입에 사용되는 자본 중 상당한 비율이 도심의 소투자자로부터 나온다는 점과 주택 건설 관련 기관의 정책으로 인해 상대적으로 소외된 지역으로부터 상대적으로 부유한 지역으로 한정된 자원(투자자본)이 재분배된다는 점에 주목해야 한다.

부동산 에이전트 : 근린지구 패턴 조정 및 강화

부동산 에이전트는 주거용 부동산의 교환 및 관리와 관련된 광범위한 활동에 참여한다. 또한 주택 구매자를 위해 주택을 찾고 때로는 주택 구매자가 재정적 지원을 받을 수 있는 방법까지도 모색한다. 부동산 에이전트는 주택 구매자를 유인하고자 하며 주택 판매자를 위해 각종 서류를 작성한다. 더 나아가 조사, 경매, 가치 평가, 부동산 관리, 보험에 참여하기도 한다. 부동산 에이전트는 모기지 대출 회사를 위하여 모기지 대출 상환금을 회수하며 모기지 대출 회사로 투자 자금을 유인함으로써 모기지 금융업자와 밀접한 연계를 지닌다. 모기지 금융업자는 모기지 자금의 일부를 부동산 에이전트에게 배분하며, 부동산 에이전트를 통해 모은 투자 자금에 대해 수수료를 지불한다. 부동산 에이전트는 모기지 금융업자로부터 받은 부동산 자금의 일부를 사용하여 부동산 매매의 가속화를 추구한다. 부동산 에이전트의 이윤은 주택 매매 가격 대비 비율적 수수료로부터 발생하기 때문에 부동산 에이전트의 주요 관심사는 거래 대상 주택의 매매가 수준을 높게 유지하거나 주택 매매의 회전율을 높이는 것이다.

유럽과 북아메리카의 많은 국가의 경우 주택 매매의 50~70%가 부동산 에이전트에 의해 이루어지며, 오스트레일리아의 경우 주택 매매의 거의 대부분이 부동산 에이전트에 의해 이루어진다. 부동산 에이전트는 주택 거래 과정에서 단순히 수동적인 중개인이 아니라 다양한 방식으로 건조환경의 사회적 생산에 영향을 미친다. 또한 부동산 정보에 대한 조정자로서의 역할에 내재되어 있는 편견을 지닌다. 더 나아가 일부 부동산 에이전트들은 그들이 생각하는 최적의 시장 조건을 유지하기 위해 특정 근린지구로 가구들이 이주해 오는 것을 유인하거나 특정 근린지구로부터 가구들이 이주해 나가는 것을 조장함으로써 고의적인 편견을 지니기도 한다. 부동산 에이전트에게는 근린지구의 기존 거주자가 잠재적 고객이다. 만약 근린지구로 기존 거주자가 '원하지 않는' 주택 구매자가 이주해 와서 기존 거주자의 이익에 반대할 경우 부동산 에이전트는 기존 거주자로부터 더 이상 주택 매매 의뢰가 들어오지 않게 되고 더 나아가 기존 거주자들이 앞다투어 주택을 매매하려고 함으로써 초래될 수 있는 주택 가격 하락으로 고통을 받을 수도 있다. 따라서 부동산 에이전트에게 가장 안전한 방법은 동질적인 유형의 가구로 구성된 근린지구가 유지될 수 있도록 기존 거주자들과는 비동질적인 가구가 근린지구로 이주해 오는 것을 막는 것이다. 부동산 에이전트가 행하는 가장 일반적인 차별은 인종 및 민족에 기반을 두고 있으며 이는 거주지 분리의 주요 원인 중 하나이다.

사회지리의 조종 : 블록버스팅 및 젠트리피케이션

한편 흑인 가구가 백인 근린지구로 이주해 오면 기존 백인 거주자는 자신의 주택을 하락한 가격에라도 단기간 내에 판매하려고 할 것이며, 부동산 에이전트는 기존 백인 거주자의 주택을 하락한 가격에 구입하여 백인 근린지구로 이주해 오고자 하는 흑인 가구에게 훨씬 높은 가격에 판매하여 이득을 보고자 한다. 이러한 이유로 부동산 에이전트가 흑인 가구를 백인 근린지구로 이주해 오는 것을 도모하는 경우도 있다. 이러한 관행을 '**블록버스팅**(blockbusting)'이라고 한다. 부동산 에이전트가 블록버스팅을 하려고 하는 근린지구의 백인 거주자는 중산층 흑인 가구와 저소득층 흑인 가구를 구별할 수 있고 실제로 구별하기 때문에 블록버스팅을 하려고 하는 부동산 에이전트는 이주해 오는 가구가 근린지구에 '나쁜 요소'가 된다는 인상을 심어 주기 위해 다양한 전술을 사용하기도 한다. 예를 들면 기존 백인 거주자에게 이주를 권유하는 내용의 전화를 자주 걸거나, 가가호호 방문해서 이주를 권유하거나, 정원에 가짜 주택 '매매' 표지판을 내건다. 심지어 극단적인 경우 외부인을 고용하여 기물 파괴 행위를 저지르게도 한다.

이와 유사한 과정은 부동산 에이전트가 고급 주거지역의 오래된 주택을 구매한 후 의도적으로 주택의 노후화를 방치하는 경우에도 나타난다. 점차 기존 거주자들이 근린지구가 쇠퇴하기 시작한다고 여기게 됨에 따라 많은 기존 거주자들이 주택을 판매한다. 부동산 에이전트가 근린지구 차원에서 주택의 노후화를 조장한 셈이다. 주택의 노후화가 지속됨에 따라 주택의 화재 위험이 증가하고 화재 보험 회사는 보험 계약 갱신을 거절하게 되어 많은 주택 소유주들이 주택을 매매하게 된다.

이러한 종류의 기회주의적 요소는 **젠트리피케이션**(gentrification) 과정에서도 나타난다. 예를 들어 런던 이즐링턴(Islington) 일부 지역에서 발생한 젠트리피케이션은 이주민의 특성뿐만 아니라 부동산 에이전트의 활동에 기인했다는 연구 결과가 있다. 런던 이즐링턴 사례의 경우 부동산 에이전트들은 모기지 금융업자를 대상으로 오래된 노동자 계층 주택을 매입하고 보수하기 위한 대출이 가능하도록 설득했다. 더 나아가 일부 부동산 에이전트는 자신들이 직접 주택을 구입하고 보수하여 이주해 오는 젊은 전문직 종사자에게 주택을 판매하기도 했다.

젠트리피케이션을 발생시키는 다양한 요인의 상대적 중요도에 대한 격렬한 논쟁이 있어 왔다. 닐 스미스(Neil Smith, 1996)는 젠트리피케이션 발생 요인에 대해서 새로운 직업적 사회집단 또는 전문직 계층의 변화하는 소비 패턴의 중요성을 강조하는 시각에 대해 매우 비판적이다. 닐 스미스의 주장에 따르면 젠트리피케이션은 자본주의적 경제 발전 과정의 일부로 나타난 것이며 특히 이윤폭의 감소를 저지하기 위한 자본의 이동에 의해 나타난 것이다. 젠트리피케이션에 대한 닐 스미스의 분석은 사회적으로 필요한 노동을 가치의 궁극적 원천으로 여기는 구조주의적 관점에 기반을 두고 있다(2장 참고).

도심의 쇠퇴 및 교외의 팽창은 **지대격차**(rent gap)를 가져왔다. 여기서 지대격차란 도심에 위치한 주택이 현재 지니는 실제 지대와 미래의 재개발 이후에 지닐 수 있는 잠재적 지대 간의 차이를 의미한다(그림 6.9 참고). 개발업자 입장에서는 노후화된 주택을 저렴하게 구입하여 모기지 및 건축 대출금 이자 비용과 건축업자의 비용을 지불하고 보수 개조된 주택을 비싼 가격에 판매하는 것이 이윤을 많이 남길 수 있는 방법이 된다. 젠트리피케이션은 교외로의 자본 이동이 도시로 회귀한 것이다. 닐 스미스는 탈규제, 사유화, 여타 신자유주의적 개혁과 함께 이러한 자본의 이동을 사회 기득권층이 1960년대 사회 개혁 이후 나타난 도시적 삶의 도덕적·경제적 후퇴에 대하여 보복하는 것으로 간주하고 있다. 이러한 맥락으로부터 **보복주의 도시**(*revanchist* city)라는 용어가 생겨났다(*revanche*는 프랑스어로 보복을 의미 : MacLeod, 2002 참고). 그림 6.10은 뉴욕에서

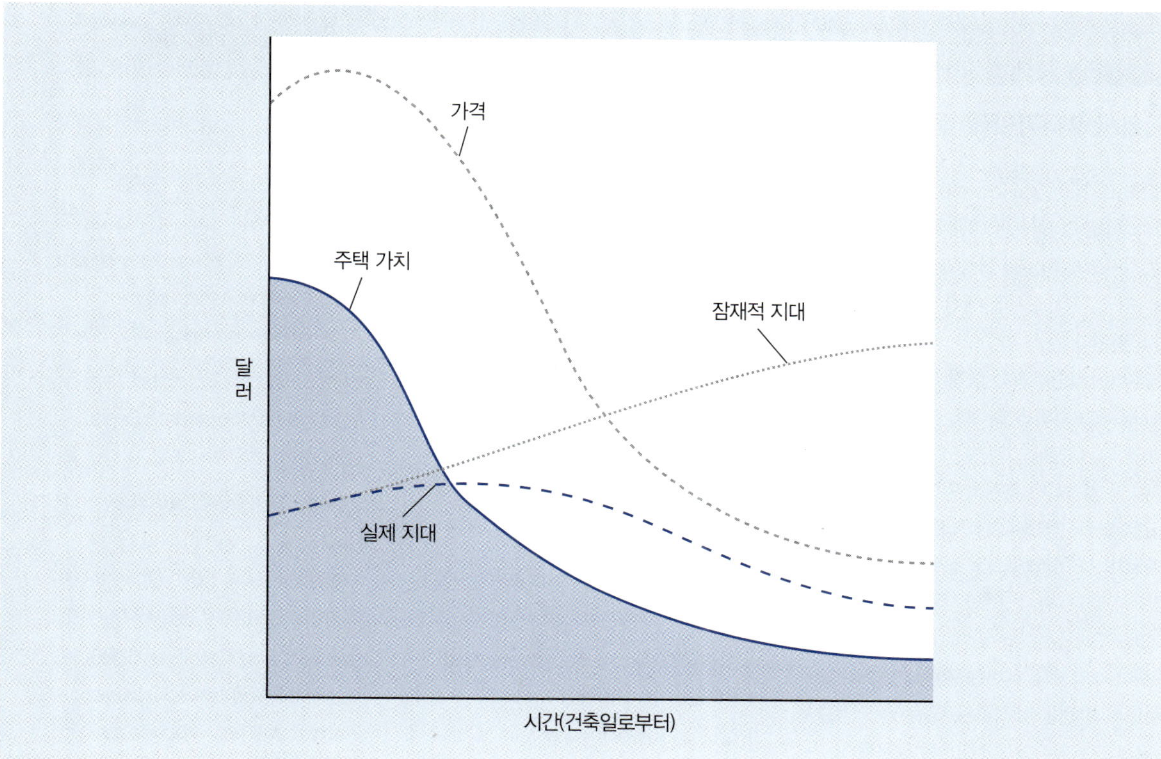

그림 6.9 미국 도시에서의 지대격차 발생에 관한 닐 스미스의 모델
출처 : Smith(1996), Fig. 3.2, p. 65.

의 젠트리피케이션 사례를 보여 주고 있다.

이러한 젠트리피케이션에 대한 닐 스미스의 해석에 대하여 여타 구조주의적 설명과 마찬가지로 인간 행위자 또는 소비자 기호가 배제되어 있다는 비판이 제기되었다. 또한 지대격차이론은 자체적으로 어떠한 도시들이 그리고 도시 내에서 어떠한 지역이 가장 재생 가능성이 높은지를 설명해 낼 수 없다는 비판이 제기되었다. 레이(Ley, 1996)는 캐나다 도시의 경험에 주목하면서 도심지역의 젠트리피케이션을 생산자 서비스업의 성장 및 새로운 가치와 열망을 지니고 있는 중산층의 형성과 연결하여 설명하고자 했다. 이러한 일부 중산층이 지닌 새로운 가치는 복잡하고도 다면적이다. 교외지역의 단조로운 생활양식에 대한 대안적 생활양식을 추구하는 사람들이 도심지역으로 재진입한 첫 번째 사회집단이었다는 점에 주목하면서 레이는 일부 중산층이 지닌 새로운 가치를 1960년대 히피(hippie)가 일으킨 문화적 반란에 일부 연결하여 젠트리피케이션을 설명하고자 했다. 이후 도심으로의 중산층의 대거 유입은 젠트리피케이션이 일어난 도심에 입지하게 된 멋진 와인바, 커피숍, 레스토랑, 서점, 의류 부티크 및 다양한 문화시설에서의 소비를 부추겼다. 젠트리피케이션과 관련된 개발은 3장에서 강조된 바와 같이 문화와 정체성의 형성에 있어서의 공간의 역할이 중요함을 보여 준다(글상자 6.4 참고).

젠트리피케이션에 관한 기존 연구에서 경제적 요인 또는 문화적 요인의 중요성을 밝혔으나 화두는 경제적 요인과 문화적 요인 중에서 무엇이 더 중요한 요

글상자 6.4

도시사회지리학의 주요 사상가 – 데이비드 레이

데이비드 레이(David Ley)가 도시사회지리학에 미친 영향력은 어떤 하나의 특정 시각 또는 도시 이론의 형성에서 비롯된 것이 아니라 캐나다 도시에 대한 경험적 연구에서 비롯된다.

레이는 실증주의적 공간 과학과 구조주의 마르크스주의의 해석에 대해 매우 비판적이었다. 대신에 그는 도시 거주자의 로컬 문화 및 일상적인 주관적 경험에 초점을 둔 인간주의적·행태주의적 접근을 중시했다. 인간주의적·행태주의적 접근은 그의 매우 영향력 있는 저서인 『도시의 사회지리(*A Social Geography of the City*)』(1983)에 뚜렷이 나타난다. 레이는 공동체 변화와 같은 도시 발전을 해석하는 데 특정 시각을 적용하기보다는 다양한 이론을 적용했다.

레이는 참여 관찰 및 심층 인터뷰와 같은 질적 연구방법 및 통계 조사와 같은 양적 연구방법을 혼용했다. 햄닛(Hamnett, 1988)은 레이의 접근이 '근거이론(grounded theory)'의 전통과 맥을 같이한다고 보고 있다. 로크(Locke, 2001, p. 34)에 따르면 근거이론이란 '선험적 이론화'를 거부하고 연구 대상인 사회적 세계와의 직접적인 접촉을 통한 '연구' 및 '발견'을 하는 접근을 의미한다(Strauss & Corbin, 1998).

주요 관련 개념

젠트리피케이션, 근거이론, 현상학

더 읽을거리

Hamnett, C. (1998) *The New Urban Frontier* (book review essay), *Transactions of the Institute of British Geographers* **23**, 412–16

Ley, D. (1977) Social geography and the taken for granted world, *Transactions of the Institute of British Geographers* **2**, 498–512

Ley, D. (1996) *The New Middle Class and the Remaking of the Central City* Oxford University Press, Oxford

Ley, D. (1999) Myths and meanings of immigration and the metropolis, *The Canadian Geographer* **43**, 2–19

Ley, D. and Duncan, J. (1982) Structural Marxism and human geography: a critical assessment, *Annals of the Association of American Geographers* **72**, 30–59

Locke, K. (2001) *Grounded Theory in Management Research* Sage, London

Roadway, P. (2004) David Ley, in P. Hubbard, R. Kitchin and G. Valentine (eds) *Key Thinkers on Space and Place* Sage, London

Strauss, A. and Corbin, J. (1998) *Basics of Qualitative Research: Techniques and theories for developing grounded theory* Sage, London

관련 내용

1장 : 인문지리학의 여러 접근법

11장 : 게이 공간

인인가이다. 이 논쟁은 끝없는 학술적 논쟁이 될 수도 있지만 도시계획 및 정치적 행동에 중요한 함의를 지닌다. 구조주의적 해석처럼 만약 자본의 힘이 저항할 수 없을 정도로 압도적으로 세상을 지배하는 것으로 본다면 자본시장의 작동에 대한 전면적인 개혁이 없는 한 인간 행위자는 상대적으로 거의 아무것도 할 수 없는 존재가 된다. 하지만 만약 문화적 요인의 자율적 역할을 강조한다면 문화적 요인이 자본주의 발달의 특성에 영향을 미칠 수 있다고 주장할 수 있다. 젠트리피케이션에 대한 기존 연구 결과로부터 분명히 알 수 있는 바는 바로 경제적 요인 및 문화적 요인의 상대적 중요도는 도시마다 다르게 나타난다는 점이다. 예를 들어 지대격차의 의미는 캐나다 도시보다도 뉴욕에서 더 중요한 것 같다.

공공주택 관리자 : 구별 짓기 및 등급 매기기

공공 부문 내에서의 주요 게이트키퍼는 주택 당국의 허가 및 분배 정책을 운영하는 주택 관리자 및 직원

그림 6.10 뉴욕 로어 이스트 사이드(Lower East Side) 지역에서의 젠트리피케이션 경계(1974~1986)
출처 : Smith(1996), Fig. 9.4, p. 205.

이다. 영국의 경우 이러한 정책을 마련하고 운영하는 데 있어서 지방정부에 주어진 재량권은 매우 광범위하며 최소한의 법적 규제를 받는다. 과밀 거주 상태의 가족뿐만 아니라 철거 또는 기타 공공 활동에 의해 쫓겨난 가족에게는 주택을 지어 주도록 되어 있다. 공공주택에 대한 수요는 흔히 공급을 초과하기 때문에 대부분의 도시에서의 공공주택 관리자는 공공주택 프로그램의 공간적 산출과 관련하여 상당한 권력을 지니며 중요한 위치에 있다.

공공주택 배분은 다양한 종류의 자격 규칙 및 우선권 체계를 통해 이루어진다. 대부분의 지방정부는 대기 리스트를 운영한다. 대기 리스트는 단순한 선착순 방식부터 특정 유형의 주택에 대한 필요성을 평가하는 포인트 제도를 이용한 복잡한 줄서기 체계에 이르기까지 다양한 형태로 나타난다. 예를 들어 포인트는 과밀 거주 상태, 건강 상태, 장애, 표준 이하의 주택, 결혼 지위, 대기 기간 등에 따라 주어진다. 일부 지방정부에서는 특별한 경우의 가구에게 공공주택에 대한 우선권이 주어질 수 있도록 공공주택 관리자가 포인트를 임의로 줄 수 있게 되어 있다. 그림 6.11은 공공 부문 내 주택 배분 과정을 일반화하여 나타낸 것이다.

동일한 상황에 처해 있는 가구라 할지라도 어떤 지방정부의 관할 구역 내에 살고 있느냐에 따라 공영 주택에 대한 접근성이 다를 수 있다. 일반적으로 영국 도시에서 공공주택에 대한 접근성이 가장 낮은 가구의 예로는 부양가족이 없는 젊은 독신자 가구, 해당 지역으로 최근에 이주해 온 가구, 이전에 자가를 소유한 가구이다. 반대로 대부분의 지방정부의 공공주택 임대 정책은 슬럼 철거 및 재개발로 인해 쫓겨난 가구, 과밀 주거 상태의 가구, 노인 가구, 소유 주택이 없고 부모나 시부모와 같이 사는 신혼 가구, 어린 자녀가 있는 가구를 선호하는 경향이 있다.

문제 가족 및 저급 주택지

가구가 공공주택을 제공받을 수 있는가의 문제뿐만 아니라 어떠한 종류의 공공주택이 제공되는가 그리고 어떠한 근린지구에 입지해 있는 공공주택인가의 문제가 있다. 공공주택 관리자는 가구를 가구 및 주택의 규모 특성에 따라 공공주택을 배분할 뿐만 아니라 양질의 공공주택을 '좋은' 세입자에게 배분하려고 한다. 양질의 공공주택을 '좋은' 세입자에게 배분하려고 하는 이유는 관리 비용을 최소화하고, 노인 및 '문제 가족(problem family)'의 관리가 용이하고, (일부 주장에 따르면) 불만족스러운 세입자(임대료 연체 및 이전에 살던 주택에서 비사회적 행동 기록 보유자)를 '저급' 주택으로 보냄으로써 불만족스러운 세입자에게 불이익을 주기 위해서이다.

문제 가족은 양질의 주택에서 거주하는 가족이 지불하고 있는 임대료와 비슷한 수준에서 임대료를 지불하면서도 저급 주택지(dump estate)에 거주하게 됨으로써 이중으로 불이익을 당한다. 공간적 결과로서 문제 가족의 국지화가 나타나는데, 문제 가족의 국지화의 근원은 1930년대 프랑스와 네덜란드에서 시행되었던 '사회적으로 취약한' 가족을 특별히 고안된 내구적인 공공주택에 거주하게 한 정책에서 찾을 수 있다. 1945년 이후 영국의 많은 지방정부 주택 당국은 특별한 목적을 위한 주택 개발보다는 노후화된 주택을 이용하려는 정책을 폈다. 1960년대에는 공공주택을 임대하고자 하는 세입자에 대한 등급 매기기와 거주지 분리 및 '문제 가족'의 국지화가 일반화되어 흔히 나타났다. 영국의 중앙주택자문위원회(Central Housing Advisory Committee)는 지방정부 주택 당국의 구별 짓기 및 등급 매기기에 대해 아래와 같이 우회적으로 비난했다.

> 공공주택을 받을 자격이 있는 사람에게만 공공주택이 주어져야 하며 공공주택을 가장 받을 자격이 있는 사람이 가장 좋은 공공주택을 얻어야만 하는 것 같은 철학적 배경이 깔려 있다. 따라서 미혼모, 동거인, 문제 가족, 단기 체류자는 모두 바람직하지 않은 사회집단으로 구분되는 경향이 있다. 도덕적 정직, 사회적합성, 깨끗한 삶, 깨끗한 임대 기록은 신규 건설 공공주택을 임대할 수 있는 자격이 부여되는 필수적 조건인 것 같다.
>
> (Central Housing Advisory Committee, 1969)

저급 주택지로의 문제 가족의 국지화가 구별 짓기 과정을 작동시키고 결과적으로 주택지 및 거주자 양쪽 모두 저급 주택지 및 문제 가족이라는 낙인이 찍

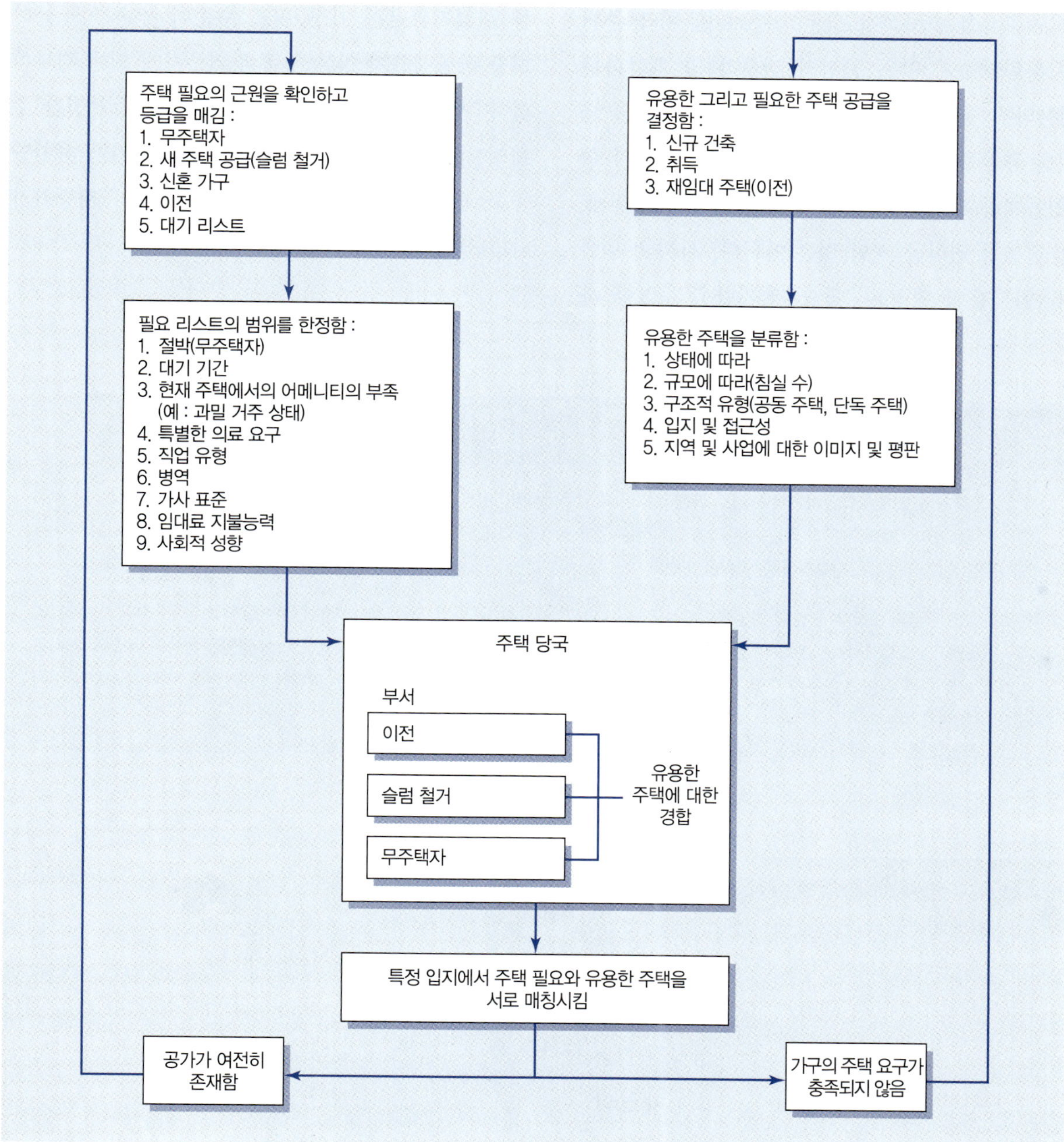

그림 6.11 공공 부문 주택의 배분 과정
출처 : Bourne(1981), Fig. 10.2, p. 222.

히게 된다는 것을 공공주택 관리자는 인식하고 있다. 이러한 낙인 때문에 그 지역의 주택은 임대하기가 어렵게 된다. 저급 주택지에 대한 사회적 반응에 의해 문제는 더 악화된다. 저급 주택지에 대한 대중 매체의 취재가 상황을 극화시키며 선정적인 때로는 왜곡된 전형을 창출함으로써 도덕적 공황을 강화시키기도 한다. 이는 더 나아가 저급 주택지 내부와 외부에서의 태도 및 행동을 양극화시켜 저급 주택지 일부 거주자의 반사회적 행동의 증가 및 저급 주택지의 바람직하지 않는 특징의 전형화 및 재강화를 가져온다.

비록 공공주택 관리자들이 분배 과정을 조정할 수는 있을지라도 그들이 분배하는 자원의 구조, 형태, 양을 결정할 권한을 지닌 것은 아니다. 사회 부문에서의 기본 운영 원칙은 '필요'에 기반을 두어야 하나 현실적으로는 가장 필요 수준이 높은 가구들이 가장 바람직하지 않은 주택에 거주하게 되는 경향이 있다. 사적 부문에서 시장 메커니즘에 의해 민간 주택의 등급화가 나타나는 방식과는 다르기는 하지만 공공 부문에서도 결과적으로 공공주택의 계층화가 나타난다.

요약

6.1 도시 내 주거 구조에는 다양하면서도 서로 특성이 다른 하위주택시장이 있다. 대부분의 서구 사회에서 자가 소유는 증가했으나 사적 임대는 감소했다. 사적 부문과 공공 부문의 주택시장은 정부 정책에 의해 영향을 받는다. 사회 주택의 형태는 다양하며, 사회 주택은 도시구조 특히 유럽의 도시구조에 큰 영향을 미쳤다.

6.2 건조환경은 공급과 수요의 단순한 반영물이 아니라 더 나아가 제도적 요인 및 중앙정부 · 지방정부 · 토지 소유주 · 투자자 · 개발업자 · 건축업자 · 도시계획가 · 건축가 · 공동체 활동가 · 소비자와 같은 다양한 행위자의 상호작용에 의해 영향을 받는다. 사회적 게이트키퍼가 서로 다른 유형의 가구를 구별 짓기 하여 서로 특성이 다른 주거지역에 거주하게 하는 방식은 계층, 젠더, 민족의 사회적 관계에 의해 영향을 받는다.

주요 개념

결정 규칙
관리주의
교환가치
'레드라이닝'
보복주의 도시
복지 다원주의
'블록버스팅'
사용가치
사회적 게이트키퍼
상징적 거리 두기
소유의 문화
자격 규칙
자본 재구성
잔여화
젠트리피케이션
주택 건축 조합
지대격차
케인스주의
하위주택시장

읽을거리

건축물 공급 구조

Balchin, P. and Rhodes, M. (2002) *Housing Policy* (4th edn) Routledge, London

Ball, M. (1986) The built environment and the urban question, *Environment & Planning D: Society and Space* **4**, 447-64

Bourne, L. (1981) *The Geography of Housing* Edward Arnold, London

Bramley, G., Pawson, H. and Munro, M. (2004) *Key Issues in Housing* Palgrave, Basingstoke

Forrest, R. and Lee, J. (2003) *Housing and Social Change* Spon Press, London

Golland, A. and Blake, R. (eds) (2003) *Housing Development* Routledge, London

Guy, S. and John Henneberry, J. (2002) *Development and Developers: Perspectives on property* Blackwell, London

Healey, P. and Barrett, S. (1990) Structure and agency in land and property development processes, *Urban Studies* **27**, 89-104

Knox, P.L. (2008) *Metroburbia, USA* Rutgers University Press, New Brunswick, NJ

주택 소유

Burrows, R. (2003) *Poverty and Home Ownership in Contemporary Britain* Policy Press, Bristol

Feagin, J. and Parker, R. (1990) *Building American Cities* Prentice-Hall, Englewood Cliffs, NJ

Hamnett, C. (1999) *Winners and Losers: Home ownership in modern Britain* UCL Press, London

Hornstein, J.M. (2005) *A Nation of Realtors: A cultural history of the twentieth-century American middle class* Duke University Press, Durham, NC

Knox, P.L. (ed.) (1993) *The Restless Urban Landscape* Prentice-Hall, Englewood Cliffs, NJ

Weiss, M. (1987) *The Rise of the Community Builders* Columbia University Press, New York

Whitehand, J. (1992) *The Making of the Urban Landscape* Blackwell, Oxford

젠더와 도시 설계

Bondi, L. (1992) Gender spaces and urban landscapes, *Progress in Human Geography* **16**, 157-70

McDowell, L. (1993) Space, place and gender relations: Part 1, Feminist empiricism and the geography of social relations, *Progress in Human Geography* **17**, 157-79

Spain, D. (1992) *Gendered Spaces* University of North Carolina Press, Chapel Hill, NC

Weisman, L. (1992) *Discrimination By Design* University of Illinois Press, Urbana, IL

영국의 주택 정책 및 사회 주택의 사유화

Cowan, D. and Marsh, A. (eds) (2002) *Two Steps Forward: Housing policy into the new millennium* Policy Press, Bristol

Dean, J. and Hastings, A. (2000) *Challenging Images: Housing estates, stigma and regeneration* Policy Press, London

Forrest, R. and Murie, A. (1991) *Selling the Welfare State: The privatization of public housing* Routledge, London

Gurne, C. (ed.) (2005) *Placing Changes: Perspectives on place in housing and urban studies* Ashgate, London

Holmes, C. (2005) *A New Vision for Housing* Routledge, London

Malpass, P. (2000) *Housing Associations and Housing Policy* Palgrave, Basingstoke

Ravetz, A. (2001) *Council Housing and Culture: The history of a social experiment* Spon Press, London

Smith, S.J., Easterlow, D. and Munro, M. (2004) Housing for health; does the market work?, *Environment and Planning A* **36**, 579-600

Williams, P. (ed.) (1997) *Directions in Housing Policy: Towards sustainable housing policies for the UK* Paul Chapman Publishing, London

젠트리피케이션

Atkinson, R. and Bridge, G. (2004) *Gentrification in a Global Perspective* Routledge, London

Butler, T. (1997) *Gentrification and the Middle Classes* Ashgate, Aldershot

Environment and Planning A (2004) Vol. 36, Special Issue on Gentrification

Lees, L., Slater, T. and Wyly, E. (2008) *Gentrification* Routledge, London

Ley, D. (1996) *The New Middle Class and the Remaking of the Central City* Oxford University Press, Oxford

Smith, N. (1996) *The New Urban Frontier: Gentrification and the Revanchist City* Routledge, London

http://members.lycos.co.uk/gentrification

제 07 장

근대 도시주의의 사회적 차원

핵심 문제

- 서구 사회에서 도시에 대한 주요 관점은 무엇인가?
- 도시생활은 어떻게 사람들의 정체성에 영향을 미치는가?
- 사회적 네트워크는 어떻게 구성되는가?
- 시카고학파의 인간생태학의 주된 관점은 무엇인가?
- 많은 비판에도 불구하고 시카고학파의 연구는 왜 영향력이 있는가?
- 게오르크 지멜의 견해는 도시의 사회적 관계 연구에 어떠한 영향을 미쳤는가?

도시의 공간적 질서는 도시미세구조(urban ultrastructure)에 해당하는 도시의 사회조직과 인간행태의 내면을 통해서 적절히 이해될 수 있다. 물론 이 말은 도시의 공간적 질서가 사회적 요인에 종속된다는 것은 아니다. 이 장에서는 개인적 행태와 사회적 조직에 대한 공간과 거리의 영향을 사회공간 변증법을 통해 구체적으로 살펴본다.

7.1 서구 문화에서 도시생활

인간과 도시 환경 간의 관계에 대한 전통적 견해는 대부분 부정적인 것이었다. 이런 견해는 현재에도 지속되고 있다. 많은 예술가, 저술가, 영화제작자 및 음악가의 주장과 마찬가지로 도시생활에 대한 여론과 사회적 이론은 인간과 도시 환경의 관계에 대하여 부정적 인상을 불러일으키는 경향이 있다. 여론과 사회이론은 도시생활의 병폐를 강조하면서 그리고 이를 도시 환경의 내재적 속성이라고 비난하는 결정론적 경향을 보인다.

도시 환경에 대한 설문 결과에 의하면, 대부분의 사람들은 도시 환경에 대한 불만족을 제시한다. 미국인 다섯 명 중 한 명만이 도시는 살아가기에 최적 환경이라고 생각하며, 30%는 교외 지역, 44%는 소도시 또는 시골 지역을 최적 환경으로 생각한다. 유럽에서의 설문 자료도 반도시적 성향을 비슷하게 보여 준다. 삶의 질 전반과 복지의 주요 요소에 대한 만족도는 농촌에서 대도시로 갈수록 점차 줄어드는 경향이 있다. 하지만 이런 자료는 설명하기 힘든 면이 있다. 한 가지 지적할 수 있는 것은 농촌 또는 소도시를 선호한다고 하면서도 행동적으로는 도시를 선호하는데, 이는 아마도 보다 높은 물질적 수준을 추구하기 때문일 것이다. 이처럼 도시는 살기 좋은 곳도 나쁜 곳도 아니며, 단지 필요악일 뿐이다.

도시에 대한 이런 편향된 양면성 — 지적으로는 싫어하지만 기능적 매력에 빠져드는 — 은 서구 사회의 문학과 예술에 반영되어 왔다(대중가요의 표현을 포함). 도시의 스릴감과 세련됨 이면에는 도시에 대한 비탄과 농촌에 대한 동경이 깔려 있다. 일부 작가들은 도시가 어떻게 특정 관점에 따른 인간 드라마와 개인 생활양식을 규정하는 촉매, 도전 그리고 무대로서 인식되어 왔는가를 보여 주었다. 샤를 보들레르(Charles Baudelaire)는 19세기 중반 작품에서 근대 도시는 전통적 가치와 문화적 규준을 초월하는 가능성이 있음을 보여 준 최초의 사람 중의 하나였다. 그는 도시는 '**타자에 대한 경험**'을 제공하면서 사람을 외향적으로 만들 수 있다고 본다. 이런 방식으로 사람을 전환시킬 수 있는 도시의 힘은 그 자체의 다양성에 기인한다. 차이의 현존 속에서, 비록 잠깐이라도 사람들은 최소한 외출할 수 있는 가능성을 갖게 된다. 도시가 많은 사람을 자극하는 것은 바로 이런 것이다. 그러나 도시생활에서 다양성의 중요성이란 이 이상의 것이다. 우리가 다른 사람들에게 노출됨에 따라, 도시생활과 도시사회에 대한 우리의 인상 그리고 이런 것이 주는 의미는 수정되고 재조정된다. 이런 방식으로 우리의 문화(3장에서 살펴본 공유된 의미의 체계)는 유동성과 역동성을 갖게 되고, 이는 사회공간 변증법의 핵심이 된다.

7.2 도시주의와 사회적 이론

도시생활에 관한 사회적 이론에서 관심 있는 주제 중의 하나가 양극성(polarity)이다. 도시 환경의 낯설음, 인공성, 개인주의 및 다양성은 인간적 행태와 사회적 조직의 특성을 연구하는 많은 사회이론가에 의해 주목받고 있다. 이런 결정론적이고 환경주의적 접근은 사회학 및 모든 유사한 학문 분야뿐만 아니라 도시사회지리학에 막대한 영향을 미쳤다. 이는 19세기 산업혁명과 연관된 도시주의와 도시화의 사회적 및 심리학적 설명을 이해하려고 했던 유럽 사회학 철학자인 뒤르켐, 베버, 지멜, 퇴니에스의 작품 속에서 유래했다.

이런 전통 사회학적 분석의 핵심은 사회적 규모와 도덕적 질서 사이의 연관을 밝히려는 것으로 기본적 관점은 다음과 같다. 서로를 잘 아는 사람들로 구성된 전산업시대의 소규모의 동질적 특성을 지닌 사람들은 동일한 부류의 일에 종사했고 관심사도 비슷했다. 행동의 가치와 규범의 일치를 통하여 그들은 비슷하게 보고, 생각하고, 행동했다. 이와는 반대로, 대도시의 거주자들은 교통 및 통신 기술의 전문화와 혁신에 의해 새로운 경제적 및 사회적 조직의 형태

The Galerie Vivienne(1832) : 19세기 대도시(파리)의 지붕 있는 복도이며 현 쇼핑몰의 효시(사진 : Paul Knox)

를 가지면서 뒤르켐이 말하는 인구의 역동적 밀도를 갖게 되었다.

이러한 도시화된 산업사회에서는 다른 사람과의 접촉이 많아졌으나, 가족 및 친구와 같은 가깝고 **일차적 관계**(primary relationships)는 쉽게 유지되지 않았다. 이와 동시에 사회적 차이는 생활양식, 가치 및 열망에서의 다양성을 야기하면서, 사회적 일치와 응집이 약화되고, 사회적 질서를 분열시키는 위험을 가져왔다. 이는 결과적으로 형식적 통제의 확대, 사회적 조직과 사회적 분열 및 탈선적 행동에 대한 합리적 접근이 대두되는 결과를 야기했다(글상자 7.1 참고).

시카고학파

사회 조직에 대한 유럽의 견해는 게오르크 지멜(Georg Simmel)의 제자였던 로버트 파크(Robert Park)의 리더십하에 1920년대와 1930년대에 시카고 대학 사회학과 연구자[**시카고학파**(Chicago School)로 불리는]에 의한 채택과 수정에 의해 도시지리학에 영향을 미쳤다. 다른 초기 이론가와 마찬가지로 파크는 도시화는 새로운 환경, 새로운 유형의 사람, 그리고 새로운 생활양식을 생성한다고 믿었다. 그는 이런 결과는 접촉은 있으나 침투가 없는 소세계의 모자이크를 생성시킨다고 제시했다(Park, 1916, p. 608). 파크는 이러한 사회적 세계에 대한 탐색과 실증적 연구를 자극했고, 결과적으로 1920년대 시카고 지역과 특정 집단(청소년 갱, 유랑자, 하숙집 지구, 매춘부, 댄서 및 유태인 지구 등)에 대한 자연적 역사에 대한 연구 성과가 나타나게 되었다. 이러한 연구는 도시사회학적 접근의 일부에 해당하는데, 이는 **인간생태학**(human ecology) 연구로 알려지고 있다.

글상자 7.1

도시사회지리학의 주요 경향 – 보헤미안 엔클레이브의 성장

최근 몇십 년간 서구 도시에서 주요한 변화는 '보헤미안 엔클레이브'라 불리는 것의 성장이다. 이 지역의 특성을 살펴보기 이전에 그 기원을 살펴보는 것이 가치가 있을 것이다. 보헤미아는 현재 체코공화국에 속한 지역이며, 세월이 흐르면서 자유주의와 종교적 관용으로서 명성을 얻게 되었다. 그러나 18세기에 보헤미안이란 이주자, 특히 집시를 가리키는 말로 잘못 연관되었다. 디드로(Diderot)와 달랑베르(d' Alembert)가 1775년 출판한 백과사전인 『*Encyclopédie ou Dictionnaire Raisonne des Sciences des Arts et des Métiers*』에서 보헤미안을 '전문적 점술가와 손금 해독자인 방랑자로 관련지었고, 그들의 재능은 노래하고, 춤추고, 약탈하는 것으로 설명되었다'(Blom, 2004).

그 후 19세기 파리에서, 보헤미안이란 잠깐 머물고, 판에 박히지 않고, 행동이 집시 같다고 생각되는 다양한 예술가 그룹(예 : 작가, 시인, 지식인, 화가, 조각가, 음악가, 학생)과 관련되었다. 이러한 예술가들(그들과 관련된 계약인, 출판인, 모델, 학생, 친구, 정부 등)은 파리 몽마르트 지역에 모이게 되었다. 이곳은 오래된 언덕바지 거주지역으로 당시 다른 도시지역의 재건축 바람에서 벗어난 값싼 임대주택이 있는 좁다란 골목이었다. 파리 중심부와 가까웠던 몽마르트 하단부의 경사지는 보헤미안 생활양식을 부추기는 시설이 가득했는데, 거리 카페, 영화관, 카바레, 나이트 클럽, 매음굴이 그것이다. 19세기 말 파리의 밤 생활은 예술가 툴루즈 로트레크(ToulouseLautrec)의 그림으로 유명하다. 비록 때로는 로맨틱하게 묘사되었지만, 이 지역은 알코올 중독, 질병, 성적 남용이 유행하던 곳이었다. 몽마르트는 또한 사회의 존경을 받을 만한 상류층의 일부가 죄를 짓는 곳이었고, 관광객에게 매력 있는 곳이 되면서 세느 강의 왼쪽 강변에는 또 다른 보헤미안 엔클레이브인 몽파르나스가 출현했다. 비록 보헤미안이란 말이 주로 19세기 파리와 관계되지만, 유럽의 주요한 도시는 보헤미안 엔클레이브를 갖고 있었고, 존슨(Johnson) 박사는 런던 그럽 거리(Grub Street)의 가난한 작가를 가리키는 데 이 말을 사용했다.

본질적으로 보헤미안 생활양식은 열심히 일하고, 검소하고, 핵가족 스타일인 부르주아와는 반대되는 것으로 인식된다. 그러나 데이비드 브룩스(David Brooks, 2000)는 최근에 부르주아와 보헤미안 생활양식 사이에 구분이 사라지고 있다고 주장했다. 20세기 말 문화산업의 성장은 다양한 관행을 따르지 않는 사람, 별난 사람, 무소속인 사람들이 주류 자본주의 사업으로 편입되게 했다. 그리하여 모든 주요 도시는 예술지구를 촉진시키려고 노력하고 있으며, 이제 기업은 재능 있고, 창의적이고, 판에 박히지 않는 직원에게 관용적이고 심지어 보헤미안적 용기를 북돋게 되었다.

주요 관련 개념

보헤미아, 창조도시, 창조계급, 문화산업

더 읽을거리

Blom, P. (2004) *Encyclopédie: The triumph of reason in an unreasonalbe age* Fourth Estate, London

Brooks, D. (2000) *Bobos in Paradise: The new upper class and how they got there* Simon & Schuster, New York

Hall, P. (1998) *Cities in Civilization* Phoenix, London, Chapter 6

관련 내용

5장 : 글상자 5.6 문화주도 도시재생의 성장

10장 : 글상자 10.4 '도시 야간경관'의 발달

생활양식으로서 도시주의

도시사회학의 접근과 유사하고 동시에 영향력 있는 접근이 몇 년 후 시카고로부터 나타났는데, 이는 생활양식으로서 도시주의에 대한 **워스주의 이론**(Wirthian theory)으로 불린다. 비록 본질적으로 인간생태학의 많은 사고를 담고 있었지만, 워스의 이론은 집단뿐만 아니라 개인 행태를 설명하기에 적합한 것으로 인식되었다. 파크와 마찬가지로 워스도 게오르크 지멜의 제자였고, 지멜의 '대도시와 정신생활(The metropolis and mental life)'이란 연구에 상당한 영향을 받았다. 인간생태학과 지멜의 견해를 종합하면서 워스(1969)는 '생활양식으로서 도시주의(Urbanism as a way of life)' 를 썼고, 이는 도시 연구에서 가장 많이 인용되고 증쇄된 논문이 되었다. 워스는 도시생활의 사회적 및 심리적 결과(즉, 도시주의)는 증가하는 도시화의 산물인 다음 세 가지 요인의 복합된 영향으로 나타난다고 보았다.

1. 인구의 증가하는 규모
2. 인구의 증가하는 밀도
3. 이질성의 증가 또는 인구의 차별화

워스는 개인적 수준에서 이런 요인의 영향은 다음과 같다고 보았다. 사람들은 거대하고, 밀집되고, 다양한 도시 환경을 경험하고, 풍요와 다양한 물리적 및 사회적 자극에 직면하여, 이에 대처하기 위한 행동 양식을 채택해야만 한다는 것이다. 예를 들어, 도시 거주자들은 다른 사람을 대함에 있어 거리를 두며, 통명스럽고, 비인간적이게 되었다. 즉, 정서적으로 완충이 그들의 관계에서 나타난다. 그럼에도 불구하고, 도시에 살고자 하는 강한 욕구는 '**정신적 과부하**(psychic overload)' 라고 불리는 것을 생성시켜, 불안과 신경적 긴장을 야기한다. 게다가, 이러한 적응적 행태를 통한 개인적 결속의 느슨함은 위기의 상황 때는 도움이 되지 못하게 하고, 자기중심적 행동을 추구할 때는 이를 제어하지 못하게 하는 경향이 있다. 그 결과는 한편으로는 사회적 무능력, 외로움, 정신질환의 증가가 나타나고, 다른 한편으로는 매력적인 특이함에서부터 위험한 범죄에 이르기까지 모든 종류의 탈선적 행동이 증가한다고 워스는 주장한다.

워스는 도시 인구의 규모, 밀도 및 이질성 증대와 연관된 사회적 변화를 비교한다. 경쟁과 노동분업으로부터 나타난 전문화된 이웃과 사회적 집단화는 가정, 학교, 작업장, 친구 및 친척 사이에서 사회적 생활의 분열을 가져왔다. 그로 인하여 사람들의 시간과 관심은 연결되지 않는 사람과 장소로부터 분리되는 결과가 나타났다. 이는 가족, 친구 및 이웃과 같은 1차적 사회집단의 사회적 지원과 통제를 약화시키게 되어, 사회적 질서의 약화와 사회적 분열의 증대를 가져오게 되었다. 이러한 추세는 도시에서 다양한 전문화된 집단의 관심과 생활양식의 차이에 의한 사회적 규범(적당하고 허용될 수 있는 행동에 대한 규칙과 관례)의 약화에 의해 강화되었다.

전반적인 사회의 반응은 이전의 1차적 사회집단에 의해 제공되던 지원과 통제를 이성적 및 비인간적 절차에 의해서 그리고 제도(복지 에이전시, 경찰에 의해 제공되는 범죄 코드 등)로 대체하도록 하는 것이었다. 그러나 워스에 의하면, 그러한 질서는 소규모 1차적 집단의 일치와 도덕적 힘에 기초한 상호 신뢰적 질서를 대신할 수 없다. 그 결과, 사회적 규범이 혼란스럽고 약화되는 아노미라고 불리는 사회적 조건이 발달한다. 즉, 규범을 분명히 알지 못하거나 또는 규범에 행복하지 못한 사람들은 이에 도전하거나 무시하게 되고, 이는 탈선적 행동의 원천으로 나타난다.

워스 이론에 대하여 끊임없이 제기되는 문제점 중의 하나는 실증적 연구 결과가 부족하다는 점이다. 대개의 경우 증거로서 이용 가능한 것은 네 가지 부류의 연구를 통해 나오는데, 도움, 갈등, 사회적 연대, 그리고 심리적 상태가 그것이다. 일반적으로 처음 두 개의 연구 주제는 워스 이론을 지탱해 주는 경향이 있으나, 나머지 둘은 워스 이론이 적용되기 힘든 경우이다.

글상자 7.2

도시사회지리학의 주요 사상가 – 발터 벤야민

최근 도시 연구에서 사회비평가인 발터 벤야민(Walter Benjamin)에 대한 관심이 커지고 있다. 1882년 독일 본에서 태어난 그는 유태인 지식인이었기에 나치 정권 아래 대학에서 직업을 구하는 것이 금지되었고, 파리로 망명하지 않으면 안 되었다. 파리에서 벤야민은 사회적 비평가와 저널리스트로 고용되었다. 방대한 저술 중에서 오직 일부만이 그의 생애 동안(벤야민은 1940년 나치의 프랑스 공격 후에 스페인 국경의 안전지대에서 자살했다) 출판되었고, 심지어 오늘날에도 이들 중 일부는 아직 영어로 번역되지 않았다. 게다가, 벤야민의 저술은 매우 고무적이면서 난해한, 거의 시와 같은 것이다. 이러한 모호성은 그가 진정으로 의미했던 것을 재해석하는 벤야민 산업을 야기했다. 어떤 이는 벤야민의 명성은 과도하게 과장되었다고 믿지만, 그의 통찰력은 현재의 많은 학자들에게 영감을 주고 있다.

이런 관심에 대한 주된 이유는 벤야민의 유명한 '아케이드 프로젝트(Arcades Project)' 때문으로, 이것은 19세기와 20세기 초 도시의, 특히 파리에서, 지붕이 있는 쇼핑 통로에 운집하는 군중에 대한 묘사이다. 벤야민은 도시 만보객(flâneur) — 도시를 어슬렁거리며 걷는 사람 — 개념으로서 개인에 대한 근대 대도시의 영향을 설명하였다. 벤야민에 의하면, 만보객은 도시의 역동성과 다양성에 매료되고 흥분되지만, 결코 압도되지는 않는다. 그는 군중의 광경에 몰두되지만, 군중에 완전히 참여하지 않는다.

만보객은 근본적으로 대도시의 현상이었는데, 왜냐하면 소도시 지역은 그러한 엿보기를 가능하게 할 다양성이 충분하게 나타나지 않았다. 그러므로, 오스망 남작(Baron Haussmann)이 디자인한 파리의 유명한 대로는 산보하기에 많은 구경거리를 제공했다(글상자 7.1 보헤미아 참고). 관찰자는 또한 산업자본주의 도시의 산물이었고, 산업도시가 생성하는 막대한 부의 전시장이었다. 일반적으로 대로를 걷는 사람들은 남성이었다. 19세기 말 도시에서 상류층 여성은 보호자가 없는 경우 가정에 제한되고 있었다. 거리에서 보호자 없이 걷는 여성은 행상인이거나 매춘부였다. 벤야민은 만보객의 최적 사례로 시인 샤를 보들레르가 지나가는 낯선 여인을 관심 있는 듯 힐끗 보면서 쓴 '지나가는 여인에게(To a woman passing by)'란 시를 꼽았다.

벤야민은 도시에서 많은 아름다움을 보았고, 많은 사람들은 매일 도시에 살아가면서도 이런 아름다움을 인식하지 못한다고 생각했다. 그는 역경을 많이 경험한 사람이었는데, 그 관찰은 어린 시절 기억을 드러내는 데 사용되었고, 이는 아마도 그의 어린 시절 경험을 이해하기 위한 희망으로 시도되었다. 도시 관찰자로서 벤야민의 명성은 지속되고 있으며, 일부 사람들은 현재 인터넷 검색자는 일종의 전자 산보자에 해당한다고 주장한다.

주요 관련 개념

상품화, 만보, 만보객, 시선, 모더니즘

더 읽을거리

Benjamin, W. (1973) *Charles Baudelaire: A lyric poet in the era of high capitalism* Verso, London

Benjamin, W. (1999) *The Arcades Project* Belknap, Cambridge MA

Benjamin, W. (2002) From the Arcades Project, in G. Bridge and S. Watson(eds.) *The Blackwell City Reader* Blackwell, Oxford

Latham, A. (1999) The power of distraction: distraction, tactility and habit in the work of Walter Benjamin *Environment and Planning D* **17**, 451–74

Tester, K. (ed.) (1994) *The Flâneur* Routeledge, London

Wilson, E. (1995) The invisible flâneur, in K. Gibson and S. Waston(eds) *Postmodern Cities and Spaces* Blackwell, Oxford

관련 내용

9장 : 장소, 소비, 문화정치

도움에 대한 연구는 낯선 사람, 예를 들어 마지막 남은 동전으로 잘못된 번호에 전화가 연결된 사람, 주소가 적힌 편지를 잃어버린 사람, 주소를 물어보는 사람 등에 대한 사람들의 반응을 알아보기 위해 고안된 현장 실험으로 활용된다. 실험에 대한 일반적 결과는 도시 거주자는 소도읍 거주자에 비해 도

우려는 성향이 적다는 것이다. 갈등에 대한 연구는 집단 갈등(인종적, 사회적, 경제적 갈등)과 개인 갈등(특정 범죄의 영역) 모두 대규모 커뮤니티에서 불균등적으로 나타나는 경향이 있다.

다른 한편으로 친구 관계 또는 개인적 관계의 양과 질을 비교하는 연구는 커뮤니티의 크기에 따라 차이가 없음을 보여 주거나 또는 도시 거주자 사이에서 사회적 통합이 높음을 보여 준다. 이와 유사하게 스트레스와 고립과 같은 심리적 상태는 작은 커뮤니티에서 더 크게 나타남을 보여 준다.

도시생활의 공적 및 사적 세계

앞에서 언급한 연구 결과의 타당성을 받아들인다면, 그것들은 어떻게 조화를 이룰 수 있을까? 한 가지 방법은 도시의 사회적 환경에 대한 개념을 재검토하는 것으로 도시생활을 공적 및 사적 영역으로 구분하여 연구하는 것이다. 공적영역은 사람들이 낯선 사람이 되는 환경으로 구성되며, 이는 신중함, 조심성, 불참견과 같은 특별한 에티켓을 요구한다. 공적 영역에서 사람들은 다른 사람들에게 무관심 또는 무관심한 척해야 한다. 리처드 세넷(Richard Sennett)은 근대 문화는 보편적 경험으로부터 주관적 경험을 의도적으로 분리함으로써 고통을 받고 있다고 주장한다. 즉, 우리는 이러한 분리를 유지하기 위해 도시 공간을 구성해 왔다는 것이다.

> 근대 도시에서 사람들의 공간은 쇼핑몰과 같이 소비를 위해 신중히 구성된 공간이거나 또는 관광을 위해 신중히 구성된 공간이다 … 도시(도시가 보여지는 방법)는 노출에 대한 공포를 반영하는 공간이다. 노출은 고무되도록 하는 것이라기보다는 고통과 같은 것을 의미한다 … 도시건설에서 특징적인 것은 사람들 사이의 차이를 구분하는 것으로, 이러한 차이는 상호간 고무적이라기보다는 위협적인 것으로 인식된다. 도시 영역에서 우리가 만드는 것은 개성 없는 중립적인 공간으로, 이러한 공간은 사회적 접촉에 대한 위험이 제거된 것이다. 예를 들어, 판유리 면을 향한 거리 담장, 가난한 사람을 나머지 도시로부터 분리시키는 고속도로, 기숙사 건물 건설 등이 이에 해당한다.
>
> (Sennett, 1990, p. xii)

그러나 개인적 결정을 통해서 또는 도시 디자인을 통해서 노출을 피하는 것은 상황적 행동으로 심리적 상태는 아니며, 이는 사적영역에서 사람들의 태도와 행동에 대해 어떤 것도 설명하지는 못한다. 비록 도시 거주자들이 심원하고 지속적인 관계를 위한 능력을 잃지는 않지만, 이들은 표면적이고, 빠르고, 제한적인 관계를 위한 능력을 습득한다. 피셔(Fischer)는 도시주의는 넓은 커뮤니티에서 다른 사람들과 소외와 분리를 포함하는 것이지만, 도시주의가 이웃 사이의 불신, 소외, 고립이 특징적인 것은 아니라고 하면서 이러한 구별을 제시했다. 다른 말로 표현하면, 도시주의는 공적 영역에서 외래 집단에 대한 두려움과 불신을 자아내지만, 이것이 사적 사회적 세계에 영향을 미치는 것은 아니다(Fischer, 1981, p. 306). 워스식의 전문 용어를 사용하자면, 도시주의는 도덕적 질서와 사회적 분열을 담고 있는 것을 의미한다.

자아 : 사적 및 공적 세계에서 정체성과 경험

개인과 사회집단이 그들과 다른 사람을 어떻게 구분하는지에 대한 질문은 어떻게 인간 주체가 구성되는가에 대하여 재고할 것을 요구한다. 즉, 우리는 공적 및 사적 세계에서 우리를 어떻게 생각하는가에 대한 재고가 필요하다. 이는 근본적으로 지리적 이슈이다. 왜냐하면 지각할 수 있는 주체로서 우리의 의도성과 **주체성**(subjectivity)은 지리적으로 형성되는 사회적 관계와 경험에 의존하기 때문이다. 게다가 이러한 의도성과 주체성은 다른 '지식적 주체'에 의해 점유되는 공간에 의해 형성된다. 이는 우리의 자아란 어느 정도 다른 사람에 의해 구성된다는 것을 의미한다.

이러한 주체성을 이해하기 위해 정신분석이론을 통하여 '무의식적 주체'를 살펴보고자 한다. 일부 사회과학자들은 정신분석이론은 사랑, 열망, 자아도취, 불안, 증오 및 고통과 같은 인간 감정이 모델과 이론을 이끌어내는 매력을 갖고 있다고 본다.

> 이러한 … 느낌은 인간 존재의 핵심이며, 우리 일상생활의 원료이다. 느낌은 모든 사회의 토대이다. 느낌은 상징적 의미와 가치에 앞서 다가오며, 사고와 가치를 재해석하고, 감추고, 숨기고, 재창조하도록 한다. 느낌은 규칙이 실천되도록 영감을 불어넣고, 이성적 설명 이면에 존재하는 이성이다 … 느낌이 없다면 규칙, 지식 및 사회적 구조가 작동되지 않을 것이며, 이런 것이 존재하지도 않을 것이다.
>
> (Douglas, 1977, p. 51)

이 접근에서는 사람들은 다른 사람의 요구와 기대에 부응하기 위해 감정을 억제하고 재구성한다는 점, 즉 '거짓 자아의 구성'을 인정한다. 이는 '지식적 주체'의 창조를 위한 출발점인데, 지식적 주체란 개인 및 사회적 정체성이 다양한 차원의 가족, 학교, 공동체, 직장 및 계급 의식과 같은 생애 경험에 의해 결정되는 것을 의미한다. 또한 개인 및 사회적 정체성은 끊임없는 타협이 가능한 융통성 있고 유연한 것으로 인식된다. 이는 우리가 우리 스스로를 발견하는 도시 환경에서 성공적으로 작동하기 위해 그리고 우리의 경험에 대처하기 위하여, 우리에 대하여 우리 스스로가 쓴 이야기이다. 이것은 또한 드세르토(de Certeau, 1985)가 인간이 어떤 의미를 그들을 둘러싼 세상과의 관계 탓으로 돌린다는 의미로 사용한 '비밀 창조의 영원한 속삭임'이라고 말한 것에 해당한다.

이런 속삭임의 중요성은 이것은 시간이 지나면 문화적 실천을 통하여 구체화되고, 상부로의 문화적 역동성을 구성하고, 그런 다음 과학, 도덕 및 예술에서 유행창조자, 교육자, 그리고 모든 형태의 전문가에 의해 문화적 규범 및 의미와 변증법적 관계에 의해 하부로 전달된다. 현대 도시에서 상부로의 문화적 역동성이 갖는 중요성은 커지고 있다고 인식된다. 이는 부분적으로 보다 개방적인 사회적 구조와 생활양식에 대한 선택, 그리고 사회문화적 환경의 다양성에 대한 선택에서 개인 능력의 향상에 기인한다.

7.3 도시 환경에서 사회적 상호작용과 사회적 네트워크

대부분의 사람들은 몇 개의 서로 다른 사회적 관계를 갖고 있으며, 이들 관계는 어느 정도 상호 연결되어 있다. 우리는 친구들을 갖고 있을 뿐만 아니라 친구의 친구도 알고 있으며, 친척은 고립 속에서 존재하지는 않는다. 우리는 완전히 낯선 사람을 알게 되는데, 그 사람이 같은 클럽의 회원이거나 삼촌, 이모 또는 사촌의 관계이기 때문이다. 이러한 사회적 연결이 구성되는 방법은 매우 복잡한 경향이 있는데, 이것이 사회적 조직의 기초를 나타낸다. 그러므

글상자 7.3

도시사회지리학의 주요 사상가 – 제인 제이콥스

도시의 영역에 대한 연구에서 영향력 있는 주요 학자로 제인 제이콥스(Jane Jacobs)라고 불리는 두 명이 있다. 한 사람은 Jane M. Jacobs라는 유명한 현대의 도시이론가이며(Jacobs, 1996), 여기에서 다루는 사람은 동일 이름의 연상인 작가에 해당한다. 사실 제인 제이콥스처럼 도시 연구에서 영향력을 보여 준 작가는 거의 없다. 제이콥스는 그녀의 작품이 지적 영역의 경계를 넘어 계획가, 정치가 및 일반 대중에 영향을 미친 몇 안 되는 학자 중의 하나이다(글상자 2.2와 11.2 참조). 제이콥스의 가장 유명한 책 『미국 대도시의 죽음과 삶(*The Death and Life of American Great Cities*)』이 45년 전에 출판되었으나(Jacobs, 1961), 이 책의 메시지는 처음 출판되었을 때와 마찬가지로 현재에도 적절한 것으로 인식된다.

제이콥스의 연구는 두 가지의 상호 연관된 주제로 구성된다. 첫째, 2차 세계대전 후 미국 도시의 특징을 저밀도, 자가용 의존 및 교외 난개발이라고 비판한다. 그녀는 교외에서 수행된 강력한 지역분할정책은 사회적 다양성 또는 사회적 상호작용의 부족을 가져왔다고 주장한다. 둘째, 제이콥스는 많은 사람들이 미국 주요 도시의 중심으로부터 이탈하고 있을 때 고밀도 도시생활을 주장했다. 제이콥스는 '거리의 발레'라고 일컬었던 고밀도 도시에서 발견되는 활기찬 거리 모습을 열광했다(Jacobs, 1961, p. 50). 제이콥스는 도시생활을 활기 있게 하는 것은 공원 또는 정원보다는 사회적 다양성을 지닌 고밀도라고 주장했다. 제이콥스는 좋은 도시에 대한 청사진으로 네 가지 요소, 즉 짧은 블록, 혼합된 토지이용, 새로운 구조와 혼합된 오래된 빌딩, 에이커당 최소 100명 이상의 밀도를 제시했다. 제이콥스의 생각에 대한 롤 모델은 뉴욕 그리니치 빌리지의 허드슨 거리였는데, 그녀는 여기서 앞에서 언급한 네 가지 요소를 모두 발견했다.

제인 제이콥스의 연구는 도시계획에 막대한 영향을 미쳤고, 신도시주의와 스마트 성장에서 잘 반영되고 있다. 제이콥스의 도심 생활에 대한 강조는 현대의 젠트리피케이션에 반영되었고, 창조적 계층이 도시 중심부에 재등장하는 것에 영향을 미쳤다. 그러나 제이콥스는 그러한 도시 내부 개발에 수반되는 사회적 배제에는 반대했다. 제인 제이콥스는 90대까지 살았는데, 2006년 사망할 때까지 토론토에 거주했다. 제이콥스는 살았던 당시에 전설적인 존재였으며, 연구물은 막스 알렌(Allen, 1997)이 편집한 책에서 각광을 받았다.

주요 관련 개념

공동체, 민족 마을, 젠트리피케이션

더 읽을거리

Allen, M. (1997) *Ideas That Matter : The worlds of Jane Jacobs* Ginger Press, Owen Sound, Ontario

Jacobs, J. (1961) *The Death and Life of Great American Cities* Vintage, New York Penguin, Harmond-sworth

Jacobs, J. (1986) *Cities and the Wealth of Nations* Penguin, Harmondsworth

Jacobs, J. M. (1996) *Edge of Empire : Postcolonialism and the city* Routledge, London

Taylor, P. J. (2006) Jane Jacobs(1916–2006): an appreciation, *Environment and Planning A* **38** 1981–92

관련 내용

2장 : 글상자 2.3 에지시티

7장 : 글상자 7.1 보헤미안 엔클레이브의 성장

9장 : 근린지구와 공동체, 글상자 9.2 신도시주의 운동의 성장

13장 : 도시사회 지속가능성

로 '사회네트워크 분석'으로 알려진 사회적 연결에 대한 분석이 많은 관심을 받는 것은 당연하다.

사회네트워크 분석

사회네트워크 분석은 기본적으로 사람을 점으로 그리고 관계를 선으로 취급하면서 사회적 상호작용의 구조를 밝히려고 한다. 그러므로 사회네트워크 분석은 특정한 사람들에 대한 인간 세계의 복잡한 현실을 그려낼 수 있도록 해 주며, 가족 또는 이웃과 같은 특정한 분석 단위에 제한되지 않는 장점을 갖는

다. 다른 네트워크 분석(예 : 교통지리, 자연지리)과 마찬가지로 이 접근에서도 네트워크의 형태를 그려낼 뿐만 아니라 연결도, 중심성, 근접성 그리고 범위와 같은 주요 특성에 대한 정량화를 시도한다(그림 7.1).

사회네트워크에 대한 경험적 분석에 의하면, 북아메리카 도시에서 전형적인 도시 거주자(결혼한 40대 백인 남성으로 초등학교 자녀를 둔 아버지)의 사회네트워크에서 상호작용의 **가상적** 만남의 수는 약 1,500이며, **실제** 네트워크의 수는 400 이상이다. 이들 대부분의 네트워크는 느슨하게 또는 알맞게 연결되어 있는데, 어떤 사람의 네트워크 절반 정도가 그 사람과는 독립적으로 서로 알고 있다. 그러나 이들 사회적 연대의 극히 일부만이 서로 돕고 친구 관계를 유지한다.

어떤 사람이라도 동시에 서로 다른 그리고 중복되지 않는 사회네트워크에 속할 수 있으며, 이들 네트워크의 성격은 각각 다를 수 있다. 즉, 어떤 네트워크는 그물구조로서 서로 교차하는 묶음, 클러스터, 매듭 또는 하위 분기를 갖는 반면에, 어떤 네트워크는 나뭇가지 구조를 가진다. 사회네트워크의 형태에 대한 초기 연구는 **느슨한 결합**(네트워크의 구성원이 서로를 잘 모르는 것)부터 **친밀한 결합**(네트워크의 구성원이 서로를 잘 아는 것)까지 네트워크의 연속이란 개념에 기초했으나, 이는 연계를 명확히 정의함에 있어 실질적인 문제점을 나타내었다. 이러한 연계는 친족관계, 우정을 넘어 다른 사람과 친분이 있고 아는 정도까지 확대되는가? 그리고 어떻게 우정이 측정될 수 있다는 말인가?

이러한 혼란을 최소화하기 위해 사회네트워크의 복잡성뿐만 아니라 구조까지 고려하는 사회적 위치의 위상이 제안되었다(그림 7.2). 위상은 최대와 한계 방식으로 설명되는데, 그림 7.2의 A와 B가 이에 해당한다. A는 일반적으로 이해되는 전통적인 공동

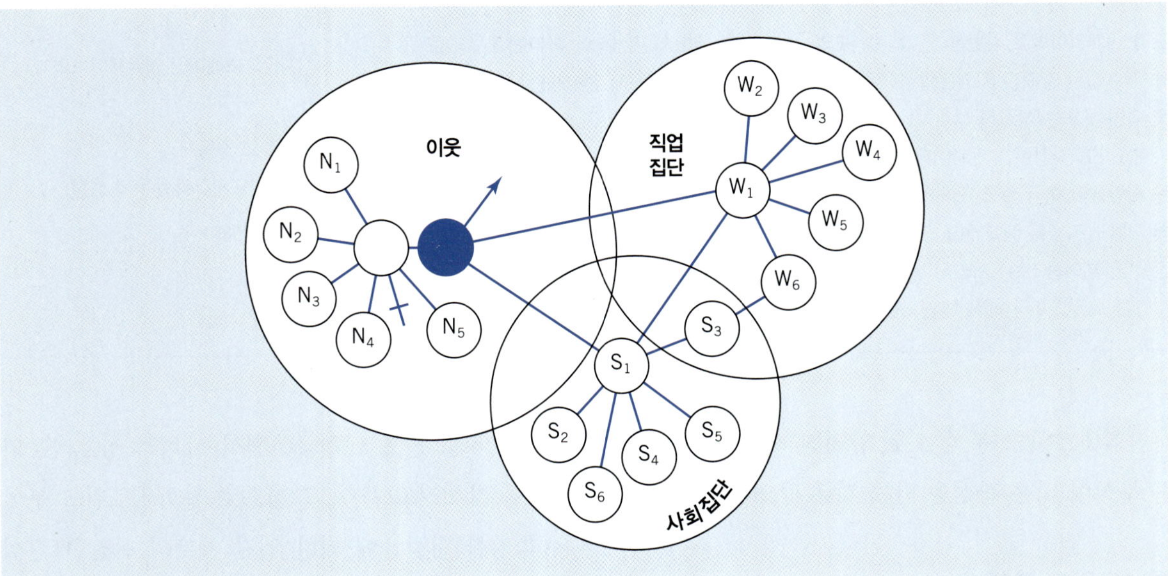

그림 7.1 남편의 사회네트워크에 관한 도식
출처 : Smith & Smith(1978), p. 106.

체이며, 여기에서 사회적 관계는 복합적인데, 예를 들어 이웃은 동료이자 친족이며 여가시간의 동반자로서 작용하며, 사회네트워크는 구성원 모두가 서로를 잘 아는 밀집 구조를 갖는다. B는 도시의 알려지지 않는 아노미에 적합한 상황으로, 사회적 관계는 일회적(택시 기사와 승객과의 관계)이고, 빨리 지나치는 것이며, 비인간적이고, 서로 알려지지 않는 것으로, 사회네트워크는 한 사람만이 다른 사람들을 아는 단일가닥 구조이다.

어떤 학자들은(워스 이론의 주장에 반대하면서) 자립적 네트워크가 도시에서 서로 다른 다양한 맥락에서 도움을 제공하기 위하여 출현했는데, 이는 공식적 복지기구가 문제에 빠지는 것을 방지해 준다고 본다. 자립적 네트워크의 핵심은 '자연적 이웃'으로, 이는 사람들이 자기확대, 이타주의 또는 다른 동기부여를 통해 다른 사람의 문제해결에 참여하거나 또는 도움이 되는 것을 의미한다. 이들은 대개 다른 사람을 도울 때 스스로의 역할을 잘 인식하지 못하는 훈련되지 않은 아마추어이다. 사실 이들은 다른 사람을 직접적으로 돕지 못할 수 있으나, 도와줄 수 있는 사람을 연계시키는 브로커로서 작용한다.

사회네트워크 연구는 도시사회지리학자들에게 총체적 접근을 충분히 제공하지 못하고 있다. 즉, 다양한 부류의 사회네트워크가 공간적으로 그리고 스케일(아직 많은 관심이 부족하여 문제점을 보여 주는) 측면에서 제대로 정의되지 못한다는 점에서 근본적인 문제점을 보여 주고 있다. 이 점은 우리로 하여금 도시사회생태학의 개념을 고려하게 만든다. 이런 점에서 시카고학파의 기본적 개념을 다시 고려할 필요가 있다.

	구조		
용도	밀집	느슨	단일
복합적	A		
단순적			
일회적			B

그림 7.2 사회적 상황의 위상
출처 : Bell & Newby(1976), p. 109.

사회적 상호작용의 생성과 결과로서 도시생태학

도시생태학의 시카고학파에서 로버트 파크(Robert Park)와 그 동료의 결정론적 견해가 너무나 큰 영향을 미쳤기 때문에, 이에 대한 세부적 검토는 의미가 있다. 인간생태학자의 접근에서 가장 뚜렷한 특징은 도시를 사회적 유기체, 즉 인간 행태와 사회 조직은 존재를 위한 투쟁에 의해 지배된다고 보는 점이다. 생물학적 유사성은 파크와 그의 동료에게 시카고의 자연 역사와 다른 집단의 사회적 세계에 대한 연구에서 매력적인 기본 토대를 제공했다. 식물 및 동물의 공동체와 마찬가지로 인간 공동체의 질서는 지배, 분리, 비인간적 경쟁과 성공과 같은 자연적 과정의 작용을 통하여 나타난다고 주장했다. 비록 유사성 연구가 현재에는 다소 세련되지 못한 느낌이 있으나, **사회 다윈주의**(social Darwinism)와 전통 경제이론의 호소력이 강했던 당시의 상황을 고려해야 한다. 게다가, 식물과 동물의 생태학적 연구는 도시의 사회학적 특성을 묘사하는데 개념과 도식적 용어 설정에 대한 풍부한 원천을 제공했다.

이러한 핵심적 용어 중의 하나는 도시 내에서 희망하는 입지에 대한 사람 사이의 **비개인적 경쟁**(impersonal competition)이었다. 이런 투쟁은 근본적으

글상자 7.4

도시사회지리학의 주요 논쟁 – 네트워크 분석은 어떻게 유용한가?

최근 사회과학에서 가장 중요한 발전 중의 하나는 다양한 형태의 네트워크 분석이며, 이는 점차적으로 지리학에 영향을 미치고 있다. 네트워크 분석은 크게 두 가지 형태로 구분된다. 첫째, 관계적 네트워크 분석은 사람과 제도 사이의 관계의 본질에 초점을 둔다. 비록 아직까지 정의가 제대로 이루어지지는 못했으나, 지리학에서 가장 인기 있는 네트워크 분석 형태이다(글상자 10.2 참고). 둘째, 위치적 네트워크 분석은 네트워크의 전반적 구조를 양적으로 분석하는 데 초점을 둔다.

네트워크 구조에 대한 측정은 다음을 포함한다.

- 밀도 : 가능한 모든 연결의 비율로서 구성원 사이의 연결(결합)의 수
- 도달 가능성 : 네트워크에서 두 명의 구성원 간 평균 연결 수(숫자가 많을수록 네트워크의 응집은 증가)
- 거리 : 네트워크에서 두 행위자를 분리시키는 평균 결합의 수(숫자가 낮을수록 네트워크 내에서 사람들의 친밀도는 높음)

구조적 네트워크 분석의 상당 부분은 하위 구조 연구에 집중하고 있다. 예를 들어, 파벌은 서로 강하게 연계된 행위자 집단으로 정의된다. 당파는 행위자들이 다른 사람과의 연결을 통하여 함께 연결되는 응집력이 다소 낮은 집단을 의미한다. 연결점은 파벌과 당파를 함께 연결하는 네트워크에서 노드에 해당한다. 연결되지 않는 네트워크는 블록에 해당한다.

네트워크 분석은 계급, 젠더, 민족 또는 연령과 같은 속성보다는 인간관계의 본질에 대한 높은 설명력을 제공한다는 의미에서 주목받고 있다. 또한 네트워크 분석은 사람으로부터 기업에 이르기까지 광범위한 사회적 현상에 적용될 수 있다는 장점을 지니고 있다. 그러나 네트워크 분석은 한 카테고리를 다른 카테고리로 종종 대체시킨다는 점에서 비판을 받는다(예 : 사람을 연계의 카테고리에 의해 연결시킬 때, 이는 사회적 범주의 표준에 의해 어떤 경우든 영향을 받게 된다).

또한 위치적 네트워크 분석은 네트워크의 전반적 구조를 지나치게 강조하면서 연계 및 연계를 통한 사회적 교환이 거래되는 것의 중요성을 간과하고 있다는 점에서 비판을 받고 있다. 반면에 관계적 네트워크 분석은 연계의 세부적 본질을 강조하나, 광범위한 네트워크에서 연계의 전반적 중요성이 간과되는 문제점이 지적되고 있다. 대부분의 네트워크 분석에서 간과해 온 것 중의 하나는 지리적 차원이라고 할 수 있다. 아직까지 네트워크 구조에서 장소의 특성과 근접성이 어떻게 중요한지에 대한 핵심적 질문에 대한 해답이 이루어지지 않고 있다.

주요 관련 개념

반본질주의, 본질주의, 네트워크 사회, 흐름의 공간, 도시 마을

더 읽을거리

Emirbayer, M. and Goodwin, J. (1994) Network analysis, culture and the problem of agency *American Journal of Sociology* **99**, 1411–54

Hanneman, R. (2001) Introduction to Social Network Analysis Unpublished file downloadable at:http://faculty.ucr.edu/~hanneman/nettext

Scott, A. (1991) *Social Network Analysis* Sage London

관련 내용

9장 : 근린지구와 공동체

10장 : 글상자 10.2 관계적 지리학의 유용성은 무엇일까?

로 시장 메커니즘을 통하여 이루어졌는데, 이는 토지 임대의 독특한 패턴을 가져왔고, 결국 위치와 상황의 차이에 따라 지대를 지불할 능력의 차이가 **분리**(segregation)라는 현상을 야기했다. 이처럼 경제적 차이는 거주지 분리의 기본적 메커니즘으로 인식되었고, 특정 지구에서 특별한 집단의 지배는 그들의 상대적인 경쟁력 우위에 의한 것으로 보았다.

다른 개인과 사회집단 간 기능적 관계는 **공생적인** 것으로 인식되었는데, 공생적 관계는 특정 지역에 초점을 두면서 확인될 수 있다. 인간생태학자들은 이런 곳으로 **공동체** 또는 **자연지역**(natural areas)을 제시했다. 자연지역이란 그곳의 독특한 자연적, 경

제적, 문화적 특징이 비계획적인 생태적 및 사회적 과정의 작동 결과로서 나타난 영역단위이다(Burgess, 1964, p. 225). 시간이 지남에 따라 다른 집단 간 경쟁적 권력이 변화되고, 선호하는 지역이 변화하면서, 이러한 영역은 변화하게 된다. 이러한 과정을 설명하기 위해 생태학적 개념에서는 식물 집단의 연구에서 유래된 **침입**(invasion), **지배**(dominance) 그리고 **천이**(succession)의 개념을 사용했다.

공간모델

이러한 개념은 시카고에서 거주지 차별화와 이웃 변화에 대한 버제스(Burgess) 모델에서 제시되었다. 특정 공동체의 입지와 범위에 대한 관찰이 일련의 동심형 지대의 도시 공간적 구조를 확인하는 기초가 되었다(그림 7.3). 버제스는 동심원의 지대는 사회 내부의 큰 집단 사이의 경제적 경쟁력의 차이를 반영하는 것으로 보았으며, 같은 지대 내부의 소규모 지구의 분리는 — **점이지대**(zone in transition) 내부의 게토, 차이나타운, 리틀 시실리(Little Sicily) — 언어, 문화 및 인종에 기초하여 만들어진 공생적 관계의 결과로 보았다.

동심원 모델(concentric zone model)은 서로 다른 집단 사이의 역동적 변화와 공간적 배열에 의해 나타난다. 버제스에 의하면, 지대 I~V는 도시 확장의 연속과 이러한 확장 과정에서 지역의 차별적 패턴을 나타낸다(Burgess, 1924, p. 88). 도시가 성장함에 따라 각 지대의 점유에서 변화는 침입과 천이의 과정과 관련된다. 버제스는 이런 사례를 1900년대 초반의 시카고를 통해 설명했는데, 이민자들이 연속적으로 이입되면서 점이지대(Zone II)에 살던 사람들이 보다 살기 좋은 지대로 옮겨가게 되었다. 그의 도시적 모델에서, 초기 이민자 그룹은(독일인이 주로 언급됨) 지대 III에 보다 나은 거주 공간을 조성하고, 외곽 주거지역(지대 IV)으로 옮겨간 2세대 미국인을 대신하면서 지배적 그룹이 되었다.

이러한 맥락에서 인간생태학자들은 세 가지 형태의 연구를 진행했다(Berry & Kasarda, 1977).

1. 경쟁, 지배 그리고 전이 과정에 초점을 둔 연구, 그리고 이러한 결과가 인구 및 토지이용의 공간적 분포에 미친 영향에 대한 연구이다. 이러한 연구는 파크, 버제스 및 맥킨지(McKenzie)의 초기 연구에서 잘 나타나고 있다.
2. 거주자의 사회적, 경제적, 인구학적 특성과 함께 자연지역의 물리적 모습에 대한 세부적 묘사이다. 이런 연구 형태로 잘 알려진 것은 워스의 『게토(*The Ghetto*)』(1928), 조르보(Zorbaugh)가 시카고의 니어 노스 사이드(near North Side)를 묘사한 『황금해안과 슬럼지역(*The Gold Coast and the Slum*)』(1929)이 대표적이다. 조르보의 연구는 광범위한 생태학적 이론의 틀 속에서 개인의 사회적 세계를 상세하게 표현한 좋은 사례에 속한다. 니어 노스 사이드 지역은 전이지역의 일부이며 자연지역의 네 가지 독특한 특성을 갖고 있는데, 첫째 호숫가에 인접한 부유한 이웃을 갖는 골드 코스트(Gold Coast) 지역, 둘째 상층부가 큰 인구학적(인구 피라미드) 구조와 인구 이동이 높은 하숙집 지역, 셋째 성매매, 댄스홀, 보헤미안 사람들이 거주하는 환락가인 타워타운(Towertown) 지역, 넷째 이주민 그룹이 밀집한 슬럼지역으로 구분된다. 조르보는 어떻게 이들 지구의 특성이 물리적 속성(거주지역의 속성) 그리고 거주자의 속성 및 생활양식과 관계되는지를 보여

주었다. 또한 그는 침입과 계승의 과정으로부터 나타나는 다른 집단의 영역적 이동을 보여주면서 지역의 다이너미즘(dynamism)을 설명할 수 있었다.

3. 탈선, 매춘, 정신장애와 같은 특별한 사회적 현상에 대한 생태학적 맥락에 관한 연구이다. 핵심적 관심은 비정상적 행태를 생성시키는 것으로 보여지는 생태계의 조사였는데, 대표적인 사례는 쇼(Shaw)의 『범죄 지역(*Delinquency Area*)』(1928), 패리스와 던함(Faris and Dunham)의 『도시지역에서 정신장애(*Mental Disorders in Urban Areas*)』(1928)가 있다. 이런 연구의 대부분은 지리적 묘미를 갖고 있었는데, 이들 연구가 지도화 작업을 포함하고 있었기 때문이다. 이 연구는 또한 10장에서 언급되는 수많은 최근 연구에 대한 자극이 되기도 했다.

생태학적 접근에 대한 비판

생태학적 연구는 1940년대와 1950년대 일련의 이론적 및 경험적 비판이 제기되기 시작하였다. 가장 일

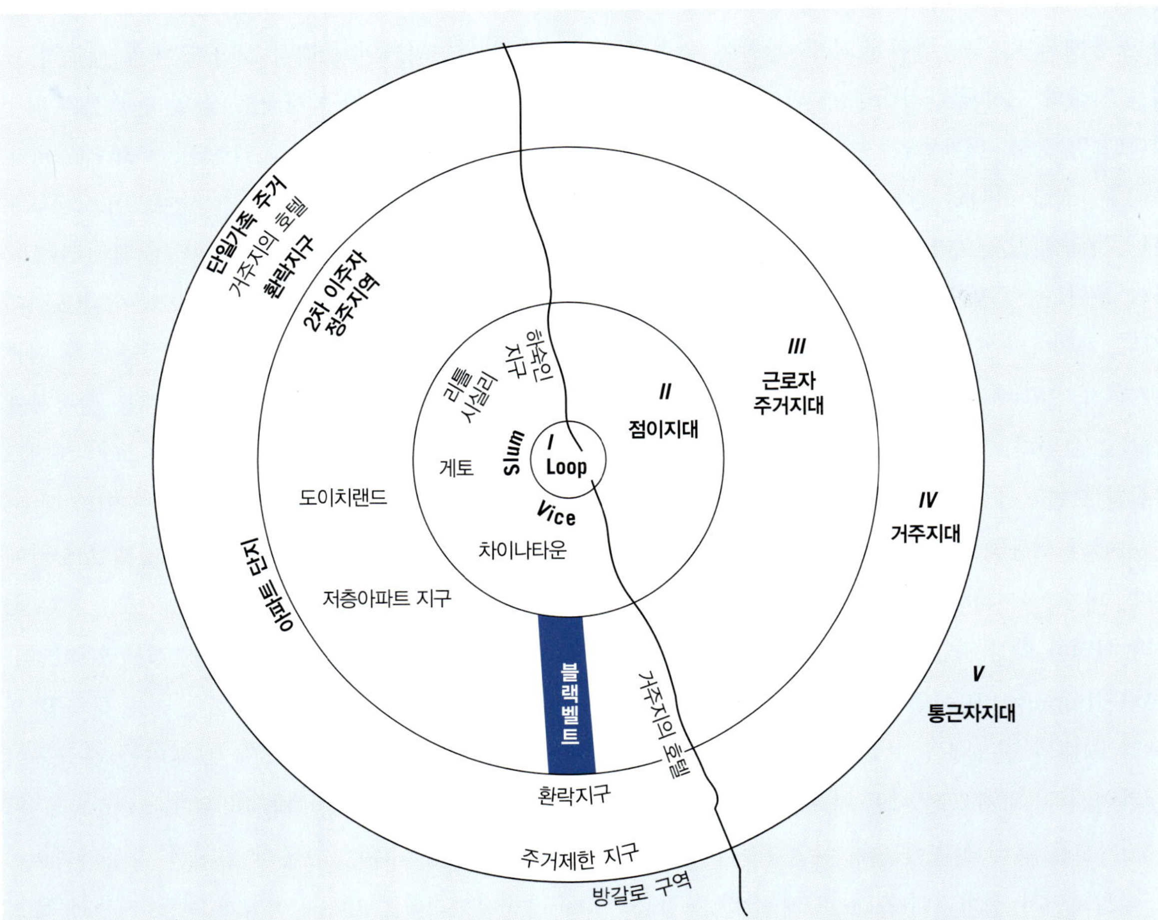

그림 7.3 시카고에 대한 버제스의 동심원 모델 적용
출처 : Park *et al.*(1925), p. 53.

반적 비판은 생물학적 유사성에 대한 것으로, 히틀러의 제3제국에 대한 영토권 주장을 정당화하기 위해 사용된 지정학적 이론의 일부인 **생활권**과 유사하다는 점에서 심각한 비난에 직면하였다. 다른 비판은 보다 미시적인 것으로, 사회적 조직의 기초로서 지나치게 경쟁에 초점을 두는 점이라든가, 상대적 조사를 지탱하기 위한 일반적인 구조적 개념(자연지역 그리고 동심원 지대설정)에서의 실패라든가, 거주지 행태를 설명함에 있어서 문화적 및 동기유발적 요인의 배제 등이었다.

도시생태학에 대한 다음 비판은 아마도 가장 치명적일 것이다. 시카고학파에 대한 첫 번째 비판가이자 가장 잘 알려진 비판가는 인간 생태학이 인간 행태에서 감정과 상징주의의 역할을 간과했다고 비판한 피레이(Walter Firey)이다. 피레이는 보스톤의 사회적 패턴을 증거로 제시했는데, 비록 보스톤에서 일부 동심원적 패턴이 나타나지만, 비컨힐(Beacon Hill), 더커먼(The Common), 그리고 이탈리안 노스엔드(Italian North End)와 같이 특정 지역의 위상과 사회적 특성이 유지되는 것은 계급에 의해 형성되는 비이성적이고 감정적 가치에 주로 기인한다는 것이다(Firey, 1945). 간단히 말해서 사회적 가치는 사회공간적 조직을 위한 기초로서 비인간적이고 경제적인 경쟁보다 더 중요하게 작용한다는 것이다. 피레이의 연구는 도시에서 사회적 패턴을 이해하는 데 주관적 세계의 중요성에 대한 관심을 제시했다는 점에서 가치 있다.

시카고학파 측면에서 보자면, 그들은 인간생태학에 대한 자신들의 견해가 포괄적이거나 보편적으로 적용될 수 있는 것으로 인식하지는 않았다고 볼 수 있다. 예를 들어, 파크는 두 가지 수준의 사회적 조직(즉, **생물학적** 그리고 **문화적**)을 분명히 구분했다. 그는 생물학적 사회 조직은 비인간적 경쟁에 의해 지배되지만, 문화적 사회 조직은 사회적 가치의 합의에 의해 형성됨을 주장했다. 이러한 사회 조직에 대한 문화적 측면은 분명히 피레이의 감정과 상징주의 개념을 포함하고 있으며, 파크와 그 동료는 이 점의 영향을 잘 인식하고 있었다. 그러나 파크는 사회적 가치와 소통을 커뮤니티의 상부구조로 간주하면서 문화와 분리시켜 사회 조직의 생물학적 차원에 대한 연구를 수행할 수 있다고 보았다. 그러므로 전통적인 인간생태학을 인기 없게 만든 것은 비생물학적 요인에 대한 부인이 아니라 비생물학적 요인에 대한 부적절한 취급 때문이었다.

도시 환경에서 사회적 상호작용

도시 환경의 사회 조직에 대한 연구에서 또 다른 접근은 게오르크 지멜의 또 다른 제안, 즉 사회 조직의 본질은 개인 사이의 **'상호작용 형태'**에서 발견될 수 있다는 견해로부터 발전했다. 지리학자들이 가장 관심을 가진 것은 상호작용의 **본질**과 **강도**의 질에 대한 것이었다. 사회적 상호작용의 본질은 일차적 또는 이차적 환경의 맥락에서 발생하는가에 따라 분류되는 것이 일반적이다. 일차적 관계는 혈족관계(혈연과 의무에 기초한 연대)와 친구 관계(매력과 상호이익에 기초한 연대)를 포함한다. 이러한 구분을 넘어 일차적 관계의 본질은 보다 세부적으로 정의될 수 있다. 예를 들어, 가족관계는 그 환경이 핵가족 단위(부부와 자녀) 또는 확대된 단위(2세대 이상의 구성원을 포함하는)에 따라 달라질 수 있다. 친구 사이의 상호작용도 친구 관계가 나이, 문화, 지역에 따라 어떻게 구성되는가에 따라 달라질 것이다.

이차적 관계(secondary relationships)는 특별한 목적을 성취하려고 집단을 구성하는 사람들로 구성되

글상자 7.5

도시사회지리학의 주요 사상가 – 로버트 파크(1864~1944)

대부분의 지리학자들은 1920, 1930년대 시카고 대학에서 연구되었던 인간생태학의 시카고학파를 생각할 때 버제스(Ernest W. Burgess)와 그의 유명한 도시구조에 대한 동심원 모델을 생각한다. 그러나 시카고학파에 보다 큰 영향을 미친 인물은 30년간 시카고 대학에 재직하였던 로버트 파크(Robert Park)이다. 시카고 대학에서 1920, 1930년대에 파크는 다양한 연구를 수행하였지만 당시에는 시카고학파의 대표자로 인식되지 않았다. 그럼에도 불구하고, 파크는 시카고학파에 지배적인 목적의식을 불어넣은 주요 학자였다.

파크는 베를린에서 선구적인 독일 사회학자 게오르크 지멜의 제자로 수학했고, 영토와 행동 사이의 관계에 대한 지멜의 아이디어에 많은 영향을 받았다. 그는 또한 사회학의 또 다른 아버지인 페르디난드 퇴니에스(Ferdinand Tönnies)에 영향을 받았으나, 유럽 학자들과는 다르게 파크는 탁상공론을 싫어했다. 대신에 학생들에게 거리를 거닐고, 부자의 사치스러운 장소에서부터 가난한 사람의 빈민굴에 이르기까지 도시에서 발견되는 모든 형태의 인간생활과 혼합되기를 강조했다. 파크는 대학에서 연구하기 전까지 신문기자로 일했는데, 이러한 영향은 그의 글에서 분명히 나타난다. 비록 도시는 어둡고 위험하고 무질서한 측면이 있음을 인정하면서도 파크는 도시에서 흥분되고, 자극되고, 자유로운 장소를 발견했다.

주요 관련 개념

생물학적 유추, 생명력, 시카고학파, 인간생태학, 자연지역, 사회 다윈주의, 점이지대

더 읽을거리

Bulmer, M. (1984) *The Chicago School of Sociology: Institutionalization, diversity and the rise of sociological research* University of Chicago Press, Chicago, IL

Entrikin, J. (1980) Robert Park's human ecology and human geography, *Annals of the Association of America Geographers* **70**, 43–58

관련 내용

10장 : 도시범죄의 지리학

12장 : 주거 이동성과 근린지구 변화

며, 보다 목적 지향적이다. 이차적 관계는 상호작용 속에서 어떤 내재적 만족을 추구하는 '**표현적 상호작용**(expressive interaction)'과 상호작용이 어떤 일반적 목표를 달성하기 위한 수단에 불과한 '**도구적 상호작용**(instrumental interaction)'으로 편의상 구분된다. 이러한 두 부류의 상호작용은 일반적으로 광의적인 집단 프레임워크 내에서 이루어진다. 예를 들어, 표현적 상호작용은 다양한 종류의 자발적 참여에 의해 촉진되는데, 스포츠, 취미 및 사교 모임, 그리고 자선단체 활동이 포함된다. 반면에 도구적 상호작용은 사업 관계, 정치 정당, 노동조합 및 압력단체의 틀 속에서 주로 나타나는 것이다.

사회적 거리와 물리적 거리

상호작용의 다양한 형태에 대한 개념적 및 경험적 분류의 어려움은 다음과 같은 사실에 의한 것인데, 모든 종류의 상호작용이 이루어지는 경향과 상호작용의 강도는 사회적 및 물리적 거리의 효과에 영향을 받는다. 그러나 사회적 거리와 물리적 거리의 개념에는 약간의 중복이 존재한다. 상호작용의 패턴은 도시의 물리적 및 사회적 거리에 의해 영향을 받을 뿐만 아니라 상호작용 자체가 도시구조에 영향을 미치기에, 그 패턴은 훨씬 복잡해진다. 이처럼 분리시킬 수 없는 사건의 연속에 포함된 과정을 밝히는 것은 도시사회지리학의 핵심적 관심사이다. 보다 복합적인 상황을 고려하기 전에, 사회적 및 물리적 거리

의 구분에 대한 개념 정립이 필요하다.

사회적 거리(social distance)의 아이디어는 오랜 역사를 갖고 있으며, 자국 태생의 백인 미국인과 다른 인종, 민족 및 언어 집단 사이에서 나타나는 사회적 거리를 측정하려고 시도하였던 보가더스(Bogardus, 1962)의 시도에서 예리하게 설명되고 있다. 그는 사회적 거리는 사람들이 적극적으로 인정하려고 하는 사회적 관계의 순위 척도에 의해 설명될 수 있다고 주장했는데, 위로 향할수록 사람 사이의 인식된 거리는 가까워진다.

1. 결혼에 의한 친밀한 가족관계를 인정하는 것
2. 친구로서 갖게 되는 것
3. 같은 거리에서 이웃으로서 갖게 되는 것
4. 한 국가 내에서 한 직장의 일원으로 인정하는 것
5. 한 국가의 시민으로서 인정하는 것
6. 한 국가에 단지 방문자로서 인정되는 것
7. 한 국가로부터 완전히 배제되는 것

사람 사이에서 사회적 거리가 가까울수록 어떤 종류의 상호작용이 발생할 가능성이 커진다는 것은 일반적으로 받아들여지고 있는 사실이다. 이와 비슷하게, 사람 사이의 물리적 근접성이 증대할수록(주거지의 근접성) 어떤 종류의 상호작용 발생 가능성은 커진다. 사회적 및 물리적 거리는 관련된 상호작용의 상태에 어느 정도는 영향을 받는다. 예를 들어, 노동조합 또는 정치적 정당과 관련된 도구적 상호작용은 학교의 폐교, 발전소의 건설, 또는 주민의 파티와 관련된 지역 행동 집단의 도구적 상호작용보다 물리적 거리에 덜 영향을 받는다.

대부분의 경우에 사회적 거리와 물리적 거리의 영향은 서로 중첩되어 서로 분리시키기가 어렵다. 예를 들어, 자선단체의 멤버십은 사회적 거리에 의존적인 참여를 통해 계급과 생활양식에 영향을 받는 경향이 있다. 특히, 중산층 계급은 사회적 관계를 형성하고 유지하는 수단으로서 자선단체를 이용하는 경향이 있다. 그러나 주거지가 분리될수록 사회적 분리가 커지기 때문에 자선단체의 멤버십은 입지적 요인과 상관성이 강하게 나타난다.

지리학자들은 거리, 공간, 입지의 역할에 특별한 관심을 갖는다. 근접성이 사회적 상호작용을 부추기거나 또는 억제시키는 역할을 하는 것에 대한 실제적 합의는 없다. 현대의 기술과 통신의 발전에 의한 '축소된 세계'에서 거리의 제약은 감소하고 있다. 가정, 직장 및 여가 공간의 분리와 함께, 개인 이동성의 증대는 이웃과의 연대가 줄어들도록 했다. 그러나 이동성의 증대가 모든 사람에게 공평하게 나타나는 것은 아닌데, 어떤 사람들은 거주하는 도시 영역을 벗어나지 못하는 '로칼라이트(localites)'인 반면에, 어떤 사람들은 거리가 탄력적이고 지리적 경계를 넘어서는 사회적 세계를 갖고 있는 '코스모폴라이트(cosmopolites)'이다.

이처럼 사회적 상호작용이 공간보다는 비공간적 요소에 의존하는 것을 일부 학자들은 개인 이동성의 증가 때문이 아니라 근대 도시계획과 사회 가치의 산물이라고 본다. 예를 들어, 콜린 워드(Colin Ward)는 현대 주택 단지는 공동체 정신을 말살시키면서, 아이들의 집 밖 행동을 제한하는 부모의 권위주의를 야기했고, 이로 인하여 유년시절 지역에 토대를 둔 우정이 개발되는 것을 억제한다고 주장한다(Ward, 1978). 같은 맥락에서 수잔 켈러(Susan Keller)는 경제적 조직과 사회적 가치에서의 변화 때문에 미국에서 조직화된 또는 자발적인 '이웃의식'이 전반적으로 감소했다고 주장한다. 그 이유로 다

글상자 7.6

도시사회지리학과 관련된 주요 영화 – 7장

- **Diner(1982)**
볼티모어에서 성장한 젊은 성인의 삶에 대한 묘사가 우수한 영화이다.

- **The Godfather(1971)**
일종의 연속 드라마지만, 20세기 초반 미국 도시에서 이주민 커뮤니티 사이의 어쩔 수 없는 거친 전쟁에 대한 묘사가 탁월하다.

- **The Godfather 2(1974)**
1편의 내용을 보다 잘 표현했다고 평가받았다.

- **Grand Canyon(1991)**
LA에서 인종, 정체성 및 권력의 이슈에 대하여 약간 인위적이나 시사적이고 인생을 숙고하게 하는 작품이다.

- **It's a Wonderful Life(1946)**
병약하고 감성적이고 어두운 톤이나, 미국에서 대도시생활의 회의와 시골의 찬사를 그린 고전 작품이다.

- **Magnolia(1999)**
이 영화는 대단히 야망적이고 다양한 음모를 보여 주고 있어, 현대 미국 도시생활의 많은 이슈를 다루고 있다고 할 수 있다. 침울함, 감동, 짜증과 재미를 동시적으로 그린 놀라운 영화이다.

- **Mean Streets(1973)**
뉴욕 하류층의 생활과 록 음악의 개척을 다룬 영화이다.

- **Metropolis(1926)**
프리츠 랭(Fritz Lang)의 초기 영화로 공상과학과 괴기 공포의 혼합을 통해 미래 도시에서 대중이 노예가 된 모더니즘의 악몽을 보여 준 영화이며, 영상이 인상적이다.

- **Midnight Cowboy(1969)**
1960년대 말 뉴욕에서 소외된 사람의 궁핍함을 그린 오스카 수상작으로 칭찬이 자자한 영화이나 내용이 깊지 못하고 피상적이라는 비판도 있다.

- **Paris Texas(1984)**
가족 생활과 남녀 사이의 이혼을 다룬 영화로 LA의 휴스턴 세트장과 남서부 사막에서 촬영된 독일 감독 빔 벤더스(Wim Wenders)가 만든 전형적 유럽 영화이다. 때로는 느리지만 영상이 놀랍고, 풍경과 기타 연주가 리 쿠더(Ry Cooder)의 음악이 돋보는 작품이다.

- **Short Cuts(1993)**
Magnolia와 비슷한 것으로 현대 미국(캘리포니아의 샌 페르난도 계곡)에서 교외생활의 다양한 음모를 보여 준 영화이다. 명성이 자자한 로버트 알츠만(Robert Altman)이 감독한 이 영화는 Magnolia보다 침울한 톤은 아니다.

- **A Short Film About Love(1988)**
폴란드 감독 키에스로프스키(Krzysztof Kieslowski)의 작품으로 현대 도시에서 공동체의 상실과 사랑 찾기의 힘듦을 소재로 하였다. 어둡게 보이나 천재 거장에 의한 진한 감동이 묻어나오는 영화(감독 때문에라도 보아야 할 영화)이다.

- **Taxi Driver(1976)**
미국 도시의 디스토피아를 다룬 전통적 영화로 마지막의 역겹고 폭력적인 결말이 인상적이다.

- **Trainspotting(1995)**
코믹하고 때로 혼란스런 모습으로 마약 이용자 집단을 둘러싼 냉소적 모습을 그린 영화이다. 일반적인 문화적 관광지의 이미지와 다른 에든버러의 모습을 보여 주는 것이 인상적이다.

- **Tokyo Story(1953)**
많은 비평가들에 의해 지금까지 만들어진 가장 좋은 작품 중의 하나로 꼽힌다(많은 영화 애호가들이 10위 안에 꼽는 작품). 감동적이고, 슬프고, 마음 아프지만, 감상적이지 않는 영화이다. 컬트 영화 감독인 오즈(Ozu)는 일본 농촌 구세대의 가치와 근대 도시 태생 신세대 사이의 차이를 잘 묘사하였다. 많은 영화 애호가들이 꼭 보는 작품이다.

- **Wings of Desire(1987)**
빔 벤더스에 의한 또 다른 수수께기 같은 영화로 도시 거주자의 생각을 듣는 천사의 소원을 다룬 작품이다. 작품에 대한 평은 다양하나 베를린의 이미지가 매우 잘 표현된 영화이다.

- **Witness(1985)**
스릴러물이지만, 청교주의와 공동 연대를 신봉하는 아만파(Amish)의 모습을 미국 도시생활의 어두운 면과 잘 대조시킨 영화이다.

음의 네 가지 요인을 들었다.

1. 대중매체, 여행, 자선단체, 고용을 통해 로컬 지역을 벗어나 얻게 되는 정보와 견해의 다양한 원천이 존재
2. 지역 경계를 벗어날 수 있는 발달된 교통
3. 사람의 관심과 욕망에서 차이 증가 그리고 작업 리듬에서 차이 증가는 이웃과 상호작용하려는 의도와 능력을 약화시킴
4. 사회적 서비스 향상과 경제적 안정 증대

이러한 주장에 대하여 우리는 이웃이 사회생활의 원천을 지속적으로 제공하고 있음을 밝혀야 하며, 특히 가난한 사람, 노인, 어린아이를 가진 어머니와 같은 이동성이 낮은 집단에게는 이웃이 사회생활의 원천임을 밝혀야 할 것이다. 심지어 이동성이 증가한다는 것은 이웃을 만나는 기회를 확대할 가능성이 있으며, 이로 인한 상호작용의 증가가 나타날 수 있다. 대부분의 가정은 최소한 상호 안전이라는 기능적 측면에서 이웃과의 친분을 유지할 것이다.

근접성의 역할에 대한 주장에서 가장 설득력 있는 것은 주거지 패턴(계층, 인종, 민족, 생활양식, 혈족 관계, 가계 신분 또는 연령에 상관없이)은 공간적 차별화의 경향을 지속적으로 보인다는 점이다. 선구적 연구로서 던컨과 던컨(Duncan & Duncan, 1995)은 시카고에서 직업별 집단의 거주지 분리는 사회적 거리와 관련이 깊고, 가장 분리가 뚜렷한 카테고리는 사회경제적 스케일에서 상류층과 하류층이라고 했다. 다양한 지역에서 수행된 사회경제적 집단에 대한 연구, 그리고 다양한 도시에서 인종 및 민족 집단의 연구는 거주지 분리가 상당히 나타나고 있음을 보여 준다. 이러한 공간적 패턴은 거주지 분리에 대한 사회문화적 토대를 보다 세밀하게 고찰할 필요성을 제시한다.

글상자 7.7

도시사회지리학과 관련된 주요 소설 – 7장

- **The Graduate(1963) : Charles Webb**
영화보다 덜 유명하지만 1960년대 미국 교외 거주자에 대한 풍자를 읽을 수 있는 작품이다.

- **Manhattan Transfer(1925) : Dos Passos**
형식적인 줄거리는 부족한 점이 있으나 20세기 대도시에 의한 도시 거주자의 고립의 경험에 대한 종합적 내용을 다룬다.

- **Rabbit, Run(1971) : John Updike**
세 가지 다른 시리즈[Rabbit, Reux (1971), Rabbit is Rich(1980), Rabbit at Rest(1990)]와 함께 이 책은 세계대전 이후 미국 교외지역 남성의 변화하는 운명을 다룬다.

- **Revolutionary Road(1955) : Richard Yates**
약간 컬트 분야에 속하는 이 소설은 1950년대 포드주의적 교외지역에서 욕망에 반대하는 사실적 이야기이다. 암울한 내용이지만, 구성이 탁월하다(최근 영화로 제작되어 영화제에서 수상하기도 함).

- **White Noise(1985) : Don DeLillo**
미국 포스트모던 교외지역 문화에 대한 풍자적 작품이다.

요약

7.1 도시생활에 대한 서구적 태도는 혐오로서 특징지을 수 있으나, 도시는 다양성과 기회의 중심으로 보인다.

7.2 도시생태학에 대한 시카고학파는 식물과 동물 생태학으로부터 유추된 개념을 사용하면서 도시를 설명한다. 워스 추종자들은 증가하는 인구규모, 밀도 및 이질성은 현존하는 사회적 규범에 불안정한 영향을 야기함을 강조한다. 이를 뒷받침하는 후속 연구는 계급, 커뮤니티, 직업 및 가족과 같은 요인이 개인의 정체성에 큰 영향을 미친다는 점을 강조한다.

7.3 인간은 구조와 강도가 다른 다양하고 중복되지 않는 사회적 네트워크에 속한다. 시카고학파는 영향력이 막대함에도 불구하고 도시에서 경제와 문화 요인 간 관계를 적절하게 조화시키는 데 실패했다. 물리적 및 사회적 거리는 도시지역에서 밀접하게 연관되어 있다.

주요 개념

도구적 상호작용	워스주의 이론	주체성
동심원 모델	이차적 관계	지배
분리	인간생태학	천이
비개인적 경쟁	일차적 관계	침입
사회적 거리	자연지역	표현적 상호작용
사회 다원주의	점이지대	
시카고학파	정신적 과부하	

읽을거리

도시주의의 사회적 차원

Aitken, S.C. (1998) *Family Fantasies and Community Space* Rutgers University Press, New Brunswick, NJ

de Certeau, M. (1985) *The Practice of Everyday Life* University Of California Press, Berkeley, CA

Fischer, C. (1976) *The Urban Experience* Harcourt, Brace, Jovanovich, New York

Giddens, A. (1991) *Modernity and Self-identity: Self and Society in the late modern age* Polity Press, Cambridge

Lin, J. and Mele, C. (2004) *The Urban Sociology Reader* Routledge, London

Sennett, R. (1969) *Classic Essays on the Culture of Cities* Appleton-Century-Crofts, New York

Sennett, R. (1977) *The Fall of Public Man* Faber & Faber, New York

도시 네트워크

Fischer, C. (1982) *To Dwell Amongst Friends: Personal networks in town and city* Chicago University Press, Chicago, IL

Hannerz, U. (1996) *Transnational Connections: Culture, people, places* Routledge, London

Wellman, B. and Berkowitz, S. (eds) (1988) *Social Structures: A network approach* Cambridge University Press, Cambridge

제08장

분리와 응집

핵심 문제

- 서양의 도시에서는 주로 어떤 '소수집단'의 거주지가 분리되어 있는가?
- 이러한 패턴은 어떤 과정을 통해 발생하는가?

도시사회에서 분리가 나타나는 이유에는 여러 가지가 있다. '공동체'의 공간적 분리는 사회집단 간 마찰을 줄이는 데 도움이 되지만, 사회적 통제를 보다 용이하게 하거나 특정 집단이 정치적 목소리의 결집력을 고양할 수 있게 한다. 사회집단의 거주지가 군집되는 또 다른 이유는 특정 집단의 구성원이 집단적 정체성이나 생활양식을 보존하려는 욕망을 갖고 있기 때문이다. 이러한 분리가 나타나는 기본 메커니즘 중 하나는 집단 내에서의 결혼만을 허용함으로써 사회적으로, 종교적으로, 인종적으로 (또는 계급적으로) 다른 구성원과의 결혼을 배제하는 것이다. 어떤 집단이 구체적인 영역을 확보하게 되면, 이러한 메커니즘이 더욱 용이하게 작동함으로써 '외부'와의 계약을 효과적으로 차단할 수 있게 된다. 사람들은 사회적 지위가 비슷한 사람과 결혼하고자 하며, 근린사회는 대개 사회적으로 유사한 경향을 띤다. 따라서 사람들은 대개 근린사회에서 배우자를 찾는다. 물론 거주지 분리가 지속되는 이유에는 부정적인 원인도 있다. 이는 대개 '타자'에 대한 공포심에서 출발하지만, 시간이 지남에 따라 계급, 문화, 젠더, 섹슈얼리티, 민족집단 및 인종을 근거로 하는 개인적 · 제도적 차별로 확대된다.

8.1 사회적 폐쇄, 인종차별주의, 차별

크리스 파일로(Chris Philo, 1991, p. 19)는 다음과 같이 말한다. '우리가 여기에서 말하고자 하는 것은 사회공간적 분화의 과정에서 여러 문화들이 경합하고 있다는 점, 그리고 "승자"와 "패자"의 사회공간적 계층구조를 형성하는 (그리고 동시에 이에 의해 형성되는) 도덕성이 상호 충돌하고 있다는 점이다.'

프랭크 파킨(Frank Parkin, 1979)의 '**사회적 폐쇄**(social closure)'는 이를 설명하는 데에 유용한 개념인데, 이는 '승자'들이 자신의 권력을 실행하는 과정에서 피억압 집단을 바람직한 공간으로부터 배제하는 행위를 일컫는다. 파킨은 이를 **배타적 폐쇄**(exclusionary closure)라고도 하는데, 이의 대표적 사례로 주택 계급이 주택 소유자 협회와 같은 단체를 구성하여 실행하는 배타적인 실천이 있다(6장 참고).

또한 '승자'는 사회적으로 구성된 **인종차별주의**(racism)를 통해 '패자'를 차별화한다. 피터 잭슨(Peter Jackson, 1989, pp. 132-3)에 따르면, 인종차별주의란 '인간은 육체적·생물학적 기준에 의해 뚜렷한 "인종"으로 분리될 수 있고, 이러한 육체적 차별화에 따른 체계적인 사회적 차이는 자동적이며 불가피하다는 의식적 또는 무의식적 추정'이라고 정의된다. 이러한 정의는 곧 문화적 차이의 문제로 확대될 수 있다. 인종차별주의는 특정 개인이나 사회집단을 겨냥하는 혐오단체가 출현하는 원인이다.

무엇보다 중요한 사실은, 인종차별주의는 변함없는 인간 본질적 본성이 아니라 특정한 사회적 조건의 변화에 뿌리를 내리고 있는 여러 태도의 총체라는 점이다. 따라서 현대 도시에서 인종차별주의는 특정 상황과 장소에 따라 다중적 양상으로 나타난다. 수잔 스미스(Susan Smith, 1988)는 이러한 관점에 근거하여, 전후 영국의 인종차별주의는 경제적 상황과 정치적 문화와의 상호작용에 따라 세 가지 국면으로 전개되었음을 제시했다.

1. 1945~1960년 : 이 시기 동안 흑인 및 아시아인은 대체로 문화적으로 후진적이고 도덕적으로 열등하다고 간주되었지만, 본질적으로 백인과 마찬가지로 영국 연방 시민으로서의 자격과 권리를 지닌 영국인이라고 간주되었다. '대체로 이민자로서의 자격 및 이민에 따르는 여러 문제는 동화와 흡수에 이르는 과정에서 나타나는 한시적 상태라고 보았다'(Smith, 1988, p. 425).
2. 1961~1975년 : 이 시기에는 1958년에 벌어진 런던 노팅힐(Notting Hill) 지구에서의 시민 소요가 전환점이 되어, 흑인과 아시아인은 더 이상 동료 시민이 아니라 외래의 문화, 기질, 배경, 생활양식을 지닌 외국인이라고 간주되었다. '과거에는 "주인"과 방문자 간의 유연한 문화적 경계라고 생각되었던 것이 문화적 피부색에 따른 불변의 차이라는 인식으로 대체되었다'(Smith, 1988, p. 428).
3. 1976년 이후 : 이 시기는 사회적 권위주의의 시기로서, 신자유주의적 경제 철학으로 인해 인종 문제는 정치나 경제에 비해 덜 중요한 것으로 간주되었다. 또한 민족적 자긍심의 부활에 호소하는 도덕적 보수주의가 나타났고, 인종은 '문화'나 '민족성'과 같은 언어로 위장되었다.

스미스가 인종 문제에서 정치적 문화와 경제적 환경 간의 상호작용을 강조했던 점은, 제도적 차별에 따라 인종주의가 주택 공급 체제에 스며들어 있는 (영국이나 미국과 같은) 사회 내의 인종적 분리를 이해하는 데에 특히 중요하다. 이러한 차별은 법 체제, 정부 정책, 도시의 토지이용 계획, 그리고 (6장에서 살펴보았던) 건축업자, 지주, 금융업자, 보험회사, 감정평가사, 부동산 중개업자들의 실천 속에 깊게 스며들어 있다. 제도적 차별로부터 파생되는 이러한 배타적 실천의 그물망으로 인해, 개인에 대한 인종적 차별은 주택의 분리를 넘어 사실상 학교, 쇼핑몰, 휴양시설의 분리에까지 달한 실정이다. 이러한 모든 공간적 분리는 나아가 인종차별주의를 재생산함으로써 인종화된 사회집단 간의 물질적 불평등을 지속시키고 있다.

8.2 소수집단의 공간적 분리

위와 같은 인종차별주의와 차별을 고려할 때, 우리는 소수집단의 거주지 응집과 분리는 역으로 지배적 사회로의 **동화**(assimilation) 과정과 관계되어 있다고 해석할 수 있다. 이러한 동화의 과정은 여러 상이한 집단이 외부 집단으로부터의 위험을 최소화하기 위해 취하는 행태로 이루어진다. 이러한 행태와 그 공간적 결과를 상세하게 검토하기에 앞서, 우선 '소수집단', '주인 사회', '분리' 및 '동화'와 같은 개념의 의미를 분명하게 정의할 필요가 있다.

개념 정의와 측정의 문제

'**소수집단**(minority group)'이라는 용어는 오늘날 인종, 종교, 언어, 국적, 문화와 같은 특징에 의해 정의되는 모든 집단을 지칭한다. 대개 도시 내의 소수집단은 과거 한때의 일시적인 또는 지속적인 인구 유입을 통해 형성된다. 이러한 측면에서 소수집단에는 다양한 사람들이 포함되는데, 미국 도시의 경우에는 아프리카계 미국인, 푸에르토리코인, 이탈리아인, 유태인, 멕시코인, 베트남인, 인도인이, 영국 도시의 경우 아프리카계 카리브해인, 아시아인, 아일랜드인이, 프랑스 도시에서는 알제인과 스페인인이, 그리고 독일 도시에서는 터키인과 크로아티아인이 해당된다고 할 수 있다. 주인 사회는 등질적이지 않을 수도 있지만, 이는 언제나 지배적 사회를 대표하는 **주류집단**(charter group)을 포함한다. 북아메리카, 오스트레일리아, 영국의 경우, 대부분의 도시에서 주류집단은 '앵글로 색슨' 문화권의 백인이다. 도시 내에서 소수집단을 주류집단으로부터 분리되어 있는 정도는 어떤 집단이 관계하고 있는가에 따라 도시마다 매우 다양하게 나타난다.

한편 **분리**(segregation)란 어떤 소수집단의 구성원이 거주 공간상에서 나머지 인구 집단에 대해 (절대적으로) 등질적으로 분포하지 않는 상황을 일컫는다. 이는 매우 다양한 상황을 반영하고 있기 때문에, 대개 대체적인 분리의 정도를 계량화하는 것이 유용하다. 분리의 지표로는 어떤 스케일의 지역 단위에서 사용되는가에 따라 여러 가지가 사용될 수 있다. **상이성 지수**(index of dissimilarity)는 소수집단의 거주지 분리 정도를 계량화하는 가장 일반적인 방법 중 하나이다. 이는 불평등을 나타내는 지니 계수와 유사한데, 이론적으로는 (분리가 나타나지 않는 상태인) 0부터 (완전한 분리 상태인) 100까지의 범위를 갖는다.

미국 도시의 경우 센서스 조사구 자료를 계산한 지수 값을 살펴보면, 아프리카계 미국인이 가장 심하게 분리되어 있는데 지수 값이 대개 80을 넘는다. 푸에르토리코인과 쿠바인 또한 분리 지수가 60 이상으로 상당히 높은 편이며, 1980년대 이후 새로운 이민자 집단으로 등장한 멕시코인과 아시아인 또한 이와 유사한 값을 나타낸다(글상자 8.1 참고).

유럽 도시의 경우 소수집단의 거주지 분리는 비교적 낮은 수준이다. 가령, 영국의 경우 아프리카–카리브해인, 파키스탄인, 인도인, 아프리카인 이주민 소수집단의 지수 값은 선거구 수준에서 볼 때 40~70 사이이다. 다만, 방글라데시 이주민은 예외적인데, 이들은 런던의 경우 타워 햄릿(Tower Hamlet)구에 집중되어 있어서 상이성 지수는 미국의 아프리카계 미국인처럼 높게 나타난다. 독일과 같은 유럽 대륙 도시의 이주노동자(Gastarbeiter)는 분리의 정도가 훨씬 낮다. 가령, 독일, 네덜란드, 스위스 도시의 경우 터키, 그리스, 스페인, 포르투갈 이주민의 지수 값은 35~50 사이이다. 보다 미세한 스케일에서 분석하는 경우 지수 값은 훨씬 더 높게 나타난다. 가령, 북서부 유럽 도시의 경우 아시아인, 아프리카계 카리브해인, 터키인, 북아프리카인은 개별 거리 스케일에서 분석될 때 지수 값이 80~90 사이로 나타난다. 이는 통계적 지수의 취약성을 잘 보여 주며, 도시 간 비교가 어렵다는 것을 함의한다.

거주지 분리의 정도를 정확히 말하는 것이 어려운 또 다른 이유는, 소수집단이라는 범주는 중요한 내적 차이를 포괄하고 있다는 점이다. 가령, 영국 도시에서 아시아인의 분리에 관한 설명은 인도인, 파키스탄인, 방글라데시인이 상호 분리된 공동체를 형성하고 있다는 점을 종종 간과한다. 왜냐하면 외부인의 입장에서 볼 때 이러한 내적 차이는 같은 영역 공동체를 구성하는 부분처럼 보이기 때문이다. 또한 무슬림은 힌두교도로부터, 구자라트인은 펀자브인로부터, 동아프리카 아시아인은 다른 모든 아시아인으로부터 분리되어 거주한다. 이러한 분리는 심지어 공영주택에서도 유지된다.

그러나 확실한 것은, 대부분의 소수집단은 주류집단과 고도로 분리되어 있다는 점이다. 이러한 분리는 사회경제적 지위에 따른 분리보다 훨씬 더 높다. 달리 말해서, 소수집단의 낮은 사회경제적 지위는 이들의 높은 거주지 분리를 단지 부분적으로만 설명할 따름이다. 유입된 소수집단이 하나의 뚜렷한 사회공간적 실체를 유지할 수 있는가는 그들의 동화가 어느 정도인가에 달려 있다.

이러한 과정은 특정 집단이 자신과 주류집단 간의 사회적 거리를 어떻게 인식하고 있는가에 따라 다양한 양상과 속도로 전개된다. 나아가, 소수집단이 주류집단의 문화생활을 습득하는 **행태적 동화**(behavioural assimilation)는 소수집단이 주류집단의 사회적 · 직업적 층위에 폭넓게 진입하는 **구조적 동화**(structural assimilation)보다 훨씬 더 빨리 나타나기도 한다. 이 대목에서 우리는 동화란 단순히 하나의 문화가 다른 문화에 의해 흡수되는 것을 의미하는 것이 아님을 상기해야 한다. 오히려 동화란 새로운 형태의 정체성을 창조함으로써 주류 문화와 소수문화 모두를 변화시키는 과정을 일컫는다(3장 참고). 그럼에도 불구하고 대체로 소수집단의 동화 속도와 정도는 ① 주류집단의 태도, 제도적 차별, 구조적 영향과 같은 외적 요인, ② 집단의 내적 결속력이라는 두 요인에 따라 다르게 나타난다. 이 요인은 대체로 소수집단과 주류집단 간 갈등의 정도와 성격뿐만 아니라 거주지 응집과 분리의 공간적 패턴을 결정한다.

외부요인 : 차별과 구조적 영향

사회적으로 바람직하지 못하다고 간주되는 소수집단은 다양한 메커니즘을 통해 공간적으로 고립된다.

글상자 8.1

도시사회지리학의 주요 경향 – 미국 도시의 라틴화

최근 미국 도시에 나타나는 가장 뚜렷한 사회지리적 변화는 점증하는 라틴화 현상이다. 이는 라틴 아메리카에 문화적 뿌리를 두고 있는 (라틴계 미국인, 라티노, 또는 히스패닉 등 다양하게 불리는) 사람들의 근린지구가 빠르게 발달하고 있음을 일컫는다. 이들을 지칭하는 용어에는 많은 논쟁이 있지만(Davis, 2000), 이 집단은 다수를 차지하는 멕시코인뿐만 아니라 푸에르토리코, 쿠바, 엘살바도르, 도미니카 공화국, 칠레, 콜롬비아, 에콰도르, 과테말라와 같은 많은 라틴 아메리카 국가 출신의 이주민을 포함한다.

라티노는 (자신들의 선호도에 때문이든 구조적 제약 때문이든 간에) 주로 도시지역에 집중되어 있는데, 특히 로스앤젤레스, 휴스턴, 샌안토니오, 샌디에이고, 피닉스와 같은 남서부 도시에 많다. 이들은 이미 인구 규모에서 아프리카계 미국인을 추월하여 가장 거대한 소수민족집단이 되었다. 나아가, 최근의 합법적 · 불법적 이민 증가와 상대적으로 높은 출산율로 인해, 라티노는 미국 전역에서 빠른 속도로 증가하고 있다. 2008년 미국 센서스국의 추산에 따르면, 히스패닉 인구는 4,700만 명에서 2050년에 미국 전체 인구의 1/3에 해당되는 1억 3,300만 명으로 증가할 것이라고 한다.

라티노 집단의 구성은 도시마다 매우 다양하다. 로스앤젤레스의 경우 라티노의 3/4이 멕시코계이지만, 마이애미는 쿠바계가 2/3이며, 뉴욕의 경우 1/2이 푸에르토리코계이다. 마이크 데이비스(Mike Davis, 2000)는 전통적으로 '배리오(barrios)'라 불리는 라티노 근린지구는 대개 다음의 네 가지 유형으로 분류할 수 있다고 보고한 바 있다.

1. 작은 위성들을 가진 종주형 배리오 : 넓은 동심원들로 구성된 쐐기 형태의 거주지로서, 1970년대 이전의 로스앤젤레스와 오늘날의 워싱턴 DC, 휴스턴, 애틀랜타, 필라델피아, 피닉스에서 전형적으로 나타난다.
2. 다중심적 배리오 : 여러 개의 엔클레이브로 구성된 형태로서, 오늘날 시카고에는 대체로 비슷한 규모의 라티노 지구가 4개 나타난다.
3. 다문화적 모자이크 : 다양한 히스패닉 근린지구로 구성된 형태로서, 최소 21개의 뚜렷한 라티노 지구가 공존하는 오늘날의 뉴욕이 이에 해당된다.
4. 도시 내 도시 : 데이비스는 오늘날 로스앤젤레스의 라티노 지구를 일컫는 용어로 사용하는데, 20개에 달하는 라티노 근린지구가 기존의 노동계급의 거주 지역을 따라 선형으로 뻗은 상태에서 동심원 모양으로 확장되고 있다.

미국 도시의 라틴화가 야기하는 복잡한 결과는 앞으로 분석되어야 하겠지만, 라티노 문화는 매우 다양한 양상으로 나타나고 있다. 예를 들어, 가톨릭교를 따르고 스페인어를 쓰는 라티노가 압도적으로 많지만 개신교 신봉자의 규모도 상당하다. 이와 유사하게, 마이애미의 쿠바 망명자들은 시골 지역의 빈곤으로 인해 로스앤젤레스로 이주한 멕시코계 이주민과 다르다. 또한 국적과 출신 지역에 따라 다양한 라티노 집단이 혼성적 정체성을 새롭게 형성해 나가고 있다.

교외지역의 보수주의를 비판하는 마이크 데이비스는, 라티노 근린지구의 성장이 쇠락해 가는 내부도시에 새롭게 생명력을 불어넣고 있다는 측면에서 환영할 만한 변화라고 말한다. 또한 데이비스는 라티노가 임금과 고용 문제에 있어서 계급 기반의 노동자 연대를 주도할 것이라고 예상한다. 대개 라티노는 정치적으로 조직화되어 있지 못하고 선거 참여를 꺼리지만, 민주당에 대한 충성도는 압도적으로 높다. 그러나 꽤 많은 라티노 또한 자립을 강조하고, 종교를 중시하며, 낙태에 반대하는 등 공화당의 가치에 동조하고 있다.

9 · 11 이후의 민족주의 감성의 발흥, 경제적 침체, 의회의 불법이주 해결 실패 등으로 인해 이주민에 대한 적대감이 많은 지역에서 (특히 작은 마을을 중심으로) 높아지고 있다. 반이민 담론은 불법 이민자들과 그들을 투숙시키는 집 주인을 근절시키려는 정책과 결합되고 있다. 2008년 FBI의 통계에 따르면, 지난 3년간 라티노에 대한 증오 범죄는 3배나 증가했다.

주요 관련 개념

변방, 헤테로토피아, 혼성성, 한계역 공간, 메스티소, 파리아 도시, 제3의 공간

더 읽을거리

Davis, M. (2000) *Magical Urbanism: Latinos reinvent the US city* Verso, London

Dear, M., Leclerc, G. and Homero Vill, R. (eds) (1999) *Urban Latino Cultures: La Vida Latina en LA.* Sage, London

Diaz, D.R. (2005) *Barrio Urbanism: Chicanos, planning and American cities* Routledge, London

관련 내용

12장 : 글상자 12.4 초국적 도시성의 성장

이의 가장 뚜렷하고 직접적인 사례는 기존의 거주자들이 소수집단의 '침입'에 대항하기 위해 이들을 '봉쇄하는' 전략이다. 한편, 조밀한 군집을 이루는 소수집단의 거주지는 외부로부터의 침입에 가장 강력하게 대항하는 경향을 띠는데, 이들은 사회적 적대감을 드러내기, 주택 판매나 임대 거부, 사소한 폭력이나 의도적인 파괴 행위 등 다양한 전략을 구사하면서 다른 집단의 침입에 맞선다.

'발언' 억압하기(voice opposition)의 옵션이 실패하거나 자신의 영역이 사회적·지리적으로 다양한 가구에 의해 점유될 경우, 주류집단은 대개 **'출구**(exit)**'** 옵션을 택한다. 일단 주류집단의 영역이 외부로부터 침입을 받게 되면 일반적으로 인구 유출이 완만하게 지속되다가, 침입한 소수집단의 가구가 일정 비율에 도달하게 되면 주류집단의 급속한 집단적 이동이 나타난다. 이를 흔히 **티핑 포인트**(tipping point)라고 한다. 정확한 티핑 포인트의 수준을 가늠하기란 어려운 일이지만, 아프리카계 미국인이 백인 거주지역을 '침입'하는 경우 대체로 흑인 가구의 비율이 30%에 도달할 때 티핑 포인트가 나타난다. 결과적으로 주류집단 거주자들이 다른 근린지구로 이사함에 따라 두 집단 간의 영역 갈등이 차츰 해소되며, 소수집단은 새로운 영역 확장 단계에 이를 때까지 공간적으로 고립된 상태로 남는다.

또한 소수집단의 공간적으로 고립되는 또 다른 원인은 주택시장에 있어서 차별에 따라 도시 내의 작은 틈새 공간으로 거주지가 제한되기 때문이기도 하다. 공식적인 차별 장벽은 불법이지만, 주류집단 근린지구는 많은 체계적인 방식으로 소수자를 배제한다. 이미 6장에서 살펴본 바와 같이, 부동산 중개업자와 주택담보 대출업자들이 자가 소유자 부문에 미치는 영향은 매우 중요하며, 임대업자들의 문지기 역할 또한 인종적으로 분리된 로컬 주택시장을 영속화하는 경향을 띤다. 아울러 공영주택 부분에 있어서도 이주민과 소수집단이 차별되고 있다는 증거들은 무수히 많다.

영국의 경우, 소수인종은 다음의 세 가지 측면의 공영주택 부문에서 불이익을 받고 있다. 첫째, 이들은 지역 내 거주 기간이 상대적으로 짧기 때문에 공영주택을 신청할 수 있는 자격에 미달되는 경우가 많다. 둘째, 이들은 공영주택에 입주하더라도 대개 낡은 아파트와 같이 질 낮은 주택을 배정받는다. 셋째, 이들 대부분이 내부도시의 주변 지역에 배정됨에 따라, 결과적으로 유색인종의 내부도시 집중을 한층 강화시킨다. 이러한 불이익은 부분적으로 [거주 요건 등의 **자격 규칙**(eligibility rules)과 같은] 비의도적인 차별에 따른 것이지만, 한편으로는 개인적 편견에 따른 매우 계획적인 차별의 결과이기도 하다. 가령 많은 임대 담당자들은 거처를 구하려는 이주민 가구에 편견을 갖고 이들이 어떤 문화적·가족적 배경이 있는지를 전혀 또는 거의 이해하지 않는다. 이러한 차별은 도시계획가들의 차별적 정책으로 한층 더 강화된다. 물론 앞서 언급한 바와 같이, 이러한 차별은 부분적으로 비의도적인 결과로서 도시재개발이나 수복재개발 계획이 소수자를 무시한 데에 따른 것이기도 하다. 그러나 대부분의 차별은 토지이용 계획과 용도구역제 규정을 교묘하게 이용함으로써 미국 도시의 교외 주택 지구에서 유색인종을 배제하려는 의도가 내재되어 있다.

이러한 차별은 직접적으로 소수집단 구성원의 주택시장 접근을 차단하는 결과를 낳는다. 결과적으로 소수집단 구성원은 민간 임대주택시장의 덫에 갇히게 되고, 임대업자들은 이들에게 높은 임대료를 부과하는 한편 임대 계약 기간을 짧게 설정한다. 이러한 상황으로부터 탈피하기 위해 어떤 가구주들은 임대업자가 되기도 하는데, 이들은 크고 낡은 주택을 매입한 후 이를 작은 구획으로 쪼개어 임대료를 받아 담보 대출금을 상환하거나 건물의 수리비용으로 사용한다. 어떤 사람들은 다른 가족이나 동거인과 함께 작은 주거 공간을 공동 구매하기도 하지만, 많은 경우 이들은 고되고 편법적인 방식을 통해 구입자금을 마련할 수밖에 없다. 특히 아시아인은 주택을 임대하기보다는 추가적인 금융 비용을 감수하고서라도 자가를 소유하려는 경향이 강하다.

이처럼 저렴한 주택은 국지화되는 특징을 띠기 때문에 소수집단을 다른 집단들로부터 걸러내어 한정된 틈새 공간으로 분리시키는 도시구조를 낳는데, 이는 종종 **망효과**(fabric effect)라고 불린다. 더군다나, 많은 소수집단의 인구 구조는 비정형적이어서 젊은 남성이 압도적으로 많거나 확대가족을 구성하는 경우가 많기 때문에, 같은 소수집단이라고 할지라도 이들이 필요로 하는 주택 형태는 각각 단칸방이나 넓은 주거 공간으로 매우 상반적이다. 그러나 도시 내에서 이러한 주택 형태를 모두 갖춘 근린지구는 매우 제한되어 있다. 따라서 많은 도시의 경우 소수민족집단이 군집화된 분포 양상은 주택시장의 지리와 매우 밀접하게 관련되어 있다.

주류집단의 차별과 소수집단의 (저급 주택지구로의) 로컬화는 모두 그들이 사회에서 차지하고 있는 사회경제적 위치를 토대로 한다. 이러한 맥락에서 주류집단의 노동계급은 소수집단을 노동 및 주택시장에서 임금 인상을 압박하고 삶의 질을 취약하게 하는 경쟁자로 간주하는 경향이 있다. 결국 소수집단은 경제적 구조가 야기하는 희생양이 되고 있다.

그러나 소수집단이 저급 주택지구로 로컬화되는 보다 근본적인 요인은 이들이 직업의 위계 구조에서 제일 하부에 집중되어 있기 때문이다. 이들은 기술과 교육이 부족하기 때문에 대개 주류집단 구성원이 기피하는 직종에 집중되어 임금이 매우 낮은 편이다. 이러한 고용의 대부분은 중심업무지구와 그에 인접한 지역에 집중되어 있다. 따라서 도시 중심과 내부도시의 고용 기회에 대한 소수집단의 높은 의존도는 이들의 군집화된 거주지의 입지를 결정하는 일차적 요인이다. 그리고 저렴한 주거 공간이 중심업무지구 주변의 내부도시에 집중되어 있기 때문에 이러한 요인은 더욱 강화될 수밖에 없다. 아울러 (2장에서 살펴본 바와 같이) 1970년대와 1980년대에 나타난 대도시의 대대적인 탈산업화와 고용 기회의 교외화 현상은 주택 및 노동시장에 있어서 소수집단을 더욱 고립시키는 결과를 낳았다. 왜냐하면 내부도시에 거주하는 빈곤층은 교외지역의 직장으로 통근하는 데 소요되는 교통비를 감당할 수 있는 경제력이 없었기 때문이다.

영국의 사례를 볼 때 소수민족집단의 사회경제적 지위 향상은 비록 제한적이기는 하지만 매우 불균등하게 발전되어 왔다(Phillips, 1998). 예를 들어, 인도 남성은 취업 구조에서 전문직이나 관리직에 진출할 만큼 백인 남성과 비슷한 수준에 도달해 있다. 그러나 아프리카-카리브해계 남성이 상위 노동시장에 진출하는 경우는 매우 드물다. 마찬가지로, 파키스탄 및 방글라데시 남성은 백인 남성에 비해 숙련 노동과 전문직에 대한 진출이 매우 낮은 편이다. 그러나 여성의 경우 백인과 흑인 간의 고용 패턴에는 거의 차이가 없는데, 이는 전문직이나 관리직에 진출한 여성 자체가 많지 않기 때문이다. 한편, 한 가지 흥미로운 것은 소수민족집단의 청년층은 부모 세대와는 다소 상이한 고용 패턴을 보인다는 점이다. 아프리카계 카리브해 청년층은 부모 세대에 비해 사

글상자 8.2

도시사회지리학의 주요 논쟁 – 민족집단 거주지의 분리는 바람직한 현상인가?

유럽의 도시 정책가들과 연구자들의 주요 쟁점 중 하나는 과연 민족집단 거주지의 분리가 바람직한가의 문제이다. 이러한 논쟁은, 주류 사회에서 배제된 아프리카계 미국인의 게토 문제나 런던과 마드리드에서 벌어진 근본주의 테러리스트의 공격을 촉발시킨 유럽 내의 인종 갈등으로 인해 더욱 가열되었다.

첫째는 고립주의 입장이다. 이는 민족집단의 거주지 분리가 집단 간 접촉을 제한하기 때문에 바람직하지 않다는 주장이다. 결과적으로 분리는 (교육, 고용, 그리고 자원에 대한 접근성과 같은) 구조적 측면과 (주류 가치와 규범의 채택과 같은) 문화적 측면 모두에서 동화를 저해하는 것으로 간주된다.

둘째는 해방주의 입장이다. 이러한 관점은 민족집단의 거주지 분리가 수많은 방식으로 소수집단의 지위 향상에 도움을 준다고 파악한다. 즉, 분리의 공간은 사회의 신참자에게 새로운 휴식처가 되고, 로컬 사회에서 지원 체계를 제공하고, 사회적 자본을 육성하고, 사회적 불이익을 보상할 수 있는 자원을 재분배하며, (집단 구성원이 뿔뿔이 흩어지는 경우 와해될 수도 있는) 정치적 지원의 기반을 제공한다.

고립주의적 주장에 대한 비판가들은 (유럽에서는 분리 정도가 훨씬 낮기 때문에) 미국식 해석을 유럽에 그대로 적용하는 데 유의해야 한다고 주장한다. 나아가 글로벌화, 초국가주의, 그리고 첨단 원격통신이 발달한 오늘날의 상황에서, 근린지구 효과에 대한 강조는 지나친 과장일 수 있다고 주장한다. 네덜란드에서의 한 연구는 민족집단의 거주지 분리가 심할수록 네덜란드 토착민과의 비공식적 접촉은 덜 빈번하게 나타난다는 점을 확인했다(Van der Laam Bourma-Doff, 2007). 나아가 근린지구 효과는 경제적으로 더욱 궁핍한 사람에게 강하게 나타난다. 달리 말해, 분리가 심하지 않더라도 더욱 가난한 사람일수록 토착민과 접촉하려는 경향이 약하다는 것이다. 이는 소수민족 공동체에서 가난한 사람은 부유한 사람에 비해 의사소통 기술이 상대적으로 부족하다는 점과 관련되어 있기도 하다. 분리는 여성에게도 영향을 미치는데, 네덜란드의 경우 터키, 모로코, 수리남 등의 소수민족집단은 젠더 역할이 매우 두드러지게 나타났다.

또한 보다 넓은 사회적 수준에서는, 과연 민족적 다양성이 보다 넓은 관용, 문화적 혼성성, 혁신을 가져올 것인지(Florida, 2002), 아니면 반대로 불신을 조장하고 사회적 자본을 약화시키며 복지국가의 공공선을 위해 쓰일 세금 납부에 덜 협조적인 경향을 가져올 것인지(Knack, 2002)의 논쟁 또한 더욱 치열해지고 있다.

주요 관련 개념

동화, 행태적 동화, 주류집단, 공동체, 응집, 엔클레이브, 민족집단, 민족 마을, 다문화주의, 인종차별주의, 분리, 구조적 동화

더 읽을거리

Drever, A.L. (2004) Separate spaces, separate outcomes? Neighbour-hood impacts on minorities in Germany, *Urban Studies* **41**, 1423–39

Knack, S. (2002) Social capital and the quality of government: evidence from the States, *American Journal of Political Science* **46**, 772–85

Bourma-Doff, Van der Laam (2007) Confined contact: residential segregation and ethnic bridges in the Netherlands, *Urban Studies* **44**, 997–1017

관련 내용

3장 : 도시의 문화

8장 : 글상자 8.1 미국 도시의 라틴화, 글상자 8.3 미국의 분리 패턴 변화

무직 노동에 종사하려는 성향이 매우 강하다. 그러나 인도계 청년층들은, 비록 사무직에 종사하는 비율이 낮은 편은 아니지만, 부모 세대에 비해 사무직 노동에 종사하려는 경향이 약하다. 실업률의 경우 영국은 전반적으로 소수민족집단이 백인에 비해 낮은 편인데, 이는 이들의 사회경제적 지위 향상과 주거의 이동이 상당히 제약되어 있음을 반영한다.

응집 : 집단의 내적 결속력

오랫동안 거주지 분리는 주류집단에 의한 구조적 영

향이라는 측면에서 설명되어 왔지만, 이는 소수민족 집단이 군집화 또는 **응집**(congregation)을 통해 별개의 등질적 영역을 형성하는지를 만족스럽게 설명하지 못했다. 분명, 이러한 군집이 외부로부터의 압력에 대한 방어적 기능을 갖는다는 점을 이해할 필요가 있다. 즉, 사람들이 (특히 외부로부터의 이주자들이) 위협을 받는다고 느끼는 경우, 이들은 내적 결속력을 강화함으로써 집단의 사회적 · 문화적 응집력을 지켜내려고 한다. 대체로 소수집단의 군집화는 방어, 부조, 보전, 공격의 네 가지 기능을 갖는다.

방어를 위한 군집화

소수집단의 군집화는 주로 주류집단에 의한 차별이 광범위하고 격렬할 때 방어적 역할을 한다. 이때 소수집단 군집의 중심부는 소수자들이 외부 사회의 적대감으로부터 도피할 수 있는 공간이 된다. **게토**(ghetto)라는 용어는 르네상스 때 베니스에서 처음으로 사용되었는데, 유태인들의 강제 주거 지구를 일컫는 용어였다. 원래 유태인은 고리대금업을 통해 베니스가 상업과 무역의 중심지로 성장하는 데에 크게 기여했다. 그러나 이탈리아인은 유태인의 성공에 적개심을 갖게 되어 이들을 도시 내의 작은 금속 가공 공장터로 분리시켜 버렸다. 이 구역의 양쪽 끝에는 큰 출입문을 설치하여 유태인의 통행을 임의적으로 통제했다. 오늘날 이 구역은 유태인 인구가 감소하면서 많이 쇠퇴하여 버려진 채 남아 있지만, 최근 관광지로 변모하면서 새로운 재건 및 보존 계획을 앞두고 있다. 이처럼 중세 유럽의 도시에서 게토는 방어적 군집으로 기능했다.

앤더슨(Anderson, 1988)은 밴쿠버의 차이나타운이 19세기 후반 중국인에 대한 조직적 범죄와 폭력의 위협에 대한 대응의 과정에서 형성되었음을 조사한 바 있다. 또한 벨파스트의 노동계급 중심의 가톨릭 및 개신교 공동체들은, 서로 자신의 물리적 안전을 도모하는 과정에서 점진적으로 분리되어 왔다. 이는 샨킬(Shankhill)의 (연합주의적) 개신교 근린지구와 클로나드-스프링필드(Clonard-Springfield)의 (민족주의적) 가톨릭 근린지구 간의 샨킬-폴스 분리(Shankhill-Falls Divide)에서 가장 극명하게 드러난다. 1968년까지 이 두 근린지구 사이에 있는 쿠퍼가(Cupar street)는 두 집단의 혼합 거주지역이었다. 그러나 1969년에 소위 '문제'가 발생하자 집단 간 영역의 경계는 더욱 뚜렷해졌고, 이에 따라 쿠퍼가의 많은 사람들은 각자의 공동체를 찾아 떠났다. 7년간 35,000~60,000명에 달하는 사람들이 안전을 위해 자신의 종교적 핵심부로 이동함으로써 오늘날 개신교도와 가톨릭교도의 보다 뚜렷한 분리 패턴을 낳게 되었다. 이와는 다른 맥락이지만, 미국 교외지역의 경우 많은 부유한 상위계급 가구들은 방어적 목적을 위해 군집화된 폐쇄공동체를 형성하고 있다.

상호 부조를 위한 군집화

이와 같은 방어적 기능과 더불어, 소수집단의 군집은 공동체 구성원 간의 다양한 상호 부조를 가능케 한다. 이러한 상호 부조는 소수집단을 위한 공식적 제도나 사업체뿐만 아니라 비공식적인 친족, 친구 관계를 통해 이루어진다. 소수집단의 구성원은 상호 부조적인 안식처에 군집을 형성함으로써 주류집단의 적대감과 따돌림을 피할 수 있으며, 불안감과 근심을 없애고 안정감과 세력을 형성할 수 있다. 소수집단 군집의 '완충(buffer)' 기능에 대해서는 이미 많은 연구들이 상세히 기록한 바 있다. 소수집단의 군집이 형성하는 영역 내에는 민족집단의 제도가 형성되어 있으며, 이는 소수자들과 외부의 지배적 공동체와의 원치 않는 접촉을 차단하는 가장 중요한 요소이다. 예를 들어, 영국 도시에서의 시크교 사원이나 이슬람 사원은 시크교인과 파키스탄인에게 단순히 문화적·종교적 중심일 뿐만 아니라, 그들에게 음식, 주거, 오락, 교육을 제공하는 등 로컬 복지에 핵심적인 역할을 한다.

보다 일반적으로 말한다면, 대개의 소수집단은 구성원 간의 물질적·사회적 상호 부조를 위해 비공식적인 자립적 네트워크와 복지 단체를 발전시켜 나간다. 또한 이러한 군집에는 외부와의 접촉을 피하려하고 뚜렷한 문화적 필요를 가진 인구가 집중되어 있기 때문에, (외부의 경쟁으로부터 보호되는) 합법적 또는 비합법적인 민족 경제가 형성될 수 있는 적소가 되기도 한다. 소수집단의 경제는 소수집단 근린지구에서 공동체적 응집력을 형성하는 데 중요한 요소이다. 즉, 소수집단의 경제는 성공적인 기업가의 사회·경제적 진출 수단을 제공하고, 공동체의 집단 정체성을 표현하며, 소수집단 노동자들이 백인 지배적 노동시장을 우회할 수 있는 대안을 제시한다.

드레이크와 케이튼(Drake & Cayton, 1962)은 시카고의 아프리카계 미국인 공동체에 관한 고전적인 연구에서 소위 '이중역할 달러' 주의에 대해 기술한 바 있다. 이 연구에 따르면, 공동체 구성원들은 아프리카계 미국인의 상점에서 필요한 물건을 구매함으로써 자신의 개인적 필요를 충족할 뿐만 아니라 흑인 전체의 인종적 삶을 향상시키고자 했다. 한편, 영국의 경우 소수집단의 경제가 가장 뚜렷하게 나타나는 업종은 은행, 정육점, 식료품점, 여행사, 극장 및 옷가게이다. 이는 특정 음식의 금기, 전문적 패션 스타일, 영국 사회의 경제적 불황과 관련된 영국 내 아시아 공동체의 문화적 고립감 등에 대한 반응으로 발달하게 된 것이다.

문화적 보전을 위한 군집

소수집단의 거주지 군집이 갖는 세 번째 기능은 뚜렷한 문화적 유산을 보전하고 장려하는 것이다. 소수자의 집단의식은 때때로 외부의 압력으로 인해 나타난다. 가령, 영국 런던의 아프리카-카리브해계 젊은이들은 외부의 억압적인 백인 세계를 차단하기 위한 사적인 언어로서 자메이카계 크리올어를 사용한다. 그러나 대개의 경우 집단은 주류집단에 완전히 동화되기보다는 뚜렷한 문화적 정체성을 유지, 발전시키려는 욕망을 갖고 있다(글상자 8.4 참고). 사람들은 군집화된 거주지 내에서 각종 제도와 경제를 활용하고 거주지 인근에서 결혼 배우자를 찾음으로써 이러한 정체성을 유지해 나간다.

많은 연구자들은 영국 도시 내 아시아계 공동체의 자기분리 과정을 이러한 맥락에서 설명해 왔다. 또한 유태인이 거주지 군집을 형성하는 이유 중 하나는, 유태인 부모의 경우 근린지구에 거주할 때 자기 자녀들이 같은 유태인 배우자를 만날 가능성이 더 높기 때문이다. 어떤 소수집단은 식단, 음식 재료, 기도 및 종교적 의식 등의 종교적 계율을 지켜야 할 필요성 때문에 군집을 형성한다. 어떤 습속이 특정 집단 문화의 핵심을 형성하는 경우, 그 집단의 영역은 보다 쉽게 군집화된다. 반면, 집단의식과 문화가 약하고 뚜렷하지 않은 경우에는 집단 구성원 간의 관계가 (기능적이지 못하고 감정적인 데 그치고) 피상적이기 때문에, 거주지의 군집화나 집단의 연대감이 점차 쇠퇴하는 경향이 나타난다.

뉴욕의 할렘 지구는 거주지의 문화적 표현과 관련된 고전적 사례이다. 이곳은 원래 독일계 유태인 이민자의 거주지로 발달했지만, 1920년대 이후부터 점차 아프리카계 미국인이 차지하게 되었다. 이 지역으로 음악가, 예능인, 미술가 등 다양한 사람들이 몰려들면서, 할렘은 점차 미국 흑인 문화를 대표하는 세계적으로 유명한 곳이 되었다. 그러나 우리는 이러한 지역에 대한 과도한 낭만화에 주의해야 한다. 할렘은 빈곤, 인종차별, 도시 쇠퇴와 같은 또 다른 얼굴을 갖고 있기 때문이다.

저항의 공간 : '공격'을 촉진하는 군집화

소수집단의 공간적 집중이 갖는 네 번째 효과는, 소수집단 구성원이 사회에 대하여 투쟁 행위를 전개함에 있어서 '기지'를 제공함으로써 소위 **저항의 공간**(space of resistance)을 형성할 수 있다는 점이다. 대개 이러한 '공격' 기능은 평화적이고 적법하게 이루어진다. 어떤 집단의 구성원들은 공간적으로 집중함으로써 선거에서 상당한 힘을 행사할 수 있고, 이를 통해 도시 정치에서 자신의 공식적 대표자를 선출하는 데 성공하기도 한다. 이는 미국의 경우 아프리카계 미국인이 자신의 정치력을 신장시키는 데 핵심적인 요인이었고, 현재 미국의 흑인 정치인들은 도시 정치에서 강력한 목소리를 내고 있다. 게이 근린지구도 선거와 관련하여 효과적인 기반을 형성하는데, 유명한 사례로 웨스트 할리우드(West Hollywood)를 들 수 있다. 이 지역은 자치권을 얻어내기 위한 유권자 운동을 통해 1984년 시의회 선거에서 다수의 게이를 당선시키는 데에 성공했다.

소수자의 군집은 주류집단에 대한 불법적인 공격에 있어서도 유용한 기지로 기능한다. 소수집단과 제휴하는 반란 집단과 도시 게릴라는 자신들의 집단적 영역 내에서 쉽게 은폐할 수도 있고, 자신들의 문화적 환경 내에서 익명성을 확보하여 위장할 수도 있으며, 동정과 위협으로 인해 공동체 구성원으로부터 보호받을 수도 있다. 이의 유명한 사례로 1980년대와 1990년대의 아일랜드공화국군(IRA)과 왕당파의 준군사 조직을 들 수 있는데, 이들은 벨파스트 내에서 각각 자신들의 핵심 영역을 기지로 활용했다. 특히, IRA는 테러 공격을 수행함에 있어서 버밍햄, 리버풀, 런던, 사우샘프턴 내의 아일랜드인 공동체를 자신들의 기지로 활용했다.

거류지, 엔클레이브, 게토

분리와 군집의 공간적 표현은 차별, 망효과, 집단 내 응집력의 관계가 어떠한가에 의해 결정된다. 소수집단과 주류집단 간에 인지되는 사회적 거리가 상대적으로 짧은 경우에는 주류집단의 차별과 소수집단의 내적 응집력이 약한 편이기 때문에, 거주지 군집은 도시 내의 보다 넓은 사회공간적 망으로 동화되는 과정에서 나타나는 '일시적인' 단계에 그칠 가능성이 높다. 이러한 군집은 '**거류지**(colonies)'라고 불리기도 한다. 거류지는 본질적으로 집단 구성원을 위한 입국항으로 기능하며, 이들이 문화적 동화와 공간적 분산의 과정으로 나아가기 위한 근거지를 제공한다. 따라서 거류지가 얼마나 지속되는가의 여부는 새로운 집단 구성원이 얼마나 지속적으로 유입되는가에 달려 있다. 이러한 유형은 1920년대와 1930년대 북아메리카 도시 및 1950년대와 1960년대 오스트레일리아 도시에 있어서 유럽계 소수집단의 분포 패턴과 1950년대 런던의 몰타(Malta)인 분포 패턴에서 뚜렷이 나타난다.

장기간 지속되는 소수자 군집은 대개 차별과 집단의 내적 응집력 간의 상호작용의 산물이다. 이때 내적 응집력이 더욱 지배적인 거주지 군집을 **엔클레이브**(enclaves)라고 하고, 외부의 차별이 더욱 지배적인 거주지 군집을 게토라고 한다. 물론 어떤 분리가 얼마나 자발적 또는 비자발적인가를 규명하는 것은 매우 어려운 일이다. 따라서 엔클레이브와 게토를

글상자 8.3

도시사회지리학의 주요 경향 – 미국의 분리 패턴 변화

많은 연구들이 도시 내 민족집단의 거주지 분리에 대해 연구해 왔지만, 시간에 따라 도시의 '전체' 체계 내에서 분리의 정도가 어떻게 변화하는지를 상세하게 비교한 연구들은 극히 드물다. 이러한 측면에서 미국을 대상으로 한 존스턴, 풀슨, 포레스트(Johnston, Poulsen, & Forrest, 2004)의 연구는 매우 예외적이다. 이들은 미국 센서스 자료를 바탕으로 1980년과 2000년 사이에 흑인계, 히스패닉계, 아시아계의 3대 민족집단의 분리 정도를 조사했다(Johnston *et al*., 2002, 2003 참고).

이들의 연구 결과는 복잡하지만 주요 연구 결과는 대체로 다음과 같다.

- 민족집단의 규모가 클수록 분리 정도가 더 높다 : 가장 큰 민족집단인 흑인은 분리 정도가 가장 높았다. 이는 주류집단은 민족집단의 규모가 클수록 더욱 위협적으로 인식하기 때문에 더 심한 차별과 불이익을 받게 된다는 논리에 의해 설명될 수 있다.
- 도시지역이 넓을수록 분리 정도가 더 높다 : 이는 모든 민족집단에서 나타난다. 도시의 규모가 클수록 소수집단의 노동시장과 주택시장은 더욱 뚜렷하게 분절화되는 경향이 있다.
- 분리는 동–서 분리의 경향을 띤다 : 흑인과 히스패닉은 다른 지역보다 캘리포니아에서 분리의 정도가 가장 낮았던 반면, 북동부 도시에서 분리 정도가 가장 높았다. 아시아계의 경우 최근의 유입 경로를 반영하듯 2000년 캘리포니아에서 분리의 정도가 가장 높았다.
- 아시아계와 히스패닉계 집단의 경우, 도시의 다양성이 높을수록 분리 정도가 더 높았다 : 도시 내 민족집단이 다양할수록 사회적 긴장이 더 높기 때문에 민족집단은 엔클레이브를 형성하는 경향이 강하다. 급증하는 아시아계와 히스패닉계 이민자에게 '입국항'의 역할을 하는 도시는 분리 정도가 높다(글상자 8.1 참고).
- 흑인의 경우 분리 정도가 가장 높지만, 1980~2000년 동안에 이들 집단의 분리 정도는 감소하는 경향을 보였다. 반면, 아시아계와 히스패닉계 집단의 분리 정도는 더욱 증가했다 : 흑인의 분리 정도의 감소 추세는 북동부 지역 도시가 다른 도시보다 약한 것으로 나타났다.

주요 관련 개념

응집, 엔클레이브, 민족집단, 게토, 인종차별주의, 분리

더 읽을거리

Johnston, R., Poulsen, M. and Forrest, J. (2002) From modern to post-modern? Contemporary ethnic segregation in four US metropolitan areas, *Cities* **19**, 161–72

Johnston, R., Poulsen, M. and Forrest, J. (2003) And did the walls come tumbling down? Ethnic segregation in four US metropolitan areas, 1980–2000. *Urban Geography* **24**, 560–81

Johnston, R., Poulsen, M. and Forrest, J. (2004) The comparative study of ethnic residential segregation in the USA, 1980–2000, *Tijdschrift voor Economische en Sociale Geograhie* **95**, 550–69

관련 내용

12장 : 글상자 12.3 론 존스턴

뚜렷한 이분법적 범주로 생각하기보다는 하나의 연속체로 생각하는 것이 보다 현실적이라고 할 수 있다. 엔클레이브–게토 연속체는 다음과 같이 몇 가지 뚜렷한 공간적 패턴을 갖는다.

- 첫째는 대체로 도시 내의 유태인 거주지에서 전형적으로 나타나는데, 내부도시에서 형성된 초기의 거주지 군집은 이후 교외지역에서 거주지 군집이 형성되는 데에 근거지의 역할을 한다(그림 8.1). 거주지의 교외화에 뒤이어 유태인의 문화적·종교적 제도 또한 교외로 이전한다. 이러한 교외화는 소수집단의 사회경제적 지위 향상에 의한 자발적인 분리의 과정이다. 보다 정확하게 말하자면, 유태인의 거주 패턴

민족집단의 하위문화를 뚜렷하게 나타내는 신성한 공간 : 사우샘프턴의 시크교 사원인 나낙사르 구르드와라(Nanaksar Gurdwara) (사진 : Andy Vowles)

을 설명하는 데는 분리보다는 군집이라는 용어가 더욱 적절하다.

- 엔클레이브－게토 연속체의 두 번째 특징은 소수자의 근린지구가 중심업무지구를 둘러싼 원형의 군집에서 시작해서 점차 동심원적으로 확대되는 형태를 띤다는 점이다. 이러한 동심원 지구는 불규칙하게 조각난 패턴으로 나타나기도 하는데, 이러한 불연속성은 주택 형태와 사회집단과 관련된 도시 망의 변이를 반영한다. 미국의 많은 도시에서 흑인 거주지는 이러한 패턴을 따르는 경향이 있으며, 영국 도시에서의 아시아계, 아일랜드계, 아프리카－카리브해계 집단과 로테르담에서의 지중해인 및 수리남인의 분포도 이와 유사하게 나타난다.
- 소수집단이 산술적으로 성장하여 상당한 수의 소수자들이 보다 나은 주택에 거주할 수 있는 능력을 갖추게 되면, 이들의 거주지 군집은 선형 패턴을 나타내는 경향이 있다. 미국의 경우 도시의 성장과 팽창이 급속히 진행되는 곳에서의 흑인 거주지는 이 패턴을 따르는 경우가 많다. 물론 이러한 선형은 경제적 제약으로 인해 교외 주변부에서 종종 단절되어 나타난다. 이는 볼티모어 대도시권의 흑인 인구 분포에서 전형적으로 나타난다. 그림 8.2에서 볼 수 있듯이, 도시 내 아프리카계 미국인은 중심도시와 북서쪽 및 북동쪽을 따라 발달한 두 선형 지구에 집중되어 있다. 2000년 현재 볼티모어 내 아프리카계 미국인의 80% 이상이 이 지역에 분포한다.

사례 1 : 영국의 구조적 제약과 문화적 보전

대도시에는 다양한 소수집단이 살아가고 있다. 그리고 이들은 대도시 내에서 다양한 내적 · 외적 요인에 반응하고, 상이한 공간적 결과를 낳으며, 상이한 속도와 방식으로 변화한다. 피치(Peach, 1998)는 영국의 남아시아계 및 카리브해계 소수집단의 경우 특히 구조적 요인과 집단의 문화적 차별화 전략 두 가지가 상대적으로 더 중요하다고 보았다. 피치는, 2차 세계대전 이후 영국에 도착한 소수집단은 대체로 유사한 차별에 직면했지만 주택 보유 형태와 거주지 입지선정에 있어서는 매우 상이했다는 점에 주목했다.

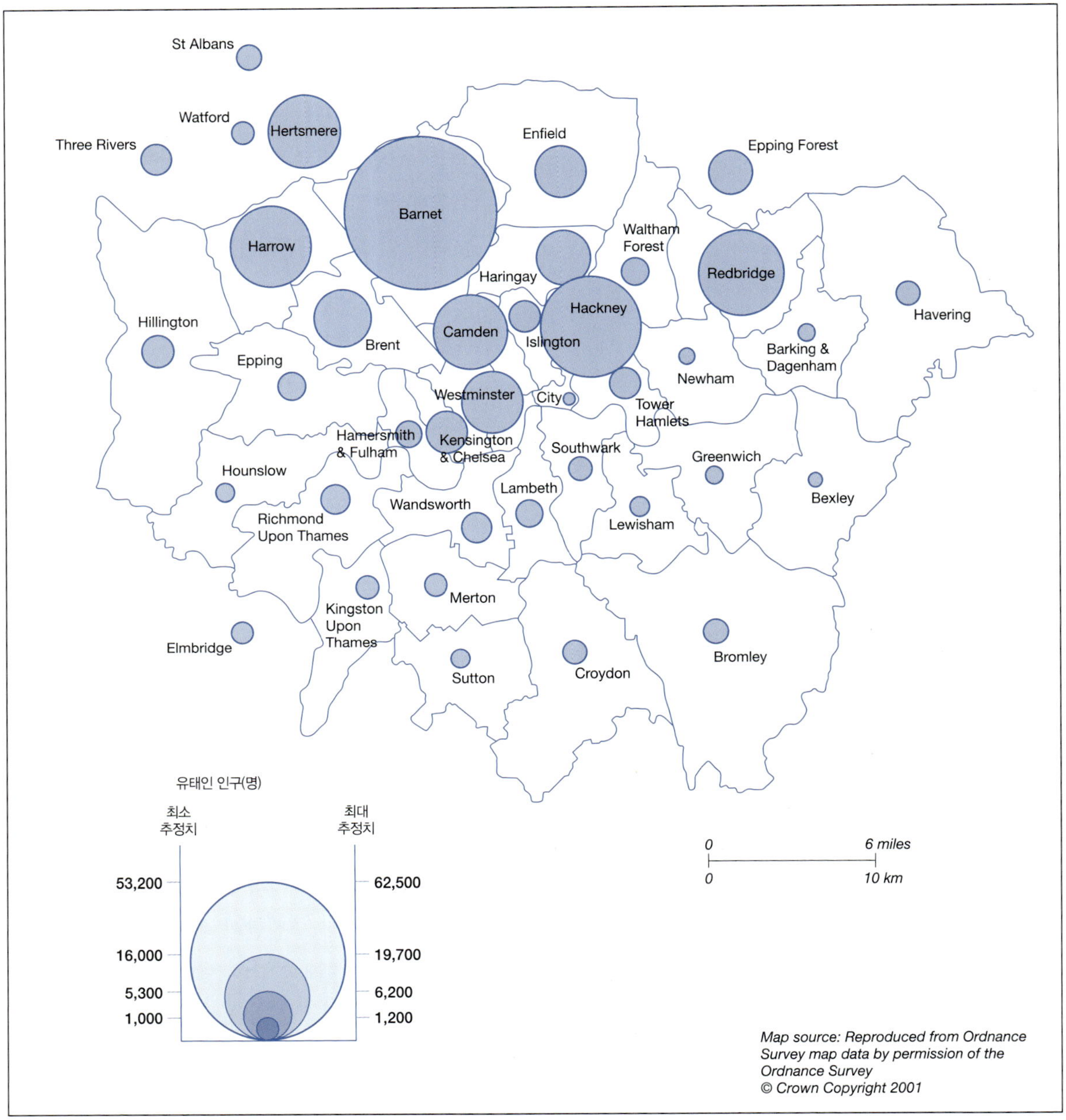

그림 8.1 2001년 영국 대도시권의 유태인 인구의 구별 분포
출처 : JPR Report No. 5, Long-Term Planning for British Jewry, Final Report and Recommendations, 2003, p. 54.

요약하자면 다음과 같다. 인도계는 사무직 종사자, 교외지역 거주자, 자가 보유자, 그리고 중간 수준의 군집화를 전형으로 한다. 파키스탄계의 전형은 내부도시의 육체노동자로서 테라스가 딸린 자가 보유자이다. 방글라데시계의 전형은 내부도시의 테라스가 딸린 아파트형 공영주택에 거주하는 육체노동자이다. 카리브해계의 전형은 육체노동자로서 공영주택 거주자일 가능성이 매우 높지만, 방글라데시계보다

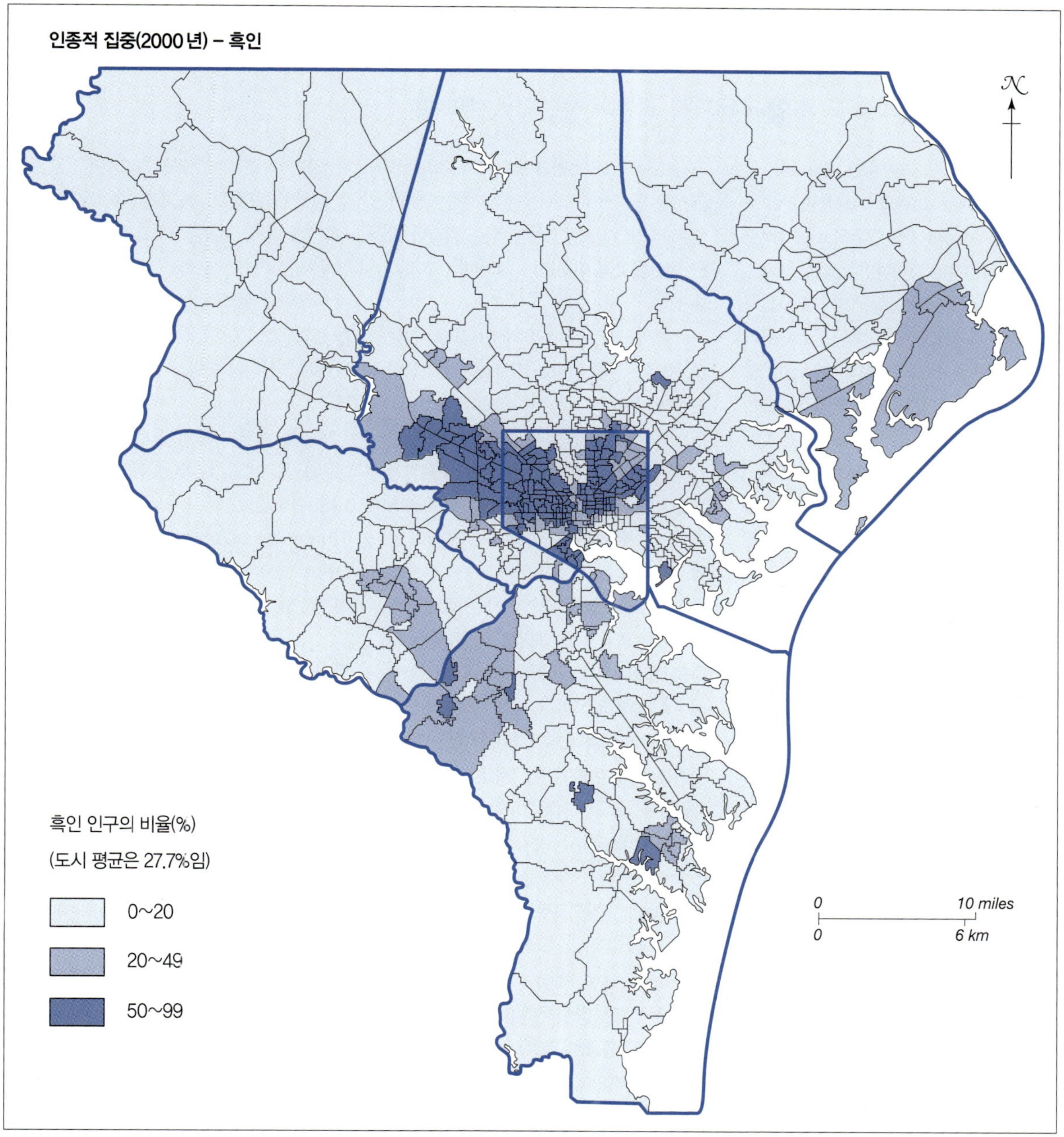

그림 8.2 2000년 볼티모어의 전체 인구 중 흑인 인구의 비율
출처 : US Census Bureau, 2000 Census.

분리 정도가 훨씬 낮아 뚜렷하게 탈집중화된 패턴을 보인다. (Peach, 1998, p. 1657)

피치는 이러한 패턴을 설명함에 있어서 이들 집단을 차별하는 권력을 과소평가해서는 안 된다고 주장한다. 또한 위와 같은 문화적 전통에 따른 설명이 결코 (이러한 차이가 사회적 구성물이 아니라 그 사람

글상자 8.4

도시사회지리학의 주요 경향 – 문화적 표현과 상업화로서의 랩

랩 음악은 미국 도시의 흑인 게토에서 (원래 뉴욕의 사우스 브롱크스에서) 출현한 문화적 표현 양식 중 가장 유명하고 세계적으로 널리 상업화된 것이다(Berman, 1995). 랩 음악은 너무 가난한 탓에 악기를 구입하거나 배울 수 없었던 젊은 흑인 청소년들이 고안한 것인데, 초기에는 흑인 청소년이 오직 신시사이저의 드럼 소리가 흘러나오는 스피커와 마이크만 갖추고 노래하던 것에서 시작했다. 시간이 지나면서 이는 앞에서 보컬을 맡은 MC와 뒤에서 다양한 배경음악과 리듬을 받아주는 DJ로 이원화된 양식으로 발전하게 되었다. 여기에 기술적 발전이 가미되었는데, 1980년대 중반에 디지털 샘플러가 도입되면서 DJ들은 다양한 스타일의 음악을 복잡하게 조합할 수 있게 되었다.

흑인과 (지식인을 포함한) 여러 청년층의 관심을 사로잡은 것은 음악에서 쏟아져 나오는 복잡한 가사의 분출이었다. 이 가사들은 흑인 청소년이 경험한 소외, 주변화, 좌절 등의 경험뿐만 아니라 공격적이고 독단적인 성격도 포함했다. 최초의 세계적 히트곡은 사우스 브롱크스에서의 비참함을 노래한 그랜드매스터 플래쉬 앤 더 퓨리어스 파이브(Grandmaster Flash and the Furious Five)의 '메시지(the message)'라는 곡이었다. 랩 음악은 1980년대에 크게 유행하면서 비스티 보이즈(Beastie Boys)와 같은 백인 그룹이 따라 하기도 했다. 그러나 1990년대 초반에 들어서서 로스앤젤레스를 중심으로 폭력을 찬양하는 이른바 '갱스터 랩'이 등장했는데, 이는 강간과 같은 여성혐오적 이미지나 잔인함을 그리기도 했다.

이윤 추구를 위한 상업적 관심으로 인해 랩 음악은 세계 시장을 겨냥하여 판촉되었을 뿐만 아니라, 〈뉴 잭 시티(New Jack City)〉와 같은 갱스터 랩 영화 장르로 확산되기도 했다. 일확천금을 얻게 된 랩 음악가들은 가난한 흑인 주거지를 떠나 부유층이 거주하는 대저택으로 이주했고, (본연의 음악 정신을 상실한 채) 이미지 컨설턴트로 둘러싸이게 되었다. 백인에 대한 증오와 흑인 분리주의와 같은 대담한 메시지를 전달하던 랩 음악가들은 점차 (랩의 본고장인) 사우스 브롱크스의 '진정성' 있는 외침을 상실했다는 공격에 직면했다. 또 어떤 랩 음악가는 폭력 및 총격 사건에 연루되기도 했다[앤트론 싱글턴(Antron Singleton)은 살인죄로 복역 중이고, 마약상이었던 50센트(50cent)는 여러 차례 총격을 받았으며, 프루프(Proof), 투팍 샤쿠르(Tupac Shakur), 비기 스몰스(Biggie Smalls), 잼 매스터 레이(Jam Master Ray)는 총격으로 사망했다]. 결국, 랩은 폭력적 이미지화를 통해 음반 판매에 성공했다고 볼 수 있다. 왜냐하면 1980년대 후반에 들어 뉴욕의 랩 음악가들이 반폭력을 설파했음에도 불구하고, 음반 판매량에 있어 로스앤젤레스의 갱스터 랩은 압도적이었기 때문이었다. 그 이후 많은 랩 음악이 삭막하고, 노골적이며, 적대적인 이미지를 통해 주목받으려고 했지만, 점차 랩 음악은 다양한 문화적 양식과 혼합되거나 반폭력을 설파하는 가사로 바뀌었다. 예를 들어 포스트모던 스타일과 접목되어 랩 음악에 역설이나 모방과 같은 요소가 나타났다.

힙합은 세계적 음악 장르로 부상했고, 프랑스 랩 그룹인 NTM은 이미 10년 전인 1995년에 '당신은 무엇을 기다리나요? (Qu'est-ce qu'on attend)'라는 곡에서 프랑스 교외지역에서 폭동이 일어날 것을 예견한 바 있다(글상자 13.4 참고).

주요 관련 개념

소외, 문화산업, 혼성성

더 읽을거리

Berman, M. (1995) Justice/just us: rap and social injustice in America in A. Merrifield and E. Swyngedouw (eds) *The Urbanization of Injustice* Lawrence & Wishart, London

관련 내용

3장 : 글상자 3.2 혼성화 : 대중음악의 사례
13장 : 글상자 13.4 2005년 프랑스 폭동

들에 고유한 내적 본질이라고 생각하는) **본질주의**(essentialism)에 토대를 둔 해석이 아니라는 점도 분명히 했다(3장 참고). 그럼에도 불구하고 1960년대가 백인의 차별이라는 포괄적 용어로 설명되었다면, 오늘날의 설명 방식은 특정 민족집단의 문화적 차별화 전략을 더욱 강조하는 경향을 띤다. 특히, 민족집단의 문화적 가치는 결혼 연령, 가족 수, 가구 구조, 여성의 의존도 등에 영향을 미치고, 이러한 요인은 주택 보유 형태와 입지 선정에 영향을 미친다.

예를 들어, 영국 내 아프리카-카리브해계 사회는 여성 지배적 가구와 집단 구성원 간의 공동거주 및 잦은 왕래를 특징으로 한다. 이러한 맥락에서 결혼은 자녀를 모두 양육한 후에 채택되는 중산계급의 제도이다. 이처럼 여성의 높은 자립도를 특징으로 하는 전통으로 인해, 영국 내에서 아프리카-카리브해계 민족집단은 여성의 공식 경제에의 참가율이 70%로서 모든 집단 중 가장 높다. 또한 카리브해계 집단 중 여성가장 가구의 비율이 높다는 것은 이들이 다른 집단보다 공영주택에 거주하는 비율이 더 높다는 것을 함의한다. 나아가 빈곤층 가구가 거주하는 사회적 주택의 공간적 입지를 고려한다면, 카리브해계 민족집단이 고층 아파트 중심의 낡은 거주지에 집중하는 비율이 더 높다는 것을 추론할 수 있다(12장 참고).

이와 대조적으로, 인도, 파키스탄, 방글라데시 등 남아시아 소수민족집단은 남성 지배적 가족을 특징으로 하며 대체로 여러 가족들이 한 가구를 구성하는 경향이 강하다. 특히 이들 집단에서 부양 자녀가 있는 한부모 가정이나 공동거주는 거의 찾아볼 수 없다. 파키스탄과 방글라데시의 이슬람 집단은 여성을 외부 사회로부터 차단하여 여성의 활동을 집안으로 제한하는 퍼다(purdah)의 전통이 강하기 때문에, 여성의 공식 경제에의 참가율은 지극히 낮다. 또한 이슬람교도와 시크교도 등 남아시아계 민족집단은 중매결혼의 비율이 높기 때문에 민족 구성이 매우 등질적인 편이다. 그러나 여러 공동체 간의 상이한 사회경제적 지위는 이들의 주택 형태를 차별화하는 요인으로 작용한다. 가령 인도 남성은 사무직 고용을 추구하는 경향이 강하기 때문에 교외지역을 중심으로 자가를 보유한 비율이 높은 편이다. 그러나 파키스탄인과 방글라데시인은 육체노동자의 비율이 높기 때문에, 파키스탄인은 주로 불량 주택을 소유하고 방글라데시인은 공영주택에 거주하는 비율이 높다.

이러한 과정의 결과, 오늘날 영국 내 민족집단의 거주지 분리는 내부도시의 인구 집중 및 빈곤화를 특징으로 하는 1960년대와 1970년대와는 달리 훨씬 더 복잡한 패턴으로 나타나고 있다. 물론 소수집단이 여전히 경제적 불이익과 차별, 인종차별주의적 폭력을 계속 경험하고 있다는 점은 의심할 바 없는 사실이다. 그럼에도 불구하고, 어떤 민족집단은 어느 정도 경제적 지위를 향상시킴으로써 내부도시로부터 교외지역으로의 탈중심화 경향을 (물론 아직까지 영국 내 농촌 지역으로까지는 진출하지는 못하고 있지만) 보이고 있다. 아프리카-카리브해인은 여전히 경제적으로 주변화되어 있지만 문화적으로는 상당히 영국 내 노동계급 사회로 통합되고(영향을 끼치고) 있다. 게다가 이들 집단은 대개 공영주택 제도를 활용함에 따라 거주지 분리가 점차 감소하는 추세에 있다.

방글라데시 집단은 카리브해계 집단과 비교할 때 사회경제적 지위 및 주택 보유 상태가 대체로 유사하지만, 이들의 거주지 분리 정도는 훨씬 더 높고 이는 더욱 강해지고 있는 추세에 있다. 대개 파키스탄이나 방글라데시와 같이 이슬람을 배경으로 하는 민족집단은 자가를 보유하든지 아니면 공영주택에 거주하든지 간에 대체로 분리가 지속되는 경향을 띤다. 인도인의 사회경제적 지위는 보다 높기 때문에 탈중심화 추세를 보이는데, 런던의 경우에는 특히 레드브리지(Redbridge)와 해로우(Harrow)로 인구가 유입되고 있다. 그러나 사회경제적 지위의 향상이 반드시 교외화나 분산을 일으키는 것은 아니다. 왜

다문화 도시 : 세계적으로 유명한 이스트 런던의 브릭 레인(Brick Lane) 일대(사진 : Michael Edema Leary)

냐하면 민족집단 구성원은 다양한 문화적 요인으로 인해 특정한 입지에 고착하는 경향을 갖기 때문이다. 가령 무슬림의 경우 빚에 대해 이자를 지불하는 것이 금지되어 있기 때문에 값비싼 주택을 구입하여 이동하는 경향이 상당히 억제되어 있다. 그러나 최근 이슬람 사회의 경우 이러한 구속을 회피할 수 있는 다양한 금융 제도가 등장함에 따라 주택을 구입하는 사례가 점차 증가하고 있다.

사례 2 : 유럽 대륙 도시의 이주노동자

지난 40년간 유럽 대륙의 도시는 (주로 지중해 연안의 가난한 지역으로부터) 수만 명에 달하는 이주노동자들이 유입함에 따라 새로운 차원의 사회지리적 변화를 경험해 왔다. 통계적 추산에 차이는 있지만, 2000년 말 현재 대략 2,200만 명의 외국인이 유럽 대륙에 거주하고 있다. 이 중 50%가 취업을 위해 임시로 이주한 젊은 성인 남성이고, 나머지는 이후에 유입된 이들의 가족이다.

외국 태생의 노동자들이 유입된 핵심적 배경은 1930년대 및 1940년대의 낮은 출산율에 의한 인구학적 '메아리 효과'로 인한 선진국에서의 노동력 부족 문제이다. 유럽 선진국에서의 노동력 수요가 1960년대까지 계속 팽창하면서, 유럽의 토착민 노동자들은 저임금의 불쾌한 직업들을 계속 기피해 왔고

글상자 8.5

도시사회지리학의 주요 논쟁 – 영국에서는 과연 미국식 게토가 몽유병처럼 등장하고 있는가?

2005년 영국의 인종평등위원회의 의장인 트레버 필립스(Trevor Phillips)는, 사회경제적으로 주변화된 소수민족이 집중된 미국식 게토가 영국에서도 '몽유병처럼' 출현하기 시작했다고 주장했다. 역설적이게도 필립스의 발언은 (비록 나중에 자신이 취소하기는 했지만) 언론이 통계자료를 잘못 해석한 것에서 비롯된 주장이었다(Johnston & Poulsen, 2006). 실제로 영국에서는 소수민족집단이 도시지역에서 다수를 차지할 만한 규모가 아니며, 공간적으로 높은 집중도를 보이고 군집을 이루는 인구의 비율도 상대적으로 낮은 편이다(Johnston *et al.*, 2002). 그러나 2001년 영국의 북부 도시에서 폭동이 발생하고 2005년 7월 7일 런던에서 폭탄 테러가 발생함에 따라, 영국 도시에서의 무슬림의 자기분리 및 이것이 다문화주의에 미칠 부정적 영향을 둘러싸고 대중적 논쟁이 일어나게 되었다. 필립스 등(2007)은, 아시아인의 게토가 테러리스트를 양육하고 있다는 이야기를 통해 영국 사회를 불안한 것처럼 재현하는 것은 아시아계 영국인의 거주 패턴을 매우 단순화하여 이해하기 때문이라고 주장한다. 이들은 리즈(Leeds)와 브래드포드(Bradford)를 세밀하게 분석함으로써, 아시아계 영국인의 이주 패턴의 변화 과정에는 복잡한 경향이 있음을 밝혀냈다.

분명 내부도시를 중심으로 아시아계 영국인의 군집 패턴이 나타났으며, 이는 최근 들어 점차 성장하는 경향을 보였다. 나아가 이러한 군집은 도시 내에서 가장 빈곤한 지역을 차지했고, 군집의 성장은 (소위 '백인 탈출'이라 불리는) 백인 가구의 유출과 밀접하게 관련되어 있었다. 그러나 필립스 등에 따르면, 이러한 군집은 이미 오래전부터 형성된 것일 뿐만 아니라, 통계적으로 볼 때 최근의 분리 정도는 높아지지 않았다. 오히려 리즈의 경우는 최근 분리 정도가 낮아졌다. 또한 이들 군집은 민족집단의 구성이 다양해서 아시아계 이외의 사람도 많이 거주하고 있으며, 이 지역으로부터의 백인의 유출은 지나치게 과장되었다고 (인구학적 요인의 결과이기도 하다고) 지적했다.

분리 지수가 높아지지 않았던 주요 이유 중 하나는 아시아계 인구가 계속 교외화하는 추세에 있기 때문이다. 비록 대체로 인도인의 교외화가 우세하지만, 파키스탄과 방글라데시 출신의 무슬림 또한 교외로 진출하는 경향이 높아지고 있다. 아시아계 영국인과의 상세한 면접 또한 아시아계 인구의 자기분리에 대한 대중적 인식이 매우 단순화되었음을 드러낸다. 많은 피면접자들이 내부도시 군집의 사회적 상호 부조 네트워크가 중요하다고 생각했지만, 이 지역에 대해 모호하거나 부정적인 태도를 가진 사람도 많았다. 특히 무슬림 중 청년층과 전문직 종사자들은 기존의 무슬림 핵심 지역으로부터 조금 거리를 두고 벗어남으로써, 거주지에서 가족 및 공동체적 상호 부조와 보다 넓은 개인적 자유 사이에 균형을 유지하기를 원했다.

연구자들은 민족성과 관련된 경험이 매우 복잡하고 도시마다 상이하다는 점을 인식해야 한다고 주장했다. 즉, 경우에 따라 인종 간 긴장 관계가 나타날 수도 있고 범세계주의와 문화적 혼성성이 부각될 수도 있다는 것이다. 또한 우리는 민족집단의 군집화에 대한 태도를 재고할 필요도 있다. 민족집단은 단순히 실패와 쇠퇴의 장소만이 아니라 동적인 사회적 공간이기도 하다.

주요 관련 개념

동화, 행태적 동화, 주류집단, 공동체, 응집, 엔클레이브, 민족집단, 민족 마을, 다문화주의, 인종차별주의, 분리, 구조적 동화

더 읽을거리

Johnston, R., Forrest, J. and Poulsen, M. (2002) Are there ethnic enclaves/ghettos in English cities? *Urban Studies* **39**, 591–618

Johnston, R. and Poulsen, M. (2006) Ethnic residential segregation in England: getting the right message across, *Environment and Planning A* **38**, 2195–9

Phillips, D. (2006) Parallel lives? Challenging discourses of British Muslim self-segregation, *Environment and Planing* **D***: Society and Space* **24**, 25–40

Phillips, D., Davis, C. and Radcliff, P. (2007) British Asian narratives of urban space, *Transactions of the Institute of British Geographers* **32**, 217–34

Phillips, T. (2005) Britain 'sleepwalking' to segregation, *Guardian*, 19 September, 1

관련 내용

3장 : 도시의 문화

8장 : 글상자 8.1 미국 도시의 라틴화, 글상자 8.3 미국의 분리 패턴 변화

그 공백을 이주노동자들이 메워 왔다. 동시에, 선진 경제 지역의 외국인 노동자들은 경기 순환의 영향에 따른 노동력 변동에 완충 역할을 했는데, 이는 **경기 완충장치**(konjunkturpuffer) 철학이라 불린다.

이주노동자의 유입은 1960년대 중반부터 1970년대 초반에 정점에 달했다. 그러나 1973년부터 깊은 경기 후퇴가 시작되자 이주노동자의 유입은 급작스럽게 중단되었다. 1973년 11월 서독은 유럽공동체(EC) 이외의 국가로부터 입국을 제한했으며, 이후 12개월 동안 프랑스, 벨기에, 네덜란드도 이와 같은 조치를 취했다. 이 시기까지 이미 서독은 200만 명, 프랑스는 150만 명, 스위스는 100만 명, 그리고 벨기에와 스웨덴에 25만 명의 외국인 노동자들이 유입되었다.

이러한 국가의 외국인 노동자들은 대도시 지역 내에서 로컬화되었다. 즉, 기존 토착민들이 사회경제적으로 상향 이동하고 지리적으로 도시 외부로 이동함에 따라, 내부도시의 저임금, 조립라인, 서비스 부문의 직업은 이주노동자들에 의해 대체되었다. 2000년 현재 프랑스의 경우 600만 명의 외국인 중 200만 명이 파리 지역에 거주하는데, 이들은 도시 전체 인구의 15%를 차지한다. 이 외에도 외국인이 도시 전체 인구의 10% 이상을 차지하는 프랑스 도시에는 리옹, 마르세유, 니스, 생테티엔 등이 있다. 독일의 경우 프랑크푸르트의 전체 인구 중 25%가 외국 태생이며, 쾰른, 뮌헨, 뒤셀도르프, 슈투트가르트는 전체 인구의 15% 이상이 외국 태생이다. 스위스의 경우 바젤, 로잔, 취리히는 전체 인구의 15~20%가 외국 태생이며, 제네바는 (이와는 다른 특수한 이유 때문에) 35%가 외국 태생이다.

초기에는 거의 모든 외국인들이 저숙련 · 저임금 직종에 종사했기 때문에, 이들은 불가피하게 도시 내에서 가장 저렴한 주택과 가장 쇠퇴한 근린지구에서 살아갈 수밖에 없었다. 물론 부분적으로 외국인 노동자는 노동시장에서의 지위를 스스로 초래한 부분이 없지 않다. 왜냐하면 이들은 가능한 한 빨리 그리고 가능한 한 많이 돈을 벌기 위해서, 초과 근무를 할 수 있고 제2의 직업을 가질 수 있는 시간제 임금 노동을 택하고자 했기 때문이다. 그러나 대개 주민들이 경제적 사다리에서 제일 바닥에 위치하게 된 까닭은 제도적 · 사회적 차별 때문이었다.

마찬가지로 주택시장에서의 지위 또한 부분적으로 스스로 초래한 결과이기도 하다. 왜냐하면 가장 저렴한 주택에 거주하는 것이 이들의 이주 목표에 부합했기 때문이었다. 그러나 이주민들이 수용소, 공장 기숙사, 이주민 쉼터, **비동빌**(bidonvilles) 또는 **방리유**(banlieue)로 불리는 교외지역의 쇠락한 주거지역, 그리고 내부도시의 월세방에 밀집하게 된 것은 관료주의적 제약과 차별에 의한 것이었다. 이러한 주택의 집중적 거주는 이주민 자신에게뿐만 아니라 토착민에게도 문제적인 환경을 조성했다. 이주민은 전체 주택시장에서 매우 제한된 적소에 갇힘에 따라 (높은 임대료와 같은) 각종 착취에 노출되었다. 과도하게 높은 임대료를 감당할 수 없던 노동자들은 근무시간 교대에 맞추어 서로 번갈아 같은 침대에서 잠자는 방식으로 적응하기도 했다. 프랑스의 경우에는 함석판이나 종이상자로 지은 비동빌에 거주하는 것이 보다 일반적이었는데, 이는 아무런 위생시설이 없었음에도 불구하고 동료 이주민과 함께 값싸게 숙박할 수 있는 대안적 공간이었다.

공간적 측면에서 볼 때 도시마다 매우 다양한 민족집단이 거주하지만, 여러 도시에서 상당히 일관성 있는 분포 패턴이 나타난다. 가령, 뒤스부르크, 프랑크푸르트, 쾰른, 비엔나의 경우 주로 세르비아인, 크

글상자 8.6

도시사회지리학의 주요 논쟁 – 서양 국가의 경우 민족집단의 거주지 분리는 얼마나 다양한가?

민족집단의 분리가 제기한 핵심적인 질문은, 어떠한 사회에서 집중도가 가장 높은가 그리고 이러한 공간적 패턴의 원인이 무엇인가라는 것이다. 불행하게도 여러 국가를 대상으로 많은 연구들이 수행되었지만, 자료 수집 방법이 국가별로 달라 대등한 비교가 불가능하기 때문에 이러한 질문에 정확히 대답하는 것이 매우 어렵다. 대신 우리는 일반적 경향만을 추론할 따름이다. 가령, 유럽에서의 분리 정도는 미국의 아프리카계 미국인들에 비해 낮은 편이고, 영국과 벨기에는 독일과 프랑스보다 분리 정도가 더욱 높으며, 네덜란드의 분리 정도는 중간 수준이다(Musterd, 2005).

그러나 완고한 지리학자인 론 존스턴(Ron Johnston)과 동료 연구자들은 분리와 관련하여 매우 포괄적인 지리적 분석을 수행했는데, 이는 오스트레일리아, 캐나다, 뉴질랜드, 영국, 미국의 5개 국가에 대해 동일한 분석 방법을 사용한 연구였다(Johnston *et al.*, 2007). 이 연구의 결과는 다음과 같다.

- 규모와 민족 구성 : 도시의 규모가 클수록, 비주류집단의 규모가 클수록, 그리고 소수의 이주자들만이 거주지를 차지하려고 경쟁할수록 민족집단의 분리 정도는 높다.
- 대척지적 경향 : 오스트레일리아와 뉴질랜드는 민족집단의 분리 정도가 낮은데, 이는 (비록 토착민들은 오랫동안 약탈당해 왔지만) 양 국가의 개방적 다문화주의 정책에 기인한 바가 크다.
- 미국 내 흑인 : 이 집단은 민족집단의 거주지 분리 정도가 가장 높다.
- 영국 내 남아시아인 : 이 집단은 영국 내에서 가장 공간적 집중도가 높다.

결국 우리는 집단에 따라, 시기에 따라, 그리고 거주 국가에 따라 거주 패턴이 상이하다는 결론에 이를 수밖에 없다. 이러한 거주 패턴은 다음과 같은 세 가지의 공통적인 과정이 어떤가에 따라 정책적 함의가 다르다.

1. 자기분리 : 만약 거주지 분리의 주요 원인이 집단에 대한 불이익이 아니라면, 분리에 대해 공적으로 개입할 필요성은 낮다.
2. 차별 : 만약 차별이 분리 패턴에 영향을 미치는 주요 요인이라면, 차별에 대한 금지를 법제화하고 교육과 관련하여 자유주의적 정책이 요구된다.
3. 불이익 : 만약 분리가 구조적 불이익으로 인해 발생한 것이라면, 보다 급진적인 재분배 정책이 필요하다.

주요 관련 개념

동화, 행태적 동화, 주류집단, 공동체, 응집, 엔클레이브, 민족집단, 민족 마을, 다문화주의, 인종차별주의, 분리, 구조적 동화

더 읽을거리

Johnston, R.J., Poulsen, M. and Forrest, J. (2007) The geography of ethnic residential segregation: a comparative study of five countries, *Annals of the Association of American Geographers* **97**, 713–38

Musterd, S. (2005) Social and ethnic segregation in Europe: levels, causes and effects, *Journal of Urban Affairs* **27**, 331–48.

관련 내용

3장 : 도시의 문화

8장 : 글상자 8.1 미국 도시의 라틴화, 글상자 8.3 미국의 분리 패턴 변화

로아티아인, 터키인이, 파리의 경우 주로 알제리인, 이탈리아인, 튀니지인이, 그리고 로테르담의 경우 주로 수리남인과 터키인이 많다. 요컨대, 이주민들은 유럽 각 국가에서 노동시장이라는 사다리의 맨 하단을 대체하고 있을 뿐만 아니라, 공장 주변의 쇠락해 가는 임대주택 근린지구를 빠른 속도로 대체해 나가고 있는 중이다. 매우 단순하게 말한다면, 이주민들은 무엇보다도 가장 저렴하고 직장과 가장 가까운 곳에 거주하는 것을 우선시한다. 이는 모든 민족집단에 공통적인 경향이다. 가령 함부르크의 경우만 하더라도, 터키, 그리스, 포르투갈 출신의 이주민은 이탈리아와 스페인인이 거주했던 오랜 근린지구를 똑같이 대체하고 있다. 그러나 어떤 도시에서는 최근의 이주민들이 (기존의 이주민 근린지구를 대체하

기보다는) 공영주택 지구를 중심으로 이차적인 분포를 형성하기도 한다.

경제적 측면에서 볼 때, 유럽에서는 '장기 호황'이 끝나고 글로벌화, 탈산업화, 높은 장기 실업률, 심각한 양극화의 시대가 도래함에 따라 소수민족집단과 관련하여 새로운 국면이 전개되고 있다(2장 참고). 또한 EU 회원국들은 정부의 재정 적자를 줄이기 위해 사회보장정책 예산을 삭감하고 있다. 결과적으로 사회적 양극화는 주류집단과 소수민족집단 모두에 영향을 끼침으로써 이들 간의 긴장을 더욱 고조시키고 있다.

1991년의 마스트리히트 조약은 EU 회원국 간의 통합을 기반을 구축함으로써 사회적 · 경제적 응집력 강화를 주요 목적으로 했다. 그러나 이 조약으로 인해 유럽 내 이주민은 두 계급으로 분리되었다. 첫째는 EU 회원국 출신의 이주민들로서 이들은 EU 내에서 자유롭게 이동할 수 있는 권리를 보장받았다. 둘째는 EU 회원국 이외 지역으로부터 유입된 이주민인데, 이들은 유럽에서 매우 오랫동안 거주해 왔을지라도 국가 내에서의 완전한 시민권과 EU 내에서의 자유로운 이동권을 보장받지 못했다. 이러한 분리는 이른바 '유럽 요새(Fortress Europe)'를 구축함으로써 외부로부터의 이주민 유입을 금지하려는 목적을 갖고 있다.

이와 같은 공식적인 배제 정책은 인종 및 민족집단의 문제와 상호작용하면서 여러 국가에 복잡하고 이질적인 결과를 낳고 있다. 한쪽 극단에서는 영국의 경우처럼 거의 모든 이주민이 토착민과 동등한 수준의 시민권을 행사할 수 있기 때문에, 주로 인종에 기반한 사회적 배제가 나타난다. 또 다른 극단에서는 독일의 경우처럼 이주민이 공영주택에의 접근이나 민주적인 의사 반영과 같은 공식적 사회제도에서 배제되고 있기 때문에, 인종 및 민족집단의 문제가 유럽인으로서의 자격 문제와 복잡하게 얽혀서 나타난다.

실례로 커픽과 웩(Kurpick & Weck, 1998)의 연구에 따르면, 독일의 경우 1980년대 초반까지는 독일 시민권을 가진 중산층 이하의 이주민은 상대적으로 안정된 삶을 누려 왔으나, 이후 높은 수준의 실업이 장기화되면서 점차 주류 사회로부터 도태되고 있다. 또한 사회적 양극화의 심화로 인해 이민자의 후속 세대도 독일 내에서 사회적 · 경제적으로 영구히 배제될 위험에 처해 있다. 물론 쇠락한 내부도시의 근린지구를 특징으로 하는 미국이나 몇몇 도시의 주변부에서 소요가 발생한 프랑스와는 달리, 독일에서는 아직까지는 심각한 쇠퇴 양상이 표면화되고 있지는 않다. 그러나 루르 지역에 있는 뒤스부르크의 막스로흐(Marxloh) 근린지구의 경우, 실업률이 25%에 육박하고 있으며 외국 국적자의 비율은 (대부분 터키 출신 이주민들로서) 36%에 달한다. 뒤스부르크 도시 당국은 이에 대응하여 지역 내 자영업을 육성하는 정책을 펴 왔다. 재미있는 사실은, 막스로흐의 터키계 이주민은 민족집단의 네트워크를 활용함으로써 사회적 · 경제적으로 활성화되었던 반면, 독일인의 경우 훨씬 더 사회적으로 고립되어 자영업 운영에 필요한 자원에 접근하는 데에 어려움을 겪었다.

글상자 8.7

도시사회지리학과 관련된 주요 영화 – 8장

- **Ae Fond Kiss(2004)**
영국의 글래스고를 배경으로 하여, 이슬람교도인 파키스탄계 남자와 가톨릭교도인 아일랜드계 여자의 인종을 뛰어넘는 사랑이 일터와 가정에 어떻게 영향을 미치는가를 감성적이고 재미있게 그려내고 있다. 켄 로치(Ken Loach) 감독이 가정에서부터 국제 정치에 이르는 넓은 범위에 걸쳐 다양한 문제를 제기하려는 모습이 엿보인다.
- **Bend it like Beckham(2002)**
영국 내 시크교도의 세대 간 문화적 갈등을 매우 흥미롭게 그려내고 있는 유명한 작품이다.
- **Bhaji on the Beach(1983)**
블랙풀(Blackpool)로 여행을 떠나는 몇 명의 아시아계 영국인 여성을 통해, 영국 내에서 인도계의 자손이자 여성으로 살아간다는 것이 무엇을 의미하는지를 그려내고 있다.
- **Boyz N' the Hood(1991)**
로스앤젤레스의 사우스센트럴(South Central) 내의 암흑가를 배경으로, 빈곤, 폭력, 마약으로 얼룩진 환경이 그곳에서 성장하는 흑인에게 미치는 영향을 다소 잔인하고 폭력적으로 묘사한다. 어떤 평론가들은 이 영화가 모방 범죄를 일으킬 수 있다는 점에서 문제적이라고 지적하기도 했다.
- **Clockers(1995)**
스파이크 리(Spike Lee)가 감독을 맡아 미국의 내부도시 게토에서의 마약 관련 범죄를 그려내고 있다. 영화 Boyz N' the Hood의 영향을 받은 소위 일련의 '후드' 스타일 영화이다.
- **The Defiant Ones(1958)**
미국 내 인종 관계를 명시적으로 보여 주는 영화이다. 인종적 적대감이 강한 흑인과 백인 죄수가 함께 탈옥한 후, 추격으로부터 벗어나기 위해 서로 협력해 나가는 과정을 그려낸다.
- **Dim Sum(1989)**
미국 내 중국계 이주자의 경험을 가볍지만 흥미롭게 그려내고 있다.
- **Do the Right Things(1989)**
뉴욕 브루클린에 살고 있는 이탈리아계, 아프리카계, 그리고 한국계 미국인 간의 갈등을 블랙 코미디 형식으로 그려내는 영화이다.
- **East is East(1999)**
1970년대 영국 북부 도시인 샐포드(Salford)와 브래드포드(Bradford)를 배경으로 문화 적응의 과정을 그려낸다.
- **Echo Park(Quinceanera)(2006)**
로스앤젤레스의 라틴계 공동체를 배경으로 한 청소년의 성장 영화로서 훌륭한 대사와 지적으로 흥미로운 내용 구성이 돋보인다.
- **Eight Mile(2002)**
8마일에 걸친 디트로이트 시내의 한 도로를 배경으로 한 열정적인 랩 가수의 시도와 고난을 그리고 있는 영화이다. 영화에서는 부유한 북부 교외지역과 가난한 내부도시의 흑인 거주지를 뚜렷이 분리하고 있는 악명 높은 경계를 볼 수 있다.
- **In the Heat of the Night(1967)**
미국 남부에서 흑인 형사의 체포를 둘러싸고 나타나는 인종주의를 폭로하는 유명한 영화이다.
- **La Haine(1995)**
프랑스의 소수민족 엔클레이브에서 살아가는 청소년들의 갈등과 스트레스를 그려내는 영화로서 음악이 매우 훌륭하다.
- **Menace II Society(1993)**
로스앤젤레스의 게토인 와츠(Watts) 지역을 배경으로 한 잔인한 폭력 영화이다.
- **Mississippi Burning(1988)**
1960년대 미국 남부에 만연하던 인종주의를 강렬하게 그리고 있는 영화이다. 두 명의 FBI 수사관이 KKK단과 연루된 것으로 추정되는 세 명의 인권 운동가의 실종 사건을 추적한다.
- **Mississippi Masala(1991)**
미국 남부를 배경으로 우간다계 아시아인의 맥락에서 이주, 정체성 및 문화적 혼성성의 문제를 다루고 있는 영화이다.
- **My Son the Fanatic(1997)**
영국적 삶에 매혹된 파키스탄계 택시 운전수와 북부 도시에서의 삶에 환멸을 느끼는 근본주의자 아들 간의 갈등을 그린 영화로서, 2005년 7월 7일에 발생한 폭탄 테러를 예견하는 듯하다.
- **New Jack City(1991)**
범죄와 폭력이 지나친 영화이지만, 주류 영화가 게토를 어떻게 재현하는지를 볼 수 있다.
- **To Kill a Mockingbird(1962)**
하퍼 리(Harper Lee)의 명작 소설을 각색한 영화로서, 불황기 미국 남부의 인종주의적 편견을 폭로한다.
- **Wild West(1992)**
컨트리 음악과 서양 음악에 흠뻑 빠진 아시아계 영국인 아이들에 관한 재미있는 영화로서, 문화적 정체성의 문제를 제기하고 있다.

요약

8.1 서구 도시에서 소수집단의 거주지 분리는 배타적 폐쇄와 제도적 인종차별주의와 같은 다양한 과정의 산물이다.

8.2 소수집단의 거주지 분리 정도는 도시마다 다르다. 이러한 차이는 다수자 집단의 적대감, 고용 및 주택시장에서의 차별, 그리고 방어, 상호 부조 및 문화적 보전을 위한 군집화 정도를 반영한다.

주요 개념

거류지	배타적 폐쇄	인종차별주의
게토	본질주의	자격 규칙
분리	사회적 폐쇄	저항의 공간
구조적 동화	상이성 지수	주류집단
동화	소수집단	출구 옵션
망효과	엔클레이브	티핑 포인트
발언 옵션	응집	행태적 동화

읽을거리

민족성과 도시

Amin, A. (2002) Ethnicity and the multicultural city: living with diversity, *Environment and Planning A* **34**, 959-80

Aitchison, C., Hopkins, P. and Kwan, Mei-Po (eds) (2007) *Geographies of Muslim Identities: Diaspora, gender and belonging* Ashgate, Aldershot

Bagguley, P. and Hussain, Y. (2008) *Riotous Citizens: ethnic conflict in multicultural Britain* Ashgate, Aldershot

Binnie, J., Holloway, J., Millington S. and Young, C. (eds) (2006) *Cosmopolitan Urbanism* Routledge, London

Boger, J.C. and Wegner, J.W.E. (eds) (1996) *Race, Poverty, and American Cities* University of North Carolina Press, Chapel Hill, NC

Boswell, T. and Cruz-Baez, A.D. (1990) Residential segregation by socioeconomic class in metropolitan Miami, *Urban Geography* **18** (6), 474-96

Dwyer, C. (ed.) (2008) *New Geographies of Race and Racism* Ashgate, Oxford

Hudson, R. and Williams, A. (eds) (1999) *Divided Europe* Sage, London

Jackson, P. (ed.) (1987) *Race and Racism: Essays in social geography* Allen & Unwin, London

Jackson, P. and Smith, S. (1981) *Social Interaction and Ethnic Segregation* Academic Press, London

Keith, M. (2004) *After the Cosmopolitan?* Routledge, London

Lees, L. (2003) Urban geography: 'new' urban geography and the ethnographic void, *Progress in Human Geography* **27**, 107-13

Madanipour, A., Cars, G. and Allen, J. (eds) (1998) *Social Exclusion in European Cities* Jessica

Kingsley, London

Musterd, S. and Ostendorf, W. (1998) *Urban Segregation and the Welfare State: Inequality and social exclusion in Western cities* Routledge, London

Nash, C. (2000) Cultural geography: anti-racist geographies, *Progress in Human Geography* **27**, 637-48

Peach, C. (2002) Social geography: new religions and ethnoburbs-contrasts with cultural geography, *Progress in Human Geography* **26**, 252-60

Robinson, V., Anderson, R. and Musterd, S. (eds) (2003) *Spreading the Burden? A review of policies to disperse asylum seekers and refugees* Policy Press, Bristol

Roseman, C.C., Laux, H.D. and Thieme, G. (eds) (1995) *EthniCity: Geographic perspectives on ethnic change in modern cities* Rowman & Littlefield, Lanham MD

Ross, M. and Keith, M. (eds) (1993) *Racism, the City and the State*, Routledge, London

Smith, S. (1989) *The Politics of Race and Residence* Polity Press, Cambridge

Urban Studies (1998) Vol. 35, No. 10, Special edition on ethnic segregation in cities

Wilson, D. (2006) *Cities and Race; The new American black ghetto* Routledge, London

제 09 장

근린지구, 공동체, 장소의 사회적 구성

> **핵심 문제**
>
> - 도시화가 공동체 생활에 끼친 영향은 무엇일까?
> - 사람들은 도시 환경에 대한 이미지를 어떻게 형성하며, 이러한 이미지는 그들의 생활방식에 어떤 영향을 끼치는가?
> - 건조환경에는 어떤 사회적 의미가 포함되어 있는가?

도시에서는 상대적으로 제한된 공간에서 다양한 문화 간의 상호작용이 이루어지며, 이는 새로운 문화적 양식이나 사회적 분리를 낳는다(3장 및 8장 참고). 이러한 문화적 교환은 사람들이 다양하고 복잡한 (종종 중첩되거나 분리되어 있는) 사회적 네트워크를 형성하고 있기 때문에 가능하다. 이와 관련된 도시사회지리학자들의 핵심적인 질문은 다음과 같다. 이러한 네트워크는 과연 '공동체'를 형성하는가? 공동체라는 개념은 '근린지구' 또는 '로컬리티'와 의미가 (얼마나) 같은가?

고전 사회학에 따르면, 공동체란 도시에서 결코 존재할 수 없다. 또는 기껏해야 약화된 형태로 남아 있다. 이러한 관념은 19세기의 사회학자인 페르디난트 퇴니에스(Ferdinand Tönnies)에 의해 처음 등장했는데, 그는 문화적 차이를 막론하고 모든 사람들의 관계는 근본적으로 두 가지 형식을 띤다고 주장했다. 첫 번째는 가족이나 친족집단을 기본 단위로 하는 사회 조직에서 나타나는 **공동사회**(Gemeinschaft)인데, 이는 깊고 지속적이며, 응집력 있고, 상호 책임을 다하는 사회적 관계를 특징으로 한다. 두 번째는 도시화와 산업화의 산물이라 할 수 있는 **이익사회**(Gesellschaft)인데, 이는 전문적인 역할을 수행하는 개인들이 합리성, 효율성, 계약에 따른 의무 수행을 기반으로 맺는 사회적 · 경제적 관계를 특징으로 한다. 이러한 관점은 뒤르켐(Durkheim), 지멜(Simmel), 섬너(Sumner), 워스(Wirth)와 같은 사회학자들에 의해 더욱 강화되어 도시생활에 대한 전통적인 관념으로 자리 잡았다. 즉 도시가 어떻게 정의된다고 할지라도 결코 '공동체'에는 도움이 되지 않는다는 점은 확실하다는 생각이다. 이러한 관점은 이후 '**상실된 공동체**(community lost)'에 대한 주장으로 이어진다.

9.1 근린지구와 공동체

그러나 도시에는 사회적 응집력을 갖춘 공동체가 있음을 보여 주는 많은 증거가 있다. 오랫동안 많은 문헌들은 도시를 본질적으로 인간의 장소로 표현하면서, 사교성과 친근함은 근린지구 수준에서 나타나는 사회 조직의 당연한 결과라고 보았다(Jacobs, 1961). 나아가 사회학계와 인류학계의 경험적 연구들은 이러한 관점을 지지하면서 술집, 오락시설, 코인 세탁소와 같은 국지화된 '제도들'을 중심으로 영역적 경계를 갖추고 활력이 넘치는 사회적 세계가 존재한다는 점을 증명해 왔다.

도시 마을 : 남겨진 공동체?

허버트 갠스(Herbert Gans, 1962)는 보스턴의 웨스트엔드(West End)에 관한 고전적인 연구를 통해, 점차 응집력 있는 사회네트워크가 사라져 가고 있음을 한탄할 필요는 없다고 주장했다. 왜냐하면 갠스가 볼 때 이러한 속성은 내부도시의 '도시 마을'에 고스란히 남아 있기 때문이었다. 이러한 관점은 소위 '**남겨진 공동체**(community saved)'라고 불린다. 갠스의 연구는 이탈리아 근린지구와 같은 **민족 마을**(ethnic village)에 초점을 두었지만, 민족성 외에 계급에 기반한 도시 마을에 관한 연구도 있다. 런던의 베스널 그린(Bethnal Green)은 전형적인 도시 마을의 사례로서 사회학의 고전적인 연구이다. 베스널 그린의 주민은 강한 친족 네트워크에 기반하여 '공동의 영역을 점유하고 일종의 공동체 의식과 연대감을 갖고 있었으며', 지역사회에서 국지화된 고용, 기회, 여가 활동은 이를 더욱 강화하였다(Young & Wilmott, 1957, p. 89; 글상자 9.1 참고).

후속 연구들도 유럽과 북아메리카 내부도시의 생활을 조사하면서 이와 유사한 상황에 대해 기술해 왔다. 이러한 연구는 목적에 따라 조사한 근린지구가 매우 다양했지만, 이들이 기술하려고 했던 국지화된 사회네트워크는 대체로 공통적인 기원을 갖고 있었다. 요컨대, 도시 마을은 상대적으로 인구 변동이 낮고 고용 기회의 폭도 제한되어 있는 오랜 노동계급 근린지구에서 발달해 왔다.

많은 문헌들은 거주의 영속성과 비이동성이 국지화된 사회 시스템을 발전시키는 데 중요하다는 점을 공통적으로 강조해 왔다. 노동계급의 (개인의 이동, 직업의 이동, 거주의 이동 등 모든 의미에서) 상대적 비이동성은 특히 중요한 요인이다. 비이동성은 친족 관계라는 '**수직적**' 결속과 친구 관계라는 '**수평적**' 결속 모두를 강화한다. 노동계급 근린지구에서 가족 구성원들은 거주지의 근접성이 매우 높기 때문에, 친족 간 상호작용의 강도도 훨씬 높고 친족 간 결속을 강화하는 데 여성 가부장의 (모계 사회적) 역할도 중요하다. 전통적으로 여성 가부장은 실질적인 지원을 제공하고 (가령, 손자, 손녀를 돌봄으로써 딸과 며느리의 직장생활을 가능케 하는 것과 같이) 몸

글상자 9.1

도시사회지리학의 주요 논쟁 – 노동계급 공동체의 현실은 어떤 모습인가? 런던 이스트엔드의 사례

도시 연구 분야의 오랜 논쟁거리 중 하나는 산업도시 내의 오랜 노동계급 공동체의 진정한 성격이 무엇인가에 관한 것이었다. 이러한 연구에서 1950년대 노동계급의 생활을 조사했던 영과 윌모트(Young & Wilmott)의 『이스트 런던의 가족과 친족 집단(*Family and Kinship in East London*)』은 영국에서 출간된 사회과학 서적 중 가장 영향력 있고 대중적인 저술의 하나였다. 영과 윌모트는 베스널 그린을 묘사하면서 치밀한 가족관계, 상호 부조와 자조, 국지적인 사회적 연대감을 강조했기 때문에, 많은 사람들은 이들의 관점이 낭만적이고 감상적이었다고 주장했다. 실제로 세월이 지난 후에 마이클 영(Michael Young)은, 자신의 연구가 [처음에 코크니(Cockney) 방언을 이해하는 데 어려움을 겪었기 때문에] 상당한 부분을 누락했었고 따뜻한 가족관계와 같은 특징을 (엄격한 중산층 가정에서 자란 자기 자신의 경험에서는 발견할 수 없었기 때문에) 지나치게 강조했었다고 밝힌 바 있다.

또한 (연구에서의 지나친 과장에 대한 비판과 아울러) 영과 윌모트는 친밀한 공동체의 성격이 양날의 칼과 같다는 점을 간과했다는 측면에서도 비판받아 왔다. 즉, 친구와 친족들의 행태에 대한 면밀한 관찰은 한편으로는 힘을 북돋아 주지만 동시에 억압적일 수도 있다는 것이다. 나아가 여성들은 이러한 공동체 내에서 큰 책임을 감당하고 있었다. 또한 베스널 그린의 가족들이 그린위치(Greenwich)의 교외지역으로 이주한 내용도 과장되었다는 비판이 제기되었다. 즉, 시간이 지남에 따라 이들의 공동체적 관계는 새로운 지역에서 (그대로 유지되었다기보다는) 재편되었다는 것이다.

또한 영과 윌모트는 이스트엔드의 길고도 복잡한 역사를 무시했기 때문에 이전 세대의 이주에서 기인하는 공동체 내의 사회적 다양성을 간과했다는 비판도 받았다. 이러한 측면은 영과 윌모트가 집단 간 갈등을 간과했다는 점을 의미한다. 가령, 몇 세기 전에 아일랜드계 이주민들과 비단 직물공업에 종사하는 위그노 주민들과의 폭력적 충돌도 있었고, 유태인 분파 간의 (특히 도시 출신의 유태인과 농업에 종사했던 유태인 간의) 갈등도 있었다. 또한 1930년대에는 유태인 이주민에 반대하는 백인 노동계급의 폭동도 있었고, 보다 최근에 들어서는 방글라데시 출신의 이주민들과 백인 노동계급 간의 갈등도 있었다. 오래전의 이주민들은 내부도시의 빈곤한 생활에서 살아남기 위해 서로 돕고, 협력하는 공동체적 연대감을 가졌지만, 보다 최근에 유입된 이주민들은 복지국가 정책하에서 유입해 왔다는 점에서 차이가 있으며, 이러한 점이 위와 같은 갈등의 기저에 자리하고 있다(Dench *et al.*, 2006). 역설적이게도, 많은 방글라데시 이주민들은 영과 윌모트가 베스널 그린의 전통적인 노동계급 공동체의 속성이라고 생각했던 대가족 제도나 상호 부조의 문화를 갖고 있었다.

이처럼 영과 윌모트의 연구는 런던 이스트엔드의 지방적 근성, 외국인 혐오증, 인종차별주의를 간과했다. 그렇지만 많은 긴장에도 불구하고 이 지역이 갖고 있는 가장 일관된 측면은, 오랜 세월에 걸쳐 유입된 다양한 이주민들을 (가장 최근에 이주해 온 소말리아의 난민을 포함하여) 대체로 성공적으로 포용해 온 역량이다. 오늘날 브릭레인 모스크(Brick Lane Mosque)로 사용되고 있는 건물은 이러한 역량을 보여 준다. 원래 이 건물은 1743년에 프랑스 위그노 공동체들이 사용했던 개신교 교회였다. 이 건물은 1819년에 감리교 교회당이 되었고, 1897~ 1976년까지는 스피탈필즈 유대교 대예배당(Spitalfields Great Synagogue)으로 사용되었다(Lichtenstein, 2008).

주요 관련 개념

공동체, 민족 마을, 근린지구, 타자화, '일차적' 관계

더 읽을거리

Dench, G., Gavron, K. and Young, M. (2006) *The New East End; Kinship, race and conflict* Profile, London

Lichtenstein, R. (2008) *On Brick Lane* Penguin, London

Young, M. and Wilmott, P. (1957) *Family and Kinship in East London* Routledge and Kegan Paul, London

관련 내용

4장 : 글상자 4.2 서구 도시는 사회적으로 양극화되어 가는가?

13장 : 글상자 13.1 망명자와 난민 집적지의 출현

가짐, 정보, 믿음, 행태적 규범을 전승시키는 데 중요한 역할을 한다. 또한 비이동성에서 비롯되는 거주지의 근접성은 친구 간의 일차적 사회관계도 강화한다. 학교생활에서 형성된 친구들과의 우정은 학교 밖에서도 유지되고, 혼인에도 영향을 미치며, 술집이나 클럽 등에서의 다양한 사회 활동에도 영향을 끼친다.

또한 노동계급을 빈곤의 악순환에 노출시키는 사회의 경제적 분화도 이들의 조밀한 사회네트워크를 촉진하는 중요 요인이다. 어려운 시기를 다 함께 반복해서 견뎌낸 경험은 친족 및 친구 네트워크에 따른 결속력과 기능적 상호 의존을 강화하고 상호 부조의 감정을 불러일으키며, 노동계급 근린지구의 존재 의미를 일깨운다. 결과적으로 이러한 상호 부조의 감정은 도시 마을 내에서 사회제도, 생활양식, '공동체적 정신'을 형성하는 핵심적인 토대가 된다.

공동체성의 취약성

그러나 비이동성과 경제적 박탈에 기인하는 이와 같은 응집력과 공동체성은 허물어지기 쉽다. 도시 마을에서의 상호 부조는 기저에는 사회적 친밀성과 경제적 불안에서 비롯되는 스트레스와 긴장감이 놓여 있으며, 노동계급 근린지구에 관한 몇몇 연구들도 응집력과 공동체성이 그에 상당하는 갈등과 무질서를 동반하고 있다는 점을 지적해 왔다. 이러한 측면에서 많이 주목받는 요인은 노동계급 근린지구에서 공간의 부족 때문에 발생하는 스트레스이다. 고밀도 거주는 소음 문제나 놀이 공간과 빨래 건조대 공간의 부족을 야기할 뿐만 아니라, 개인적 스트레스와 피로감을 가중시킨다. 아이들은 사적공간의 부족에 따른 심리적 괴로움에 특히 취약하다.

이 외에도 노동계급의 공동체성이 취약한 데는 여러 원인이 있다. 가령, 경제적 지위와 경험은 유사하지만 민족적 · 문화적 배경이 다른 사람들이 병존하기 때문에 이들의 상이한 가치는 갈등의 원인이 된다. 또한 젊은 세대는 그 윗세대와 계급 및 생활양식이 본질적으로 같지만 그들의 조용한 생활양식을 침범함으로써 전체적인 공동체성을 위협한다. 셋째, 노동계급 근린지구 내에서 '문제 가정', 떠돌이 노동자, 매춘여성과 같은 소위 '바람직하지 못한' 요소도 공동체성을 위협하는 요인이 된다. 위와 같은 스트레스 요인의 상대적 강도는, 내부도시 근린지구의 '도시 마을'적 속성과 워스주의적 이론이 가정하는 아노미 및 사회적 해체 사이의 균형을 무너뜨리는 원인이 될 수 있다.

교외 근린지구 : 변형된 공동체?

많은 문헌에 따르면, 교외지역의 삶은 도시 마을의 조밀한 사회네트워크가 형성하는 '공동체'와는 정반대이다. 가령, 루이스 멈포드(Lewis Mumford, 1940, p. 215)는 교외지역은 '사생활을 영위하기 위한 집단적 시도'를 나타내는 것이라고 보았다. 일반적으로 교외지역에 대한 많은 연구들은 이러한 관점을 공유하는데, 인디애나 주 먼시(Muncie)에 관한 린즈(Lynds, 1956)의 연구, 소위 '양키 도시'로 불리는 코네티컷 주의 뉴헤이븐(New Haven)에 관한 워너와 룬트(Warner & Lunt, 1941)의 연구가 대표적이다. 화이트(Whyte, 1956)의 『조직인간(*The Organization Man*)』과 스타인(Stein, 1960)의 『공동체의 소멸(*The Eclipse of Community*)』과 같은 사회학 연구들은 교외지역의 이미지를 느슨하게 짜여진 2차적 관계 중심의 사회로 묘사하면서, 돈, 지위, 내구성 소비재와 이를 즐길 수 있는 사생활을 추구하는 핵가족의 모습을 강조했다.

그러나 후속 연구들은 공동체 없는 교외지역이라는 기존의 신화가 수정될 필요가 있다고 보았다. 내부도시의 도시 마을과 비교될 수 있는 교외 마을이 존재한다는 증거는 없지만, 레빗타운(Levittown)에 관한 갠스(Gans, 1967)의 연구가 제시하는 바와 같이 많은 교외 근린지구에는 상당히 응집력 있는 국지화된 사회네트워크가 있다는 점은 명백하다. 교외 근린지구는 '유한책임의 공동체'라고 할 수 있다. 이러한 관점은 '**변형된 공동체**(community transformed)' 또는 '해방된 공동체'로 표현되어 왔다. 즉, 도시 공동체는 해체된 것이 아니라, 수많은 독립적인 하위집단들로 쪼개졌으며 이 중 극히 일부만이 로컬리티에 기반하고 있다.

일부 연구는 교외 거주자의 사회네트워크가 내부도시 거주자에 비해 (비록 그들이 상호 부조적이라는 느낌을 갖지 않더라도) 사실 훨씬 더 국지화되어 있고 응집력이 강하다고 주장한다. 이러한 관점은 교외의 근린화 정도가 매우 높다는 점을 강조하면서, 다음과 같은 요인에 기인한다고 주장한다.

- 단독주택은 국지적 사회생활에 도움이 된다.
- 교외는 다른 지역에 비해 사회적, 인구학적으로 더욱 등질화되는 경향이 있다.
- 새롭게 개발된 교외지역에서 이웃을 사귀려는 '선구적 열망'이 있다.
- 교외 거주자들은 거주지를 스스로 선택한 사람들로서 사회활동과 여가의 취향이 유사하다.
- 교외 거주자들은 다른 사회적 접촉으로부터 물리적으로 떨어져 있기 때문에, 국지적인 접촉에 (불만스럽다고 할지라도) 만족할 수밖에 없다.

사친회(parent-teacher association, PTA), 조경클럽, 컨트리클럽, 로터리클럽 등 다양한 자발적 모임의 사회네트워크는 교외 공동체의 응집력을 더욱 강화한다. 좀 더 나아가 말한다면, 여러 증거로 볼 때 교외지역에서의 사회관계는 도시에서보다 더 피상적이지도, 덜 피상적이지도 않다.

그럼에도 불구하고 일부 집단은 교외 생활에서의 사회적 접촉이 약화되는 경향을 띤다. 전형적인 가치나 생활양식에서 벗어난 소수집단은 교외에서 이웃을 사귀거나 자신의 이익을 추구하는 것이 쉽지 않다. 이로 인해 소수집단은 자신의 사회관계를 유지하기 위해 불가피하게 장거리 여행을 하게 된다. 반면 이러한 여행이 불가능한 경우, 이들은 교외에 거주하는 대가로 사회적으로 어느 정도 고립될 수밖에 없다.

파편적 도시성과 교외세계의 다양성

교외 근린지구에서 사회관계의 성격과 강도는 '어떤' 교외인가에 따라 다르다. 1장에서 설명한 '파편적 도시성'의 주요 결과 중 하나는 교외세계가 더욱 차별화되고 있다는 점이다. 주민들의 문화공간은 직업의 특징, 가족의 성향, '생태적' 성향에 따른 다양한 생활양식을 중심으로 재조직되며, 소득과 생애주기에도 영향을 받는다. 또한 사람들은 적대적 · 경쟁적 집단을 피해 '방어적 영역을 갖춘 엔클레이브'로 물러남으로써 자신과 비슷한 사람과 거주하려는 경향이 더욱 강해지고 있다.

현재 미국의 경우, 교외는 많은 가구 및 인구가 집중된 공간일 뿐만 아니라, 제조업, 상업적 사무실 공간, 소매업, 여가시설, 관광지까지도 갖추고 있다. 전통적인 교외화 패턴은 부동산 투자에 의한 대규모 변화와 대도시 지역의 구조 및 기능 조직의 변화에 의해 새롭게 변모하고 있다. 이러한 변화는 소위 '신 대도시(New Metropolis)'의 출현을 촉진하고 있다(Knox, 2008). 신 대도시란, 다중심적 네트워크를 통해 에지시티, 도시 권역 및 도시 회랑, 준교외, 붐도시, 소규모 중심 등이 복잡하고 광범위하게 상호의존적 패턴을 형성하는 도시화된 지역을 포괄적으로 일컫는데, 고속도로, 간선도로 및 순환도로로 복잡하게 얽혀 있고 도약형 스프롤과 조밀한 교차로를 특징으로 한다.

이러한 과정에서 전통적인 형태의 교외는 점차 역사 속으로 사라지고 있다. 미국의 대도시 지역은 '대도시세계'라는 광대한 스프롤화 지역으로 통합되고 있는데, 이러한 세계에서 거주 환경과 고용은 분절화되어 다결절적으로 혼재하며, 교외, 준교외, 도심의 특성이 혼합되는 양상을 보인다(Knox, 2008). 마이클 디어(Michael Dear, 2005, p. 248)는 다음과 같이 표현한다.

> 이제 더 이상 중심이 도시의 배후지를 조직하지 않는다. 오히려 도시의 배후지가 중심부에 무엇을 남겨둘 것인지를 결정한다. 분절화는 현대 도시를 움직이는 주요 원동력이 되었다. … 현대 도시경관에서 '도심'은 사실상 분절화된 도시생활의 외부가 되어 버렸다. 도심은 정체성과 전통을 강조하는 개발업자들과 정치인들이 도시경관에 결과론적으로 접목시키는 하나의 추가 사항에 불과하다. '교외화' 현상은 핵심부의 탈중심화와 상관없이 진행되는 도시 과정에서 배경에 지나지 않는다.

에드워드 소자(Edward Soja, 2000)는 '외부도시(exopolis)'라는 용어를 사용함으로써 에지시티의 성장이나 글로벌화에 따른 외생변수의 영향력 강화와 같은 현대 도시의 핵심적인 차원을 포착하고자 했다. 대도시 구조에 관한 전통적인 모델이나 도시, 교외, 대도시와 같은 기존의 개념은 사회학자 울리히 벡(Ulrich Beck)이 일컬었던 '좀비 범주'가 되어 가고 있다. 여전히 우리의 지각을 형성하고 있는 이러한 선험적·분석적 범주는 19세기부터 20세기 후반까지의 시각을 구현하고 있는 개념으로서, 종종 우리의 눈을 멀게 하여 현대적 변화의 의미를 포착할 수 없게 만든다(Beck *et al.*, 2003).

지위의 공황과 위기 공동체성

여러 교외 근린지구에서 나타나는 공통점은 영구적인 무형의 '공동체 정신'이라고 할 수 있는 상호 부조가 약하다는 것이다. 이에 확실한 설명 중 하나는, 많은 교외 공동체들은 새롭게 형성되었기 때문에 로컬리티에 기반한 사회 체계를 완전히 발달시킬 수 있는 충분한 시간이 없다는 점이다. 또한 교외 근린지구 거주자들은 도시 마을 거주자들에 비해 박탈감과 스트레스가 높지 않기 때문에 상호 부조의 감정을 느끼지 않는다는 설명도 가능하다.

그러나 교외 근린지구의 영역적 배타성, 쾌적함, 부동산 가치 등이 위협받는 경우 '위기 공동체성'이 나타난다. 지위의 공황에 따른 공동체성에 관한 사례는 많으며, 특히 커티스로 윌스(Cutteslowe Walls)는 고전적인 사례이다. 1932년 옥스퍼드 시 당국은 도시의 북부에 중산층 주택지구와 바로 인접한 곳에 새로운 주택지구를 조성하고자 했다. 이러한 상황에서 이 주택지구의 주민들은 자신들의 근린지구 지위와 부동산 가치가 하락할 것이라고 우려하는 동시에 새로운 이웃에 대해 사회적 거리를 두기 위해서 두 주택지구 사이에 높은 담장을 건설했다(Collinson, 1963). 다른 사례들 또한 고속도로, 공항, 상업 용도

글상자 9.2

도시사회지리학의 주요 경향 – 신도시주의 운동의 성장

이 운동이 처음으로 나타나기 시작한 것은 전통 근린지구 개발(traditional neighborhood development, TND)에서였다. 이것은 보행자의 이동과 사회적 상호작용이 자동차보다 훨씬 더 우선시되었던 2차 세계대전 이전과 같이, 현대적 토지 개발이 작은 마을의 모습과 느낌을 만들어야 한다는 것을 명문화하려는 시도였다. 이러한 생각은 1990년대에 들어 '신도시주의'로 발전했는데, 이는 전통적인 공동체에서 발견되는 전례와 유형에 기반하여 도시 디자인 원칙을 명문화해야 한다는 주장을 담고 있다. 이러한 원칙을 최초로 만든 것은 건축가 앙드레 뒤아니(Andres Duany)와 플라테-지베르크(Plater-Zyberk)로서, 이들이 운영하던 건축회사인 DPZ는 '신도시주의 용어집(Lexicon of New Urbanism)'을 발간하여 당시 이 운동의 협의체였던 '신도시주의 위원회(Congress for the New Urbanism)'에 제공했다. 신도시주의가 주장하는 내용과 어구에는 19세기 지식인들의 유토피아적 사상에서 차용한 것이 많았다.

신도시주의 운동은 건축물이 도시 공간의 특성을 정의하는 핵심 역할을 한다는 점, 건축의 구성요소들과 공적공간에는 뚜렷한 패턴이 있어야 한다는 점, 그리고 다른 근린지구와 구별되는 기능적으로 통합된 근린지구가 중요하다는 점을 강조하면서, 길거리의 물리적 배치를 운동의 핵심으로 삼았다. 운동가들은 공공건물, 보행자 중심적 길거리, 그리고 도시 디자인에 있어서 [가로수길, 페리미터 블록, 광장, 기념물을 갖춘] 전통적인 표현이 사회성과 공동체성을 촉진시킬 것이라고 믿었다. 신도시주의 위원회는 이러한 목표를 달성하기 위해 도시 설계에서 일종의 집단적인 그림을 그리고자 했는데, 규정 계획(Regulating Plan), 도시 규정(Urban Regulations), 건축 규정(Architectural Regulations), 거리 유형 및 경관 규정(Street Types and Landscape Regulations)과 같은 규정 문헌은 새로운 도시 개발에 있어서 공통적인 밑바탕이 될 수 있는 상세한 규범, 규칙, 협약을 제시했다.

신도시주의는 도시 개발업자에게 상업적으로 매우 매력적이었지만, 많은 사회과학자들로부터 비판을 받았다. 신도시주의의 영향을 받은 대부분은 백인 중산층 가구의 요구를 반영하는 배타적인 교외나 준교외의 특징을 강하게 띠었고, 이는 결과적으로 5장에서 언급했던 사생활중심세계의 출현으로 이어졌다. 신도시주의는 신전통주의적 도시 디자인을 강조하면서 문화적 복원을 특징으로 했지만, 결과적으로 진정성 없는, 피상적인, 저속한 환경을 낳았고, 진부한, 낭만적이지만 분명치 않은, 무의미한 새로운 도시 만들기에 불과했다. 또한 신전통주의적 도시 디자인은 본질상 사회적으로 퇴보적이라는 비판도 받았다. 예를 들어, 리처드 세넷(Richard Sennett, 1997, p. 67)은 이러한 디자인이 '복잡한 세계에서 물러나서, 과거의 공동체적 일체감과 공유된 정체성을 "전통적인" 건축을 통해 자의식적으로 표현하려는 시도'라고 기술한다. 세넷은 신도시주의적 도시 설계자를 '밀실공포증에 걸린 예술가'라고 하면서, '배제, 동일성, 노스탤지어에 토대를 둔 장소 만들기는 사회적으로 유독하며 심리적으로도 쓸모없다'고 주장했다. 신도시주의의 근본적인 약점은 환경 결정론을 과대평가하고 사회적 과정보다 공간적 형태를 우선시한다는 점이다.

신도시주의의 여러 규정은 좋은 디자인은 좋은 행태를 낳는다는 추론에 근거한다. 즉, 좋은 디자인은 공동체, 시민권, 장소성과 같으며, 나쁜 디자인은 장소감 없음, 지루함, 일탈적 행태와 같다는 것이다. 물론 이러한 추론은 터무니없는 망상에 불과하다. 왜냐하면 장소는 사회적으로 구성되며, 사람과 환경과의 관계는 복잡하고, 성찰적이며, 순환적이기 때문이다.

주요 관련 개념

공동체, 디즈니화, 초현실성, 이미지공학, 근린지구, 시뮬라크라, 지속가능성

더 읽을거리

Knox, P.L. (2008) *Metroburbia, USA*, Rutgers University Press, new Brunswick, NJ

MacCannell, D. (1999) 'New urbanism' and its discontents, in J. Copjec and M. Sorkin (eds) *Giving Ground: The politics of propinquity* Verso, London

Sennett, R. (1997) The search for a place in the world, in N. Ellen (ed.) *Architecture of Fear* Princeton Architectural Press, New York 61–72

Talen, E. (1999) Sense of community and neighbourhood form: an assessment of the social doctrine of new urbanism, *Urban Studies* **36**, 1361–80

관련 내용

7장 : 글상자 7.3 제인 제이콥스

9장 : 근린지구와 공동체

13장 : 도시사회 지속가능성

구역제의 지정 등의 위협에 대한 님비주의와 관련되어 있다.

공동체와 근린지구 : 정의와 분류

이제까지 우리는 사회네트워크의 성격과 응집력은 사회공간적 환경에 따라 매우 다양하다는 점을 살펴보았다. 그리고 어떤 유형의 공동체가 뚜렷한 지리적 영역을 갖고 있는지는 물론, 어떤 상황에서 '공동체'가 출현하는지를 말하기도 쉽지 않다는 점을 살펴보았다. 그러나 대체로 근린지구, 공동체, 공동체성의 관계는 느슨하게나마 위계적이라고 볼 수 있다. **근린지구**(neighborhoods)는 대체로 인구학적 · 경제적 · 사회적 특성이 유사한 사람들을 포함하지만, 반드시 사회적 상호작용의 토대인 것은 아니다. **공동체**(communities)는 상호 의존성을 토대로 어느 정도 사회적 응집력이 발달한 곳에서 나타나며, 이는 관습, 취향, 그리고 사상과 표현의 양식에 있어서 일정한 등질성을 생산한다. 로컬리티, 학교, 직장, 대중매체를 토대로 하는 준거집단은 공동체를 '당연적' 세계라고 간주한다. '**공동체성**(communality) 또는 공동생활(communion)'은 정서적인 유대 관계에 기반한 결합 양식으로서, 공동체임을 의식적인 수준에서 경험한다. 공동체성은 강렬한 상호 부조적 관계를 바탕으로 발달하는데, 이는 지속적으로 나타나기보다는 스트레스에 직면할 때 발현된다.

마지막으로 덧붙인다면, 각각의 근린지구가 어떠한가는 해당 거주자들이 자신들의 근린지구를 어떻게 생각하고 있는가와 같다. 이는 근린지구와 공동체를 어떻게 정의, 분류할 것인가는 사람들이 사용하는 준거의 지리적 스케일에 따라 다르다는 것을 함의한다. 우리는 이러한 맥락에서 여러 근린지구를 '**즉각적**' 근린지구, '**전통적**' 근린지구, '**발생적**' 근린지구로 구분해서 살펴볼 수 있다. 즉각적 근린지구는 다른 유형의 근린지구와 중복될 수 있는 작은 단위의 근린지구로서, 공식적인 집단, 제도, 조직을 통한 상호작용보다는 개인적 어울림을 특징으로 한다. 전통적 근린지구는 국지적 시설과 조직을 공유함으로써 사회적 상호작용이 결합된 것을 특징으로 한다. 마지막으로 발생적 근린지구는 범위가 넓고 내적 다양성을 갖춘 근린지구를 일컫는데, 상대적으로 사회적 상호작용의 수준이 낮다.

또한 근린지구와 공동체의 '**기능**'에 초점을 둔 접근도 가능하다. 예를 들어, (사람들의 정서적 연대감 및 소속감과 관련된) **존재론적** 기능, (소비를 중심으로 하는) **경제적** 기능, (조직과 공공서비스의 활용을 중심으로 하는) **행정적** 기능, (입지를 통한 사회적 · 물질적 편익과 관련된) **입지적** 기능, (도시 설계의 사회적 결과와 관련된) **구조적** 기능, (국지적 이슈를 분명히 드러내기 위한) **정치적** 기능, (도시화라는 보다 넓은 정치경제학과 관련된) **사회적 재생산**의 기능의 관점에서 생각해 볼 수 있다.

9.2 도시 장소의 사회적 구성

데이비드 하비(David Harvey, 1993, p. 4)에 따르면, '**장소**(place)'란 '우리의 언어 중 가장 다층적이고 가장 다목적적인 용어 중 하나이다.' 장소의 의미가 갖는 층은 장소의 사회적 구성 방식을 반영한다. 즉, 장소의 다층적 의미를 이해하기 위해서는 어떤 집단들이 어떤 목적을 위해 어떤 의미를 장소에 부여했는가를 살펴보아야 한다. 한편, 하비의 표현은 장소를 이론적 개념으로 발전시키기 어렵다는 것을 반영한다.

환경(milieu), 로컬리티, 입지, 현장(locale), 근린지구, 지역, 영역 등 장소의 포괄적 속성을 가리키는 용어는 매우 다양하다. 도시, 마을, 읍, 거대도시, 국가 등 특정 종류의 장소를 나타내는 용어도 있다. 가정, 보금자리, '세력권(turf)', 공동체, 국가, 경관 등 장소의 내포적 의미를 강하게 나타내기 때문에 따로 분리해서 말하기 어려운 용어도 있다.

(Harvey, 1993, p. 4)

이러한 맥락에서 우리는 **장소의 '사이성'**('betweenness' of place), 즉 장소의 관점 의존성을 인식할 필요가 있다. 장소는 주관적인 관점을 통해 존재하며 구성되지만, 이와 동시에 외부인들은 장소를 하나의 '대상'으로 인식하기도 한다. 니콜라스 엔트리킨(Nicholas Entrikin, 1991, p. 7)에 따르면, '근린지구는 우리 자신과 가정을 중심으로 하는 구역이지만, 외부인의 관점이나 탈중심적 관점에서 본다면 주택, 거리, 사람으로 구성된 구역이기도 하다. 이처럼 장소는 의미의 중심임과 동시에 인간 행위의 외적 맥락이다.' 나아가, '외부인'의 관점은 추상화의 수준이 다양하기 때문에, 어떤 구체적인 장소를 가리키기도 하지만 (추상적이거나 무관점적이어서) 사실상 어떤 장소도 가리키지 않기도 한다(Sack, 1992; 글상자 9.4 참고).

이러한 관점에서 볼 때, 도시 공간과 장소를 이해하는 데에는 특정 장소나 환경을 중심으로 하여 일상적으로 살아가고 있는 내부인의 관점이 중요하다. 그러나 '내부인임'과 '외부인임'은 뚜렷이 구분된다기보다는 다양한 장소–경험의 양식에 따라 정도가 다른 일련의 연속체라는 점을 염두에 두어야 한다. 핵심적인 것은, 어떤 장소가 갖는 의미 정도는 사람들이 얼마나 해당 장소의 '내부'에 있다고 느끼는가와 직접적으로 비례한다는 점이다. 사람들이 배타적인 고정관념을 갖고 (장소 외부의) 나머지를 정의한다는 점은 장소의 구성에서 중요한 요소이다. 이는 인간의 **영역성**(territoriality) 확보 전략의 일부이기도 하다. 인간은 태생적으로 특정 영역을 확보함으로써 안전, 안정, 사생활의 욕구를 충족하고 정체성을 표현하려는 욕망을 갖고 있다.

또한 사람들이 물질적 세계와의 관계를 통해 자신을 정의하는 데에 장소가 존재론적으로 필요하다는 점도 장소의 구성에 있어서 중요한 요소이다. 이러한 사상은, 인간의 근원은 소외이며 인간은 스스로를 공간적으로 정의한다고 주장했던 마르틴 하이데거(Martin Heidegger)의 철학에 기원한다. 하이데거에 따르면, 인간은 공간의 '창조' 과정을 통해 뿌리, 고향, 로컬리티를 갖게 된다(Heidegger, 1971). 하이데거 철학의 핵심은 '정주(dwelling)'라는 개념인데, 이는 인간과 물질적 세계 간에 일종의 정신적 합일을 달성할 수 있는 근본적인 능력을 지칭한다. 인간의 정주 능력은 반복적 경험과 복잡한 관계를 통해 장소를 구성해 나가며, 시간이 지나면서 보다 심층적이고 다양한 의미를 장소에 부여한다.

하이데거는 이러한 주장에서 한 걸음 더 나아가, 현대 세계는 정보통신기술의 확산, 합리주의, 대량생산 대량 가치를 통해 이와 같은 심층적·다중적 의미의 층을 파괴한다고 주장한다. 그리고 이 결과 장소의 '진정성'이 파괴된다는 것이다. 도시 공간은 점점 더 진정성을 상실하여 무장소적으로 변해 간다. 역설적이게도, 이러한 과정에서 사람들은 전문적으로 디자인되어 상업적으로 형성된 공간과 장소를 통해 진정성을 찾고자 하지만, 여기에는 공간적 정체성 대신 꾸며낸 전통, 정제되고 단순화된 상징, 상업화된 문화유산이라는 획일적 지향만이 있을 때

글상자 9.3

도시사회지리학의 주요 경향 – 새로운 '신성 공간'의 발달

지리학자들은 최근에 이르기까지 종교 문제를 상대적으로 경시해 왔다. 이러한 이유 중 하나는, 서양 사회가 점점 더 세속화되어 간다는 (잘못된?) 추측 때문일 것이다. 크리스 파크(Chris Park, 1994, p. 1)는 종교 문제가 학술 연구에서 상대적으로 주변화된 이유는, '계몽주의 이후 과학이 가정하는 합리성에 따르면, 불가사의, 정신성, 두려움과 같은 근본적 문제는 비합리적이라고 (따라서 학문적 연구의 주제가 아니라고) 간주되기 때문'이라고 지적한다. 또한 현대 사회이론의 토대를 닦았던 마르크스, 베버, 뒤르켐 등 19세기의 주요 사회 사상가들은, 종교란 불평등을 정당화하고 가난한 사람들을 (보다 나은 내세가 있다는 희망을 갖게 하여) 달램으로써 사회의 현존하는 질서를 강화하는 데 이용된다고 보았다.

그러나 최근 들어 종교에 관한 지리학 연구가 점차 증가하고 있는데, 이는 앞서 언급했던 문화, 정체성, 공간, 민족성에 관한 논의와 관련되어 있다. 서양의 경우, 많은 사람들에게 있어서 종교적 가치는 여전히 정체성 형성에 중요한 역할을 하고 있다. 사실, 종교를 삶의 영역에서 뚜렷하게 분리된 것으로 간주하는 것은 서양의 특수한 관념이다. 시크교나 이슬람 등 (오늘날 서양에도 널리 유포되어 있는) 많은 종교의 경우, 종교적 영역과 비종교적 영역을 분리할 수 있다는 생각은 금기시된다. 기존 형태의 크리스트교를 신봉하는 사람은 점차 줄고 있지만, 복음주의와 같은 대안적인 신앙을 신봉하는 사람은 상당히 증가하고 있는 추세이다.

나아가 교회, 예배당, 성당, 절, 모스크와 같은 종교적 숭배의 장소는 강한 상징 가치를 가지고 있다. 많은 종교 공동체 구성원들은 이러한 장소에 모여, 다양한 종교 의식을 통해 신앙을 강화한다. 시크교와 같은 몇몇 종교들은 세계 전체를 신의 현전으로 가득한 신성한 공간이라고 간주하지만, 시크교 또한 다른 종교와 마찬가지로 특별한 정신적 의미가 있는 건축과 공간을 갖고 있다.

대부분의 종교는 보편 타당한 도덕적 가치를 주장하는데, 이들은 전지전능한 존재가 예언자나 지도자를 통해 전달한 것이라고 일컬어진다. 이러한 관점은, 가치란 시간과 장소에 따라 다양하다는 점을 강조하는 세속적 · 인간중심적 접근과는 뚜렷이 대비된다. 그러나 실제로 많은 종교 교리들은 여성의 역할이나 과학 등의 문제를 둘러싼 사회적 태도 변화와 조화를 이루기 위해 오랫동안 수정되어 왔다. 한편, 포스트모더니즘적인 도덕적 상대주의와 국가의 세속주의에 대한 반발로서 최근 다양한 근본주의적 · 복음주의적 종교 운동이 성장하고 있는데, 이들은 동성애에서부터 낙태, 옷차림, 음식에 이르는 다양한 문제에 대해 도덕적 절대성을 강조하고 있다.

조금 더 진보적인 측면을 살펴보자면, 런던의 경우 종교적 신앙은 힘들고 더러운 직종의 사람들에게 자신감과 자긍심을 심어주고 일터에서 새로운 정치를 형성하기도 한다. 다양한 종교적 배경을 지닌 런던의 이주노동자들은 교파를 초월하여 런던 시민(London Citizens)이라는 보편주의 운동을 벌임으로써, 청소, 식당, 건설업 부문의 하청업체에서 일하는 노동자들의 임금 향상을 위해 노력하고 있다(Jamoul & Wills, 2008).

주요 관련 개념

본질주의, 정체성, 의미화

더 읽을거리

Dunn, K.M. (2005) Repetitive and troubling discourses of nationalism in the local politics of mosque construction in Sydney, Australia, *Environment and Planning D: Society and Space* **23**, 29–50

Jackson, R.H. and Henrie, R. (1993) Perception of sacred space, *Journal of Cultural Geography* **3**, 94–107

Jamoul, L. and Wills, J. (2008) Faith in politics, *Urban Studies* **45**, 2035–56

Park. C. (1994) *Sacred Worlds* Routledge, London

관련 내용

5장 : 글상자 5.1 다양성, 차이, 불균등의 관계

12장 : 글상자 12.4 초국적 도시성의 성장

름이다.

그러나 '내부자'에 의한 장소의 구성은 사회의 규범이나 세계에 대한 재현과 독립되어 이루어지는 것이 아니다. 오히려 이러한 규범과 재현은 공간과 장소의 사회적 구성에 있어서 '문화적 문법'과 같다. 우리의 영역성과 정주감(sense of dwelling)은 사회적 거리, 행동 규범, 사회 조직의 형태, 부와 가치에 대한 관념 등을 공유함으로써 형성된다. 여기에서 우리는 또 한 가지의 중요한 변증법적 관계, 곧 사회 구조와 (주관적으로 구성된 공간과 장소에서 펼쳐지는 '내부자의') 일상적 실천 간의 변증법적 관계를 발견할 수 있게 된다. 앞서 언급한 대로 우리는 이러한 장소에 그리고 이러한 장소를 통해 살아가고 있다. 따라서 장소는 단순한 그릇이나 정신적 산물 그 이상이다. 장소는 텍스트이자 맥락이고, 다음과 같은 상호작용이 발생하는 환경이다.

- 사회적 · 경제적 생활의 루틴화된 일상을 구조화한다.
- 사람들의 삶의 경로를 구조화하여, 사람들에게 기회와 제약을 동시에 부여한다.
- 매일매일의 '상식적인' 지식과 경험이 집약되는 무대를 형성한다.
- 사회화와 사회적 재생산 과정이 이루어지는 위치를 제공한다.
- 사회 규범이 서로 상충하는 무대를 제공한다.

도시 생활세계, 시공간 루틴화, 상호주체성

앞에서 살펴본 변증법적 관계는 도시의 사회지리를 변화시키고 구조화한다. 이러한 의미에서 **생활세계**(lifeworld)라는 개념은 매우 중요한데, 이는 사람들이 일상생활을 영위함에 있어 의식적으로 주의를 기울이지 않는 매일매일의 당연적 패턴과 맥락을 가리킨다. 때때로 이러한 패턴과 맥락은 의식적인 태도와 느낌으로 확대되기도 한다. 가령, 건조환경과 사람들의 옷차림, 언어 표현의 특징, 공적공간에서의 행동거지, 물질적 소유물 등에 부여된 여러 인지적 요소는 상호 연결되어 **자의식적 장소감**을 형성한다.

레이먼드 윌리엄스(Raymond Williams, 1973)는 이를 '**느낌의 구조**'라고 표현한다. 개인적 생활세계와 집합적인 느낌의 구조는 모두 **상호주체성**(intersubjectivity)에 토대를 두고 있는데, 이는 매일매일의 실천을 통한 삶의 경험에서 파생되는 공유된 의미를 지칭한다. 상호주체성은 부분적으로 시공간상에 펼쳐지는 개인적 · 사회적 실천의 '**루틴화**'에 기반한다. 그림 9.1이 보여 주는 바와 같이, 사회생활의 시간성은 상호 연결되어 있는 세 가지 수준으로 나눌 수 있다. 사회생활의 **장기 지속**(longue durée)은 (법이나 가족 제도와 같은) 제도의 역사적 발전과 밀접한 관계를 맺고 있다. **현존**(dasein) 또는 생애에서 사회생활은 개인 및 가족의 생애주기의 영향과 (장기 지속과의 상호작용을 통해) 어떤 세대를 특징짓는 사회적 조건의 영향을 받는다. 일상생활의 지속에서 개인의 루틴화된 일상은 제도적 구조 및 생애주기의 리듬과 상호작용한다.

사회생활의 '**공간성**'도 세 가지 차원으로 나눌 수 있다. 제도적인 공간적 실천은 가장 큰 스케일에서 이루어지는데, 이는 집단적인 수준에서의 공간의 사회적 구성을 일컫는다. 그리고 '장소'는 인간의 의식과 도시 공간에 부여된 사회적 의미와 관련되어 있다. 마지막으로 개인적인 공간적 실천은 개인과 집단의 물리적 현전과 공간적 상호작용을 가리킨다. 마찬가지로 이러한 세 가지 수준의 공간성은 그림 9.2에서와 같이 사회생활에 있어서 세 가지 수준의 상호작용과의 관계에서 이해될 수 있다. 우리는 이러한 다차원적 인식 틀을 통하여, 시공간 루틴화가 사람들의 생활세계가 의존하고 있는 상호주체성을 촉진한다는 점을 이해할 수 있다.

위의 틀에서 지리학자들에게 가장 널리 알려진 것은, 토슨 해거스트란트(Torsten Hägerstrand)가 정교

	장기 지속	현존(생애)	일상생활의 지속
장기 지속	제도적 시간 역사	역사와 생애사의 결합 세대	삶의 제도와 일상생활 간의 변증법
현존(생애)		생애사 '나' 라는 존재	생활 전략과 일상생활 간의 관계
일상생활의 지속			매일매일의 루틴 (시간 사용)

그림 9.1 여러 차원의 시간성의 상호 관계
출처 : Simonsen(1991), Fig. 1, p. 427.

시간 공간	장기 지속	현존	일상생활의 지속
제도적인 공간적 실천	사회공간적 발전 (역사지리)	공간적 맥락에서의 생활 전략	일상적 루틴의 지리적 조건
장소	국지적 역사, 문화, 전통	시공간상의 생애사 정체성	공간에 기반한 '자연적 태도'
개인적인 공간적 실천	공간적 실천의 역사적 조건	생활 전략과 공간적 실천의 관계	일상적인 시공간 루틴 (시간-지리)

그림 9.2 시간성, 공간성, 사회생활
출처 : Simonsen(1991), Fig. 3.

하게 발전시켰던 일상생활의 시간-지리(time-geography)이다(Carlstein *et al.*, 1978). 그림 9.3은 시간-지리의 기본 모델인데, 이는 일상적 · 개인적 공간 실천에 대한 시간적 · 공간적 제약을 포착하고

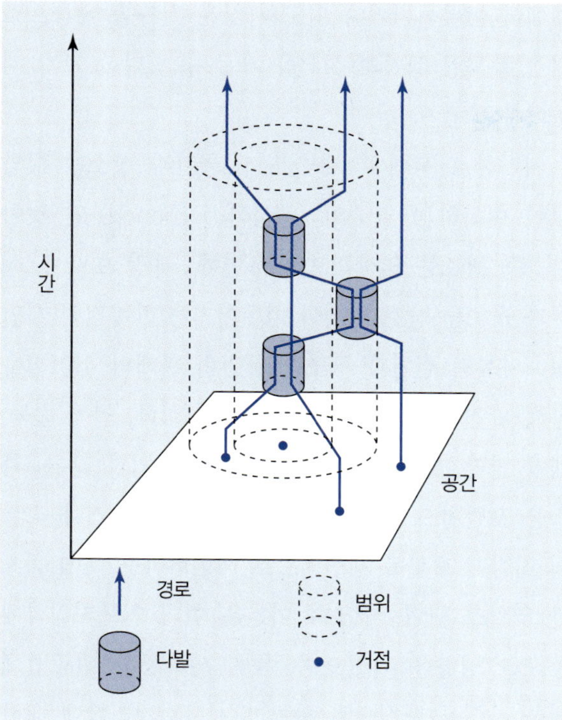

그림 9.3 (해거스트란트의) 시간-지리의 개념과 기호화
출처 : Gregory(1989), Fig. 1.4.4, p. 82.

있다. 시간-지리 모델은, 사람들이 시간과 공간 속에서 '경로'를 계획하여 특정 목적(또는 '기획')의 달성을 위해 어떻게 한 장소(또는 '거점')에서 다른 장소로 이동하는지를 나타낸다. 이러한 이동은 세 가지 종류의 제약에 의해 제한되어 있다. 첫째는 **능력 제약**(capability constraints)으로서 주로 이동에 소요되는 시간이나 이동에 사용하는 교통수단의 속도 등이 해당된다. 둘째는 **권위 제약**(authority constraints)으로서 이동이나 접근성에 영향을 끼치는 법이나 관습 등이 해당된다. 셋째는 **결합 제약**(coupling constraints)으로서 특정 기획을 실행하기 위한 접근의 시간적 제한성을 일컫는다. 오늘날 맥락에서 시간-지리가 각별히 중요한 이유는, 유사한 제약을 가진 사람들은 시공간 활동에 있어서 같은 '다발'에 모일 수밖에 없다는 점이다. 그리고 다발은 상호주체성의 발달의 중요한 선결 조건이라 할 수 있는 일상적인 루틴을 형성한다.

구조화 이론과 장소의 '생성'

앞에서 언급한 주제들은, 일상에서의 사회적 실천이 공간과 시간에 걸쳐 어떻게 구조화되는지를 분석하는 **구조화 이론**(structuration theory)의 핵심을 이룬다. 앤서니 기든스(Anthony Giddens, 1979, 1981, 1984, 1985: Bryant & Jary, 1991)에 의해 발전한 구조화 이론은, 인간은 '자기가 선택할 수 있는 환경을 넘어서서 역사를 만든다'는 칼 마르크스의 유명한 언명을 받아들여 이를 보다 정교하게 설명한다. 지리학적 입장에서 구조화 이론의 핵심적인 주장을 요약하자면 다음과 같다.

> [인문경관은] 지식을 갖춘 행위자(또는 행위주체)에 의해 창조되며, 이들은 특정한 사회적 맥락 (또는 구조) 내에서 작용한다. 구조-행위주체성의 관계성은, 어떤 행위를 가능케 함과 동시에 이를 제약하는 일련의 제도적 장치에 의해 매개된다. 이를 바탕으로 할 때 구조, 제도, 행위주체라는 세 가지의 '분석 수준'이 가능하다. 구조는 법이나 가족 제도와 같이 일상생활을 지배하는 장기적이면서도 심층적인 사회적 실천이다. 제도는 국가기구와 같이 구조의 현상적인 형태를 일컫는다. 그리고 행위주체란 사회적 상호작용에 따른 구체적이고 관찰 가능한 결과를 결정할 수 있는, 영향력을 갖춘 인간 행위자를 일컫는다.
>
> (Dear & Wolch, 1989, p. 6)

따라서 우리 모두는 (일반적인 시민이든, 권력을 지닌 사업가이든, 이익집단의 구성원이든, 관료이든 또는 선출직 공무원이든지 간에) 행위자이다. 또한 우리 모두는 (공식적인 또는 비공식적인 경제적·정치적·법적 구조뿐만 아니라 언어와 의미화라는 의사소통의 구조를 포함한) 구조가 우리의 행동을 가능케 하지만, 반대로 우리의 행동 그 자체도 구조를 재구성하고 변화시킬 수 있다는 이원성에 속해 있다. 즉, 구조는 개인의 행동을 제약하기도 하지만, 동시에 (구조가 반복적으로 조직하는) 행동의 매개물이자 결과이기도 하다. 나아가, 구조화 이론은 우리 모두가 사회적 행위자들이 형성하는 (네트워크, 조직, 사회 계급과 같은) '**체계**'의 구성원이라는 점도 인식한다.

구조화 이론은 인간의 행위가 '실천적 의식'에 토대를 두고 있다고 본다. 이러한 관점은 사람이 자기 자신과 타인의 행위를 이해하는 방식과 사람이 세계에 의미를 부여하는 방식은 루틴화된 일상적 실천에 뿌리내리고 있다고 보면서, 이러한 실천은 사람의 정신 내에서 의식과 무의식의 사이 즈음을 차지하고 있다고 이해한다. 반복성이란 개인적·사회적 실천이 ('**시간-공간 루틴화**'라 불리는) 루틴화된 행위를 통해 지속적으로 재생산됨을 일컫는 용어인데, 이는 특정한 현장에서의 '**사회통합**'과 사회 체계 및 구조의 발전을 가능케 한다.

나아가, 구조와 사회 체계는 보다 넓은 시공간적 범위에서는 소위 '**체계통합**'을 통해 발전한다. 이러한 과정은 소위 시간-공간 **거리화**(distanciation)라고 불리는데, 이는 (예를 들어, 사상, 태도, 규준 등이 인쇄물이나 전자 매체를 통해 확산됨에 따라) 사회관계가 시공간적으로 널리 뻗어나가는 것을 일컫는다. 그러나 반복성과 통합은 어떤 균형 상태를 향해 나아가는 것으로 이해되어서는 안 된다. 왜냐하면 구조화 이론은 모든 인간의 행위란 예기치 못한 상태에서 이루어지거나 의도치 않은 결과를 낳음으로써 반복적인 실천의 성격을 바꿀 수 있다고 보기 때문이다(그림 9.4).

이러한 관점에 따르면, 도시 공간과 장소는 끊임없이 변화하는 일종의 '**생성적**(becoming)'인 것이다. 즉, 장소는 역사적으로 우연한 '과정'으로서, 실천과 구조는 장소 내에서 이루어지는 반복적인 개인적·사회적 실천과 구조화된 권력 관계의 뒤얽힘을 통해 발전한다. 동시에, 장소는 (사회화, 언어 습득, 개성 발달, 노동의 사회적·공간적 분업과 같은) 과정을 포괄함으로써 개인의 삶을 사회화하거나 사회의 집합적 생활을 개인적으로 내면화하는 데에 중요한 역할을 한다. 구조화 이론은 현대 인문지리학에 중요한 영향을 끼쳤으며, 특히 사회공간 변증법에 대한 관심을 핵심으로 하는 도시사회지리학에 대한 영향이 컸다. 그럼에도 불구하고 도시나 근린지구의 형성 과정을 설명하는 데에 구조화 이론을 통합하는 것이 매우 어렵다는 것이 밝혀졌다. 또한 구조화 이론은 (예측불가능성이나 비의도성보다는) 반복성을 지나치게 강조했다는 측면에서 비판받기도 했는데, 왜냐하면 이는 무의식의 역할을 무시하는 것이었을 뿐만 아니라 문화, 젠더, 민족성과 같은 이슈도 간과한 것이기 때문이었다.

공간적 실천을 통한 장소의 구성

데이비드 하비가 제시한 공간적 실천의 '격자'는, 장소가 어떻게 구성되고 경험되는지, 장소가 어떻게 재현되는지, 장소가 어떻게 상징적 공간으로 사용되는지를 보다 넓고 풍부한 방식으로 설명하는 데에 큰 도움이 된다(표 9.1). 특히, 이 행렬은 우리가 경험, 인지, 상상 간의 변증법적 상호작용에 초점을 두어 생각하는 데에 유용하다. 그리고 장소의 전유, 지

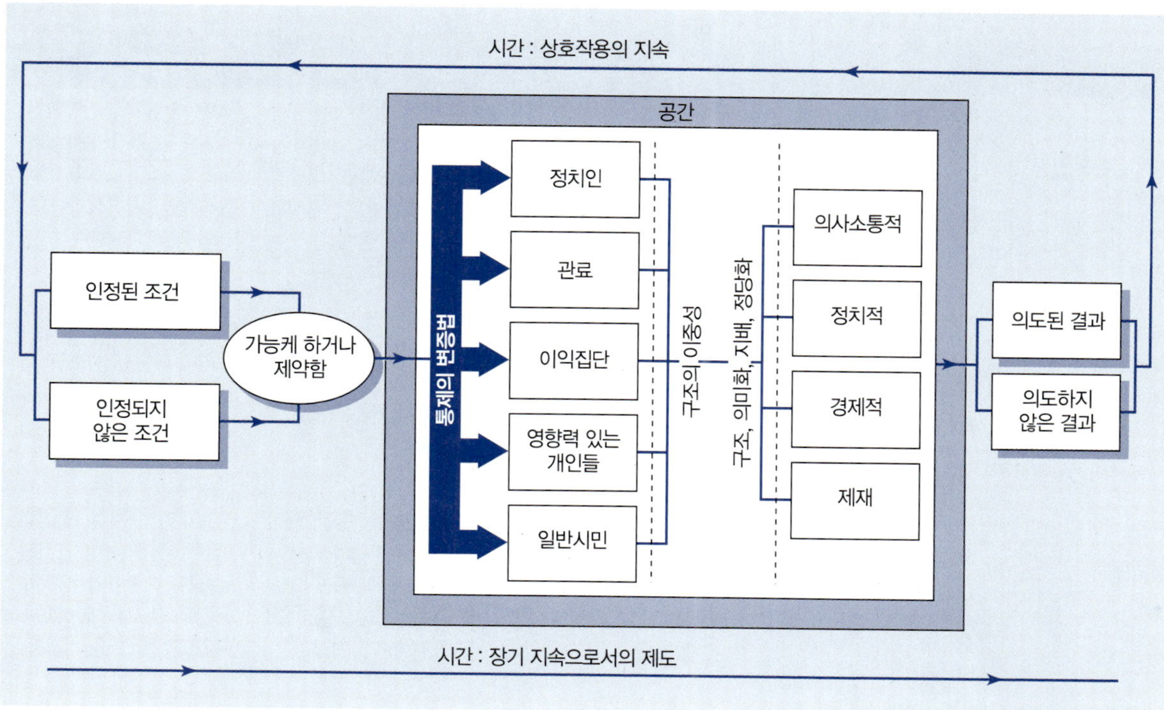

그림 9.4 도시 공간의 구조화 모델
출처 : Dear & Moos(1986), pp. 351-73.

배, 생산이 거리화와 어떤 관계를 맺고 있는지를 명료히 밝히는 데에도 도움이 된다. 그러나 공간적 실천의 격자는 어떤 이론적 결과물이라고는 할 수 없다. 오히려 이는 우리가 계급, 젠더, 공동체와 같은 사회관계를 해석하기 위한 분석 틀에 가깝다.

격자에서 세로축 상의 세 가지 차원은 경험된 것, 인지된 것, 상상된 것에 대한 르페브르(Lefebvre, 1991)의 구분에 토대를 두고 있다.

- '**물질적 공간적 실천**(material spatial practices)'이란 공간상에서 이루어지는 상호작용과 물리적 흐름을 일컫는데, 이는 경제적 생산과 사회적 재생산이라는 근본적 과정을 구성하는 일부이다.
- '**공간의 재현**(representation of space)'은 물질적·공간적 실천이 이야기되고 이해되는 모든 종류의 기호, 상징물, 부호화, 지식 등을 일컫는다.
- '**재현의 공간**(spaces of representation)'은 공간적 실천을 위한 새로운 의미나 가능성을 상상할 수 있는 유토피아적 계획, 상상적 경관, 회화, 상징적 구조물과 같은 정신적 산물을 일컫는다.

격자에서 가로축 상의 네 가지 차원은 서로 상호의존적으로 파악되어야 한다. '**접근성과 거리화**'는 동전의 양면으로서 인간 행위에 있어서 거리 마찰의 역할과 관련되어 있다. 우리가 8장에서 살펴본 바와 같이, 거리란 사회적 상호작용에 장애물이기도 하지만 동시에 방어벽이기도 하다. 거리화는 단순히 '사회통합을 위해 공간적 마찰을 얼마나 극복해야 하는

표 9.1 공간적 실천의 '격자'

	접근성과 거리화기	공간의 전유와 이용기	공간에 대한 지배와 통제	공간의 생산기
물질적 공간적 실천 (경험)	재화, 화폐, 사람, 노동, 권력, 정보 등의 흐름; 운송 및 정보통신 시스템; 시장과 도시 계층; 집적	토지이용과 건조환경; 사회적 공간과 기타 '자기구역'의 표시; 의사소통과 상호 원조와 같은 사회적 네트워크	사유지; 국가에 의한 공간의 행정적 분할; 배타적 공동체와 근린지구; 배타적 용도구역제; (순찰, 감시와 같은) 사회적 통제	(교통 및 통신, 건조환경, 철거와 같은) 물리적 하부구조의 생산; (공식적·비공식적인) 사회적 하부구조의 영역적 조직
공간의 재현 (지각)	사회적, 심리적, 물리적 거리의 측정; 지도 제작; (최소 노력의 원리, 사회 물리학, 재화의 도달 범위, 중심지, 그리고 기타 입지이론과 같은) '거리 마찰'에 대한 이론	개인적 공간; 점유한 공간에 대한 심상지도; 공간의 계층성; 공간에 대한 상징적 재현; 공간적 '담론'	금지된 공간; '영역적 의무'; 공동체; 지역 문화; 민족주의; 지정학; 계층성	새로운 지도제작 시스템, 시각적 재현, 의사소통; 새로운 예술적·건축적 '담론'; 기호학
재현의 공간 (상상)	유인/배척; 거리/욕망; 접근/거부; 초월; '매개물이 메시지이다'	친숙함; 보금자리와 가정; 개방적 장소; (거리, 광장, 시장과 같은) 대중적 스펙터클의 장소; 도상학, 낙서, 광고	낯설음; 공포의 공간; 재산과 소유물; 기념비적 상징; 종교적 의식의 공간; 상징적 장애물과 상징자본; '전통'의 구성; 억압의 공간	유토피아적 계획; 상상의 경관; 공상과학적 공간과 존재론; 예술가의 스케치; 공간과 장소에 대한 신화; 공간의 시학; 욕망의 공간

출처 : Harvey(1989b) pp. 220-221.

가를 나타내는 정도'를 의미한다(Harvey, 1989b, p. 222). **'공간의 전유'**는 개인이나 사회집단 또는 (토지이용과 같은) 활동과 (주택, 공장, 도로와 같은) 사물이 공간을 점유하는 방식을 일컫는다. **'공간의 지배'**는 권력을 지닌 개인이나 집단이 공간과 장소의 생산 및 조직을 (민간 부동산법, 용도지구제, 비밀 계약, 또는 출입구를 통해) 통제하는 방식을 일컫는다. 마지막으로 **'공간의 생산'**은 영역 조직, 토지이용, 교통 및 통신에 있어서 새로운 시스템이 (그리고 이들에 대한 새로운 재현 방식이) 어떻게 출현하는지를 일컫는다(글상자 9.3 참고).

우리는 이 격자를 활용함으로써 이 책의 후반부에서 물질적·사회적 세계가 문화정치를 통해 어떻게 의미를 획득하는지, 정치적·경제적 권력이 도시 형태에 어떻게 투영되는지, 공간과 장소가 상징이나 코드화된 의미를 통해 어떻게 전유되는지를 살펴보고자 한다.

장소, 소비, 문화정치

우리는 데이비드 하비가 제시한 공간적 실천의 격자로부터 중요한 교훈을 얻을 수 있는데, 그것은 우리가 '사회'를 '경제', '정치', '문화' 또는 '장소'와 분리해서 생각해서는 안 된다는 것이다. 따라서 우리는 '**문화정치**(cultural politics)'라는 분야를 강조하지 않을 수 없는데, 피터 잭슨(Peter Jackson, 1991a, p. 219)은 문화정치를 다음과 같이 정의한다.

> [문화정치란] … 여러 의미가 구성되고 교섭되는 분야로서, 이를 통해 지배와 종속의 관계가 결정되고 경합된다. … 문화를 엘리트의 예술적·지적 산물이라고 보는 일원론적 관점과는 반대로, '문화정치'는 '생활양식'으로서 여러 문화의 다원성을 강조하면서,

글상자 9.4

도시사회지리학의 주요 사상가 – 앙리 르페브르

1991년 영문판으로 번역, 출간된 (원전은 프랑스어로 1974년 출간된) 앙리 르페브르(Henri Lefebvre)의 『공간의 생산(*The Production of Space*)』에 대해 일부 지리학자들은 마치 예수의 성배를 발견한 것과 같은 반응을 보였다. 20년 전만 하더라도, '내막을 알고 있는' 몇몇 소수 지리학자만이 르페브르가 시간보다 공간에 무게를 두어 마르크스주의 이론을 급진적으로 재구성했다는 것에 경탄했을 따름이었다. 르페브르의 책은 매우 치밀하고 난해하게 저술된 탓에 그 책이 지닌 '진정한' 의미에 대해서는 상이한 해석이 나타났다. 그렇지만 르페브르가 도시사회지리학에 끼친 영향이 과소평가되어서는 안 된다. 르페브르는 20세기 후반 가장 영향력 있는 인문지리학자인 데이비드 하비의 저술에 큰 영향을 주었다(글상자 1.1 참고). 르페브르의 탁월한 통찰력은 공간에 대한 상이한 개념을 구분한 데에 있다.

우선 르페브르는 도시계획 문서와 같이 도시가 표현되는 지배적 방식을 '공간의 재현'이라고 지칭했는데, 이는 '구상된 공간(conceived space)'으로도 불린다. 이는 재산권이나 관련된 노동법의 허가와 같이 현존하는 자본주의적 규준과 관련되어 있다. 반면 '재현의 공간'이라는 개념은, 사람이 일상적 상호작용을 통해 자신이 살아가는 공간에 대해 갖는 개인적 느낌을 말하는데, 이는 '지각된 공간(perceived space)'으로도 불린다. 중요한 점은, 이 두 가지의 공간 관념이 서로 얽혀 있을 뿐만 아니라 상호 모순될 수도 있다는 점이다. 가령, 정부의 공식 문서가 도시 중심을 묘사하는 (예를 들어, 쇼핑객의 유입과 자본 유입을 찬양하는) 방식은 실제 지역 거주자들이 도시 중심부에 대해 갖는 생각과는 다를 수 있다. 상대적으로 저임금 업종에 종사하는 서비스직 노동자가 재활성화된 도시 중심부에 대해 갖는 생각은 고임금의 전문직 종사자나 관광객의 생각과 다를 수 있다.

르페브르는 특히 공간에 대한 위와 같은 지배적 재현이 어떻게 출현했고 이들이 공간에 대한 다른 시각을 어떻게 배제하는지에 관심을 두었다. 르페브르는 사람들이 공간을 새로운 시각으로 상상할 수 있기를 희망했다. 그는 자신의 분석에서 공간을 핵심에 두었기 때문에, 사회의 급진적 변화는 단순히 생산 수단을 바꾸는 것뿐만 아니라 사람들이 일상적 삶에서 공간에 대한 새로운 개념을 가질 때에 가능하다고 보았다.

르페브르는 새로운 '문화정치'를 간과했다는 측면에서 비판받아 왔지만(Blum & Nast, 1996), 그의 저술은 최근의 도시 변화에 관심을 갖는 수많은 마르크스주의 지리학자들에게 영감을 불러일으켜 왔다(N. Smith, 1984; Merrifield, 1993).

주요 관련 개념

물질적 공간적 실천, 공간의 재현, 재현의 공간

더 읽을거리

Blum, V. and Nast, H. (1996) Where's the difference? The heterosexualization of alterity in Henri Lefebvre and Jacques Lacan, *Environment and Planning D: Society and Space* **14**, 559–80

Merrifield, A. (1993) Space and place: a Lefebvrian reconciliation, *Transactions of the Institute of British Geographers* **18**, 516–31

Merrifield, A. (ed.) (2006) *Henri Lefebvre: A critical introduction* Routledge, London

Shields, R. (1999) *Henri Lefebvre: Love and struggle – spatial dialectics* Routledge, London

Shields, R. (2004) Henri Lefebvre, in P. Hubbard, R. Kitchin and G. Valentine (eds) *Key Thinkers on Space and Place* Sage, London

Smith, N. (1984) *Uneven Development: Nature, capital and the production of space* Blackwell, Oxford

관련 내용

1장 : 글상자 1.1 데이비드 하비

이데올로기를 해석함에 있어서 그것이 어떤 물질적 이익을 위해 봉사하고 있는지에 초점을 둔다. 이러한 관점에 따르면 문화적인 것은 언제나 그리고 동시에 정치적이다.

물질적, 사회적 세계에 대한 우리의 경험은 항상 권력 관계와 문화에 의해 매개된다. 구별짓기라는 '사회적' 이슈, 미학, 취향, 스타일과 같은 '문화적' 이슈는 권력과 불평등이라는 '정치적' 이슈, 지배와 억압이라는 '젠더적' 이슈로부터 결코 분리할 수 없다. 앞서 3장에서 지적했던 것처럼, 장소의 구성은 계급, 젠더, 섹슈얼리티, 권력, 문화의 구성과 밀접하게 얽혀 있다.

아비투스

프랑스 사회학자 피에르 부르디외(Pierre Bourdieu)는 위와 같은 관점에 큰 기여를 했다. 앞서 언급했던 레이먼드 윌리엄스의 '느낌의 구조'라는 개념과 마찬가지로, 부르디외의 '**아비투스**(habitus)'라는 개념은 일상적 생활세계에서 의미의 구성이라는 문제를 다룬다. 아비투스는 계급, 인종, 젠더 관계 및 장소와 같은 구체적인 객관적 환경과 조응하여 진화한다. 그렇지만 아비투스는 이러한 요소의 단순한 합 그 이상이다. 오히려 아비투스는 독특한 가치, 인지구조, 정향적(orienting) 실천의 총체이다. 달리 말해서, 아비투스는 구성원들의 일상적 경험에 기인하는 집단적인 인지적·평가적 스키마이며, 평범한 일상적 실천, 옷차림, 언어 사용, 행동과 태도, 물질적 소비 패턴을 통해 잠재의식적 수준에서 작동한다. 이 결과 '통제적 즉흥성(regulated improvisations)'이라 불리는 뚜렷한 문화정치가 나타나는데, 이는 '생활양식을 구성하는 각각의 차원이 서로 어울림으로써 상징화되는 것'을 지칭한다(Bourdieu, 1984, p. 173).

부르디외에 따르면, 개별 집단은 **상징자본**(symbolic capital)의 전유를 통해 자신의 아비투스를 유지·확대하고자 하며, 마찬가지로 새로운 사회공간적 집단은 자신의 아비투스를 확립하고자 한다. 상징자본이란 소유자의 취향과 개성을 반영하고 소유자를 다른 사람으로부터 구별짓는 소비재와 서비스를 말한다. 엘리트 집단이나 취향의 선도자들은 '좋은' 취향과 '고급' 문화의 규준을 지배할 수 있는 '문화자본'을 갖추고 있지만, 바로 위와 같은 과정으로 인하여 반드시 모든 집단이 이들이 설정해 놓은 취향과 구별을 따르지는 않는다. 기존에 배타적이었던 재화와 실천이 대중화됨에 따라, 취향과 구별의 규준은 언제라도 가치를 상실할 수 있다.

물론, 상징자본이 상시적 탈가치화와 전위적 취향의 변동에 노출되어 있다는 바로 그 사실 때문에, 구별의 척도로서 상징자본은 훨씬 더 강력해지게 되었다. 이 결과, 지배적 집단은 자신의 생활양식과 물질적 소유물을 항상 세련되고 독창적인 것으로 유지하고자 한다. 반대로 지배력이 약한 집단은 구별짓기를 달성하기 위해 대안적인 생활양식, 상징, 실천을 발견, 정당화하고자 한다. 그렇지만 종속적 집단이라고 해서 반드시 다른 아비투스를 어설프게 모방할 수밖에 없는 것은 아니다. 오히려, 그들은 상이한 가치를 체현한 아비투스를 형성함으로써 사물에 대한 의미를 전유하고 변형시킨 '저항의 의식'을 발전시킬 수 있고 실제로 발전시키고 있다.

이러한 점은 앞서 3장에서 언급한 바 있는 '소비'의 중요성 그리고 일상생활의 **심미화**(aestheticization)의 중요성을 다시 한 번 일깨운다.

> [소비란] … 이방인으로 가득한 세계에서 존재의 불안감을 없앤다. 광고는 우리가 무엇을 기대할지, 무엇을 수용하고 거부할지, 어딘가에 소속되기 위해 무엇을 필요로 하는지를 말해 준다. 광고는 문화적 상징을 생산, 전달하는 주요 매개체이다. [소비는] 의미를 생산하고 유통시킬 뿐만 아니라 그 영향과 관점을 뒤섞고 바꾸며, 일상생활 속에서 우리에게 문화를 변화시키고, 자연을 변형하며, '**장소를 창조할 수 있는**' 능력을 부여한다. (Sack, 1992, p. 132)

소비는 본질적으로 공간적이다. 사물과 장소는 매우 가까운 관계를 유지하기 때문에, 사물은 장소에 대한 문화적 권위를 획득할 수 있게 된다. 즉, 사물은 사물 사이에 전시되어 상징적 속성을 교환하며, 장소는 상품으로 변화한다. 소비자의 세계는 (상점, 쇼핑몰, 놀이공원, 리조트와 같이) 사물이 구입되거나 소비되는 배경뿐만 아니라 (가정이나 근린지구와 같이) 상품과 함께, 상품을 통해 창조되는 배경과 맥락으로 구성되어 있다. 이러한 모든 배경은 기호와 상징으로 가득 차 있으며, 이들은 집합적으로 '도덕경관'과 '의미의 지도'를 형성한다.

9.3 건조환경의 사회적 의미

아주 일반적 수준에서 말한다면, 도시 경관은 특정 사회에서의 우세한 이데올로기[또는 **시대정신**(Zeitgeist)이나 정치 풍토]를 반영한다고 할 수 있다. 도시라는 구성물을 (적어도 부분적으로나마) 정치적, 사회경제적, 문화적 힘의 결과로 인식하는 태도는 도시화에 관한 많은 문헌에 뚜렷이 나타난다. 성공한 상공인들이 자신의 부와 성취를 상징화하는 사례는 이를 단적으로 보여 준다. 초기 사례로서, 빅토리아 시대의 산업 자본가들은 자신의 성취를 도시 건물에 표현하려는 충동을 가졌었다. 가령 맨체스터 중심부의 크로스가(Cross Street) 지역은 빅토리아 왕조의 도시 엘리트들이 축조했던 위압적인 고딕 양식의 건축물이 여전히 지배하고 있다. 이들은 부의 축적과 과시에 몰두한 채, 미학에 대한 속물적 근성을 갖고 도시 내 중심지역에 자신의 가치를 뚜렷하게 남겼다.

소규모 상인과 산업 자본가로 구성된 프티 부르주아가 기업적 · 국제적 자본에 터전을 빼앗김에 따라, 성취와 번영의 상징화는 기업적 구조에 의해 지배당하게 되었다. 런던의 스위스 리(Swiss Re) 빌딩이나 밀라노의 피렐리 타워(Pirelli Tower)와 같은 거대한 업무용 건축물은 (비록 경영적, 투기적 목적이 있다고 하더라도) 기업적 권력과 성취를 뚜렷하게 드러낸다. 물론 보다 일반적인 수준에서 볼 때, 도심 전체의 업무 및 상업 지구는 '중심부 엘리트'의 (도시의 나머지 지역에 대한) 권력을 상징하는 것으로 해석될 수 있다.

한편, 여타의 제도들도 자신들만의 특수한 선언을 도시 위에 새겨놓고 있다. 대학, 노동조합, 문화센터 등의 스폰서들은 거대한 건축물과 같은 건방진 메시지를 사용할 수 없기 때문에 (또는 사용하기를 꺼리기 때문에) 일반적으로 신고전주의와 모더니즘의 혼합 양식에 의존한다. 이는 노골적인 권력보다는 고상한 이미지를 통해 권위를 전달하려는 양식으로서, 오늘날 국제적으로 유행하는 스타일이 되었다.

공간과 장소의 전유 : 상징성과 코드화된 의미

건조환경에는 많은 사회적 의미가 부여되어 있지만, 이러한 의미는 결코 단순하거나 직접적이거나 일차원적이지 않다. 우선, 건축물에 **'의도된'** 의미와 사람에 의해 **'지각된'** 의미 사이에는 중요한 차이가 있다. 이러한 구별은 건조환경의 사회적 의미를 올바로 이해하는 데에 꼭 필요하다. 가령, 파리의 사크레쾨르 대성당(Basilica of Sacre-Coeur)에 대한 데이비드 하비의 연구에 따르면, (파리코뮌이 일어날 때의 군주제를 재천명하려고 했던) 이 건축물의 의도된 상징성은 '오랜 세월에 걸쳐 내전을 선동하는 것으로 간주되어 왔고', 오늘날 파리 인구의 다수를 차지하는 공화당원에게는 여전히 단결보다는 선동의 상징물로 해석되고 있다(Harvey, 2003).

또한 건조환경의 사회적 의미는 정태적이지 않다는 점도 중요하다. 어떤 상징 또는 상징적 환경과 관련된 의미는, 생활양식과 사회경제적 조직의 변동에 따라 사회적 가치가 변하면서 함께 달라진다. 이와 동시에, 이전 시기로부터 계승된 권력의 상징과 모티브는 새로운 사회 질서를 정당화하기 위해 차용되기도 한다. 가령, 무솔리니는 도시를 파시즘적으로 재조직하기 위해 아우구스투스 시대의 로마 상징물을 멋대로 차용했던 바 있다. 그리고 (역설적이게도) 미국의 토머스 제퍼슨과 '건국의 아버지들'은 유럽의 고전주의로부터 모티브를 차용해 워싱턴 DC의 관공서와 기념비적 건축을 기획하였다.

의미화 실천이 누구에 의해, 누구를 청중으로, 어떤 목적을 위해, 어떤 효과를 내기 위해 수행되었는가라는 근본적인 질문에 대답하기 위해서, 위의 관찰 결과를 어떻게 일관성 있는 분석틀로 수용할 수 있을까? 많은 연구자들은 이 질문에 대답하기 위해 구조주의적 사회이론의 토대 위에서 건조환경의 사회적 의미를 포착하고자 해 왔다. 이러한 관점에 따르면, 건조환경은 (봉건제, 상업 자본주의, 산업 자본주의와 같은) 지배적 생산양식에 기반한 사회경제적 상부구조의 일부로서 지배적 시대정신을 반영한다. 데이비드 하비는 사회적 과정과 도시 형태 간의 관계를 처음으로 그려내려고 했던 학자 중의 한 명이다. 하비는 단순한 인과관계에 기반한 사고의 위험성을 지적하는 한편, 지배적 생산양식 내에서도 도시주의가 어떻게 다양한 양식으로 나타나는지를 이해하기 위해서는 유연한 접근이 필요하다는 점을 강조했다. 또한 반대로 상이한 생산양식 간에도 유사한 양식의 도시주의가 존재할 수 있다는 점도 지적한 바 있다(Harvey, 1978).

건축, 미학, 사회공간 변증법

(건축) 양식의 중재자, 창조자, 조정자로서 건축가의 역할은, 사회 내의 일반적 관계가 관념, 제도, 사물이라는 '상부구조'로 표현되는 과정의 일부로 해석될 수 있다. 이러한 관점을 따른다면, 건축양식에 나타난 주요 변동은 도시–산업 사회의 시대정신의 변화에 대한 변증법적 반응이라고 할 수 있다. 즉, 건축양식은 훌륭한 건축가에 의한 개별적 혁신의 산물이라기보다는 보다 넓은 차원에서 나타난 일련의 지적·예술적 반응으로 해석될 수 있다.

예를 들어, 19세기 말의 아르 누보(Art Nouveau)와 유겐트슈틸(Jugendstil) 건축양식은, 산업혁명이라는 이른바 (루이스 멈포드의 표현을 따르자면) '원시기술적' 시대에 대한 낭만주의적 반응이 건축적으로 표현된 것이라고 이해할 수 있다. 물론 이러한 반응은 미술 공예 운동과 인상파 회화에서 처음으로 나타난 것이었다. 1900년대에 들어설 즈음, 아르 누보 양식은 모든 '고급' 건축물을 위한 교만한 엘리트주의적 양식으로 변질되었다.

이에 대한 변증법적 반응으로 일련의 지적·예술적 운동이 나타났는데, 이는 처음에는 입체파에서 시작해서 점차 현대 기술을 극적으로 표현하는 방향으로 나아갔다. 이러한 운동은 건축 설계에 있어서 익명성과 집단적 방법을 추구했는데, 이는 명성과 권력이라는 '자본주의적' 규범과 결별하려는 시도의 일환이었다. 이 결과 구성주의와 미래파 운동, 바우하우스(Bauhaus)학파, 근대건축국제회의(CIAM), 현대건축연구모임(MARS)이 출현했는데, 이들은 자신들의 새로운 건축과 도시계획이 미학적으로 새로운 이미지뿐만 아니라 (자신들이 창조하려는) 새로운 사회적 상태의 본질을 표현한다고 믿었다.

이러한 운동은 소위 국제양식이라 불리는 그럴싸

포스트모던 건축 : 시카고의 해럴드 워싱턴(Harold Washington) 공공도서관. 1991년에 개관한 이 건물은 (아르 누보 운동과 같은) 초창기의 건축 양식을 반영하고 있다. (사진 : Michael Edema Leary)

한 '에스페란토'로 융합 · 변형되었고, 동시에 이 양식은 기업적 · 관료적 보수주의, 결속, 높은 사회적 지위를 나타내는 양식으로 선호되어 널리 채택되었다. 이는 지배적 사회 질서가 그에 반하는 이데올로기적 힘으로부터 자신을 어떻게 보호하는가를 보여주는 중요 사례이다. 이 특수한 사례는, 관념론적 급진주의라는 적대적 이데올로기의 힘이 현상을 방어하는 데에 교묘하게 전용되었음을 보여 준다. 문제는 '어떻게?'이다.

상품화

이에 대한 대답 중 하나는, (전위적인 건축가들과 대립하는) 대부분의 개업 건축가들의 전문가적 이데올로기와 경력 구조 자체가 대개 주류가치를 지향하고 있고 현존하는 제도적 환경과 경제 질서에 정교하게 부합한다는 사실이다. 따라서 급진 진영으로부터 파생되는 새로운 건축양식의 의미와 상징은 제도화의 과정과 상업주의의 영향 속에서 변질될 수밖에 없다. 즉, 운동의 핵심은 상품화의 과정에서 원래의 힘을 상실한 채 건축학적 교육의 신화 속으로 그리고 예술적 전문가들의 커피 테이블 위로 조용히 사라지게 된다. 이와 동일한 선상에서, 진보적 도시계획 운동의 이데올로기는 도시화된 자본의 방어벽으로 변질되어 중산층 공동체와 사업가적 이익을 위해 동원된다. 이러한 관점에서 본다면 건축가들은 도시계획가들과 마찬가지로 은밀한 관리자로서, 도시화된 자본의 명령에 맞게 진화해 나가는 일련의 '내적 생존 메커니즘'의 일부라고 할 수 있다.

건축과 자본의 순환

한편, 건축가들은 소비를 자극해서 잉여가치를 착취하는 데에 기여함으로써 이러한 명령에 부응한다. 건축가들은 (자신의 창조성에 따라 부여되는 명성과 매력에 힘입어) 건축 설계에 대한 의사결정을 통해 건물에 교환가치를 부여하고, 이로 인해 '(특정한) 건축가가 설계했다'는 꼬리표는 해당 건축물의 우수성이 외견상으로 드러나지 않음에도 불구하고 건축물의 질을 보증한다. 더구나 건축가는 현대 사회에서 유행을 선도하는 주요 행위자로서, 단순히 건축 설계를 미묘하게 바꿈으로써 쉽게 소비를 조장할 수 있는 강력한 위치에 있다.

또한 건축가의 전문가적 이데올로기와 경력 구조는 혁신을 일으키고 유행의 흐름에 대한 감수성을 발달시킴으로써 자본의 순환에 기여한다. 만약 (주방시설이나 난방 시스템의 혁신 등에 의한) 주거용 건축물에 있어서 새로운 유행이 지속적으로 나타나지 않는다면, 자가 소유자들의 주택 여과 메커니즘은 점차 느려지게 되어 결국 건설업자와 개발업자뿐만 아니라 (부동산 중개업자와 같은) 중개 전문가들이 받아들일 수 없는 수준에까지 달할 것이다. 나아가, 이는 주택시장과 관련되어 있는 전체 금융제도의 붕괴에 이르게 될 것이다. 요컨대, 주택시장의 충분한 회전이 유지되기 위해서 필연적으로 부유층과 중상층은 계속 새로운 주택으로 이동하도록 조장되어야 한다.

유행을 선도하는 최신의 주택 설계와 기술은 이러한 계층이 거주를 옮기도록 유인하는 방법의 하나이다. 즉, 에너지 효율적 주택과 같은 혁신의 급속한 파급이나 (마치 고급 의류점이나 대중음악이 인위적으로 과거의 유행을 부흥시키는 것과 같이) 성공적인 디자인 테마를 발굴, 부흥시키기 위한 필사적인 노력이 전개된다. 미국의 경우, 이러한 과정은 많은 중상위 계급의 교외 주택단지에서 작은 디즈니랜드와 같은 주택, 튜더왕조풍을 모방한 주택, 스페인 식민주의풍 주택, 신 조지왕조풍의 주택, 호화로운 통나무 주택이 병존하는 단계에까지 이르고 있다. 이야말로 유행을 위한 유행이다. 또한 어떤 도시들의 경우, 소득수준이 높은 집단을 위한 새로운 주택은 '올해의 디자인'과 같은 연례 전시회를 통해 판촉되는데, 이는 마치 고풍스런 디자인을 치밀하게 계획, 선전했던 포드주의 시기의 자동차 산업계를 연상시킨다.

그러나 도시화된 자본을 지탱하는 것은 단지 '고급' 건축물과 값비싼 주택만이 아니다. 건축물은 거주 환경을 통해 계급을 구조화하는 데에 있어서, 보다 직접적으로는 사회집단 간에 상징적 거리를 두는 기능을 한다. 예를 들어, 영국의 경우 대부분의 공영주택은 미학적 불모 상태로 건축되어 주변의 인접한 다른 주택들에 대해 거리감을 준다. 나아가, 2차 세계대전 이후에 상징적 가치가 거의 없이 계획·건설된 노동계급 거주지역은 일종의 지적·감성적 구속복처럼 작용하면서, 지역 주민의 자긍심과 잠재적 가치감을 훼손하며 복종적인 태도와 패배주의를 조장한다. 현재로서 이러한 과정이 충분히 밝혀지지는 않았지만, 건축가의 역할은 도시의 사회 질서뿐만

글상자 9.5

도시사회지리학의 주요 사상가 – 나이젤 스리프트

인문지리학을 탐구하는 과정에서 나이젤 스리프트(Nigel Thrift)를 마주치지 않을 수는 없을 것이다. 여러 가지 측면에서 스리프트는 사회과학계의 앤서니 기든스에 필적할 만한 영향을 끼쳐 왔다. 기든스와 마찬가지로, 스리프트는 여러 분야에 걸친 광범위한 논의를 배경으로 한다. 스리프트는 왕성한 집필 활동을 해 왔는데, (몇 가지만 언급하더라도) 자본주의의 본질(Thrift, 2005), 글로벌화와 지역개발(Amin & Thrift, 1992), 화폐의 성격(Leyshon & Thrift, 1997), 사회생활에 있어서 시간의 역할(Thrift, 1977)에 관심을 두고 있다. 이 방대한 저술을 여기에서 더 상세히 요약할 수는 없겠지만, 대부분의 저술은 핵심 문제의식을 토대로 하고 있다.

무엇보다도, 스리프트는 마르크스주의적 접근이 갖는 '하향식'의 구조주의적 이론화에 저항해 왔다. 그는 권력, 지식, 권위가 형성하는 복잡한 네트워크가 존재한다는 점을 인정하면서도, 이는 사람들이 일상생활에서 다양한 지식을 기반으로 수행하는 선택의 결과라고 보았다. 이에 따라 수행성, 주체성, 담론, 재현, 정체성과 같은 개념은 스리프트의 문제의식에 핵심적이다.

전체적으로 보았을 때, 스리프트의 연구는 사회과학 내의 다양한 사상에 관심을 두었고 이를 지리학적 관점에서 놀랄 만한 통찰력으로 재구성하고자 했다는 점에서 큰 의의가 있다. 그가 접근했던 주요 사상으로는 시간–공간 수지에 대한 해거스트란트의 연구, 앤서니 기든스의 구조화 이론, 지식과 권력에 대한 미셸 푸코의 연구, '흐름의 공간'에 대한 마누엘 카스텔의 연구, 브루노 라투르의 행위자–네트워크 이론(ANT), 그리고 수행에 관한 질 들뢰즈의 연구 등이 있다.

주요 관련 개념

배태성, 수행성, 주체성

더 읽을거리

Amin, A. and Thrift, N. (1992) Neo-Marshallian nodes in global networks, *International Journal of Urban and Regional Research* **116**, 571–87

Leyshon, A. and Thrift, N. (eds) (1997) *Money/Space: Geographies of monetary transformation* Routledge, London

Thrift, N. (1977) Time and theory in human geography, part one, *Progress in Human Geography* **1**, 65–101

Thrift, N. (2005) *Knowing Capitalism* Sage, London

관련 내용

2장 : 글상자 2.4 마누엘 카스텔

3장 : 글상자 3.3 미셸 푸코

14장 : 글상자 14.1 에드워드 소자

아니라 도시 환경의 존재론적 의미에 중대한 영향을 가져온다.

위의 검토를 통해, 우리는 결국 사회와 환경의 상호작용에서 자아의 역할은 무엇인가라는 최종적인 문제의식으로 되돌아올 수밖에 없다. 그림 9.5는 이러한 문제의식을 담고 있는 분석틀을 제시하고 있다. 이 분석틀은 건축 디자인을 문화나 관념과 같이 사회경제적 토대 위에서 생겨나는 상부구조의 일부로 (그것이 지배적 이데올로기이든 저항 이데올로기적이든 간에) 간주하면서 두 가지에 초점을 둔다. 첫째는 특정 소유자/생산자 또는 (건축가, 도시계획가와 같은) 전문가적 '관리자'가 만들어 낸 의도된 메시지이고, 둘째는 특정 환경의 '소비자'가 인지 과정의 프리즘, 존재론적 위치, 지배적 이데올로기의 필터를 통해 파악하는 수용된 메시지이다.

글상자 9.6

도시사회지리학과 관련된 주요 소설 – 9장

- Berlin Alxanderplatz(1929) : Alfred Doblin
세계대전 중 베를린 내 노동계급의 지하 세계를 배경으로 한 작품으로 도시의 다양한 분위기를 신문기사, 광고, 거리의 간판을 통해 자아내고 있는 창의적인 소설이다.
- The Catcher in the Rye(1951) : J. D. Salinger
2차 세계대전 후 미국을 배경으로 십대의 반항을 그린의 고전 소설이다.
- Cocaine Nights(1996) : J. G. Ballard
은퇴자들의 공동체라는 새로운 도시의 모습을 그린 스릴러 소설이다.
- Mrs Dalloway(1925) : Virginia Woolf
1920년대 영국을 배경으로 지리적, 계급적, 젠더적으로 고립되어 있는 인물들의 외로움을 그린 창의적인 소설이다.
- Saturday(2005) : Ian McEwan
국제 테러리즘이라는 맥락 속에서 오늘날 런던의 중상류층 거주자가 경험하는 도시적 고뇌를 그리고 있는 소설이다.

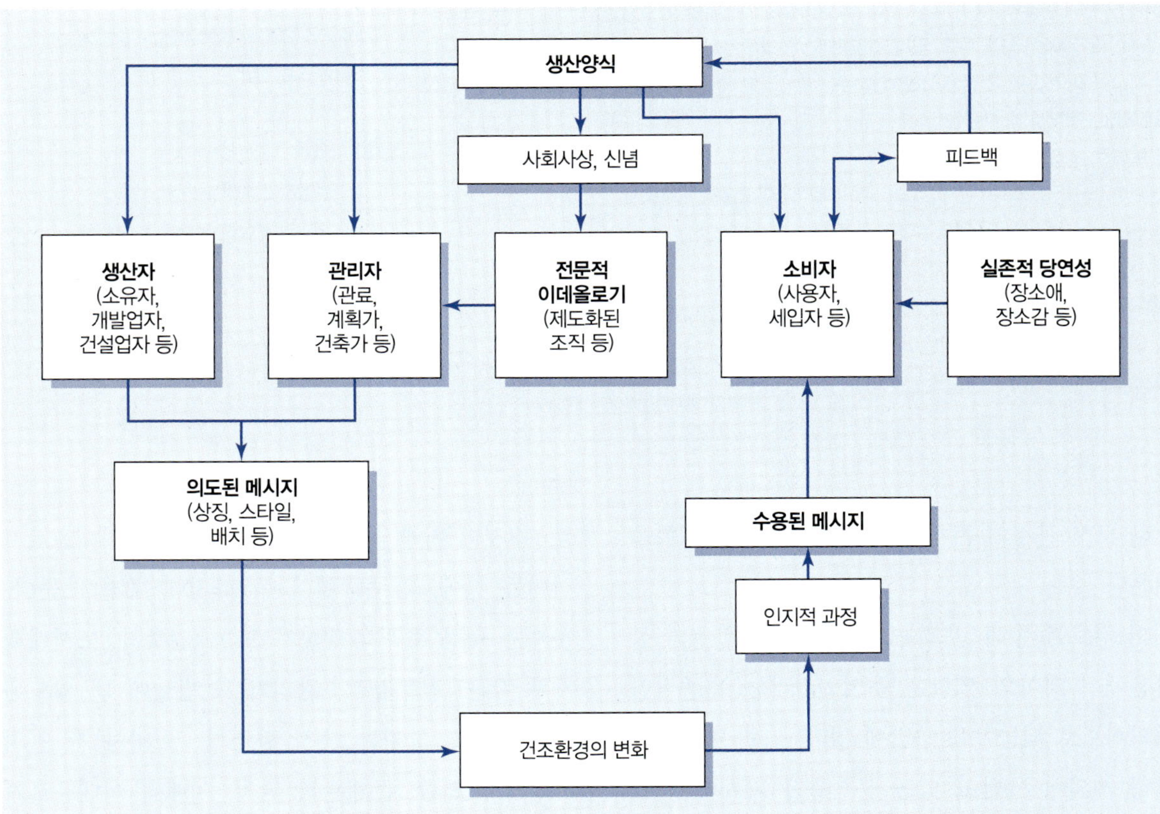

그림 9.5 기호, 상징성, 환경 : 분석 틀
출처 : Knox(1984).

요약

9.1 많은 예측과는 달리, 도시에서는 공동체적 네트워크가 완전히 파괴된 것이 아니다. 오히려 이러한 네트워크는 탈중심화, 교외화, 양극화의 과정에서 급격하게 변화해 오고 있다.

9.2 장소에는 복잡하고 다층적인 의미가 형성되어 있는데, 이것은 특정 장소의 내부와 외부에 살고 있는 사람들이 그곳에 대해 어떤 시각을 갖고 있는가에 의해 영향을 받는다.

9.3 도시경관은 정치적, 경제적, 문화적 힘이 복잡하게 어우러져 있는 당대의 지배적 이데올로기를 반영하는 경향이 있다.

주요 개념

결합 제약
공간의 재현
공동사회
공동체
구조화 이론
권위 제약
근린지구
'남겨진 공동체' 논제
능력 제약
문화정치
물질적 공간적 실천
민족 마을
'변형된 공동체' 논제
'상실된 공동체' 논제
상징자본
상호주체성
생활세계
시대정신
심미화
아비투스
영역성
이익사회
장기 지속
장소
장소의 '사이성'
재현의 공간
현존

읽을거리

공동체와 근린지구

Blunt, A. (2006) *Home* Routledge, London
Brooks, D. (2002) Patio man and the sprawl people, *Weekly standard*, 19-29
Davies, W. and Herbert, D. (1993) *Communities Within Cities* Pinter, London
Day, G. (2003) *Community Everyday life* Routledge, London
Delanty, G. (2003) *Community* Routledge, London
Grant, J. (2006) *Planning the good community: New urbanism in theory and practice* Taylor & Francis, London and New York
Martin, D.D. (2003) Enacting neighborhood, *Urban Geography* **25** (5), 361-85
Nicolaides, B.M. and Weise, A. (ed.) (2006) *The Suburb Reader* Routledge, London and New York
Wellman, B. (1987) *The Community Question Reevaluated* Centre for Urban and Regional Studies, University of Toronto, Ontario

공간에 관한 개념

Benko, G. and Strohmayer, U. (1997) *Space and Social Theory* Blackwell, Oxford
Entrikin, N. (1991) *Betweenness of Place* Johns Hopkins University Press, Baltimore, MD

Harvey, D. (1998) From space to place and back again, in J. Bird (ed.) *Mapping the Futures: Local cultures, global change*, Routledge, London, pp. 3-29

Pinder, D. (2006) *Visions of the City* Routledge, London

Sack, B. (1992) *Place, Modernity, and the Comsumer's World* Johns Hopkins University Press, Baltimore, MD

건조환경의 사회적 의미

Duncan, J. and Duncan, N.(2003) *Landscapes of Privilege* Routledge, London

Jackson, P. (1998) Towards cultural politics of consumption, in J. Bird (ed.) *Mapping the Futures: Local cultures, global change*, Routledge, London, pp. 207-28

Sorkin, M. (1992) *Variations on a Theme Park* Noonday, New York

Zukin, S. (1991) *Landscapes of Power* University of California Press, Berkeley, CA

도시 디자인

Larice, M.L. and MacDonald, E. (2006) *The Urban Design Reader* Routledge, London

Knox, P.L.(2005) Creating ordinary places: slow cities in a fast world, *Journal of Urban Design* **10**, 3-13

제 10 장

도시 환경과 행태

> **핵심 문제**
>
> - 도시 내 범죄와 기타 일탈행위의 지리학은 어떻게 나타나는가?
> - 범죄와 일탈행위의 패턴을 가장 잘 설명할 수 있는 방법은 무엇인가?
> - 사람들은 도시지역에 대한 이미지를 어떻게 형성하며, 이러한 이미지는 그들의 행위와 어떤 관련이 있는가?

행태주의 지리학은 심리학자 왓슨(J. B. Watson)(1913)의 자극－반사 개념에 기초한 고전적인 **행동주의**(behaviourism)에 그 기원을 두고 있다. 그때보다 세련되어진 현대 사회지리학은 더 이상 행위를 오로지 자극과 반응이라는 관점으로만 설명하지는 않는다. 자극은 행동이라는 반응을 초래하기 전에 인지, 성찰, 의식이라는 요소로 걸러지는 일종의 정보라고 간주된다(그림 10.1).

이러한 관점에 핵심적인 아이디어는 바로 **환경 조건화**(environmental conditioning)이다. 이에 대한 고전적인 한 예로는 뉴슨과 뉴슨(Newson & Newson, 1965)의 유아 양육 패턴에 대한 연구가 있다. 그들에 의하면 가난한 동네란 감각자극의 빈곤과 놀이를 제약하는 붐비는 환경과 아이 양육에 대한 비계몽적인 태도로 특징지어진다. 그러한 환경 조건화는 결국 자신이 속한 세계 바깥에 만연해 있는 온갖 미묘한 종류의 경쟁에는 제대로 대처하지 못하면서 오직 직접적인 유대 관계를 맺는 사람에게만 강한 경쟁심을 품는 '사회화가 덜 된' 개인을 양산하게 된다고 이들은 결론 내린다. 같은 맥락에서, 이와 같은 환경 조건화는 창의성과 적응성과 유연성을 잠식

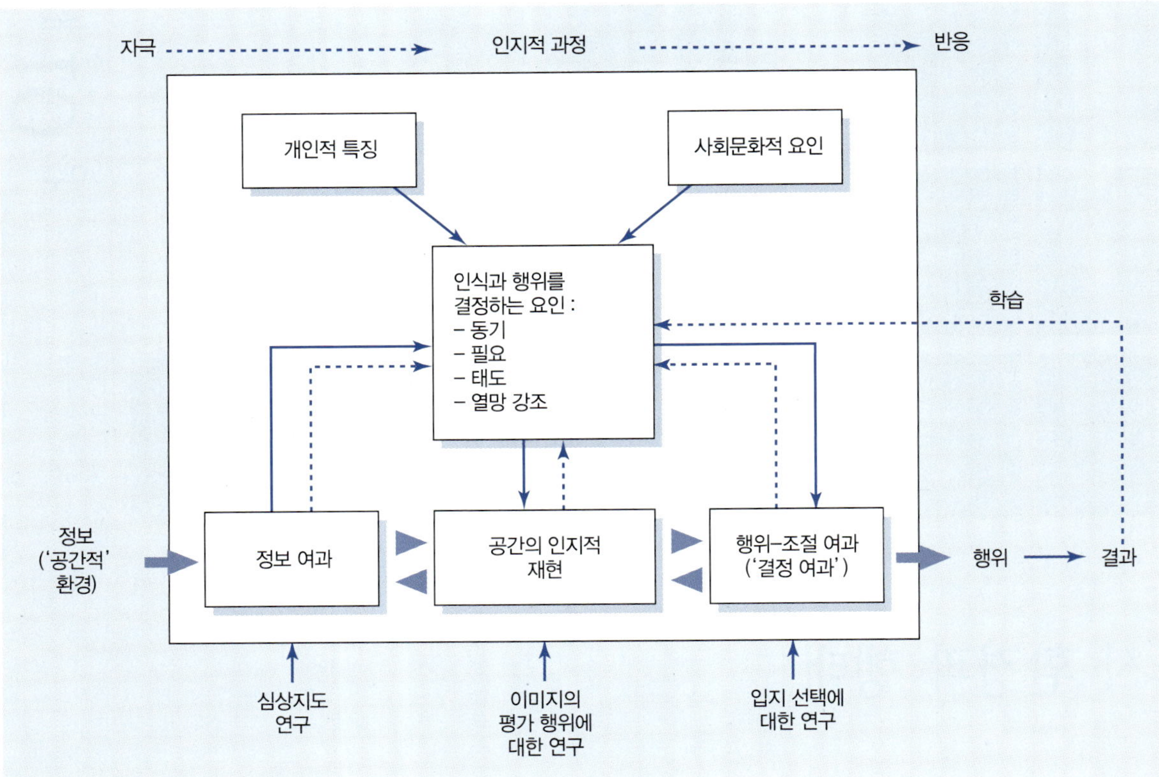

그림 10.1 인문지리학에서 행위에 관한 모델
출처 : Werlen(1993).

한다고 간주되는 경향이 있다. 그 결과 단기적 만족만을 추구하면서 사회 전체적으로 설정된 규준과 규칙에는 적절하게 반응하지 못하는 한편, 이러한 규준과 규칙에 대한 저항이나 논리적인 대안을 마련하지도 못하는 이른바 이중적인 부적응자가 생겨난다.

그러나 이러한 종류의 주장에 대해서는 그 메커니즘과 과정에 관한 수많은 질문이 제기될 수 있다. 가령, 지역적인 맥락에서 특징적인 지역의 가치가 어떻게 작용을 했는지, 지역화된 가치와 태도가 특정한 행위 패턴이 나타나는 데 어느 정도로 영향을 미쳤는지, 건조환경은 얼마나 중요한 역할을 했는지, 광범위한 계급적 요소들은 어떤 역할을 했는지 등등이다. 다음의 일탈행위에 대한 고찰에서 살펴보겠지만 이에 대한 이론의 스펙트럼은 광범위하다.

10.1 일탈행위에 대한 이론

일탈적 하위집단(deviant subgroup)이란 주류 인구집단과 상당히 다른 규범을 가지고 있는 사회집단이라고 정의될 수 있다. 일탈이라는 개념은 광범위한 사회적 범죄를 지칭하지만 지리학자들은 주로 도시 내부의 특징적인 패턴(매춘, 자살, 무단결석, 비행 등)을 양산하는 행태에 관심을 표명해 왔다. 실제로 일탈행위에 대한 대부분의 연구는 도시 안에 무작위로 분포하고 있는 현상보다는 명확한 공간적 패턴을 규명하는 데 주력한다. 지리학과 사회학, 환경심리학 분야의 연구와 이론은 이러한 패턴 자체에 대해서는 이견이 거의 없지만 그에 대한 설명에서는 다소 의견이 분분하다. 어떤 이들은 일탈행위를 특정한 사회적 · 심리적 환경에 대한 병리학적 반응이라고 보지만, 다른 이들은 특정한 물리적 · 사회적 태도가 특정 종류의 행위에 대한 환경적 조건처럼 작동한다고 본다. 물론 어떤 이들은 여전히 특정 환경이 특정한 종류의 사람들을 더 끌어들이는 경향이 있다는 단순한 논리를 전개하기도 한다. 비교적 최근까지 일탈행위의 공간적 변동에 대한 거의 모든 이론은 시카고학파의 결정론적 이론에 바탕을 둔 환경결정론이라는 공통분모를 가지고 있었다. 이 절에서는 도시 환경과 인간의 행태와의 복잡한 관계를 예시하는 하나의 사례로서 특정 일탈행위(범죄와 비행)에 대한 도시지리학을 간단히 살펴보기 전에 이에 대한 이론을 하나씩 점검하기로 한다.

결정론적 이론

워스주의 이론의 지지자들이 가정하는 도시 환경과 일탈행위와의 관계에 대해서는 이 절에서 장황하게 되풀이하지 않겠다. 이들의 주장은 대체로 일탈행위가 도시생활 또는 도시의 특정 지역에서의 생활에 대한 적응 내지는 부적응 행태라는 것이다. 즉, 도시의 삶이 가져다주는 경쟁적인 자극과 상이한 사회적 상황에 따른 요구의 충돌에 대한 반응으로 비인격성과 거리두기가 발달한다는 것이다. 이는 결국 인간관계 및 사회 질서의 파괴를 가져오며, 사회적 고립을 증가시켜 자아중심적이고 비관습적인 행위를 가져오며 다양한 일탈행위를 양산하게 된다고 주장한다.

이 **결정론적 이론**(determinist theory)의 신조를 지지하는 증거들은 몇몇 대표적인 연구에서 다음과 같이 제시되었다. 복잡하고 익숙하지 않은 환경에서 발생하는 '**심리적 과부하**(psychological overload)'라는 개념은 환경심리학자들이 최초로 개발한 이래로 앨빈 토플러(Alvin Toffler, 1970)에 의해 유명해졌다. 토플러는 이러한 상황에서 부가적인 정보를 걷지고 분석해야 할 필요성이 '미래의 충격', 즉 과잉자극에 대한 인간의 반응을 불러일으킨다고 주장했다. 심리학자들은 이러한 반응의 특징을 여러 형태로 제시했다. 예를 들어, 데르니에(Dernier)의 전략은 원하지 않는 현실에 대한 인식을 제거하고 극단적인 경우 현실을 대체하고 일탈행위가 '정상'으로 용인되는 신화적 세계를 구축하기도 한다.

또 다른 반응은 여러 가지 특징적인 역할이나 정체성을 동시에 '관리'하는 전략이다. 결정론적 이론에 의하면 도시 환경의 특징은 상이한 역할을 수행하는 '청중'(가족, 이웃, 동료, 클럽회원 등)을 물리적으로, 기능적으로 분리시킨다는 점이다. 따라서 도시민은 상이한 사회적 맥락마다 매우 상이한 '자아'를 보여 줄 수 있게 된다. 여기서 극단적인 형태는 일탈로 발전하게 된다. 상이한 역할과 정체성에 대한 광범위한 선택을 수반하는 도시는 '마술 극장'이자 '스타일의 경연장'이 되며, 역할의 전환을 손쉽게 만들어 주는 비인격성은 비관습적이고 일탈적인 행위를 명백히 부추긴다. 또한 장시간 동안 상이하거나 특히 상충하는 정체성을 유지하고자 애쓰다 보면 더욱 심각한 일탈이나 병리 현상을 야기하게 된다고 한다.

특정한 도시 환경에서 비롯된 심리적 과부하로 인하여 발생한다고 간주되는 비인격성과 거리두기는 많은 관심을 받아 온 개념이다. 비인격성에 관한 보고는 많이 있지만 그중 가장 놀랄 만한 사례는 도심지역의 위기 상황에서 발생하는 사회적 책임감의 집단적 마비이다. 종종 인용되는 고전적인 사례로는 캐서린 제노비스(Catherine Genovese) 살해 사건이다. 제노비스는 뉴욕 시 퀸스의 비교적 안전한 지역에서 칼에 찔려 살해당했는데 당시 거의 40명의 사람들이 이를 지켜보았지만 아무도 경찰에 신고조차 하지 않았다. 그 밖에 심리학자들이 고안해 낸 여러 실험에서 '방관자 개입'의 부재 또는 낯선 사람을 도와주지 않으려는 성향은 다시 한 번 입증되었다. 이러한 행위는 그 자체로 일종의 일탈이라고 볼 수 있다. 그러나 결정론적 이론이 주목하는 지점은 이러한 행위가 사회적 책임감과 사회적 통제를 상실함으로써 더 심각한 형태의 일탈을 확산시키는 방식이다.

도시 환경에 대한 이러한 각종 적응 행태의 결과, 개인적 지지와 사회적 제약이 약화되고 행위규범이 완화된다. 이는 결국 일탈적 행위를 부추기는 전반적인 동력으로 작용한다. '고독한 군중' 속에서 느끼는 고립감은 신경증, 알코올 중독, 자살로 연결되며, 행위규범의 약화로 인한 아노미 상태와 점증하는 무례함은 다양한 형태의 범죄와 비행으로 직결된다.

그러나 연령, 계급, 교육수준, 개인적 성향과 같은 수많은 변수를 통제하기 어렵기 때문에 스트레스, 적응 행위, 사회적 고립, 사회적 혼란, 아노미, 일탈 간의 관련성을 입증하기도, 반박하기도 매우 어렵다. 그럼에도 불구하고 도시 내부에서 나타나는 다양한 일탈행위의 패턴을 연구하는 이들은 결정론적 이론이 최소한 이러한 패턴을 부분적이나마 설명하기 때문에 유용하다고 보았다. 가령 뉴욕 시 정전 사태에 발생한 약탈의 지리학은 빈곤의 패턴과 밀접한 연관성을 보여 준다(그림 10.2). 결정론적 이론이 근거하고 있는 도시화가 인간 행위에 미치는 영향에 의거하면, 이러한 지역은 더 '도시적'(워스의 개념에 따라)이고 사회적 혼란이 크며, 아노미의 발생이 더 잦고, 따라서 일탈행위의 발생빈도가 더 높을 것이라는 추론이 가능하다.

밀집이론

다른 도시화의 속성과 상관없이 고밀도 주거지와 다양한 일탈행위를 연관 짓는 연구가 상당히 많이 있다. 이들은 고밀도와 밀집된 느낌은 긴장을 발생시켜 공격이나 후퇴를 유도하거나 이러한 전략이 성공적이지 않을 경우 정신적·육체적 질병을 발생시킨다고 주장한다.

밀집과 스트레스의 애초 관련성은 **영역성**(territoriality)이라는 타고난 감각에 기인한다고 많은 이들은 보았다. 인간 역시 다른 동물과 마찬가지로 안전과 프라이버시의 원천이 되는 영역을 확보하려는 종의 유전적인 특성의 지배를 받는다고 믿는 민족학자들에 의해 이러한 생각은 유명세를 타게 되었다. 또한 영역성은 '경계 분쟁'이 양산하는 자극을 만족시키고 개인의 정체성을 물리적으로 표출하기 위해 필요한 조건이라고 간주된다. 이러한 필요는 '텃세'를 강화한다고 여겨진다. 밀집은 텃세라는 자연적 행위 요소를 붕괴시킬 것임에 틀림없다.

이러한 연구는 밀집과 스트레스와 비정상적인 행위 간의 관련성을 실험실 조건하에서 입증하려는 동물행태주의 연구에 상당히 입각해 있다. 가령 칼훈(Calhoun, 1962)은 쥐 행위에 대한 유명한 연구에서 밀집이 공격성과 무기력과 난혼과 동성애 및 청소년 비행에 해당되는 설치류 일탈행위를 유도한다고 제시했다. 이러한 주장을 인간 행위에 곧바로 대입시키면 밀집된 도시민들은 '살인자 유인원'과 다름없다는 결론에 이른다. 밀집이론에 대한 비판은 동물 행위를 인간에게 확장해서 적용하는 데 따른 명백한

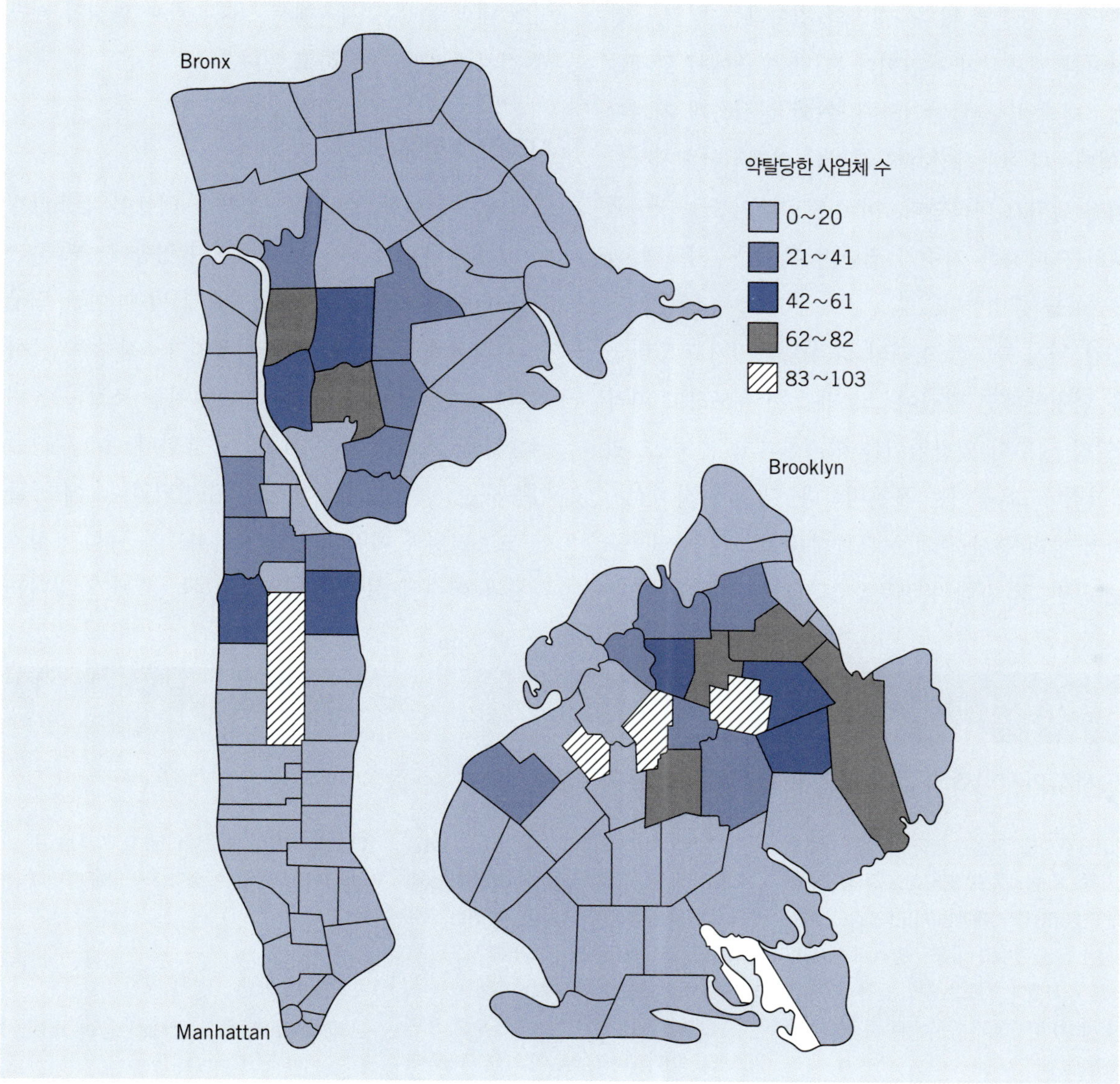

그림 10.2 뉴욕의 약탈 패턴 : 시의 긴급구호위원회로부터 재건자금 수령을 승인받은 사업체 대상
출처 : Wohlenberg(1982), Fig. 2, p. 36.

위험을 강조했다. 즉, 인간은 쥐가 아니며, 영역성이라는 본성을 가졌는지 확실치도 않으며, 가장 밀집된 슬럼이라도 실험대상인 동물과 같은 수준의 밀집도에 근접하지 않는다는 것이다.

영역성과 밀집과 인간의 일탈행위 간에 어떤 관련성이라도 있는지 여부를 확정하기란 쉽지 않다. 영역성이 인간의 본성이 아닐지라도 문화적 점령이라는 형태로 존재할 수도 있다. 왜냐하면 소유권이라는 형태의 영역성이 사회적 계급을 구분해 주고 사회적 상호작용을 조절하는 수단 역할을 해 왔기 때문이다. 도시 남성과 여성에게 영역적 행위(그것이 어떤 종류라 할지라도)가 나타난다는 사실을 증명하는 연구는 상당히 많다. 개인의 집이라는 영역은 안식처이자 정체성의 표현이다. 집단 수준에서 깡패들에게 '세력권'이란 엄격하게, 거의 신성하게 지켜야 할 영역이다. 더 다양하고 복잡한 사회집단에게서도 영역적 행위가 나타난다. 미국 도심부의 근린지구를 수호하는 다양한 거주민 집단이 보이는 '외교적 관계'는 이를 증명한다.

인간 역시 특수한 형태의 영역성을 지니고 있다는 것을 인정한다면 밀집이 스트레스를 유도하고 따라서 일정 정도의 일탈행위를 야기한다고 볼 수도 있다. 그러나 그 증거는 불분명하다. 밀집과 사회적·물리적 병리 현상 간의 상관관계를 보고하는 연구도 있는 반면, 그 반대의 경우를 보고하는 연구도 있다. 이에 대한 논쟁은 계속해서 사회과학과 환경학 제반에 걸쳐 논란을 양산하고 있다.

디자인 결정론

밀집이론에 대한 일반적인 논쟁과 더불어 건조환경이 인간의 행위에 미치는 부정적인 영향에 주목하는 연구가 증가하고 있다. 광범위하게 말해 이들 연구는 디자인과 건물 및 공간의 배치가 '정상적'인 사회작용을 방해하고 다양한 일탈행위를 조장하는 미시환경을 조성하기도 한다고 주장한다. 이 주장을 입증하는 사례도 상당히 많이 수집되었다. 예를 들어 고층빌딩과 베란다가 있는 아파트가 사회적 상호작용과 어린이 성장발달을 방해하는 효과가 있다는

글상자 10.1

도시사회지리학의 주요 경향 – 범죄지도 사용의 증가

2008년 9월, 런던은 영국 도시 중 최초로 대중에게 범죄지도 웹사이트를 공개해서 인구 1,000명당 특정범죄(도둑, 강도, 차량 훼손) 발생 건수와 비율을 알려 주는 서비스를 시작했다. 지도는 구와 동을 고(高)에서 저(低)까지 슬라이딩 스케일로 분류해서 보여 준다.

범죄지도 서비스는 범죄 대량발생 지역에 자원을 선택적으로 집중시킴은 물론 경찰과 지역사회의 협력을 고취하고자 시도된 것으로, 범죄지도 이용이 활성화된 미국을 본보기로 했다. 예를 들어 미국의 컬럼비아 대학에 있는 정의지도화센터(Justice Mapping Center)는 형법제도와 관련된 자료를 이례적으로 광범위하게 수집해서 공개한다. 범죄발생 수준을 보여 주는 지도 이외에도 수감자 수, 집행유예자 수, 구금 중이거나 집행유예 중인 청소년 수, 가석방 수, 재수감 빈도까지도 공개한다. 또한 저학력, 지역사회 보조 결핍, 약물남용, 사회경제적 박탈 등 범죄행위 발생에 기여하는 배경 요인을 대중에게 이해시키기 위한 프로젝트도 링크시켜 놓았다. 그 밖에 지도로 보여 주는 다른 관련 지표로는 주택 자가 소유, 한부모 가정, 실업, 복지수당 수령, 푸드 스탬프, 메디케이드, 입양아 가정, 아동학대 및 방치 신고 등이 있다.

공공 설문조사는 이상의 지도들과 상당히 일치하는 결과를 보여 주며 정치적으로도 자주 활용된다. 그러나 영국의 인권단체 및 자유주의 단체는 너무 자세한 범죄지도화는 데이터 프라이버시 문제를 제기한다고 주장한다. 영국에서는 통계 자료가 센서스 단위지역 및 행정지구별로 합산되어 발표되기 때문에 개인의 신분이 노출될 우려는 확실히 없다. 그러나 미국의 범죄지도는 영국보다 훨씬 더 미시적인 규모에서 제작되어 왔다. 영국 역시 주택시장 관련 단체들이 범죄 비율이 높게 나타난 지역에서는 주택가격이 하락할 수 있다고 이의를 제기해 왔다.

주요 관련 개념

외부성, 지리정보시스템(GIS), 삶의 질 지표, 스케일, 감시, 영역적 사회지표

더 읽을거리

www.justicemapping.org

http://maps.met.police.uk

http://www.ucl.ac.uk/jdi/crime_mapping

관련 내용

4장 : 글상자 4.3 영국 센서스는 얼마나 유용한가?

사실은 여러 연구에서 보고된 바 있다. 이러한 연구에서 조금만 더 나아가면 도시 디자인이 정신병이나 자살과 같은 특정한 일탈행위와 연관성이 있다는 연구에 이르게 된다.

이와 같은 연관성에 대해서 완전히 밝혀진 바는 없다. 피터 스미스(Peter Smith, 1977)는 한 가지 흥미로운 제안을 했는데, 건물과 공간의 배치구조는 이미지와 상징의 '배열'을 만들어 내며 사람들은 '본능적인 반응'과 지적인 반응을 종합하여 이에 대응하게 된다고 했다. 따라서 낯설고 비논리적인 시각적 언어로 점철된 환경은 위협적이거나 혼돈을 초래할 가능성이 높으며 이는 문제행위나 일탈행위를 촉발시킬 수도 있다.

도시 디자인과 일탈행위 간의 관계에 대한 설명 중 더욱 잘 알려지고 철저하게 검증된 것은 오스카 뉴먼(Oscar Newman, 1972)이 제안한 **'방어공간'**(defensible space)이라는 개념이다. 그에 의하면, 현대적인 주거 공간에서 상당수의 경범죄와 기물파괴, 노상강도, 도둑질 등은 공동체 생활 및 지역의 사회적 감시의 약화와 관련이 있는데 이러한 조류는 거주자가 자신의 현관문 바깥 공간을 잘 알지 못하게 되고 그 어떤 영향력도 행사할 수 없게 된 상황과 맞물려 있다. 뉴먼은 이 같은 상황이 초래된 원인이 바로 새로운 주거 개발이 건축가들의 대중적인 취향에만 부합하면서 영역적 경계를 벗어나서 디자인되고 구획되기 때문이라고 주장했다.

거주지 바로 바깥에 있는 공간이 공적 공간이 되는 순간 아무도 그곳을 '감독'하거나 침입자로부터 '보호'할 의무를 느끼지 않게 된다고 뉴먼은 말한다. 일부 경험 연구가 뉴먼의 생각을 지지했고, 도시 디자인 관련 직업 종사자들이 열렬하게 이를 수용한 결과, 자신들만의 통념을 만들어 냈다. 그래서 방어공간은 이제 도시 디자인 실천에서 핵심적인 구성요소로 자리매김하게 되었고 많은 법집행 기관이 '도시 디자인을 통한 범죄예방'이라고 불리는 국제적 운동의 일환으로 이를 지지하고 있다. 그러나 다른 한편으로 뉴먼의 연구는 통계분석의 수준이 낮고 물리적 변수와 사회적 변수 간의 상호작용을 간과했다는 점에서 비판을 받았다.

소외

소외(alienation)라는 개념은 마르크스주의 이론의 핵심적인 구성요소인데, 자본주의 생산양식하에서 노동자가 자신의 노동력에 대한 통제를 상실하는 것과 관련된 것으로 제시되었다. 마르크스주의 이론은 또한 소외를 지배적 생산양식에 대한 반테제 형성에 기여하는 사회변화 메커니즘이라고 개념화한다. 그러나 소외라는 개념은 이보다 더욱 광범위한 사회정치적 함의를 지니고 있어 일탈행위를 설명하는 데도 어느 정도 유용하다. 광범위한 의미에서 소외는 무기력감, 불만족, 불신, 만연해 있는 부와 권력 분배 방식에 대한 거부 등으로 정의된다. 이러한 감정은 사회의 정치, 경제, 사회 시스템의 특정 단면을 경험하는 데서 형성된다. 어떤 사람들은 이러한 시스템이 자신들의 효율적인 참여를 방해한다고 느껴 소외되며, 다른 이들은 이러한 시스템의 속성에 동의하지 않거나 이러한 시스템이 인간의 필요를 만족시키는 데 효과적이지 않다고 판단하여 소외되기도 한다.

이유가 무엇이든 이러한 감정은 명백히 경험에서 우러나오며, 따라서 어느 정도 거주지의 공간적 특징에 바탕하고 있다. 이런 점에서 소외는 초창기 결정주의론자들이 언급했던 것처럼 인간 행위의 공간적 다양성을 고려할 때 매력적인 설명요인으로 등장한다. 이에 대한 주요 관심은 주로 소외와 정치적 행위와의 관계에 모아졌지만 일탈행위의 특정한 측면이 소외감과 연관되어 있을 수도 있다는 주장도 제기되어 왔다. 일탈적 행위는 무관심으로 표출될 수도 있다. 무관심 그 자체는 그다지 이례적인 현상은 아니지만 사회 질서를 훼손할 정도로 확산되면 심각한 문제가 될 수도 있다. 또는 소외는 유별난 시위에서 폭력 및 테러에 이르기까지 특정한 형태의 집단행동을 통해서 직접 일탈을 양산할 수도 있다.

합성 이론

합성 이론(compositional theory)은 시카고 결정론자들에서 갈려져 나온 또 다른 학파가 주창한 이론이다. 합성론자들은 민족집단, 혈족, 근린지구, 직업 또는 생활양식 등을 바탕으로 구축된 독특한 사회세계가 지니고 있는 친밀성과 결속을 강조하며 이러한 사회적 네트워크가 도시생활로 인해 어떤 식으로든 축소된다는 생각에 반대한다. 이들은 행위는 경제적 지위, 문화적 특징, 가족 지위 등 사람들이 속한 사회 세계를 결정짓는 요인에 의해 주로 영향을 받는다고 주장함으로써 도시생활이 사람들의 행위에 미치는 영향을 최소화했다.

합성 이론은 일탈행위를 분석하기 위해 고안된 것은 아니지만 이 문제에 대해서 독특한 입장을 견지한다. 다른 형태의 행위와 마찬가지로 일탈은 지역사회의 인구 구성의 결과물로서 사회적 관습, 정치적 태도, 특정 집단의 문화적 특징이야말로 일탈이나 비관습적 행위를 양산하는 데 더 중요한 요인이라고 보았다.

런던 시를 사례로 성적 접촉으로 감염되는 병의 패턴을 살펴보면 합성론자들의 관점이 잘 드러난다. 성적 접촉으로 감염되는 병이라는 이 특정한 일탈행

영역 지표자 역할을 하는 그라피티(사진 : Paul Knox)

위의 발생은 런던 중서부의 원룸아파트 지역, 특히 얼스 코트(Earls Court) 주변에서 최고치를 기록했다. 합성론자들의 용어로 설명을 하자면 그 이유는 이 지역에 젊은 유동인구(주로 가구가 딸린 방에서 사는 젊은 독신자) 비율이 높기 때문이다. 이들은 나머지 인구집단과 상이한 성적 규범을 지니고 있으며, 이들 중에는 런던에 도착하기 이전부터 이미 성병 및 기타 성적 접촉으로 감염되는 병에 걸린 젊은 남성 비율이 상당히 높기 때문에 이 지역은 이러한 병에 대해 더욱 취약하다. 런던 시에서 돌고 있는 속설에 따르면 이 현상에 대한 책임은 상당 부분 방콕을 경유해서 런던에 도착한 오스트레일리아인에게 있다고 한다.

글상자 10.2

도시사회지리학의 주요 논쟁 – 관계적 지리학의 유용성은 무엇일까?

최근 인문지리학의 가장 큰 성과 중 하나는 소위 '관계적 전향'이라는 현상을 만들어 낸 관계적 접근의 성장이다. 관계적 접근은 우리가 도시와 도시의 사회지리학을 연구하는 데 중요한 함의를 제공한다. 물론 관계적 접근이 단일하지 않고 다양한 접근을 아우르고 있지만 그중 두 가지 유형을 대표적인 것으로 꼽을 수 있다(Sunley, 2008).

첫 번째 접근은 구체적인 연구 범위를 지니고 있으며 경제사회학으로부터 발전되었다. 이 접근은 경제활동이 사회적 요인에 의해 크게 영향을 받는 방식에 초점을 둔다. 특히 경제활동이 이윤에 대한 이성적인 분석이 아닌 대면접촉을 통해 형성되는 신뢰와 신의 등과 같은 사회문화적 요인과 어떻게 결부되어 있는지를 탐구한다. 이러한 경제적 활동은 특히 하이테크 업체들이 밀집한 클러스터(산업지구 또는 신산업공간 등으로 명명되기도 함)에서 잘 관찰된다.

두 번째 접근은 현상을 이해하기 위해서는 현상 간의 관계와 상호작용을 관찰해야만 한다는 광범위한 철학적 입장을 견지한다. 이러한 입장에서 보면, 분명한 경계와 영역을 가지며 안정적이고 동질한 것처럼 보이는 실체도 사실 이질적이고 불안정하며 상호 과정을 통해 끊임없이 재창조된다. 알렌 등(Allen *et al.*, 1998)이 제시한 지역 관점과 아민과 스리프트(Amin & Thrift)(2002)가 제시한 도시에 대한 관점은 이러한 입장을 명백히 보여 준다. 결론적으로, '공간적 구조와 공간적 경계는 더 이상 필연적으로 또는 의도적으로 영역적이거나 스케일화되어 있는 것이 아니다. 왜냐하면 그 내부와 외부의 정치, 경제, 문화, 사회적 특징은 그물망처럼 퍼져 있는 행위자 네트워크를 통해 구성되며 이 네트워크는 점점 더 역동적이고 다양한 공간 구성을 만들어 내고 있기 때문이다' (Amin & Thrift, 2002, p. 1). 뿐만 아니라 '이러한 관점에서 보자면, 도시와 지역은 영역적이고 내적으로 통합된 체제라는 가정은 더 이상 자동적으로 성립되지 않는다. 도시와 지역은 흐름과 병렬, 다공성, 관계적 연계성을 통해 만들어지기 때문이다' (Amin & Thrift, 2002, p. 34). 따라서 이러한 관계적 접근은 이분법적 사고를 지양한다. 이분법적 사고는 인간행위와 사회구조를 결정하는 일정불변의 기본 요소가 있다고 보는 근본주의와 관련이 있다. 한편 이러한 입장의 관계적 접근은 '비스케일적' 접근으로도 불리는데, 이는 사회적 과정을 특정한 공간적 스케일과 등치시키는 것에 반대하기 때문이다.

글로벌 자본과 국제 이주자, 인터넷 메시지, 관광객, 상품과 서비스가 도시를 통하여 흐르고 이러한 역동적인 상호작용이 근대 도시를 구성해 나간다고 상상한다면, 관계적 접근은 매우 유용하다. 런던과 같은 도시에서 일어나는 일을 그 행정구역 내에서 적용되는 정책을 통해서 통제하기란 거의 불가능하다. 그러나 선리(Sunley)는 관계적 사고가 너무 광범위하고 분명한 결론이 없기 때문에 개념적 엄밀함과 명료성을 결여하고 있다고 주장한다. 그에 의하면, 관계적 접근은 연계성의 속성에 대해 충분히 주목하지 않았으며 일부 연계는 다른 연계보다 더 중요할 수 있다는 점(특히 정부, 은행, 기업과 같이 영향력 있는 기관과의 연계)을 간과했다고 한다.

주요 관련 개념

반본질주의, 이분법, 본질주의, 네트워크 사회, 흐름의 공간

더 읽을거리

Allen, J., Massey, D. and Cochrane, A. (1998) *Rethinking the Region* Routledge, London

Amin, A. (2002) Spatialities of globalization, *Environment and Planning A* **34**, 385–99

Amin, A. and Thrift, N. (2002) *Cities: Reimagining the urban* Polity Press, Cambridge

Sunley, P. (2008) Relational economic geography: a partial understanding or new paradigm?, *Economic Geography* **84**, 1026

관련 내용

2장 : 글상자 2.2 도린 매시

7장 : 글상자 7.4 네트워크 분석은 어떻게 유용한가?

9장 : 글상자 9.5 나이젤 스리프트

하위문화 이론

하위문화 이론(subcultural theory)은 합성 이론과 상당히 유사하다. 합성 이론처럼 하위문화 이론도 특정한 행위를 유발시키는 독특한 사회인구학적 특징과 생활양식을 지닌 사회 세계라는 개념에 동의한다. 이에 더 나아가 하위문화 이론은 이 사회 세계 또는 하위문화가 도시생활의 경쟁과 갈등으로 더욱 강화될 것이라고 본다. 즉, 이주자와 이민자들의 정착 및 산업화와 도시화로 인한 구조적 차별화가 특수한 집단을 형성하고, 이들이 결속력 있는 사회네트워크를 유지하는 데 필수적인 '비판적 대중'으로 전환되면 새로운 하위문화가 탄생할 것이라고 보았다.

> 도시화로 인해 탄생했거나 강화된 하위문화 중에는 주류 사회가 규정하는 노골적인 일탈자(비행 청소년, 전문직 범죄자, 동성애자 등)도 있고, 최소한 '이상야릇'하다고 간주되는 집단(예술가, 새로운 종교분파의 선교사, 지식인 등)도 있으며, 전통을 파괴하는 집단(새로운 생활양식을 실험적으로 추구하는 자, 급진주의자, 과학자 등)도 있다.
>
> (Fischer, 1976, p. 34)

주류 사회가 일탈이라고 규정하는 것도 이러한 하위문화 집단 안에서는 정상적 활동이거나 집단 내부의 사회체제를 유지하는 행위라고 간주되기도 한다.

하위문화 이론 그 자체는 어떤 공간적 함의도 지니고 있지 않지만, 하위문화 집단이 지속적으로 존재하기 위해서는 다른 집단과의 갈등을 피해야만 한다. 갈등은 각 집단이 넘어가지 않겠다고 '약속'한 암묵적인 행동 경계를 설정함으로써 피할 수 있다. 이러한 약속은 일종의 사회적 계약으로, 집단 간 관용을 유지할 수 있는 최선의 방법은 공간적 분리이다. 이러한 점에서 일탈행위의 공간적 변이를 설명하는 데 하위문화 이론은 매력적인 설명을 제시한다. 특히 비행 연구에서 그 유용성을 입증한 바 있다.

하위문화 이론은 **문화전파**(cultural transmission)라는 개념과 매우 편리하게 접목되어 일탈적 규범이 특정 지역사회에서 세대를 거쳐 전수되는 현상을 설명하는 데도 유용하다. 문화전파는 140년 전 메이휴(Mayhew, 1862)가 런던의 '빈민굴'에서 어린이들이 범죄 속에서 태어나고 자라는 현상을 관찰하면서 고안해 낸 개념으로, 쇼와 맥케이(Show & McKay, 1942)의 고전적인 시카고학파의 비행 연구로 인해 유명해졌다.

일탈행위가 지역화된 하위문화 속에서 배태된다는 점을 이해하는 데 유용한 또 다른 개념은 바로 **근린지구 효과**(neighbourhood effect)이다. 근린지구 효과란 사람들이 이웃의 동료집단에게 인정받기 위해 지역사회 규범이라고 스스로 생각하는 것을 따르는 경향을 말한다. 많은 연구들이 이 현상을 경험적으로 증명했다. 사람들의 행위 중 많은 부분이 근린지구 효과에 영향을 받는 것으로 드러났다. 예를 들어, 새롭게 분양된 교외의 자가 소유 주택지역에서 발생하는 '교외지역 빈곤'이라는 이 역설적 증후군도 근린지구 효과의 산물이라고 볼 수 있다. 즉, 새롭게 입주한 가정 중 상당수는 이웃집 따라 하기에 역부족이지만 이웃의 취미를 따라 해야 한다는 강박관념을 가지고 있다. 이들에게 근린지구 효과는 중산층의 소비 패턴을 강제하는 역할을 한다.

구조주의 이론

구조주의 이론은 사회행위의 규칙과 일탈행위의 규정이 사회 **상부구조**(superstructure)에 속해 있다고 본다. 상부구조란 사회를 지탱하고 있는 경제적 관계로부터 도출된 사회적 · 철학적 조직의 틀이다(2장 참고). 구조주의자들에 의하면, 일탈을 무엇으로 정의하는가는 지배계급의 이해를 보전하기 위한 것으로 지배계급의 지배를 지속하는 데 일조한다. 근대사회에서 일탈행위는 자본주의경제 체제 작동에 내제된 모순으로 인한 스트레스가 낳은 직접적인 결과물이라고 간주된다.

이러한 맥락에서 한 가지 명백한 모순은 잉여노동 '**예비군**(reserve army)'의 존재이다. 노동 예비군은 권력이 없다는 점에서 취약한 계층인 동시에, 잠재적으로 일촉즉발의 집단을 대변한다는 점에서 위험한 존재이다. 이들을 계속 유지할 필요와 동시에 불만세력들을 진압해야 한다는 사실은 근대 복지국가가 이를 위해 상당한 사회적 비용을 지불해야 함을 의미한다. 노동자의 '일탈'행위는 실업과 정부의 탄압으로 인한 스트레스 및 미미하게나마 존재했던 정부 지원의 대폭 삭감과 큰 관련이 있다. 노동자들의 불만을 통제해야 할 필요성은 여러 '일탈'행위의 규정과 그에 대한 규칙을 만들어 낸다.

또 다른 모순은, 자본축적은 건강하고 신체적으로 단련된 노동자를 필요로 하지만 노동력에 가해지는 각종 통제는 스트레스를 유발시켜 노동자들을 쇠약하게 만든다는 점이다. 노동력에 대한 통제의 예로는 사회의 상부구조를 구성하는 한 부분인 사회화 패턴을 들 수 있다. 개인은 경쟁적일수록 더 높은 보상을 받지만 너무 개인주의로 빠지지 않도록 규제당하며, 그러한 보상을 또다시 물질적 소유를 위해 소비할 것을 종용받는다.

> 스트레스의 원천은 자본주의 사회에 만연한 전염병이지만 계급 간에 균등하게 할당되지 않는다. 노동자는 그들이 치러야 할 비용 내지는 스트레스보다 더 많은 분량을 경험하며 그들이 받아야 할 이윤보다 더 적은 이윤을 받는다. 따라서 정신병, 약물 및 알코올 남용, 범죄를 나타내는 데이터에 노동자 계급이 두드러지게 많이 나타나는 것은 놀라운 일이 아니다.
>
> (N. Smith, 1984, p. 132)

다중요인적 설명 : 범죄와 비행을 사례로

서로 다른 이론에서 나타나는 상호 충돌하는 모순을 해결하기란 쉽지 않기 때문에 보다 유연한 접근이 필연적으로 요구된다. 유연한 접근이란 특정한 이론적 관점을 빌리지 않고서도 일탈행위를 유발하는 다양한 요인을 동시에 고려하는 접근이다. 이러한 접근은 물론 범죄와 비행을 설명하는 데 가장 효과적이므로 거의 모든 분야의 사회적 일탈 연구에서 공통적으로 채택하고 있다. 범죄와 비행의 공간적 분포에 대한 경험 연구는 밀집이론에서부터 사회혼돈, 아노미, 디자인 결정론, 일탈의 하위문화에 대한 이론까지 다양한 이론에 두루 부합하는 결과를 제시했다. 다른 이론을 제쳐두고 특정한 한 이론만을 지지하는 증거들을 조합하기란 쉽지 않았다. 모든 이론적 관점을 아우르는 통합적 대안이 없는 가운데, 절충적인 다중요인적 접근은 설득력 있는 대안이 되었다.

데이터 문제

범죄와 비행의 공간적 분포에 대한 연구에서 제시된 증거는 다른 사회지리학 연구와 마찬가지로 데이터 속성과 사용된 연구방법에 대한 검증을 거쳐야 그 설명력이 인정될 수 있다. 따라서 경험 연구의 결과인 환경과 행위 간의 복잡한 상호 관련성에 대해 말하기 전에 연구의 한계와 어려움에 대해 언급하는 것이 필요할 것이다.

가장 근본적인 문제 중 하나는 바로 데이터 질이다. 대부분의 연구는 법집행기관에서 공개하는 데이터에 의존해야만 하는데 이러한 데이터는 실제 현상의 매우 제한적인 부분만 드러낼 뿐이다. 실제로 경찰에 보고되지 않은 수많은 위반 사례들은 공식 기록에 들어가지도 않는다. 위반자 적발 비율이 매우 낮을 경우 위반자에 대한 데이터가 한층 더 희석되기도 한다. 더욱 당황스러운 사실은 기록된 데이터 자체도 정확하게 해당 집단을 대변하지 않는다는 점이다. 많은 연구가들은 공식 데이터는 노동자 계급의 위법자에 대해 편견을 가지고 있다고 주장하면서, 경찰이 중산층 거주지역에서는 부모의 인가가 법적인 인가를 대체하는 것을 용인하려는 경향이 큰 반면 노동자 거주지에서는 더욱 엄격하게 감시를 한다고 지적한다. 또한 어른의 범죄 신고의 경우도 마찬가지의 편견이 작동한다고 주장한다.

노동자 범죄와는 대조적으로, '화이트칼라' 범죄(사기, 세금탈루, 경비계좌 조작 등)는 거액이 연루되어 있더라도 신고율이 낮으며 적발하기도 더 어렵다. 보통 경험 연구는 블루칼라 범죄와 관련된 데이터를 선호하기 때문에 이러한 편견은 이들 연구에 깔려 있다. 이러한 현상은 다른 종류의 위법과 관련된 데이터를 구하기 어렵다는 현실과도 어느 정도 관련이 있지만 그보다도 화이트칼라 범죄가 결정론자들의 가설에 잘 들어맞지 않기 때문에 더욱 간과되는 경향이 있다고 봐야 할 것이다.

범죄와 관련된 주요 데이터들은 개인이 아닌 집단만을 대상으로 하기 때문에 대부분의 연구는 생태주의적 접근을 취한다. 영역별로 나뉜 집단 간의 범죄 패턴 비교 등이 그 예이다. 지리학자들은 이러한 접근을 자동적으로 선호하게 되지만 여기에는 한계와 함정이 있다. 생태학적 연구의 가장 큰 한계는 인과관계를 성립시키는 결정적인 증거를 제시하지 못한다는 점이다. 가령 범법자들이 지닌 일부 특징이 인구밀집지역이나 사회적으로 안정되지 못한 지역에서 높게 나타날 수도 있지만 그들의 범죄행위는 다른 원인(소외나 성격 등)과 더 크게 관련될 수도 있다. 또한 생태학적 상관관계는 그저 범법자들이 특정 지역에 끌린 결과일 수도 있다.

생태주의 연구가 지닌 결정적 함정은 소위 말하는 **생태학적 오류**(ecological fallacy), 즉 지역을 대상으로 합산된 상관관계를 개인에게 적용하는 오류이다. 이를 잘 보여 주는 빈번한 사례는 영국 도시에서 범죄율과 이민자 거주민의 비율이 높은 지역을 연관 짓는 것이다. 이러한 연구에서 추론하는 것은 이민자와 그들의 하위문화가 범죄와 비행에 노출될 확률이 높다는 것이다. 그러나 개인을 대상으로 하는 경험 연구에서는 오히려 이민자들이 그 지역사회에서 범죄와 일탈에 연루되는 경우는 백인 이웃보다 훨씬 낮다는 사실을 보여 주었다.

도시범죄의 지리학

이상에서 지적한 한계를 고려한다면 범죄와 비행을 유발하는 요인에 관한 연구에서 이끌어 낼 수 있는 결론은 무엇일까? 첫째, 범죄와 비행의 발발 패턴에 영향을 미치는 요인과 범법자의 거주지 패턴에 영향을 미치는 요인을 구분하는 것이 필요하다.

대부분의 도시에서 범죄와 비행의 발생 비율이 상당히 높은 특정 지역이 존재한다. 많은 도시들은 1920년대 시카고학파가 발견한 전형적인 범죄 패턴에 부합한다. 즉, 범죄 패턴은 교외지역에서 낮다가 도시로 갈수록 증가하여 도심에서 정점을 찍는다. 가장 대표적인 예외는 바로 유럽의 도시들이다. 유럽의 도시에서는 상당수의 저소득 '문제' 가구들이

글상자 10.3

도시사회지리학의 주요 논쟁 – 청소년 문화의 지리를 어떻게 이해해야 할까?

도시 범죄 및 일탈 연구에서 청소년 비행에 대한 관심이 상당히 큰 부분을 차지하지만, 최근까지 도시지리학자들은 유년기와 청년 문화에 대해 상대적으로 큰 관심을 기울이지 않았다. 유년기와 청년 문화라는 범주는 어디까지나 시대에 따라 변하는 '사회적 구성물'이다. 예를 들어, '유년기'라는 것은 이전에도 명백히 존재했을 테지만 놀랍게도 서구 사회에서는 19세기에 이르러서야 이 개념이 주요 관심사로 등장하기 시작했다. 그 이전에는 영유아 의존기를 지나면 모든 청소년들은 그저 어른의 축소품에 불과하다고 여겨져 별다른 주목을 받지 못했다(Skelton & Valentine, 1998). 뿐만 아니라 자녀에게 교육이나 양육이라는 형태로 특별한 관심을 보일 수 있었던 계층은 상류층밖에 없었다. 따라서 보편교육과 발달심리학의 보급 등에 힘입어 유년기라는 개념이 사회 전면에 등장하기 시작한 것은 불과 19세기 후반에서 20세기 초반밖에 되지 않는다.

심지어 '사춘기'라는 개념은 유년기보다 더 최근에 등장한 것으로, 20세기의 신개념이라고 볼 수 있다. 19세기 산업자본주의의 발달에 따라 중산층은 자녀들을 새로운 경제수요에 더욱 잘 대응하도록 하기 위하여 자녀의 학력기간을 늘리기 시작했다. 20세기에 들어와서는 교육기간이 더욱 확장되었는데, 사춘기를 둘러싼 각종 이슈(반항, 폭력, 범죄, 청소년 비행, 반사회적 행위, 통제의 필요성 등 이후 사춘기 담론을 절대적으로 지배하게 된)가 등장한 것도 바로 이 시기였다. 그러나 사춘기 또는 '10대'가 대중의 의식 속에서 본격적으로 부각되기 시작한 것은 소위 말하는 포드주의의 장기 호황기였던 1950년대와 1960년대였다. 이 시기 소비에 대한 관심이 증가하면서 16~25세 연령대의 청년을 특별히 목표로 하는 상품시장(레코드 음반, 의류, 이동식 라디오, 전축, 차 등)이 클럽과 댄스홀의 성황과 더불어 성장했다. 다양한 청년 하위문화 집단의 생활양식(록커, 전위적인 복장의 청년, 히피, 펑크, 스킨헤드, 쾌락주의자 등)에 대한 '도덕적 공황'이 등장한 것도 바로 이 시기였다. 21세기에도 지속되고 있는 이러한 현상의 결과, 대중은 '청년을 소비지향적이고, 음악과 마약에 심취하여 비주류 문화적 스타일을 추구하며, 모험적인 여행에 자유로이 몸을 싣는 사람들로 상상'하기 시작했다(Skelton & Valentine, 1998, p. 1).

제임스(James, 1990)가 지적하듯이 사춘기는 '사이에 낀' 또는 '유년기와 성년기 사이의 연령대'이다. 사춘기에는 나이 먹어 가는 것에 대한 인식이 사회적으로 어떻게 구축되는지 관심을 집중시킨다. 사춘기는 생물학적 현상 그 이상을 의미한다. 10대가 된다는 것은 3장에서 소개한 특정한 행동양식(또는 수행)을 수반한다. 특정한 스타일의 옷 입기와 음악 듣기, 특별한 방식으로 걷고 말하기 등이 이에 포함된다. 성년기에 대한 생물학적·사회학적 정의와 그에 따르는 사회적 책임 간의 괴리는 갈등과 긴장을 초래할 수 있다. 따라서 10대는 상황에 따라서는 어른처럼 행동할 때도 있다. 이러한 불명확성은 사회마다 성인에 대한 법적 규정(언제부터 합법적으로 운전할 수 있는지, 주류를 섭취할 수 있는지, 성관계를 가질 수 있는지, 돈을 벌거나 군대에 들어갈 수 있는지 등)이 상당한 편차를 보인다는 사실에서 잘 드러난다.

이와 같은 담론을 수용하면서 청년에 대한 대부분의 지리학 연구는 이 장에서 소개한 것처럼 청소년 비행에 주로 집중해 왔다. 더욱 최근에는 통제하기 어려울 것으로 추정되는 청소년의 행동을 쇼핑몰과 같은 공공장소에서 감독하는 감시 전략에 연구의 초점이 모아지고 있다. 그럼에도 불구하고 서구 사회는 청년의 외모, 건강한 육체, 운동성과 같은 특징에 더욱 관심을 보인다. 이는 아시아에서 노인을 공경하는 경향과 대조를 이룬다. 서구 사회가 청춘에 특권을 부여하는 것은 광고에서도 잘 드러난다. 따라서 최근 서구 사회에서 노화를 다루는 것은 최소한 부분적이나마 소비 관련 이슈와 맞물려 있을 때뿐임을 부정하기 어렵다.

주요 관련 개념

소외, 소비, 배제, 가족적 지위, 정체성, 판옵티콘, 위치재, 탐지경관, 사회 구성주의, 저항의 공간, 감시

더 읽을거리

James, S. (1990) Is there a 'place' for children in geography?, *Area* **22**, 278–83

Matthews, H. and Lamb, M. (1999) Defining an agenda for the geography of children, *Progress in Human Geography* **23**, 61–90

Skelton, T. and Valentine, G. (1998) *Cool Places: Geographies of youth cultures* Routledge, London

Valentine, G. (1996) Angels and devils: moral landscape of childhood, *Environment and Planning* ***D*** **14**, 581–99

관련 내용

3장 : 도시의 문화,

계속

글상자 3.2 혼성화 : 대중음악의 사례
4장 : 글상자 4.1 학생 엔클레이브의 성장
8장 : 글상자 8.4 문화적 표현과 상업화로서의 랩
10장 : 글상자 10.4 '도시 야간경관'의 발달

교외의 특정한 공공주택 지구에 밀집되어 있다.

그러나 자세히 살펴보면 범죄의 발생 패턴은 **범법행위의 종류**에 따라 상당한 차이를 나타낸다. 시애틀의 범죄를 사례로 하여 개척자적인 연구를 실시한 슈미드(Schmid, 1960)는 가게 절도와 수표 위조는 도심부에, 절도와 주거침입은 교외지역에, 강도와 여성 만취는 도심 외곽 슬럼가에서 가장 높게 나타난다는 것을 보여 주었다. 시애틀에 대한 후속 연구에서는 범죄발생의 주된 패턴이 사회적 결속력이 약한 도시지역과 관련된다고 밝혔다. 이러한 지역에서는 주거침입, 차 도난, 소매치기와 같은 범죄가 집중되었다(Schmid & Schmid, 1972). 다른 도시를 사례로 한 연구도 대체로 범죄발생과 빈곤 간의 상관관계가 있음을 보여 주었다. 정교한 생태학적 분석은 특히 저소득 지역과 폭력(살인, 강간, 폭행 등) 발생이 상관관계를 보인다고 밝혔다. 이 밖에도 제조업과 창고업 용도로 주로 이용되며 시설이 노후하고 노년층 인구가 많은 점이지대는 살인과 폭행뿐만 아니라 절도, 강도, 차 도난과 같은 범죄의 집중과 두드러지게 상관관계를 보인다고 입증했다.

경험 연구들이 밝힌 또 다른 상관관계는 자산 관련 범죄(주거침입, 차 도난, 절도 등)와 안정된 중상류층 교외 주거지 간에, 그리고 폭력과 흑인 거주지 간에 나타나는 상관관계이다. 이러한 다양한 현상을 설명하기에는 **합성적** 관점이 유용할 듯하다. 이 관점에서 보면, 지역사회는 근린지구의 쇠퇴와 가족 생애주기 변화에 따라 구성원의 인구학적 조성이 변화하면서 범죄의 '생애주기' 또는 '생애'를 순차적으로 경험한다. 범죄발생률이 정점을 이루는 때가 10대와 20대 초반이므로, 이 연령대의 청년인구 비율이 높은 지역, 특히 청년층에게 박탈감을 안겨주는 경제 침체와 물리적 노후화가 동시에 진행되는 지역은 범죄발생률이 높을 것이라고 예상할 수 있다. 합성적 관점은 범죄에 대한 **일상적 활동** 이론으로 발전했다. 이 이론에 의하면 인구학적 또는 사회적 계급의 특징은 특정한 활동을 일상화한다. 이는 범죄의 세 가지 필수요건인 동기를 지닌 범법자의 존재, 적당한 범죄대상, 보호자의 부재를 구성하게 된다.

범죄 **기회**의 공간적 분포는 몇 가지 상이한 위법행위의 발생 패턴 연구에서 결정적인 단서로 제시되었는데, 특히 부동산 가격과 주거침입 간에 높은 관련성이 있다. 접근성, 가시성, 부동산에 대한 통제, 거주 밀도, 물리적 보수 상태는 폭력 범죄를 유발하는 가장 중요한 미세 환경이다. 뉴먼이 제안한 방어공간이라는 개념도 정확히 이에 해당된다.

요약하자면, 위법행위의 발생지와 관련된 **건조환경**의 특징(디자인, 토지용도 등)이 있고 사회적 환경의 특징(지위, 지역 활동 패턴, 지역의 통제 체제 등)이 있다. 그림 10.3은 사회인구학적 구성과 일상적 활동 및 범죄의 기회를 중심으로 이러한 관계를 도식화했다.

범법자의 **거주지** 패턴은 범죄발생지 패턴과 마찬

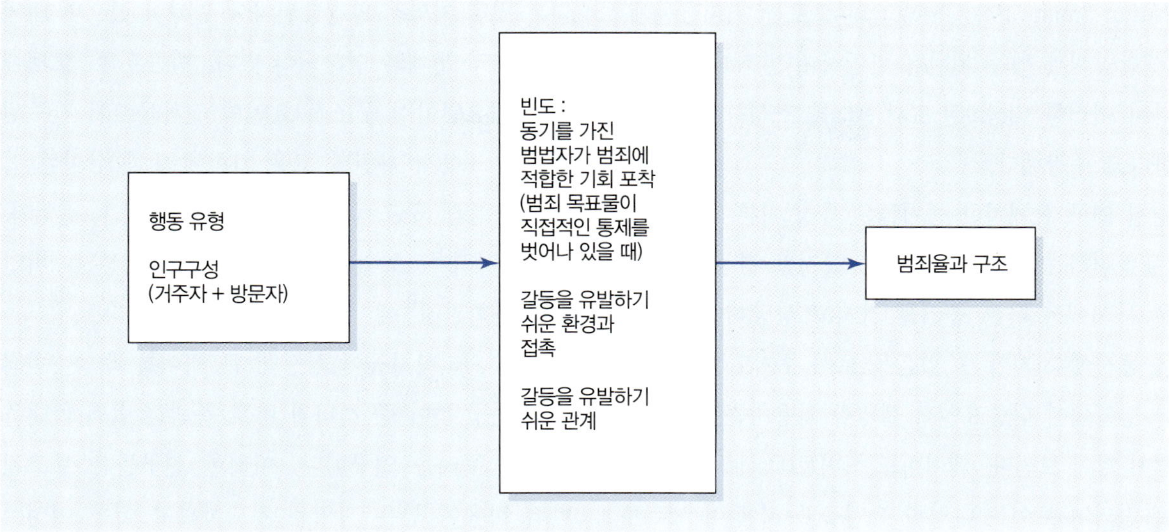

그림 10.3 도시 환경에서 범죄(위법률)와 구조의 변동
출처 : Bottoms & Wiles(1992), Fig. 1.1.

가지로 생태주의적 설명에 부합하는 일정한 사회 질서와 밀집도를 보여 주지만 실제로는 이보다 더 광범위한 설명요인을 가지고 있다. 위법 종류와 범법자 연령에 따라 차이가 있지만 생태주의의 고전적인 패턴은 쇼와 맥케이(Shaw & McKay, 1942)가 시카고와 다른 미국 도시를 사례로 묘사한 내용에 잘 드러난다. 즉, 범죄자 거주지는 교외에서 매우 낮고 도심으로 갈수록 일정한 비율로 높아진다. 그 비율은 북아메리카 도시뿐만 아니라 이와 유사한 현상을 보이는 거의 모든 서구 도시에도 그대로 적용되었다. 그러나 최근 서구 도시의 구조가 변화함에 따라 이러한 패턴으로부터 벗어나려는 조짐이 더욱 분명하게 나타난다.

거주지 이동성과 주택 정책 변화에 따라 많은 도시에서 범법자의 거주지 분포가 교외지역으로 점점 확장되고 있다. 영국의 사례 연구는 특히 범법자들이 도시외곽의 지자체가 제공하는 공공주택 지구에 밀집되어 있다는 사실을 발견했다. 이러한 사실은 범법자 거주지 패턴을 설명하는 데 사회적 환경이 최소한 물리적 환경만큼이나 중요하다는 점을 시사한다.

대부분의 지리학 연구는 거주지의 사회적 · 물리적 맥락을 설명하는 데 개인적 요인(신체적 · 정신적 상태)과 가족, 학교, 직장과 관련된 요인을 별로 고려하지 않았다. 그저 과밀하고 수준 이하인 주거와 빈곤, 실업, 인구학적 구성의 불균등으로 특징지어지는 도심 근린지역을 범법자와 연관시키는 데만 과도한 관심을 두었다. 범법자가 조금이라도 밀집된 지역이 나타나는 도시에 대한 연구에서는 범법자를 저소득 하위계층 비율이 높은 공공임대주택 지역과 연관시키려는 열풍이 나타나기도 했다. 공공임대주택 거주민 중 상당수는 정부 당국의 할당 메커니즘을 통해 임의대로 배치되었다.

일부 연구는 이보다 더 미묘한 지역적 요인(지역별로 상이한 가치나 태도 등)에 중점을 둔 채 일반적인 생태주의 접근을 취했다. 예를 들어, 수잔 스미스(Susan Smith, 1986)는 범죄의 분포는 지역공동체의 생활양식과 행동 패턴을 반영하며 범죄의 결과는 또다시 이러한 **일상화된 도시 행태**를 조성하는 데 기여한다고 주장했다.

경험 연구가 제시한 증거들은 특정 이론이나 개념을 뒷받침하는 데 사용될 수도 있지만 경험 연구는 같은 사례에서 나온 증거를 가지고 상당히 다른 이론을 동시에 지지할 수 있음을 보여 주기도 했다. 이러한 상황에서 다중요인적 설명을 차용하는 것은 설득력이 있어 보인다. 데이비드 허버트(David Herbert)는 관련되어 보이는 다양한 요인을 동시에 아우르는 유용한 틀을 제시했다(그림 10.4). 범죄 및 비행 지역은 몇몇 지역적 환경요인과 관련되어 있으며 대체로 사회적 문제와 연관되어 있다. 빈곤은 이 모델에서 핵심요인이며 구조적 요인의 결과물로서 간주된다. 즉, 교육적 자원과 고용 기회에 대한 상이한 접근성을 통해 구조적 요인은 '패배자'(노인, 실업자, 사회부적격자, 소수집단의 구성원)로 구성된 '비인격적 사회환경'(예 : 지역 인구)을 생산한다.

최근 지리학자들이 상당히 큰 기여를 해 온 범죄 관련 연구 분야 중 하나가 바로 폭력적 범죄에 대한 여성의 두려움 연구이다. 이러한 연구들은 보고된 범죄 비율이 높은 지역을 지도화하고 이를 여성이 피해자가 될까 봐 가장 두려워하는 지역과 상관관계

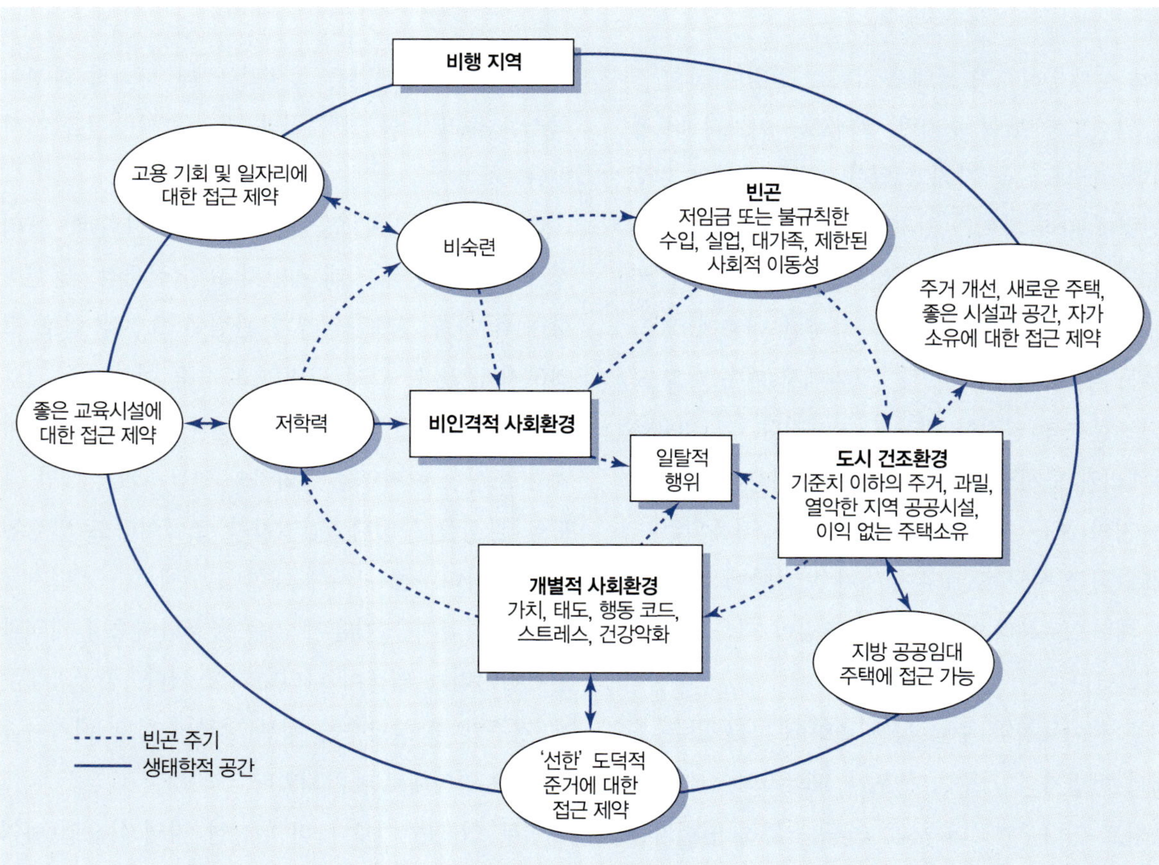

그림 10.4 비행을 유발하는 거주환경 : 불운의 악순환과 공간적 함의
출처 : Herbert(1977), p. 277.

를 구했다. 즉 두려움과 위험과의 관련성을 객관적으로 측정하고자 한 것이다. 그러나 이런 종류의 연구는 심각한 방법론적 결함이 있다는 점을 짚고 넘어가야 할 것이다. 폭력, 특히 성폭력은 경찰과 사회과학자 모두에게 알려진 수치가 실제보다 상당히 낮다는 점이다.

그럼에도 불구하고 이러한 연구들은 역설적인 측면을 지니고 있다. 대부분의 여성은 공공장소에서 낯선 사람을 두려워한다. 그러나 실제로 여성은 평소에 알고 있는 남성으로부터 강간이나 폭력을 당할 확률이 더 높다. 따라서 공공장소보다 집이나 사적인 공간이 더 위험할 수 있다. 그렇다고 여성이 공공장소에서 낯선 사람에 대해 느끼는 공포가 '비이성적'이라는 것은 아니다. 패인(Pain, 1997)이 지적하

글상자 10.4

도시사회지리학의 주요 경향 – '도시 야간경관'의 발달

도심 재개발은 폴 채터턴(Paul Chatterton)과 로버트 홀란드(Robert Hollands, 2003)가 말한 '도시 야간경관', 즉 야간 여가활동으로서의 소비와 청년들의 쾌락적 활동이 집중된 구역(클럽, 술집, 바 등)의 발달과 밀접히 연관되어 있다. 많은 이들은 이러한 시설의 개발이 청년집단의 변화 때문에 일어난다고 본다. 만혼과 출산보류, 고등교육 기간의 연장, 부모님 집에 동거하는 비율의 증가 등으로 인해 청년은 음주와 클럽 유흥에 더 많은 돈을 지출하게 되었다. 뿐만 아니라 젊은 층은 사육제와 같이 들뜬 분위기 속에서 새로운 정체성을 실험해 보고자 하는 욕망을 강하게 가지고 있다고 한다.

그러나 채터턴과 홀란드는 도심 야간경관의 개발을 둘러싼 지방정부와 부동산 개발업자와 주요 기업들의 공모를 지적하면서 이를 오로지 정치경제학적 관점에서 해석했다. 주요 양조업체와 여가산업체들은 현금이 풍부한 젊은 층을 이 '세련된' 장소로 끌어들이기 위해서 다양한 브랜드 전략을 구사했다. 현대 서구 사회의 다양한 소비 양상과 마찬가지로, 한때 '대안적'이고 전위적인 것으로 간주되던 행위(가령 자선파티나 떠들썩한 파티)도 주류 문화에 흡수되어 갔다(11장의 '게이 공간' 참고).

'도시 야간경관'은 탈규제와 재규제의 복잡한 혼합 양상을 반영한다. 예를 들어, 영국에서는 주류 판매의 사전허가제와 카지노 허가에 대한 규제를 완화하고자 하는 최근의 정책들이 '도덕적 공황'을 야기했다. 많은 사람들은 도심 유흥가에서 일어나는 과음(또는 폭음)이 폭력, 경범죄, 건강 이상과 관련 있다고 보고 이에 대해 반대했다. 물론 유럽식 카페 문화를 영국 거리에 실현하는 것이 이토록 어려운 것인지를 한탄하는 사람도 있지만, 미국과 오스트레일리아와 유럽의 주된 반응은 감시를 강화하고 경찰력을 확대하며 도시 야간경관에 대한 통제를 강화하는 것이었다. 또한 많은 청년이 실업과 빈곤으로 인하여 비싼 여가 공간에서 배제되고 있다는 점 역시 기억해야 할 것이다. 이런 점에서 도시 야간경관의 재개발은 다양성과 보편적인 접근성이 보장되어야 한다는 공적 공간에 대한 오래된 관념을 사장시키기도 한다(글상자 5.4의 바르셀로나와 글상자 11.3의 더블린에 대한 사례 연구를 참고)

주요 관련 개념

상품화, 외부성, 한계역 공간, 탈산업도시, 탐지경관, 감시

더 읽을거리

Chatterton, P. and Hollands, R. (2003) *Urban Nightscapes: Youth cultures, pleasure spaces and power* Routledge, London

Robers (2006) From 'creative city' to 'no-go areas': the expansion of the night-time economy in British towns and cities, *Cities* **23**, 331–3

Skelton, T. and Valentine, G. (eds) (1998) *Cool Places: Geographies of youth culture* Routledge, London

Talbot, D. (2007) *Regulating the Night: Race, culture and exclusion in the making of the night-time economy* Ashgate, Oxford

관련 내용

5장 : 글상자 5.6 문화주도 도시재생의 성장

7장 : 글상자 7.1 보헤미안 엔클레이브의 성장

사회적 양극화의 결과 : 폐쇄공동체의 방어장치(사진 : Geoffrey DeVerteuil)

듯이 여성들은 폭력적인 성범죄를 보도하는 미디어의 홍수 속에서 살고 있다. 이러한 미디어는 유독 특정 종류의 위험에 대해서만 과장되게 보도하는 경향이 있다. 물론 다소 과장되었을지라도 두려움은 관심의 대상이 되어야 한다. 발렌타인(Valentine, 1992)은 폭력에 대한 여성의 두려움이 가부장적 사회에서 공간이 사회적으로 구성되는 양식과 관련이 있다고 주장한다. 여성의 역할에 대한 "전통적인" 이데올로기는 여성을 집에 묶어두는 반면 공적 영역은 남성이 지배하게 되었다고 한다. 범죄나 범죄에 대한 두려움은 사회의 특정한 부문이 공간을 지배하는 하나의 방식으로 간주될 수 있다(3장 참고).

10.2 인지와 인식

인지와 인식은 이미지, 내면의 재현, 심상지도, 선험적 도식과 관련이 있다. 개인적 경험과 가치가 두뇌에 직접적으로 영향을 미치는 환경적 자극의 공세를 걸러낸 결과, 우리는 부분적이고 단순화된 (주로 왜곡된) 현실 세계에 대한 이미지를 지니게 된다. 똑같은 환경적 자극이라 하더라도 개인에 따라 상이한 반응을 불러내기 때문에 각 개인은 '자신만의 세계'에 살게 된다. 그러나 어떤 이미지는 다수에 의해 공유될 수도 있는데 이는 그들의 사회화와 과거 경험, 현재 도시 환경이 유사하기 때문이다.

그렇다면 공유된 이미지는 과연 어떠할까? 도시

민의 마음속에 자리 잡고 있는 도시지리란 무엇이며, 객관적인 세계를 어떤 식으로 반영할까? 이러한 질문에는 오직 잠정적인 대답만 들려줄 수 있을 뿐이다. 그러나 사람들은 의지적으로 또는 의도적으로 하나의 이미지나 동일한 **심상지도**(mental map)를 가지진 않는다. 그보다 어떤 구체적인 행위를 수행하는 데 대한 반응으로 무의식적으로 작동하는 일련의 잠재된 이미지를 지니게 된다. 이런 점에서 두 가지 측면을 구분 짓는 것이 필요하다.

- 이미지의 **명시적** 측면 : 도시 환경 안에서 사람들의 지향을 형성하는 데 필요한 심상적 또는 인지적인 공간조직과 관련된다.
- 이미지의 **평가적** 측면 : 사람들이 환경에 대해 느끼는 감정을 반영하며 도시 환경 안에서 사람들의 의사결정과 관련된다.

도시 이미지의 명시적 측면

이 분야의 대표적인 연구는 케빈 린치(Kevin Lynch)가 1960년에 출판한 『도시의 이미지(*The Image of the City*)』라는 저서이다. 이 책은 세 개 도시(보스턴, 저지 시티, 로스앤젤레스)에 사는 중상류층 중 (매우) 한정된 샘플을 대상으로 자세한 인터뷰를 실시한 결과를 바탕으로 했다(Lynch, 1960, 1984). 연관된 세 개의 인터뷰는 응답자들에게 도시를 묘사하고, 그들에게 중요한 장소들을 표시하고, 전체적인 도시 스케치를 그릴 것을 주문했다. 그 의도는 연구대상자의 의식으로부터 심상지도를 추출해 내는 것이었다. 결과 데이터를 분석한 결과, 린치는 사람들이 다섯 가지 서로 다른 요소를 가지고 도시에 대한 심상 이미지를 구축한다는 것을 발견했다. 그 다섯 가지 요소는 **통로**(예 : 도로, 대중교통로, 운하), **경계**(예 : 호숫가, 벽, 가파른 제방, 절벽), **구역**(예 : 유명한 동네, 쇼핑가), **결절**(예 : 플라자, 광장, 붐비는 사거리), **랜드마크**(예 : 눈에 띄는 빌딩, 표지판, 기념비)이다. 린치의 지적처럼, 이 다섯 가지 요소는 사람들의 마음속에 개별적으로 존재하는 것이 아니다. 구역은 결절들로 구성되며, 경계로 규정되고, 통로가 이를 관통하며 랜드마크는 그 위에 흩뿌려져 있다. 요소들은 중첩되고 상호 관통하기도 하며 어떤 것은 다른 것보다 심리적으로 더 큰 영향을 행사하기도 한다.

또한 린치는 사례 대상인 도시의 거주자들이 그 도시에 대한 심상지도를 구축하는 데 서로 같은 요소를 사용한다는 것을 알아냈다. 이에 그는 보스턴에 대한 집합적인 이미지를 보여 주는 정교한 지도를 만들어 냈다(그림 10.5). 이 지도는 각 요소를 언급한 응답자 수에 비례해서 언급된 상징물들의 강약을 나타냈다. 보스턴에 대한 집합적인 이미지는 몇 가지 요소들을 다양하게 조합해서 구축된 반면, 로스앤젤레스와 저지 시티에 대한 이미지는 훨씬 더 단순하다는 사실도 주목할 만한 점이다. 린치를 이에 대해 도시의 건조환경을 '구성하고 있는 요소'의 차별성에서 기인하는 도시의 **가독성** 또는 도시의 이미지 구성력의 차이 때문이라고 설명했다. 도시 건조환경의 구성요소로는 가시적 형태의 단순성과 명료함, 경계와 표면의 연결성과 '리듬', 특정한 형태적 단위가 다른 것을 압도하는 정도(규모나 밀집도나 관심도에 있어서), 방향적 차별성(불균형, 경사, 방사형)의 존재 유무가 포함된다.

린치의 연구는 도시 이미지를 구성하는 요소를 너무 직관적으로 접근했다는 비판을 받았으며, 상당히 다른 배경과 경험을 지닌 사람들이 지닌 이미지를 단순히 합산한 방법이 유효한지에 대해서도 이의가 제기되었지만 그가 제시한 방법은 다양한 분야에 적

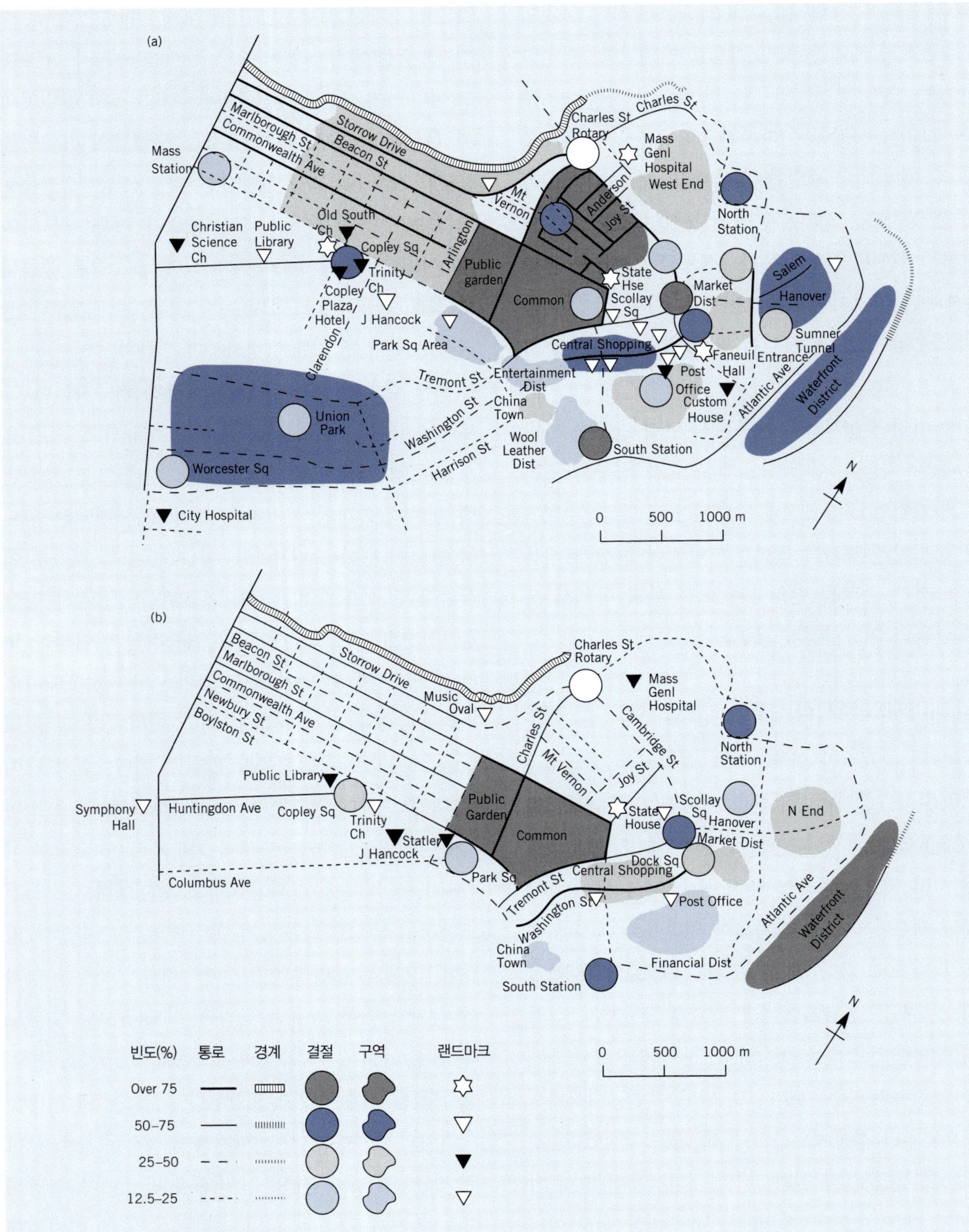

그림 10.5 보스턴에 대한 명시적 이미지 : (a) 구두 인터뷰에서 나타난 이미지, (b) 스케치 지도에 나타난 이미지
출처 : Lynch, Kevin, *The Image of City*, 그림은 p. 146.

용될 수 있었다. 그중 일관되게 입증되는 사실은 서로 다른 사회계급 간에 존재하는 도시 이미지의 차이이다. 기본적으로, 중산층 거주민은 하층민보다 더 넓은 영역을 지도에 포함시키며 더 많고 다양한 요소들을 표시함으로써 더 포괄적인 이미지를 형성하는 경향이 있다.

이러한 경향은 민족성과 사회경제적 지위가 밀접하게 연관된 로스앤젤레스에서도 입증된 바 있다. 웨스트우드(Westwood : 비버리힐스와 산타모니카 사이에 있는 작은 언덕에 위치한 동네)에 사는 높은 사회적 신분을 지닌 백인 거주민은 로스앤젤레스 분지 전역에 대하여 정확하고 자세한 일반적 이미지를 제시한 반면(그림 10.6a), 노스리지(Northridge : 산페르난도 계곡에 있는 교외지역)의 중산층 주민은 도시를 제대로 묘사하지 못하므로 덜 포괄적인 이미지를 제시했다(그림 10.6b). 사회경제적 사다리의 반대쪽 끝에 위치한 흑인 게토 아발론(와트 근처에 있는 동네)의 거주민들은 와트와 도심 사이를 석쇠 모양의 도로로 표시한 게 거의 전부인 불분명한 도시 이미지를 제시했다(그림 10.6c). 이는 백인의 이미지가 동서 방향의 주요 대로와 고속도로를 중심으로 구축된 것과 대조된다. 이러한 차이를 유발한 이유를 찾기란 그리 어렵지 않다. 더 많은 재산과 학력을 갖춘 상류층 백인일수록 더 높은 이동성을 지니며 도시의 여러 지역을 방문하는 성향이 더 높으며 더욱 광범위한 정보 원천을 활용하는 경향이 있다. 반대로, 이동이 제약된 빈곤계층은 출근 거리가 더 짧고 다른 지역에 대한 정보에 노출이 적기 때문에 자연적으로 광역권 전체를 대상으로 하기보다는 (인종적 · 민족적 분리라는 장벽이 가로막을 것이므로) 지역 내에서 이동하려는 성향을 보일 것이다. 언어장벽은 이러한 지역 내향성을 더욱 강화하는데, 그 결과 스페인어를 사용하는 지역인 보일 하이츠(Boyle Heights) 거주민의 심상지도(그림 10.6d)처럼, 극도로 제한된 도시 이미지가 형성될 수 있다.

인지적 거리

사람들이 심상지도를 그려내는 이면에는 이미지 요소 간의 **인지적 거리**(cognitive distance)가 존재한다. 인지적 거리는 흥미롭고 중요한 규칙성을 보이는 이미지가 지닌 또 다른 측면이다. 인지적 거리는 환경에 대한 인지적 재현에 내재된 공간적 정보의 기초가 된다. 이 거리는 다양한 메커니즘을 통해 산출된다. 가령, 가시적인 대상 간의 거리나 가시적 환경의 사용 패턴과 구조가 두뇌를 통해 인식되는 과정, 지도나 도로 표지와 같이 환경에 대한 상징적 재현이 미치는 영향이 이러한 메커니즘에 포함된다. 대부분의 사람들은 도시 규모나 일상적으로 사용하는 교통수단에 상관없이 도시 내부의 인지적 거리를 객관적 거리보다 대체로 크게 인식한다. 물론 이러한 과대산출은 물리적 거리가 커질수록 줄어드는 경향이 있다.

이미지와 인지적 거리는 사람들이 지나다니며 맞닥뜨리는 환경적 자극의 수 및 종류나 그들이 보통 가지고 있는 사회적 지원이 작동한 결과 형성된다고 한다. 또한 도시의 실제 형태는 어떤 신호를 선택할지 결정하는 데 그 어떤 개인의 특징(가령 거주 기간)보다도 더 큰 영향을 미친다고 한다. 상이한 도시 구조 유형은 상이한 자극 선택을 유도할 것이며 따라서 상이한 인지 거리 산출방식과 종국에는 상이한 종류의 심상지도를 생산하도록 할 것이다. 동심원 형태로 구획된 도시에 사는 사람은 토지이용 변화에 더 큰 반향을 보일 것이고, 가령 선형으로 구조화된 도시에 사는 사람들은 교외와 도심을 연결하는

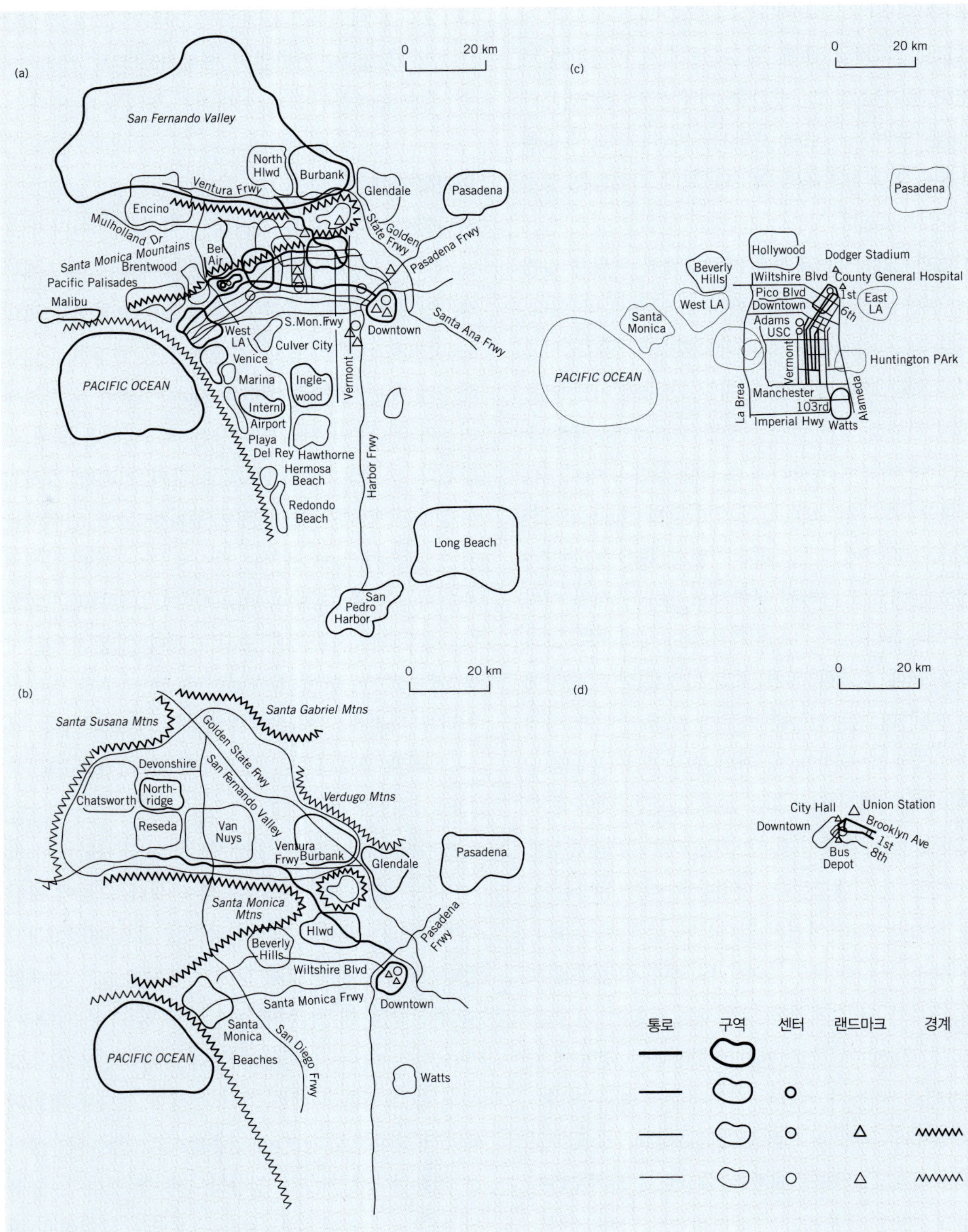

그림 10.6 로스앤젤레스에 대한 명시적 이미지 : (a) 웨스트우드 주민, (b) 노스리지 주민, (c) 아발론 주민, (d) 보일 하이츠 주민
출처 : Orleans(1973), pp. 120-123.

도로를 따라 교통관련 자극에 더 큰 반응을 보일 것으로 예상해 볼 수 있다.

상이한 '출발지'와 '목적지'에 부여하는 가치의 왜곡 효과를 고려해 보건대, 사람들이 떠올리는 도시의 이미지란 가지처럼 퍼진 그들의 '활동공간' 네트워크로 구성되어 있으나 한 주요 지점(집, 직장, 도심 등)에서 다른 지점으로 이동함에 따라서 수시로 변형되는 공간일 것이다. 예를 들어 집으로 향하는 이동은 똑같은 거리이지만 밖으로 향하는 이동보다 더 짧게 느껴진다. 이러한 인지적 구조가 린치가 제안한 일반적인 도시 이미지와 어떤 관련이 있는지는 아직 제대로 연구되지 않았다. 그러나 대부분의 사람들은 그들의 삶의 다양한 측면이 펼쳐지는 각각의 지리적 스케일과 직접적으로 연결된 이미지들이 상호 맞물린 위계를 내면화할 것이라고 추론할 수 있다.

도시 이미지의 평가적 측면

많은 경우, 중요한 것은 이미지의 구조적 측면이 아니라 심상지도에 나타나는 각각의 도시 환경 요소에 사람들이 부여하거나 그로 인해 환기되는 의미이다. 사람들이 **어디에 무엇이** 있는지를 인지하는 것뿐만 아니라 서로 다른 요소에 대하여 무엇을 **느끼는지**에 따라서 모든 종류의 행위가 결정된다. 가령 특정한 지점이나 구역은 매력적이거나 혐오감을 유발할 수도, 흥분을 주거나 평안함을 줄 수도, 두려움을 불러일으키거나 안심시킬 수도, 또는 이러한 감정을 복합적으로 야기할 수도 있다. 이러한 감정적 반응은 도시 이미지에 대한 **평가적** 측면을 반영한다.

대체적으로 말해 도시의 평가적 이미지는 도시의 여러 근린지구들이 거주지역으로서 가지는 바람직함이나 매력으로 드러난다. 이를 측정하고 합쳐서 사람들이 여러 근린지구에 대해 가지는 긍정적 또는 부정적 감정의 종합인 도시에 대한 집합적 이미지의 지도를 만들어 낼 수 있다.

도시 환경의 인지적 차원

사람들은 거주지로서의 바람직함에 대해 전반적인 평가를 내릴 수 있다는 사실을 고려해 볼 때 그 평가는 무엇에서 기원하는지에 대한 질문이 제기된다. 다시 말해, 특정 장소나 근린지구에 대한 사람들의 전반적 평가를 구성하는 요소는 무엇이며, 사람들은 이러한 특정한 환경적 측면에 대해 어떤 느낌을 가지고 있는가?

도시의 평가적 이미지 구성을 충분히 이해하기 전에 먼저 연구해야 할 사항이 많이 있다. 장소와 사람들의 장소 인식 사이에 형성되는 변증법의 여러 측면이 그중 하나다. 중첩된 이미지의 층 이외에도, 사람과 근린지구 모두 지속적으로 변화한다는 점 또한 인지해야 한다.

이러한 변화에 대한 거주민의 인지적 반응을 이해하고자 하는 이들은 **근린지구 안정성**이 주요 인지적 관심사임을 밝혀냈다(Aitken, 1990). 구체적인 주제를 가지고 접근하는 다른 연구자들은 평가적 이미지의 구체적인 측면을 탐구했다. 가령 데이비드 레이(David Ley, 1974)는 필라델피아 도심부 근린지구를 사례로 인지된 위험의 지역지리를 제시하는 연구에서 대부분의 사람들이 위험한 지점(조직폭력배들이 어울려 다니는 곳 근처, 마약밀매가 이루어지는 버려진 장소, 버려진 빌딩 등)을 어떻게 인식하거나 피하는지를 보여 주었다. 두려움의 이미지는 시간대에 따라서도 달라진다. 공원은 낮 동안에는 고요하고 안전한 장소로 인식될 수 있지만 밤에는 사뭇 다른 감정을 유발할 수 있다. 두려움은 또한 젠더에 따라서도 달라진다. 여성은 남성보다 더 광범위한 상황에서 더 강하게 범죄와 추행에 대한 두려움을 지닌다. 이러한 점은 중요하다(그러나 연구가 덜 된 주제이기도 하다). 왜냐하면 여성이 인식하는 위험과 실제 그녀들이 처해 있는 위험의 공간적 분포와 여성의 행동 반응의 공간적 분포는 과연 여성이 동등하게 사회에 참여하고 있는지에 관한 시사점을 제시하기 때문이다(Smith, 1989a; Pain, 1991).

또한 평가적 이미지는 대도시의 일부 지역이 **오명을 쓰게 되고** 그 지역 거주민들에게는 '일하기 싫어하며', '신뢰할 수 없고', '문제를 일으키는' 집단이라는 딱지가 붙게 되어 결국 그들이 지역 주택시장과 취업시장에서 경쟁력을 가질 수 없게 되는 방식을 보여준다는 점에서 또 다른 주요 시사점을 제공한다. 또 다른 이들은 (빌딩이나 사회적 특징보다) 의상과 개인물품이 도시의 다른 지역에 대한 느낌을 결정하는 데 어떤 역할을 하는지를 탐구한다. 우리가 지니고 있는 개인 물품들은 끊임없이 우리가 무엇을 좋아하는지, 무엇을 믿는지에 대해 소통한다. 가령 신발, 책, 벽보, 청바지 스타일 등은 그 주인이 스스로에 대해 설명하는 사인을 간략하게 전시하는 셈이다. 뿐만 아니라 이러한 사인을 통해 다른 사람들이 그 주인과 **그들의 환경**에 의미와 중요성을 부여하게 된다.

집의 이미지

개인적 성격이 집과 소유물에 반영되듯이 집합적인 성격과 가치 역시 문화경관이라는 보다 넓은 환경에 투영된다. 이렇듯 장소와 사람들의 관계는 '장소감'이라는 관념을 낳았는데, 장소감은 이미지화의 여러 측면과 장소의 상징적 의미, '장소애', 즉 사람과 장소의 정서적 유대를 버무린 개념이다(Tuan, 1974).

도시사회지리학이라는 특수한 맥락에서 가장 중요하게 부각되는 장소감의 종류는 사람들이 **자신의 집과 그 주변**에 대해 부여하는 감정일 것이다. 의심의 여지없이 집과 그 주변의 물리적 · 사회적 환경은 개인의 심리적 · 사회적 발달 초기에 결정적으로 중요한 역할을 하며, 고향에 대한 강한 애착심(때로는 거의 경외감), 즉 이-푸 투안(Yi-Fu Tuan, 1976)이 말한 지외경(geopiety) 현상을 낳은 것으로 보인다. 이러한 감정은 영역성과 분명히 관련되는 것으로, 한 지역에서 일정 기간 동안 살아온 사람들 대부분에게 잠재된 일종의 '근린지구 애착'을 증명하는 사례는 수도 없이 많다. 그중 가장 눈에 띄는 증거는 재개발 사업으로 살던 지역에서 강제로 내쫓긴 사람들이 그들의 터전을 상실한 뒤 느끼는 슬픔이다. 집과 그 주변은 사람들의 '활동공간'과 밀접히 연관된다. 한 남성이 자신의 집과 그 주변을 묘사한 하나의 사례를 보도록 하자.

> 런던이 세로 25마일(40km), 가로 20마일(32km)짜리 럭비공 모양으로 확장된 데 대해서는 런던광역시의회의 책임이 있다. 우리 도시는 그중에 신장 모양의 자그마한 땅덩어리로, 어느 곳을 연결해도 7마일이 넘지 않는 작은 도시이다. 남쪽은 강에 면해 있고 북쪽은 두꺼운 혀 모양의 햄스테드 히스(Heampstead Heath), 하이게이트 빌리지(Highgate Village)와 접경을 이룬다. 서쪽은 브롬튼(Brompton) 묘지, 동쪽은 리버풀 스트리트(Liverpool Street) 역과 인접해 있다. 나는 이 경계를 넘어가 본 적이 거의 없다. 간혹 넘어갔을 때는 마치 재해와 루머가 가득한 외국 영토에 와 있는 느낌이 들었다. 우리 도시의 북서쪽 경계 끝에 있는 킬번(Kilburn)은 사악한 술주정뱅이 아일랜드계 사람이, 해크니(Hackney)와 달스톤(Dalston)은 가느다란 콧수염을 기르고 황금이빨을 드러낸 부정직한 자동차 딜러들이 살고 있다고 나는 상상한다.

템즈강 남부 런던은 여전히 어처구니없이 비논리적이고 우발적인 곳처럼 보인다. 그곳은 무의미한 집단들의 영토로, 이해할 수 없는 일방통행에다 창고, 애완용 새를 파는 가게로 가득 차 있다. 금기의 벽에 스스로를 둘러친 부족민처럼 나는 묘지와 교통의 종점과 야생으로 나의 경계를 긋는다. 이 경계 너머에는 아무도 믿을 만하지 않으며, 아무 일도 일어나지 않을 것만 같았다.

도시 안에 존재하는 이 제한된 나만의 도시는 자아성취 예언과도 같은 성격을 지닌다. 그 경계는 처음에 우연히, 필요에 의해 그어졌지만 내가 런던에 사는 기간이 길어질수록 점점 더 현실로 굳어져 갔다. 우리 동네에서 3마일밖에 안 떨어진 클래펌(Clapham)에 친구들이 살고 있는데, 그들을 만나러 가는 것은 여행으로 여겨진다. 왜냐하면 강을 건너야 하기 때문이다. 하지만 클래펌보다 두 배는 더 먼 이즐링턴(Islington)에 사는 친구에게는 자주 들른다. 거기는 내가 나의 영토라고 느끼는 곳에 속해 있기 때문이다.

(Raban, 1975, pp. 166-7)

글상자 10.5

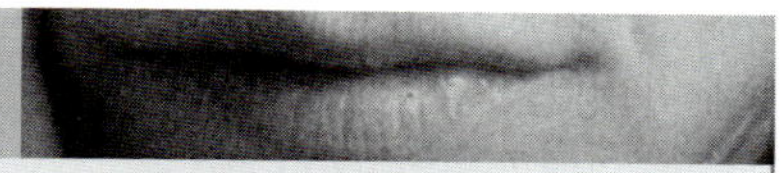

도시사회지리학의 주요 논쟁 – 도시의 제1속성과 제2속성

이 책은 저명한 정치지리학자인 피터 테일러(Peter Taylor, 2004)가 도시의 '제1속성'이라고 명명한 도시의 내부구조에 대해 다루고 있다. 그러나 테일러도 지적했듯이 도시는 '제2의 속성'도 지니고 있다. 그것은 바로 도시 간 연계이다. 지난 50년 동안 지리학자들은 이 두 번째 속성을 간과해 왔다. 그럴 만한 이유 중 하나는 도시 간에는 무역, 돈, 사람, 아이디어의 교환이 복잡하게 얽혀 있기 때문에 이 두 번째 속성을 분석하기 다소 복잡하고 어렵다는 데 있다. 또 다른 이유는 사회에 대한 우리의 관념이 국민국가 개념에 크게 영향을 받고 있다는 데 있다. 그 결과 하나의 국가 차원의 위계를 상정해 놓고 그 안에서 도시 간의 연계에만 초점을 맞추고 서로 다른 국가에 속한 도시 간의 연계를 간과하게 되었다.

테일러에 의하면 국민국가가 이처럼 지배적인 실체로 등장하기 이전에는 전 세계 도시 간에 광범위한 네트워크가 수백 년 동안 존속해 왔다고 한다. 12세기 이후 이에 대한 가장 명백한 예로 베니스는 복잡한 교역 루트를 따라 콘스탄티노플, 사마르칸트를 거쳐 베이징과 다른 아시아의 중심지에까지 연결되어 있었다. 또 다른 주요 사례는 12~17세기까지 '한자동맹'을 형성하여 번성했던 북유럽의 여러 도시 간에도 상당한 교역 연계가 존재했다는 사실이다.

이처럼 도시 간 연계를 간과한 결과 '세계도시' 가설에도 심각한 의문이 제기된다고 테일러는 지적한다(Short *et al*., 1996). 사센(Sassen, 2001)도 그녀가 '글로벌 도시'라고 명명한 비즈니스 및 사업자 서비스 중심지에 대한 개념이 개연성은 있지만 명확한 증거로 뒷받침되지 않는다고 강조한다. 테일러는 많은 도시를 사례로 비즈니즈 서비스 연계에 대해 정량적 분석을 실시한 결과 소위 '배후세계'를 구성하는 복잡한 네트워크가 있음을 밝혀냈다.

주요 관련 개념

글로벌 도시, 흐름의 공간, 세계도시

더 읽을거리

Sassen, S. (2001) *The Global City* (2nd edition) Princeton University Press, Princeton, NJ

Short, R. Kim, Y. Kuss, M and Wells, H. (1996) The dirty little secret of world city research, *International Journal of Urban and Regional Reserach* **20**, 697–717

Talyor, P. (2004) *World City Network: A global urban analysis* Routledge, London

관련 내용

1장 : 글상자 1.3 서구 도시의 범세계주의 성장 : 런던의 사례

2장 : 글로벌화, 지식 경제와 정보도시, 글상자 2.4 마누엘 카스텔

12장 : 글상자 12.4 초국적 도시성의 성장

글상자 10.6

도시사회지리학과 관련된 주요 영화 – 10장

- City of God(2002)
  리우데자네이루 슬럼가에서 조폭의 다툼을 둘러싼 폭력을 다룬 매력 있는 영화이다. 단 소심한 사람은 시청을 삼갈 것이 요망된다.
- Rebel Without A Cause(1955)
  10대의 반란을 다룬 최초의 영화 중 하나로 1950년대에 만연했던 표현주의의 영향이 물씬한 영화(14장의 느와르 영화에 대한 부분 참고)이다.
- Slacker(1991)
  텍사스 오스틴의 중퇴한 젊은이들의 24시를 재미있게 보여 주는 영화이다.
- Twin Town(1997)
  트레인스포팅처럼 '부도덕한' 청년 문화를 다루는 영화이다. 물론 이 스코틀랜드를 배경으로 한 영화에는 훨씬 못 미치지만 특이한 설정이 호기심을 끈다[웨일스의 산업도시이자 스완지(Swansea) 옆 도시인 포트 탈봇(Port Talbot)이 배경이다]. 영화배우 리스 이판(Rhys Ifans : 영화 노팅힐에서 스파이크 역)과 그의 실제 쌍둥이 동생인 리르 이판을 캐스팅했다.

요약

10.1 신고된 범죄현장과 체포된 범법자 위치의 지리적 분포는 독특한 패턴을 보인다. 많은 이론이 이러한 패턴을 설명하기 위해 제시되었지만 다중요인적 설명이 가장 주목을 받았다.

10.2 사람들은 주요 랜드마크나 교통로와 같이 눈에 띄는 몇 가지 특징을 바탕으로 심상 이미지를 형성하거나 도시를 재현한다. 이렇게 생산된 이미지는 도시 내 각 지역에 대한 사람들의 선호도에 영향을 미친다.

주요 개념

결정론적 이론
근린지구 효과
문화전파
방어공간
상부구조
생태학적 오류
소외
'심리적 과부하'
심상지도
영역성
예비군
일탈적 하위집단
하위문화 이론
합성 이론
행동주의
행태주의
환경 조건화

읽을거리

행태지리학

Gold, J. (1980) *An Introduction to Behavioural Geography* Oxford University Press, Oxford

Wlamsley, D. J. (1988) *Urban Living: The individual in the city* Longman, Harlow

Golledge, R. and Stimson, R. (1987) *Analytical Behavioural Geography* Croom Helm, London

일탈, 범죄, 도시 환경

Atkinson, R. and Blanday, S. (2006) *Gated Communities* Routledge, London

Bottoms, A. and Wiles, P. (1992) Explanations of crime and places, in D. Evans, N. Fyfe and D. Herbert (eds) *Crime, Policing and Place* Routledge, London, pp. 11-35.

Cahill, M. E. and Mulligan, G. F. (2003) The determinants of crime in Tucson, Arizona, *Urban Geography* **24**, 582-610

Evans, D. and Herbert, D. (eds) (1989) *The Geography of Crime* Routledge, London

Helms, G. (2008) *Towards Safer City Centres: Remaking the spaces of an old-industrial city* Ashgate, Oxford

Jones, H. (ed.) (1993) *Crime and the Urban Environment* Avebury, Aldershot

Pain, R. and Smith, S. (2008) *Fear: Critical geographies and everyday life* Ashgate, Oxford

Sanders, B. (2005) *Youth Crime and Youth Culture in the Inner City* Routledge, London

Smith, S. (1986) *Crime, Space and Society* Cambridge University Press, Cambridge

Taylor, R. (1999) Urban communities and crime, in M. Gottdiener and C. Pickvance (eds) *Urban Life in Transition* Sage, Newbury Park

심상지도, 인식, 도시 환경의 인지적 차원

Pocock, D. and Hudson, R. (1978) *Images of the Urban Environment* Macmillan, London

제11장

몸, 섹슈얼리티, 도시

핵심 문제

- 학자들이 몸과 도시와의 관계에 대해 점점 더 관심을 갖게 된 이유는 무엇인가?
- 섹슈얼리티란 무엇인가?
- 도시와 섹슈얼리티는 어떻게 서로 영향을 주고받는가?
- 도시는 어떤 식으로 장애인을 억압하는가?

'문화적 전환'(3장에서 소개)은 현대인의 삶, 특히 도시에서의 삶에서 사람들의 몸이 차지하는 역할에 대해 상당한 관심을 불러일으켰다. 그 한 가지 이유는 (1장에서 언급한 대로) 몸이 도시를 묘사하는 은유로 자주 사용되었다는 점이다. 따라서 '순환'이라는 개념이나 '혈관'과 '신경중추'를 의미하는 말들은 도시 교통체제를 묘사하는 데 종종 이용되었다. 뿐만 아니라, 질병과 사회 병리를 암시하는 표현은 도시문제에 대한 많은 저술에서 발견된다. 그러나 이보다 더 중요한 점은 몸이 도시 공간에서 주요 문화적 기표가 되면서 몸 자체에 대한 관심도 증가하고 있다는 점이다. 신체적 외형과 복장은 문화적·사회적 가치를 반영하는 중요한 신호가 된다.

다양한 형태와 크기의 몸이 존재하지만, 사회는 특정한 외형적 기준과 그에 수반되는 사회적 가치를 따르도록 사람들을 종용한다. 이러한 압력은 영화, TV, 광고, 잡지에서 나타나는 강력한 이미지 효과를 통해 더욱 강화된다. 현대 서구 사회의 다양한 매체들은 대체로 날씬하고 젊은 여성과 상대적으로 근육질인 젊은 남성의 이미지를 강조한다(물론 이러한 이미지는 잡티까지도 제거하는 컴퓨터 보정작업을 거친다). 이러한 이미지들은 극단적인 신장과 몸무게를 제거할 뿐만 아니라 이성애와 비장애 상태를 강조하기도 한다. 이 지배적인 이미지는 시간과 장소에 따라 매우 구체적인 다양성을 띤다. 예를 들어, 20세기 초반 할리우드 영화는 글래머인 여성상을 선호했으며, 60년대에는 그 몇 년 전만 해도 여성 같다고 간주될 만한 머리 긴 남성상을 설파했다.

육체성(corporeality)이라는 용어는 몸의 이미지가 단순히 사람들 간의 생물학적 차이의 결과물이 아니라 다양한 기호와 의미화 체제를 통해 사회적으로 구성되는 것임을 의미하는 용어다. 엘리자베스 그로츠(Elizabeth Grosz)는 '도시가 성별화된 육체성을 사회적으로 생산해 내는 데 결정적으로 중요한 요인 중 하나'임을 주장했다(Grosz, 1992, p. 242). 따라서 지리학자들의 주요 임무는 '몸이 어떻게 물리적으로, 성적으로, 담론적으로, 또는 재현을 통해 생산되며, 그렇게 생산된 몸이 또다시 어떻게 사회문화적 환경에 투사되어 몸의 형태와 몸에 대한 관심을 생산해 내는지'를 탐구하는 것이다(Grosz, 1992, p. 242).

문화이론가들은 육체적 정체성이 지니는 불안정하고 가변적인 성격에 주안점을 둔다. 젠더, 섹슈얼리티, 문화적 그리고 다른 육체적 차이들은 자연적 실체가 아니라 특정 공간과 관련 있는 '문화적 수행'이라고 본다. 이는 육체적 외형이 단지 피상적이고 표면적인 이미지에 불과하다는 뜻이 아니다. 오히려 (3장에서 살펴본 바와 같이) 온갖 역사적·지리적 요인들로 구성된 자기 자신에 대한 내면적 인식을 반영한다는 의미이다. 이 사회적 과정에서 공간은 또다시 결정적인 요인이 된다. 특정한 행위를 통해 정체성이 사회적으로 구성되는 방식을 **수행성**(performativity)이라고 부른다. 몸이 광범위한 의미체계를 통해 공간상에서 사회적으로 구성되는 과정을 **체현**(embodiment)이라고 부른다.

11.1 젠더, 이성애 – 가부장제, 도시

이 책의 여러 곳에서 밝혔듯이 도시는 물리적일 뿐 아니라 사회적인 구성물이다. 기대되는 행동 패턴과 그러한 행동규범을 위반하는(또는 위반할 것으로 예상되는) 집단을 배제함으로써 공간적 통제가 이루어진다. 기대되는 행동규범의 한 예가 바로 육체적 친밀성을 공공연하게 표현하는 방식이다. 가령 어떤 이들은 이성끼리 공공장소에서 키스하는 것을 보면 당황스러울 것이다. 그러나 그 당황스러움은 동성끼리 공공장소에서 애정을 표현하는 것을 볼 때 느끼는 불편함(또는 심지어 반감 내지는 분노)에 비할 바가 아닐 것이다.

옷차림, 연령, 민족성 등과 같은 요인을 통해 육체적 외형은 기대되는 행동에 그 사람이 부합하는지 여부를 판단하는 데 중요한 기표로 작동한다. 육체적 정체성의 구성요소 중 가장 중요한 것 중 하나가 바로 젠더이다(물론 이를 판단하기 어려울 때도 있지만 말이다). 사회과학 연구에서 **젠더**(gender)라는 용어는 남성과 여성 간의 생물학적인 성차(즉, 섹스)보다는 사회적·심리적·문화적 차이를 나타내는데 주로 쓰인다. 젠더와 섹스를 이처럼 구분하는 데에는 우리가 선천적인 생물학적 결과물보다는 사회적으로 만들어져서 부과되는 **젠더 역할**(gender roles)에 따라 행동한다는 함의가 깔려 있다. 또한 젠더 역할은 육체적 형태, 외형, 행동을 통해 분명히 드러난다. 무엇이 합당한 여성적·남성적 행동이나 복장인가는 시간에 따라 확연히 변동해 왔다. 엘리자베스 여왕 시대에 유럽 남성들이 착용했던 정교한 러프(주름진 깃—역자 주)나 17세기 남성 귀족들이 착용한 거대한 가발만 생각해 보아도 알 수 있다.

요지는 여성과 남성에게 기대되는 외모와 행동의 차이는 시간에 따라 사회적으로 구성되어 왔다는 점이다. 뿐만 아니라 이 차이는 성적으로도 매혹적인 것으로 구성되어 왔다(물론 일부 매혹적이지 않은 의상 스타일도 다음 세대에 전수되기도 했지만 말이다). 리즈 본디(Liz Bondi, 1998a)는 사회과학 연구에서 성과 젠더를 구분하는 것은 유용함에도 불구하고 이 둘은 상호 연관되어 있다고 언급한다. 왜냐하면 젠더 역할은 합당한 성적 행동이 무엇인가를 암시하기 때문이다. 그러나 젠더 역할은 사회적으로 구성되지만 나머지는 단지 생물학적 결과물이라고 전제함으로써 최근까지도 섹슈얼리티가 문화적 실천이라는 점은 간과되었다.

남성과 여성 간의 차이는 단지 서로 다른 성이 '수행'하는 방식의 차이가 아니다. 전 장에서 검토

글상자 11.1

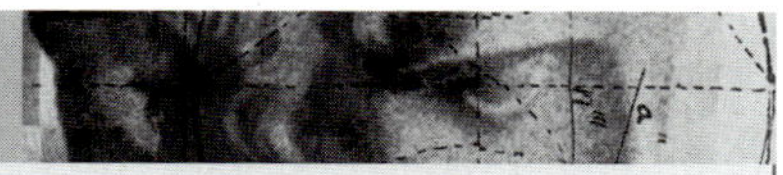

도시사회지리학의 주요 사상가 – 피터 잭슨

피터 잭슨(Peter Jackson : 지리학자, 3부작 '반지의 제왕' 감독이 아님)은 최소한 세 가지 이유에서 지난 20여 년간 도시사회지리학에 지대한 영향을 미쳤다.

첫째, 잭슨은 시카고학파의 도시생태학의 역할을 1980년대에 재해석한 지리학자 집단 중 한 명이었다. 그 이전 시대인 1960년대의 도시지리학자들은 시카고학파의 계량적이고 통계적인 연구로부터 큰 영감을 받았었다. 그러나 잭슨은 (공동저자인 수잔 스미스와 함께) 파크와 그의 동료들이 행한 민속지학 전통에 주목하였다(Jackson & Smith, 1984).

둘째, 잭슨은 당시의 정체성 논쟁이 상당히 제한된 범위에서만 이루어진다는 점을 강조하며 정체성 논쟁에 뛰어들었다. 그에 의해서 젠더에 대한 논쟁도 여성성 이외에 남성적 정체성을 고려해야 하는 것으로 확대되었다. 즉, 섹슈얼리티에 대한 논의는 게이 남성뿐만 아니라 이성애자를 포함해야 하며, 마찬가지로 소수민족집단 역시 곧잘 간과되는 '백인성'을 고려해야 하는 것이다(Jackson, 1989, 1991b).

셋째, 잭슨은 (글상자 9.5에서 소개한 왕성한 저술가 나이젤 스리프트를 포함하여) 정체성과 도시적 삶을 형성하는 데 소비의 역할에 더욱 주목해야 된다고 주장한 지리학자 중 한 명이다(Miller *et al.*, 1998).

요약하자면, 잭슨의 연구는 문화지리학의 중요성을 재차 선언하고 있다. 물론 전통적인 문화지리학과는 다른 문화지리학이다. 이 '신'문화지리학은 무엇보다 일상적인 사회담론에서 당연하게 여겨지는 범주들이 어떻게 사회적으로 구성된 것인가를 밝히는 데 주력한다. 이에 신문화지리학은 '문화정치'를 연구한다. 문화정치란 문화가 단지 미학적 스타일이나 취향을 고려하는 것이 아니라 권력과 사회적 자원에 대한 접근성 문제를 다룬다고 본다(Mitchell, 2004).

주요 관련 개념

반본질주의, 문화정치, 정체성, 정체성의 정치, 인종차별주의, 섹슈얼리티, 사회 구성주의

더 읽을거리

Jackson, P. (1989) *Maps of Meaning* Unwin Hyman, London

Jackson, P. (1991) The cultural politics of masculinity: towards a social geography, *Transactions of the Institute of British Geographers* **16**, 199–213

Jackson, P. and Smith, S. (1984) *Exploring Social Geography* Allen & Unwin, London

Miller, D. Jackson, P., Thrift, N. Holbrook, B. and Rowlands, M. (1998) *Shopping, Place and Identity* Routledge, London

Mitchell, D. (2004) Peter Jackson, in P. Hubbard, R. Kitchin and G. Valentine (eds) *Key Thinkers on Space and Place* Sage, London

관련 내용

7장 : 글상자 7.5 로버트 파크

8장 : 사회적 폐쇄, 인종차별주의, 차별

9장 : 장소, 소비, 문화정치

한 바처럼 이러한 차이들은 법 구조와 자원의 배분과 긴밀히 연관되어 있다. '남성' 또는 '여성'이 된다는 것을 둘러싼 담론에는 물질적인 기초가 자리잡고 있다. 뿐만 아니라 이 권력 관계의 체제는 어디서나 항상 남성에게 유리하게 작용해 왔다는 사실이 이제 널리 받아들여지고 있다. 남성의 여성 지배를 가능하게 해 준 제도의 구조와 사회 질서 체제를 보통 **가부장제**(patriarchy)라고 부른다. 가부장제는 보통 이성애적 가치의 지배를 받으므로 **이성애-가부장제**(heteropatriarchy)라고도 불린다. 한편 이러한 가치가 지배하는 도시지역 역시 **이성애-가부장제 환경**(heteropatriarchal environment)이라고 불린다. 언제나 그랬듯이 이 시점에서 도시의 다양성을 인식하는 것이 필요하다. '남성'과 '여성'이라는 범주는 계급, 연령, 민족성, 종교, 육체적 능력 등과 교차한다.

사회공간 변증법에서 젠더의 역할

도시는 젠더 역할을 창조하기도, 그것을 반영하기도 한다. 도시는 가부장제 체제와 무엇보다 이성애-가부장제 환경을 반영한다. 유급노동 영역을 예로 들자면, 맥도웰(McDowell, 1995)은 런던 시에서 상업은행의 직원으로 일한다는 것은 젠더화되고 체현된 방식의 수행에 개입하게 되는 것이라고 한다. 그곳은 과격하고, 공격적이고, 남성이 지배하는 산업 환경이다. 여성은 일정 수준까지는 그곳에서 잘 받아들여지고 훌륭하게 작업을 수행할 수 있는 존재로 여겨진다. 그러나 험담과 농담, 역설적인 언급 등을 통해 여성들은 끊임없이 '타자'로, 즉 원래 남성들이 주인인 환경에 침입자로 환기된다. 따라서 여성들은 '명예 남성'처럼 행동하거나 남성중심적 정체성을 수용하게 된다. 이는 장시간 근무로 나타나거나, 필요에 따라서는 야심찬 목표를 이루기 위해 전화에 대고 큰소리를 친다든가, 소비 지향적이고(시간이 허락한다면) 과시적인 생활양식을 취하는 것으로 나타난다. 물론 남성 은행원들에게 의무적으로 요구되는 검정 비즈니스 정장까지는 아니지만 여성 은행원도 여비서와 자신들을 구분시켜 줄 복장을 필요로 한다. 이러한 복장은 너무 관능적이어도, 너무 남성적이어도 안 된다. 흥미롭게도 이러한 환경 역시 이성애 가치와 동성애 혐오로 점철되어 있다. 이와 유사하게 여성에게 문호가 제한된 영국의 공공기관에서도 다양한 형태의 젠더 문화가 나타난다(표 11.1 참고).

도시의 특정 거리에서도 유사한 사례를 찾아볼 수 있다. 공격적으로 남성중심적 태도를 과시하는 젊은 남성 조직폭력배들은 이따금씩 도시의 특정 거리를 점령하기도 한다. 이러한 곳을 지나가는 여성은 곁눈질이나 악담, 또는 과도한 성차별주의적인 발언을 감수해야 한다. 이로 인한 두려움은 밤에 특히 극대화된다. 따라서 일부 여성단체들은 "밤 되찾기" 운동을 벌여 여성도 도시 공간을 점유할 권리가 있음을 주창하기도 한다. 일부 남성 역시 도시의 여러 곳에서 불편함을 느껴야 하겠지만 전반적으로 남성은 여성과 똑같은 수준의 배제와 위협을 느끼진 않는다(연구에 의하면 젊은 남성이 무작위 폭력의 희생자가 될 확률이 가장 높지만 말이다).

길거리 폭력배들은 극단적인 사례이겠지만 실제로 모든 도시 공간은 남성중심적인 이성애 규범의 지배를 받는 경향이 있다. 따라서 도시의 공적 공간은 전형적으로 남성의 영역으로, 반면 가정적인 교외의 영역은 여성의 영토로 간주되어 왔다. 그러나 최근 페미니스트들은 사적 영역 역시 가부장제와 남성중심적 가치의 지배를 받고 있다고 지적한다. 법적으로 사적인 공간으로 명명할 뿐, 가정 영역에 대

표 11.1 영국 공공기관에서 나타나는 젠더 문화의 유형

문화 유형	특징
신사적 클럽	▷ 여성의 역할은 주부와 엄마 ▷ 남성의 역할은 가장 ▷ 순응적인 여성을 반기며 예의 바르게 대우 ▷ 여성은 양육하거나 섬기는 역할을 수행 ▷ 다양성과 차이 무시
군대 막사	▷ 위계적 조직 ▷ 집단적 괴롭힘 문화 ▷ 훈련이나 자기계발 기회가 없음 ▷ 조직 내 위치에 대해 분명한 입장
락커 룸	▷ 배타적 문화 ▷ 외부 스포츠 및 사회활동을 통해 관계 구축 ▷ 조직 문화에 스포츠 활동 참여가 중요함
젠더 블라인드	▷ 남성과 여성 간에 차이가 없다고 간주 ▷ 사회적, 문화적 다양성 무시 ▷ 일과 가정 및 삶의 경험은 별개 ▷ 여성은 완벽한 어머니인 동시에 능력 있는 매니저 ▷ 남들보다 불리한 조건의 이유 부정
영리한 마초	▷ 어떤 비용을 감수하고서라도 경제적 효용성 추구 ▷ 목표와 예산에 사로잡혀 있음 ▷ 경쟁적 ▷ 목표에 도달하지 못한 개인들에게 무자비한 대우
립서비스 제공	▷ 페미니스트인 척함 ▷ 동등한 기회를 주창하나 실제로는 허구임 ▷ 모든 여성은 훌륭한 관리자여야 한다는 관점 신봉 ▷ 여성은 공감능력이 뛰어남
여성 게이트키퍼	▷ 여성이 게이트키퍼 역할을 함 ▷ 가정 지향적인 여성과 일 지향적인 여성으로 구분 ▷ 대부분의 여성은 보조적인 역할 ▷ 임원급 직위에는 여성이 거의 없음 ▷ 여성은 장소감이 있음 ▷ 가부장적 질서 옹호 ▷ 임원급 여성에게 큰 압력이 가해짐

출처 : Maddock & Parkin(1994) cited in Booth *et al.* (1996), p. 176.

한 국가의 통제는 상대적으로 미미하며 젠더 불균등은 사적인 환경에서 재생산되고 있다. 한 예를 들어 보면, 직장이 있으되 가사를 적극적으로 분담하는 남성, 즉 '보살피고 나누는' '새로운 종류의 남성'의 존재에 대해 많은 매체들이 추측하고 있으나 여전히 압도적으로 많은 연구들은 여성이 가사와 직장이라는 이중의 의무를 지고 있음을 증명하고 있다.

더욱 극단적인 사례를 들어 보면, 가부장제는 가정폭력에서 확연히 드러난다. 미국 보건국장에 의하면 남성 배우자의 아내 구타가 여성 부상의 가장 큰 단일 원인이라고 한다. 미국에서는 해마다 600만 명 가량의 여성이 학대를 당하며, 4,000명의 여성이 전

남편 내지는 현재 남편의 폭력으로 목숨을 잃는다. 이 문제는 절대로 간과되어서는 안 될 사안이지만 그래도 최근 10년간 변화가 있었다는 점을 인식하는 것도 중요하다. 사회 연구 덕분에 이제는 성추행, 강간, 육체적 학대에 대한 사회적 각성이 고양되었고 이를 시정하기 위한 정책이 개발되었다. 대부분의 도시는 강간 응급호출 서비스를 제공하고 있고 여성센터와 구타당한 여성들을 위한 쉼터, 여성건강을 위한 클리닉 등을 운영하고 있다. 뿐만 아니라 보육시설에 대한 접근성과 동등한 임금에 대한 이슈가 실제로 정치인들의 수사에 못 미쳐도 정치적 어젠다로 부각되기에 이르렀다. 또한 도시는 여성의 감옥이기도 하지만 여성해방의 중심지였다는 점을 인식할 필요가 있다. 근대 도시는 많은 여성들이 함께 모여 여성단체를 만들어 가부장제의 압력에 맞서 싸우도록 하였다.

11.2 섹슈얼리티와 도시

사람들의 성적 행위는 도시구조에 중요한 영향을 미치기도 했지만 그와 동시에 도시의 속성에 의해 상당 부분 특징지어졌다. 이 사회공간 변증법의 한 가지 중요한 원인은 성적 행위가 단지 미개한 생물학적 요구가 아니라 사회적 가치에 의해 심대하게 영향을 받는 학습된 행위라는 점이다. 이런 이유에서 성애에 대한 태도와 성적 실천은 전 세계의 다양한 문화권에서 상당한 차이를 보인다. **섹슈얼리티**(sexuality)라는 용어는 성에 대한 아이디어를 지칭하는 말이다. 이 용어는 성적 실천의 특징뿐만 아니라 그 사회적 의미도 포함한다. 따라서 섹슈얼리티라는 용어를 사용한다는 것은 인간의 성적 행위가 문화적으로 규정되고 사회적으로 구성된다고 암묵적으로 인정하는 것이다.

지난 2000년 중 대부분의 시간 동안 서구 사회에서 성애에 대한 태도는 기본적으로 기독교의 영향을 많이 받았다. 성애에 대한 주류 입장은 성행위가 결혼관계 속에서만 일어나야 하며 자녀 생산을 목표로 해야 한다는 것이다. 부수적인 성적 즐거움을 추구하는 혼외정사는 죄로 취급되었다. 이러한 도덕적 규범하에서 그 이외의 범주에 드는 성행위는 일탈적, 비정상적, 비도덕적, 비자연적이거나 병적인 것으로 분류되었다. 동성애, 복장도착, 성도착, 가학 피학성 성욕, 원조교제, 성매매 등이 이에 해당된다. 그러나 최근 이 규범을 위반하는 성적 소수자의 수가 늘어나 공공의 인정과 합법성을 얻고자 투쟁하고 있다.

계급, 젠더, 민족성에 대한 광대한 연구에 비해 지리학자들은 섹슈얼리티 문제에 대해서는 전통적으로 큰 관심을 기울이지 않았다. 이 점에서 지리학은 다른 사회과학과 크게 다르지 않다.

매춘과 도시

도시는 주류 도덕규범을 위반할 기회를 제공해 왔는데 그 명백한 사례가 바로 매춘, 즉 돈을 대가로 성적인 만족의 제공(반드시 그런 것은 아니나 주로 여성이 남성을 위해)을 허락하는 것이다. 매춘은 종종 세계에서 '가장 오래된 직업'으로 불리기도 하나, '매춘부'라는 용어는 18세기에 이르러서야 쓰이기 시작했다. 전통사회에서 혼외정사의 대상은 주로 여성 정부, 애인, 여성 노예였다. 중요한 점은 당시 이 여성들은 성관계를 주선하는 사람들로 알려져 있었다는 점이다. 대도시가 발전함에 따라 매춘은 여성과 고객이 서로 안면이 없는 관계에서 이루어지는 것으로 변질되어 갔다. 이러한 변화의 이유는 매우 명백하다. 소규모의 농촌사회에서는 서로를 잘 알았던 반면, 도시에서는 익명성이 확대되어 갔기 때문이다. 뿐만 아니라 초기 산업 도시의 경제적 궁핍으로 인하여 매춘은 일부 여성들이 수입을 올릴 수 있는 유일한 방법이 되기도 했다.

도시화와 매춘

정확한 숫자를 알 수는 없지만 매춘이 19세기 도시에서 성행했다는 사실에는 이견이 없다. 애크로이드(Ackroyd, 2000)에 의하면 빅토리아 시대 런던의 매춘부 수에 대해서는 수많은 추측이 난무했다고 한다. 그 수는 많게는 9만 명에 이를 것으로 추정되었다. 대부분의 여성들은 길거리에서 걸어다니며 그들의 '업무'를 수행했으며, 간혹 노골적이고 때로는 공격적인 언어로 성 거래를 간청하기도 했다. 실제로 작가 찰스 디킨스도 한 매춘여성의 호객행위로 봉변을 당하기도 했으며 그 여성은 저급한 언어 사용으로 체포되었다. 계급 고하를 막론하고 모든 남성들은 매춘부를 샀으며 런던의 스트랜드(Strand)가와 헤이마켓(Haymarket) 지역의 상점에서는 아예 몇 시간만 이용하는 "침대 임대"를 광고하기도 했다.

헨리 메이휴(Henry Mayhew, 1862)는 1850년대 런던의 사회적 조건에 대한 조사에서 매춘부를 런던의 서로 다른 지역을 차지하고 있는 여섯 집단으로 구분했다(물론 그는 상류층을 상대로 하는 고급 매춘부는 제외시켰다). 첫 번째 집단은 '첩'과 '프리마돈나'였다. 첩은 여러 지역에 흩어져 살았지만 특히 세인트 존스 우드(St. Johns Wood) 지역에 집중되었다. 프리마돈나는 이들보다 하층집단이었고, 세련된 공원과 극장, 콘서트 장은 물론, 벌링턴 아케이드(Burlington Arcade)라고 불린 세련된 쇼핑가를 차지했다. 두 번째 집단은 모텔에 함께 모여 살았고 헤이마켓 지역에 집중되어 있었다. 세 번째 집단은 저층의 여인숙에 모여 살면서 가난한 런던 동부 지역 끝부분에 집중되어 있었다. 예상한 대로 네 번째 집단은 '선원의 여인'들로, 화이트채플(Whitechapel)과 스피탈필즈(Spitalfields)와 같은 선창가의 공공주택을 차지하였다. 다섯 번째 집단은 공원을 차지하였고, 마지막 집단은 '도둑의 여인들'로 특히 코벤트가든(Covent Garden) 지역에 밀집되어 있었다.

이들 여성은 고객들로부터 신체적 모욕의 위험에 지속적으로 노출되어 있었고, 성적인 전염병에 걸릴 확률이 매우 높았으나(런던에서는 8,000명이 해마다 성병으로 사망했다) 당시 저임금의 공장 노동에 비해 훨씬 더 많은 수입을 올릴 수 있었다(2장 참고). 그러나 매춘에 대해서는 이중적인 잣대가 적용되었다. 매춘부는 박해를 받았으나 그들을 이용한 남성들은 그렇지 않았다. 매춘을 둘러싼 이중 잣대는 가부장제적 젠더 관계(여성과 남성 간 권력 관계의 불평등 등)를 여실히 드러낸다.

현대 도시의 성노동자

매춘은 20세기 서구의 도시에서도 여전히 수많은 갈등의 원천이 되었다. 영국에서는 '홍등가'가 쇠락하는 도심 지구에 들어섰다. 이 지역의 주 거주민은 대개 소수민족집단으로, 이들은 매춘부의 길거리 호객행위로 크게 위협을 받기도 했다. 이는 '매춘 구걸인'을 색출하는 캠페인을 촉발시켰다. 이러한 캠페인은 결국 매춘부를 도시의 다른 지역으로 쫓아내는 역할밖에 못했지만 지역사회와 경찰의 협조 속에서 진행되었다.

대부분의 매춘부는 경제난으로 어쩔 수 없이 매춘업에 뛰어들게 되었고, 포주와 고객들에게 상당한 정신적 · 육체적 괴롭힘을 당했다. 그러나 던컨

(Duncan, 1996)의 지적에 의하면 사회의 도덕적 질타에 도전하면서 자신이 원하는 방식대로 삶을 선택할 권리 행사를 추구하는 '성노동자'도 소수이지만 존재했다. 세계 곳곳에서 매춘 규제 완화의 효과가 모순적이라는 사실이 최근 속속 드러나고 있다. 뉴질랜드 같은 경우 그러한 규제 완화 정책을 옹호하는 사례들이 보고되는 반면, 북유럽에서는 더욱 강경한 입장이 등장하고 있다. 네덜란드의 경우 매춘부에 대한 가혹한 처우와 동유럽에서 여성 인신매매에 대한 이야기들이 등장하면서 매춘에 대한 느슨한 입장에 제동이 걸리고 있다.

이쯤해서 매춘에 대한 법적·사회적 규제는 여전히 위선과 모순으로 가득하다는 점을 짚고 넘어가야 하겠다. 영국의 경우, 매춘은 원칙적으로 합법이지만 길거리 호객행위 금지나 '부도덕한 수입'으로 사는 것을 금지하는 것은 매춘 행위에 대한 상당한 규제로 작동한다. 던컨(1996)의 지적처럼 매춘을 남성에 의한 착취 내지는 '잘못된 성 관념'으로 인해 여성이 치러야 할 고통이라고 비난하는 것은 매춘여성이 경찰의 성희롱 없는 안전한 조건에서 자신의 몸을 통제할 자유를 박탈당하는 것과 다를 바 없다. 그렇다면 매춘을 둘러싼 각종 담론 역시 모호함과 모순을 담지하고 있다는 사실도 그리 놀랍지 않다. 그 담론들은 여성을 섹스에 굶주린 포식자 남성의 희생양으로 그리거나 사회적 서비스의 자발적 제공자로 그린다. 여기서 매춘이 그토록 위협적인 것으로 묘사되는 이유는 매춘이 도시구조의 근간을 이루는 공적/남성적, 사적/여성적 이분법에 도전장을 내밀기 때문은 아닐까?

동성애와 도시

동성애(homosexuality)란 동성 간의 감정적, 성적 이끌림을 포함한다. 동성애는 모든 문화권에서 존재해왔다. 예를 들어, 애크로이드(2000)는 중세 런던에서는 매음굴을 중심으로 활발한 동성애자 공동체가 이른바 '소돔'을 이루고 있었다고 한다. 그러나 동성애라는 용어가 고안된 것은 19세기 중반에 이르러서였다. 그 이후 동성애자들은 특별하고 구분된 인구집단으로 분류되었다. 사회과학자들이 인간의 성행위를 구분 가능한 몇 가지 범주로만 분류하고자 한다면 이 '동성애'라는 용어는 매우 제한적인 용도로만 쓰일 수밖에 없기 때문에 전통사회에서 존재했던 동성 간의 성적 끌림을 분석하기에 부적절하다(Bristow, 1997). 더구나 20세기 이후 이 용어가 사회적인 핍박을 받게 되면서 사람들은 대안적인 용어인 '게이' 내지는 '**퀴어**(queer)' 등을 더 선호하게 되었다.

동성애는 최근까지도 대부분의 서구 사회에서 성범죄로 간주된다. 영국에서는 1967년 성범죄법(Sexual Offences Act)을 제정한 이후에서야 동성애 행위가 기소 대상에서 제외되었고 21세 이상 성인 쌍방 간의 동의하에 사적공간에서 이루어진 성행위는 합법적으로 허용되었다. 동성애를 위한 쌍방 간의 동의가 허용되는 나이는 1994년에 18세로, 1998년에는 16세로 낮춰졌다. 그럼에도 불구하고 동성애에 대한 박해는 계속되고 있다. 가령 1988년 런던 옥스퍼드(Oxford)가에서 키스를 하던 두 남성은 '공중도덕 위반'으로 체포되었다. 래리 놉(Larry Knopp, 1987)의 미니애폴리스 게이공동체 사례 연구는 이 도시에서만도 1980년과 1984년 사이 3,500~5,000명의 남성이 '음란행위'로 체포되었다고 밝혔다.

섹슈얼리티의 사회적 구성

동성애가 어느 정도까지 본성적인 생물학적 충동인지, 사회적으로 구성되는 현상인지에 대해서는 논란

글상자 11.2

도시사회지리학의 주요 사상가 – 리처드 세넷

도시사회지리학 저서를 더욱 폭넓게 읽어가다 보면 분명히 언급되는 연구가 바로 리처드 세넷(Richard Sennett)의 연구이다. 세넷의 연구를 따라가고자 한다면 제발 그렇게 하길 바란다. 왜냐하면 그는 흔치 않은 '사회참여' 지식인이기 때문이다. 이 말은 즉 그의 연구는 그의 학문 분야(도시사회학)를 넘어 다른 분야 학자들뿐만 아니라 공공 분야 및 정책입안자들과도 연관된다는 뜻이다(지리학자 중에는 도린 매시가 사회참여 지식인이라 불릴 만하다. 글상자 2.2 참고). 그러나 여느 사회참여 지식인들의 경우에서처럼 세넷의 연구는 논쟁적이다. 그가 달필임에도 불구하고 아이러니하게 그의 사상은 모호하기 때문에 이런 문제가 생긴 것일 수도 있다. 그러나 세넷의 연구는 사회학, 정치학, 경제학에서부터 디자인, 건축, 음악까지 광범위한 아이디어를 아우르기 때문에 지루할 틈이 없다. 세넷의 연구는 기존의 방식에 의존하지 않고 계급적 관점에서의 구조적 불평등 문제를 끌어온다.

세넷의 개인적 배경은 그가 평생 도시, 불평등, 공동체, 사회적 상호작용을 연구하게 된 단서를 줄지 모르기에 특별히 흥미롭다. 세넷은 시카고의 공공주택 '프로젝트'였던 카브리니 그린(Cabrini Green)에서 자랐기에 어려서부터 박탈감과 폭력, 인종 갈등을 경험했다. 그러나 세넷의 편모는 급진적인 보헤미안 문화에 깊이 연루되어 있었다. 전도유망했던 첼로를 부상으로 인해 그만두고 나서 세넷은 도시 연구에 인생을 바쳤다.

세넷의 아이디어는 범위가 넓지만 그 핵심은 (제인 제이콥스와 앙리 르페브르의 연구와 일면 유사하다) 다양성을 지닌 도시생활이 주는 계몽적이고 이로운 측면을 부각하는 것이다. 도시에서는 다양한 배경을 지닌 사람들과 마주침으로써 자신에 대해서도 더 잘 이해할 수 있다고 세넷은 주장한다. 상이한 생활양식을 지닌 사람을 단지 만나기만 할 뿐만 아니라 상이한 정체성을 실험해 볼 수 있는 자유를 더 많이 지니기에 그렇다. 그 결과 세넷은 사회적 접촉 가능성을 제약하는 2차 세계대전 이후 도입된 도시계획 정책에 대해 상당히 비판적인 입장을 견지했다(예 : 교외화, 자동차 중심의 교통체제, 대규모 쇼핑몰, 통제된 도시 공간 등). 세넷의 비판은 이상주의를 떠올리게 한다. 이에 대해 메리필드(Merrifield)는 다음과 같이 비판한다. '이것은 물론 칭송할 만하며 영감을 주는 비전이다. 그러나 그렇게 말함으로써 세넷이 도대체 어떤 행성에 대해 말하고 있는지 여러분은 어리둥절할 수밖에 없을 것이다. 세넷은 사람들이 공공연하게 '섞이는' 것을 주저하지 않길 바랐고 실제로 어떤 사람들은 의지적으로 위험한 곳으로 걸어나가 소름끼치는 도시의 "타자"들과 정면으로 마주 대할 것이다' (1996, p. 60).

그러나 이러한 비판은 세넷에겐 다소 억울할 수도 있다. 다른 많은 학자들처럼 세넷은 풍요와 개인의 자유가 증가하는 시대(최소한 일부 사람들에게는)에 일부 서구 사회에서 시민권과 관용이 추락하는 이 역설적인 현상을 규명하는 데 사로잡혀 있었다. 또한 세넷은 하청, 기간제 계약, 프로젝트성 노동, 성취도 모니터링과 같은 근대적 노동의 실천이 결과하는 사회적인 역기능과 자기잠식에 대해 깊은 관심을 가졌다. 한편 세넷의 또 다른 최근 관심사는 거의 동일하고 개성을 상실한 도시재생 사업의 특징이다.

주요 관련 개념

(여기에서는 세넷의 광범위한 접근에 부합하는 일부 개념만 소개하기로 한다) 공동체, 차이, 민족 마을, 공적공간, 공적영역, 보복주의 도시

더 읽을거리

Cooper, D. (1998) Regard between strangers: diversity, equality and the reconstruction of public space, *Critical Social Polity*, **18**, 465–92

Merrifield, A. (1996) Public space: integration and exclusion in public life, *City* **5–6**, 57–72

Sennett, R. (1977) *The Fall of Public Man: On the social psychology of capitalism* Knopf, New York

Sennett, R. (1990) *The Conscience of the Eye: Design and social life of cities* Knopf, New York

Sennett, R. (1994) *Flesh and Stone: The body and the city in Western civilization* Faber & Faber, London

관련 내용

7장 : 도시주의와 사회적 이론,
글상자 7.1 보헤미안 엔클레이브의 성장,
글상자 7.3 제인 제이콥스

9장 : 근린지구와 공동체,
글상자 9.4 앙리 르페브르

13장 : 도시사회지속가능성

이 많다. 프로이트와 같은 정신분석학자들은 성행위가 단순히 생물학적 재생산 요구를 만족시키기 위한 것은 아니라는 점을 강조했다. 그러나 섹슈얼리티(동성애 포함)의 사회적 구성에 주목하게 만든 장본인은 바로 미셸 푸코(1984)이다. 푸코의 섹슈얼리티에 대한 아이디어는 학교나 감옥과 같은 사회제도가 사람들을 통제하는 방식을 생산해 내는 양식에 관한 보다 광범위한 관심에서 제기되었다. 3장에서 언급한 것처럼 푸코는 이 통제의 핵심은 사회적 제도를 지배하는 담론, 즉 공유되는 일련의 지식들이라고 보았다.

섹슈얼리티에 관한 담론은 성적 욕구를 통제하는 방식의 일환으로 이해될 필요가 있다. 섹슈얼리티에 관해서 푸코는 '동성애'라는 용어가 일종의 사회적 질환을 지칭하기 위해 고안된 방식을 이해하기 위해 담론이라는 개념을 활용한다. 물론 이 용어는 통제할 필요가 있는 집단을 구분해 내기 위해 고안되었지만 해방될 필요가 있는 소수자에 대한 각성을 고양하는 역할을 했다. 푸코의 아이디어는 특히 젠더와 인종을 간과했다는 점에서 많은 비판을 받았지만 섹슈얼리티 연구에서는 예외적으로 강력한 영향력을 발휘했다.

동성애 도시생태학

도시는 동성애 발달에 지대한 영향을 미쳤다. 농촌 공동체, 특히 근본주의적 가치가 팽배한 곳에서는 동성애자들에 대한 적개심이 지배적인 데 비해 도시는 대체로 더 많은 익명성이 보장되고 대안적인 삶의 양식에 대한 관용도가 높다. 그럼에도 불구하고 동성애자에 대한 박해와 경찰의 추행이 지속된다는 사실은 동성애자들이 도시에서도 비밀스런 술집이나 클럽에서 모임을 가질 수밖에 없음을 의미한다. 동성애자들의 술집은 세 가지 주요 기능을 수행한다. 첫째, 성관계를 위한 인맥을 만드는 역할을 한다. 둘째, 뉴스와 소문을 주고받을 수 있는 환경을 조성한다. 셋째, 게이세계에 입문하는 사람들을 소개하는 장소 역할을 한다. 이러한 술집들은 일탈적 행위에 대한 관용도가 전반적으로 높고 허용적인 입장을 지닌 지역에 밀집하는 경향이 있다. 일부 술집은 경찰이 주변에 있을 때 경고등을 켜거나 벨을 울려 손님들이 동성과 너무 가까이에 서 있지 않도록 주의를 주기도 한다.

한편 성공적인 '다방'이나 '오두막'(성관계가 은밀하게 이루어지는 공중화장실이나 공원의 특정 장소)에 초점을 맞춘 연구들도 있다. 이들 연구에 의하면, 이러한 장소는 첫째, 눈에 뜨일 위험성을 최소화하는 곳에 위치해야 한다. 둘째, 주요 교통로 주변에 위치해서 쉽게 접근했다가 흩어질 수 있도록 해야 한다. 셋째, 잠재적 고객들에게 인지될 수 있도록 충분히 노출된 곳에 있어야 한다. 마지막으로, 이러한 화장실 내에는 경찰이나 동성애 혐오자 또는 불청객이 오는지 망을 볼 수 있는 곳이 있어야 한다.

1960년대 이후에는 사회 전반적인 정치 및 사회적 변화를 반영하듯 도시 내 게이와 레즈비언 공간의 특징에도 큰 변화가 생겼다. 조심스럽게 말하자면, 이제는 '이성애' 구역에서도 동성애 행위에 대한 관용이 더욱 커졌다고 볼 수 있다. 물론 그 정도가 과장되어서는 안 되지만 말이다. 여전히 주류집단에서는 동성애에 대한 상당한 편견이 있으며 게이와 레즈비언에 대한 육체적 폭행도 비일비재하다는 사실이 많은 연구에서 드러나고 있다. 가령 필라델피아에 대한 한 연구에서는 일반 여성에 비해 레즈비언은 폭력의 희생양이 된 사례가 두 배나 더 높은 것으로 나타났다(Valentine, 1996에서 재인용). 게이

도시에서 섹슈얼리티에 대한 입장의 변화 : 게이 공동체에 초점을 맞춘 뉴욕 시의 신문(사진 : Geoffrey DeVerteuil)

남성도 마찬가지로 폭력에 크게 노출되어 있다. 심지어 게이 인구비율이 높은 지역에서도 말이다. 게다가 최근 미국에서는 우파 및 반페미니스트, 반게이 운동이 급증하고 있다.

게이 공간

와이트먼(Weightman, 1981)은 미국 도시에서 게이만의 독특한 생활양식을 지닌 지역에 대해 최초로 주목한 학자 중 한 명이다. 그는 게이가 일부 도심 지역이나 점이지대에서 가난한 거주민을 주로 퇴출시키는 젠트리피케이션을 주도하고 있음을 지적했다. 의심의 여지없이 이러한 지역 중 가장 유명한 곳은 샌프란시스코의 카스트로(Castro) 지구이다. 카스텔과 머피(Castells & Murphy, 1982)는 이 지역을 지도화한 바 있다(Castells, 1983). 카스트로 지구의 기원은 2차 세계대전으로 거슬러 올라간다. 당시 군대에서 복무했던 게이와 레즈비언들은 종종 샌프란시스코에서 전역해서 편견이 가득한 고향으로 돌아가기보다는 이 도시에서 정착하는 것을 선호했다.

카스트로 지구 이외에 또 다른 주요 게이 공간은 놉(1990)이 연구한 뉴올리언스의 마리니(Marigny) 지구이다. 샌프란시스코 사례와 마찬가지로 마리니 지구 역시 문화적으로 복합적이고 관용도가 높은 지역에 위치하고 있다. 놉은 부동산 개발업자와 투기업자들이 이 지역 부동산을 원하는 게이 인구의 수요를 십분 활용했다고 설명한다. 특히 이들은 민간 토지감정사에게 뇌물을 주고 지대를 인위적으로 부풀림으로써 '지대 격차'(6장에서 이미 설명)를 최대한 활용하였다. 그러나 역설적이게도 이는 저소득층 게이 집단들까지도 중산층 거주지로 유인하는 결과를 초래했다. 그러자 이 지역의 중산층 게이들이 게이 공동체에 영향을 미치는 다른 광범위한 사회적 이슈보다는 지역 내 역사보존에 관심을 더 가지게 되었다고 놉은 설명한다. 그 밖에 게이의 섹슈얼리티 표출에 대한 연구는 영국의 맨체스터(Hindle, 1994)와 뉴캐슬(Lewis, 1994)에 대해서도 이루어졌다. 또한 비니(Binnie, 1995)는 암스테르담의 게이 공동체에 대한 환상적인 분석을 제시했다. 비니에 의하면, 암스테르담 관광특구의 3,000~25,000개의 일자리가 게이 관광에 연관되었으며 이를 인식한 시 당국은 게이 지역을 적극적으로 홍보했다. 그러나 이로 인해 관광산업 전체가 이미지 손상을 입을 것을 우려한 나머지 홍보는 결국 철회되었다.

레즈비언 공간

남성 동성애는 레즈비언에 비해 훨씬 더 많은 연구 관심을 받았는데 대체적인 이유는 레즈비언 하위문화가 게이 하위문화보다 규모가 작고 눈에 잘 띄지 않기 때문이다. 그럼에도 윈체스터와 화이트(Winchester & White, 1988)는 파리의 레즈비언 게토를 지도로 나타냈다(그림 11.1 참고). 에거튼(Egerton, 1990)도 레즈비언 공간이 무허가촌이나 협동조합 주택, 주택조합 등의 형태로 존재한다는 사실을 보고했다. 이러한 공간들은 여성을 위한 안전지대와 정치적 저항의 구심점을 창출하려는 의도를 지니지만 동성애 혐오자와 여성 혐오자에 의한 폭력의 대상이 되기도 했다. 여성은 대체로 남성에 비해 경제적 자원이 부족하며 남성 폭력의 위협에 늘 노출되어 있다. 따라서 레즈비언들은 개인의 안전뿐만 아니라 상대적으로 저렴한 주택을 원하는 경향이 있다.

이러한 요인들은 이성애가 압도하는 사회로부터 받는 압력과 더불어 레즈비언 주거지역이 게이 공간에 비해 덜 노출되어 있으며 때론 '지하단체'와 같은 성격을 띠기도 한다는 사실을 잘 설명해 준다. 또한 레즈비언 공간은 온갖 파벌로 얼룩진 환경에 내재된 갈등으로 인해 불안정할 수 있다고 여겨졌다. 카스텔(1983)은 도시의 게이 엔클레이브는 남성 지배욕의 공간적 표출인 반면, 여성은 남성에 비해 상호 연대감과 애정을 더 많이 가지고 있으며 영토 점령을 표출할 필요성이 낮기 때문에 그러한 가시적인 공간 표출을 덜 하는 경향이 있다고 주장한다. 그러나 이러한 주장은 남성과 여성 간에 근본적인 차이가 있다는 인식을 강화하며 여성을 도시의 특정 지역으로부터 배제시키는 것을 간과할 수 있다는 비판이 제기되었다. 최근에는 레즈비언이 그들이 받는 억압을 단순히 게이 남성들이 받는 억압과 등치시키려는 생각에 분노를 표하기 시작했다. 사실 레즈비언 투쟁이 게이의 권리운동보다 훨씬 더 이성애 중심적 가부장제에 위협적이라고 혹자는 보기도 한다.

도시의 게이 공간을 지도화하는 것은 도시사회지리학에 대한 이해를 확장하지만, 그러한 지리적 밀집 패턴을 초래한 **과정**에 대한 이해를 도모하기에는 한계를 노정했다. 우선 게이 공간 전체가 오로지 게이만을 위한 공간이라고 볼 수 없다. 나아가 그러한 지역 바깥에 사는 게이와 레즈비언도 많이 있다. 따라서 발렌타인(1995)은 **게이 게토**(gay ghettos)에 대한 연구는 수많은 레즈비언과 게이가 차별과 억압을 피하기 위해 경우에 따라서 자신들의 정체성을 숨기기도 한다는 사실을 간과했다고 주장한다.

게이 공간에 초점을 두는 연구는 게이 공간이 다른 곳과 다르다고 개념화하는 경향이 있는데 현실에서는 도시의 모든 공간이 성별화된 방식으로 구성된

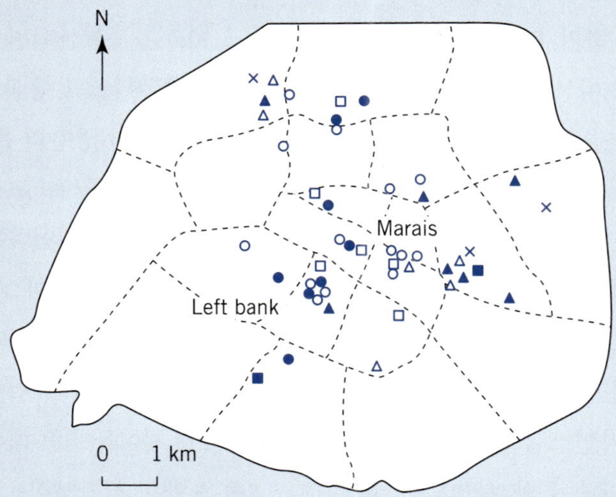

그림 11.1 파리의 레즈비언 시설(1984~1985)
출처 : Winchester & White(1988), Fig. 1, p. 48.

다는 점이 문제다. 게이 공간 지도화에 대한 가장 설득력 있는 비판은 이러한 접근이 섹슈얼리티에 대한 본질주의적 시각(가령 동성애는 완전히 자연적이고 생물학적인 충동에 의한 것이라는 시각)을 강화하는 경향이 있다는 비판이다.

퀴어 정치 : 립스틱 레즈비언과 게이 스킨헤드

푸코의 영향을 받아 섹슈얼리티가 사회적으로 구성된다는 인식이 증가하였고 이는 **퀴어 이론**(queer theory)과 급진적인 게이 단체(퀴어네이션이나 레즈비언네이션 등)에서 가장 극명하게 드러난다. **퀴어 정치**(queer politics)는 공적공간과 사회제도가 이성애를 기준으로 구성되었다는 점을 드러내고 이에 저항하고자 한다(보통 경멸적인 용어인 '퀴어'는 '동성애' 구성의 억압적인 특징을 인정하기에 다분히 의도적으로 반어적으로 쓰인다). 퀴어 정치는 본질주의적 시각을 견지하면서 특정 집단(가령 양성애자)을 배제한 전통적인 게이 정치운동에 대한 불만족 때문에 일정 부분 촉발되었다. 이 급진적인 퀴어 전략은 모의 혼례, 공중 키스, 게이 원정 쇼핑 등에서 잘 드러난다. 또 다른 전복적인 전략은 패러디와 과장을 통해 성적 정체성에 대한 고정관념을 뒤흔드는 것이다. 게이들이 전통적인 남성성(가령 카우보이)을 상징하는 복장을 하거나, 초남성적인 남성(게이 스킨헤드 등)이나 초여성적인 여성(립스틱 레즈비언 등)처럼 행동하는 전략이 이에 속한다.

소수민족의 경우처럼 게이들도 지리적 집중을 통해 억압과 차별에 저항하는 정치적 동원을 도모할 수 있다는 주장이 제기되어 왔다. 그러나 이러한 분리주의 전략이 얼마나 효과적일지에 대해서는 많은 이들이 의문을 제기한다. 오히려 게이 엔클레이브는 동성애를 이성애처럼 자연스럽게 보이게 만들기보다는 게이의 생활양식이 주류와 분리되며, 다르고, 일탈적이며 도덕적 범죄라는 인식을 심어 줄 우려가 있다. 카스텔(1983)은 게이 게토가 해방의 구심점이 될 수도 있지만 감옥 같을 수도 있다고 언급했다. 게이 공동체 내 인체면역결핍바이러스(HIV)와 에이즈(AIDS)가 확산되면서 게이 게토는 의료서비스와 지원 네트워크의 핵심 대상지역으로 등장했다.

최근 게이 공간의 또 다른 변화는 기업가들이 고소득 게이 가구를 고객으로 확보하고자 함에 따라 상업화가 진전되었다는 점이다. 가령 런던의 소호 지역은 이른바 세계의 '분홍빛 수도'라고 소개되는 게이를 위한 상업지구로 변신했다. 브라이턴(Brighton) 역시 게이 상업지역으로 번성하고 있다(그림 11.2). 게이들만을 대상으로 하는 클럽, 술집, 상점들은 게이 생활양식을 가시화했지만 특정한 게이 집단만을 유인하는 경향이 있다. 주로 젊고 부유한 게이들만 이들의 대상이 되고 늙고 가난한 게이들은 배제되는 경향이 있다. 따라서 새로운 종류의 경제

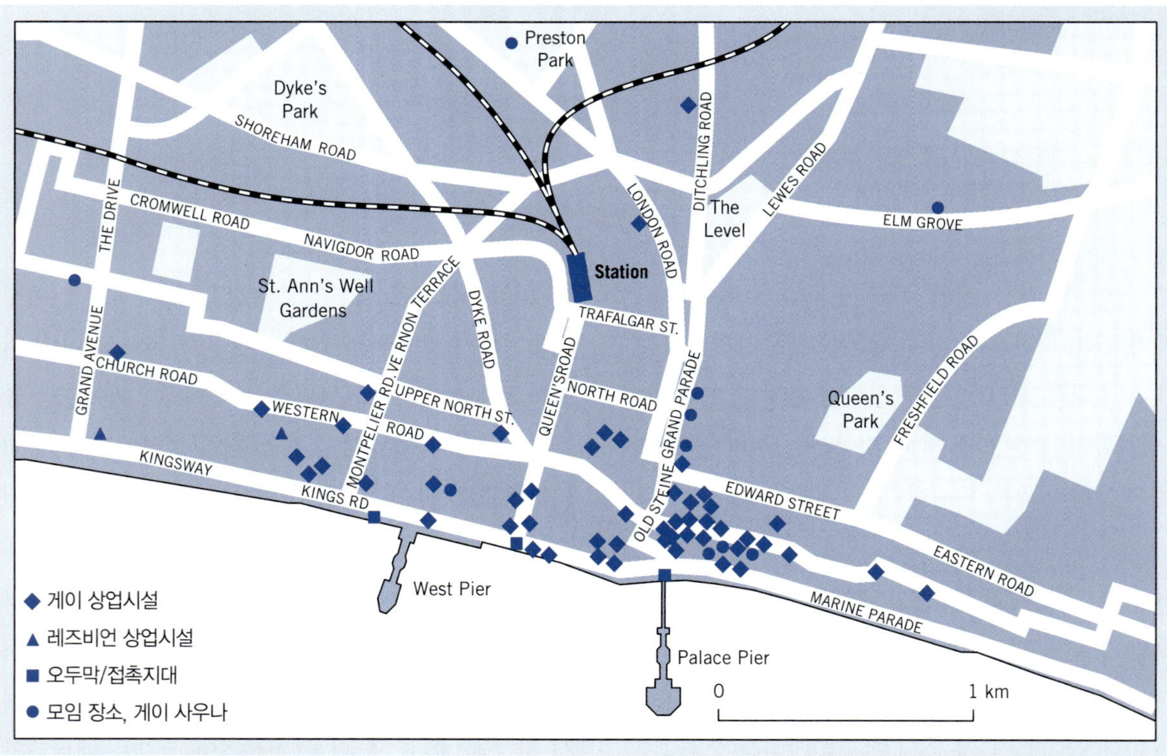

그림 11.2 1990년대 브라이턴의 게이 상업시설 및 회합장소
출처 : Wright(1999), Fig. 5.6, p. 182.

적 계급 분화가 섹슈얼리티에 따른 분화와 결합되는 양상이 나타났다. 또 다른 형태의 배제는 몸을 중심으로 일어난다. 과장된 남성성과 초남성성을 과시하는 게이들의 보디빌딩은 '육체미'를 상대적으로 덜 지닌 개인들로부터 자신들을 구분하려는 경향을 보인다. '레즈비언' 범주에 드는 사람들 중에서도 이와 같은 분화가 점점 더 많이 감지되고 있다.

> 캐나다 전역과 다른 서구 국가의 대도시에서 1980년대는 레즈비언 활동가들이 더욱 세분화된 집단으로 나누어진 시기로 각인될 것이다. 이들은 유색인종 레즈비언, 유대인 레즈비언, 노동자 계급 레즈비언, 레더 다이크(남성적 성향을 지닌 레즈비언－역자주), 새도－마조히즘을 반대하는 레즈비언, 늙은 레즈비언, 청소년 레즈비언, 장애인 레즈비언 등으로 분화된다.
>
> (Ross, 1990; Chouniard & Grant, 1996, p. 179에서 재인용)

글상자 11.3

도시사회지리학의 주요 경향 – 더블린의 부활

바르셀로나처럼 더블린은 지난 20여 년간 낡고 가난한 지역에서 생동감 넘치는 도시 성장 지역으로 전환된 유럽의 도시이다. 다시 말해 바르셀로나처럼 더블린의 도시재생은 EU 회원가입을 통한 국가 전체적인 경제 성장의 혜택이 있었음을 반증한다. 구조적인 자금 동원과 더불어 주요 기업에게 절대적으로 유리한 세금제도 도입을 허용함으로써 아일랜드는 유럽에서 가장 가난했던 지역에서 가장 부유한 지역으로 탈바꿈했다.

아일랜드 공화국 인구의 40% 이상이 몰려 있는 인구 140만 명의 더블린은 아일랜드 경제 성장의 선봉에 서 있다. 상대적으로 젊고 교육수준이 높은 인구(절반이 25세 이하이다)는 발전을 더욱 부채질했고 더블린은 이제 소프트웨어 산업과 같은 다양한 산업의 중심지로 성장했다. 이곳에서 무엇보다 유명한 것은 조지 왕 시대 양식을 따른 구불구불한 길의 템플바(Temple Bar) 지역이 술집과 레스토랑으로 가득한 '도시 야간경관'(글상자 10.4 참고)으로 변신했다는 사실이다. 바르셀로나의 경우와 마찬가지로, 이러한 개발은 사회적 갈등을 촉발시켰다. 템플바는 총각파티와 처녀파티를 즐기는 젊은 영국 관광객들의 과도한 음주로 악명을 떨치게 되었다. 더블린은 또한 급격한 경제 성장에 주로 동반되는 젠트리피케이션과 이민자 전입, 주택가격 급등, 사회 양극화 등을 경험하고 있다.

더블린은 창의 도시의 모범적인 사례로 칭송받지만 최근의 조사에 의하면 아일랜드 공화국 내에 차별이 증가하며 관용이 사라지고 있다고 한다. 물론 이는 이민자와 다양성을 가장 혐오할 집단이 경제 성장의 부작용을 가장 심하게 떠안은 집단이기 때문이기도 하다. 신용파산은 아일랜드 경제에 큰 타격을 주었다. 유로존 국가 중 아일랜드만큼 심하게 경기 침체를 경험한 곳은 없다. 이러한 경기 침체가 최근에 이주해 온 이민자들의 탈출로 귀결될지 여부가 주목받고 있다. 바르셀로나 사례처럼 최근의 경기 침체는 더블린의 경제 재생 방식에 대한 의문을 제기하게끔 만든다.

주요 관련 개념

시민 선전주의, 창조도시, 탈규제, 성장연합, 사회적 양극화, 도시 기업가주의

더 읽을거리

Boyle, M. (2006) Culture in the rise of the tiger economies: Scottish expatriates in Dublin and the 'Creative Class' thesis, *International Journal of Urban and Regional Research* **30**, 403–26

Ellis, G. and Kim, J. (2011) City profile: Dublin, *Cities* **18**, 353–64

관련 내용

5장 : 글상자 5.4 바르셀로나의 부활, 글상자 5.6 문화주도 도시재생의 성장

11.3 장애와 도시

도시에 대한 대부분의 저술들은 비장애인 시민을 당연하게 상정하고 있으며 이는 **장애차별적 지리학**(ableist geography)의 발달을 가져왔다고 임리(Imrie, 1996)는 주장한다. 파크 등(Park *et al.*, 1998)은 '과거 인문지리학은 장애에 대해 거의 연구하지 않았다'(p. 208)고 언급한다. 류머티즘 관절염으로 장애를 지니게 된 교수 베라 쇼우니어드(Vera Chouinard)는 이 문제에 대해 다음과 같이 울림이 있는 글을 남겼다.

> 나는 최근에 한 페미니즘 지리학 대회에서 학회장이 꽉 차는 바람에 서 있을 수밖에 없게 된 적이 있었다. 이것은 늦게 도착한 나의 '잘못'이라고도 볼 수 있을 것이다(그곳은 다른 세션장에서 많이 걸어와야만 했다). 그러나 한 30여 분 지나자 발과 다리와 엉덩이가 심하게 아파서 한 젊은 여성에게 그녀와 그 옆의 동료들이 한 자리씩 옮겨서 내가 앉을 수 있도록 부탁을 해야만 했다(누가 자리를 떴는지 그녀가 앉은 열의 끝자리가 비어 있었다). 나는 사과를 하면서, 내가 지병이 있으며 심히 피곤하고 고통을 느끼고 있다고 설명을 했다. 그녀는 고개를 돌려 나를 차갑게 쳐다보더니 짤막한 한 마디만 했다. "안 돼요. 이 자리들은 다 임자가 있어요." 물론 그녀가 옳았을 수도 있다. 그러나 갑자기 나는 더 이상 페미니즘 지리학 세션에 있는 것 같지가 않았다. 나는 무시되었고 … 그리고 화가 났다. 내 지팡이로 그녀의 머리를 쥐어박고 싶은 유치한 충동을 간신히 억누르면서 나는 페미니즘 지리학을 새로운 시선으로 보게 되었다. 그 시선을 통해 '타자'가 된다는 고통은 내가 생각한 것보다 훨씬 더 복잡하고 깊다는 것을, 그리고 단지 포섭이라는 말은 충분하지가 않다는 것을 인식하게 되었다 … 장애를 지닌 여성학자라는 나의 정체성은 일상의 매우 세밀한 부분을 통해 형성되어 왔다. 대학 캠퍼스나 다른 공공장소를 지나다닐 때마다 나는 나를 쳐다보는 수많은 눈길을 늘 의식한다(두 번, 심지어 세 번 쳐다보는 경우도 있다). 비교적 젊은 여성이 지팡이나 스쿠터에 의존해서 천천히 걷는 광경은 흔한 광경이 아니기에 호기심 어린 눈으로 바라본다는 것을 안다. 그렇지만 그 시선은 내가 다르다는 점을, 나는 그들에게 '속하지' 않는다는 점을 끊임없이 환기시켜 줄 뿐이다. 이 사실을 받아들이기란 매우 고통스러운 것이다. 그래서 내가 늘 땅이나 옆을 쳐다보며 시선을 돌리는 법을 배웠는지도 모른다 … 내가 '타자'라는 사실을 회피할 수 있게 만드는 곳이라면 어디든지 말이다.
>
> 장애차별적 가정과 실천은 우리 삶의 구석구석에 얼마나 뿌리 깊게 스며 있는지 모른다. 심지어 우리 같은 사람들은 이러한 차별로부터 어느 정도 보호받고 있는데도 말이다. 그러나 어떤 형태로든 장애는 결국 우리 모두에게 다가올 것이다. 그날이 오고, 장애차별주의가 그 흉측한 고개를 들어올리면, 사람들은 옛날 법칙은 더 이상 통하지 않고 말도 안되는 '새로운' 법칙이 난무한 뒤죽박죽 세상이 되었다고 한탄할 것이다. 사람들은 종종 이 사실을 간과한 채 다른 사람들을 대한다. 예를 들어, 일부 학생들은 내가 그렇게 하라고 했음에도 불구하고 우리 집으로 전화를 하지 않는다. 왜냐하면 나는 '아프니까.' 다른 학생들은 장애인 교수와 같이 일하는 것을 피하려고 한다. 어떤 학생들은 가장 '성공적인' 지도교수는 장애가 없는 몸을 가져야 한다고 가정한다. 어쩔 수 없이 나의 장애를 수용하는 학생도 있다. 가령 면접 대신 전

화를 걸거나 연구실 대신 우리 집에서 모임을 갖는다. 물론 모든 학생이 그렇다는 것은 아니다. 그러나 이 모든 행동들은 매일같이 나에게 상처를 주기 충분할 정도로 만연해 있기에 관계와 정책과 실천과 태도를 바꾸기 위해 고군분투하는 것을 더욱 힘들게 만든다.
(Chouinard & Grant, 1996, p. 173)

꽤 긴 글을 인용한 이유는 쇼우니어드가 글을 설득력 있게 썼을 뿐만 아니라 이 글이 학계에 시사하는 바가 추가로 있기 때문이다. 학계란 남들보다 더욱 계몽된 태도를 기대할 만한 곳이다. 그러나 최근 지리학 연구가 뒤늦게나마 장애 문제를 언급하기 시작했다는 점은 주목할 만하다. 여기서 핵심적인 문제는 '장애'란 무엇인가이다. 유엔은 임페어먼트(im-pairment), 디스어빌리티(disability), 핸디캡(handi-cap)을 다음과 같이 구분했다.

- 임페어먼트 : 심리적, 육체적, 해부학적 구조나 기능에 있어서 어떤 손실이나 비정상적인 상태가 있는 것을 말한다.
- 디스어빌리티 : 인간에게 정상이라고 간주되는 범위 이내 또는 그러한 방식으로 행동을 할 수 있는 능력에 제한이 있거나 결핍이 있는 것을 말한다.
- 핸디캡 : 임페어먼트나 디스어빌리티의 결과로 인해 한 개인이 감수해야 할 불편함을 말한다. 그 개인이 속한 연령, 성, 사회문화적 요인에 따라 달라진다.

그러나 이상의 정의를 보며 즉각 떠오르는 어려움은 '정상'을 어떻게 규정할 것이냐이다. 왜냐하면 무능력이나 디스어빌리티는 인간의 능력 중 광범위한 부분을 차지하기 때문이다. 롱허스트(Longhurst, 1998)는 임신한 여성은 임페어먼트나 디스어빌리티로 간주되지는 않으나 쇼핑몰의 구조 때문에 유사한 문제에 봉착할 수 있음을 보여 주었다. 그러나 이보다 유엔의 정의는 더 근본적인 한계를 지니고 있다. 그것은 임페어먼트와 디스어빌리티는 육체적인 정의를 내린 반면, 핸디캡은 사회적 정의를 내렸다는 점이다.

장애의 사회적 구성

'장애'의 사회적 구성은 특정 개인의 무능력보다는 비장애 사회의 구조와 태도에 더욱 관련되어 있다. 의약품의 역할은 기본적으로 아픈 사람을 건강하게 만드는 것이라고 보는 사회에서는 장애란 건강하지 못한 것으로 흔히 인식된다. 그러나 사회구성주의자들의 견해에 따르면, 장비가 충분히 제공될 경우 장애란 일종의 근시와 비슷한 것으로 간주될 수 있다(안경을 쓰는 것은 장애로 간주되지 않는다). 이는 사회과학이 고정관념에 어떻게 도전할 수 있는지를 보여 주는 좋은 사례가 된다. '상식'과 같은 것들은 우리가 세상을 바라보는 특정한 방식으로 작동한다.

한 고전적인 시각장애에 대한 태도 연구는 사회적으로 구성되는 장애의 속성을 놀라운 방식으로 보여준다. 시각장애란 미국에서는 상담을 필요로 하는 상실의 경험으로 간주된다. 영국에서는 도움과 장비를 제공해야 하는 기술적인 문제로 간주된다. 이탈리아에서는 가톨릭교회를 통한 위로와 구원이 필요한 문제라고 간주된다(Oliver, 1998). 상이한 사회는 임페어먼트와 디스어빌리티를 상이한 방식으로 정의한다. 가령 미국에서는 장애인 권리가 정치 이슈가 되면서 수백만 달러짜리 장애 산업이 등장하게 되었다. 즉 장애란 의사와 변호사, 재활전문가와 장애인을 위한 활동가들에게는 주 소득원이 된 셈이다.

어떤 이들은 사회구성주의가 도를 넘어서 시력손상이나 고통과 같이 '장애인이 겪는 육체적 경험'을 등한시한다고 주장한다. 이러한 경험은 사회가 거의 통제할 수 없는 요인이라고 간주된다. 물론 사회적 핍박으로 더 악화될 수도 있지만 말이다(French, 1993, p. 124). 그러나 여기서 분명한 것은 장애인은 비장애가 압도적인 사회에서 몇 가지 특징으로 전형화 된다는 점이다. 표 11.2는 영화나 책, 연극, 기타 매체에서 재현되는 장애에 대한 일반적인 전형화를 보여 준다.

표 11.2 미디어에 나타난 장애인에 대한 10가지 전형화

- **가련하고 불쌍한 :** 자선 광고, Children in Need(BBC에서 매년 방영하는 모금행사-역자 주), 〈유주얼 서스펙트〉에서 케빈 스페이시가 연기한 타이니 팀(Tiny Tim)
- **폭력의 대상이 되는 :** 〈제인의 말로(Whatever Happened to Baby Jane?)〉
- **불길하거나 사악한 :** 〈007 살인번호(Dr. No)〉, 〈닥터 스트레인지러브(Dr. Strangelove)〉, 〈덴버(100 Things to Do in Denver When You' re Dead)〉에서 크리스토퍼 월켄이 맡은 리처드 3세
- **가벼운 :** 만화나 영화, 책에서 호기심이 많은 인물로 나옴(예 : 〈노틀담의 곱추〉)
- **비극을 극복한 :** 주로 뉴스의 마지막 기사를 장식함
- **웃긴 :** 농담의 대상이 됨(예 : 〈미스터 마구〉)
- **원한을 가진 :** 소설 『유리동물원(*The Glass Managerie*)』의 등장인물인 로라
- **괴롭히거나 사회에서 쫓겨난 :** 〈엑스맨(X-Men)〉의 몰록스(Morlocks), 〈마스크(The Mask)〉
- **무성적이거나 완전한 관계를 가질 수 없는 :** 『채털리 부인의 사랑』에서 클리포드 채털리
- **일상의 활동에 온전하게 참여할 수 없는 :** 일상 장면에서 등장하지 않으며 사회의 생산적이고 정당한 일원으로 묘사되지 않음

출처 : *The Guardian* 13 October 1995. Copyright Guardian News & Media, Ltd. 1995.

도시 환경에서 장애

도시는 장애인들의 움직임과 접근을 방해하는 수없이 많은 난관을 가지고 있다. 대표적인 난관으로는 급경사길, 가파른 계단, 휠체어 주차시설 미비, 좁은 문, 점자로 된 정보의 부재 등이 있다. 이뿐 아니라 장애인을 위한 엘리베이터나 리프트는 용이하지 않은 장소에 있거나(가령 주방 옆), 안내표시가 잘 안 되어 있거나 버튼을 누를 수 없는 위치에 배치하기도 한다. 대중교통 역시 장애인들에게 많은 문제점을 안겨준다. 종종 이러한 문제들은 비용의 문제로 귀결되기도 한다. 가령 장애인 접근 시설로 교체하기에 예산이 부족하다는 식이다.

임리(1996)가 지적하듯이 문제는 '장애차별주의' 사회에 만연한 태도에도 있다. 건축가와 도시계획가와 대중은 장애가 비이동성을 유발할 것으로 가정해 버린다. 따라서 장애인의 필요는 무시된다. 그러나 휠체어에 앉아 보면 단 몇 분 만에 대부분의 빌딩과 대중교통체제의 문제가 무엇인지 간파할 수 있다. 난관은 물리적인 것만큼 사회적이고 심리적인 것이기도 하다. 장애인들에게도 접근 가능한 시설을 만들기 위한 비용 충당을 사회가 거부한다는 것은 장애에 대한 사회적 가치를 드러낸다. 제한된 접근성은 장애인들이 사회적·경제적 활동에 온전하게 참여하는 것을 가로막는다. 캐나다 온타리오에 대한 한 연구는 장애인은 직업시장에서 배제되고 공공 부문과 민간 부문 모두에서 제한적인 지원을 받기 때문에 80%가 상대적 빈곤 속에서 살아가고 있다고 보고했다(Chouinard & Grant, 1996).

다행히 장애는 이제 많은 도시에서 더욱 심각한 문제로 받아들이고 있다. 예를 들어 미국에서는 1992년에 제정된 미국 장애인법(the Americans with Disability Act)에 의거하여 기업체와 공공기관은 휠

체어 접근성을 의무화했다. 속도는 느리지만 영국에서도 많은 지자체가 장애인의 도심부 접근성을 향상시키기 위해 장애인 전담 공무원을 두고 있다. 이러한 발전은 장애인 권리운동의 다양한 활동의 결과물이기도 하다(표 11.3). 장애인 권리운동은 이제 수적으로도 크게 늘어났다. 영국에서는 장애인조직위원회 산하 100개의 단체가 가입되어 있다(Campbell & Oliver, 1996). 회원단체들은 제도적 지원과 같은 낡

표 11.3 장애인 접근성 향상에 대한 영국 지자체의 대응 유형

비협조적

- 장애에 대한 생의학적 모델에 근거하여 대응하거나 장애를 육체적/정신적 질환에서 유래하는 것으로 간주
- 주요 관심사는 지역경제를 위한 투자유치. 장애인 접근성 향상을 도모하면 개발업자들이 놀라서 손을 뗄 것이며 더욱 요긴한 투자를 놓치게 될 것이라는 태도 견지
- 장애인 접근성 문제는 부차적인 문제이며 매우 소수의 사람들에게만 영향을 줄 것으로 파악
- 지역 계획에 접근성 문제를 거의 언급하지 않음
- 접근성 향상 프로젝트를 위한 예산 할당 없음
- 접근성을 보장하기 위한 계획지침 없음
- 담당 공무원도 없으며, 있더라도 지역계획 건물관리국에 있는 누군가가 파트타임으로 일을 수행하는 것이 대부분
- 지역 정치체제는 이 문제에 대해 인식하지 못하며 이를 거의 장려하지도 않음
- 접근성 향상을 지원하는 집단은 거의 없거나 있더라도 제대로 조직되지 않음
- 대개의 경우 농촌지자체와 경제난이 심각한 지역

능동적

- 장애에 대한 사회적 모델에 따라 대응하거나 장애를 일종의 차별로 간주함
- 장애인 접근성 향상은 정부와 왕립지역계획원(Royal Town Planning Institute)의 명령이므로 주요 고려대상임
- 접근성은 지역 공무원이 해결해야 하는 수많은 공무 중 하나라고 간주됨
- 선임된 접근성 향상 공무원은 주로 파트타임으로 일함
- 접근성 향상을 위해 소규모의 자금을 운용
- 접근성에 대한 모든 법적 요구사항을 개발업자들에게 주지시킴
- 개발업자들과 협상을 모색하고, 법이 강제하는 것보다 더 많은 것을 제공하도록 그들을 설득시킴
- 주요 관심사는 개발을 유치하는 것이지만 그렇다고 해서 장애인 접근성 의무규정과 같은 법적 의무를 무시하고자 하지는 않음
- 지역의회는 접근성 문제에 대해 어느 정도 인지하고 있으나 부차적인 문제로 간주하여 지역 정치인들 사이에서는 거의 논의되지 않음
- 접근성 향상을 지원하는 집단이 존재하지만 세력이 미미하거나 자원이 부족함
- 다양한 지자체가 이에 해당

강제적

- 장애를 기회균등 문제로 인식
- 접근성은 모든 사람들이 누려야 할 권리라고 간주
- 장애인 접근성 향상으로 지역경제가 혜택을 받을 것으로 예상하며, 장애를 지닌 사람들 또한 소비자라고 봄
- 장애인 접근성 제공을 의무화함
- 가능한 모든 계획 도구를 활용할 것을 모색
- 접근성과 관련된 계획 지침을 활용하기를 주저하지 않음
- 계획가와 지역의 지지단체 간의 정기적인 모임
- 접근성을 담당하는 전일제 공무원이 있으며 해당 부처 안팎의 네트워크를 가동
- 지역의 주요 의원을 비롯한 정치인들이 적극적으로 지지함
- 지역사회의 지지단체가 활발하게 활동함
- 주로 좌파 성향의 시 당국에서 나타남

출처 : Imrie(1996), pp. 128, 138.

은 이슈보다는 소득, 고용, 민권, 지역사회 정착과 같은 새로운 이슈를 제기하기 시작했다. 따라서 이들은 **정체성의 정치**(identity politics : 전통적인 계급 정치가 아닌 새로운 정체성에 주목하는 정치)라고 불리는 사안에 집중함으로써 **신사회운동**(new social movement)의 성격을 띤다.

게이, 레즈비언, 장애인 인권운동은 정체성이 복수이며 고착되지 않는다는 것을 인식하고 있는 이 시대의 핵심적인 딜레마를 제시한다. 이 시대에 소위 **전략적 본질주의**(strategic essentialism)를 상황에 따라 채택하는 것은 정치적으로 편리한 선택이 될 수 있다. 즉 젠더, 섹슈얼리티, 인종, 장애 등 정체성의 한 단면을 중심으로 단결하여 특정한 목표를 이루는 전략이다. 정치적으로는 강력할지 모르지만 이 전략은 취약점을 내포하고 있으며 내부적 갈등을 유발할 수도 있다. 보편적인 연대는 배제와 소외를 가져올 수 있기 때문이다. 상호 이해에 기반한 다양한 주장과 차이를 어떻게 조화시켜야 할지가 21세기의 핵심적인 이슈 중 하나이다.

글상자 11.4

도시사회지리학과 관련된 주요 영화 – 11장

- The Adventures of Priscilla, Queen of the Desert(1994)
  오스트레일리아 미개척지에서 벌어진 복장 도착에 관한 유쾌한 이야기로 도시와 시골의 관계와 섹슈얼리티를 보여 준다.
- Breakfast on Pluto(2005)
  패트릭 맥케이브(Patrick McCabe)의 비극소설에 바탕한 영화로 오래전에 헤어진 어머니를 찾기 위해 1970년대 아일랜드 공화군의 폭탄공격 와중에 런던에 상경한 아이리시 게이 소년의 이야기를 다루었다. 보기보다 훨씬 재미있는 영화이다.
- The Broken Hearts Club(2000)
  젊은 전문직 게이 집단을 중심으로 한 로맨틱 코미디이다.
- The Celluloid Closet(1995)
  할리우드가 게이 문제를 다루는 방식의 변화를 보여 주는 획기적인 다큐멘터리로 강력하게 추천한다.
- Desert Hearts(1985)
  1959년 리노(Reno) 주변의 사막을 배경으로 한 '레트로' 영화이기 때문에 엄밀히 말해 도시 영화는 아니다. 그러나 지적이면서도 이따금씩 즐거워지는 영화로, 레즈비언에 대한 태도를 균형 있게 묘사하였다.
- Go Fish(1994)
  시카고의 레즈비언 생활양식을 생생하게 보여 주는 로맨틱 코미디이다.
- Longtime Companion(1990)
  에이즈의 영향을 보여 준 최초의 영화 중 하나로 1980년대 뉴욕의 젊고 부유한 전문직 종사자들의 삶을 배경으로 한다.
- The Monkey's Mask(2000)
  매우 특색 있는 영화로 시드니에 살고 있는 레즈비언 여형사가 시인인 살인자를 추적한다.
- My Beautiful Launderette(1985)
  1980년대 초반 영국의 대처 정권하에서 섹슈얼리티와 인종차별주의와 신자유주의를 다루었다.
- Passion Fish(1992)
  미국 남부를 배경으로 장애와 인종, 섹슈얼리티 문제를 따뜻하고 감동적으로 다룬 영화이다.
- Philadelphia(1993)
  에이즈와 게이 공동체 문제를 정면으로 다룬 최초의 할리우드 영화로 감동적이며 많은 것을 생각하게 만들며 삶에 대한 긍정적인 태도를 불러일으키는 영화이다.
- Priest(1994)
  한 젊은 게이 목사가 종교와 섹슈얼리티 사이에서 갈등하는 것을 다룬 강력하고 감동적인 영화이다.
- Totally F***ed Up(1993)
  소위 말하는 '새로운 퀴어 영화'의 핵심적인 작품으로 로스엔젤레스에 사는 젊은 게이와 레즈비언의 삶과 사랑을 보여 준다.
- The Wedding Banquet (1993)
  매우 진지한 안 리(Ang Lee) 감독이 만든 상당히 가벼운 로맨틱 코미디이다. 그러나 영화는 민족성과 섹슈얼리티에 대해 유쾌함과 더불어 상당한 통찰력을 보여 준다.

요약

11.1 신체적 외형은 선천적인 생물학적 기능뿐만 아니라, 다양한 기호와 의미화 체제를 통해 사회적으로 구성되기도 한다. 도시 공간은 외형과 복장에 대한 표준을 형성하는 강력한 환경을 제공하는 동시에 지배적인 사회규범을 위반할 기회도 제공한다.

11.2 도시지역은 섹슈얼리티 발달에 중요한 영향력을 행사해 왔다. 도시는 지배적인 성행위 규범을 위반할 기회를 제공한다. 도시에서 매춘이 지속되는 사실은 가부장제의 젠더 관계를 반영한다. 도시는 게이 생활양식이 영토를 통해 표출될 기회를 제공하기도 한다. 소수민족 분리에서처럼 영토적 표출은 임파워먼트의 기회를 제공하기도 하지만 지속적인 차별을 반영하는 것으로 볼 수도 있다.

11.3 '장애'의 사회적 구성 역시 비장애 사회에서 지속되는 억압을 반영한다. 게이 인권운동과 장애인 인권운동 모두 신사회운동의 일환으로 볼 수 있다.

주요 개념

가부장제
게이 게토
동성애
섹슈얼리티
수행성
신사회운동
육체성
이성애-가부장제
이성애-가부장제 환경
장애차별적 지리학
전략적 본질주의
정체성의 정치
젠더
젠더 역할
체현
퀴어
퀴어 이론
퀴어 정치

읽을거리

몸과 지리

Ainley, R. (ed.) (1998) *New Frontiers of Space, Bodies and Gender* Routledge, London

Longhurst, R. (1995) The body and geography, *Gender Place and Culture* **2**, 97-105

Londhurst, R. (2005) Fat bodies: developing geographical research agendas, *Progress in Human Geography* **29**, 247-59

Shilling, C. (1993) *The Body and the Social* Sage, London

젠더의 지리

Booth, C., Darke, J. and Yeandle, S. (eds) (1996) *Changing Places: Women's lives in the city* Paul Chapman, London

Hanson, S. and Pratt, G. (1995) *Gender, Work and Space* Routledge, London

Massey, D. (1994) *Space, Place and Gender* Polity Press, Cambridge

Nast, H. and Pile, S. (eds) (1998) *Place Through the Body* Routledge, London

Pile, S. (1996) *The Body and the City* Routledge, London

Women and Geography Study Group (1997) *Feminist Geographies: Exploring diversity and difference* Longman, London

섹슈얼리티의 지리

Bell, D. and Valentine, G. (eds) (1995) *Mapping Desire: Geographies of sexuality* Routledge,

London

Browne, K., Lim, J. and Brown, G. (eds) (2007) *Geographies of Sexualities: Theory, practices and politics* Ashgate, Oxford

Duncan, N. (ed.) (1996) *Bodyspace: Destabilizing geographies of gender and sexuality* Routledge, London

Richardson, D. and Seidman, S. (eds) (2002) *Handbook of Lesbian and Gay Studies* Routledge, London

Hubbard, P. (1999) *Sex and the City: Geographies of prostitution in the urban West* Ashgate, Aldershot

장애와 도시

Area (2000) Vol. 32 edited by Steven Cummins and Christine Milligan on the theme of geographies of health and impairment

Butler, R. and Parr, H. (eds) (1999) *Mind and Body Spaces: Geographies of disability, illness and impairment* Routledge, London

Davis, J.L. (ed.) (1997) *The Disability Studies Reader* Routledge, London

Imrie, R. (1996) *Disability and the City: International perspectives* Paul Chapman, London

Philo, C. and Metzel, D. (2005) Introduction to theme section on geographies of intellectual disability: outside the participatory mainstream?, *Health and Place* **11**, 77-85

Shakespeare, T. (ed.) (1998) *The Disability Reader: Social science perspectives* Cassell, London

Swain, J., Finkelstein, V., French, S. and Oliver, M. (eds) (1993) *Disabling Barriers - Enabling Environments* Sage, London

제 12장

주거 이동성과 근린지구 변화

> **핵심 문제**
>
> - 도시 내에서 사람들은 왜 이주하는가?
> - 이러한 이주에 의해 어떠한 패턴이 발생되는가?
> - 이러한 이주는 주거 구조에 어떠한 영향을 미치는가?

비록 도시사회지역의 형성과 재형성은 한 거주지로부터 다른 거주지로의 가구의 이주의 산물이라는 점은 널리 인정되고 있지만 도시 주거 구조와 주거 이동성 간의 관계에 대한 이해는 부족하다. 도시 주거 구조와 주거 이동성 간의 관계는 복잡하다. 이주는 도시 근린지구의 사회 · 인구 구조를 형성하고 재구조화하는 동시에 도시 생태에 의해 영향을 받는다. 이는 사회공간 변증법의 고전적 예이다. 이주를 하는(또는 이주를 하지 않는) 개별 가구의 결정은 전체 체계의 나머지 부문에 대해 영향을 미침에 따라 이주에 관한 사회공간 변증법적 과정은 끊임없이 변형된다. 신규 주택이 건설됨에 따라 공가(vacancy) 및 이주가 발생하여 연쇄적 이주가 나타난다. 그리고 가구들이 근린지구의 사회적 지위 변화에 반응함에 따라 연쇄적 이주를 촉진시키기도 한다.

그림 12.1은 주거 이동성과 도시구조 간의 기본적 관계를 나타낸 것이다. 또한 그림 12.1은 주택 수요 및 도시구조 상호 간의 순환적 및 누적적 효과를 강조한 것이다. 이동성은 **주택 기회**(housing opportunity)와 가구의 주택에 대한 **요구** 및 **기대**의 산물이다. 여기서 주택 기회란 교외 지역 팽창, 도심 재개발, 도심 재활성화 등으로 나타난 신규 건축된 비어 있는 주택을 의미한다. 그리고 가구의 주택에 대한 요구 및 기대는 소득, 가족 규모, 생활양식에

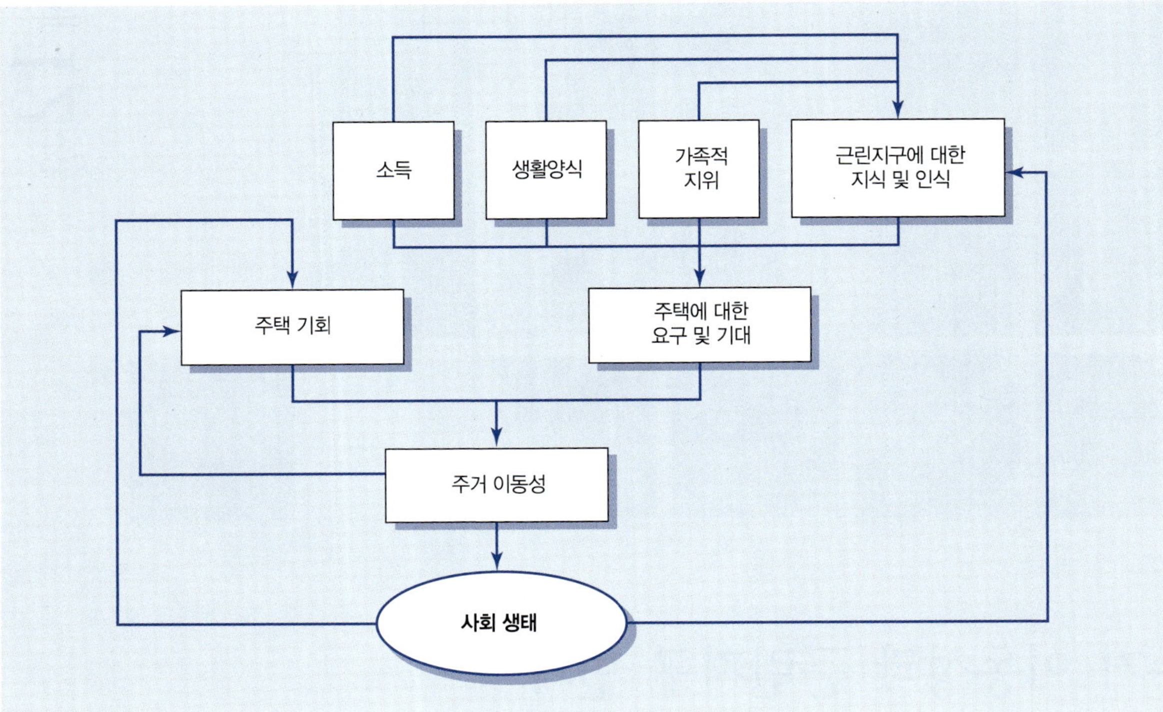

그림 12.1 주택 수요, 주거 이동성, 도시의 사회 생태 간의 관계

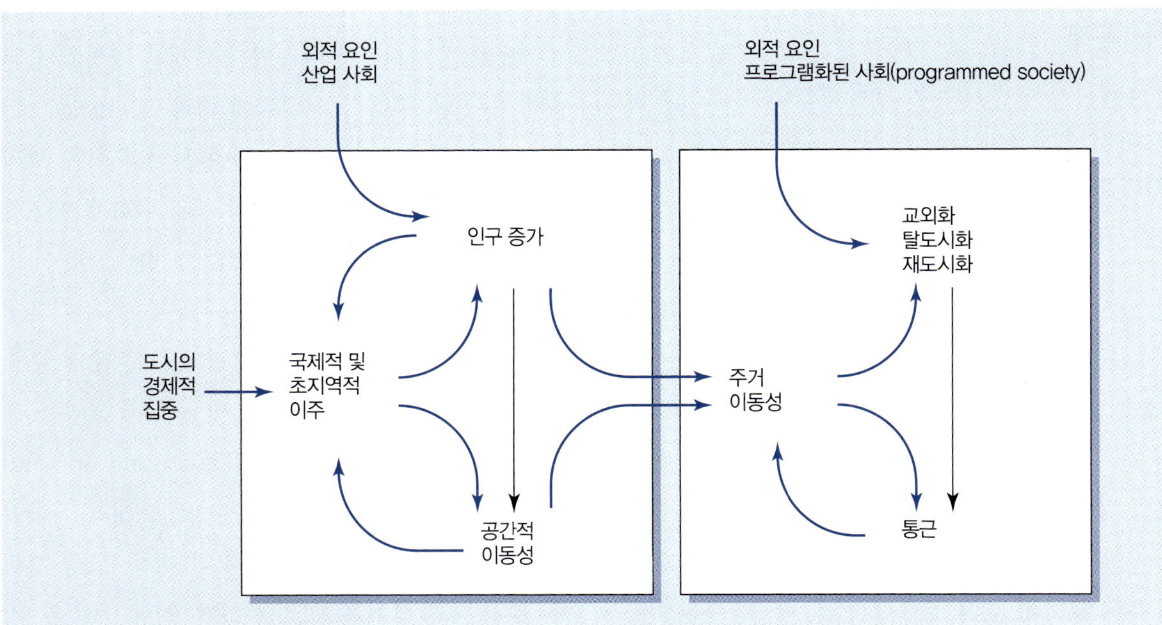

그림 12.2 이동성 흐름 및 공간의 구조화에 의해 형성된 체계
출처 : Bassand(1990), Fig. 1, p. 80.

따라 다르다. 그림 12.2가 나타낸 바와 같이 주거 이동성은 광범위한 구조적 변화의 틀 내에서 설명될 수 있다.

이주가 활발히 일어날 경우 도시 주거 구조는 변화할 것이다. 더 나아가 이주가 활발히 일어날 경우 잠재적 이주자의 이주를 유인하거나 저해하는 요소가 될 수 있는 사회 생태 및 근린지구 이미지의 변화가 나타날 것이다. **개별 가구는 의사결정 단위이며, 도시 생태적 변화는 주택 기회에 대한 가구의 반응의 총체적 합에 의해 영향을 받는다.** 가구 이동성의 기본적 매개 변수를 설정하도록 노력함으로써 이주와 도시 구조 간의 관계를 밝히는 것이 중요하다. 특정 기간 동안 얼마나 많은 가구들이 이주하는가? 특정 유형의 가구가 기타 유형의 가구보다 이주 경향이 높게 나타나는가? 이주 패턴에 있어 어떠한 공간적 법칙성이 존재하는가?

12.1 가구 이동성 패턴

서구 도시에서 가구 이주율은 높은 편이다. 오스트레일리아, 뉴질랜드, 북아메리카의 경우 연간 도시 가구의 15~20%가 이주한다. 물론 이주율은 일부 도시에서 아주 높게 나타나기도 한다. 미국의 경우 급성장하고 있는 서부, 남부, 멕시코 만 연안 도시[예 : 벨뷰(Bellevue), 스코츠데일(Scottsdale), 리버사이드(Riverside), 사우전드오크스(Thousand Oaks)]의 연 이주율은 성장이 느린 북동부 도시[예 : 스크랜턴(Scranton), 존스타운(Johnstown), 윌크스배러(Wilkes-Barre), 해이즐타운(Hazeltown)]의 연 이주율의 2배 정도이다. 유럽의 경우 이주율은 도시에 따라 상당히 다르게 나타나지만 일반적으로 연 5~10%이다.

도시 내 이주 규모는 도시 주택시장의 특성뿐만 아니라 더 나아가 광범위한 경제적 · 사회적 구조에 의해 영향을 받는다. 주거 이동성 수준에 영향을 미치는 가장 중요한 결정요인 중 하나는 자본주의 경제에서 나타나는 비즈니스 주기이다. 경제 호황 시에는 취업 기회 및 임금의 증가가 신규 주택에 대한 유효 수요의 증가를 가져와서 가구의 연쇄적 이주 현상이 증가한다.

사회조직의 변화 — 특히 가족 구조 및 가구의 형성 · 해체 비율과 관련된 변화 — 도 주택 수요에 직접적인 영향을 미침으로써 전반적인 이동성 수준에 영향을 미친다. 주택시장 구조의 장기적 변화도 주거 이동성 수준에 영향을 미치는 중요한 요인이다. 예를 들면 많은 유럽 국가의 경우 사적 임대 부문의 축소 및 자가 주택 · 공공주택 부문의 확대는 이동성의 전반적 감소를 가져왔다. 이는 사적 임대 부문 내에서 이주하는 것보다 자가 주택 · 공공주택 부문 내에서 이주하는 것이 더 많은 비용과 시간이 들기 때문이다.

이주자와 체류자

주거 이동성은 선택적 과정이다. 서로 다른 유형의 가구들은 서로 다른 주거 이동성을 지닌다. 어떤 가구들은 자주 이주하는 경향이 있다. 반면에 어떤 가구들은 이주하지 않아 주거 구조의 안정성에 영향을 미친다. 이러한 '이주자'와 '체류자' 간의 기본적인 이분법적 유형은 다수의 연구에서 확인되었으며, 각 집단의 구성은 가구의 생활양식 및 주택 소유 유형 특성과 관련이 있다. 특히 젊은 가구는 노년 가구보다 자주 이주하는 경향이 있다. 또한 민간 임대가구는 여타 주택 소유 유형의 가구보다 이주 빈도가 높

글상자 12.1

도시사회지리학의 주요 경향 – 영국 도시에서의 동부 유럽 공동체의 성장

최근 영국 도시사회지리의 가장 중요한 변화 중 하나는 2004년 동부 유럽 국가들이 유럽연합의 회원국이 된 이후에 나타난 100만 명 이상의 이주자의 대량 유입이었다. 최근의 글로벌 경기 침체, 유럽연합의 회원국이 된 동부 유럽 국가들의 경제적 성장, 파운드화 가치의 하락으로 인해 다수의 동부 유럽 국가 출신 이주자들은 본국으로 되돌아갔다. 하지만 60만 명 이상의 동부 유럽인이 영국에 거주하고 있는 것으로 추정되며, 이 중에서 약 2/3는 폴란드인이다. 이러한 영국으로의 동부 유럽인의 유입은 17세기 위그노 교도들이 종교적 박해를 피하기 위해 영국으로 유입된 이후 영국 총인구 대비 비중이 가장 높은 이주자의 유입이다(이코노미스트, 2008년 8월 30일자).

최근 동부 유럽 국가로부터 영국으로의 이주자의 유입을 과거의 영국으로의 이주자의 유입과 비교한다면 이주의 상대적 규모가 클 뿐만 아니라 이주 특성도 다르다. 과거에는 주로 아프리카, 카리브 해, 남아시아에 있는 영국의 구식민지로부터 유색인종이 영국으로 이주했던 것과는 대조적으로 최근에는 주로 백인이 영국으로 이주한다. 이는 이민에 대한 화두가 인종으로부터 분리되고 있음을 의미한다. 이민과 인종의 분리로 인해 이민에 대한 대중적 논쟁이 과거보다도 훨씬 더 가시적으로 표출되고 있으며, 논쟁의 핵심은 영국 경제에서 차지하는 이민자의 역할이다. 영국의 많은 지방정부들이 이민자를 위한 공공 서비스 제공으로 추가적인 압박을 느끼는 반면에 비즈니스계는 이민자의 유입에 대해 전반적으로 낙관적이다. 많은 동부 유럽 출신 노동자들이 배관 · 건축 · 보건 서비스 관련 직업에서의 기술자 부족 현상을 완화시켰다. 기타 동부 유럽 출신 노동자들은 영국인들이 꺼리는 미숙련 · 저임금 직업(예 : 단순 제조업, 숙박 · 음식 관련 서비스업)을 가지게 되었다. 이는 노동 착취 및 과밀 주택에 대한 화두를 더욱 공론화하는 계기를 만들었다.

또 하나의 중요한 차이는 지리적인 것이다. 과거의 국제 이주자들은 영국의 주요 도시에 집중 분포하는 경향이 있었지만 최근의 국제 이주자들은 영국 전역에 걸쳐 분산되어 분포하고 있다. 하지만 피터버러(Peterborough), 노샘프턴(Northampton), 슬라우(Slough), 사우샘프턴(Southampton)과 같은 영국의 일부 도시에서는 폴란드인의 수가 급속히 증가했다. 최근 영국으로 이주해 온 국제 이주자의 규모를 정확히 파악하기는 어렵지만 이러한 국제 이주자들이 영국 도시의 삶에 영향을 미치고 있는 것은 분명하다. 따라서 공공장소에서 폴란드어를 듣고, 영국 도로상에서 폴란드인 소유 차량을 보고, 상점에서 폴란드 음식을 찾는 것은 일반화되었다. 영국에서 유명한 슈퍼마켓 체인인 테스코(Tesco)마저도 폴란드어로 표현된 웹사이트를 가지고 있다. 더 나아가 최근에 영국으로 이주해 온 국제 이주자의 대부분이 가톨릭교도이며, 이로 인해 가톨릭교가 최근에 영국에서 가장 빠르게 성장하는 종파가 되었다. 얼마나 많은 동부 유럽 출신 국제 이주자들이 영국에 정착할지는 알 수 없다. 새로운 초국적 노동 패턴의 형성은 진행 중이며, 저가 항공사들이 동부 유럽 출신 노동자들의 영국으로의 유입에 일부 기여한 바 있다.

주요 관련 개념

동화, 특권 집단, 시민권, 임시 고용 노동자, 민족집단, 민족경관, 수량적 유연성, 노동예비군, 초국적 도시성

관련 내용

4장 : 글상자 4.3 영국 센서스는 얼마나 유용한가?

9장 : 글상자 9.3 새로운 '신성 공간'의 발달

다. 직면하고 있는 사회적 환경에 대한 의미 부여의 유형과 정도에 따라 사람들은 '지방인' 또는 '세계인'으로 개념화될 수 있다. 그리고 이러한 구분은 도시 내 이동성의 차이와 관련이 있다.

또한 가구가 한 주택에 거주하는 기간이 길어질수록 이주 가능성은 더 낮아지는 거주기간 효과(duration-of-residence effect)가 있다. 이를 '누적적 관성(cumulative inertia)'의 원리라고 한다. 사람들은 거주하고 있는 주택과 근린지구에 대하여 감정적 애착을 지니게 되며, 다른 지역으로 이주함으로써 현재 거주하고 있는 지역 내에서 구축한 사회적 네트워크가 단절되는 것을 꺼린다. 이와는 반대로 실제 이주 경험은 이주 경향성을 강화시키기도 한다. 과거에 이주해 본 경험이 없는 가구에 비해 이주자

는 미래의 이주에 대한 준비를 더 할 뿐만 아니라 이주 계획을 현실화하는 능력이 더 있다.

전입 이주 패턴

사람들의 이주 행위에는 다수의 중요한 규칙성이 존재한다. 먼저 도시 내 이주의 공간적 행위와 여타 도시·지역·국가로부터의 전입 이주의 공간적 행위를 구별하는 것이 유용하다. 더 나아가 전입 이주자는 사회적으로 지위가 높은 이주자와 사회적 지위가 낮은 이주자로 구분될 수 있다. 사회적 지위가 낮은 이주자들은 21세기 초반의 도시 주거 구조 형성에 특히 영향을 미쳤다. 하지만 현재의 이주 패턴에서도 사회적 지위가 낮은 전입 이주자가 뚜렷한 구성 요소로 나타나는 일부 도시들이 있다. 예를 들어 신시내티에서는 전입 이주자가 주로 애팔래치아로부터 온 가난한 백인이었으며, 멜버른과 시드니와 같은 오스트레일리아 도시에서는 전입 이주자가 주로 외국 태생이며, 일부 동부 유럽 도시에서는 전입 이주자가 주로 외국인 근로자이다. 8장에서 살펴보았듯이 도시 사회 생태에 미치는 전입 이주자의 영향은 이주자의 국가적·지역적 출신 및 종교적·인종적 지위와 관련성을 맺으며 정교하게 조정된다.

전입 이주자의 다수가 도시가 지니고 있는 경제적 기회를 찾기 위해 도시로 유인된다는 측면에서는 사회적 지위가 높은 전입 이주자와 사회적 지위가 낮은 전입 이주자가 유사하다. 하지만 사회적 지위가 높은 전입 이주자의 입지적 행동과 사회적 지위가 낮은 전입 이주자의 입지적 행동은 서로 다르게 나타난다. 교육수준이 어느 정도 높은 중산층이면서 매우 이동적인 사회집단이 이주자의 다수를 차지하고 있다. 이들은 더 나은 조건의 직업을 갖기 위해 또는 경력을 쌓기 위해 한 도시에서 다른 도시로 이주한다. 이러한 이주는 자발적 이주이거나 대기업과 정부 부처의 파견 명령에 의해 이루어진다. 하지만 대부분의 이주자는 동일한 도시 내에서의 근린지구(특히 신개발 교외지역의 근린지구)로 이주하는 기본적 패턴을 따른다.

신개발 교외지역은 이동성이 높은 엘리트에게 특히 매력적이다. 이는 신개발 교외지역의 경우 근린지구의 특성 및 사회적 네트워크의 확립이 결여되어 있어 신개발 교외지역으로의 이주가 비우호적일 수도 있는 이웃 사이에서 정착해야 하는 위험을 최소화해 주기 때문이다. 이주해 오는 도시 내에서 살고 있지 않는 가구는 보통 며칠 내에 부동산 시장을 탐색하고 거주할 주택을 선택해야만 하기 때문에 비우호적인 이웃 사이에서 정착해야 하는 경우도 있다. 또한 신개발 교외지역의 주택은 정형화된 주택 양식을 따르는 경향이 있어서 이주 전의 주택에서 사용했던 가구들이 이주 후의 주택에 맞을 가능성이 높아진다. 하지만 이렇게 신개발 교외지역으로 이주해 온 가구는 이후에 다른 근린지구의 사회적 환경 및 교육·서비스 환경의 질에 대하여 점점 인식하게 되면서 한 번 이상 추가적 이주를 하는 것이 보통이다.

도시 내 이주

모든 주거 이동성의 다수를 차지하고 있는 도시 내 이주에 대해 보다 자세히 살펴볼 필요가 있다. 도시 내 이주의 법칙성이 사회공간 변증법, 즉 주거 이동성과 도시 생태 간 관계의 주요 측면을 밝히는 데 도움이 될 것이라는 사고를 바탕으로 많은 연구들이 도시 내 이주의 법칙성을 찾고자 했다.

거리와 방향

도시 내 이주에 대한 다양한 연구를 통해 가장 널리

알려진 법칙성은 이주 거리에 관한 것이다. 비록 도시 내 이주 거리는 도시 규모에 의해 분명히 어느 정도 영향을 받지만, 다양한 연구에 따르면 일반적으로 도시 내 이주 거리는 비교적 짧은 것으로 나타났다. 이주 거리의 차이는 보통 소득, 인종, 이전의 주택 소유 형태에 의해 가장 잘 설명된다. 고소득 백인 자가 소유 가구의 이주 거리가 가장 길게 나타나는 경향이 있다.

많은 이주 연구들이 방향적 편기(directional bias)에 대해 조사해 왔으나 연구 결과가 동일하지는 않았다. 도심으로부터 교외로 이주하는 경향이 일반적이지만 반대로 교외로부터 도심으로 이주하는 경우도 항상 존재한다. 하지만 도시 내 이주 패턴에서 가장 뚜렷이 나타나는 규칙성은 이주 출발지와 이주 목적지의 사회경제적 지위와 연관되어 있다. 대다수의 이주(미국의 경우 약 80%)는 유사한 사회경제적 특성을 지닌 센서스 구역 간에 발생한다.

이와 관련하여 주택 소유 형태를 유지하면서 이주하는 경향이 높게 나타난다. 즉 이주는 보통 유사한 '공동체 공간' 또는 유사한 '주택 공간' 내에서 발생한다. 주택 소유 형태가 바뀌게 되는 이주는 주택 공급에 의해 영향을 받는다. 도시 내 이주는 사회적 · 경제적 구분들의 공간적 표현에 영향을 크게 미칠 수 있으며, 거주지 분리 정도는 이주 과정에 의해 유지되거나 강화되는 경향이 있다.

가구 이주 및 도시생태학

이러한 경험적 법칙성을 공간적 맥락에서 도시의 세 가지 지대를 구분하여 살펴볼 필요가 있다. 도시의 가장 안쪽 지대는 이동성이 높게 나타나며, 주로 사회적 지위가 낮은 전입자가 이주해 온다. 도시의 가장 바깥쪽 지대는 이동성이 높게 나타나며, 주로 사회적 지위가 높은 전입자가 이주해 온다. 앞에서 서술한 두 지대 사이에는 이동성이 비교적 높지 않은 지대가 있으며, 이 중간 지대에는 전반적으로 주택 요구가 충족된 가구들이 거주한다. 중간 지대에서는 공가 발생 또는 신규 주택 건축을 통한 주택 기회가 적게 발생하므로 이주 비율이 낮게 나타난다. 아마도 이러한 중간 지대의 존재가 도시 내에서 보다 장거리의 이주가 발생하는 이유가 될 수도 있으며, 중산층 가구가 새로 개발된 교외 지역으로 선형적(sectoral) · 비지적(leap-frogging)으로 이주해 가는 것을 설명하는 데 도움이 된다.

공공 부문 주택이 상당히 많은 비중을 차지하는 도시의 경우에는 앞에서 서술한 일반화에 대한 주의가 필요하다. 이는 공공주택시장의 시장 진입 및 이주 과정은 여타 주택시장의 시장 진입 및 이주 과정과는 완전히 다르기 때문이다. 하지만 공공주택이 상당히 많은 비중을 차지하는 도시에서도 일반적으로 가구 이주의 전반적 패턴이 나타난다. 예를 들어 글래스고의 경우 사적 임대 및 자가 주택시장이 공공주택시장에 의해 잠식되었지만(2008년의 경우 도시 가구의 50% 이상이 공공주택에 거주), 주거 이동성의 전반적 패턴은 아직도 동일한 근린지구 내에서의 단거리 이주 그리고 보다 장거리의 교외지역으로의 선형적 이주라는 전형적인 이주 구성요소들을 보이고 있다. 하지만 이주 패턴에 대해 면밀히 분석해보면 이주 구성요소들이 동일한 주택 소유 형태 범주 내에서 그리고 서로 다른 주택 소유 형태 범주 간에 발생하는 다양한 이주 흐름의 총체적 합으로부터 도출된다는 것을 알 수 있다.

주거 이동성 결정 요인

만약 도시 내 이동성의 외연적 구조를 파악하기가

어렵다면 도시 내 이동성의 내면적 역동성에 대한 이해는 더 어려울 것이다. 도시구조를 형성하는 주거 이동성의 흐름은 주택에 대한 개별 가구의 복잡한 의사결정을 통한 주택 수요의 총체적 패턴으로부터 도출된다. 이러한 주택에 대한 개별 가구의 복잡한 의사결정이 어떻게 구조화되는지에 대한 이해는 더 나아가 이주 과정을 이해하는 데 시사점을 제공해 줄 수 있다. 따라서 지리학자들은 다음과 같은 가구 행태의 두 가지 중요한 측면에 대해 주의를 기울여 왔다.

1. 이사 갈 주거지를 찾고자 하는 의사결정
2. 이사 갈 주거지에 대한 탐색 및 선택

이러한 2단계 접근에서 첫 번째 단계는 이사에 대한 의사결정을 이끌어 낸 개인적·거주지적·환경적 상황에 초점을 둔다. 두 번째 단계는 정보에 대한 서로 다른 접근성 및 이용도를 강조하면서 이사에 대한 의사결정이 어떻게 행동으로 나타나는가에 초점을 둔다.

이주 요인

이주에 대하여 자발적 이주와 비자발적 이주를 구별하는 것이 중요하다. 필라델피아 내 이주에 관한 로시(Rossi, 1980)의 연구에서 제시되었던 바와 같이 전체 이주에서 비자발적 이주는 상당한 비율을 차지한다. 필라델피아에서 전체 이주의 약 1/4이 비자발적 이주였으며, 비자발적 이주의 다수는 주택 철거로 인한 퇴거로 발생되었다. 여타 도시를 대상으로 한 연구에서도 유사한 연구 결과들이 나왔지만 영향을 받은 가구의 입지적 행태에 대한 분석은 미진하다.

가구 인터뷰 자료에 의하면 다양한 요인에 의해서 자발적으로 이사를 가겠다는 의사결정이 이루어진다. 하지만 이주 요인에 대한 가구 인터뷰 자료를 모두 신뢰하기는 어렵다. 일부 사람들은 자신의 결정을 합리화하고 정당화하는 경향을 지닌다. 또 일부 사람들은 과거의 이주 동기를 기억하지 못할 수도 있다. 그리고 대부분의 사람은 과거의 이주 시점에 고려했던 복잡한 이유보다는 간단하면서도 명료한 이유들을 기억한다. 그럼에도 불구하고 가구 인터뷰 자료는 이주 행태의 주요 요소들을 살펴보는 데 유용하다. 일반적으로 이주 요인은 주택 요인, 환경 요인, 개인적 요인으로 구성되어 있다.

자발적 이주와 연관된 주택 요인으로는 주택·정원 공간에 대한 불만, 주택·보수 비용에 대한 불만, 낙후된 주택 스타일에 대한 불만을 예로 들 수 있다. 환경 요인으로는 공장과 같은 유해시설에 대한 불만, 시끄러운 아이들에 대한 불만, 쓰레기 또는 애완견에 대한 불만을 예로 들 수 있다. 일부 자발적 이주는 새로운 이웃에 대한 부정적 반응과 같은 개인적 요인에 기인한다. 그림 12.3은 가구 이주 요인의 일반적 구분을 나타낸 것이다.

공간 요구 및 생애주기 변화

이주 요인 중에서도 주택 공간에 대한 가구의 요구가 가장 중요하면서도 일반적인 요인이다. 로시의 연구에 따르면 이주자의 절반 이상이 너무 크거나 또는 너무 작은 주거 공간에 대한 불만을 이주 요인으로 여겼다(이주자의 44%가 주거 공간에 대한 불만을 가장 중요한 이주 요인으로 여겼다). 이후의 연구들은 이주 결정에 있어서의 주거 공간의 중요성을 재확인했으며, 더 나아가 주거 공간 자체보다는 가구의 규모·구성과 가구가 인식하는 주거 공간에

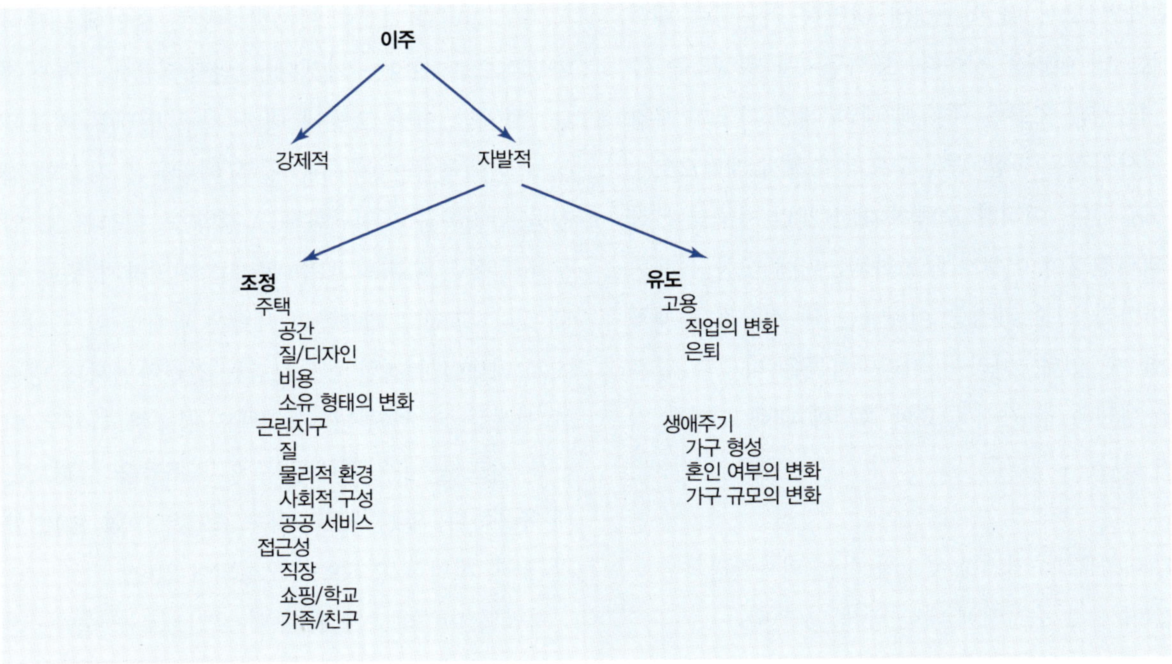

그림 12.3 가구 이주 요인 구분
출처 : Clark & Onaka(1983), Fig. 2, p. 50.

대한 요구 간의 관계가 더 중요한 요인임을 밝혔다. 가구의 규모·구성과 가구가 인식하는 주거 공간에 대한 요구는 생애주기와 밀접히 연관되어 있기 때문에 생애주기의 변화는 다수의 도시 내 이주의 토대가 된다. 이주에 대한 설명 변수로서의 가족생애주기는 주택 소유에 대한 욕구 및 환경적 배경의 변화에 대한 욕구와 같은 기타 이주 요인과의 상호작용에 의해 그 중요성이 높아졌다.

1960년대에는 주거 이동성과 가족생애주기 간의 관계성에 대한 일반화가 가능했다. 하지만 현대 도시에서 나타나고 있는 가구 구성의 변화 및 생활양식의 분절화로 인해 현재는 주거 이동성과 가족생애주기 간의 관계성을 일반화하기 어렵다. 그럼에도 불구하고 생애주기상 비슷한 단계에 있는 가구들이 변화하는 가족적·물질적 상황에 비슷한 방식으로 반응함에 따라 거주지 분리가 나타난다고 말할 수 있다. 요인생태학적 연구를 포함하여 많은 연구들에 의하면 가족적 지위는 동심원적 패턴으로 나타난다.

가족적 지위의 동심원적 지대들과 관련하여 일반적으로 도심 지대에는 주로 청년층 가구주가 거주하며, 중간 지대에서는 주로 중년층 중에서도 나이가 많은 가구주가 거주하며, 주변 지대에는 주로 청년층 중에서도 나이가 많은 가구주와 중년층 중에서도 나이가 적은 가구주가 거주한다. 하지만 이러한 패턴은 가구생애주기와 직접 관련성이 없는 요인에 의해서 나타날 수 있다는 점을 인식해야 한다. 가구들은 소득 및 사회적 지위의 변화와 가족적 지위의 변화를 동시에 겪는 경우가 많다. 따라서 주거 이동성을 소득 및 사회적 지위의 변화 또는 가족적 지위의 변화 중에서 단지 하나의 측면으로만 설명하려는 것은 위험하다.

글상자 12.2

도시사회지리학의 주요 논쟁 – 생애주기 모델의 가치

로시는 그의 고전적 연구에서 거주지 분화를 가구생애주기의 변화와 연결하여 설명했다. 사람들은 나이가 들면서 주거 환경(주택 및 근린지구)의 변화를 원한다. 사람들은 이러한 주거 환경의 변화에 대한 욕구가 현재의 주거 환경으로부터 만족될 수 없을 경우 이주를 한다. 가구생애주기 모델에 의하면 가족은 정적인 실체가 아니라 사회 연구에 있어서 중요한 부분을 차지한다(하단 참고).

1	허니문 시기	자녀가 없는 결혼한 부부
2	양육 시기	첫째 자녀가 0~2세인 자녀 양육 가족
3	권위 시기	유치원에 다니는 자녀가 있는 가족
4	해석의 시기	학교에 다니는 자녀가 있는 가족
5	의존적 시기	10대 자녀가 있는 가족
6	내보내는 시기	젊은 성인 자녀를 내보내는 가족
7	부모만 사는 집 시기	집에 자녀가 없는 중년의 부모
8	은퇴 시기	은퇴하고 노화된 가족 구성원

출처 : Duvall(1971)로부터 수정함.

가구생애주기 모델은 영향력 있는 모델이지만 여러 가지 이유로 비판을 받아 왔다.

- 가구생애주기 모델은 단지 핵가족만을 대상으로 한다.
- 가구생애주기 모델은 한부모, 재혼자, 이혼자, 미망인과 제2의 가족이 있는 자는 전혀 고려하지 않는다.
- 가족생애주기 모델은 결혼 이후만을 고려한다.
- 가족생애주기 모델은 가족이 독립적이며 자족적이라고 가정한다.

대중매체들은 전통적 핵가족 형태의 감소에 대해 이슈화했다. 1980년 이후 서구 도시의 가족생활은 전례가 없는 변화를 겪었다. 결혼율 및 출산율이 감소했고 이혼율 및 1인 가구 비율이 증가했다. 예를 들어 영국에서의 주요 변화를 다음의 표를 통해 살펴볼 수 있다.

영국에서의 가구 구성의 변화(1961~1998) (단위 : %)

가구유형	1961	1971	1981	1991	1998
부부					
부양할 자녀가 있음	38	35	31	31	25
부양할 자녀가 없음	10	8	8	8	7
자녀가 없음	26	27	26	28	28
한부모					
부양할 자녀가 있음	2	3	5	6	7
부양할 자녀가 없음	4	4	4	4	3
다가족	3	1	1	1	1
1인	11	18	22	27	28

계속

부양할 자녀가 있는 부부 가구의 비율은 1961년과 1998년 사이에 38%에서 25%로 감소했다. 반면에 같은 기간 동안 부양할 자녀가 있는 한부모 가구의 비율은 2%에서 7%로 증가했다. 하지만 가장 놀라운 변화는 1인 가구의 증가이다. 이러한 1인 가구의 증가는 과거에 비해 젊은 사람들이 부모의 집을 더 일찍 떠나는 경향, 이혼율의 증가, 결혼에 대한 선호도 감소, 미망인 비율이 높은 노년층의 증가와 같은 여러 가지 요인을 반영하고 있다. 하지만 대부분의 전문가들은 전통적 가족 형태의 감소를 단정하기에는 너무 이르다고 주장한다. 예를 들어, 1997년 영국의 경우 부양을 받고 있는 자녀들의 4/5는 양부모가 있었으며, 10명의 부모 중에서 9명의 부모는 결혼 상태였다. 친척 간의 연락은 감소한 것 같지만 여전히 노년층 가족 구성원을 부양하는 주요 원천은 가족이다. 많은 전문가들이 가족의 역할이 감소했다는 증거가 거의 없음을 지적했다. 영국의 경우 기관에 생활을 의지하는 노년 인구의 비율은 20세기 내내 일정 수준을 유지했다.

주요 관련 개념

지역사회 보호, 가내 경제, 가내화, 가족적 지위, 이성애-가부장제 환경, 핵가족, 가부장제, '일차적' 관계

관련 내용

10장 : 글상자 10.3 청소년 문화의 지리를 어떻게 이해해야 할까?

다른 요인도 가족적 지위에 따른 공간적 분리에 영향을 미칠 수 있다. 예를 들어 다수의 가구들이 그들과 비슷한 사회경제적 지위, 나이, 구성을 지닌 가구들과 인접하여 거주하는 것을 선호하는 것을 인지하고 있는 개발업자에 의해 가족적 지위에 따른 공간적 분리가 강화되었다. 개발업자들은 특정 가구 유형을 위한 아파트 단지 및 종합 계획 공동체 개발을 하여 개발하는 거주지의 특성에 일치하지 않는 가구들을 입주 계약 시에 배제함으로써 가족적 지위에 따른 공간적 분리를 조장한 측면이 있다. 따라서 콘도 전체가 싱글이나 자녀가 없는 부부만 거주하는 경우도 많다. 가장 대표적인 예는 미국 애리조나 주 피닉스의 위성 교외인 선 시티(Sun City)이다. 선 시티의 경우 50세 미만은 거주가 제한되며, 도시경관 전체가 노인을 위해 디자인되었다. 반면 공공주택의 비중이 높은 영국 도시에서의 가족적 지위에 따른 공간적 분리는 지방 주택 당국의 임대 정책에 의해 영향을 받는다. 이는 공공주택 입주 자격이 부분적으로 가구 규모와 관련되어 있기 때문이다.

이주 결정

주거 이동성 과정의 첫 번째 주요 결정 사항인, 즉 이주를 할 것인가는 가구의 주택에 대한 요구·기대·열망과 가구의 현실적 주택 조건·환경적 배경 간의 불일치로 인해 발생하는 **스트레스**의 산물로 여겨질 수 있다(그림 12.4 참고).

행태주의적 접근의 해석에 따르면 사람들이 서로 다른 주택에 대한 기대 및 열망을 지니는 이유는 사람들이 삶을 이해하는 데 특히 주택 상황을 해석하는 데 적용하는 참고 체계가 다르기 때문이다. 참고 체계는 연령, 사회계층, 종교, 인종, 도시적 삶에 대한 과거의 경험 등을 포함하는 다양한 요인에 의해 영향을 받는다. 이는 결과적으로 일련의 생활양식(개인주의적, 가족주의적, 세계주의적 등)이 된다. 생활양식에 따라 주택과 주거 입지에 대한 취향이 다르다. 행태주의적 접근에 따르면 도시 문화와 관련하여 ① 가족 지향 생활양식, ② 경력 지향 생활양식, ③ 소비 지향 생활양식이 있다.

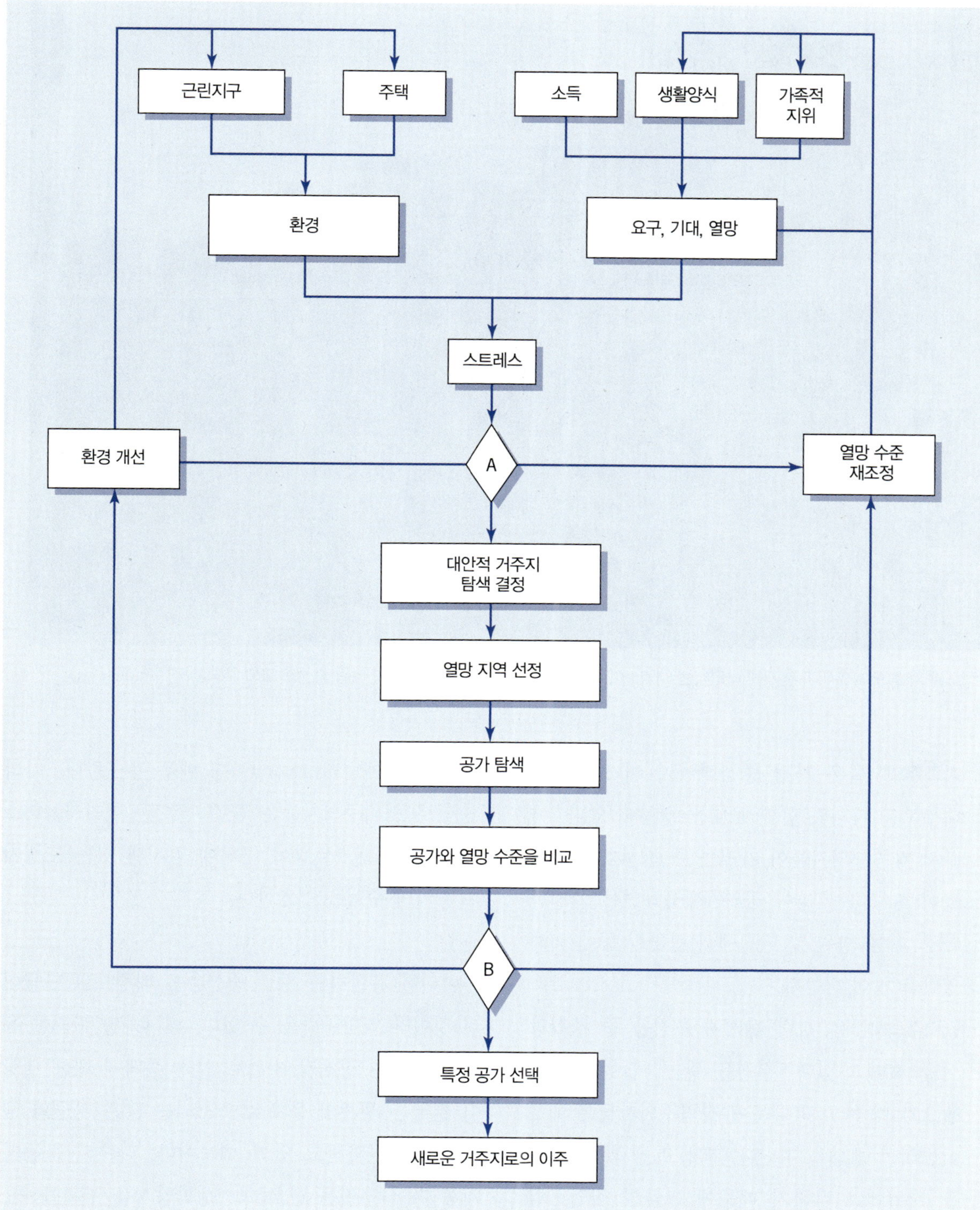

그림 12.4 주거 이동성 모델
출처 : Robson(1975), p. 33.

가족적 지위가 높으며 소비가 현저히 나타나는 지역 : 미국 버지니아 주 맥린(McLean)의 상위 중산층 교외 주택(사진 : Paul Knox)

1. 가족주의자들은 가정 중심적이며 여가 시간의 대부분을 자녀와 함께 보내는 경향이 있다. 따라서 가족주의자들이 가지는 주택 선호는 자녀들이 요구하는 놀이 공간, 깨끗하면서 안전한 환경, 아동 병원 및 학교에의 접근성 등에 의해 영향을 많이 받는다.
2. 경력주의자들은 경력 쌓기에 초점을 둔 생활양식을 지니고 있다. 경력을 쌓는 데 이주를 할 필요가 자주 있기 때문에 경력주의자들은 매우 이동적인 경향을 지닌다. 그리고 경력주의자들은 지위에 민감하기 때문에 그들의 직업 · 임금 · 자아상에 어울리며 위신이 있는 근린지구 내 주택을 선호하는 경향이 있다.
3. 소비주의자들은 물질적 혜택 및 모던 도시 사회의 어메니티(amenity)를 매우 추구한다. 따라서 소비주의자들은 클럽 · 극장 · 갤러리 · 디스코텍 · 레스토랑이 근처에 입지해 있는 도심지역의 주택을 선호한다.

이러한 유형화는 주로 중산층을 배경으로 만들어진 것이라고 비판받을 수 있다. 왜냐하면 이러한 유형화는 낮은 경제적 지위로 인해 주택에 대한 열망이 결국은 생존의 문제로 축소되는 많은 가구의 생활양식은 간과하고 있기 때문이다. 다수의 노동자 계층 가구는 집을 선호하는 생활양식을 구체화하는 무대로 생각하기보다는 바깥 세상으로부터의 안식처로 간주한다. 소득이 많지 않은 가구는 그들이 가지고 있는 최소한의 절대적 요구에 맞는 주택만을 열망한다. 주택에 대한 요구는 보통 가족 규모와 관련이 깊다. 따라서 행태주의적 모델은 생애주기와 관련된 주거 이동성에 초점을 두고 있다. 행태주의적 모델은 주거 스트레스의 발생과 이주를 동일시하지는 않는다.

주택에 대한 가구의 기대와 열망이 무엇이든지 간에 이주 결정에 있어서 중요한 결정 요인은 주택에 대한 가구의 기대 · 열망과 현실적 주거 상황 간의 차이의 결과로 발생하는 스트레스의 강도이다. 참을 수 있는 스트레스가 참을 수 없는 스트레스로 되는 시점은 개별 가구마다 다를 것이다. 만약 참을 수 있는 스트레스가 참을 수 없는 스트레스로 되면(그림 12.4의 'A' 시점), 가구는 다음 세 가지 종류의 행태 중 하나를 선택 결정해야만 한다.

1. **환경 개선** : 이는 스트레스 요인의 특성에 맞추어 대응하는 다양한 활동들을 포함한다. 작은 주택은 부대시설 설치를 통해 확장하고, 추운 주택은 중앙난방 · 이중 유리 · 벽 단열재를 설치하고, 노후화된 주택은 배선 · 인테리어를 바꾸고, 너무 큰 주택은 하숙인을 받는다. 또한 근린지구 스트레스 요인 또는 상황적 스트레스 요인은 다양한 방식을 통해 대처될 수 있다. 예를 들어 상점과 어메니티에 대한 접근성 부족은 자동차를 구입하거나 지방정부에 대해 보다 나은 버스 서비스를 제공해 달라는 민원을 신청할 수 있다. 환경의 질 저하 및 침입적인 토지이용자는 주민 조합 및 주민대책위원회를 통해 대처될 수 있다. 주거 행위의 기타 측면과 관련하여 이러한 전략은 가구의 상황에 따라 다르게 나타난다. 예를 들어 자가 소유자는 세입자보다 근린지구 활동에 보다 적극적인 경향을 지닌다.
2. **주택 열망 수준 낮추기** : 이는 현재 거주하고 있는 주택 상황에 적응해 가는 대안적인 방법이다. 조사 자료에 의하면 이주 의사가 있는 3~4가구 중에서 실제로 이주하는 가구는 1가구이다. 이는 주택에 대한 열망 수준을 낮추는 것이 일반적이라는 것을 의미한다. 주택 열망을 낮추는 것은 생활양식의 변화 또는 계획 변경을 동반할 수 있다. 예를 들어 출산 시기를 연기하는 것이다. 주택 열망을 낮추는 것은 단순히 현재 거주하고 있는 주택 상황과 주택 열망 간의 '불일치 축소'의 심리적 문제이다. 여기서 불일치 축소란 자신이 현재 가진 것에 대해 만족하고 자신이 가질 수 없는 것에 대해 무관심해지는 것을 의미한다. 보통 사람들은 나이가 들수록 현재 거주하고 있는 주택 상황과 주택 열망 간의 불일치 축소를 보다 쉽게 한다.
3. **주거 재입지** : 이는 대다수는 아니지만 많은 가구에 의해 선택된다. 이주 결정은 입지 행태의 또 다른 중요한 측면인 새로운 거주지 탐색 및 선택을 동반한다.

새로운 거주지 탐색

이주 결정이 자발적이든 비자발적이든 간에 이주하는 모든 가구들은 빈집을 탐색하고 그중에서 가장 적절한 집을 결정하는 과정을 겪는다. 새로운 거주지 탐색 과정에 대한 지리학자의 주요 관심사는 새로운 거주지 탐색 과정이 공간적으로 편기되는지 그리고 만약 공간적으로 편기된다면 새로운 거주지 탐색 과정에 있어 서로 다른 가구 집단이 서로 다른 방식으로 공간적으로 편기되는지에 관한 것이다. 즉 지리학자는 공간적으로 편기된 새로운 주거지 탐색 과정이 사회 생태의 변화에 기여하는지에 관심이 있다. 비록 사람들이 새로운 거주지를 찾는 데 있어서의 행동 방식에 대한 정보는 다소 파편적이지만, 일반적인 새로운 거주지 탐색 과정은 행태적 모델의 의사결정 틀 내에 포함된다(그림 12.4 참고). 또한 가구 행태를 세 단계로 구분하여 살펴보는 것이 유용하다.

1. 공가 평가 기준의 구체화
2. 평가 기준을 충족하는 주택 탐색
3. 새로운 거주지 최종 선택

새로운 거주지에 대한 요구의 구체화

행태적 측면에서 개별 가구는 잠재적인 새로운 거주지에 관한 정보 획득 및 조직화에 있어 의식적이든 무의식적이든 가구의 **열망 지역**(aspiration region)을 우선 선정한다. 이는 현재의 거주지에 대한 대안으로 찾고 있는 새로운 거주지에 대해 가구가 수용할 수 있는 상한선 및 하한선 측면에서 이해될 수 있다. 가구가 수용할 수 있는 상한선 및 하한선은 가구가 원하는 **절대적 위치** 특성(주택 자체의 특성) 및 가구가 원하는 **상대적 위치** 특성(근린지구의 물리적 · 사회적 환경 및 학교 · 상점으로의 접근성) 측면에서 규정될 수 있다.

열망 지역의 하한선은 보통 가구가 떠나려고 하는 주택의 특성에 의해 규정되며, 열망 지역의 상한선은 가구가 합리적으로 열망할 수 있는 기준들에 의해 정해진다. 일반적으로 열망 지역의 상한선 및 하한선은 가구의 경제적 수준에 의해 결정될 것이다. 하지만 예외적인 경우도 있다. 예를 들어 어떤 가구주는 주택 가격에 상관없이 큰 정원을 원하지 않는다. 또한 어떤 가구주는 근린지구가 원하는 생활양식에 맞지 않아서 주택을 구입할 경제적 능력이 있어도 새로운 거주지 선택 시 그 근린지구 내 주택은 제외시킨다.

일반적으로 열망 지역을 구체화하는 데 가구가 사용하는 기준은 이주 결정 동기를 반영한다. 열망 지역 선정 시 가구가 자주 사용하는 기준은 주거 공간, 거주지 어메니티, 환경의 질, 사회적 구성 등이다. 가구는 주택 인테리어, 근린지구의 사회적 특성, 다양한 시설에 대한 접근성을 이전 거주지에서의 이주 결정 시보다 새로운 거주지 선택 시 더 중요시한다. 또한 서로 다른 유형의 이주자는 사용하는 기준에 있어 차이가 있다. 예를 들어 아파트로 이주하는 가구에 비해 단독주택으로 이주하는 가구가 주택의 상대적 위치 특성을 보다 중요시하는 경향이 있다. 교외지역 주택으로 이주하는 가구는 주택 설계 및 투자로서의 주택의 잠재력에 특히 관심을 두는 경향이 있다. 반면 도심지역 주택으로 이주하는 가구는 주택 양식의 미학 및 근린지구 환경을 중요시하는 경향이 있다.

가구마다 열망 지역을 다르게 인식하는 것은 무엇보다도 가구의 이주를 유인하는 거주지에 대한 요구와 열망이 다르기 때문이다. 주거 재입지 과정에서 차지하는 거주지에 대한 요구와 열망의 중요성은 동일한 주택 기회에 대해서도 가구들은 서로 다르게 평가한다는 사실뿐만 아니라 서로 다른 주택 목적하에 공가를 탐색한다는 사실에서도 엿볼 수 있다.

공가 탐색

공가 탐색 과정의 일반적 목적은 적절한 종류의 주택을 옳은 가격으로 이용 가능한 시간 내에 찾는 것이다. 매력적인 공가를 우연히 빨리 발견한 후 이주를 결정한 일부 가구의 경우에는 공가를 열심히 탐색할 필요가 없다. 이러한 횡재적 이주는 많게는 전체 도시 내 이주의 20%를 차지하기도 한다. 하지만 다수의 이주자는 적절한 주택을 제한된 이주 결정 기간 내에 찾아야만 한다.

대부분의 가구는 상대적 위치 특성 및 절대적 위치의 준거 기준을 만족시키는 공가를 찾을 수 있는 가능성에 대한 평가를 바탕으로 선택된 특정 근린지구 위주로 입지 측면에서 공가 탐색 과정을 조직한다. 더 나아가 가구들은 제한된 공간 내에서 공가를 탐색해야 하므로 가장 잘 알고 가장 접근성이 높은 지역에 탐색을 집중함으로써 노력과 불확실성을 줄이려고 하는 것은 당연하다.

결과적으로 가구들은 서로 다른 지역에 대해서 친숙함의 정도가 달라 공간적으로 편기된 제한적인 **탐색 공간**(search space) 내에서 주택 탐색 활동을 집중시킨다. 행태주의 용어로서의 탐색 공간은 보다 더 광범위한 **인식 공간**(awareness space)의 일부에 해당한다. 일반적으로 인식 공간은 다음 두 가지 요소의 산물로 여겨진다.

- 일상적 활동에 의해 정기적으로 접촉하게 되는 모든 장소의 총체를 의미하는 **활동 공간**(activity space 또는 action space)
- 라디오, 텔레비전, 신문, 입소문과 같은 이차적 출처로부터의 정보

위의 두 가지 요소는 개인의 인식 공간의 일부분을 구성하고 있는 이미지를 생산해 내는 정신적 여과 과정 및 기호화에 영향을 미친다. 인식 공간의 일부에 해당하는 탐색 공간은 가구가 열망 지역과 관련성이 있다고 느끼는 지역이며, 활동 공간과 심상지도에 내재된 편기성으로 인해 탐색 공간은 공간적으로 편기된다.

따라서 서로 다른 가구 집단은 서로 구별되는 활동 공간과 심상지도로 인해 공가 탐색 행태에 있어서 서로 구별되는 공간적 편기(spatial bias)를 나타내는 경향이 있다. 저소득 가구는 제한된 활동 공간과 집 주변 지역에 대한 국지화되고 심화된 이미지로 인해 탐색 공간을 이전에 살았던 집을 중심으로 한 비교적 소규모 지역으로 제한하는 경향이 있다. 반면에 더 이동적이며 소득이 더 많은 가구는 집과 직장 사이에 있는 가장 친숙한 도시지역에 초점을 맞추면서도 더 광범위한 탐색 공간을 가지는 경향이 있다.

또한 탐색 공간 내 공가를 찾는 데 이용된 **정보원**에 따라 공간적 편기가 뚜렷이 나타날 수 있다. 서로 다른 유형의 가구들은 서로 다른 정보원의 이용 순서 및 조합에 의존하는 경향이 있어서 결국 사회 공간적 분리 과정의 심화로 나타난다. 일반적으로 공가를 찾는 데 가장 자주 이용되는 정보원은 신문, 온라인 광고, 부동산 에이전트, 친구, 친척, '주택 매매' 표지판의 개인적 관찰이다. 하지만 각각의 정보원의 상대적 중요성 및 효율성은 도시마다 다소 상이하게 나타나는 경향이 있다.

이러한 정보원들의 각각은 서로 다른 방식으로 왜곡되는 경향이 있다. 예를 들어 개인적 관찰은 사람들의 개인적 활동 공간에 의해 크게 영향을 받는다. 한편 친구와 친척으로부터 얻은 정보의 양과 질은 사회계층 및 탐색자의 사회적 네트워크의 구조에 상당히 의존적이다. 부동산 에이전트는 정보의 중개자 역할을 지니고 있기 때문에 상당한 공간적 편기를 가져온다. 이는 두 가지 방식으로 나타난다. 첫째, 각각의 부동산 에이전트는 가격과 지역 면에서 주택시장의 일부분에 한정하여 특화하는 경향이 있다. 둘째, 대부분의 부동산 에이전트는 도시 주택시장

글상자 12.3

도시사회지리학의 주요 사상가 – 론 존스턴

론 존스턴(Ron Johnston)은 도시사회지리학 관련 주제에 대해 가장 많은 저술 활동을 벌여 왔다는 점에서 도시사회지리학에 관한 저서에서 주목을 특별히 받을 만한 학자이다. 40년 이상 수많은 저서와 논문을 출판했으며, 연구물은 전혀 줄어들지 않고 쏟아져 나왔다(Johnston, 1971과 Johnston *et al.*, 2004를 비교; 글상자 8.3 참고).

론 존스턴의 연구는 과거 40년 동안에 일어났던 도시사회지리학 성격의 거대한 변화를 반영하고 있다. 예를 들어 론 존스턴의 초기 연구들을 살펴보면 그는 도시구조에 관한 다변량 분석을 '요인생태학' 적 방법론을 이용한 인간생태학(human ecology)을 중시했던 시카고학파의 경험적 전통과 접목시키려는 계량지리학자였음을 알 수 있다(Johnston, 1971). 이후 얼마 안 되어 존스턴은 심상지도를 이주 패턴과 접목시키면서 행태적 개념을 도시 내 주거 이동성 연구에 적용하기 시작했다. 그 후에 특히 로컬 정치 체계에 초점을 두면서 도시 변화를 정치경제학적 전통과 접목시켜 해석하고자 했다(Johnston, 1978).

도시사회지리학과 관련된 수많은 저술이 있지만, 론 존스턴은 두 가지 다른 분야에 대한 심도 있는 기여로 가장 잘 알려져 있는 것 같다. 첫째는 정치지리학에 관한 연구이며, 둘째는 지리학 관점에서 볼 때 보다 중요할 수도 있는 20세기 후반의 지리학사를 체계적으로 정리한 것이다. 20세기 후반 지리학사에 대한 체계적 정리는 1979년에 처음 출판된 『지리학과 지리학자 : 1945년 이후의 영미 인문지리학(*Geography and Geographers: Anglo-American human geography since 1945*)』에 가장 뚜렷이 나타나 있으며, 이 저서는 현재 제6판까지 나와 있다[2004년 제6판은 제임스 시더웨이(James Sidaway)와 공저자임].

주요 관련 개념

법률상 영역, 요인생태학, 행정구역 분할, 분리

더 읽을거리

Johnston, R.J. (1971) *Urban Residential Patterns: An introductory review* Bell & Sons Ltd, London

Johnston, R.J. (1978) *Political, Electoral and Spatial Systems* Oxford University Press, London

Johnston, R.J. and Sidaway, J.D. (2004) *Geography and Geographers: Anglo-American human geography since 1945* Arnold, London

Johnston, R.J., Pattie, C.J., Dorling, D.F.L. and Rossiter, D.J. (2001) *From Votes to Seats: The operation of the UK electoral system since 1945* Manchester University Press, Manchester

Johnston, R., Poulsen, M. and Forrest, J. (2004) The comparative study of ethnic residential segregation in the USA, 1980–2000, *Tijdschrift voor Economische en Sociale Geografie* **95**, 550–69

관련 내용

4장 : 요인생태학적 연구

8장 : 글상자 8.3 미국의 분리 패턴 변화, 글상자 8.6 서양 국가의 경우 민족집단의 거주지 분리는 얼마나 다양한가?

전반에 대해 꽤 정확한 지식을 지니고 있음에도 불구하고 주택 매매 경험이 가장 많으며 가장 잘 아는 지역 내 주택을 과도하게 추천하는 경향이 있다. 따라서 정보를 위해 부동산 에이전트에 의존하는 가구는 매우 구조화된 그리고 공간적으로 제한된 정보원을 이용하고 있는 것이다. 서로 다른 가구들이 이용하는 서로 다른 정보원들의 상대적 중요성 및 효율성은 중요한 화두이다.

또한 정보원에 대한 접근성은 주거 행태에 영향을 미치는 또 하나의 중요한 화두인 **탐색 장벽**(search barrier)의 문제와 연관되어 있다. 탐색 장벽에는 두 가지 종류가 있다. 첫째는 정보를 탐색하고 수집하는 데 드는 비용을 상승시키는 장벽이다. 둘째는 가구의 주택 및 입지 선택을 노골적으로 제한하는 장벽이다. 예를 들어 탐색 비용과 관련된 요인으로는 특정 정보 채널에 대한 지식 부족뿐만 아니라 탐색을 위한 교통 부족 및 탐색하는 동안 이용할 보육시설 부족이 있다. 주택 선택을 제한하는 요인으로는 재정적 제약, 주택시장 내 차별, 임차료 보조 프로그램 관련 주택의 질에 대한 기준이 있다.

시간 제약

가구들이 차별적으로 이용하는 서로 다른 정보원의 효율성의 차이는 주거 이동성의 차이를 가져와 사회공간적 분리의 정도를 증가시킨다. 그리고 매개되는 또 다른 중요한 요소는 탐색 과정상의 시간 제약이다. 가구가 새로운 집을 찾을 때 드는 시간과 비용이 증가함에 따라 탐색 공간과 탐색 과정은 바뀌기 쉽다. 새로운 집을 찾을 수 있는 시간이 부족해지기 시작할 때 탐색 전략은 새로운 집을 찾을 수 있도록 바뀐다. 시간이 부족해지면서 가장 적절한 집을 찾을 수 있는 성공 확률이 낮아짐에 따라 생성되는 근심으로 인해 가구는 열망 지역을 수정하거나, 탐색 공간을 축소하거나, 정보원의 이용에 변화를 주기도 한다. 그리고 시간적 압박으로 인해 사람들은 좋지 않은 선택을 하기도 한다.

반면 탐색 시간이 길어질수록 주택시장에 대한 가구의 지식은 늘어난다. 따라서 개별 가구는 탐색으로 인한 지식의 확대라는 이점과 탐색에 소요되는 실제 비용 또는 심리적 비용을 조절해야만 한다. 조사 자료에 의하면 대부분의 가구는 새로운 집을 선택하기 전에 단지 소수의 공가(보통 2~3개)만을 심각하게 고려하는 것으로 나타났다. 이러한 사실에 비추어 볼 때 탐색 행동에 대한 정교한 모델 및 이론을 개발하는 것이 의미가 있는 것인지 반문해 볼 수도 있다. 그럼에도 불구하고 이러한 현상은 행태주의적 사고의 틀로 설명될 수 있다. 즉, 가구들은 단지 소수의 공가에 한정하여 심각하게 고려함으로써 의사결정에 있어서의 불확실성을 줄일 수 있다. 더 나아가 대부분의 가구들은 (소득 제약 또는 입지적 요구 조건 때문에) 열망 지역부터 탐색을 시작한다. 따라서 마치 억제된 탐색 패턴처럼 보이는데 이는 사실 탐색 과정 이전 단계에서 형성된 의사결정의 논리적 산물이다.

이사 갈 집 선택

열망 지역 내에서 2~3개의 공가들을 찾은 가구는 궁극적으로 선택을 해야 한다. 이론적으로 각각의 공가에 대한 주관적 평가에 사용되는 가구 **효용 함수**(utility function)에 기초하여 선택이 이루어진다. 즉, 공가들은 열망 지역을 선정하는 데 사용된 속성에 대하여 각각 가중치가 주어진 값의 총합의 측면에서 평가된다. 이러한 가중치가 주어진 값은 열망 지역을 구체화하는 데 사용된 준거의 상대적 중요성을 반영한다. 그리고 가중치가 주어진 값은 가구의 선호에 따라 다르게 나타난다.

하지만 현실적으로 인간의 정보 처리 능력의 한계 및 시간적 제약으로 인해 행태주의 이론에서 제시하고 있는 고도의 합리적 선택은 거의 이루어지지 않는다. 사람들은 사용하는 데 큰 불편이 없는 한 어느 정도 적당한 공가를 차지하면 만족해한다.

행태적 모델에 따르면 이용 가능한 시간 안에 열망 지역 내에서 적절한 공가를 찾지 못한(그림 12.4의 'B' 지점) 가구는 전략을 바꾸어 그림 12.4의 'A' 지점에서 선택할 수 있는 환경 개선 또는 열망 재정의 두 가지 중에서 하나를 선택한다.

마지막으로 모든 도시에는 행태적 접근에 의해 설명되기 어려운 주거 입지 제약이 큰 가구들이 많다는 점을 인식해야 한다. 주거 입지 제약이 가장 뚜렷이 나타나는 하위집단은 노동자 빈곤층, 노년층, 소년층, 실업자, 일시적 이주자이다. 주거 선택이 매우 제약되어 있는 여타 하위집단으로는 특별한 도움을 필요로 하는 가구(예 : 대가족, 한부모 가족, 결혼하지 않은 동거인, 과거 교도소 수감자, 문제 가족), 개인적 장애 · 가족 상황 · 의료 때문에 이사할 수 없는 가구, 익숙한 환경을 떠나 이사하는 것에 대한 심리적 스트레스 때문에 이사하지 않으려는 가구가 있다.

12.2 주거 이동성 및 근린지구 변화

비록 행태적 접근은 이동성의 공간적 함의를 이해하는 데 중요한 통찰력을 제공하지만 행태적 접근의 개인적 의사결정에 대한 강조는 비슷한 유형의 가구들이 비슷한 선택을 함으로써 나타나는 근린지구 변화의 총체적 패턴에 대한 주목을 흩트리는 경향이 있다. 따라서 이동성 과정과 근린지구 변화에 대한 거시적 차원의 일반화를 살펴보고자 한다.

이와 관련하여 이미 소개되고 논의되었던 일반화 중 하나는 바로 도시의 생태적 변화에 대한 버제스(Burgess, 1926)의 고전적 모델에서 제시된 침입(invasion)－천이(succession)－지배(dominance)의 순서와 관련지어 나타나는 사회경제적 지위의 동심원 패턴이다. 동심원 모델의 동력은 바로 도심지역에 유입되는 하류층 이민자의 압력에 기초한다. 도심지역에 유입되는 낮은 경제적 지위의 이민자의 압력이 증가할수록 도심지역에 거주해 있었던 가구 중 일부는 도심으로부터 더 먼 주변 근린지구로 이주한다. 이는 연쇄적 반응을 촉발하게 되는데 각각의 연속적으로 형성되어 있는 보다 높은 경제적 지위의 지대에 살고 있는 거주자들은 근린지구 질의 저하를 원하지 않아 도심으로부터 보다 더 먼 지대로 이주한다.

생물학적 유추에 대한 심한 의존과 함께 생태적 이론 자체에 대한 비판에도 불구하고 침입－천이－지배 개념은 급속한 도시 성장이 낮은 경제적 지위의 가구들의 대규모 유입에 의해 이루어진 도시의 근린지구 변화 순서에 대하여 유용한 설명의 틀을 제공한다. 낮은 경제적 지위의 가구들의 대규모 유입에 의한 급속한 도시 성장 및 도시 내 근린지구의 변화가 나타난 대표적인 예로 1920~1930년대 시카고와 19세기 영국의 많은 산업도시들을 들 수 있다. 보다 최근의 예로 런던, 파리, 멜버른 및 시드니와 같은 오스트레일리아 대도시로의 이민자 유입 그리고 북서부 유럽 산업도시로의 **외국인 근로자** 유입으로 인해 발생한 일부 근린지구의 변화 순서는 침입/천이 모델에 의해 적절한 설명이 가능하다. 그럼에도 불구하고 침입/천이 모델과 대부분의 현대 도시 간의 연관성은 낮다. 왜냐하면 현대 도시에서는 침입/천이 모델의 원동력인 낮은 경제적 지위의 이주자의 중요도가 점차 감소하고 있기 때문이다. 현재는 전입 이주자의 대부분이 한 도시의 교외로부터 다른 도시의 유사한 교외로 이주하는 중산층 가구로 이루어져 있다.

상류층 이주, 여과, 공가 사슬

근린지구 변화 및 주거 이동에서 대한 대안적 관점을 도시 성장 및 사회경제적 구조에 관한 호머 호이트(Homer Hoyt, 1939)의 **선형 모델**(sectoral model)에서 찾을 수 있다. 호이트의 사상은 모기지 대출 위험도에 따라 근린지구 유형을 분류하기 위해 행해졌던 142개 미국 도시의 임대 가격에 대한 상세 연구로부터 도출되었다. 이러한 연구를 통해 호이트는 도시 주거 구조에 대한 해답을 높은 경제적 지위의 가구의 행태에서 찾을 수 있다고 믿었다. 호이트의 주장에 따르면 높은 경제적 지위의 가구들은 성장하는 도시 내에서 공업 활동으로부터 멀리 떨어져 있고 사람들이 가장 원하는 토지를 선매하여 획득한다.

도시가 성장함에 따라 상류층은 접근성이 좋은 교외에 거주하기를 원하기 때문에 상류층 지역은 도로를 따라 축 형태를 띠며 교외로 확대된다. 이러한 선형적 이주는 공장이 없는 수변 부지와 고지대를 선호하는 사회 지도층의 경향 및 사회 지도층과 동일한 근린지구에서 거주함으로써 사회적 위신을 세우고자 하는 고소득층에 의해 강화된다. 시간이 지날수록 상류층 가구들이 공간적 · 사회적 배타성을 유지하기 위해 도심으로부터 더 멀리 떨어진 교외의 신규 주택으로 이주함에 따라 선형적 개발이 뚜렷이 나타난다. 높은 경제적 지위의 가구들이 지속적으로 교외로 이주함에 따라 그들이 이사를 나간 빈 주택에는 더 낮은 경제적 지위의 가구들이 이사를 온다. 이러한 과정을 주거 **여과**(filtering)라 지칭한다. 이러한 연쇄적 이주의 최종 단계에서는 가장 낮은 경제적 지위의 가구들이 거주하였던 주택은 공가로 되어 철거되거나 이민자 가구들이 차지한다. 이후 주택 재고의 수명 및 상태의 차이로 인하여 부수적으로 동심원적 도시구조가 나타남과 동시에 거주지역이 교외로 확대됨에 따라 선형적 도시구조는 유지된다.

호이트의 선형 모델에 대한 많은 논란이 있었다. 엘리트 주거 지역 패턴에 관한 실증적 연구 및 사회경제적 지위의 선형 패턴의 존재에 관한 분석은 호이트의 선형 모델이 제시한 공간구조를 상당히 뒷받침했다. 물론 모든 도시에서 호이트의 주장처럼 동심원적 요소보다 선형적 요소가 도시구조에 상대적으로 보다 뚜렷이 나타나는 것은 아니다.

호이트의 선형 모델에 내포된 근린지구 변화 메커니즘을 관심 있게 살펴볼 필요가 있다. 호이트의 선형 모델에 내포된 근린지구 변화 메커니즘의 기초는 바로 부유층을 위한 신규 주택의 건축에 의해 촉발된 연쇄적 이주에 있다. 연쇄적 이주에 의해 결과적으로 부유층이 이주해 나간 주택에게는 사회 계층적 측면에서 하향적 여과가 나타나며, 한편 개별 가구에게는 주택의 질 측면에서 상향적 여과가 나타난다. 이러한 주거 여과 과정이 충분히 발생하여 도시구조에 그 영향력이 실제로 나타나기 위해서는 엘리트층의 노후화된 주택을 단순히 대체하는 수준 이상의 신규 주택 공급이 필요하다.

호이트에 의하면 이는 주택의 물리적 악화뿐만 아니라 주택의 **노후화**에 의해 발생한다. 부유층에게는 신규 주택으로의 이주를 원하게 만드는 여러 종류의 주택 노후화가 있다. 부엌 관련 기술 및 난방 시스템의 진보 그리고 고급 수영장 · 사우나 · 욕조의 신개발이 현재 거주하고 있는 주택의 기능적 노후화를 초래하기도 한다. 한편 전반적인 사회적 · 경제적 변화가 현재 거주하고 있는 주택에 대해 다른 종류의 노후화를 초래하기도 한다. 예를 들어 하인 고용비의 증가와 함께 대가족 회피 경향은 대저택을 무용지물로 만들기도 한다.

또한 디자인 경향의 변화는 건축학적 유행 및 패션에 민감한 사람들의 시각에서 볼 때 노후화 — 스타일 노후화 — 를 초래하기도 한다. 마지막으로 모기지 대출 상환금을 과세 대상 소득으로부터 제하는 것을 허용하는 과세 구조를 고려해 본다면 가구 소득의 증가 그리고/또는 인플레이션이 모기지 대출

글상자 12.4

도시사회지리학의 주요 경향 – 초국적 도시성의 성장

초국적 도시성(transnational urbanism)은 마이클 피터 스미스(Michael Peter Smith)가 만든 조어로서 세계화로 인한 도시성의 현대적 모습을 요약한 용어이다. 특히 초국적 도시성이라는 용어는 런던, 뉴욕, 로스앤젤레스와 같은 주요 '세계도시'로의 이민 패턴의 변화와 관련이 있다. 과거에는 이민자들을 일시적 이민자(고국에 있는 가족에게 수입을 송금하는)와 영구적 이민자(출생국과의 관계를 끊는 경향이 있으며 거주국에 동화를 하는)로 분류했다. 하지만 최근에는 점차 이민자들이 하나 이상의 국가들과의 연계를 유지하는 반영구적 이민자가 되는 경향이 있다. 이러한 연계 유지는 다양한 언어의 대중매체가 글로벌 스케일에서 전달될 수 있는 새로운 형태의 글로벌 커뮤니케이션(예 : 다중 언어 케이블 및 위성 TV)에 의해 가능하게 되었다.

이에 대해 미래학자 오마에(Ohmae)는 저서인 『민족국가의 종말(*The End of the Nation–State*)』(1995, p. 35)에서 다음과 같이 요약했다.

> 동일한 테크놀로지 및 정보원에 노출됨으로써 형성되는 초국적 문명이 존재한다. 세계의 서로 다른 지역에 거주하는 동일한 세대 내에서 형성되는 수평적 연계는 세계의 특정 지역에서 거주하는 세대 간에 형성되는 수직적 연계보다 강하다.

초국적 이주는 흔히 사회적 스펙트럼의 극단에 놓여 있는 두 가지 유형의 노동자를 포함한다. 첫 번째 유형은 주요 기업체, 교육기관, 의료시설, 정부기관에서 일하는 매우 숙련된 관리적 · 과학적 · 기술적 엘리트이다. 두 번째 유형은 이주 국가에서의 3D 업종(예 : 청소, 식당 일, 택시 운전 등)에 종사하는 또는 이주 국가의 본국 노동자의 최저 임금보다도 낮은 임금에 일하는 저임금 노동자이다. 하지만 최근에는 서구 사회에서 노동력 부족 현상이 심화되어 많은 초국적 이주자들이 간호사, 배관공, 전기공과 같은 중간 임금 수준의 직업을 차지해 가고 있다.

초국적 이주자 사이에서 행태적 동화(behavioural assimilation)보다는 구조적 동화(structural assimilation)가 더 강하게 나타날수록 '민족경관' 및 소수민족 거주지 형성이 더욱 가시화될 것이다.

주요 관련 개념

행태적 동화, 디아스포라, 민족경관, 글로벌 도시, 구조적 동화, 세계도시

더 읽을거리

Levitt, P. and Khagram, S. (eds) (2007) *The Transnationalism Reader* Routledge, London

Ohmae, K. (1995) *The End of the Nation–State: The rise of regional economies* Free Press, New York

Rofe, M. (2003) 'I want to be global': theorizing the gentrifying class as a global elite, *Urban Studies* **40**, 2511–26

Sklair, L. (2001) *The Transnational Capitalist Class* Blackwell, Oxford

Smith, M.P. (2001) *Transnational Urbanism: Locating globalization* Blackwell, Oxford

관련 내용

1장 : 글상자 1.3 서구 도시의 범세계주의 성장 : 런던의 사례

2장 : 글로벌화, 지식 경제와 정보도시, 글상자 2.4 마누엘 카스텔

8장 : 글상자 8.1 미국 도시의 라틴화

12장 : 글상자 12.1 영국 도시에서의 동부 유럽 공동체의 성장

상환금의 상대적 규모를 축소시킴에 따라(따라서 세금 공제의 규모도 축소시킴에 따라) 주택은 재정적으로 노후화될 수 있다.

이러한 요인에 의해 신규 주택으로 이주한 부유층은 상당수의 공가들을 발생시키며, 이러한 공가에는 경제적으로 차하위에 있는 부유층이 양적으로 더 많이 공급되고 있는 더 좋은 질의 주택을 차지하기 위해 이주해 온다. 이러한 과정은 더 좋은 주택에 대

한 일반적 선호의 표출일 뿐만 아니라 가족생애주기와 연관된 주택 요구의 변화의 결과로 간주될 수 있다. 또한 빈곤층과의 물리적 근접으로부터 초래되는 사회적 · 경제적 압력으로 인해 빈곤층보다 경제적으로 차상위에 있는 사람들은 기회가 나타나자마자 신규 주택 건축에 의해 발생된 공가로 또는 중하위 계층을 위해 특별히 조성된 주거지역으로 이주하려는 경향이 있다.

여과에 대한 장애물

하지만 현실 세계에서 주택시장의 역동성은 훨씬 복잡하다. 신규 주택의 건축이 아닌 다른 방법으로도 **공가 사슬**(vacancy chain)은 시작될 수 있다. 공가 중에서 상당수는 주거 단위의 공동주택으로의 분할 및 비주거용 부동산의 주거용 부동산으로의 전환을 통해 발생한다. 더 나아가 가구의 소멸, 주택을 다른 가구와 공유했던 가구의 이주, 도시 외부로의 전출을 통해서도 공가가 발생한다.

한편 공가 사슬은 가장 열악한 주택의 철거 또는 빈곤층 이민자에 의한 가장 열악한 주택의 점유 외에 다양한 방식에 의해 종결될 수 있다. 일부 공가는 상업적 용도로 전환되어 주거 기능이 상실된다. 한편 일부 공가는 2개 이상의 주택을 하나의 주택으로 합치는 재건 또는 개조 계획에 의해 없어지기도 한다. 또한 만약 공가로 이사해 오는 가구가 새로 형성된 가구여서 다른 가구가 거주할 수 있는 공가를 발생시키지 않는다면 공가 사슬은 종결될 것이다. 이러한 유형의 공가 사슬의 종결은 이전에 각각 친구 또는 부모와 살았던 남녀의 결혼에 의해, 분리된 가정을 형성하게 된 이혼자에 의해, 또는 예를 들어 함께 살았던 아들 또는 딸이 자신이 소유한 주택으로 이사해 나가는 것과 같은 가구의 분리에 의해 일어날 수 있다.

주거 여과 개념은 중요한 정책적 함의를 지닌다. 그 이유는 바로 고소득 계층을 위한 신규 주택 건축을 촉진시키는 것이 주택시장에 대한 공공 부문의 개입이 없어도 자연스러운 주거 여과 과정을 통해 빈곤층의 주택 상태가 궁극적으로 개선될 것이라는 주장이 가능하기 때문이다. 이러한 주장은 오랜 역사를 지니고 있는데 19세기 주택 개혁자들의 논리로부터 시작되었다. 19세기 주택 개혁자들은 표면상으로는 빈곤층을 위한 것이라고 했지만 실제로는 근면하고 존경할 만한 노동자 계층을 위한 모델 주택의 건축을 정당화하기 위해 주거 여과 개념을 끌어들였다. 이후 주거 여과는 많은 국가들에서 정부 주택 정책의 중심적 기조가 되었다. 영국은 1930년대까지 노동자 계층의 주택 상태를 개선하는 데 주거 여과 과정에 전적으로 의존했으며, 미국에서는 현재까지도 주거 여과 과정을 주택 정책의 기조로 삼고 있다. 하지만 주거 여과 과정을 근간으로 하는 정책의 효율성은 신규 주택 건축에 의해 작동되는 공가 사슬의 길이에 의존한다. 주거 여과 과정을 근간으로 하는 정책의 효율성에 대한 대부분의 연구들이 자세한 실증적 증거를 제시하지 못했으며, 실증적 증거를 제시하는 일부 연구의 연구 결과마저도 결론에 이르지 못하는 경향이 있다.

공가 사슬

연구 결과에 따르면 가구의 상향적 주거 여과는 부유층을 위한 주택의 건축에 의해 발생한다. 하지만 연구 결과들을 자세히 살펴보면 빈곤층이 얻는 이익은 빈곤층의 수에 비해 적음을 알 수 있다. 이를 통해 알 수 있는 바는 바로 **주거 여과가 빈곤지역의 근린지구 변화에 있어 중요한 기제가 아닐 수 있다는 점이**

다. 더 나아가 많은 수의 공가 사슬이 새로운 형태의 가구 형성으로 종결되며 단지 적은 수의 공가 사슬이 철거로 인해 종결된다는 사실을 고려해 본다면 주거 여과 메커니즘이 빈곤층에게는 거의 영향을 미치지 못한다는 것을 알 수 있다.

요약하자면 주거 여과는 근린지구 변화 패턴을 설명하는 데 유용하지만 부분적 설명만이 가능하다. 신규 고급 주택의 건축으로부터 발생되는 주거 여과 과정이 나타나는 것을 억제하는 요인들은 다음과 같다.

- 새로운 가구 형성의 비율 및 이민자의 비율과 보조를 맞춘 고급 주택 공급량 조절 실패
- 소득 분포 구조 : 고소득층은 상대적으로 그 수가 적기 때문에 고소득층의 신규 주택으로의 이주로 인해 발생한 공가는 수적으로 훨씬 더 많은 계층에 의해 수요가 이루어진다. 따라서 고소득층의 이주로 인해 발생한 공가의 높은 주택 가격은 유지되고 주거 여과 과정은 억압된다.
- 일부 가구들의 관성 및 비경제적 행동 : 이는 앞에서 논의한 다양한 행태적 패턴을 포함한다. 하지만 주거 여과 과정에 대한 가장 뚜렷한 장벽은 상징적 고급 주거지역인 도심 일부 지역 내 엘리트 근린지구의 지속 현상이다.
- 침입/천이, 가구생애주기, 젠트리피케이션과 관련된 기타 근린지구 변화 과정의 존재 : 이는 신규 고급 주택 건축에 의한 근린지구 변화 과정과 무관하다.

요약

12.1 비록 복잡하고 다양하지만 도시 내 주거 이동성 패턴은 전반적으로 규칙성을 지닌다. 교외지역으로의 이주 경향과 함께 도시 내 이주는 비교적 단거리 내에서 이루어진다. 사람들은 자발적 및 비자발적 요인의 복잡한 혼합에 의해 이주한다. 그리고 새로운 거주지의 선택은 이주 시의 공가 및 주택 기회에 관한 정보 채널에 의존한다.

12.2 주거 이동성은 도시사회지리에 영향을 크게 미친다. 버제스의 동심원 모델은 새로운 이민자의 유입에 의한 압력이 도시 바깥쪽으로의 이주를 발생시키는 주요 기제임을 제시한 반면에 호이트의 선형 모델은 부유층의 이주에 의해 발생하는 공가 사슬 및 주거 여과가 주요 작동 메커니즘임을 제시하고 있다. 주거 여과에 대한 증거가 일부 있지만, 이 증거에 의해서는 근린지구 변화에 대해서 단지 부분적으로만 설명이 가능하다.

주요 개념

공가 사슬	열망 지역(또는 공간)	활동(또는 행동) 공간
선형 모델	인식 공간	
여과	탐색 공간	

읽을거리

주거 이동성

Cadwallader, M. (1992) *Migration and Residential Mobility* University of Wisconsin Press, Madison, WI (Chapters 5 and 6)

Clark, W.A.V. (ed.) (1987) *Modelling Housing Market Search* Croom Helm, Beckenham

Clark, W.A.V. (2006) Mobility, housing stress and neighbourhood context: evidence from Los Angeles, *Environment and Planning A* **38**, 1077-93

Clark, W.A.V. and Dielemann, F.M. (1996) *Households and Housing: Choices and outcomes in the housing market* Center for Urban Policy Research, Rutgers University, Rutgers, NJ

Clark, W.A.V. and Huang, Y. (2003) The life course and residential mobility in British housing *Urban Studies* **35**, 323-39

Kemp, P. and Keoghan, M. (2001) Movement into and out of the private rental sector in England, *Housing Studies* **16**, 21-37

Pawson, H. and Bramley, G. (2000) Understanding recent trends in residential mobility in council housing in England, *Urban Studies* **37**, 1231-59

제 13 장

도시 변화와 갈등

> **핵심 문제**
>
> - 도시에서 다른 이웃집단 사이의 갈등이 발생하는 주된 이유는 무엇인가?
> - 도시에서 서비스 할당은 어떠한 패턴으로 나타나는가?
> - 서구 도시에서 사회적 불균형이 증가하는 주된 이유는 무엇인가?

13.1 외부성

도시사회지리학에서 행태주의 접근의 핵심은 도시생활의 '순 **외부성**(pure externality)'을 극대화하려는 가정의 욕망을 분석하는 것이다. 때때로 **파급효과**(spillover) 또는 **제3자 효과**(third-party effects)라고 불리는 외부성은 모든 종류의 재화와 서비스의 생산 및 소비의 부산물로 돈을 지불하지 않고 얻게 되는 것이다. 외부성은 한 사람, 집단 또는 기관의 활동이 다른 사람의 복지에 영향을 미칠 때 발생한다. 이에 대한 전통적인 사례는 공장으로 공장은 작동 과정에서 지역 공기와 물을 오염시키면서 주변 거주자에게 부정적인 외부성을 가져온다. 이와 반대로, 잘 조성된 공공 공원은 대부분의 주변 사람에게 긍정적인 외부성을 가져온다.

개인의 행동 또한 외부성을 발생시킨다. 이는 '공적 행동' 외부성과 '신분' 외부성으로 구분될 수 있다. 전자는 공공 행동(예 : 정숙, 절제 및 청결), 소유권 유지 및 자녀 양육과 관련된 것이다. 후자는 특정 이웃집단에서 명성에 따른 생활의 부산물과 관련된 것이다.

외부성은 이처럼 다양한 형태를 갖는다. 게다가 외부성의 작용은 매우 복잡하다. 예를 들어, 집의 정면에 모조석으로 장식을 더하고, 작업의 마무리로 새로운 코치 램프를 장식하는 한 가정의 행동을 생각해 보라. 이는 어떤 이웃에게는 환경적 질의 개선으로 인식되면서 긍정적 외부성을 가져오고, 취향이 다른 또 다른 이웃에게는 부정적 외부성을 가져올 수 있다.

근접성 비용과 접근성 가격

지리학자들에게 외부성이 중요한 이유는 상대적 입지의 기능에 대한 지리학자들의 관심에 기인한다. 외부성을 구분하는 유용한 방법 중의 하나는 원하는 도시 쾌적성 요소에 대한 접근성 비용과 원하지 않는 도시생활의 요소에 대한 근접성 비용을 구분하여 살펴보는 것이다. 이러한 요소들은 상대적 입지에 따라 발생하며, 사회집단 사이에서 그리고 도시 하부구조에 대한 사회집단의 공간적 조직에 의해 외부성의 정도가 결정된다.

일반적으로 최고의 부자, 권력가 및 지성인들은 긍정적 외부성의 이익을 최대로 누림과 동시에 부정적 외부성을 발생시키는 행동에 가장 잘 대처할 것이다. 도로, 병원 그리고 스포츠 센터와 같은 공공시설의 입지는 민간 경쟁으로부터 야기되는 과도한 경쟁을 완화하기 위한 것이나, 집단 갈등의 이면에는 부유층과 권력층 주거지의 거주자들이 공공재와 공공 서비스업의 입지로부터 순이익을 얻고자 하는 숨겨진 메커니즘이 존재한다.

외부성에 대한 경쟁과 갈등

외부성이 발생하는 공간 범위는 개인의 복지에 막대한 영향을 미칠 수 있다. 이 때문에 많은 비평가들은 도시의 사회지리학이란 사회에서 긍정적 외부성에 대해서는 배타적 접근을 얻으려고 하고 부정적 외부성에 대해서는 빗겨가고자 하는 불균등한 집단 간 보편적으로 작용하는 경쟁과 갈등의 결과로 본다. 외부성으로 인한 갈등의 형태, 갈등이 발생하는 곳과 갈등의 핵심요소는 장기적인 도시구조 변화와 광범위한 계급 갈등에 의한 것인데, 이 점에 대해서 존스턴(Johnston)은 다음과 같이 강조했다.

> 도시구조 변화는 새로운 형태의 긍정적 및 부정적 외부성을 가져오기 때문에, 이는 지역 갈등의 잠재적 요인으로 작용한다. 도시구조의 제안된 변화에 직면하여 항의하는 주된 사람들은 대개 대부분의 것을 잃게 된 사람들인데, 예를 들어 토지 가치에 비해 낮은 보상을 받게 된 사람들, 지역 학교 수준의 잠재적 저하에 항의하는 학부모 등이다. 일반적으로 가장 많은 것을 잃을 사람은 많은 자산을 소유한 사람인데, 그들의 법률적 그리고 기술적 조언을 얻을 수 있는 여유와 정치적 시스템과의 관계에서 친밀감은 그들의 이해관계에 불리한 결정이 일어나지 않도록 한다. 이러한 갈등은 대개 지역적 수준에서 일어나며, **갈등의 존재는 자본주의 도시의 역동성 일부**이다. 토지이용의 변용에서 투자자는 이익 창출을 요구하며, 만약 변화에 대한 갈등에서 손해 보는 사람이 부자들이 아니라면, 변화에 대하여 지불되는 값은 결국 투자가에 의해서 지불될 것이다. 지역적 갈등은 자본주의 사회 내에서 계급 사이의 일반적 투쟁의 일부이다.
>
> (Johnston, 1984, p. 232 강조점 추가됨)

우리는 또한 외부성에 대한 태도는 문화적 규범, 종교적 제도, 민족 공동체에 의한 가족관계 네트워크와 관련되고 있음을 인식해야 한다. 예를 들어, 다

글상자 13.1

도시사회지리학의 주요 경향 – 망명자와 난민 집적지의 출현

최근 서구의 도시 연구에서 중요하면서도 간과된 것은 '난민과 망명자'(본국의 박해로부터 도망친 후 다른 나라에 영구적 또는 일시적 거주를 희망하는 사람)가 집중된 거주지의 성장에 대한 것이다. 대부분의 서구 국가는 망명자를 수용하는 오랜 전통을 가지고 있다(예 : 1930년대 나치 박해로부터 피난한 유태인). 하지만 최근 서구에서 정치적 망명을 희망하는 숫자는 세계적으로 정치적 분쟁과 다양한 전제 정권에 맞선 행동이 늘어나면서 상당히 증가했다(예 : 이라크, 아프가니스탄, 소말리아, 알제리). 이에 대한 대응으로 대부분의 서구 국가는 망명자의 수를 제한하는 조치를 취하게 되었다. 예를 들어, 영국은 망명자의 시민권을 제한하고 복지 지출을 줄이는 입국 통제에 관한 이민 정책을 실시하고 있다. 다른 서구 국가들과 마찬가지로 이러한 조치는(전 세계적으로 줄어드는 갈등과 함께) 수용소 지원의 급격한 감소와 관련되고 있다. 영국에서 망명자를 국가 전역에 분산하려는 시도가 이루어졌고, 이 정책은 때때로 수용지에서 사회적 긴장과 지역 집단의 거센 항의를 야기하기도 했다. 신문 기사에서 망명자의 쇄도가 지역사회를 위협한다고 보도되면서 걱정이 커지게 되었다. 가장 좋지 않는 사례가 나타난 곳은 글래스고의 사이트힐(Sighthill) 지역으로 3,500명의 쿠르드족 망명자의 유입은 인종적 공격과 터키계 쿠르드족의 살인이 일어났다고 보도되었다(Hubbard, 2005). 그러나 조사 결과 이는 인종적 공격보다는 강도 행위였음이 밝혀졌다. 사이트힐 거주자들은 자신들이 미디어에 인종 편견자로 표현되는 것에 당황하게 되었고, 주민들은 망명자들과 함께 지역 관청에 주택 조건의 개선을 요구하는 가두시위에 참여하기도 했다. 사이트힐에서 보다 나은 공동체 관계를 갖고자 하는 시도를 통해 망명자들이 의사, 건축가, 전기기사 및 소중한 기술을 소유한 자질을 갖춘 사람들임이 밝혀졌다.

허버드(2005)는 비록 지역 주민 집단의 난민 센터에 대한 반대가 국가의 영국 문화에 대한 위협 때문이라고 이야기되지만, 이러한 담론은 백인의 상상력에 기초한 인종주의적 어젠다로 변질될 가능성이 있다고 본다(8장 참고). 망명자 센터로 지정된 곳에 대한 반대는 다문화주의 전통이 약한 농촌 지역에서 특히 심한 편이다. 그러나 런던에서 어떤 소수민족이 도시 내부 지구에서 난민 유입의 증가에 따라 교외지역으로 이동한다고 보고되기도 했다.

주요 관련 개념

군집화, 공동체 행동, 디아스포라, 민족집단, 배제, 님비, 타자화, 정화된 공동체, 인종차별주의, 세력권 정치

더 읽을거리

Critical Social Policy (2002) Special Issue: Asylum and Welfare, Vol. 22, Issue 3, August

Day, K. and White, P. (2002) Choice or circumstance: the UK as the location of asylum applications by Bosnian and Somali refugees, *Geojournal* **65**, 15–26

Hubbard, P. (2005) Accomodating otherness: anti-asylum centre protest and the maintenance of white privilege, *Transactions of the Institute of British Geographers* **30**, 52–66

Robinson, V., Anderson, R. and Musterd, S. (eds.) (2003) *Spreading the Burden? A review of policies to disperse asylum seekers* Policy Press, Bristol

관련 내용

8장 : 분리와 응집

12장 : 글상자 12.4 초국적 도시성의 성장

카하시(Takahashi, 1998)는 캘리포니아에서 라틴계와 베트남 사람은 에이즈에 걸린 사람을 상당히 불결하게 여기는 것을 발견했다. 이러한 태도는 결국 에이즈 감염자를 위한 치료 센터에 대한 공동체의 혐오감을 유발하였다. 부분적으로 에이즈에 대한 두려움은 비도덕적 서구적 행동의 침입에 대한 적대감과 밀접한 관계를 갖고 있다. 또한 집 없는 사람에 대한 동정이 부족한 이유는 이들 공동체에서 자립정신이 매우 강한 것과 긴밀히 연관될 수 있다. 다카하시가 지적하듯이 이웃의 반대를 이기적이거나 보수

적인 것으로 단순히 비난할 것이 아니라 그러한 결과를 야기하는 문화적 규범을 이해하는 것이 중요하다.

궁극적으로 입지적 갈등이 야기한 주요한 결과는 소득과 민족에 기초하여 **사실상 영역**(de facto territory)을 형성하는 것이라고 할 수 있는데, 사람들은 다른 사람들과 긍정적 외부성을 공유할 수 있는 곳으로 그리고 부정적 외부성을 주는 사람들로부터 가급적 벗어나서 재입지하려고 하기 때문이다. 이러한 영역의 거주자는 집단적 행동을 통해 삶의 질을 개선시키거나 보존하려고 시도한다. 즉, 인프라(공공설비)의 노후 방지와 개선을 위해 공식적 그리고 비공식적으로 이웃 집단 및 지역 정치 체제를 통하여 경쟁한다.

이런 점에서 공동체 전략 중에서 가장 일반적인 것은 특별한 이슈에 대하여 발언을 하는 것으로, 탄원서를 작성하거나, 정치가 및 행정가에게 로비하거나, 신문에 기고하거나, 지역 주민 집단을 형성하거나, 전단이나 포스터를 제작하여 배포하는 등의 방법이 사용된다. 이러한 **발언 옵션**(voice option)은 때때로 불법적 행동으로 확대될 수 있는데, 예를 들어 개인에 대한 폭력, 자산에 대한 손상, 반차별법에 대한 연좌 농성과 고의적 위반 등이 있다.

공동체가 선택할 수 있는 또 다른 선택은 부정적 외부성의 부담으로부터 벗어나는 것이다[종종 **충성 옵션**(loyalty option)으로 불린다]. 이런 선택은 발언 투쟁이 무시되고 기각되어 참여가 더 이상 의미가 없다고 공동체 스스로 느낄 때 일어난다. 예를 들어, 도시계획에 반대하는 많은 사람들은 개인적 또는 단체적으로 정책 결정자에게 어떠한 실제적 영향을 미칠 수 없다고 판단될 때 스스로 단념하게 된다. 그들의 마지막 전략은 이동[**출구 옵션**(exit option)]하는 것으로 공동체 전략이라기보다는 개인 선택에 의한 것이고, 이는 영역이 진화한다는 지리학적 사고를 불러낸다.

13.2 서비스와 어메니티에 대한 접근성

모든 도시에는 많고 다양한 서비스와 어메니티(공원, 학교, 식당, 극장, 도서관, 소방서, 가게, 병원, 유아원, 우체국, 강변 산책로 등)가 있으며, 이들은 위치-특수적 서비스(즉, 특정한 장소에 입지하는)이며, 거리조락(정해진 지점으로부터 거리가 멀어짐에 따라 강도가 감소하는) 외부성을 나타낸다. 이 외에 특정 장소에 입지하면서 비어메니티와 유해한 활동과 연관된 서비스가 있는데, 예를 들어 쓰레기 처리와 화장장과 같은 것이 있다. 어떤 사람에게는 어메니티로 구성되는 서비스(학교 또는 축구 경기장)가 어떤 사람에게는 비어메니티로 표현될 수 있음을 인식해야 한다. 또 다른 관점에서, 어떤 어메니티는 단지 이용자에게만 적용되지만, 어떤 어메니티는 모든 이웃에게 적용될 수 있음을 인식해야 한다. 마지막으로 우리는 외부성의 강도는 특별한 서비스와 어메니티로부터 선호하는 거리에 따라 달라짐을 알아야 한다(그림 13.1). 이처럼 우리는 매우 다양한 복잡한 현상에 직면하게 된다.

서비스, 어메니티, 비어메니티에 대한 물리적 근접성과 연관된 외부성은 주택시장에서 가구들 사이의 경쟁과 갈등에 의해서 뿐만 아니라 집단의 정치적 전략에 의해 일어나는데, 서로 다른 제도와 조직 사이의 연합과 공동체의 독특한 선동에 의해 일어난다. 이들의 상호작용에는 특정 어메니티에 대한 접근도 수준을 결정하는 생활양식이 포함되어 있다.

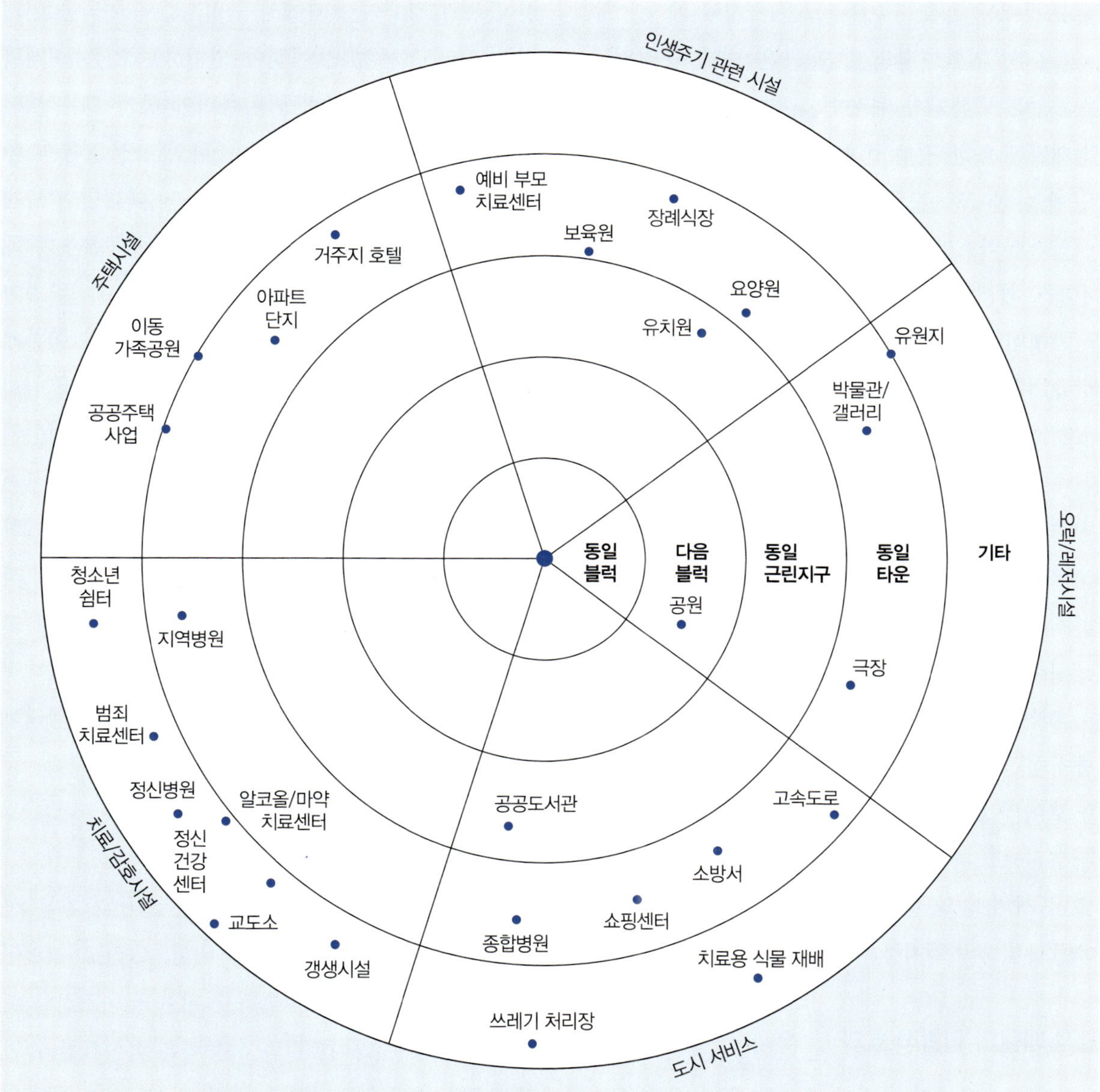

그림 13.1 공공시설로부터 선호되는 주거 거리
출처 : Smith(1980).

이러한 연합과 공동체는 도시 환경에서 삶의 상대적 질에 대한 보존과 변화 사이의 갈등이 있을 때 주역으로 작용한다. 이처럼 공동체 기반 정치학(세력권 정치로 표현되는 것)은 현재 도시에서 주요한 특징이 되었다. 근린지구 행동주의와 관련된 갈등은 소유자-점유의 확대에 의해 빈번히 발생하는데, 대규모 주택 및 건축 프로젝트는 소규모 개발을 대신하여 도시 개발의 핵심으로 부상했다. 이와 연관하여, 근린지구 행동의 상당수는 도시 외곽의 건설 및 개발 활동과 직접적으로 관련되어 있다. 특별한 지

역적 조건에서 가장 위기를 느끼는 사람(예 : 소유자－점유자, 취학연령의 부모)들은 대개 근린지구 행동주의에 포함되기 쉬우며, 갈등의 주된 형태는 도시 개발에 대한 정부 규제, 정부에 의한 건설 프로젝트(예 : 신 고속도로, 도로 확장, 도시재생사업 등), 공공 서비스의 질과 관련된 것이다.

서비스 제공과 어메니티 입지의 패턴을 이해하는 것은 가정이 가장 선호하는 서비스와 어메니티에 대하여 승리하는 것과 관련된 경쟁이나 갈등의 문제가 아니고, 또한 공동체가 신 서비스와 어메니티를 확보할 수 있는 능력과 관련된 것이 아니다. 서비스와 어메니티의 지리는 다른 요인의 산물이기도 하다. 즉, 여기에는 도시 환경의 구성적 효과, 내부 조직과 특정 직업의 정치, 서비스 공급 에이전시, 서비스와 활동 사이에 존재하는 기능적 연계 등이 관계한다. 물론, 이는 서비스와 어메니티 공급의 집합적 패턴은 좀처럼 도시사회생태학과 분명한 또는 뚜렷한 관계를 보이지 않음을 의미한다. 그럼에도 불구하고, 가장 부유하고, 가장 힘 있고, 가장 활동적인 공동체가 도시 서비스 및 어메니티와 관련하여 매우 높은 긍정적 외부성을 차지함은 일반적 경향이다.

집합적 패턴의 집합적 효과

공간조직이나 상대적 입지의 좋고 나쁨에 대한 갈등의 결과는 도시지역에 투영된다. 한편으로는 이러한 갈등의 결과(서비스와 외부성의 패키지에 대한 접근이 다른 사실상 그리고 법적으로 분리된 공동체)와 다른 한편으로는 도시 차별화와 변화의 전 과정 사이에 어떠한 관계가 있는가에 대해서는 질문의 여지가 있다.

이 장의 서두에서 가장 부유하고 가장 권력적인 근린지구는 서비스와 어메니티의 조직과 입지에 대한 갈등과 경쟁의 결과에서 누적적인 순이익을 얻게 될 것이라고 하였다. 이것이 의미하는 것은 신개발이란 기존의 것과 조화를 이루어야 하기 때문에 사회생태학에서 도시 개발은 최소한의 조정을 통해 추진된다는 것이다. 그러나 서비스와 어메니티의 도시 내 분포에 대한 일부 연구는 사실상 이들 분포가 패턴화되지 않는 불균형을 반영하고 있다고 결론짓고 있는데, 공동체 위상과 서비스·어메니티의 공간배열에서 차이가 나타나는 것은 특정개발이 행정적 의사결정에서 공동체의 위상과 상관없이 결정되었기 때문이다. 그러나 서비스와 어메니티 입지의 집합적 패턴에 대한 설명이 갖는 가치는 사회경제적 차별화를 강화 및 조장하는 방법에 대하여 고려하도록 하며, 또한 광범위한 사회공간 변증법과 관련하여 고려하도록 한다는 것이다. 여기에서 이슈가 되는 것은 자본주의에 내재된 경제 및 계급 관계가 생태학적 과정을 통해 도시에서 영속되는 방법이다.

어메니티, 비어메니티, 사회적 재생산

구조주의적 관점에서 도시생태학은 노동과 자본 사이의 필수적 관계의 재생산을 위한, 그리고 연관된 사회 형성의 안정화와 합법화를 위한 필수조건을 제공한다. 이렇듯 화이트칼라 노동력은 화이트칼라 근린지구의 재생산에 의해서 그리고 블루칼라 노동력은 블루칼라 근린지구의 재생산에 의해서 유지됨을 알 수 있다.

이러한 재생산에서 핵심적 요인은 근린지구 간 희소한 자원(특히, 교육적 자원)에 대한 접근성 차이인데, 이는 한 세대에서 다음 세대를 거치면서 시장수용력(경제적 질서하에 어떤 기능이 수행될 수 있는 능력)에서 계급과 근린지구의 차이를 가져온다. 이와 동시에, 보상적 서비스와 어메니티의 입지는 현존하는 노동자의 유지 및 재생산(고용자보다는 납세자를 희생하여)에 기여할 뿐만 아니라 그들의 직업이 다른 방법으로 육성될 수 있다는 불만을 해소하는 데 기여한다.

서비스의 '축적기능'(예 : 소방, 위생, 하수, 수도, 도로)과 '임의기능'(주택 및 공동체 개발, 도서관, 공원 및 위락, 건강 및 병원) 사이의 개념적 및 경험적 구별은 힘들지만, 서비스 공급은 축적기능 또는 임의기능의 개념과 일치하여 제공되지는 않는다. 왜냐하면 공공 서비스 공급은 시간과 주기의 차이를 포함하는 다양한 사회정치적 요인에 의존하기 때문이며, 다른 한편으로는 축적기능과 임의기능의 연속에 의해서 서비스가 공급된다고 생각하는 것이 바람직하다(그림 13.2).

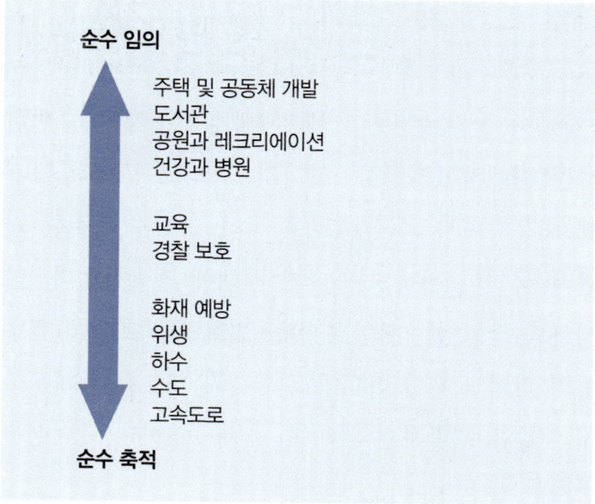

그림 13.2 서비스의 개념적 위계
자료 : Staeheil(1989), p. 242.

> 축적기능의 맨 끝에 놓여 있는 서비스는 자본의 축적을 위한 중요한 요소로 생각될 수 있으며, 주로 자본의 필요와 관련하여 공급된다. 도로, 수도 및 하수도 시스템은 축적 서비스의 대표적인 예인데, 왜냐하면 토지의 초기 개발을 가능하도록 하며, 뒤이은 교환가치를 보존해 주기 때문이다 … 이와 같이 축적 서비스의 공급은 상위 정부에 의해 결정되며, 대규모 유동 자본의 수요에 의해 영향을 받는다. 이러한 영향은 … 축적 서비스의 유통에 순조로운 영향을 미친다.
>
> 이와 반대로, 임의 서비스는 다수의 임의적 요소를 갖고 있다. 예를 들어, 공원과 도서관은 일반인, 즉 계급 없는 공공의 이익을 위해 제공되며, 자본에 대한 이들 서비스의 어메니티 가치는 실제적인 것이며, 간접적으로 그리고 아마도 오랜 시간을 걸쳐 생겨난다. 왜냐하면 이런 서비스는 공공을 위해 공급되는 것이며, 서비스 공급에 대한 결정에서 소규모 집단과 개인이 고려되며, 소비의 정치가 서비스 공급의 특성을 결정한다. 임의 서비스의 공급에 포함되는 특성과 고려사항이 의미하는 것은 이들 서비스의 수요가 불균형적이란 점이다.
>
> 마지막으로, 어떤 서비스는 축적과 임의 기능을 동시적으로 가지면서 중간적인 특성을 나타낸다. 이들 서비스는 자본의 축적에 필수적이어서 이들 서비스 공급은 대부분의 시정부에서 비슷한 측면을 보이기도 한다. 그러나 경찰 보호와 지역 학교와 같은 중간적인 서비스는 상당 부분 임의적 요소를 가지고 있어, 서비스 공급의 다양성을 유도하기도 한다.
>
> (Staeheli, 1989, p. 243)

서비스와 어메니티의 공급은 사회적 구성의 산물이며, 사회적 구성이 지속되는 요소에 해당한다.

13.3 도시 재구조화 : 불균형과 갈등

1장에서 살펴보았듯이, 선진 세계에서 도시는 변화하는 경제적 · 정치적 · 사회적, 그리고 문화적 조건에 대응하면서 최근 새로운 국면—또는 최소한 전환적 국면이 시작되는—의 시대에 접어들었다. 도시화의 끊임없는 불안은 이들 변화하는 조건에 적응하기 위해서 뿐만 아니라 신기술과 새로운 사회문화적 역량을 개발하기 위해 도시 재구조화의 필요성을 강조하고 있다.

이러한 재구조화의 주된 특징은 전통도시 중심지로부터 직장, 서비스 그리고 주거 공간의 교외지역이나 광역 대도시권 내 에지시티로의 탈중심화 현상, 전통도시 도심지역에서 제조업, 부두, 철도, 유통 및 창고와 관련된 업종의 고용 감소 현상, 중심업무지구에서 고차 사업서비스의 재중심화 현상, 일부 도심 근린지구의 젠트리피케이션 현상, 주변인과 소수자 집단 잉여인구 및 비숙련 이주자와 다른 도심 근린지구로부터 이주자들의 특정 장소로의 집중화, 재정적 보수주의를 옹호하는 신정치의 출현, 인종에 관한 신정치의 출현, 물질적 소비와 차별화된 생활양식에 대한 신문화의 출현, 가난의 여성화, 그리고 경제적 · 사회적 양극화 심화 등이다.

기존에 존재하던 건조환경의 구성 속에서 새로운 산업과 고용을 혼합해야 하는 필요성은 개발과 토지 보존 과정에서 지역적 갈등을 야기했다. 이러한 이슈들을 체계적으로 다루거나 이들 중의 어떤 하나를 깊이 있게 파헤치는 것은 이 책의 의도를 벗어난다. 여기에서 다루는 내용은 도시 변화와 재구조화의 사회공간적 결과의 일부를 살피는 것으로 제한한다.

서비스와 어메니티에 대한 탈중심화와 접근성

자동차 교통이 발달함에 따라 대도시의 재구조화에서 직장, 상점, 학교, 의료서비스와 공동체 시설은 가정으로부터 도보 거리 내에 존재해야 한다는 전통적 견해는 사라지게 되었다. 1960년대에 캘리포니아 대도시 지역 중 가장 늦게 개발된 지역 가구의 90% 이상이 최소한 자동차 한 대를 갖고 있었으며, 40~45%의 가구는 2대 이상을 소유하고 있었다. 1970년대에 접어들어 이와 비슷한 수준의 자동차 보유가 다른 미국 대도시 지역에서 나타났고, 유럽에서 자동차 보유가 빠르게 확대되기 시작했다. 이러한 추세는 고용주, 소매업자, 그리고 계획가들은 개인 이동성의 최적성을 고려하여 입지를 결정하는 경향이 있음을 반영한다.

3장에서 살펴보았듯이 도시 변화의 주된 예는 교외지역 쇼핑센터와 쇼핑몰의 등장이라고 할 수 있다. 이들은 도시지역의 상업 공간뿐만 아니라 교외지역의 전체 사회적 생활을 재배열하는 힘을 가진다. 쇼핑몰은 교외지역 십대들이 가장 선호하는 장소가 되었고, 어른들은 쇼핑몰을 거닐거나 산책하는 장소로 이용하며, 유럽 내륙지역의 많은 사람들은 일요일과 여름 저녁에 도시 센터를 쇼핑과 산책 장소로 이용한다. 미국인에게 가정과 직장을 제외하고 가장 많은 시간을 소비하는 곳은 쇼핑몰이다.

접근성과 사회적 불균형

개인 이동성의 증가에 따른 이익은 대개 중산층, 중위 연령, 남성에게 유리하게 나타난다. 예를 들어, 미국에서 1960년과 2005년 사이에 가구의 자동차 보유대수는 1.3대에서 3대로 증가했으나, 부유한 가구에서 자동차 소유의 실제적인 증가가 나타났다. 한 집단으로서 가난한 가구의 생활 수준은 1960년

자동차 중심적 도시의 극단적 사례 : 로스엔젤레스 고속도로(사진 : Geoffrey DeVerteuil)

에 비해 2005년에 더 낮아졌다. 자동차 시대의 도래에도 불구하고 설문조사가 보여 주듯이 도시 거주자 10명 중 약 3명은 자동차를 보유하지 못하고 있다. 이들 중의 대다수는 늙고, 가난하거나, 흑인이며, 상당수는 도시 내부지역에 거주하고 있다.

또한 가구에서 차를 보유하고 있더라도 여성의 자동차 보유가 상당히 낮게 나타나고 있는데, 가구 구성원 중 다른 사람이 주로 자동차를 이용하기 때문에 여성이 많은 시간 자동차를 이용하지 못하고 있다. 게다가 자동차 시대가 열리면서 도시 형태(넓은 지역에 걸친 저밀도 개발)는 교외지역의 차 없는 여성, 노인 및 가난한 사람들의 수요에 맞춘 대중교통 시스템이 제공되기 힘든 구조로 변모하였다.

특히, 여성은 입지적 접근성의 제한에 의해 피해를 보기 쉽다. 여성이 일정한 범위의 직업에 국한되는 노동시장의 특성은 여성 우세 직업의 공간적 집중과 현 사회의 젠더 역할의 제한에 따른 복합적인 요인에 기인한다. 심지어 자동차를 갖고 있는 부유한 중산층의 여성도 주부로서의 정해진 의무 때문에 이용 가능한 시간의 한계가 나타나면서 고용 기회가 제한된다. 즉, 주부들은 가족에게 아침을 제공하고, 자녀를 학교에 등교시키고, 점심을 준비하고, 학교로부터 자녀를 데려와 스포츠나 사회활동을 하도록 하고, 저녁을 준비하면서 시간적으로 제한된다. 게다가 주부는 배달물을 받기 위해 집에 있어야 하고, 집을 수리하는 사람을 감독하거나, 아픈 자녀를 간호해야 한다. 물론 차가 없는 여성은 생활의 질에서 더 큰 제한으로 고통을 받게 된다.

도시 탈중심화로부터 야기되는 가장 심각한 접근성 문제 중의 하나는 양부모 가족의 생활양식과는 다른 생활양식을 취해야 하는 교외지역 한부모가 경험하는 것이다. 예를 들어, 그들은 자녀의 시간표에 맞게 활동을 해야 하므로 고용과 여가에서 유연성이 적다. 취학 아동을 갖고 있는 한부모는 방과 후 그리고 휴일 탁아시설이 없다면 풀타임 직업을 구할 수 없으며, 취학 이전의 아동을 갖고 있는 한부모는 유치원 및 유아원에 의존해야 한다. 이런 경우 친척이나 친구와의 근접성이 매우 중요하다. 만약 한부모가 가게, 은행, 도서관 및 오피스를 일주일 간격으로 방문한다면, 상업 및 다른 시설이 늦게까지 문을 여는 것이 이들에게는 매우 중요하다.

교외지역 여성의 곤경은 단순히 도시 탈중심화의 결과는 아니다. 이는 근본적으로 이 책의 서두에서 요약한 전반적 추세와 관련된다. 예를 들어, 경제적 · 인구적 · 사회적 및 문화적 흐름의 교차는 여성들이 소비 지향적인 교외지역 생활양식에서 중요한 역할을 하도록 하는데, 이는 현재의 도시주의가 작동하는 주요 원리에 해당한다. 결국, 여성은 생태적으로뿐만 아니라 경제적 · 사회적 · 문화적으로 덫에 갇히게 된다. 그러는 동안 교외지역 환경은 성별 사이의 불균형을 심화시켜 정서적 긴장과 공동체의 파괴를 가져오는 방향으로 전개되고 있다.

재개발과 재생

도시 재구조화의 가장 오래된 측면 중의 하나는 낡고 오래된 도시 내부 환경에 대한 물리적 재개발과 재생이다. 도시 센터로부터 가장 비효율적인 공장과 가장 낙후된 슬럼을 제거하면서 도시 재생은 경제적 활성화뿐만 아니라 환경의 질과 대중 건강이라는 공익에 기여했다. 그러나 철거민의 주택 마련과 건조환경의 교체를 둘러싸고 계획가들은 거대한 난관을 헤쳐가야 한다.

이런 맥락에서 계획가에 대한 주요한 책무는 고급주택, 사무실 개발(많은 경우 도시 관료를 위한 주거지를 포함하여), 쇼핑지역, 컨퍼런스 센터 및 도서관을 건립하기 위해 전체 공동체를 해체하여 구성원들을 흩뜨리는 것이다. 두 번째 책무는 계획가의 야망과 미래에 대한 실제 성취 가능성 사이의 불일치로부터 파생된다. 재생이 이루어지기 전까지, 재생이 예정된 주민들은 가차 없이 사회적 및 경제적 소용돌이에 빠지게 된다. 어떤 토지 소유자도 피할 수만 있다면 철거될 집을 수리하려고 하지 않을 것이며, 여유가 있는 입주자들은 떠날 것이고, 가게는 문을 닫고 이동할 것이며, 재개발을 기다리는 도시 정부는 철거지역 유지를 위한 불필요한 비용 지불을 늦출 것이다. 학교, 공공빌딩, 도로 및 개방 공간은 남아 있는 가난한 사람과 노인의 상태를 반영하면서 황폐해지게 된다.

이러한 방치는 많은 도시에서 보편적이다. 수용된 자산의 실제적인 철거와 관련하여 많은 지역은 방치되고 많은 가족이 추방되는 결과를 가져왔다. 이와 함께 도시의 가장 좋지 못한 주거지구가 사라지게 되자, 다음 타깃은 상대적으로 양호한 철거 예정 주택이 되고, 슬럼 철거는 호의적 태도에서 관료적 불가항력으로 선회된다.

계획 문제 : 영국의 경험

이웃이 제공하던 사회적 그리고 정서적 안정의 구조가 사라지고, 낯선 사람들 사이에서 새로운 삶을 개척하면서, 슬럼 철거는 철거민에게 심각한 심리적 비용을 종종 부가한다. 동시에, 철거민은 물가가 비싼 곳으로 강제 이동되면서 임대료 상승에 직면하게 된다. 영국에서 대부분의 슬럼지구 철거민은 공공주택 지역에 정착했는데, 일부 철거민은 임대된 곳이 낙후되어 불이익을 당하기도 했다.

슬럼지역 철거민은 주택 규모와 거주지 분리의 정책이 그들의 요구에 맞지 않는 주택행정의 변화에 직면해야 한다. 그들은 슬럼지역 거주자이기 때문에 그들에게 제공되는 주거는 저급 공공주택이 되기 쉽다. 심지어 새로운 연립아파트와 고층 아파트로의 주거 이전은 구도심 근린지구의 친숙한 환경에 비해 좋지 않는 상황을 제공할 수 있다. 계획가가 주된 혜택이라고 생각하는 개방 공간, 보행자 길, 공동체 센터의 건립이 이용자들에게는 별로 중요하지 않은 것으로 보일 수 있으며, 이러한 어메니티는 전체 사회의 분위기를 헤치는 기물 파괴의 대상으로 부상할 수 있다.

게다가 대부분의 신주거계획이 공동체 정서를 강화할 목적에 의해 주도되기 때문에 신주거지에서 프라이버시의 부족에 의한 문제에 직면하게 된다. 이런 점에서 아파트와 연립아파트는 좋지 않을 수 있는데, 계단, 승강기, 현관의 공동 이용은 마음에 맞지 않는 이웃과의 상호작용을 피할 수 없음을 의미한다. 다른 한편으로 신도시와 신주거지역의 계획되고 통제된 환경은 구 근린지구와 비슷한 점이 많지 않다. 또한 철거지역의 모든 철거민이 만족하거나 희망하는 주택으로의 이전은 고사하고, 안전한 집으로의 이전도 하지 못한다는 점을 아는 것이 중요하다. 이런 현상은 특히 소수민족에서 잘 나타나는데, 이들은 경제적 제약과 인종차별의 결합으로 인해 다른 게토로 이전하게 된다.

도시재생의 주된 수혜자는 도시의 유력한 정치적 및 경제적 엘리트이다. 정치적 엘리트는 보다 유리한 과세 기준으로부터 혜택을 받는데, 재개발 기구와 권력의 상징화에 의해 생성되는 시민이라는 자부심과 함께 공공 서비스의 공급과 관련하여 혜택을 받는다. 이러한 대표적 사례는 독특한 빅토리안 도시풍과 발코니형 주택[스코트우드(Scotswood) 거리를 따라 매력이 다소 부족한]이 특징적인 뉴캐슬 어폰 타인(Newcastle upon Tyne)으로 이 지역이 도시 센터로 바뀌면서 『아키텍츠 저널(*Architect's Journal*)』로부터 올해의 최고 지역이란 명성을 얻게 되었고, 도시 정치인들은 이 지역을 '북쪽의 브라질리아'로 자랑하게 되었다.

한편, 주요 경제 엘리트는 보다 실질적인 방법으로 혜택을 누린다. 영국의 도시 센터 재개발은 소규모 소매업자를 제거하면서 독점 자본이 이익을 얻게 되었고, 대규모 상가와 슈퍼마켓에게 그들이 원하는 시장을 제공했다. 그러나 도시재생을 통해 가장 큰 혜택을 받는 사람은 개발업자이다. 공공 지출로 철거되는 장소를 확보하면서 개발업자들은 계획가에 의해 그 장소가 사무실, 호텔, 컨퍼런스 센터 및 쇼핑몰과 같은 이용이 높은 용도로 개발됨에 따라 고무된다. 이러한 개발은 이익이 많이 남기 때문에 많은 도시에서 개발업자들은 보다 큰 이익을 얻기 위한 도시계획 시스템이 작동되도록 노력한다.

서비스 부문 재구조화

모든 도시의 경제적 토대를 변형시킨 산업생산의 재구조화, 재조직화와 함께 국가적 및 지역적 복지 시스템 구조에서 변화가 일어났는데, 이는 도시 서비스 공급에서의 공간적 변화이다. 경제적 침체와 함께 제조업, 금융 및 사업서비스의 세계화는 복지서비스 공급의 축소, 공공–민간 협력의 증가, 국제 도시 시스템에서 보다 효율적인 경쟁을 가능하게 하는 축적 지향적 서비스에 대한 강조를 가져왔다. 서비

글상자 13.2

도시사회지리학의 주요 논쟁 – 차량 이동성의 역할

인문지리학과 도시 연구에서 중요성이 증가하고 있으며, 상대적으로 신 개념에 해당하는 것이 차량 이동성이란 용어이다. 이는 매우 광의적 개념으로 자동차(그리고 자동차를 유지시켜 주는 모든 시스템)가 서구 사회의 삶에 지배적 영향을 미치는 것과 관련된 것이다. 자동차 연구에서 선두적 존재인 존 어리(John Urry)는 차량 이동성이란 개념 내에서 여섯 가지 특성을 제시했다.

1. 제조된 대상으로서 자동차(즉, 자동차는 20세기의 대표적 기업에 의해 생산된다)
2. 소비의 품목으로서 자동차(즉, 자동차는 권력과 정체성을 부여하는 위치의 상징이다)
3. 다른 산업과 연결된 산업 복합체의 부분으로서 자동차(즉, 도로와 주택 건설, 자동차 부속품)
4. 준개인적 이동성의 도구로서 자동차(즉, 자동차 이용의 우세는 다른 모든 교통수단을 종속시킨다)
5. 문화의 동인으로서 자동차(즉, 자동차는 많은 일반 사회적 담론을 지배한다)
6. 환경적 및 자원 고갈의 동인으로서 자동차(즉, 자동차는 소음과 혼잡뿐만 아니라 오염을 야기한다)

이러한 차량 이동성 개념은 '거대 시스템 이론'과 연결되어 있다. 자동차를 지탱하는 거대 시스템은 다음과 같은 요소를 포함하는데, 대규모 원유기업 및 이와 관련된 활동들로부터 다양한 제조업 활동과 도로나 다리와 같은 인프라 형태를 포함하며, 또한 광고, 판매, 스포츠, 레저와 같은 활동이 포함된다. 자동차는 분명히 교외화에 영향을 미치면서 서구 도시의 공간구조에 지대한 영향을 미쳤다.

일부 회의론자는 이런 차량 이동성의 요소는 분명하고 일반적 상식 수준에 불과하다고 주장하나, 차량 이동성 개념은 관련 인프라와 자동차가 우리의 사고에 미치는 영향이 반드시 상식적인 것이 아니라는 점에서 주의를 끌기에 충분하다. 우리의 자동차에 대한 의존성은 여러 해에 걸친 광범위한 정치적, 경제적 그리고 기술적 결과를 반영한다.

주요 관련 개념

물신숭배, 소비, 탈중심화, 에지시티, 포드주의, 위치재

더 읽을거리

Beckman, J. (2001) Automobility: a social problem and theoretical concept, *Environment and Planning* ***D*** **19**, 593–607

Creswell, T. (2006) *On the Move: Mobility in the Western world* Routledge, London

Featherstone, M., Thrift, N. and Urry, J.(eds.) (2005) *Automobilities* Sage, London

Katz, J. (1999) *How Emotions Work* University of Chicago Press, Chicago, IL(Chapter One, Pissed Off in L.A.)

Shellter, M. and Urry, J. (2000) The city and the car, *International Journal of Urban and Regional Research* **24**, 737–57

Sheller, M. and Urry, J. (eds) (2006) *Mobile Technologies of the City* Routledge, London

Thrift, N. (2004) Driving in the city, *Theory, Culture and Society* **21**, 41–59

관련 내용

2장 : 포드주의와 산업도시

스 제공의 형태(예 : 가사, 자원봉사, 상업, 보조금 사업, 공동체 단위, 도시 단위, 국가 단위 등)에서 많은 대체가 나타났으며, 이는 서비스 공급 및 상대적 접근에서의 변화뿐만 아니라 새로운 사회공간적 변화를 야기하기도 했다(글상자 13.3 참고).

탈시설화와 잔여화

도시 형태에서 가장 잘 알려진 공공 부문의 재구조화 사례는 정신건강 서비스의 탈시설화에 따른 도시 무주택자의 확대에서 찾아볼 수 있다. **탈시설화**(deinstitutionalization)는 장기적으로 궁핍한 집단(예 : 정신적 장애자, 학습 장애자, 노인 또는 장애

자)에 서비스를 제공하던 대규모 조직의 폐쇄를 가져오며, 동시에 다양한 공동체에 기초한 공동체 기반 시설 서비스의 출현을 야기한다. 공동체 기반 시설 서비스는 소규모 또는 특정 목적의 시설에서 제공되거나, 개인 가정에서 가족 또는 친구를 대신하여 가정요양 간호사, 의사, 사회복지사 및 보호 관찰관과 같은 공동체 전문가 팀에 의해 제공된다.

탈시설화는 대규모의 조직이 직면한 문제와 열악한 조건을 극복하기 위한 인간적이고 진보적인 이유에서 도입되었다. 그러나 긴축 재정의 시기에 탈시설화 정책은 돈을 절약하는 방법으로 자주 사용된다. 그 결과 대규모 조직은 공동체 기반 시설 서비스가 충분히 마련되기 전에 폐쇄되었다. 또한 탈시설화 정책은 대규모 복지기관으로부터 방출되는 사람들을 돌보는 자원봉사자가 충분하다는 가정에 기초하는데, 이런 가정은 종종 잘못된 것으로 밝혀지고 있다. 가족 지원이 없는 수용자들은 종종 임대주택을 선택하는데, 임대주택은 도심의 주거환경이 좋지 못한 곳에 위치하므로 이 지역은 이전의 정신병원 수용자의 집중이 나타난다.

탈시설화의 가장 극단적인 결과는 캘리포니아에서 발견된다. 캘리포니아 주에서 정신병원의 갑작스런 폐쇄는 '**서비스 의존적 게토**(service-dependent ghetto)'의 출현을 가져왔다[또는 **벽 없는 수용소**(asylum-without-walls)라고 불림]. 이전 수용자들은 열악한 근린지구에 제한되는데, 지역 법률에 의해 공동체 기반 시설 서비스가 부유한 지역에 들어서기 어렵게 되어 있기 때문이다. 영리 공동체 기반 시설 서비스가 나타나면서, 이들 중의 일부는 수백 명을 수용하는 대규모의 조직이 되었고, 과거의 정신병원과 같은 제도적 형태를 재생산하기 시작했다. 긴축 재정은 공동체의 돌봄 서비스에 제공되던 예산을 제한하면서 정신적 문제가 있는 사람들에 대한 문제를 악화시켰다. 게다가 일부 도심지역의 젠트리피케이션과 도시재생은 공동체 기반 시설 서비스를 제한하게 되었다. 이러한 결과는 '종이판지 도시'라는 거리에서 잠을 자는 무주택자의 증가를 가져왔다. 때때로 운명은 정신적 질병을 앓는 사람 또는 이전 정신병원 수용 환자가 병원이나 수용소에 재수용되는 **재시설화**(reinstitutionalization)를 가져왔다.

탈시설화는 정부가 재정적 압박이 다가올 때 다양한 복지서비스 형태를 줄이면서 선택하는 방법 중의 하나가 되었다. 영국의 공공주택과 같은 일부 사례에서 복지서비스의 축소는 더 이상 일반 시민에게 이런 서비스가 제공되지 않으며, 단지 사회에서 가장 가난한 사람들에게만 제공됨을 의미하는데, 이런 정책을 **잔여화**(residualization)라 한다. 그러나 대부분의 복지서비스의 경우 재정 지출의 축소에 의해 가장 심각한 영향을 받은 사람들은 다름 아닌 사회에서 가장 가난한 사람들이다. 소외된 집단은 정치적 권력이 부족하므로 피해의 주된 대상이 되는데, 이는 정부가 많은 사람이 관련되는 연금 예산의 축소보다는 소외된 집단과 관련된 복지서비스 지출의 축소를 선호하기 때문이다. 최근 영국과 미국에서 복지 예산의 축소를 경험한 한 그룹은 여성 한부모이다. 일반적으로 여성들이 복지서비스 지출의 삭감에 더 큰 영향을 받는다는 것이 분명하다. 이유는 두 가지인데, 첫째는 여성은 많은 복지서비스의 수혜자임과 동시에 이용자이기 때문이고, 둘째는 여성은 예산이 삭감되는 복지서비스 분야의 주된 종사자라는 점이다.

민영화

민영화(privatization)는 공공 부문 재구조화의 또 다른 주된 방법이다. 민영화는 표 13.1에서 보여지듯

글상자 13.3

도시사회지리학의 주요 경향 – 사회적 기업의 출현

1장에서 살펴보았듯이 거울에 반사되듯이 말로써 세상을 표현하는 것은 쉽지 않은데, 말은 관련되는(명확하게 또는 모호하게) 많은 가정을 통하여 세상에 대한 견해를 창조한다. 이는 정치가와 정책 결정자가 새로운 정책 제안을 도입할 때 신조어를 자주 사용하는 이유로, 이전의 말은 구식이고 시대착오라는 인식에 기인한다. 이와 같은 맥락에서 지난 몇십 년간 복지주의 개혁을 위해 도입된 다양한 신조어를 확인할 수 있는데, 예를 들어 근로복지, 이해관계자, 그리고 계약 등의 신조어가 등장했다. 게다가, 서비스 수혜자가 의뢰인이라는 용어로 사용되기보다는 고객 또는 수요자로 불린다.

이러한 핵심적인 신개념 중의 하나가 사회적 기업이다. 이 개념에 대한 정의가 쉽지 않으나, 본질적으로 사회적 기업은 특정 공동체를 위한 사회적 혜택을 성취하려는 상업적 투자이다. 특정 공동체란 지역 근린지구처럼 지리적으로 한정된 지역에 위치하고 있는 공동체이거나 또는 장기적 실업, 가난, 한부모와 같은 공통된 관심을 갖고 있는 공동체에 해당한다. 어떤 측면에서 사회적 기업은 전통적인 자선과 같지만, 상업적 요소를 갖고서 운영된다는 차이점이 있다. 그러므로 사회적 기업은 민간 부문(최대 수익을 얻는 것이 목표임)과 공공 부문(정부에 의한 직접 통제와 자금이 존재하는)의 경계에서 작동하는 혼성적 조직이다. 종합적으로 사회적 기업은 사회적 경제(또는 제3섹터)라고 불리는 것을 구성하는 것이다. 오래전부터 제3섹터 내에 상업적 투자가 있어왔으나, 최근 정부가 복지국가 규모를 제한하려고 시도하면서 복지주의 수요 충족과 관련하여 제3섹터의 중요성이 증가했다.

사회적 기업과 긴밀하게 관련된 것이 '사회적 기업가주의' 개념이다. 민간 기업의 영역으로부터 기업가주의 개념이 수용되었고, 이 용어는 사회적 정책의 영역에서 혁신적인 사람을 일컫는 데 적용되었다. 혁신적인 사람들은 개혁이 필요한 분야에서 효율성 증가와 함께 새로운 서비스를 제공하면서 추진력, 혁신 및 창의성을 불러일으키는 역량을 가진 것으로 인식된다. 그러므로 사회적 기업가의 주된 특징은 복지 분야에서 혁신적 해결을 위한 투자가 가능한 다양한 파트너를 끌어들일 수 있는 능력이다. 사회적 기업가주의라는 개념은 비즈니스와 시장의 담론이 점진적으로 당대의 사회적 생활의 모든 측면에 어떻게 침투하는지를 잘 보여 주는 사례에 속한다.

어떤 사람들은 사회적 정책의 영역에서 대단한 혁신을 가져올 수 있는 능력이 있다는 점에 대해선 의심의 여지가 없다. 예를 들어, 앤드류 모슨(Andrew Mawson)은 런던에서 브롬리 바이 바우(Bromley-by-Bow) 센터를 설립했고, 그렉 맥로드(Greg Macleod)는 캐나다 동부의 시드니, 케이프 브레튼(Cape Breton), 노바 스코티아(Nova Scotia)에서 New Dawn 조직의 창업자이다. New Dawn은 지난 수년간 심각한 경제적 침체를 경험한 지역에서 생활의 질을 개선하는 데 목적을 두는 다목적 비영리 조직이다. 그러나 핵심 인물에 의존하는 개혁은 많은 문제를 야기한다. 첫째, 책임에 대한 이슈로 활동적인 사람들은 복지시스템 내 다른 이해관계자를 쉽게 제압한다(예 : 동업자, 자원봉사자, 복지 수혜자, 서비스 자금 공급자). 둘째, 선도적 사람들이 특별한 조직의 성공 또는 실패에 결정적 역할을 하는지는 분명하게 파악되지 않는다. 마지막으로 특별한 사람들은 복지시스템을 변화시키고 개혁시키는 그들의 역량에 대한 비현실적인 기대로부터 부담을 갖게 된다.

사회적 기업의 중요성은 간과되어서는 안 되는데, 일부 사람들은 사회적 기업은 21세기의 비즈니스 형태라고 주장한다. 2005년 영국에서 수행된 설문에 의하면, 사회적 기업은 50만 명 정도의 고용을 창출하고 있으며, 관련된 자원봉사자 수는 20만 명에 이르는 것으로 조사되었다. 사회적 기업은 영국 경제에 180억 파운드의 가치를 발생시켰는데, 이는 농업 부문보다 3배가 큰 규모이다.

주요 관련 개념

거버넌스, 공동화, 비영리 부문, 포스트복지 국가

더 읽을거리

Amin, A., Cameron, A. and Hudson, R. (2002) *Placing the Social Economy* Routledge London

Department of Trade and Industry (2002) *Social Enterprise: A strategy for success* HMSO, London

Nicholls, A. (ed.) (2006) *Social Entrepreneurship: New Models of sustainable social change* Oxford University Press, Oxford

Nyssens, M.(ed.) (2006) *Social Enterprise* Routeledge, London

이 복잡한 과정을 포함한다. 공공 부문 자산이 민간 부문에 팔릴 때 민영화의 가장 대표적인 형태는 **자산 매각**(asset sales)이다. 예를 들어, 영국에서 자산 매각의 가장 중요한 특징 중의 하나는 6장에서 논의된 것처럼 지방정부의 공영주택 매각이었다. 민영화는 **외부계약**(contracting-out) 형태로 전개되기도 하는데, 외부계약 형태는 이전에 공공 부문에서 수행되던 것을 민간 부문에서 수행하는 것이다. 종종 이런 계약은 **경쟁입찰**(competitive tendering) 방식으로 알려진 비밀 입찰 방식으로 결정된다. 이런 경우 자금 제공은 비시장적 기준에 의한 공공 부문에 의해 이루어지지만, 서비스 공급은 민간 부문에 의해 이루어진다. 민영화의 마지막 형태는 기관이 공공 부문에 의해 운영되지만, 운영이 상업적 또는 시장적 기준에 의한 방식으로 이루어지는 경우로, **상업화**(commercialization)라고 알려진 과정이다.

외부계약과 상업화는 필요 또는 형평보다는 비용 편익과 유연성의 원리를 통하여 공공 부문 서비스를 디자인하는 과정의 사례에 속한다. 민간 부문 서비스가 변화하는 경제적 환경과 변화하는 기술 및 신 경영전략에 따라 재구조화되듯이, 공공 부문의 서비스도 재구조화된다(표 13.2). 다양한 변화의 스펙트럼이 공공 서비스 공급의 공간적 측면에 영향을 미치고 있는데, 셀프서비스 확대, **노동강화**(intensification), 자본화, **합리화**(rationalization), **하청**(subcontracting), 값싼 노동력으로 대체, **중심화**(centralization), **물질화**(materialization), **가내화**(domestication) 그리고 공간적 재입지가 그 예이다. 이러한 공공 부문 재구조화로부터 승리와 패배의 패턴은 상당히 복잡하나, 전반적으로 가장 힘없고, 소외되고, 가난한 집단이 공공 부문의 재구조화로부터 가장 고통을 받는다는 점에 대해서는 의심의 여지가 없다.

근로복지

최근 공공 부문 재구조화의 또 다른 측면은 **근로복지**(workfare)로 알려진 현상의 대두이다. 원래 이 정책은 근로복지(또는 수입주의로 알려진)의 강성 또는 1세대 형태로, 일을 하면서 혜택을 받을 수 있도록 고안되었다(즉, work + welfare = workfare). 그러나 이제 근로복지는 연성 또는 2세대 근로복지, 즉 복지 수혜자를 위한 소득 지원은 이들로 하여금 고용 가능성을 증가시키기 위해 고안된 일련의 활동에 참여한다는 조건으로 제공된다. 이러한 활동의 영역은 다음과 같은 것을 포함하는데, 보조금에 의한 근로 체계, 교육, 훈련 프로그램, 관리되는 직업 탐색 이니셔티브 및 공동체 직무 등이다. 또한 근로복지는 일반적으로 복지주의 요구자의 행동을 규제하기 위해 고안된 새로운 정책을 가리킨다. 근로복지 정책은 다음과 같은 조치의 형태를 포함하고 있다(Peck, 1998).

표 13.1 민영화의 형태

펀드의 방법	소유의 형태	
	개인 소유	공공 소유
시장 펀드	자산의 판매	상업화/기업화
정부 펀드	하청	공공 공급

출처 : Stubbs & Barnett(1992).

표 13.2 서비스 재구조화의 형태

구분	민간 부문	공공 부문
1. 셀프서비스 확대	□ 소매활동에서 셀프서비스 □ 재화에 의한 서비스 대체 □ 비디오, 전자레인지 등	□ 가정에서 자녀 양육 □ 가정에서 노인 보호 □ 개인 교통수단 이용 □ 가구 범죄예방 전략, 근린지구 방범, 절도예방 장비, 방범활동
2. 노동 강화 : 적은 규모 투자 또는 대규모 손실 없이 경영적, 조직적 변화를 통한 노동생산성 증가	□ 소매업에서 종업원당 매출 증가에 대한 압력 행사	□ 건강서비스에 대한 효율성 제고 □ 노동 운영, 주택 유지, 쓰레기 수거에 대한 경쟁입찰 □ 대학 교수당 대학원생 증가
3. 투자와 기술적 변화 : 일자리 감소에 따른 새로운 생산 패턴에 대한 자본 투자	□ 경영서비스 및 생산자 서비스 부문에서 전자 사무실의 개발	□ 건강과 복지서비스 기록 컴퓨터화 □ 건강관리에서 전자 진단 장비의 활용 □ 장거리 통신 비디오와 컴퓨터를 통한 원거리 학습체계 □ 압축도가 높은 대형 쓰레기 수거차 사용
4. 합리화 : 투자와 기술 개발의 소규모 투자 또는 무투자를 통한 서비스 중단	□ 영화관의 폐업 □ 학교, 병원, 유아원(5세 이하) 등의 운영 중단	□ 공공 교통시스템의 축소 또는 운영 중단
5. 생산자 서비스와 같은 전문화된 기업에게 서비스 부문의 일부를 하청	□ 민간 경영 생산자 서비스의 성장	□ 건강서비스 관련 청소, 세탁 및 식당 부문을 민영화하거나 위탁 경영 □ 지역정부로부터 쓰레기 수거, 주택 유지, 공공 교통 부문의 위탁 운영
6. 시간제, 여성 또는 유색인종 노동의 활용	□ 소매업에서 시간제 여성의 증가	□ 가르치는 직업에서 여성의 우세? □ 시간제 교사의 이용 증가
7. 향상된 노동력, 기술 및 훈련을 통한 질적 향상	□ 소비자 서비스 일부에서 질적 향상 추구	□ 공공 서비스 분야 종사자의 재교육 □ 공동체 감시?
8. 서비스 기능의 물질화를 통해 서비스가 구매, 판매 및 운송이 가능한 물질적 제품 형태를 취함	□ 영화관이나 스포츠 경기장 방문보다는 비디오와 텔레비전을 통한 오락	□ 상담이나 진료보다는 의약품 활용
9. 공간적 재입지	□ 런던으로부터 임대료가 싼 지역으로 사무실 이전	□ 대규모 정신병원을 없애고 공동체의 호스텔을 활용 □ 위치적 가치를 실현하고, 임대료와 노동력을 절감하도록 런던으로부터 사무실 이전
10. 가내화 : 가정 또는 가족노동의 형태로서 필요한 서비스 기능을 공급	□ 세탁소의 감소	□ 자원봉사 및 공공 서비스가 축소됨에 따라 아동 및 노인 보호를 가정에서 실시
11. 중심화 : 대규모 서비스업의 공간적 중심화와 소규모 서비스업의 감소	□ 소매업의 대형화 □ 동네 구멍가게의 감소	□ 1차, 2차 의료서비스의 대형화와 종합병원 및 개인병원의 그룹화

출처 : Pinch(1989), p. 910.

- 일을 찾지 않거나 특정 기간 동안 훈련을 하지 않는 사람에 대해 혜택을 취소하거나 의무적인 공동체 서비스를 부가
- 혜택과 수당의 축소
- 태만에 대한 조치 강화
- 기수혜자 어머니의 자녀에 대한 수혜 불가
- 수혜 대상자 자녀 중 학교 무단 결석자에 대한 혜택 철회
- 고등학교에 등록하지 않았거나 졸업하지 않고 부모로부터 독립한 10대 부모에 대한 원조를 제공하지 않음
- 복지주의 고용을 실천하는 고용주에 대한 세금 혜택과 보조금 지급

비록 근로복지는 미국적 혁신에 해당하지만, 서구 사회 전반에 걸쳐 다양한 형태로 확대되었다. 복지에 대한 수혜는 줄어들었고, 반면에 의무는 증가했다. 근로복지에 대한 찬성은 다음과 같은 점에서 이루어졌는데, 근로복지는 노동력의 기술을 향상시키고, 의존성을 감소시키며, 실업을 감소시키고, 고용주로 하여금 신고용 창출을 부추기고, 복지비용을 감소시키며, 책임에 의해 권리가 보장되므로 궁극적으로 공정한 것이다. 그러나 결과적으로 이러한 열망의 많은 것들은 해결되지 않았다. 근로복지는 결점이 많은 두 가지 주요한 가정에 기초하여 전개된다. 첫째, 많은 사람들은 일하기를 원하지 않거나 최소한 고용에 도움을 주지 않는 행동적 속성을 갖고 있다. 그러므로 그들은 효율적인 직업 탐색을 수행함에 있어 패배하였거나 충분히 훈련되지 않았다. 다른 말로 표현하면, 이는 공급적인 설명에 해당한다(즉, 노동시장의 특성에 초점을 둔 수요 측면의 설명이라기보다는 노동력의 특성에 초점을 둔 공급적 측면의 설명이다). 이는 직업은 충분하다는 두 번째 가정으로 이어진다. 그러나 실업이 가장 높은 곳에서 취업 기회가 가장 낮다는 것은 쉽게 예상될 수 있다.

사회적 양극화

사회적 양극화와 가난의 '공간적 분리'는 도시사회지리학에서 잘 알려진 주제이다. 사회적 및 인구학적 변화와 함께, 경제적 재구조화와 사회적 양극화는 계급과 인종 차이에 따른 경제적 불균형을 심화시키고 있음이 분명하다. 다른 말로 표현하면, 새로운 가난은 재구조화에 의해 나타난 신도시지리학의 독특한 측면을 재현한다. 현대의 도시에서 양극화된 경관을 가장 잘 보여 주는 것은 매우 가난한 사람들이 고립되어 공간적으로 집중하는 '과밀 게토'로, 공동체 리더가 없고 삶에 긍정적 영향을 미치는 롤 모델이 없으며 젊은 미혼모와 자녀의 수가 많은 소수 인종이 집중된 곳이다. 이보다 잘 나타나지는 않지만 훨씬 더 배제적인 것은 집 없는 사람이 살아가는 '절망의 경관'으로, 소규모 공원과 이름 없는 골목길에서 지저분한 쉼터와 호스텔에 이르는 소공간이 이에 해당한다(Dear & Wolch, 1991).

이러한 현상은 다양한 개념적, 이론적 및 실천적 이슈를 제기한다. 이들 모두를 추구하는 것은 우리의 의도를 넘어서는 것이지만, 여기에서 다루어져야 하는 한 가지 이슈는 사회적 양극화에 내재한 궁핍에 대한 요인을 밝히는 것이다. 표 13.3은 도시 궁핍을 병리학적 조건으로서 보는 '빈곤의 문화'에 대한 개념으로부터 공식 노동시장으로부터 분리된 극빈층계급 가정의 개념에 이르기까지 여섯 가지 궁핍의 주요한 설명을 요약하고 있다.

'**빈곤의 문화**(culture of poverty)'에 대한 아이디

표 13.3 도시 궁핍에 대한 다른 설명

이론적 모델	설명	문제의 위치
1. 빈곤의 문화	비정상 집단의 내부 병리학으로부터 발생한 문제	비정상 행동의 내적인 역동성
2. 전염적 궁핍(궁핍의 순환)	한 세대로부터 다음 세대로 전이되는 개인의 심리적 장애와 결점으로부터 파생된 문제	개인, 가족 및 집단 사이의 관계
3. 제도적 역기능	계획, 경영 또는 행정의 실패로부터 발생한 문제	소외계층과 관료주의 사이의 관계
4. 자원과 기회의 부적절한 배치	자원 분배의 부적절성에 의한 문제	소외계층과 공식적 정치기구 사이의 관계
5. 구조적 계급갈등	개인 이익에 기초한 경제적 시스템을 유지하기 위해 필요한 분업으로부터 발생한 문제	노동계급, 정치가 및 경제적 구조 사이의 관계
6. 극빈층	공식 노동시장과 주류 사회로부터 고립된 소수집단	직업과 노동의 공간적 불균형, 빈곤의 여성화, 롤 모델의 교외화

어는 가난한 사람이 사회에서 그들의 주변적 위치에 따른 적응과 반응을 통해 가난의 원인을 이해하도록 하는 것으로, 자본주의 시스템 내에서 성공할 수 없다는 인식으로부터 나타나는 무기력과 절망의 감정에 대처하려는 노력을 나타낸다. 간단히 말해서, 이는 기회의 부족과 열망의 부족이라는 악순환을 가져온다. 그러나 문화가 가난의 원인이기보다는 영향에 해당하는지, 그리고 서구 도시에서 가난한 사람들의 가치, 열망, 문화적 속성은 정말로 비서구사회의 가난한 사람들과는 다른 것인지에 대한 논쟁의 여지는 많다.

'**전염적 궁핍**(transmitted deprivation)' 견해는 오랫동안 완전고용과 개선된 복지서비스의 도입이 있었음에도 불구하고, 왜 궁핍의 문제가 지속되는가를 설명하는 데 관심이 있다. 이 모델에 따르면, 궁핍의 원인은 한 세대에서 다음 세대로 사회적 부적응이 전이되는 과정에 놓여 있다는 것이다. 저임금, 열악한 주택, 기회 부족이 궁핍의 중요한 요인임에는 분명하나, 가정환경과 자녀양육의 문제에서 궁핍의 원인을 찾는다.

제도적 역기능 견해는 관료주의 특성이 궁핍의 지속을 설명하는 데 핵심적 역할을 한다는 점에서 경영주의 학파의 주장과 비슷하다. 그러나 이 견해에서 강조하는 것은 행정당국의 통제활동이 아니라 관료제가 작동하는 행정적 구조이다. 주택, 교육, 복지, 계획을 담당하는 행정조직의 분리 속에서 공공정책의 수립은 궁핍 문제를 연동하여 해결하는 데 효율적이지 못하다고 본다. 게다가 그러한 조직 구조는 총체적인 효율성을 감소시키는 부서 간 경쟁과 권력 갈등에 의해 영향을 받기 쉽다.

자원과 기회의 부적절한 배치 모델은 다원적 정치이론에서 수용되는데, 가난은 정치적 과정에서 어떤 관심에 대한 참여 및 표현의 실패에서 나타난다고 본다.

구조적 계급갈등 견해는 궁핍이란 경제와 건조환경의 전면적 재구조화에 포함되는 기초 경제 질서와 노동시장의 구조적 변화에 따른 필연적 결과라고 본다.

극빈층의 견해는 여러 관점으로부터 빌려온 것으로, 고립된 소수민족의 경제적 재구조화와 사회공간적 변화의 영향을 강조하는데, 경제적 주류뿐만 아니라 사회의 나머지에 대한 사회적 가치와 행동적 패턴을 소수민족과 비교하여 그 영향을 분석한다. 공식적인 노동력에 대한 연결이 약한 많은 소수집단의 존재는 사람과 직업 사이의 공간적 부조화에 기인하며, 이는 전통적으로 도심지역에서 발견되던 많은 미숙련 직업이 사라지고 대신에 고급기술을 요구하는 직업들로 바뀌었기 때문이다. 독특한 사회적 가치와 행동적 특성이 나타나는 것은 결혼하지 않는 10대 미혼모에 의한 가난의 여성화(경제적 및 사회적 조류의 결합에 의한 산물) 그리고 보다 풍족하고 고급기술을 가진 가정의 교외화와 관련된다. 그러나 노동시장, 가난, 이주, 가정구조, 인종, 젠더, 태도 및 행동 사이의 연결의 본질을 정립한다는 것은 어렵고, 일부 비평가들은 극빈층이라는 용어 자체도 가치가 없는 가난한 사람으로 품위를 떨어뜨리는 라벨이라는 점에서 비판하고 있다.

이러한 모든 견해는 궁핍과 사회 양극화에 대한 분명하고 포괄적인 설명적 구조를 요구한다. 분명한 것은 현 도시에서 사회공간적 양극화 현상은 불안하던 도시사회지리학을 주목받도록 했다. 폭동, 시민 무질서, 사회적 불안, 사회의 탈조직화가 도시에서 결코 새로운 현상은 아니지만, 예상했던 수준보다 더 강하게 나타나고 있다.

예를 들어, 황폐한 환경을 대표하는 낡고 버려진 브롱크스 도심 근린지구의 사회적 분리는 빈곤, 알코올 중독(그림 13.3a), 폭력, 영양상태가 좋지 못한 신생아, 에이즈 사망률(그림 13.3b)이 높게 나타나게 한다(Wallace & Fullilove, 1991). 지속적인 차별과 신 인종차별 정책과 함께 이들 문제의 결합(Omni & Winant, 1993)은 폭동과 같은 폭력을 촉발하게 되었다(그림 13.4). 이처럼 우리는 52명이 사망하고 7억 8,500만~10억 달러의 재산 손실을 가져온(Oliver *et al.*, 1993) 1992년 4월 로스엔젤레스 폭동 사건과 함께 새로운 라운드의 사회공간 변증법에 직면하게 되었다. 그리고 이러한 소요는 요새와 벙커를 구비한 건축물, 공공 도시 공간의 소멸, 사회적 통제의 군대화, 강화된 감시, 폐쇄된 거리, 민간 경비요원, 사회공간적 분리 등과 같은 건조환경 경화의 보편화를 가져왔다(Davis, 1992).

비공식 도시 경제

사회적 양극화 중의 하나는 비밀경제라고 알려진 비공식경제를 형성하는 경제활동이 기록되지 않는 현상이다. 때때로 공시적 기록이 존재하지 않는데, 강도, 매춘, 마약거래와 같은 활동이 불법적이기 때문이다. 반면에, 어떤 활동은 합법적인 것이지만 세금 납부를 피하기 위해 또는 국가 수익의 인출을 피하기 위해 기록되지 않는다. 이러한 기록되지 않는 교환은 종종 낯선 사람들 사이에서 나타나지만, 또한 서로를 잘 아는 이웃, 친구, 친척 사이에서 잘 나타난다. 보다 복잡한 경우로는 교환이 가끔씩은 돈보다는 재화나 서비스 형태로 나타나는 경우이다.

활동이 비밀리에 이루어지므로 도시생활의 다른 측면에 비해 비공식경제에 대해서 아는 사람이 거의 없다. 예를 들어, 비밀경제는 종종 사회의 경제적 한계에 종사하는 사람과 동의어로서 사용되며, 백인에 의해 이루어지는 많은 비공식 활동은 주목을 덜 받는다.

선진 서구도시에서 비밀경제가 증가하고 있다고 추측되고 있으나, 이는 결론적으로 증명하기가 힘들다(일부에서는 마약거래에 의한 총 경제규모가 2000년을 기준으로 3,000억 달러에 이르는 것으로 예측되고 있다). 또 다른 보편적인 설명(편견이라고 부를

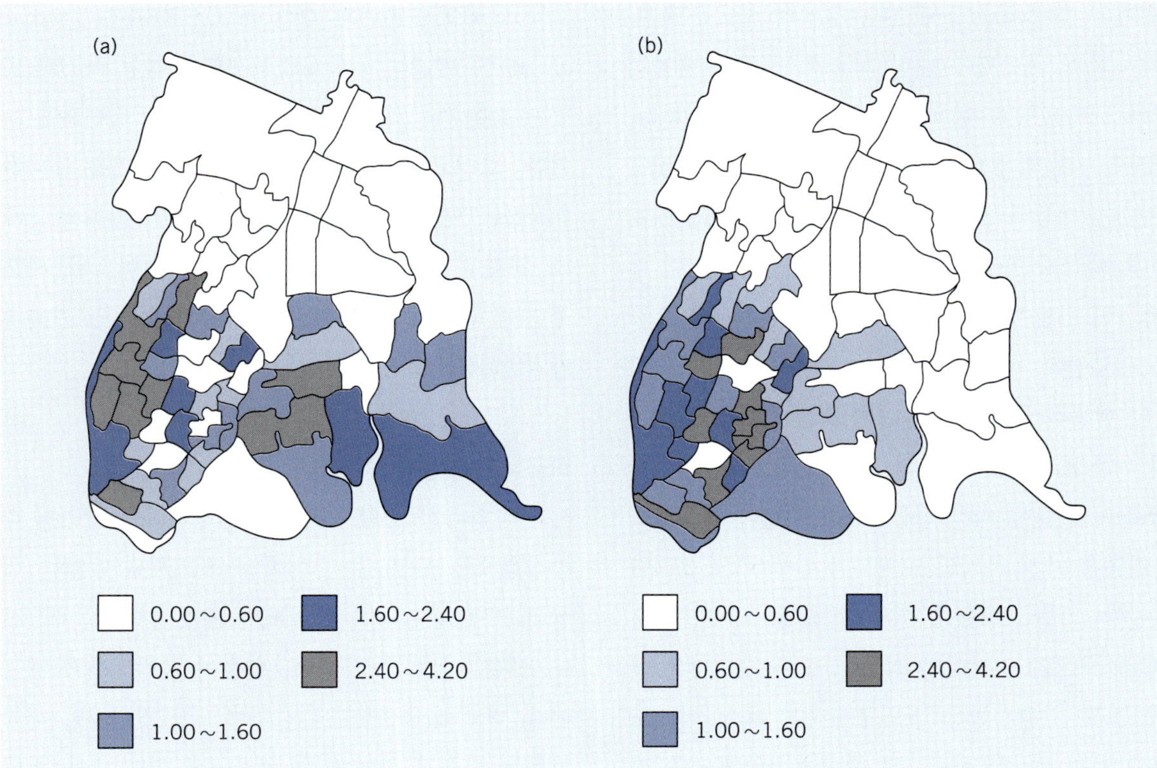

그림 13.3 브롱크스, 뉴욕 : (a) 마약 관련 연간 사망자 수, (b) 1988년까지 누적된 인구 10만 명당 HIV 사망자 수
출처 : Wallace & Fullilove(1991), pp. 1707, 1708.

수 있지만)은 서구 도시에서 비밀경제의 증가는 장기적인 남성 실업의 증가 때문이라는 것이다. 이와 같이 실업자는 비공식경제의 활동을 통하여 그럭저럭 살아가는 것으로 설명되고 있다.

비록 비공식경제를 연구하는 것이 어려운 주제임에는 분명하나, 위와 같은 일반적 설명에 대한 뚜렷한 사회과학적 증거는 없다. 사실, 이와는 반대로 비공식경제 활동에 가장 적극적으로 참여하는 사람들은 공식적으로 고용된 사람들로 보인다. 이에 대한 이유는 조금만 생각해도 쉽게 알 수 있는데, 기록에 남지 않는 형태일지라도 경제활동을 시작하고 유지한다는 것은 돈, 지식, 설비 및 개인적 접촉과 같은 자원을 요구한다. 이런 것들은 고용된 사람에게 풍족하며 실업자에게는 부족한 것이다.

이와 연관된 이슈는 가사경제로 가정 내에서 수행되는 일에 대한 것이다. 팔(Pahl, 1984)은 사회적 양극화를 이해하기 위해 공식경제에서 임금 노동뿐만 아니라 청소, 장식, 주택 개선[**자체조달**(self-provisioning)이라고 불리는]과 같은 가정 내에서 그리고 가정 주위에서 전개되는 비공식 노동을 고려하는 것이 중요하다고 언급했다. 팔은 영국에서 대부분의 가정은 비공식 노동과 자체조달을 통하여 공식적 노동시장에서 악화되는 위치성을 완화할 수 있다고 주장한다. 게다가 상대적으로 낮은 임금을 가진 가정은 고소득의 맞벌이 전문직업 가정과 비교하여 그렇게 나쁘다고 볼 수 없는데, 왜냐하면 전자의 경우 자녀양

글상자 13.4

도시사회지리학의 주요 경향 – 2005 년 프랑스 폭동

약탈, 폭동, 무자비한 파괴, 불규칙적인 폭력과 같은 다양한 형태의 시민 소요가 주요 서구 도시에서 가끔씩 발생했다. 이에 대한 대표적 사례는 1968년 5월의 파리 혁명, 1980년대 영국 도시에서 일어난 소요, 1992년 4월 로스엔젤레스의 약탈, 폭력 및 무질서, 2001년 영국의 브래드포드, 올덤, 번리 도시에서 일어난 폭동, 2008년 그리스 폭동 등이다.

이러한 폭동은 다음과 같은 일반적 특성을 보인다. 첫째, 제도적 차별에 대한 인식과 함께 만성적 불이익의 결과에 의해 공동체의 일부에서는 해묵은 불만이 존재한다. 둘째, 주로 경찰에 의한 소수자 억압과 같은 어떤 기폭적 사건이 존재한다(예 : 1992년 로스엔젤레스 경찰이 흑인 용의자 로드니 킹을 심하게 구타한 비디오의 방송. 즉, 폭력은 인종차별적인 것으로 생각되었다). 다음으로, 행정 당국이 경찰 또는 군사력으로 도시를 통제하려고 할 때 어떤 형태든 억압이 나타난다. 이는 미디어에서 자기성찰의 시기에 자주 나타나며, 정치인들이 폭력을 야기할 수 있는 것을 억압할 때 나타난다. 다음으로, 행정 당국은 개혁을 수행하기 위한 약속으로서 폭력의 원인에 대한 공식적인 조사를 실시한다. 어떤 경우에는 이러한 개혁은 폭동을 자극할 수 있는 제도의 실천에서 변화를 가져올 수 있으나, 불균형과 불이익의 장기적인 원천은 변경되지 않는다. 폭동에 의해 점거된 지역은 종종 약탈로 황폐화되며, 어떤 경우에는 이 지역은 도시 개혁과 재생이 나타나는 지역이기도 한다. 그러나 다른 측면에서 보자면 폭동은 장기적 측면에서 그 지역의 이웃공동체의 무시와 쇠퇴를 부추기게 된다.

2005년 10월과 11월의 프랑스 폭동은 이러한 과정을 보여 주는 흥미로운 것이다. 폭동에 내재된 불평은 방리유(banlieue: 도시 변두리)의 사회적 조건이었는데, 프랑스 도시의 궁핍한 교외지역은 북부 아프리카의 이민자와 그 후손이 집중된 곳이다(최근 카리브 해와 동남아시아로부터 이민자를 포함하여). 이러한 지역은 도시궁핍의 다음과 같은 주된 지표를 보여 주는데, 높은 실업(특히 젊은 층의 실업), 저소득, 낮은 교육수준, 과밀주택, 마약거래, 높은 범죄율이 이에 속한다. 게다가 이들 지역은 열악한 대중교통 시스템과 제한된 사회 인프라에 의해 고립되기 쉽다. 유럽통화연맹(European Monetary Union)의 일원으로서 사회적 지출을 줄이는 재정적 조치는 궁핍한 교외지역에 대한 사회적 지출을 감소시켰다.

2005년 긴장은 도시 교외의 낙후지역에서 전투경찰과 헌병이 불법 이민자를 색출하기 위한 청년들의 신분증을 대대적으로 확인하면서 일어났다. 이 폭동의 기폭제는 파리 교외 클리시-수-부아(Clichy-sous-Bois)에서 2명의 무슬림 청년이 경찰의 검문을 피해 달아나다 감전사하면서 일어났다. 이 사건을 계기로 방리유에서 2주간 폭동이 일어나 약 9,000~10,000대의 차가 불탔고, 300개가 넘는 건물과 학교가 불탔고, 약 4,700명이 체포되었다. 프랑스 30개 도시에서 대중 집회가 금지되고 야간 통행이 금지되는 비상사태를 선포했다. 당시 프랑스 내무부장관이었던 니콜라 사르코지는 폭동자를 인간 쓰레기로 표현했다. 일부 비평가들은 사르코지가 대통령이 되면 더 많은 폭동이 일어날 것으로 예기했으나, 선거 후 그런 사태는 일어나지 않았다. 사실 사르코지는 방리유를 위한 마샬 플랜에 서약했고(2차 세계대전 이후 유럽을 재건하기 위해 미국에 의해 보내진 막대한 원조를 흉내 내는), 그들의 불평을 해소하기 위해 '무허가 정착촌' 의 대표와 연락하는 도시 정책의 책임자로 무슬림 여성인 파델라 마라(Fadela Mara)를 임명했다. 이 계획에는 세제 혜택을 통한 사업체의 교외지역 유치가 포함되어 있으며, 학교 중도 포기자를 대상으로 직업 훈련을 도울 수 있는 계획이 포함되어 있다. 이 글이 쓰여지는 시기에(2008년 말) 프랑스 무슬림과 경찰 사이의 긴장은 고조된 상태를 유지하고 있었다. 방리유를 새롭게 정돈하려는 노력이 이루어졌으나, 이에 대한 새로운 획기적인 정책적 제안을 기다려야 할 판이다(현재까지 재정적 한계에 의해 보류되고 있다).

프랑스의 독특한 공화주의 전통은 모든 사람을 평등한 프랑스 시민으로 취급하는 것을 목적으로 하며, 다문화사회에서 특정 소수민족의 이해관계를 인정하지 않는다. 프랑스 제도권에서 무슬림을 대표하는 사람은 거의 없으며, 프랑스 학교에서는 특정 종교의 머리 가리개를 착용하는 것을 금지하고 있다. 이는 영국의 사회적 정책과 대조되는 것으로, 영국에서는 학교에서 종교의 장려를 통한 소수자의 관심이 허용된다. 그러나 영국과 프랑스에서 무슬림 청소년에 대한 소외가 나타날 뿐만 아니라 사회 전반에 걸쳐 이슬람 혐오증이 확산되어 있다.

주요 관련 개념

방리유, 비동빌, 감금도시, 자격 규칙, 배제, 요새도시, 게토, 역돌봄 법칙, 다중 박탈, 인종 선호 가설, 분리, 극빈층 가설

더 읽을거리

Baggeley, P. and Hussain, Y. (2008) *Riotous Citizens: Ethnic conflict in*

계속

multicultural Britain Ashgate, Aldershot

Murray, G. (2006) France: the riots and the Republic, *Race and Class* **47**, 26–45

Oliver, M. L., Johnston, J. H. and Farrell, W. C. Jr(1993) Anatomy of a rebellion: a political-economic analysis, in R. Gooding-Williams (ed.) *Reading Rodney King: Reading urban uprising* Routledge, New York

Wacquant, L. (2008) *Urban Outcasts* Policy Press, Cambridge

관련 내용

8장 : 분리와 응집

육, 주택 유지보수, 자동차 서비스, 정원 청소 등과 같은 서비스를 구입할 필요가 없기 때문이다.

팔은 그의 이론에 대한 납득할 만한 증거를 제시했으나, 이 견해를 영국 전체에 적용하기는 힘들다. 팔의 이론에 대한 경험적 데이터를 확보하기가 쉽지 않기 때문이다(Pinch, 1993). 게다가 증가하는 공공서비스의 잔여화, 상업화 및 민영화는 가정에서의 자체조달을 부추겨 왔다. 왜냐하면 가정은 자기 의존적이고 필요한 서비스를 스스로 제공해야 함이 갈수록 강조되고 있기 때문이다(Pinch, 1989). 물론, 이 이론도 더 많은 연구를 필요로 한다.

도시사회 지속가능성

도시사회지리학을 지탱하는 마지막 주요 이슈는 지속가능성 개념이다.

2장에서 살펴본 것처럼 산업자본주의의 출현에 따른 대도시의 출현은 도시화에 따른 환경적 결과에 대한 커다란 관심을 불러일으켰다. 21세기 초반에 이러한 걱정은 늘어나고 있다. 그러한 문제는 분명 도시화와 극심한 빈곤이 매우 빠른 속도로 확대되는 개발도상국에 대한 것이다. 그러나 지구의 대부분의 자원은 이 책에서 강조하듯이 선진국의 도시에서 소비되고 있다. 또한 선진국은 쓰레기, 오염, 소음, 교통 혼잡에 따른 많은 문제에 직면해 있다. 이에 대해 우리는 많은 생태학적 운동과 녹색정치 정당의 등장을 목격했다. 울리히 벡(1992)과 같은 저자는 이 분야에서 주요한 영향을 미쳤는데, 원자력 및 발생학적 공학과 같은 기술이 과거보다 훨씬 더 위험한 위치를 차지하는 위험사회의 시대에 진입했다고 주장했다.

이러한 광범위한 사회적 분위기 속에서 환경 이슈에 대한 두 가지 주요 관점을 확인할 수 있다. 첫째, 지배적 개념으로 **기술중심적 접근**(technocentric approach)이 있다[**생태적 근대화**(ecological modernization) 접근이라고 함]. 이 접근은 환경적 문제는 현재 세계 발전을 주도하는 광범위한 자본주의 경제구조의 손상 없이 환경 문제가 해결되어야 한다는 가정에 기초하고 있다. 그러므로 이 접근에서는 환경적 이슈에 적응하기 위한 현재 시설들의 수용능력과 이러한 도전을 해결하기 위한 현대 과학 및 기술의 수용능력을 강조한다. 경제 성장은 보다 나은 시민 복지를 위한 핵심이며, 이는 근본적으로 시장력에 의해 추진되어야 하고, 환경에 대한 관심 속에서 조절되어야 한다고 주장한다.

기술중심적 접근과 반대로 다양한 **환경중심적 접근**(ecocentric approach)이 대두되었는데, 생태학적

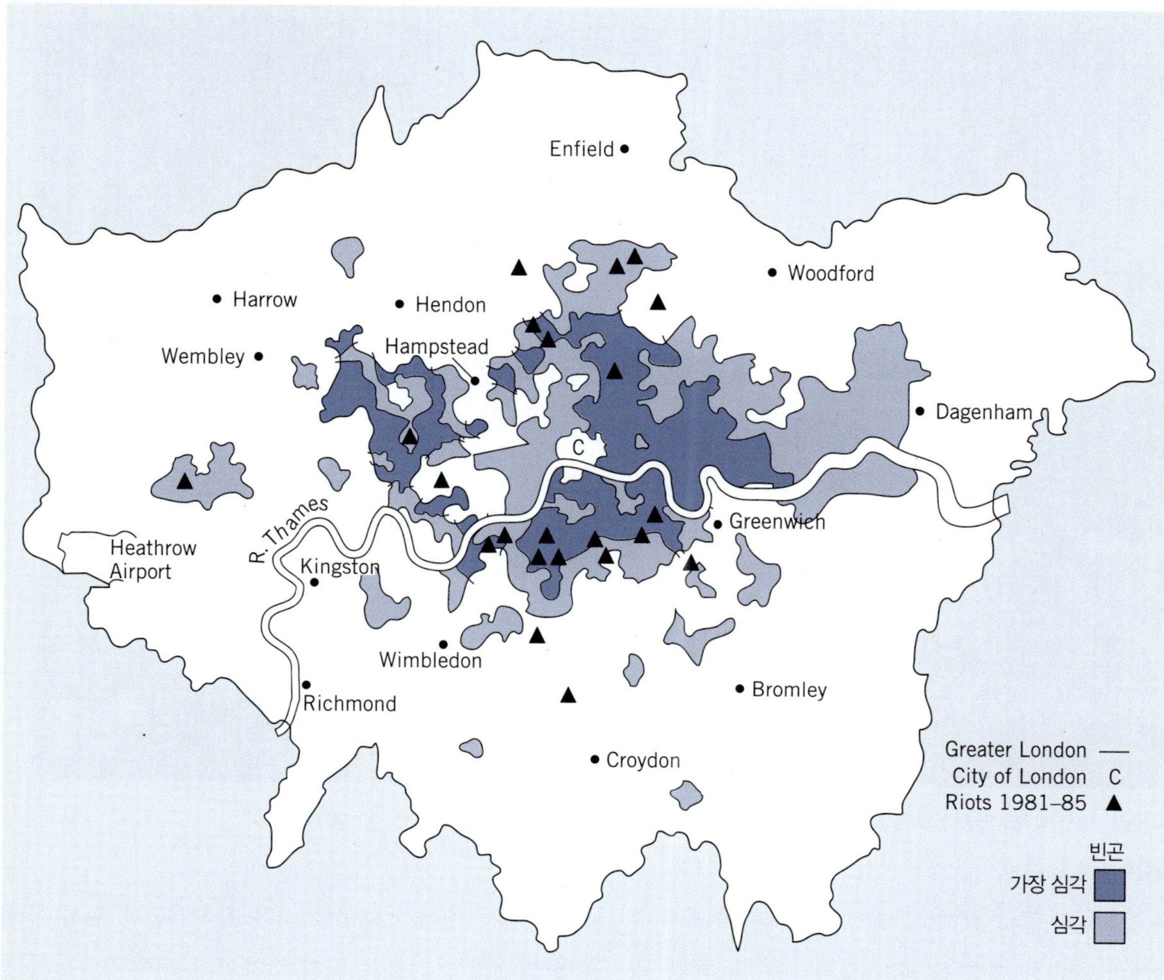

그림 13.4 빈곤과 도시 폭동, 런던
출처 : Diamond(1991), p. 218.

문제는 자본주의 시스템과 이것의 경제 성장 및 소비에 대한 의존도의 변화를 통해서만 해결될 수 있다고 본다. 게다가 환경중심자는 현존하는 국가 제도가 대기업의 이해관계 속에서 작동한다고 인식하면서 국가 제도는 대기업의 힘을 제어하기 불가능하다고 본다. 이에 대한 해결은 참여 민주주의가 가능한 자기의존적인 보다 분산된 정치적 단위지구를 만드는 것이라고 본다. 그러나 일부에서는 환경적 이슈에 따르도록 지역 활동을 조정하기 위한 거버넌스의 종합적인 형태가 필요하다고 주장한다. 데이비드 하비는 급진주의 관점에서 다음을 강조한다.

> 환경적 정의운동은 생태적 근대화 담론 자체를 급진화시켜야 했다. 이는 환경적 및 사회적 불공평을 야기하는 내재적 과정(그리고 연관된 권력 구조, 사회적 관계, 제도적 지형, 담론 및 신뢰 체계)에 대한 도전을 요구한다. 여기에 나는 『사회정의와 도시』에서 (pp. 136-137) 언급했던 또 다른 핵심적 사항을 제시

지속가능한 도시? 사회성, 지식교환 및 창조성에 초점을 둔 도시 : 런던의 사우스 뱅크(사진 : Paul Knox)

하고자 한다. 즉, 심각한 문제에 직면했을 때 문제 그 자체를 단순히 해결하려고 시도하거나 해결하는 것이 중요한 것이 아니라, 우선 그 문제가 야기된 과정을 이해하고 이를 변화시키는 것이 중요하다. 그렇다면 현재의 근본적인 문제는 이러한 문제에 내재한 무자비한 자본축적, 심각한 부와 정치적 권력의 불균형이다. (Harvey, 1996, p. 97)

도시와 지속가능성의 이슈는 아주 복잡하게 상호 연관되어 있다. 비록 많은 사람들에게 보편적이지만 20세기 후반 서구 도시에서 지배적이었던 것은 소비 집약적, 승용차 의존적, 탈중심화된, 교외화된 도시 형태로 이는 분명히 자원 소비적이었다(글상자 13.2 참고). 교외화에 많은 투자가 이루어졌음을 인정하면서 우리가 추구할 것은 지속가능한 도시 형태를 발견하는 것으로 도시 디자인의 즉각적인 변화는 불가능하다(비록 많은 사람들이 도시 디자인의 변화를 원할지라도). 지속가능성은 경제, 환경 및 사회복지의 상호 의존성에 대한 것이다. 이는 환경 지속성을 경제 성장과 사회정의 개념과 결합시킨 규범적 견해이다. 지속성을 국제적 스케일에서 조사한 브룬트란트 보고서(World Commission, 1987)로부터 자주 인용되는 지속가능한 개발의 정의는 미래 세대가 그들의 요구를 충족할 수 있는 능력을 손상시키지 않으면서 현재 세대의 필요를 충족시키는 개발이다. 사실 이러한 정의는 이 보고서에서 다루는 지속성 개념의 일부에 지나지 않으나, 이는 경제 성장을 활성화하는 데 확대된다. 즉, 직업, 음식, 에너지, 물과

글상자 13.5

도시사회지리학의 주요 논쟁 – 교외의 미래는 무엇인가?

학자들과 도시 편향적 지식인들은 2차 세계대전 이후 서구 경제에서 급격히 나타났고, 1995~2007년 사이 경제 성장을 통해 다시 증가한 교외의 저밀도 주거 형태인 스프롤 현상에 대한 경멸을 보내 왔다. 허버트 갠즈(Herbert Gans, 1967)는 필라델피아에서 15마일 동쪽으로 떨어진 윌링버러(Willingboro)에 위치한 레비트 지구(Levitt estate)에 대한 선구적 연구에서, 교외지역은 전형적으로 백인의, 단조롭고, 풍족하고, 사회적으로 동질적이고, 폐쇄적이고, 정치적으로 보수적이고, 개인주의적이고, 경쟁적이고, 불필요한 과시적 소비를 보이는 것이 특징이라고 했다. 에너지 값의 상승에 따른 이동비용의 증가와 함께 급격한 주택 가격의 거품에 대한 현재의 신용규제 효과는 미래 교외생활의 타당성에 대한 새로운 의문을 제기하고 있다. 게다가 창조적 산업의 중요성이 커지는 신경제의 물결 속에 다양한 문화적 집단의 혼합을 통해 활기를 모색하는 도시 센터는 혁신과 경제 발전의 핵심으로 인식되고 있다.

그러나 실제 현상을 보다 세밀하게 관찰한다면 위와 같은 정형화된 설명보다 실제는 훨씬 더 복잡함을 알 수 있다. 보다 많은 사람들이 교외지역으로 이주하면서 교외지역의 특성은 훨씬 다양하게 되었다. 예를 들어, 미국에서 교외의 아시아계, 히스패닉, 흑인의 비율은 백인에 비해 빠르게 증가하고 있다(현재 윌링버러 인구의 2/3는 흑인이다). 영국에서는 난민과 다른 이주자들이 전통적인 도심 핵심부로 이주하면서, 안정적인 소수민족의 2세 및 3세는 교외지역으로 이주했다. 또한 미국의 교외지역에서는 동성 부부의 수가 증가하고 있다. 교외지역에서 공동체와 도덕의 붕괴가 나타날 것이란 견해에 대해서도 문제의 여지가 있다. 게다가 창조적 사람들은 사회적으로 역기능적이고 도심지역에 고립되어 살아간다는 견해도 창조성 신화 중의 하나에 해당한다. 패션 의류와 같은 일부 창조적 산업이 도시에 집중된 특별한 창조적인 공동체에 의존적이기는 하지만, 하이테크와 바이오산업에서의 혁신은 교외지역에 거주하는 사회적으로 안정된(종종 가족 지향적인) 개인에 의한 생산물이다(Sawyer, 2006). 게다가 많은 도심 아파트가 비어 있는 것에 비해 교외지역의 거주는 여전히 인기가 높다. 또한 통계에 의하면 최근 경제적 침체까지 교외지역은 경제 성장의 핵심이었음을 보여준다.

그럼에도 불구하고, 때때로 메트로버비아(Metroburbia)로 불리는 거대한 교외지역의 성장은 최근의 많은 사회적 및 경제적 어려움을 이끌었던 요소 중의 하나임에는 의심의 여지가 없다. 신용카드의 이용과 결합된 교외지역 생활양식은 에너지를 많이 소모하는 고급 소비 패턴 붐을 조장했고, 이는 현재의 경제 침체 요인에 해당한다. 미국에서 주택 차압과 주거 포기는 많은 교외지역을 새로운 슬럼지역으로 만들 수 있다. 교외지역에서 범죄율의 증가에 대한 많은 징후가 나타나고 있다.

미국에서 원유 가격의 상승에 따라 변화의 징후가 이미 나타나고 있다. SUV 판매의 감소가 나타나며, 자동차의 평균 주행거리가 감소하며, 카풀과 함께 자전거 이용이 증가하며, 대중교통시스템에 대한 투자와 이용이 증가하고 있다. 미래에는 신주거지가 대중교통시스템의 허브 주변에 집중될 것으로 예측되고 있다. 그러나 이러한 변화를 위해 필요한 것은 어마어마하다. 미국인 통행의 99%는 자가용 또는 소규모 운송차량에 의존하는 것으로 예상되고 있다.

주요 관련 개념

차량 이동성, 붐버브, 물신숭배, 상실된 공동체, 탈중심화, 에지시티, 부르주아지화 논지, 배타적 용도구역제, 성운형 메트로폴리스, 정화된 커뮤니티, 테그노버브(전통 침상도시와는 다른 현대적 에지시티), 세력권 정치

더 읽을거리

Bruegmann, R. (2006) *Sprawl: A compact history* University of Chicago Press, Chicago, IL

Gans, H. (1967) *The Levittowners: Ways of life and politics in a new suburban community* Vintage, New York

Knox, P. (2008) *Metroburbia, USA.* Rutgers University Press, New Brunswick, NJ

Sawyer, R. K. (2006) *Explaining Creativity: The science of human innovation* Oxford University Press, Oxford

관련 내용

9장 : 글상자 9.2 신도시주의 운동의 성장

13장 : 글상자 13.2 차량 이동성의 역할

위생을 위한 기본욕구를 충족시키는 것, 인구와 자원 간 균형을 유지하는 것, 자원 토대를 보존하고 강화하는 것, 기술과 위험에 대한 대처를 새롭게 하는 것, 의사결정에서 환경과 경제를 통합하는 것, 국제적 경제 관계에 대한 새로운 방향을 설정하는 것 등이 포함된다.

도시 지속가능성을 접할 때 사람들은 비지속적 개발의 징후를 일반적으로 망각하는 경향이 있는데, 예를 들어 비지속적 개발에는 구조적 경제 침체, 환경 파괴, 전출, 분리, 배제, 반사회적 행동, 고유한 장소감의 상실 등이 포함된다. 그러나 무엇이 지속가능성인가를 구체화하는 것은 쉽지 않다. 이는 많은 사람들이 환경적 이슈를 고려할 때 지속가능성 견해 자체에 반도시적 느낌이 포함되어 있음을 의미하기 때문이다. 도시 환경에 대한 그러한 선입견이 있음에도 불구하고, 지속가능성의 사회경제적 차원은 매우 중요하다. 여기에는 세계적 영향과 상호 의존성에 직면하여, 예를 들어 이웃관계와 친밀과 같은 지역의 사회문화적 속성의 유지가 요구된다. 또한 지속가능성은 가난과 불공평, 건강 유지와 교육의 접근도와 같은 사회적 발전의 측면을 포함한다. 마지막으로 지속가능성은 경제적 및 생물리학 환경 측면에서 지속성을 유지하기 위한 변화를 운영하는 공동체의 의지와 능력과 관련된 사회적, 문화적, 정치적 감각의 측면을 포함한다.

도시의 경제, 환경 및 사회복지 사이의 상호 의존성에 내재한 복잡성과 모호성은 지속가능성이란 주제가 압도적임을 의미하며, 지역계획가와 정책결정자에게 지속가능성은 절망적인 무력감을 이끌 수 있음을 의미한다. 경제, 환경 및 형평성 사이의 균형을 찾는다는 것은 쉽지 않은데, 이들 사이의 관계에 관련되는 다양한 갈등이 존재하기 때문이다. 특히, 다양한 부류의 사람들을 위한 경제적 기회를 제공하는 것은 환경보호에 대한 갈등을 가져올 수 있다. 그럼에도 불구하고, 표면적으로 다루기 힘든 지구적 문제에 대한 지역적 해결 요구의 증가는 소도시 지속가능성이 매우 중요함을 의미한다. 보다 많은 공동체가 경제, 환경 및 형평성에서 최저선을 잘 이해하게 됨에 따라 지속가능성은 더욱 중요해지고 있다. 지속가능성이란 고립 상태에서 자원에 대한 것이 아니라 본질적으로 사회적 및 경제적 이슈와 연계되어 고려되어야 한다. 그럼에도 불구하고, 형평성, 공동체 및 도시성의 개념을 포함하는 도시사회 지속가능성을 따로 구분하여 살펴볼 수도 있겠다. 이프타첼과 헤지켁(Yiftachel & Hedgcock)은 도시사회 지속가능성을 다음과 같이 설명하고 있다.

> 도시사회 지속가능성은 인간의 상호작용, 소통 및 문화적 발전을 위한 장기적 활력환경으로서 도시가 기능하는 끊임없는 능력이라고 정의될 수 있다. 비록 세 가지 영역 사이에서 연결이 존재하지만, 이는 반드시 도시의 환경적 및 경제적 지속가능성과 관련될 필요는 없다. 사회적으로 지속가능한 도시는 생동감, 결속 그리고 거주자 사이의 보편적 장소감이 있는 곳이다. 그러한 도시는 폭력적인 집단 간 갈등, 공간적 분리, 또는 만성적 정치 불안정이 적은 곳이다. 간단히 말해, 도시사회 지속가능성은 활력 있는 도시사회 요소를 **장기적으로 유지**하는 것이다.
>
> (Yiftachel & Hedgcock, 1993, P. 140 저자 강조 포함)

이 책을 통해 살펴보았듯이 자본주의 세계화, 급격한 기술 변화 및 포스트모던 소비문화와 같은 수많은 힘이 경제적 불안정과 사회적 불안의 시대를 가져왔다. 직업, 공동체, 가족 및 정체성 모두는 점

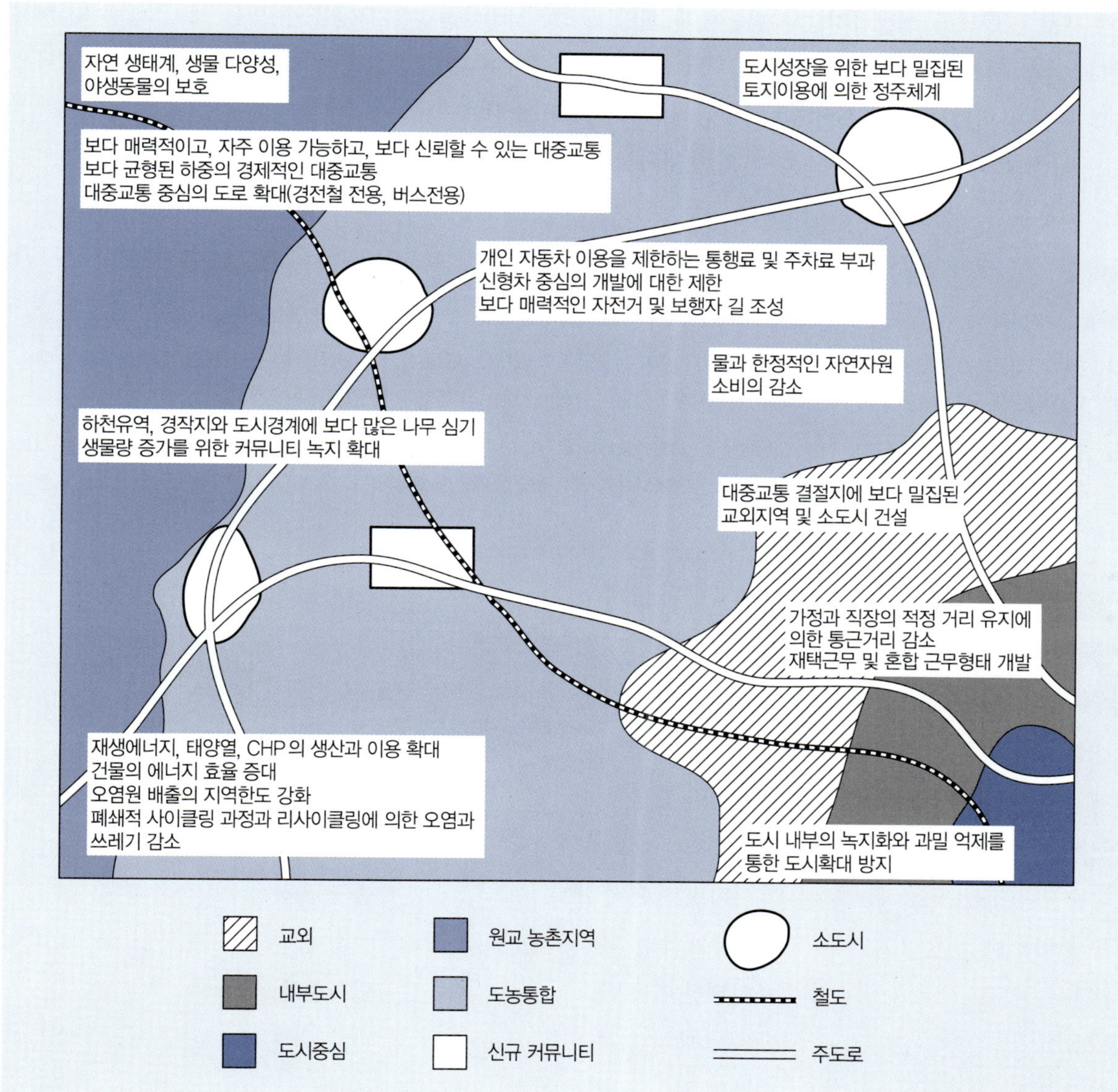

그림 13.5 미래 도시지역의 지속가능성을 보장하기 위해 필요한 변화
출처 : Blowers(1999), Fig. 6.12, p. 282.

점 더 위험 속에 있는 것으로 보인다.

리처드 세넷(Richard Sennett, 1994)은 이러한 불안감 확대는 국가, 지역, 도시 및 근린지구에 상관없이 장소적 의존이 증가함을 의미한다고 주장했다. 이처럼 이들 공간에 대한 의존은 고용이나 시장과 연관된 불안함보다 안정적으로 인식되는 무언가를 제공한다. 페더스톤과 래쉬(Featherstone & Lash, 1999, p. 2)는 이러한 맥락에서 도시는 새로운 역할을 가지게 되었다고 보는데, 왜냐하면 도시는 다양성, 도시성 및 경험의 가치를 둘러싼 열린 공적공간의 잠재성을 제공하기 때문이다. 이처럼 코스모폴리탄 공적공간이라는 세넷의 인식은 관용에 기초한 사회성의 새로운 형태를 개발하려는 사람들에게 희망을 준다. 앞장에서 살펴보았듯이 도시에는 배제, 불공평 및 폭력을 이끄는 많은 힘이 있다. 그럼에도 불구하고, 이 책에서 논의된 이슈들은 미래 도시사회의 지속가능성을 북돋을 수 있는 태도, 행동 및 정책을 가져오는 데 도움이 되고자 하는 우리의 염원을 반영한다.

요약

13.1 서비스 접근과 연관된 다양한 비용과 편익은 도시 거주자 생활의 질에 막대한 영향을 미친다. 빈약한 자원의 사용을 둘러싼 갈등은 때때로 근린지구에 기초한 이해 동맹을 이끌었다. 서비스 할당의 총체적 영향은 '비정형적 불균형' 의 한 형태이다.

13.2 탈중심화, 도시재생 및 공공 부문의 재구조화는 도시지역에서 서비스에 대한 접근에 막대한 영향을 미쳤다. 사회적 양극화는 많은 서구 도시에서 보편적인 특성이며, 결과적으로 그 원인에 대한 다양한 설명을 야기한 복잡한 현상에 해당한다. 미래를 위한 핵심적 도전은 어떻게 도시사회적 지속성을 성취하는가이다.

주요 개념

가내화
경쟁입찰
근로복지
기술중심적 접근
노동 강화
물질화
민영화
발언 옵션
벽 없는 수용소
빈곤의 문화
사실상 영역
상업화
생태적 근대화
서비스 의존적 게토
외부계약
외부성
자산 매각
잔여화
재시설화
전염적 궁핍
제3자 효과
중심화
지속가능성
출구 옵션
충성 옵션
탈시설화
파급 효과
하청
합리화
환경중심적 접근

읽을거리

복지국가의 변화

Burrows, R. and Loader, B. (eds) (1994) *Towards a Post-Fordist Welfare State?* Routledge, London

Peck, J. (2001) *Workfare States* Guilford Press, New York

Pierson, C. and Castles, F. (eds) (2000) *The Welfare State Reader* Polity Press, Cambridge

Pinch, S. (1997) *Worlds of Welfare: Understanding the changing geographies of social welfare provision* Routledge, London

Environment and Planning A, (2003) vol. 35, No. 5, Special issue on geographies of care and welfare edited by L.A. Staeheli and M. Brown
Mohan, J. (2000) Geographies of welfare and social exclusion, *Progress in Human Geography* **24**, 291-300

도시 재구조화, 불평등, 그리고 갈등

Fainstein, S., Gordon, I. and Harloe, M. (1992) *Divided Cities: New York and London in the contemporary world* Blackwell, Oxford
Gough, J., Eisenchitz, A. and Sales, R. (2006) *Spaces of Social Exclusion* Routledge, London
Law, R. and Wolch, J. (1993) Social reproduction in the city: restructuring in time and space, in P. Knox (ed.) *The Restless Urban Landscape* Prentice-Hall, Englewood Cliffs, NJ
Mollenkopf, J. (1988) *Power, Culture, and Place* Russell Sage Foundation, New York (see especially Chapters 7-12)
Mollenkopf, J. and Castells, M. (1991) *Dual City: Restructuring New York* Russell Sage Foundation, New York
Pacione, M. (ed.) (1997) *Britain's Cities: Geographies of division in urban Britain* Routledge, London

탈시설화

Dear, M. and Wolch, J. (1987) *Landscapes of Despair* Princeton University Press, Princeton, NJ

박탈

Byrne, D. (1999) *Social Exclusion* Open University Press, Buckingham
Madanipour, A., Cars, G. and Allen, J. (eds) (1998) *Social Exclusion in European Cities: Processes, experiences and responses* Jessica Kingsley, London

도시의 지속가능성

Breheny, M. (ed.) (1992) *Sustainable Development and Urban Form* Pion, London
Davis, M. (1998) *Ecology of Fear: Los Angeles and the imagination of disaster* Metropolitan Books, New York
Kenny, M. and Meadowcroft, J. (1999) *Planning Sustainability* Spon, London
Layard, A., Davoudi, S. and Batty, S. (2001) *Planning for a Sustainable Future* Spon, London
Wheeler, S.M. (2004) *Planning for Sustainability* Routledge, London
Wheeler, S.M. and Beatley, T. (eds) (2004) *The Sustainable Urban Development Reader* Routledge, London
Wolch, J. (2007) Green urban worlds, *Annals of the Association of American Geographers* **97**, 373-84

진보적, 민주적 도시를 도시계획 및 강령

Amin, A., Massey, D. and Thrift, N. (2001) *Cities for the Many Not the Few* Policy Press, Bristol
Eucher, C.C. and McGovern, S.J. (2003) *Urban Policy Reconsidered: Dialogues on the problems and prospects of American cities* Routledge, London
Lees, L. (ed.) (2004) *The Emancipatory City: Paradoxes and possibilities* Sage, London
UK Urban Task Force (1999) *Towards an Urban Renaissance* Department of the Environment, Transport and the Regions, London

제 14 장

도시사회지리학의 최근 논의와 미래

핵심 문제

- 도시지리학의 '로스앤젤레스학파'는 무엇인가?
- 로스앤젤레스학파의 공헌과 한계는 무엇인가?
- 영화와 도시는 어떤 관계가 있는가?

이제까지 살펴본 것처럼 오늘날 도시사회지리학은 매우 다양한 연구를 포괄하고 있다. 지리학의 '계량혁명'을 주도했던 피터 하겟(Peter Haggett)은 이러한 다양성을 설명하면서, 다음과 같이 도시지리학 자체를 도시에 비유했다.

> [오늘날의 도시지리학은] … 형성 시기와 역동성이 상이한 여러 지구들로 이루어진 도시와 같다. 어떤 지구는 매우 오래전에 생겨나서 수리를 필요로 하기도 하고, 과거의 융성함을 상실한 채로 남아 있기도 하고, 재활성화의 과정 중에 있기도 하다. 반면 최근에 형성되어 급속하게 팽창하는 지구도 있는데, 이 중 어떤 지구는 훌륭하게 축조되었지만 겉만 번지르르한 지구도 있다. (Haggett, 1994, p. 223)

이 장에서는 특히 새롭게 축조되고 있는 두 '지구'를 검토하면서 이러한 다양성을 설명하고자 한다. 첫째, 우리는 도시지리학의 소위 '로스앤젤레스학파' 또는 '캘리포니아학파'를 둘러싼 논쟁을 검토할 것이다. 이러한 논쟁은 낡은 '지구'의 재구성처럼 보일 수도 있겠다. 왜냐하면 이는 과연 **패러다임 도시**(paradigmatic city)를 (즉, 일반 도시의 미래 향방을 가늠할 수 있는 도시를) 상정하는 것이 타당한

가라는 오래전 논란의 재연이기 때문이다. 두 번째 '지구'는 첫 번째와 관련되어 있지만 본질적으로 새롭게 축조되었다. 로스앤젤레스학파의 핵심 멤버인 마이클 디어(Michael Dear, 2000, p. 166)는 '도시의 성장은 텔레비전과 영화적인 환상을 더욱 닮아가고 있다'고 기술한다. 곧, 두 번째의 초점은 영화와 도시를 연계시키는 최근의 연구를 검토하는 것이다.

14.1 로스앤젤레스와 '캘리포니아학파'

시카고는 20세기 초반 시카고 도시사회학파의 폭넓고 다양한 연구로 인해 산업도시의 전형이 되었다. 이와 유사하게, 로스앤젤레스는 최근 캘리포니아 일대 학자들의 연구로 인해 '포스트모던' 도시의 전형으로 간주되고 있다(Scott, 1988; Soja, 1989, 1996; Dear & Flusty, 1998). 이들은 로스앤젤레스 캘리포니아대학교(UCLA)의 건축 및 도시계획 대학원을 근거지로 하여 로스앤젤레스를 미래 도시 형태의 선구자로 표현하는 데에 몰두하면서, 다른 사람들로 하여금 자신들을 '**로스앤젤레스학파**(Los Angeles School)' 또는 '**캘리포니아학파**(California School)'로 명명해 줄 것을 요청해 왔다. 과거 시카고학파의 경우와 마찬가지로, 이들의 연구는 매우 다양하지만 그 기저에 많은 주제를 공유하고 있다.

캘리포니아학파의 연구는 대체로 로스앤젤레스 교외지역의 스프롤 현상을 새로운 축적체제의 등장이라는 조절이론적 관점에서 설명해 왔다(2장 참고). 이들 연구에 따르면, 새롭게 출현한 유연적 축적 체제는 캘리포니아의 첨단기술 집적지구(Scott, 1986), 영화산업과 같이 역동적·유동적·창조(적) 산업 부문(Christopherson & Storper, 1986)과 불법 체류자나 저임금 노동에 기반한 산업 클러스터에 뚜렷이 나타난다. 그러나 이들이 제시하는 산업 재구조화라는 개념은 지나치게 광범위할 뿐만 아니라 경제 부문에만 초점을 두기 때문에, 근린지구의 형성과 관련된 수많은 미시 스케일에서의 과정을 만족스럽게 설명하지 못한다는 비판을 받는다(Savage & Warde, 1993).

이들이 강조하는 또 다른 주제는 로스앤젤레스라는 도시의 새로움에 관한 것이다. 로스앤젤레스의 기원은 1781년 스페인 선교사의 정착까지 거슬러 올라가지만, 고전적인 산업도시의 유산은 오늘날의 로스앤젤레스에서 거의 찾아볼 수 없다. 미국 서부 해안가에서 출현한 새로운 도시 형태를 가장 처음 언급한 것은 1945년 해리스와 울만(Harris & Ullman)의 연구이다. 이들은 **다핵 모델**(multiple nuclei model)을 제시하면서 중심업무지구의 영향력 쇠퇴와 탈중심화된 도시구조의 출현을 강조했다. 물론 이러한 분산은 자동차 교통의 확산이 있었기에 가능한 것이었다. 라이프(Reiff)는 로스앤젤레스에 대해 다음과 같이 언급한다.

> LA의 길거리를 걸을 때에는 바지 주머니 속 열쇠꾸러미의 쩔렁거리는 소리를 의식할 필요가 거의 없다. 도로변 인도는 아무 그늘도 없이 텅 비어 있기 때문에 실제보다 더 넓게 느껴진다.
>
> (Reiff, 1993, p. 119)

이러한 분산과 (공간적) 패턴의 부재는 로스앤젤레스학파가 전개해 온 핵심 주제의 하나이다. 물리적·사회적으로 분절화된 도시를 소자(Soja, 1989)는 **포스트모던 글로벌 메트로폴리스**(postmodern global metropolis), **코스모폴리스**(cosmopolis), **포스트메트**

로폴리스(postmetropolis, 1997) 등 다양하게 명명한 바 있다. 로스앤젤레스는 많은 사람들의 고정관념과 달리 중심이 없는 도시는 아니다. 실제로 최근에 들어 새로운 글로벌 경제와 연계된 통제센터들이 강하게 재중심화하는 경향을 보이고 있다. 그러나 로스앤젤레스는 이와 동시에 수많은 부심과 **에지시티**(edge city)로 구성되어 있는데(Garreau, 1992), 이들은 배타적인 성격의 부유한 교외지역이 아니다. 어떤 곳은 공업지구나 상업지구이지만, 다른 곳은 대개 빈곤하거나 소수민족 공동체의 성격이 뚜렷하게 나타난다. 소자(1992)는 이러한 현상을 도시의 내부와 외부가 뒤바뀌었다는 의미에서 **외부도시**(exopolis)라는 개념으로 설명한다. 개인은 이러한 환경에서 하나의 결집력 있는 집단 소속감을 가지기 어렵다(글상자 14.1 참고). 따라서 포스트모던 문화의 분절화와 다양성은 도시경관의 물리적 구조에 명백히 드러난다. **성운형 메트로폴리스**(galactic metropolis)는 이러한 도시를 기술하기 위해 고안된 용어이다(Lewis, 1983). 이러한 용어를 사용하는 이유는 상업 중심지들이 뚜렷하게 단일한 중심지를 형성하기보다는 넓은 성운에 흩어진 별들과 유사한 형태를 띠기 때문이다. 녹스(Knox, 2008)는 오늘날 대도시에서 나타나는 고용과 거주 환경의 분절적 · 다결절적 혼합을 '대도시 세계(metroburbia)'라는 용어로 설명하는데, 이는 도시 중심적, 교외적, 준교외적 특징이 혼성화되어 있음을 강조한다.

캘리포니아학파의 연구를 관통하는 또 다른 주제는, 폭력과 범죄가 만연한 환경에 대처하기 위해 부유층 사회가 취해 온 보호적 조치의 발전에 관한 것이다(Davis, 1990; Christopherson, 1994). 이는 앞서 언급했던 점증적인 사회적 양극화에 대한 반응이기도 하다. 이러한 예방적 조치는 '방어적', '요새적', '편집증적' 건축 등으로도 불리는 소위 **벙커 건축**(bunker architecture)의 성장에서 뚜렷하게 나타나는데, 이러한 도시 개발은 통제된 출입구, 울타리와 장벽, 경비원, 적외선 센서, 동작 추적 장치, 경찰과의 신속한 연계, CCTV와 같은 장비를 특징으로 한다. 마이크 데이비스(Mike Davis)가 **'탐지경관**(scanscape)'이라고도 명명한 위와 같은 도시 개발은, 모두 바람직하지 않다고 간주되는 사람을 배제하기 위해 계획된 것이다. 이러한 배타적 시스템은 대개 거주지역에 구축되지만, 쇼핑몰이나 도시 중심부에서도 나타난다. 또한 로스앤젤레스 중심부에 있는 공원의 경우 휘어진 형태의 벤치가 많은데, 이것은 (노숙자와 같은) 사람들이 벤치 위에서 잠을 자는 것을 방지하기 위한 것이다. 이러한 현상을 고려할 때, 데이비스(1990)가 도시생활의 '군사화'를 언급하는 것은 전혀 놀라운 일이 아니다. 그러나 현대 도시에서 오직 주변화된 사람만이 감시에 놓이는 것은 아니다. 신용카드, 포인트(마일리지)카드, 무인 서비스 시스템과 같은 새로운 기술은 기업과 정부가 일반 시민의 여행이나 소비 패턴에 관한 엄청난 정보에 접근할 수 있음을 의미한다.

로스앤젤레스학파에 대한 비판

로스앤젤레스학파의 연구는 의심의 여지없이 큰 영향을 끼쳤지만, 이는 '과연 로스앤젤레스라는 도시가 미래 도시 발전의 일반적 모델으로서 얼마나 타당한가?'라는 의문을 제기했다. 로스앤젤레스학파는 로스앤젤레스의 역사적 특수성을 강조하면서 자신들의 주장을 수많은 전제와 단서로 울타리를 치지만, 이들이 로스앤젤레스를 미래 도시 형태의 전형으로 간주하는 것은 틀림없는 사실이다. 그러나 서양 세계의 많은 다른 도시들은 정치적 · 행정적 체제

글상자 14.1

도시사회지리학의 주요 사상가 – 에드워드 소자

라탐(Latham, 2004)은 아마 오늘날의 도시사회지리학자 중 사람들에게 영감과 반발을 동시에 일으킬 수 있는 유일한 사람이 에드워드 소자(Edward Soja)일 것이라고 주장한 바 있다. 소자의 학문적 소양의 폭과 깊이, 그리고 복잡 미묘한 표현은 영감을 불러일으키지만, 허풍스럽고 과장된 일반화는 독자의 신경을 거슬리게 한다. 그러나 틀림없는 사실은, 소자가 인문지리학과 인접한 분야의 연구자에게 큰 영향을 끼침으로써 도시사회지리학의 위상을 높였다는 점이다.

소자는 데이비드 하비(글상자 1.1 참고)와 마찬가지로 프랑스의 철학자 앙리 르페브르의 저술에 큰 영향을 받았다(글상자 9.4 참고). 소자의 경우는 그 영향이 훨씬 강했는데, 왜냐하면 르페브르처럼 공간의 생산을 (소자의 용어를 따르자면 '공간성'을) 사회이론의 중심으로 가져오려 했기 때문이다. 소자는 『포스트모던 지리(*Postmodern Geographies*)』(1989)에서 공간성은 포스트모던 문화의 핵심적인 조직 원리로서 글로벌 자본주의의 근본적 권력 관계를 은폐한다고 주장한다.

소자는 자신의 두 번째 저작인 『제3의 공간(*Thirdspace*)』(1996)에서 현대 로스앤젤레스의 도시 발전을 다음의 여섯 개의 담론으로 그려낸다.

- 포스트포드주의 산업 대도시 : 신산업 공간과 노동착취공장으로 채워진 도시
- 외부도시 : 분절화와 탈중심화로 안과 밖이 뒤바뀐 도시
- 코스모폴리스 : 글로벌화에 의해 형성된 도시
- 프랙탈 도시 : 수많은 민족집단과 정체성으로 분리되어 있는 도시
- 감금의 군도 : 사유화된 공간과 감시의 도시
- 심시티 : 디지털 지식 경제의 도시

어떤 학자들은 이러한 시도가 포스트모던 문화적 삶의 다원성을 무시하는 하향식 이론화라고 비판한다. 소자는 자신이 초기에 주장한 사회공간 변증법을 '삼분변증법(trialectic)'이라는 개념으로 대체한다(Soja, 1980). 르페브르와 마찬가지로 이 용어는 제1의 공간(물적 세계), 제2의 공간(공간성의 상상적 재현), 그리고 앞의 두 개를 통합하는 제3의 공간이라는 개념을 포괄한다. 그러나 어떤 학자들은 이러한 접근이 모호하고 구체적이지 않다고 비판한다(Barnett, 1997; Merrifield, 1999).

주요 관련 개념

코스모폴리스, 외부도시, 초현실성, 초공간, 로스앤젤레스학파, 포스트모던 글로벌 메트로폴리스, 제3의 공간

더 읽을거리

Barnett, C. (1997) Review of Thirdspace: journeys to Los Angeles and other real and imagined places, *Transactions of the Institute of British Geographers* **22**, 529–30

Latham, A. (2004) Ed Soja, in P. Hubbard, R. Kitchin and G. Valentine(eds) *Key Thinkers on Space and Place* Sage, London

Merrifield, A. (1999) The extraordinary voyages of Edward Soja: inside the 'trialectics of spatiality', *Annals of the Association of American Geographers* **89**, 345–8

Soja, E.W. (2000) *Postmetropolis: Critical studies of cities and regions* Blackwell, Oxford

관련 내용

9장 : 글상자 9.4 앙리 르페브르

가 상이할 뿐만 아니라 지난 시기의 흔적이 상당히 남아 있는 경우가 많다. 가령, 맥닐(McNeill, 1999)은 유럽의 도시가 북아메리카의 도시와 비교할 때 도시의 물리적 형태도 다르고, 좌파 성향의 사회민주주의적 정부의 전통이 강하게 나타난다고 주장한다. 홀(Hall, 1998)에 따르면, 로스앤젤레스학파의 연구의 핵심은 도시 형태가 아니라 도시 성장 '**과정**'에 있기 때문에 결코 로스앤젤레스를 미래 도시 형태의 선구자로 간주해서는 안 된다. 더불어 로스앤젤레스의 새로움도 지나치게 과장되어서는 안 된다. 예를 들어, 데이비스(1992)는 새롭게 요새화된 로스앤젤레스의 다운타운을 배리오와 게토로 구성된 원형의

포스트모던 패러다임 도시? 로스앤젤레스의 항공사진(사진 : Geoffrey DeVerteuil)

띠가 에워싸고 있음을 지적하면서, 이전 시기 시카고에서 관찰되었던 고전적인 전이지대와 유사하다는 점을 강조한다. 이러한 내부도시는 로스앤젤레스로 유입되는 이민자들과 10대 청소년 갱단의 활동이 (물론 최근 교외지역으로 뻗어나가며 광역화하는 경향을 보이지만) 여전히 두드러진 지역이다.

아마 도시 형태에 있어 포스트모더니즘을 강조하는 모든 이론에 해당되겠지만, 캘리포니아학파에 대한 두 번째의 비판은 **'인종'** 문제에 대해 침묵한다는 점이다(Jacobs, 1996). 이 비판은 포스트식민 이론에 뿌리를 둔다. 포스트모던 관점은 도시 내 정체성의 다양성을 드러낸다고 주장하지만, 실제로는 이민자 집단의 역할을 글로벌 경제에 한정시키는 하나의 중심적 관점을 고수하고 있다. 그러나 포스트식민 이론은 이러한 중심적 관점을 부정하면서 주변으로부터 중심을 조망하는 다양한 관점을 강조한다. 제인 제이콥스(Jane M. Jacobs)는 다음과 같이 강조한다.

> 사회적 양극화를 강조하는 논의는 복잡한 인종 정치를 계급적 차별화의 한 변형으로 간주하면서, 이를 더욱 철저하게 글로벌화되고 더욱 기만적으로 심미화되고 있는 자본주의의 불균등성과 연관시킨다. 분열된, 위치적인, 그리고 종종 분노를 일으킬 만한 차이의 정치는 유리함과 불리함과 같은 어떤 정적인, 구조적인 결과로 오인되고 있다. 이러한 방식으로 인종 정치는 차이의 구성이 지닌 역사에서 배제되어 버림받고 있으며, 정체성의 정치를 이론화하는 논의에

> 서 인종화된 주체는 행위주체성을 상실한 것으로 간주한다. 포스트모던 도시에 관한 논의에서 단순히 인종에 관한 이야기가 불충분하다는 말이 아니라, 인종화라는 문화정치가 불능화되어 있다는 말이다.
>
> (Jacobs, 1996, p. 32)

로스앤젤레스학파에 대한 세 번째의 비판은, 글로벌화의 과정에 의한 대도시의 분절화라는 디스토피아적 시각이 사실에 부합하지 않는다는 주장에 있다. 고든과 리차드슨(Gordon & Richardson, 1999)은 로스앤젤레스학파가 사실적 증거에 대해 대체로 오만하다고 지적한다. 예를 들면, 소자는 샌 버나디노(San Bernadino)와 같은 도시 주변의 계획 지구에는 일자리가 부족한 탓에 주민들이 장거리를 통근한다고 주장하지만, 이는 실제 통근 시간이 45분 미만이라는 사실과 일치하지 않는다. 또한 로스앤젤레스가 사회적 양극화에 직면하고 있다는 주장은 도시 내 사회집단 사이에 상당한 정도의 사회적 이동성이 있다는 사실과 부합하지 않는다. 고든과 리차드슨은 로스앤젤레스의 많은 라티노 이민자들이 주택을 소유하는 단계에 접어들어 새로운 중산계급을 형성하고 있다고 주장한다. 이와 더불어, 제니퍼 월치(Jennifer Wolch)는 로스앤젤레스 내 무주택자의 증가를 글로벌화와 관련시켜 설명하지만, 탈시설화, 노후 주택의 철거, 마약과 같은 다른 요인을 무시한다는 점에서 비판받고 있다. 로스앤젤레스가 세계경제에서 글로벌 통제센터가 되어 가고 있다는 주장 또한 많은 주요 은행들이 이미 로스앤젤레스를 떠났다는 점을 고려할 때 신빙성이 떨어진다. 실제로, 로스앤젤레스의 CBD가 부활했다는 주장은 과장된 측면이 없지 않는데, 왜냐하면 도심의 공실률은 여전히 매우 높은 수준이기 때문이다.

커리와 케니(Curry & Kenney, 1999)는 이러한 비판을 수용하면서, 새로운 글로벌 메트로폴리스로서 로스앤젤레스의 상징적 지위는 일련의 역류에 침식당해 왔다고 주장한다. 그들에 따르면, 20세기 후반 로스앤젤레스의 제조업 부문은 냉전 시기 동안 항공산업에 대한 방위비 지출에 크게 의존했었지만, 이 시기가 끝난 후에는 도시의 성장이 멈추게 되었고 (포스트포드주의적이지 못했던) 도시의 제조업 부문은 새로운 시장 기회에 적응하기에는 너무나 경직되었다고 주장한다.

로스앤젤레스 : 패러다임 도시인가?

로스앤젤레스학파의 도시 해석에 대한 커리와 케니의 수많은 비판과 그에 대한 반론(Scott, 1999; Storper, 1999)을 이 장에서 모두 논의하기는 어렵다. 그러나 로스앤젤레스학파의 연구로 인해 제기된 가장 폭넓은 문제는 '과연 패러다임 도시(즉, 특정 시기에 도시의 핵심적 패턴과 형성 과정을 다른 도시보다 뚜렷하게 보여 줄 수 있는 전형적 도시)라는 개념이 얼마나 유용한가?'라는 점이다(Nijman, 2000). 커리와 케니는 패러다임 도시라는 개념은 로스앤젤레스학파나 다양성, 분절화, 구조의 부재를 강조하는 여타의 포스트모더니스트들과 상충한다고 주장한다. 나아가, 역설적이게도 디어와 플러스티(Dear & Flusty)가 제시한 **키노 자본주의**(keno capitalism)라는 용어는 자신들 스스로 그렇게 비판했던 (주체와 객체를 분리하는) 도시에 대한 근대적 시선을 계승하는 것처럼 보인다(Beauregard, 1999). 로스앤젤레스학파가 포스트모던 도시 내의 다양한 사회집단을 기술하기 위해 수많은 용어를 만들어 다방면에 사용했지만, 정작 그들의 연구에서 도시 내의 문화적 풍부함을 찾아보기 힘들다(Lake, 1999).

글상자 14.2

도시사회지리학의 주요 사상가 – 마이클 디어

마이클 디어(Michael Dear)는 다음의 두 가지 측면에서 도시지리학의 발전에 중대한 기여를 했다. 첫째, 그는 정신질환자를 위한 장기 요양 시설의 폐쇄를 의미하는 '탈시설화'의 사회적 · 지리적 결과와 이와 관련된 무주택자 현상과 같은 새로운 분야를 개척했다. 이 연구는 마틴 테일러(Martin Taylor)와 공동으로 출간한 『우리 동네는 안 됨: 정신질환 치료에 대한 공동체의 태도(*Not on Our Street: Community attitudes towards mental health care*)』(1982)와 그 이후에 제니퍼 월치(Jennifer Wolch)와 출간한 『절망의 경관: 탈시설화에서 무주택자로(*Landscapes of Despair: From deinstitutionalization to homelessness*)』(1987)와 『악의적 방관: 미국 도시에서의 무주택자(*Malign Neglect: Homelessness in an American city*)』(1993)에 잘 드러나 있다. 이 저술들은 정책적 적용이 가능하면서도 이론적 기반이 튼튼한 사회 조사의 좋은 모델이라 할 수 있다. 곧, 다양한 관점에서 여러 조사 방법을 동원하여 복지 부문의 예산 축소가 어떤 결과를 낳는가를 드러낸다. 나아가 디어는 정책 입안가들이 이러한 문제에 주의를 기울이게 하는 데에 매우 활동적이었다.

디어의 연구의 상당 부분은 탈시설화가 매우 극단적인 방식으로 전개되어 온 남부 캘리포니아 지역을 대상으로 한다. 이것이 디어의 두 번째 기여라고 할 수 있는데, 곧 그는 도시지리학의 로스앤젤레스학파의 형성에 핵심적인 역할을 했다. 에드워드 소자와 같은 동료의 연구와 마찬가지로 디어의 연구도 상당한 논란을 불러일으켰는데(글상자 14.1 참고), 이를 정리하면 다음과 같다.

우선, 로스앤젤레스가 미래의 도시 형태를 어느 정도 대표할 수 있는가의 문제인데, 이와 관련하여 디어와 동료 연구자들의 연구는 모순적인 측면이 있다. 이들은 자신의 주장이 갖는 일반성에 조심스러워하지만, 종종 로스앤젤레스가 새로운 글로벌 도시 형태의 패러다임을 대표한다는 주장에 유혹되는 경우도 많다.

둘째, 포스트모더니즘이라는 틀이 이러한 도시 변화를 이해함에 있어서 과연 얼마나 적절한가의 문제가 있다. 디어는 새로운 텍스트적 형식을 사용해서 많은 신조어들을 양산하지만, 많은 경우 동료 연구자들조차 이러한 용어 남용에 반발한다.

셋째는 위의 두 번째 문제와 관련되어 있는데, 로스앤젤레스학파가 제시하는 '포스트모던 도시주의' 논의는 거대한 기업이 지리적 · 사회적으로 분절화된 다양한 행위자를 지배하고 있다는 마르크스주의적 관점을 드러낸다는 점이다. 이러한 비판은 곧 이들의 연구가 민족성이나 문화적 차이와 같은 문제를 무시한다는 주장을 뒷받침한다.

결국 로스앤젤레스학파가 과거 시카고 도시생태학파와 같은 지위를 추구할 것인지는 지켜볼 일이다. 그렇지만 디어의 연구와 그가 초래한 논쟁은 충분히 읽어볼 만한 가치가 있다.

주요 관련 개념

벽 없는 수용소, 탈시설화, 키노 자본주의, 로스앤젤레스학파, 포스트모더니즘, 재시설화

더 읽을거리

Dear, M. (2000) *The Postmodern Urban Condition* Blackwell, Oxford

Dear, M. (ed.) (2001) *From Chicago to LA: Making sense of urban theory* Sage, Thousand Oaks, CA

Dear, M. (2003) The Los Angeles School of Urbanism: an intellectual history, *Urban Geography* **24**, 493–509

Dear, M. and Flusty, S. (1998) Postmodern urbanism, *Annals of the Association of American Geographers* **88**, 50–72

McNeill, D. and Tewdr-Jones, M. (2004) Michael Dear, in P. Hubbard, R. Kitchin and G. Valentine (eds) *Key Thinkers on Space and Place* Sage, London

관련 내용

3장 : 도시의 포스트모더니즘

13장 : 서비스 부문 재구조화

예를 들어 (글로벌 경제의 권력 통제자라는 의미의) 사이버주아지(cybergeoisie)나 (권리를 박탈당하고 착취당하는 대중이라는 의미의) 프로토서프(protosurps)와 같은 용어를 보라.

로스앤젤레스학파의 연구는 20세기의 상당한 기간 동안 도시지리학을 지배해 온 시카고학파의 연구

에 대한 비판을 함의하고 있다. 그러나 그들의 비판은 시카고학파의 접근이 지닌 공간적 측면에, 특히 버제스의 동심원 모델(7장 참고)에 집중되었기 때문에, 결과적으로 시카고학파가 (참여관찰과 비구조적 면담과 같은 질적 연구방법을 통해) 축적했던 도시 내의 로컬 하위문화에 대한 풍부하고 구체적인 사례 연구를 무시하게 되었다(Jackson, 1999).

아민과 그라함(Amin & Graham, 1997)에 따르면, 도시적 맥락을 제한시켜 일반적인 변화의 패러다임으로 간주하는 경향은 비단 캘리포니아학파의 추종자만이 아니라, (런던, 뉴욕, 도쿄와 같은) 세계도시 또는 (바르셀로나와 같은) '창조도시'와 같은 개념을 제안하는 연구자에게도 나타난다. 많은 도시 연구자들과 이구동성으로 도시가 경제적 · 사회적 삶의 복잡한 그물망이 (대개 상호 연결되지 않는 채) 교차하는 지점이 되어 간다고 주장한다. 그들은 이를 '모순과 다양성이 병치되어 있는 삶의 극장 그 자체'라는 의미에서 **멀티플렉스 도시**(multiplex city)라고 명명한다(Amin & Graham, 1997, p. 418). 이와 유사하게, 보이어(Boyer, 1995)는 부유층을 위해 계획된 도시인 '호화도시'와 빈곤층이 거주하면서 버려진 채 관리되지 않는 도시 공간인 '혐오도시'라는 개념을 제안한다. 요컨대 일반화가 가능한 전형적인 도시를 생각하기란 더욱 불가능해지고 있다.

14.2 영화와 도시

도시사회지리학 내에서 최근 새롭게 등장했으면서도 빠르게 성장하고 있는 분야는 영화와 도시의 관계에 대한 논의이다. 이는 다음의 두 가지 이유에서 중요한 연구 가치가 있다. 첫째, 영화는 오늘날 서구 사회에서 가장 중요한 문화적 표현 양식이다. 둘째, 앞서 검토한 바와 같이 도시는 사회적 삶에 중요한 역할을 하고 있다. 이러한 이유로 도시와 영화는 복잡하게 얽혀 있다. 도시와 영화의 상호작용은 '미국 도시는 마치 영화 속에서 바로 걸어나온 듯하다'는 프랑스의 철학자 보드리야르의 유명한 어구에서도 잘 드러난다(Baudrillard, 1989, p. 56). 우선 도시는 영화산업의 발전에 큰 영향을 끼쳐 왔다. 초기의 영화들은 20세기 초반의 도시주의를 반영했는데, 공중 조망 경관, 이동추적 촬영, 클로즈업과 같은 기법을 통해 사람들이 새로운 조망점에서 도시를 바라볼 수 있게 했다. 어떤 학자들은 영화 관객을 벤야민(Benjamin)의 도시 '**만보객**(flaneur)'이라는 개념과 비교하는데, 이는 거리를 가볍게 거닐며 도시의 다양함을 관찰하는 사람을 지칭한다(글상자 7.2 참고). 이처럼 영화 관객과 도시 보행자는 물리적으로 가깝지만 사회적으로는 먼 관계를 유지한다는 점에서 비슷하다. 오늘날 도시적 삶은 여전히 영화에 큰 영향을 끼치고 있지만, 최근에는 영화와 영화산업이 점차 새로운 도시 형태의 출현에 영향을 끼치고 있다는 증거도 발견되고 있다. 이 장에서는 양자의 상호관계에 대해 차례로 논의할 것이다.

텍스트로서의 영화

영화 이론 내에서는 과연 영화가 여러 문화적 재현의 형태 중 어떤 특별한 지위를 가지는가에 대한 복잡한 논의가 있다. 예를 들어 회화, 조각, 오페라와 같은 예술 양식은 세계에 대한 인위적인 재현임이 명백하지만, 영화는 마치 스크린에서의 재현이 진정한 '사실적' 세계인 것처럼 보인다는 점에서 다르다. 이는 종종 영화의 '**촉감적**' 성질이라고 불린다. 영화에서 벌어지는 일은, 특히 영화가 다큐멘터리 분위기가 강할 경우에 훨씬 사실성이 강하게 나타난다. 예를 들어 존 휴스턴의 영화 〈어울리지 않는 사람(The Misfits)〉에는 야생마를 포획하는 잔인한 장면이 나온다. 말이 느낀 공포와 공황은 실제 장면인 까닭에 충격적이며, 영화는 이를 본 마릴린 먼로의 겁에 질린 반응을 보여 주기까지 한다. 존 쿠시(John M. Coetzee)는 다음과 같이 지적한다.

> 1950년대까지 영화 이론은 영화를 여러 기호 체계 중 하나로 다루어 왔지만, 사진적 이미지에는 근본적으로 다른 무엇인가가 있다. 그것은 바로 현실의 구성 요소를 담고 있거나 이와 공존하고 있다는 점이다. 〈어울리지 않는 사람들〉의 야생마 포획 장면이 껄끄러운 것은 바로 그런 이유 때문이다. 카메라 렌즈의 시야 밖에서는 말지기, 연출가, 작가, 음향 기술자 등이 허구적 구성물을 만들기 위해 대본에 따라 설정된 장소에 말들을 배치시킨다. 그러나 이와 동시에 카메라 렌즈 바로 앞에는 한 무리의 실제 야생마들이 등장하는데, 이들은 배우, 스턴트맨, 기술자를 구별하지 못하고, 유명한 아서 밀러가 쓴 영화의 대본을 알지도 못하고 알기를 원하지도 않으며, 서부 미개척지의 마감에 대해 들어본 적도 없는 주체들이다. 말도, 스턴트맨도, 배우도 모두 사실이다. 이들 모두는 말을 굴복시키려는 남자들과 이를 물리치려고 하는 말들 사이의 치열한 싸움 장면을 촬영하는 순간을 위해 동원된다. 금발 여성들이 때때로 비명을 지르며 고함을 지르는 장면은 실제 일어난 일이다. 그리고 지금 여기 우리의 눈앞에서 수만 번 반복 재생된다. 우리는 이것을 단지 하나의 허구라고 말할 수 있을까?
>
> (Coetzee, 2003, p. 67)

그러나 영화에 대한 이러한 시각은 최근 '자연주의적 오류'라고 간주되어 비판받고 있다. 무엇보다 분명한 것은 영화의 재현은 매우 선택적이라는 점이다. 결국 영화는 중요한 문화적 텍스트로서 사회적으로 구성된 서사와 담론으로 가득 차 있다. 영화적 맥락에서는 **수사**(tropes)라는 용어를 사용하는데, 이는 (가령, 할리우드 영화가 '시스템'에 대한 개인의 승리를 주로 사용하는 것처럼) 스토리텔링에 나타나는 일정한 패턴 형태를 의미한다. 수사에 관한 연구들은 영화, 영화산업, 그리고 영화가 재현하는 사회에 대해 (특히 영화가 촬영되는 도시적 맥락에 대해) 많은 것을 드러낸다.

영화에 대한 도시의 영향력

도시는 영화에 엄청난 영향을 끼쳐 왔다. 도시적 삶이 가장 영향력 있게 영화에 반영된 대표적, 대중적 사례로는 **누아르 영화**(film noir) 양식을 들 수 있다. 이 영화 장르는 1940년대와 1950년대의 특징을 나타내는데, 인간의 감정을 전달하려고 했던 (반 고흐의 〈별이 빛나는 밤〉이나 뭉크의 〈절규〉와 같은) '표현주의' 예술 양식의 한 형태로 보기도 한다. 특히 에른스트 키르히너(Ernest Kirchner), 에리히 헤켈(Erich Heckel), 칼 슈미트-로틀루프(Karl Schmidt-Rotluff)와 같은 독일 화가들은 1차 세계대전으로 감정적으로 상처 입은 세대를 그려내고자 했다. 이들은 도시와 도시 거주자를 어둡고 불안한 모습으로 재현했다. 2차 세계대전 이후 표현주의는 나치 파시즘을 피해 이주해 온 망명자들에 의해 할리우드에서도 나타나게 되었다. 할리우드로 망명한 영화감독들은 도시를 타락, 위험, 악과 탐욕이 가득한 악몽과도 같은 곳으로 재현했다(Krutnik, 1997). 이후 이들은 냉전 시기의 편집증을 반영한 영화를 제작하기도 했다. 이들의 영화에서 도시는 외형과 본질이 불일치하는 것들로 채워진 불안한 장소로 그려졌고, 도시 거주자들은 불안하고, 부정직하며, 신뢰감 없는 존재로 재현되었다. 또한 영화의 서사는 사람들의 꿈, 악몽, 환각 등에 의한 분열을 특징으로 했다. 이러한 영화의 분위기는 지하실이나 계단과 같은 어두운 실내 장면, 한밤의 도시 뒷골목과 같은 실외 장면에 의해 더욱 강조되었다.

종종 이러한 영화에서는 사립탐정이 주요 등장인물로 등장하는데, 이는 대실 해미트(Dashiell Hammett)나 레이먼드 챈들러(Raymond Chandler)의 소설에 의해 대중화되었다. 탐정소설 장르에서 유명했던 레이먼드 챈들러는 "등장인물은 무언가 잘못된 세계에 살아가는 사람들로, 거리는 어둡고 암울한 공간으로 그려졌다"고 언급한다(Chandler, 1973a, p. 7). 그러나 챈들러의 작품에서 탐정은 빛나는 갑옷을 입은 현대판 기사와 같이 그려지는데, 그는 '이 비열한 도시의 거리에서도 한 사람만큼은 비열해서는 안 된다'고 말한다(Chandler, 1973a, p. 198). 사립탐정은 누아르 영화에서 특히 유용한 장치가 되는데, 왜냐하면 (많은 경우 남성의 시각에서) 탐정이 자기의 임무를 수행하는 과정에서 가난한 곳과 부유한 곳, 순수한 곳과 타락한 곳 등 도시의 다양한 층을 재빨리 이동할 수 있기 때문이다. 우리가 앞에서 검토한 바와 같이 이러한 층은 도시 내에서 상이한 거주지역을 형성하며, 누아르 영화에서 탐정은 항상 이러한 지역 사이를 움직인다. 그러나 역설적이게도 이러한 영화들이 도시를 재현할 때 어두운 실내 스튜디오 장면을 많이 사용했기 때문에, 영화에서 실제 도시의 지리를 찾아보기란 매우 힘들다. 이러한 유형의 대표적인 영화로는 해미트의 동명 소설을 원작으로 한 〈말타의 매(The Maltese Falcon)〉(John Houston, 1941)와 챈들러의 〈빅 슬립(The Big Sleep)〉(Howard Hawks, 1946)이 있다.

도시에 대한 영화의 영향력

주지의 사실이다시피 로스앤젤레스에는 세계 주요 영화들의 자본 조달, 제작, 분배 과정의 중심인 할리우드라는 교외지역이 있다. 영화산업과 관련하여 로스앤젤레스보다 더 두각을 나타내는 도시는 없다. 과거 누아르 영화가 크게 번성했었음에도 불구하고, 영화 속 로스앤젤레스의 지배적인 이미지는 이와 다르다. 로스앤젤레스의 분위기는 주로 쾌락적인 공간으로 그려지며, 대개 강렬한 햇볕, 파도타기, 해변, 야자수, 과시적 소비, 그리고 (자동차와 고속도로를 기반으로 하는) 광범위한 개인적 이동성을 특징으로 한다. 이러한 이유로 많은 영화들은 사회적 불평등, 도시의 극빈층, 폭력, 교통 과밀, 마약, 소외를 통찰함으로써 이러한 지배적인 시각에 도전해 왔다.

월턴(Walton, 2001)에 따르면, 로스앤젤레스는 영화가 지역 정치와 도시 개발에 어떻게 영향을 미치는지를 보여 주는 좋은 사례이다. 그는, 도시의 진화에 대한 대중적인 이해는 (아울러 캘리포니아에서 환경주의자들의 활동과 환경 입법 조치는) 모두 영화 〈차이나타운(Chinatown, 1974)〉에 의해 영향을 받았다고 주장한다. 이 영화는 비록 미국 도시의 진화에 관한 상당한 사실성을 기반으로 한다고 하지만, 실제 영화가 그려내는 로스앤젤레스의 개발 과정은 거의 모든 측면에서 허구이다. 이 영화의 영향력을 좀 더 세부적으로 살펴보기 위해서 우선 로스앤젤레스의 도시 개발 현실에 대해 살펴보도록 하자.

로스앤젤레스는 사실상 건조기후 지역에 인구 2천만 명을 수용하는 거대한 대도시 지역으로 팽창했다. 다른 도시와 마찬가지로 이러한 개발에서 가장 중요한 것은 충분한 식수의 공급이다. 따라서 동쪽으로 230마일이나 떨어진 시에라네바다(Sierra Nevada) 산맥의 오웬스 밸리(Owen's Valley)로부터 식수를 끌어오는 것은 불가피한 일이었다. 이는 정교한 상수도관 시스템이 있었기에 가능한 일이었는데, 이는 〈터미네이터 3(Terminator 3)〉와 같은 영화에서도 잘 드러난다. 이 지하수 개발은 1905년에 시작되었는데, 이로 인해 가뭄이 나타나고 지하수면이 낮아지면서 지역 농부들의 시위가 나타났고, 이는 1924년에 절정에 달해 농부들이 지하수원 일대를 점거하고 상수도관을 폭파하기도 했다(Walton, 2001). 비록 이러한 시위가 성공하지는 못했지만, 오웬스 밸리 농부들의 운동은 20세기 전반기 사회운동가들 사이에 유명한 사건이 되었다. 로스앤젤레스 도시 당국은 점차 오웬스 밸리 내의 농지를 구입함으로써 식수 공급을 확대해 나갔다.

다음 이야기는 당시 논란을 몰고 다녔던 천재적인 감독 로만 폴란스키(Roman Polanski)의 〈차이나타운〉이 개봉되었던 1974년으로 이어진다. 이 영화는 1937년 로스앤젤레스를 무대로 펼쳐지는 탐정영화인데, 영화 내내 당시의 아르 데코(art deco) 배경과 고풍적인 차량들로 넘쳐난다. 영화는 누아르 영화의 전통을 따르는데, 전직 경찰이었던 사립탐정(잭 니콜슨)이 부패로 얼룩진 환경에서 조금씩 음모를 파헤쳐 나가는 내용이다. 도시 개발업자들은 범죄적 수법을 동원해서 [영화에서는 오웬스 밸리가 아니라 로스앤젤레스 인근의 샌페르난도 밸리(San Fernando Valley) 일대의] 도시 개발 예정 지구를 은밀히 싼 값에 사들이는 데에 몰두하고 있다. 로스앤젤레스 시청 수도전력과(Los Angeles Department of Water and Power, LADWP) 공무원들은 뇌물을 받고 야간에 몰래 저수지의 물을 빼내 버림으로써 가뭄으로 인한 물 부족을 더욱 가중시키는데, 이는 댐을 건설하고 상수도관 시스템을 구축하여 도시를 확대하는 데에 있어서 대중의 지지를 얻어 내기 위한 것이다. 지역 농부들은 농업용수의 부족으로 파산하게 되고, 개발업자들의 이익을 배후에 숨기고 있는 유령 회사가 농부들의 토지를 저가에 매입한다. 또한 잭 니콜슨은 이러한 음모를 조사하는 과정에서 근친상간이라는 작은 줄거리를 끌어내는데, 월턴(2001)은 이것이 토지의 약탈을 성적인 은유로 나타내는 것이라고 해석한다. 이 영화의 제목인 '차이나타운'은 잭 니콜슨이 경찰이었을 때 자신의 순찰 구역이었는데, 도시의 검은 부패가 경찰의 통제나 시민적 통치 영역 너머에 있음을 의미하는 수사이기도 하다. 종국적으로 이 영화의 결말은, 본질적으로 착취적·비도덕적인 성격의 도시 개발에 대해 대중은 상대적으로 무능력하며 쉽게 기만당한다는 것을 보여 준다.

갈등의 현장을 오웬스 밸리가 아닌 샌페르난도 밸리로 설정했다는 점은 차치하고, 영화 〈차이나타운〉에서 가장 허구적인 구성요소는 LADWP의 부패이다. 그러나 영화를 관람한 많은 사람들은 영화의 줄거리가 사실에 가깝다고 생각했다. 또한 LADWP는 자신의 명예 훼손과 관련해 영화에 민감해졌고, 특히 영화에 영향을 받은 캘리포니아의 환경운동가들이 지하수 개발을 제한하는 청원을 제출하자 더욱 심화되었다. 이 결과, 한 영화 제작사가 〈고스트 댄싱(Ghost Dancing)〉이라는 제목의 준다큐멘터리 드라마를 제작하기 위해 오웬스 밸리 상수도 일대의 사용을 요청했으나 LADWP는 이를 불허했다(Walton, 2001). 〈차이나타운〉이 미국 도시에서 벌어지는 개발의 본질을 어느 정도까지 포착하고 있는가는 논쟁의 여지가 있지만, 우리는 이 사례를 통해 영화의 힘이 대중적 상상을 일으키고 지역 정치에까지 영향

글상자 14.3

도시사회지리학의 주요 논쟁 -〈더 와이어〉의 의미?

우리는 영화와 소설과 같은 예술적 재현의 양식을 통해 도시사회지리학에 대한 이해력을 높일 수 있음을 제시해 왔다. 텔레비전 시리즈도 이러한 양식에 포함될 수 있을지 의아해하는 사람도 있겠지만, 이의 좋은 사례로서 'TV 프로그램 역사상 가장 위대한 작품'으로 일컬어지는 미국의 시리즈물 〈더 와이어(The Wire)〉를 들 수 있다. 〈더 와이어〉는 신문기자로 일하다가 나중에 살인 사건을 조사하는 내부도시의 경찰국에서 일했던 데이비드 사이먼(David Simon)이 제작하였다.

〈더 와이어〉는 여러 이유에서 추천할 만하다. 우선, 이 책에서 다루고 있는 많은 도시 문제의 폭과 깊이를 드러낸다. 이 시리즈는 다섯 시즌에 걸쳐 방송되었는데, 시즌별로 각각 마약 폭력 조직, 조선소, 시의회, 학교, 대중매체라는 내부도시의 특수한 부분에 초점을 둔다. 둘째, 이 시리즈는 40명이 넘는 인물들을 등장시킴으로써 도시 문제의 복잡성과 이와 관련된 요소 간의 수많은 상호 관계를 보여 준다. 물론 이 시리즈에는 상투적인 설정도 포함하는데, 가령 주인공인 형사 맥널티는 (매우 복잡하고 훌륭하게 묘사되기는 하지만) 경찰 일에 몰두하여 아내로부터 소외된 인물이다. 그러나 등장인물은 다면적이고 복잡한 모습으로 그려진다. 진짜 내부도시에서 사용되는 언어들과 돈에 쪼들리는 공공기관 직원들이 뱉어내는 씁쓸한 이야기들을 생생하게 드러내기 때문에 자막을 사용하기도 한다. 줄거리는 복잡하게 뒤얽혀 있어 시청자가 따라잡기 어려울 때도 많지만, 일단 한 번 이야기 속에 발을 들여놓게 되면 매우 흥미로워 중독되기 십상이다. 각 에피소드는 특히 마약 흡입, 잔인한 폭력, 도덕적 일탈 행위를 많이 보여 주는데, 이들은 단순히 일방적인 시각에서만 그려지지는 않는다. 셋째, 이 시리즈는 볼티모어라고 하는 구체적인 도시의 현장에서 촬영되는데, 볼티모어는 데이비드 하비와 같은 선구적 사상가의 저술에 의해 도시지리학에 큰 영향을 미친 도시이다. 항구 도시로 번성했던 19세기에 지어졌다가 탈산업화로 쇠락한 이후 지금은 버려진 채 남아 있는 2층짜리 '횡렬주택(row houses)'에서 촬영되거나, '프로젝트' 주택으로도 불리는 공영주택처럼 할리우드 영화에서 보기 힘든 현장을 배경으로 하기도 한다.

이 시리즈는 볼티모어의 심각한 도심 방치는 서구의 어떤 도시에서도 볼 수 없는 대규모 마약 전쟁을 야기했음을 보여 준다. 이와 동시에 과도한 도시 기업가주의가 극빈층의 요구를 무시하는 경우에는 다른 곳에서도 볼티모어와 같은 일이 벌어질 수 있음을 경고하고 있다. 데이비드 사이먼은 다음과 같이 언급한다(2008b, pp. 22-28).

> 언론에서 〈더 와이어〉에 대한 리뷰와 비평을 읽을 때면 난 항상 갈등이 일어나는 특별한 장소로 이동하게 됩니다. 보잘것없는 우리의 드라마에 대해 수많은 이야기를 해 주는 시청자에게 감사하고, 진지하게 논의되는 중요한 생각과 주장을 접할 때 항상 기쁨을 느낍니다. 그러나 동시에 나는 볼티모어에 대한 우리의 디스토피아적 묘사가 미국 밖에서 더 많이 어필하고 있다는 사실을 심각하게 인식합니다. …
>
> (오락을 주요 목적으로 하는) 텔레비전 드라마가 미국 도시에서 무엇이 잘못 되었는지에 관한 논의에서 초점이 된다는 사실 자체는 매우 소름끼치는 일입니다. 우리 사회가 우리의 문제들을 깊게 인식하려 하지도 않고 해결하려 하지도 않게 되었다는 사실은 정말 섬뜩합니다.

주요 관련 개념

탈산업화, 게토, 보복주의 도시, 도시 기업가주의

더 읽을거리

Simon, D. (2008a) *Homicide: A year on the killing streets* Canongate, Edinburgh

Simon, D. (2008b) The Wire, *Guardian Weekend*, 6 September, pp. 22-8

관련 내용

1장 : 글상자 1.1 데이비드 하비

을 미칠 수 있다는 사실을 분명히 알 수 있다.

영화가 도시에 미치는 영향력의 또 다른 사례로 할리우드 재개발 프로젝트를 들 수 있다(Stenger, 2001). 이 계획은 할리우드가(街) 주변 $4km^2$ 일대를 영화산업과 관련된 관광지로 개발하는 것이었다. 이는 1930년대와 1940년대 할리우드의 황금기를 되찾으려는 시도였는데, 이는 새로운 연예 박물관을 건립하고, 기존의 극장을 리모델링하며, 멀티플렉스 영화관, 호텔 및 소매 할인점의 건설을 포함했다. 이로 미루어 볼 때, 할리우드는 영화 제작뿐만 아니라 관람에 있어서도 최고의 중심으로 부활할 것이다(Stenger, 2001).

사업으로서의 영화

오늘날 영화 속에 등장하는 도시를 볼 때, 우리는 영화 제작이 무엇보다도 하나의 사업이라는 점을 기억해야 할 것이다. 영화 제작은 국제적인 대스타에게 지불되는 출연료를 제외하더라도 막대한 자금이 소요되는 사업이다. 주류적인 상업 영화들은 수많은 숙련 기술자, 고가의 소품, 특수 효과 장치나 현지 촬영을 필요로 한다. 아무리 잘 제작되었다고 해도 흥행성적에서는 참패하는 경우가 많다. 이는 곧 영화 제작이 관객층을 잘 겨냥한 경우 막대한 수익을 올릴 수도 있지만, 본질적으로 고위험 사업이라는 점을 의미한다. 이러한 이유로 영화 제작자들은 (목표로 하는 관객층을 혼합하는 등의) 다양한 전략을 채택해서 상업적 실패의 위험도를 최소화하려고 한다. 이러한 전략에는 제작 중인 영화의 발표를 통한 관객 테스팅, 뚜렷한 해피엔딩으로 결말 맺기, 관객이 영화 속에서 자신의 모습을 발견하게 하기, 사회에 대한 지배적 관점에 도전하는 급진적 관점을 피하기, 어려운 상황을 해소하기 위해 유머를 사용하기 등이 포함된다.

'커티스랜드'

상업적 목적이 영화에 미치는 영향은 영국의 도시생활을 재현하는 리처드 커티스(Richard Curtis) 대본의 영화에서 가장 뚜렷이 드러난다. 그가 대본을 쓴 영화들은 영국에서 가장 상업적으로 성공했는데 〈네 번의 결혼식과 한 번의 장례식(Four Weddings and a Funeral)〉, 〈노팅힐(Notting Hill)〉 및 〈러브 액츄얼리(Love Actually)〉 등이 있다. 또한 커티스는 〈브리짓 존스의 일기(Bridget Jones' Diary)〉의 대본 작업에도 참여했다.

리처드 커티스가 묘사하는 영국의 도시생활은 '커티스랜드(Curtisland)'라고 부를 수 있을 정도로 독특한 특징을 가지고 있다. 우선, 그의 영화들은 부적절한 요소들이 제거된 '그림엽서'와 같은 도시경관을 특징으로 한다. 이는 단순히 몇몇 중요 관광지로 도시의 정체성을 표현하는 다른 영화들과는 차이가 있다. 또한 그의 영화에서 런던의 거주지역은 전형적으로 '도시 마을'의 이미지로 재현된다. 예를 들어 〈노팅힐〉은 주인공인 (휴 그랜트가 역할을 맡은) 윌리엄 태커가 자동차가 다니지 않는 작은 상점들로 이어진 좁은 도로를 따라 도보로 출근하면서 시작한다. 영화에는 대개 영국 번화가의 특징인 동종의 상점들이 나타나지 않는다(Mazierska & Rascaroli, 2003). 아울러 거리의 범죄, 쓰레기, 오염, 대중교통 문제도 찾아볼 수 없다. 노팅힐은 공원과 광장과 푸른 나무로 가득한 공간으로 묘사된다. 영화에서는 장애인이나 동성애자의 모습이 나타나기는 하지만, (매년 카리브해인의 거리 축제가 열려 노팅힐을 세계적으로 유명하게 만들었음에도 불구하고) 노팅힐의 민족 구성의 다양성을 찾아볼 수는 없다. 주로 중상계급의 특징을 반영하는 '커티스랜드'는 세계의 관객들에게는 영국의 정체성을 쉽게 알 수 있게 표현하지만, 이러한 재현은 자국의 관객들이 허용할 수 있는 또는 적어도 불쾌해하지 않는 범위 내에서 이루어진다. 휴 그랜트는 상냥하고 자기를 내세우지 않으면서도 자신의 감정을 드러내는 데

표 14.1 최근 영국 영화의 막대한 총수입 사례

영화 제목	2008년 12월까지의 세계 총수입(100만 달러)	대략적인 제작비 (100만 달러)
노팅 힐	374.0	42.0
브리짓 존스의 일기	281.6	25.0
풀 몬티	257.9	3.5
트레인스포팅	24.1	3.1
슈팅 라이크 베컴	76.5	5.0
빌리 엘리어트	109.3	5.0
네 번의 결혼식과 한 번의 장례식	257.7	4.5
록 스탁 앤 투 스모킹 배럴즈	25.3	1.4

출처 : Data derived from www.the-numbers.com/movies

어려움을 겪는 인물의 전형으로 묘사되는데, 이는 많은 미국 영화들과는 극명하게 대비된다.

도시의 브랜드화

영화의 권력이 갖는 마지막 측면은 오늘날 많은 도시들이 영화의 촬영지를 제공하기 위해 치열한 경쟁을 하는 현실에서 드러난다. 많은 도시들은 영화 제작자를 유인하기 위해 재정 지원, 세금 감면, 도시 내 서비스의 할인, 적절한 촬영 장소의 물색 지원, 촬영 시 도로 교통 차단과 같은 유치 전략을 편다. 어떤 도시들은 특정한 속성을 전시하는 구체적인 '브랜드'가 되고자 한다. 가령, 필라델피아는 자칭 19세기 후반 미국의 패러다임 도시임을 주장하며 마케팅을 한다. 이로 인해 필라델피아는 19세기 후반의 뉴욕을 배경으로 했던 〈순수의 시대(Age of Innocence)〉의 촬영지가 될 수 있었다. 또한 최근 들어 〈필라델피아(Philadelphia)〉, 〈식스 센스(Sixth Sense)〉, 〈12 몽키즈(Twelve Monkeys)〉와 같이 상업적으로 흥행한 영화의 촬영지가 되기도 했다.

어떤 사람들은 영화 촬영지를 제공함으로써 도시에 발생하는 경제적 이익에 반론을 제기하고 있다. 이들은 영화 촬영을 위한 많은 숙련 기술자는 외부에서 공급되므로 도시의 고용 효과는 매우 작으며, 영화 촬영도 매우 짧은 동안 지속된다는 점을 비판한다. 가령 필라델피아에서 촬영된 〈식스 센스〉는 약 30명의 주민을 단 3개월간 고용했는데 이는 큰 레스토랑의 고용 규모에 불과한 정도이다(Swann, 2001). 반면 인근 해군 기지의 폐쇄는 35,000개의 일자리를 사라지게 했다. 또 다른 문제로는, 영화에서 표현되었던 진기함이 일단 식상해지면 지역 주민들은 (아무런 관광객도 찾지 않는) 차량 통행이나 공적공간에서의 보행을 제한하는 것에 대해 불편함을 호소한다는 점이다.

그럼에도 불구하고 영화 촬영을 적극적으로 유치하려는 개별 도시들의 태도는 줄어들 기미가 없다. 아마도 이러한 현상은 첨단기술 산업이나 (영화를 핵심으로 하는) 창조산업과 같은 부문의 경제적 성장을 촉진하는 데에 숙련된, 전문적 재능을 지닌 사람이 중요하다는 점을, 개별 도시들이 더욱 실감하고 있기 때문일 것이다. 곧 도시의 국제적 명성을 드높일 수 있는 영화는 이러한 재능 있는 인력을 유인하는 데에 핵심적인 역할을 할 수 있기 때문이다.

글상자 14.4

도시사회지리학의 주요 논쟁 – 9 · 11 이 도시에 미친 영향

2001년 9월 11일 테러리스트의 뉴욕 세계무역센터 파괴가 미친 영향은 오늘날 도시 연구 내에서 가장 광범위하고, 어지럽고, 중요한 논란거리이다. 이는 최근 (델리, 자카르타, 카불, 런던, 카라치, 발리, 마드리드, 모스코바, 뭄바이, 나이로비와 같이) 세계 전역에서 발생한 테러리스트의 폭탄 및 저격 테러가 무엇을 의미하는가에 관한 논의로 확대되었다. 또한 최근 IMF, WTO, G8 등의 국제 정상 회의를 쫓아다니며 괴롭히는 반세계화 운동에서도 극명하게 드러나는 것처럼, 최근의 연구 문헌들은 도시 내 폭력 행위와 갈등에 관한 논의로 확대되고 있다. 이에 대한 논쟁은 매우 복잡하지만 다음 몇 가지 주제는 뚜렷하다.

- 많은 문헌은 글로벌화와 근대화의 힘이 초국적 도시성의 과정을 통해 여러 문화가 다원주의적으로 혼합되어 더욱 강렬해지고 있음에 주목하면서, 최근의 테러 행위와 도시 내 갈등은 이러한 힘에 대한 근본주의적 저항으로 해석한다(글상자 12.4 참고).
- 많은 문헌은 새로운 테러리즘에 대한 미국과 그 동맹국의 (아프가니스탄과 이라크의 침공, 도시에 대한 감시 강화, 엘리트나 보호 집단을 위한 무장 보호 구역의 설치와 같은) 대응을 자본주의의 글로벌 힘에 대한 재확인으로 인식한다. 이러한 시각은 로스앤젤레스의 맥락에서 도시생활이 '군사화'되고 있음을 주장했던 마이크 데이비스의 급진적인 논의의 확대라고 할 수 있다(글상자 5.5 참고).
- 어떤 학자들은 정치인과 대중매체가 다양한 정치적 · 상업적 이유에서 사람들의 공포심을 고양시키고 있다고 주장한다. 이러한 주장에 따르면, '그들'과 '우리'라는 이분법적 구분이 다원주의 사회에 스며들면서 시민적 자유, 사회적 유대, 민주적 삶을 위협하고 있다. 그러나 시민적 자유에 대한 가장 큰 도전은 테러리스트 자신들의 행위에서 비롯되고 있으며, 이들이 미래에 어떤 위협을 가져올 것인가의 문제는 간과되어서는 안 된다.

주요 관련 개념

이분법, 타자화, 판옵티콘, 탐지경관, 감시, 초국적 도시성

더 읽을거리

Coaffe, J. (2003) *Terrorism, Risk and the City* Ashgate, Burlington VT

Graham, S. (2002) Special collection: reflections on cities, September 11 and the 'war on terrorism' – one year on, *International Journal of Urban and Regional Research* **26**, 589–90

Graham, S. (ed.) (2004) *Cities, War and Terrorism: Toward an urban geopolitics* Blackwell, Oxford

Gregory, D. and Pred, A. (eds) (2007) *Violent Geographies: Fear, terrorism and political violence* Routledge, London and New York

Savitch, H. and Ardashev, G. (2001) Does terror have an urban future?, *Urban Studies* **38**, 2515–33

관련 내용

3장 : 문화란 무엇인가?

13장 : 도시사회 지속가능성

14.3 결론 : 도시사회지리학의 미래

마지막으로 21세기 초반 도시사회지리학이 어떤 상태에 있는지 한 발 물러서서 바라보면서 이 책을 마치고자 한다. 이 책에서 우리는 도시사회지리학이 주제와 접근에 있어서 얼마나 다양한지 설명해 왔다. 앞서 하겟이 도시지리학을 '도시'에 비유했던 것처럼, 우리는 이 맥락에서 도시사회지리학을 많은 지류들이 오랜 세월에 걸쳐 형성한 하나의 큰 하천에 비유하고자 한다. 시카고학파의 인간 생태학적 연구는 하천의 발원지였고, 이후 이 사상적 흐름에 지역 과학과 도시사회학의 물줄기가 합해졌으며, 보다 최근에는 문화연구라는 큰 지류가 더해졌다. 계량지리학과 같은 연구의 영향력은 크게 쇠퇴했지만, 도시 민족기술지(urban ethnography) 연구는 최근 새롭게 소생하고 있다. 마치 오래된 하천과도 같이

글상자 14.5

도시사회지리학과 관련된 주요 영화 – 14 장

- The Bad and the Beautiful(1952)
  할리우드 영화계의 거물에 관한 고전적인 멜로드라마이다.
- Crash(2005)
  Short Cuts, Magnolia와 같이 여러 이야기로 구성되어 있는 영화인데, 보다 더 침울하고 어지럽다. 내용 구조는 다소 인위적이며 때로는 개연성이 떨어지는 것 같지만, 로스앤젤레스의 민족집단별 분절화의 결과를 잘 포착, 묘사하고 있다. 로스앤젤레스 시민들은 고속도로 문화와 민족집단별로 분열된 거주지 구조에 의해 제각각 밀폐되어 살아간다.
- The Day of the Locust(1975)
  나다니엘 웨스트(Nathaniel West)의 동명 소설을 원작으로 하는 영화로, 할리우드의 매혹과 현란함 이면의 모습을 그려낸다. 이 영화는 ('번쩍거리는 도시'라는 의미의 할리우드 별칭인) 틴셀타운(Tinseltown)의 초기 모습을 배경으로 연예계에서 대흥행을 꿈꾸는 '희망 없는 자들'의 애처로운 시도를 묘사한다. 영화보다 원작 소설이 더 훌륭하다.
- Hollywoodland(2006)
  매우 훌륭한 탐정 미스터리 영화로서 부분적으로는 허구이지만, TV 시리즈에서 슈퍼맨 역할의 원조였던 조지 리브스(George Reeves)의 죽음을 둘러싼 사실을 바탕으로 한다. 구 할리우드 영화제작사의 권력, 1950년대에 등장해 이를 위협하는 텔레비전의 관계가 묘사된다.
- L.A. Confidential(1997)
  정반대 스타일의 경찰에 관한 스릴러로서 1950년대 로스앤젤레스를 배경으로 한다. 제임스 엘로이(James Elroy)의 소설을 각색하여 만든 거친 폭력 영화이다.

누아르 영화의 사례

누아르 영화는 (1930년대 나치를 피해 이주해 온 유태인계 중심의) 동유럽 감독의 표현주의적 예술의 감수성이 냉전 시기의 편집증, 도시생활에 대한 불신, 그리고 강한 여성에 대한 두려움과 결합된 형태로 나타났다. 이 영화들의 공통 요소에는 어두운 실내와 야간 장면, 몽환적 또는 악몽적 상상과 환각, 파국에 이르는 사랑, 교묘한 팜므 파탈, 성적인 집착, 질투와 탐욕 또는 배반과 같은 인간 기저의 감정, 미궁의 살인 사건, 대공황이나 전쟁의 여파로 불안정한 개인, 부패한 갱단의 두목, 경찰 또는 정치인 등인데, 이 모든 것은 대도시라는 맥락에서 묘사된다. 누아르 영화는 1940년대와 1950년대에 할리우드의 공장제 시스템에 의해 대량으로 제작되었다. 다음 목록은 유명한 사례 중 지극히 일부만 나열한 것이다.

- The Asphalt Jungle(1950)
  소외, 배반, 집착 등 누아르 영화의 모든 요소들이 녹아 있는 존 휴스턴 감독의 고전적인 누아르 영화이다.
- The Big Sleep(1946)
  누아르 영화 중 가장 유명한 스릴러로서 레이먼드 챈들러의 소설을 원작으로 하는데 영화의 줄거리를 이해하기 어렵다. 존 휴스턴이 감독을 맡았고 전설적 배우인 험프리 보가트와 로렌 바콜이 주연을 맡았다.
- The Blue Dahlia(1946)
  레이먼드 챈들러가 대본을 쓰고 알란 래드가 주연을 맡은 스릴러이다.
- Build My Gallows High (or Out of the Past)(1947)
  고전적인 누아르 영화로서 주연을 맡은 로버트 미첨이 팜므 파탈에 의해 파멸에 이른다는 내용이다.
- Farewell My Lovely (or Murder My Sweet)(1944)
  레이먼드 챈들러의 소설을 원작으로 하는 고전적인 탐정영화로서 로스앤젤레스의 초라한 면을 보여 준다. 어떤 이들은 The Big Sleep에서의 험프리 보가트보다 이 영화의 주연인 딕 파월의 연기가 챈들러의 소설에 등장하는 가공의 인물인 필립 말로위에 더 가깝다고 여긴다. 1975년에 제작된 로버트 미첨 주연의 리메이크 영화도 감상할 만하다.
- Kiss Me Deadly(1955)
  마이크 해머(Mike Hammer)의 소설을 원작으로 하는 누아르 전통의 핵심 영화이다. 감독을 맡은 로버트 알드리치(Robert Aldrich)는 주인공의 원래 모습을 살리면서도 냉전 시기의 편집증을 주입하여 원작을 각색했다. 이 영화는 어두운 실내 장면들이 많지만, 지금은 재개발되어 국제금융센터가 들어서 있는 로스앤젤레스의 벙커힐 지구를 배경으로 하는 장면이 매우 흥미롭다.
- The Maltese Falcon(1941)
  대실 해미트(Dashiell Hammett)의 원작 소설을 바탕으로 하는 컬트 탐정영화인데, 주인공인 샘 스페이드 탐정은 훗날 챈들러의 소설에 등장하는 말로위의 모델이기도 하다. 이 영화 또한 악몽적 이미지로 가득 차 있다.
- The Postman Always Rings Twice(1946)
  누아르 영화의 주요 테마 중 하나는 대공황 후에 부랑자가 된 사람들의 비참한 고난에 관한 것이다. 이 영화는 어떤 '떠돌

계속

이' 가 노인과 결혼한 매력적인 유부녀에 매혹된다는 내용인데, 이들의 불륜은 결국 비참하게 끝난다. 이 영화는 1981년 잭 니콜슨이 주연을 맡아 리메이크되기도 했다. 이 영화에 앞서 이탈리아의 유명 영화감독 루치노 베스콘티(Luchino Vesconti)는 Ossessione(1942)이라는 비슷한 줄거리의 영화를 제작한 바 있다.

- They Live By Night(1948)
  이 영화는 범죄 조직에 쫓기는 불운한 연인에 관한 이야기인데, 존경받는 영화감독 니콜라이 레이(Nicholas Ray)의 데뷔작이기도 하다.
- Touch of Evil(1958)
  미국-멕시코의 국경 지대에 있는 작은 마을에서 펼쳐지는 스릴러 영화이다. Citizen Kane(1941)으로 유명한 전설적인 영화감독 오슨 웰즈(Orson Welles)의 영화로서, 어두운 도시의 야간경관, 경찰의 부패, 탐욕, 그리고 배반으로 가득하다.

최근의 누아르 영화

- The American Friend(1977)
  컬트 영화감독인 빔 벤더스(Wim Wenders)의 누아르 영화로서, 유럽과 미국의 문화적 상호작용이라는 자신의 주요 테마를 전개한다.
- Blood Simple(1983)
  코헨(Cohen) 형제의 창의력이 돋보이는 데뷔작으로서 텍사스의 작은 마을을 배경으로 하는 신나는 스릴러물이다.
- Body Heat(1981)
  비교적 최근에 제작된 누아르 영화로서 팜므 파탈과 에로틱한 범죄적 분위기를 특징으로 한다.
- Chinatown(1974)
  14장 본문에서 도시에 대한 영화의 영향력을 논의하면서 자세하게 언급했다.

오늘날 도시사회지리학은 주제가 더욱 다양해지면서 여러 물줄기로 나뉘거나 몇 개가 합쳐 새로운 물줄기를 만들어 내고 있다.

그러나 하천이라는 은유의 한계는 바로 다음의 점에 있다. 즉, 오래된 하천은 유속이 점차 느려지는 법이지만, 이와는 달리 오늘날의 도시사회지리학은 보다 역동적인 모습을 보이고 있다. 1960년대 후반과 1970년대 초반의 도시사회지리학은 계량적 접근과 정치경제적 접근을 중심으로 인문지리학에 있어서 방법론적 첨단에 서 있었다. 그러나 1970년대 후반과 1980년대 초반에는 서구 사회의 대규모 경제 재구조화의 영향으로 인하여 경제 과정에 관한 연구와 공업지리학이 우위를 점하면서 방법론적 발전에 있어 앞서 나갔다. 1980년대 후반과 1990년대 초반에는 서구 사회가 다시 풍요를 맞이하면서 문화연구가 중요해졌고, 이로 인해 인문지리학의 초점은 소비, 정체성, 포스트식민주의와 같은 다양한 이슈를 분석하는 데에 모아졌다. 그러나 지난 10여 년에 걸쳐 도시는 인문지리학의 주요 논쟁의 펼쳐지는 중앙무대가 되고 있다. 우리는 최근 이러한 변동이 나타나는 이유는, 인문지리학의 두 핵심 분야인 '신경제지리학'과 '문화연구'가 공통적으로 초점을 맞추는 많은 이슈, 문제, 딜레마가 현대 도시에 나타나고 있기 때문이라고 생각한다.

- 오늘날의 도시는 혁신과 경제 성장의 중핵이 되어 가고 있는데, 왜냐하면 많은 도시들이 '창조계급'(Florida, 2002)을 육성하려고 하기 때문이다.
- 도시는 새로운 정체성이 출현하는 데에 중요한데, 왜냐하면 다양한 집단이 상대적으로 밀집된 환경에서 상호작용하기 때문이다.
- 도시는 서구 사회에서의 변화가 얼마나 사회적으로 지속가능한지와 관련하여 중요한 문제를 제기하고 있다. 우리는 이 책 전반에 걸쳐 이를 논의해 왔으며, 독자들이 이러한 문제를 보다 깊이 탐구하기를 희망한다.

글상자 14.6

도시사회지리학과 관련된 주요 소설 – 14장

- The Day of the Locust(1939) : Nathaniel West
  이 소설은 할리우드의 매혹적이고 현란한 이미지의 이면을 그리고 있다. 초창기 틴슬타운을 배경으로, 무능하고 절망적인 몇 사람이 연예계에서 성공을 위해 애쓰는 모습을 연민감 있게 그려내고 있으며, 소설이 영화보다 훨씬 더 훌륭하다.
- Saturday(2005) : Ian McEwan
  테러리즘으로 음울한 런던에 살고 있는 어떤 중년의 중산층 인물이 직면한 모순과 난관을 묘사하고 있다.
- The Secret Agent(1907) : Joseph Conrad
  19세기 후반 런던에서의 혁명에 관한 희비극적인 소설로 과거 무정부주의자와 테러리스트가 활동하던 시대를 연상시키면서도, 오늘날 근본주의자들의 자살 폭탄 테러를 예지력 있게 그려내고 있다.

고전 탐정 소설

- The Big Sleep(1939) : Raymond Chandler
  주인공인 탐정 필립 말로위를 중심으로 남부 캘리포니아의 부패를 그리고 있는 고전 탐정 소설이다. 험프리 보가트와 로렌 바콜 주연의 영화로 각색되었다.
- The Long Goodbye(1953) : Raymond Chandler
  필립 말로위에 관한 레이먼드 챈들러의 또 다른 작품이다.
- The Maltese Falcon(1930) : Dashiell Hammett
  비정한 탐정 소설의 대표작으로서 영화로도 제작되었다. 기존의 영국계 탐정 소설에서는 탐정을 엘리트로 묘사하고 있지만, 이 작품에서의 주인공 탐정은 무명의 '길거리' 출신이라는 점이 독특하다.
- Red Harvest(1929) : Dashiell Hammett
  비정한 탐정 소설의 원조격인 대실 해미트의 소설로 부패로 물든 어느 마을을 배경으로 자본주의 체제의 탐욕과 부패가 노동조합과 민주주의에 미치는 영향을 날카롭게 파헤치고 있다.
- The Thin Man(1932) : Dashiell Hammett
  대실 해미트의 또 다른 탐정 소설로서 모든 도시 사회에 부패가 만연하고 있는 암울한 모습을 그려내고 있는 작품이다.

요약

14.1 '로스앤젤레스학파'는 로스앤젤레스가 모든 도시의 발전 과정의 전형이라고 표현하지만, 이러한 주장은 많은 논쟁이 되고 있다.

14.2 도시는 영화의 발전에 큰 영향을 끼쳐 왔으며, 반대로 영화는 도시를 다양하게 재현함으로써 도시에 영향을 끼쳐 왔다.

주요 개념

누아르 영화
다핵 모델
'로스앤젤레스학파'
멀티플렉스 도시
벙커 건축
성운형 메트로폴리스
수사
에지시티
외부도시
'캘리포니아학파'
코스모폴리스
키노 자본주의
'탐지경관'
패러다임 도시
포스트메트로폴리스
포스트모던 글로벌 메트로폴리스

읽을거리

도시지리학의 '캘리포니아학파'

Dear, M. (2001) *From Chicago to LA; Making sense of urban theory* Sage, Thousand Oaks, CA

Dear, M.J. (2003) The Los Angeles School of Urbanism: an intellectual history, *Urban Geography* **24**, 493-509

Scott, A.J. and Soja E.W. (eds) (1996) *The City: Los Angeles and urban theory at the end of the twentieth century* University of California Press, Berkeley, CA

영화와 도시

Aitken, S. and Zonn, L. (eds) (1994) *Place, Power, Situation and Spectacle: A geography of film* Rowman & Littlefield, Lanham, MD

Barker, S. (2002) *Projected Cities* Reaktion Books, London

Clarke, D.B. (ed.) (1997) *The Cinematic City* Routledge, London

Dear, M. (2000) *The Postmodern Urban Condition* Blackwell, Oxford (Chapter 9 on film and architecture)

Mazierska, M. and Rascaroli, L. (eds) (2003) *From Moscow to Madrid: Postmodern cities, European cinema* I.B. Tauris, London

Sayyad, N.Al. (2006) *Cinematic Urbanism* Routledge, London

Shiel, M. and Fitzmaurice, T (eds) (2001) *Cinema and the City* Blackwell, Oxford

Shiel, M. and Fitzmaurice, T (eds) (2003) *Screening the City* Verso, London

용어 해설

가내 경제(domestic economy) 가구 내에서 (가구의 여타 가족 구성원에 의해 비공식적으로 또는 직접 구매한 서비스를 통해 공식적으로) 행해진 일. 가내화, 자체조달 참조.

가내화(domestication) 가족 및 가구 노동의 사용. 국가 공급의 쇠퇴로 인해 일부 가구(그리고 가구 내에서도 보통 여성)에게 강제되어 왔음. 지역사회 보호 참조.

가부장제(patriarchy) 여성에 대한 남성의 지배를 가능하도록 한 제도적 관행 및 우세한 사회적 태도와 같은 형태로 나타나는 사회적 제도.

가상공간(cyberspace) 윌리엄 깁슨(William Gibson)이 자신의 소설 『뉴로맨서』에서 고안한 용어로서, 오늘날 첨단 정보통신기술의 발전을 지칭하는 일반적인 용어로 사용됨. 원격기술 참조.

가족적 지위(family status) 요인생태학 관점에서 본 도시 주거 구조의 주요 측면 중 한 측면. 핵가족 생활양식의 차이. 인종적 지위, 사회적 지위 참조.

가치재(merit goods) 민간 시장에 맡기기에는 값어치가 크기 때문에 공공 부문이 전적으로 공급하는 재화나 서비스를 일컬음. 이는 공동체 전체의 이익이 개인의 이익보다 크기 때문임.

각인(scripting) 다양한 담론과 재현이 공간과 사회 집단을 생산하거나 구성하는 과정을 지칭함. 텍스트 참조.

감금도시(carceral city) 미셸 푸코가 권력이 탈중심화되어 있는 도시를 지칭하기 위해 사용한 용어. 이러한 도시의 사람들은 다양한 (의학적, 사회적, 생물학적 측면 등에서) 형태의 담론에 의해 '감금되거나' 통제당한다. 이러한 담론들은 가족, 학교, 감옥, 병원과 같이 제도화되어 있다. 라틴어로 'carcer'는 '감옥(prison)'을 뜻한다. 호명, 미시권력 참조.

감시(surveillance) 억압된 사람들을 감독하고 통제함. 시선, 호명, 판옵티콘, '탐지경관' 참조.

개인주의적 오류(individualistic fallacy) (근린지구에서와 같이) 도시 내의 어떤 집단에 대한 추론을 그 집단을 구성하는 각 개인이 어느 정도의 정보를 갖고 있는가를 기준으로 판단할 때 직면할 수 있는 잠재적 오류를 지칭함. 생태학적 오류와 대비됨

거대도시(megacities) 글로벌 정보에 연결된 사람들과 그로부터 단절된 '정보 빈곤층'이 공존하는 거대한 대도시를 가리키는 개념으로서 마누엘 카스텔이 사용하였음.

거대은유(grand metaphors) 세계에 대한 포괄적 설명을 제시함에 있어서 은유적 표현을 중심으로 전개되는 이론. 포드주의 도시와 포스트포드주의 도시도 이에 해당됨. 전체론적 서사 참조.

거류지(colony) 다른 누군가에 의해 지배당하고 있는 영토. 또한 도시지리학적 맥락에서는, 어떤 집단이 사회 전체로 통합되기 전 단계에서 소수자로서

일시적으로 형성하고 있는 거주지 클러스터를 지칭하기도 함. 엔클레이브, 게토와 대비됨.

거리 두기(distancing) 외부계약의 동의어. 일정한 계약하에 어떤 재화나 서비스를 외부의 조직으로부터 공급받는 상황.

거리 조락 효과(distance-decay effect) 재화와 서비스의 공급 원천으로부터 멀리 떨어져 있을수록 이를 덜 소비하게 되는 경향을 의미함. 이는 공급지로의 이동에 소요되는 여행 비용 및 시간이 거리가 길수록 증가하기 때문임. 거리 체감 현상으로도 알려져 있음.

거리 체감 현상(tapering) 거리 조락 효과와 동의어.

거리화(distanciation) 사람들 간의 소통과 상호작용이 책, 신문, 전화, 팩스, 인터넷 등을 통해 시간과 공간을 넘어 멀리까지 확장되는 경향. 시간-공간 거리화로도 불림.

거버넌스(governance) 사회를 통치하는 각종 방법. 위계적인 관료제를 통해 사회와 경제를 정부가 직접 통치하던 방식에서 다양한 비정부 기구를 통해 간접적으로 통치하는 방식으로 전환된 것을 나타낼 때 쓰임. 지방정부의 축소와 관련됨. 도시 거버넌스라고 불리기도 함. '공동화', 특수법인, 의사국가 참조.

거부불가성(non-rejectability) 어떤 종류의 재화나 서비스는 일단 한 사람에게 공급되면 반드시 다른 모든 사람들도 자신의 의지와 상관없이 공급받기를 거부할 수 없는 것들이 있음. 공공재 이론, 배제불가성 참조.

거주지 분화(residential differentiation) 뚜렷하게 구분되는 특징과 문화를 공유하는 사람들끼리 서로 가깝게 거주하는 경향에 따라 구분된 근린지구를 형성하는 것. 사회공간적 분화라고도 불림. 군집화, 공동체, 근린지구, 분리, 게토 참조.

게리멘더링(gerrymandering) 정치적 이익을 위해 선거구를 조작하는 것.

게이 게토(gay ghetto) 게이 인구 집중률이 높은 도시의 거주지역. 게토, 게토화 참조.

게토(ghetto) 특정 사회집단이 지리적으로 집중한 상태. 비자발적인 분리를 함축하고 있음. 대체로 소수민족집단의 주거지역을 지칭하지만, 보다 넓게는 노인, 게이, 레즈비언, 이혼자, 혹은 정신질환자들이 집중한 곳을 의미하기도 함. 거류지, 엔클레이브, 서비스 의존적 게토 참조.

게토화(ghettoization) 사회적 박탈자, 노인, 이혼자, 정신질환자, 소수민족과 같은 사회집단이 공영주택이나 임대주택이 밀집한 특정 구역에 지리적으로 집중하게 하는 사회적 경향과 공공정책을 일컬음. 이는 대체로 비자발적인 클러스터화를 함의함. 잔여화, 탈분권화 참조.

결정 규칙(decision rules) 도시 자원의 분배 과정에서 관료들(반드시는 아니지만 대개는 공공 부문의 관료들)이 사용하는 준거 기준. 이러한 준거 기준은 자주 해야 하는 결정들을 단순화하기 위해 사용되며 명료하지 않을 수 있음. 자격 규칙이라고 일컫기도 함. 관리주의, 사회적 게이트키퍼, 일선관료 참조.

결정론적 이론(determinist theory) 도시의 삶이 행동에 영향을 미친다는 행동주의 인식에 바탕을 둔 접근. 이익사회, '심리적 과부하' 참조.

결합 제약(coupling constraint) 해거스트란트의 시간지리학에서 사용되는 개념으로서 사람 간에 대면접촉의 필요성으로 인하여 발생하는 인간활동에의 시공간 제약을 가리킴. 권위 제약, 능력 제약 참조.

경쟁입찰(competitive tendering) 다양한 행위 주체가 비용, 품질, 유연성과 같은 특정한 기준에 따라

(대개는 비밀리에) 경쟁적인 입찰을 통해 계약 관계를 맺는 방식을 일컬음. 내부계약 참조.

경제 결정론(economic determinism) 사회적 변화를 사회의 경제적 변화와 직접적으로 연관시키고자 하는 이론. 사람들이 자신의 운명에 영향을 미치는 중대한 의사결정을 할 수 있는 능력이 있음을 간과하는 경향으로 인해 비판받음. 주의주의와 대비됨.

경제의 문화화(culturalization of the economy) 문화적 힘이 경제적 삶을 변화시키거나 그것에 침투해 있다는 생각. 비물질적인 상품(영화, 대중음악, 잡지 등)의 중요성이 커지고 물질적인 대상도 그 이미지나 기호적 가치가 점점 더 중요해진다는 점에서 분명히 드러남. 문화의 경제화와 반대됨. (일상생활의) 심미화, (문화의) 상품화, 문화산업, 문화적 생산양식, 기호과잉 참조.

경제적 지위(economic status) 요인생태학과에서 나타나는 바와 같이, 빈부 격차는 도시 내 거주지 구조를 결정하는 핵심적인 차원 중 하나임. 인종적 지위, 가족적 지위, 사회적 지위 참조.

계급(class) 집단 간의 물적 차이. 경제적 지위 참조.

계량적 접근(quntitative approach) 세계를 과학적, 가치중립적 방법으로 분석하려는 연구를 일컬음. 대개 수학적 모형과 통계를 기초로 하여 인간 활동의 보편적인 법칙을 개발하고자 함. 상황성과 비교할 것. 신의 장난 참조.

계몽주의 프로젝트(운동)[enlightenment project (movement)] 르네상스에서 시작된 서양 사상의 한 조류로서 과학적 분석과 이성적 사유의 원리를 통해 사회를 분석, 통제하고자 했음. 데카르트적 접근, 모더니즘, 사회공학 참조.

계약화(contractualization) 조직과 조직 내 부서 간의 관계를 통치하는 데에 계약을 활용하는 것. 점차 공공 서비스의 상당 부분을 민간 부문 기업, 자원봉사단체, 또는 공공 부문의 내부 부서에 위탁하는 경향이 강해지고 있음. 내부계약, 외부계약, 내부 시장 참조.

고국(homeland) 어떤 민족이나 민족집단이 자신들이 원초적으로 소속된다고 생각하는 지리적 공간. 모국을 그리워하는 디아스포라 지반과 관련되어 있음. 종종 집을 안전과 휴식의 공간으로 나타내는 데에 이용되기도 함.

고립주의 논제(isolationist thesis) 민족집단의 거주지 분리는 소수집단과 다수집단 간의 접촉을 줄이므로 바람직하지 않다는 주장. 이는 (교육, 고용, 자원에의 접근과 같은) 구조적 의미와 (주류적 가치와 규준의 채택과 같은) 문화적 의미 모두에서 동화의 가능성을 약화시킴. 해방주의 논제 참조.

고전 마르크스주의(classical Marxism) 19세기 칼 마르크스에 의해 공식화된 사상. 신마르크스주의와 비교할 것.

공가 사슬(vacancy chains) 신규 주택 건설, 주택 분할, 거주자의 사망 또는 도시 바깥쪽으로의 이주와 같은 요인들을 통해 사용 가능한 주택이 발생하여 그 결과 나타나는 연쇄적 이주. 여과 참조.

공간(space) 지리, 입지, 거리를 총체적으로 표현하는 일반적 용어이지만, 특힌 인문지리학자들은 공간이라는 개념을 통해 환경의 본질은 사회적으로 구성되었다는 점에 있다는 점을 강조함. 장소로 지칭되기도 함. 장소의 사이성, 정화된 공동체, 사회 구성주의, 공간성 참조.

공간과학(spatial science) 계량지리학의 동의어.

공간성(spatiality) 사회공간성으로도 일컬어짐. 공간이란 사회적으로 구성된 것이며 본질적으로 물질적 속성을 갖는다는 점을 지적하면서 지리학자들이 사용하는 용어임. **공간**, **사회 구성주의** 참조.

공간의 재현(represenations of space) 르페브르가 사용한 개념으로서, 특정 지역을 표현하는 담론을 지칭함. **물질적 실천**, **재현의 공간** 참조. 종종 **재현적 공간**으로도 불림.

공간적 자기상관(spatial autocorrelation) 요인분석이나 다중회귀분석과 같은 다변량적 기법에서 사용되는 소위 '독립' 변수들은 공간적 연속(인접)으로 인해 상호 의존성을 가질 수밖에 없으며, 이로 인해 공간적 자기상관을 고려하지 않은 분석기법은 불안정하거나 신뢰도가 낮은 결과를 야기한다는 것을 지칭함.

공간적 조정(spatial fix) 자본주의 경제에서 생산과 소비의 통합에서 야기되는 문제를 주기적, 일시적으로 해결하는 것을 지칭함. 도시구조에서 뚜렷이 나타남.

공간화된 주체성(spatializaed subjectivities) **주체성**과 **정체성**의 형성 과정에서 공간의 역할을 지칭하는 용어.

공공재(public goods) 민간 부문에 의해 분배될 수 없는 성격을 지닌 재화와 서비스. 일반적으로 공공부문이 제공하는 재화와 서비스를 지칭하는 용어로 사용됨. **공공재 이론** 참조.

공공재 이론(theory of public goods) 어떤 재화나 서비스는 민간 부문에 의해 공급될 수 없는 특징을 지니고 있다는 이론. **공동공급**, **배제불가성**, **거부불가성** 참조.

공동공급(joint supply) 한 사람에게 제공하면 다른 사람에게는 아무런 추가적 비용 없이 공급할 수 있는 재화나 서비스를 일컬음. **공공재 이론** 참조.

공동사회(gemeinschaft) 퇴니에스가 제시한 개념으로서, 가족이나 친족 관계와 같은 친밀한 일차적 사회관계를 특징으로 하는 전통적인 농업 환경 사회를 지칭함. **이익사회**와 반대됨.

공동체(community) 구체적인 의미를 가지지 않고 자주 사용되는 용어지만, 일반적으로 공통의 문화적 가치를 반영하는 사회적 상호작용의 조밀한 네트워크로 특징지어지는 사회집단을 의미함.

공동체 정치(community politics) 공동체 행동 참조.

공동체 행동(community action) 커뮤니티에 원하지 않는 활동들이 침입하는 것에 반대하면서 커뮤니티를 보호하기 위한 로컬 스케일에서의 정치적 운동. 커뮤니티 기반 정치 또는 **'세력권' 정치**라고 일컫기도 함. **외부성** 참조.

공동화(hollowing out) 민족 국가로부터 초국가적 또는 국가 하위적 수준과 같은 여타 수준의 정치적 단위로의 권력의 이양. 지방정부 수준에서 여타 정치적 관할권이 아닌 민간부문 기관으로의 권력의 이양을 지칭하기도 함. 개인 기업의 **하청주기**를 지칭하는 데도 사용됨. **거버넌스** 참조.

공적공간(public space) 국가나 지방정부가 소유하고 있는 공간. 이론상으로는 모든 시민이 접근할 수 있다고는 하지만, 실제로는 사회 내의 특정 집단들을 배제하기 위해 감시되는 경우가 많음.

공적영역(public sphere) 사람들이 평등에 기반하여 토론할 수 있는 장(현실적으로는 그렇지 않더라도 최소한 이론상에서). **시민사회** 참조. [런던의 스피커스 코너(Speaker's Corner)처럼] 도시의 실제 공간이 될 수도 있음.

관계적 접근(relational approach) 현상 간의 상호 관계에 초점을 두는 접근으로서, (사회적) 과정이 특정 분석 스케일이나 수준과 동일하다는 생각으로부터 벗어나고자 함. 또한 본질주의를 벗어나고자 함. 비스케일적 접근 참조.

관리주의(managerialism) 부족한 자원과 로컬 서비스에의 접근에 대한 관리자의 영향력에 초점을 둔 분석 유형. 도시 관리주의로도 알려져 있음. 이러한 관리자는 사회적 게이트키퍼 및 일선관료로도 알려져 있음. 자격 규칙 참조.

관점이론(standpoint theory) 다소 논란이 되어 온 주장으로서, 여성은 자녀 양육과 사회적 재생산과 연관되어 있기 때문에 세계를 보다 심층적으로 이해할 수 있다는 관점임. 한편, 이와는 별도로 모든 이론의 상황성을 인식하고 억압된 사람을 옹호하는 이론을 일반적으로 총칭하는 용어이기도 함.

교외착취론(suburban exploitation thesis) 주로 미국에 적용될 수 있는 주장으로, 상대적으로 부유한 교외지역 거주자들이 자신이 비용을 지불하지도 않는 가난한 도심부의 서비스를 이용한다는 주장. 재정불균형, 무임승차자, 대도시 분절화 참조.

교차분석(cross-tabulations) 두 개 이상의 변수 간의 상관관계를 보여 주는 데이터(예 : 주택 소유 형태와 평균 가구 소득 간의 관계). 마이크로 시뮬레이션 참조.

교환가치(exchange value) 주택과 같은 재화가 시장에서 요구할 수 있는 금액. 사용가치와 관련되지만 개념적으로 구별됨.

구성적 타자성(constitutive otherness) 정체성이나 문화적 의미가 다른 정체성 및 문화와의 관계와 대비 속에서 진화하는 과정을 나타냄. 대타성, 양가성, 전유, 이분법, 문화, 혼성성, 흉내내기, 대상화, 각인, 타자화 참조.

구조(structure) 전체를 포괄하는 광범위한 틀을 지칭하는 일반적 용어. 구조화 이론에서는 각 개인이 삶을 영위하면서 접근하게 되는 규칙, 규범, 자원 등을 가리킴. 체계, 반복성 참조.

구조적 동화(structural assimilation) 소수집단이 보다 광범위한 사회(또는 특권 집단)의 계급 및 직업 구조에 통합되는 과정. 행태적 동화와 대비됨.

구조주의(structuralism) 원래 언어학에 기인하는 이론적인 접근으로서, 인간 활동의 기저에서 인간의 행태에 영향을 미치는 심층적인 구조에 관심을 둔다. 포스트구조주의 참조.

구조화된 통일성(structured coherence) 데이비드 하비가 제시한 용어로서, 개별 도시지역의 독특성은 로컬 생산체계, 로컬 노동시장, 그리고 이와 관련된 소비양식과 생활양식의 총체적 산물임을 지칭함. 따라서 마르크스주의에 입각한다면, 노동과정을 둘러싼 투쟁은 도시 내의 (사회적) 과정에 영향을 끼치는 핵심적인 요인임.

구조화 이론(structuration theory) 앤서니 기든스가 주의주의적 이론과 결정론 사이의 분리를 없애기 위해 발전시킨 이론. 주의주의, 경제 결정론 참조.

국가기구(state apparatues) 구조주의 이론에서 사용되는 용어로서, 교회, 가족, 교육체제와 같이 이데올로기적 상부구조의 핵심적인 요소들을 가리킴. 이데올로기적 상부구조, 미시권력, 구조주의 참조.

국지적 지식(local knowledge) 체현된 지식의 동의어. 상황성 참조.

군집화(clustering) 도시 내에서 계급이나 민족집단과 같이 어떤 유사한 속성을 가진 사람들이 모여 사는 경향을 일컬음. 분리나 거주지 분화라고 불리기도 하며, 게토는 군집화의 극단적인 유형임. 한편 경제지리와 관련하여 기업의 지리적 집적을 지칭하기도 함. 신산업공간 참조.

권력경관(landscape of power) 샤론 주킨(Sharon Zukin)이 제시한 용어로서, 강력한 경제적 이익을 위해 새롭게 재구조화된 도시 공간을 지칭하는 용어임.

권력 기하학(power geometries) 지리학에 대한 관계적 접근을 강조하면서 도린 매시(Doreen Massey)가 제시한 용어. 비스케일적 접근 참조.

권위 제약(authority constraint) 해거스트란트의 시간지리학에서 사용되는 개념으로서, 법률이나 관습이 일상생활에 미치는 영향력을 지칭함. 능력 제약, 결합 제약 참조.

권한 이양(devolution) 복지 조직을 자율적인 예산을 갖춘 여러 개의 독립적인 단위들로 쪼개는 것. 대체로 책임의 권한 이양을 통해 작은 단위 부서의 성과를 효율적으로 모니터링할 수 있게 됨. 탈중심화 참조.

규모의 경제(economies of scale) 최종 생산품의 규모를 확대함으로써 상품 제조에 소요되는 평균 비용을 낮출 수 있음. 규모의 경제에는 규모의 외부경제와 규모의 내부경제가 있음. 포드주의의 핵심적인 부분 중 하나임.

규모의 내부경제(internal economies of scale) 기업이 속하는 산업의 규모와는 상관없이 한 기업의 생산비용을 낮추는 요인. 상품의 산출 규모가 클 경우 전문적인 기계의 활용율이 높아지거나 그러한 기계를 설치하는 데에 소요되는 비용을 줄임으로써 생산성이 향상되는 경우가 이에 해당됨. 규모의 외부경제와 대비됨. 포드주의 참조.

규모의 외부경제(external economies of scale) 어떤 기업이 속하는 산업 부문의 규모가 클 때 (가령, 전문적인 공급업체와 서비스가 발달되어 있고 숙련 노동이 풍부할 때) 생산비용을 낮추는 요인. 이러한 요인은 개별 기업의 규모와는 무관하게 적용됨. 규모의 내부경제와 대비됨.

규범적 이론(normative theory) '어떻게 해야 한다'는 당위성을 추구하는 이론. 실증주의 이론과 대비됨.

규율 사회(disciplinary society) 사회화 과정을 통해 사람을 통제하는 사회를 지칭함. 이는 학교, 병원, 공장에서 뚜렷이 드러남. 호명, 미시권력 참조.

규율 체제(disciplinary regimes) 사회적 통제가 실행되는 과정. 사회화, 지배적 담론의 구성, 감시를 포함. 규율 사회 참조.

그랑땅상블(grands ensembles) 프랑스 교외지역에 집중하고 있는 공영주택단지를 지칭하는 용어로, 대개 규모가 크고, 건축물 층수가 많으며, 가구 밀도도 높음.

그림자 국가(shadow state) 이전에는 국가에 의해 분배된 서비스를 자원봉사 부문이 대신하는 경향. 그림자 국가는 다양한 형태로 나타나며 민주적 지배의 전통적 경로 밖에 있음.

극빈층(underclass) 사회에서 가장 가난하고 불이익을 가장 많이 받는 사람들. 빈곤의 문화 설명과 자주 연결됨. 빈곤자 수의 증가와 빈곤의 특성 변화를 강조하는 데도 사용됨. 사회적 양극화 참조.

극빈층 가설(underclass hypothesis) 사회 내에서 가장 가난한 사람들이 공공 및 민간 부문 서비스 공급의 최저 수준을 받는다는 주장. 인종 선호 가설 참조.

근거이론(grounded theory) 밝혀야 할 관계성에 대해 미리 가정을 하지 않고 데이터가 관계성에 대해 스스로 명백히 나타내도록 하는 접근법.

근로복지(workfare) 실업 상태에 있는 사람들이 수당을 받기 위해서 그 대가로 어떤 일을 수행해야 하는 시스템을 일컬음. 복지혜택의 수혜자들을 통제하려는 일련의 정책들과 관련되어 있음.

근린지구(neighbourhood) 넓은 의미에서 인구학적, 경제적, 사회적으로 비슷한 사람들이 모인 영역. 반드시 구성원 간의 친밀한 공동체적 상호작용을 전제하지는 않음. **공동체** 참조.

근린지구 효과(neighbourhood effect) 거주환경은 지역 하위문화에 영향을 미치며 동시에 그것을 반영한다는 가설. **문화전파** 참조.

글로벌 도시(global cities) 세계의 경제, 무역, 금융의 통제와 조직에서 선도적 역할을 수행하는 **세계도시**를 지칭하는 사스키아 사센(Saskia Sassen)의 용어임. 그녀는 세계도시라는 용어에는 역사적 특수성이 결여되어 있다고 간주하면서 역사의 특정 시점에서의 세계도시의 장소에 주목함. 글로벌 도시는 과시적 소비 및 **사회적 양극화**에 의해 특징지어짐.

글로벌－로컬 연계(glocal-local nexus) 글로벌화의 힘과 로컬 지역의 독특성 간의 (긴장과) 관계. 예를 들어, 초국적기업은 글로벌 스케일에서 생산하고자 하는 경향을 띠지만, 로컬 수요 특수성에 대해서는 매우 민감함.

글로벌화(globalization) 경제와 국가 정치체계가 글로벌 스케일에서 통합되어 가는 경향. 이는 모든 국가를 휩쓸어버리는 보편적 경향으로서 글로벌 **문화**의 부상을 지칭하기도 한다. **글로벌 도시** 참조.

글로컬화(glocalization) 특정 장소의 발전은 글로벌 힘과 로컬 힘 모두의 산물이라는 점을 강조하기 위하여 에릭 스윙거도우(Eric Swyngedouw)가 제시한 용어. **글로벌화**, **글로벌－로컬 연계** 참조.

기념비(monuments) 상징적 의미를 갖고 있는 경관 요소. 대체로 (전쟁 기념비와 같이) 국가적, 민족적 상징성이 강한 기념비가 많음.

기념비적 건축(monumental architecture) 권력과 권위를 상징하는 건축 양식. **도상학**, **기념비** 참조.

기능적 유연성(functional flexibility) 작업의 분화에 따라 끊임없이 변화하는 역할에 조응할 수 있도록 피고용인의 숙련도를 유연하게 안배할 수 있는 기업 (그리고 공공 부문 조직의) 역량.

기능주의(functionalism) 명시적 혹은 암묵적으로 대개 다음을 특징으로 하는 사회이론의 사유 양식을 일컬음 — ① '필요'는 사회 시스템에 기인하고 있다고 간주함, ② 사회 시스템은 기능적으로 질서와 통일성을 갖추고 있다고 봄, ③ 사회 시스템을 목적론적으로 이해함(가령, 어떤 사건은 선험적으로 주어진 어떤 목적을 향한 운동임), ④ 결과를 원인이라고 인식함, ⑤ 경험적으로 확인되지 않거나 확인할 수 없는 진술은 불필요한 동어반복이라고 생각함. 한편, 경영철학과 관련해서는 어떤 조직을 세부적인 과업과 책임에 맞게 하위 조직들로 분산시키는 것이 바람직하다는 입장을 지칭하기도 함.

기능주의 사회학(functionalist sociology) 사회학자인 탤콧 파슨스(Talcott Parsons)가 주창한 접근법으로서 대개 사회현상을 사회 유지를 위한 기능적 측면에서 설명하고자 함.

기술결정론(technological determinism) 기술은 사회에 하향식 영향을 끼치는 독립적인 외부의 힘이라고 보는 시각. 사회 구성론자들은 기술이 사회를 구성하는 중요 부분이라고 주장하면서 (곧 기술이 사회의 경제적, 정치적, 문화적 산물이라고 주장하면서) 이러한 시각에 반대함.

기술중심적 접근(technocentric approach) 지속가능성과 관련된 입장 중 하나로서, 현존하는 환경문제의 해결은 자본주의 시스템을 근본적으로 바꾸지 않고서도 가능하다는 주장임. 생태적 근대화로 불리기도 함. 현행의 제도가 환경문제에 대한 적절한 조정 및 대처 능력을 갖고 있다는 점을 강조하는 한편, 과학과 기술의 발전이 이러한 환경적 도전을 극복할 수 있게 할 것이라고 주장함. 환경중심적 접근과 대비됨.

기업가주의 도시(entrepreneurial cities) 경제적 발전을 확보하려는 도시 정부의 능동적 전략을 총칭함. 도시 기업가주의 시대의 특징 중 하나임. 거버넌스, 성장연합 참조.

기업조직화(proprietarization) 자원봉사단체나 비영리단체가 민간 부문의 기업적 전략을 채택하려는 경향. 상업화 참조.

기업화(corporatization) 상업화의 극단적 형태로서, 공공 조직이 마치 민간 부문의 기업과 같이 똑같이 행동하는 것을 지칭함.

기의(signified) 기표가 지시하는 문화적 의미. 텍스트 참조.

기표(signifier) 문화적 의미를 나타내는 것. 이는 언어일 수도, 기호일 수도, 물질적 대상일 수도 있음. 기의 참조.

기호과잉(semiotic redundancy) 현재의 상품이 충분히 더 기능할 수 있음에도 불구하고, 스타일이나 유행을 바꿈으로써 현재의 상품을 달갑지 않게 바꾸어 버리는 경향. 심미화, 기호학 참조.

기호학(semiology) 기호와 기호의 의미를 연구하는 학문. 'semoitics'라고도 불림. 기표, 기의, 텍스트 참조.

남겨진 공동체(community saved) 도시에는 여전히 공동체가 잔존하고 있다는 주장. '민족집단 마을' 참조. '상실된 공동체', '변형된 공동체'와 대비됨.

남성우월주의(masculinism) 남성의 활동을 우선시하고 규범적이라고 재현하는 접근.

남성중심주의(andocentricism) 남성을 우선시하고 여성을 무시하는 관점. 페미니즘, 성차별주의 참조.

내부계약(contracting-in) 모기업이 하위 부서로 하여금 특정 과업에 입찰하게 하여 계약하는 상황. 종종 사내 계약으로도 불림. 시장성 검사 참조.

내부 시장(internal markets) 공공부문 조직에 시장 메커니즘을 도입함으로써, 조직을 몇 개의 하부 조직들로 세분한 후 이러한 세부 조직 간에 그리고 세부 조직으로부터 서비스의 공급을 위한 계약관계를 형성하게 함.

내포적 축적체제(intensive regime of accumulation) 생산요소가 생산체계에 투입되는 방식의 효율화를 기반으로 하여 이윤이 증가했던 역사적 시기를 일컬음. 포드주의로도 불리움. 조절이론, 축적체제 참조.

네트워크 사회(network society) 사회(그리고 그 속의 도시)는 다양한 요인들(지식, 아이디어, 이미지, 돈, 상품, 서비스, 사람 등)의 매우 복잡한 흐름으로 구성되어 있다는 생각. 흐름의 공간 참조.

노동가치론(labour theory of value) 자본주의 사회에서 가치가 창출되는 과정에 대한 칼 마르크스의 설명. 상품의 가치는 시장에서의 교환가치가 아니라 그 상품의 사용가치를 반영해야 한다는 주장임. 이때 사용가치란 그 상품을 생산하는 데에 소요되는 사회적 노동의 총량을 일컬음. 잉여가치 참조.

노동 강화(intensification) 관리 및 조직에 있어서 변화를 통해 노동 생산성을 향상시키는 것.

노동 예비군(reserve army of labour) 자본주의 경제 내에는 수요가 높은 시기에는 고용되고 경기 후퇴 시기에는 해고 당하는 주변화된 저소득 노동자 집단이 있다는 고전 마르크스주의로부터 비롯된 사고.

노동의 공간적 분업(spatial division of labour) (생산품의 조립, 연구개발기능, 금융 및 경영과 같은) 상이한 과업은 (근린지구, 도시, 지역, 국가 혹은 경제블록과 같이) 상이한 스케일의 상이한 장소에서 수행되는 경향이 있다는 관점. 포드주의와 수직적 통합과 관련되어 있으며, 신포드주의하에서 수직적 분산 경향이 부상하여 신산업공간을 형성함에 따라 점차 쇠퇴하고 있음.

노동의 기술적 분업(technical division of labour) 산업 시스템 내부에서 수행되어야 하는 종류의 과업. 노동의 사회적 분업과 대비됨.

노동의 사회적 분업(social division of labour) (연령, 젠더, 민족집단 등) 사회적 특징에 따라 개인이 수행하는 과업의 종류가 상이한 체계를 지칭함. 노동의 기술적 분업 참조.

노마드화(nomadization) 정체성의 불안정화. 상이한 문화들이 지리적으로 이동하는 것을 지칭하지만, 은유적으로 사용되기도 함. 진정성 참조.

누아르 영화(film noir) 주로 1940년대 후반부터 1950년대까지의 냉전 시기에 나타난 영화 장르로서, 도시를 불안한, 부패한, 악몽 같은 환경으로 묘사하는 것을 특징으로 함.

뉴라이트(New Right) 시장 메커니즘은 재화와 서비스를 가장 효율적으로 생산, 분배할 수 있는 우월한 체제라는 믿음을 근간으로 하는 사상을 가리킴.

뉴웨이브 경영 이론(New Wave management theory) 정교한 계층적 경영 구조를 폐지하는 대신 보다 '가볍고 수평적인' 경영 구조로 대체하는 것이 이익이라는 관점. 권한 이양과 관련되어 있음.

능력개발국가(enabling state) 새로운 양식의 거버넌스와 도시 기업가주의를 구성하는 핵심 요소 중 하나로서, 국가의 직접적인 역할이 축소되는 대신 정부와 기업적 이해 간의 파트너십이 더욱 강화되는 것을 의미함. 성장연합, 외부계약, 공동화, 레짐이론 참조.

능력 제약(capability constraint) 해거스트란트의 시간지리학에서 사용되는 개념으로서, 일상적 활동에 미치는 육체적·생물학적 제약을 지칭함. 권위 제약, 결합 제약 참조.

님비(NIMBY, not in my backyard) 자신들의 동네에서 이루어지는 도시개발에 대해 적대적인 지역사회단체들의 약어. 배타적 용도구역제, 외부성, '세력권' 정치 참조.

다가치성(polyvalency) 노동자가 다양한 업무를 수행할 수 있는 역량을 일컬음. 기능적 유연성과 같은 개념임.

다국적기업(multinationals) 두 개 국가 이상의 지역에서 생산과 판매 활동을 하는 기업. 때때로 초국적기업의 동의어로 사용되기도 하지만, 다소 상이한 의미를 갖고 있음.

다문화주의(multiculturalism) 민족집단이 주류 사회의 문화로 동화되지 않고 자신들의 뚜렷한 문화를 유지할 수 있는 권리를 보장하려는 공공 정책. 또한 민족적 배경과는 별도로 사회에 참여할 수 있는 기회균등을 보장하려는 정책을 지칭하기도 함. 동화의 반의어. 구조적 동화 참조.

다원주의 모델(pluralistic model) 미국 도시의 다양한 이익집단들은 민주주의 체제에 동등한 접근성을 가지고 있으며 특정 집단(가령 기업 또는 노조)에게만 혜택을 주는 체계적 편견은 없다고 주장하는 이론. 도구주의와 반대됨.

다주체성(subjectivities) 주체성과 유사한 용어이지만, 주체성은 명백히 맥락 의존적이기 때문에 영속적으로 변화하는 상태에 있음을 강조하는 용어임. 공간화된 주체성 참조.

다중 박탈(multiple deprivation) 소득, 주택, 건강, 교육 등 여러 속성 모두에서 박탈된 사람의 상황을 지칭함. 영역적 사회지표 참조.

다핵 모델(multiple nuclei model) 해리스와 울만이 제시한 도시구조 모델로서, 다수의 중심 지점들로 도시가 탈중심화된 것을 지칭함. 에지시티, 외부도시, 키노 자본주의 참조. 동심원 모델, 선형 모델과 대비됨.

담론(discourse) 세계에 대한 지식을 형성하는 다양한 텍스트들이 형성한 의미들의 총체. 해체 참조.

담론적 실천(discursive practices) 물질적 실천을 재현하기 위해 사용되는 단어, 기호, 상징, 사상 등의 총체.

대도시 분절화(metropolitan fragmentation) 미국 대도시의 경우 행정 기능이 수많은 로컬 정부들로 쪼개져 있는 상태를 일컬음. 발칸화, 행정구역 분할과 같은 의미임.

대상화(objectification) 모더니즘의 고유한 과학적 분석 양식으로서, 사람들을 과학적 조사의 대상으로 두지만 대체로 이들을 (분석 주체와는) 다른, 열등한 존재로 간주하는 경향이 있음. 이는 종종 이분법적 범주화 및 배제와 연관되어 있음. 이분법, 시선, 타자화 참조.

대타성(alterity) 포스트식민주의 이론에서 사용되는 용어로서, 어떤 문화가 자신과 상반되는 문화와는 전적으로 다르며 완전한 외부에 놓여 있다는 것을 표현함. 모든 문화는 상호 관계 속에서 진화한다는 주장에 의해 반박되곤 함. 혼성성 참조.

데카르트적 접근(Cartesian approach) 계몽주의 철학가 르네 데카르트의 사상에 기반한 접근법으로 관찰자는 관찰 대상으로부터 분리될 수 있다고 봄.

도구적 상호작용(instrumental interaction) 사업 조직에 참여하는 것과 같이, 특정한 목표를 달성하기 위해 형성된 이차적 관계를 가리킴. 표현적 상호작용과 대비됨.

도구주의(instrumentalism) 중앙정부와 지방정부 모두가 자본주의하에서 (핵심 정치인, 입법가, 관료 등 사회적 상류층으로 대표되는) 지배계급의 이익을 위해 존재한다는 이론. 다원주의와 대비됨.

도달 서비스(outreach services) (소방차나 구급대와 같이) 소비자에게 직접 도달하는 서비스. 지점 특수적 서비스의 반의어.

도덕경관(moral landscape) 사회의 많은 지배적인 가치들을 당연시 여기도록 함으로써 한곳에 통합하고 있는 경관을 지칭함. 중세 유럽 도시의 성당에 구현되어 있는 기독교적 가치 혹은 오늘날 교외지역의 쇼핑몰에 구현되어 있는 물질주의는 이러한 도덕경관의 좋은 사례임.

도상(icon) 문화적 의미를 상징하는 이미지, 경관, 건축물 등의 인공적 산물. 도상학 참조.

도상학(iconography) 도상이라는 기호에 관한 연구. 기호학과 유사하지만, 도상학은 특히 경관에 초점을 둠. 도상은 사회의 지배적 권력 관계와 헤게모니를 반영하기도 함.

도시개발공사(urban development corporations, UDCs) 낡은 도시지역의 부지를 새롭게 조성하고 필요한 교통 하부구조를 구축한 후 외부의 민간 투자를 촉진하는 영국의 의사공공단체를 지칭함. 부동산 선도 개발 참조.

도시 거버넌스(urban governance) 도시를 통치하는 모든 방식과 제도를 총칭하는 용어. 이는 정부가 계층적인 관료제도를 통해 도시를 직접적으로 통치하는 방식과는 달리, 다양한 비정부 조직들을 통해 간접적으로 통치하는 것을 지칭함. 로컬 정부의 사멸과 관련되어 있음. 거버넌스라고 지칭되기도 함. 특수법인, 의사국가 참조.

도시 관리주의(urban managerialism) 관리주의 테제를 도시에 적용한 것. 관리주의 참조.

도시 기능지역(functional urban areas) 도시를 직주분리로 인한 통근을 특징으로 하는 비농업인구가 지리적으로 집중되어 있는 곳이라고 정의할 때 사용됨. 법률상 영역과 반드시 일치하지는 않음.

도시 기업가주의(urban entrepreneurialism) 도시 거버넌스의 새로운 단계로서 경제개발을 촉진하기 위한 도시 간 경쟁이 특징적임. 시민 기업가주의로도 불리며 중앙정부의 '공동화'와 관련됨. 시민 선전주의, 성장연합, 레짐이론 참조.

도시 마을(urban village) 도시 내에서 일차적 관계에 기반하여 밀접한 네트워크를 형성하고 있는 근린지구를 가리킴. 공동체, 민족 마을 참조.

도시사회운동(urban social movements) 사회운동 참조.

도시사회적 지속가능성(urban social sustainability) 도시에서의 사회적 삶에 있어서 불평등과 갈등이 없고 장기적으로 지속될 수 있는 것.

도시사회주의(municipal socialism) 1850년대와 1910년대 사이의 빅토리아 시대 도시에서 나타난 지방정부 형태로 공공 서비스의 확대를 추진하였음.

도시 사회지역(urban social areas) 유사한 특성을 지닌 사람들이 근접해서 살고 있는 도시 내 주거 지구.

도시 성장연합(urban growth coalitions) 성장연합 참조.

도시 야간경관(urban nightscapes) 도시에서 야간에 젊은 연령층이 (클럽, 술집, 극장과 같이) 여가와 관련하여 다양한 활동을 할 수 있는 지구. 시민 선전주의와 감시의 강화와 관련되어 있음.

도시 형태학(urban morphology) 도시 환경의 물리적 구조. 형태 형성 참조.

동성애(homesexuality) 동성 간의 감정적, 육체적 상호 이끌림. 이 용어는 동성 간의 연애를 사회적 질병이라고 규정하던 시대에 만들어졌기 때문에 많은 게이와 레즈비언은 이 용어에 반대함.

동심원 모델(concentric zone model) 1920년대 시카고에 기반하여 제시한 도시구조 모형으로서, 도시 중심으로부터 일련의 동심원적 형태로 멀어짐에 따라 도시 주민의 사회적 지위는 점차 높아지는 패턴을 나타냄. 시카고학파, 인간생태학 참조. 선형 모델과 대비됨.

동화(assimilation) 소수집단이 더 넓은 사회(또는 주류집단)로 통합되게 하는 과정. 행태적 동화 또는 구조적 동화일 수 있음. 분리의 정도를 설명하기도 함.

디아스포라(디아스포라 집단)[diaspora(diasporic group)] 본국으로부터 외국으로의 사람들의 자발적 또는 강제적 이주.

디즈니화(Disneyficatioin) 의도적으로 도시를 일종의 '테마공원'과 같이 창조하려는 시도를 지칭함.

이는 문화를 피상적으로 덧씌우거나 사회적 갈등이 제거하여 역사를 가공해 냄으로써 이루어짐. 이미지 공학, 시뮬라크라 참조.

레드라이닝(redlining) 주택 관련 기관 및 모기지 대출 회사가 위험도가 높다고 인식하는 도시지역의 부동산을 위한 대출을 보류하는 관행.

레짐이론(regime theory) 도시의 다양한 이익집단이 연합하여 공동의 목표(주로 기업가 집단의 친성장연합을 통해 지역 경제개발을 추구)를 이루는 방식을 설명하는 이론. 권력은 자동적으로 주어지는 것이 아니라 능동적으로 획득하는 것임을 주장.

로스앤젤레스학파(Los Angeles School) 캘리포니아학파를 지칭하는 또 다른 용어. 포스트모던 글로벌 메트로폴리스 참조.

로컬리티 연구(locality studies) 1980년대 영국에서 지리학자들이 주로 중심이 되어 수행한 연구의 유형으로서, 글로벌 힘이 어떻게 국지적 지역의 특성과 상호작용하는가를 규명하고자 했던 시도.

마르크스주의 이론(Marxian theories) 신마르크스주의 참조.

마이크로 시뮬레이션(micro-simulation) 보다 작은 공간적 스케일에서 복잡한 정보를 추출하기 위해 큰 공간적 스케일에서 획득한 개인 및 가구와 같은 관찰 대상의 데이터에 대해 상세한 교차분석을 이용하는 수적 기법. 또한 서로 다른 출처 및 다양한 공간적 스케일에서 획득한 데이터를 작은 공간적 스케일에서 통합하는 데 사용됨.

만보(flânerie) 만보객으로서의 행동

만보객(flâneur) 도시를 거닐며 도시생활의 분주함을 여유롭게 관찰하는 남성을 가리킴. 인터넷을 서핑하는 사람을 지칭하기도 함. 시선 참조.

망효과(fabric effect) 주택시장의 물리적 구조가 도시 내 사회집단의 분포에 영향을 미치는 상황을 지칭. 주거 비용이 낮은 곳은 소수민족집단이 거주하는 경우가 많음.

매개(mediation) 문화연구에서 사용되는 개념으로서, 특정한 형태와 양식의 문화는 전유와 재해석의 과정을 거친 후에 다른 사람들에게 전달된다는 것을 지칭하는 데에 사용됨. 문화산업, 문화 매개자 참조.

맥도널드화(McDonaldization) 조지 리처(George Ritzer)가 고안한 용어로서, 대량소비의 과정이 세계의 문화적 차이를 침식하고 있다는 점을 지칭함. 글로벌화 참조.

맥락적 이론(contextual theory) 인간의 행위가 나타나는 환경이나 맥락을 이해하려는 사회분석의 한 유형. 이러한 접근은 사람들이 어떻게 이러한 맥락에 의해 영향을 받을 뿐만 아니라, 반대로 어떻게 이러한 맥락을 생산하는지에도 관심을 둠. 상황성, 구조화 이론 참조.

멀티플렉스 도시(multiplex city) 도시들이 수많은 사회적, 경제적 상호작용의 망으로 구성되어 있음을 지칭하기 위해 영화에 비유적으로 사용하는 개념. 많은 창조적인 관계를 형성하기도 하지만, 단절되고 고립적인 상태로 머물기도 함.

메스티소(Mestizo) 라틴아메리카에서 원주민과 유럽인 간의 인종적 혼합을 지칭하는 용어였으나, 오늘날에는 지리적 혹은 상징적 의미에서 볼 때 지배적 문화의 주변에 위치하고 있는 문화에서 새로운 혼성적 정체성이 출현할 수 있다는 의미에서 널리 사용되고 있음. 변방, 크리올화, 헤테로토피아, 혼성성, 한계역 공간, 제3의 공간 참조.

메타서사(metanarrative) 세계를 바라보는 데에 보다 우월한 혹은 특권적 시각을 제공한다고 생각되는 이론적, 개념적 틀. 전체론적 서사라고 불리기도 함. 포스트모더니즘, 해체 참조.

모더니즘(modernism) 과학적 분석을 통한 보편적 진보가 가능하다는 믿음, 그리고 사회문제는 합리적 사고를 통해 해결될 수 있다는 생각을 특징으로 하는 사유 방식. 계몽주의 프로젝트, 사회공학 참조.

모더니티(modernity) 18세기 후반 계몽주의 시대부터 20세기 후반에 이르기까지 모더니즘이 지배적인 사유 양식이었던 시기를 지칭함.

모방적 접근(mimetic approach) 글쓰기 등 모든 재현 양식은 우리 주변의 세계를 반영하는 거울과 같다는 생각. 사회 구성주의와 대비됨.

무임승차자(free-riders) 도시에서 자신이 직접 대가를 지불하지 않은 혜택을 입은 사람. 외부성, 교외착취론 참조.

무중량 세계(weightless world) 현대 경제에서는 지식이나 비물질적 상품의 중요성이 증가한다는 점을 지칭하기 위해 다이애나 코일(Diana Coyle)이 만들어 낸 개념. 경제의 문화화 참조.

문화(culture) 대체로 '생활양식'이라고 해석됨. 문화는 사람들이 지니는 가치, 사람들이 따르는 규칙과 규범, 그리고 사람들이 사용하는 물질적 대상들로 구성되어 있음. 또한 흔히 공유된 의미 체계라고도 정의됨. 담론 참조.

문화 매개자(cultural intermediaries) 대중음악과 같은 문화산업에 종사하는 핵심적인 직원을 지칭하기 위해 부르디외가 사용한 용어임. 문화 매개자는 문화적 '산물'과 관련된 생활양식을 자기 나름대로의 선택적인 방식으로 해석하고 관측함. 사회적 게이트키퍼의 일종.

문화산업(cultural industries) 행위 예술, 디자인, 광고, 연예, 미디어, 출판 등 '창조적'인 영역의 산업. 대중영화, 음악, 도서와 같은 문화적 요소들이 자동차와 같은 소비상품과 동일한 방식으로 생산된다고 주장하는 이론에서도 쓰이는 용어. 간혹 창조산업이라고도 불림.

문화순응(enculturation) 새로운 문화에 동화, 통화되는 과정을 일컫는 일반적 용어. 인류학에서 처음 사용되었지만 오늘날 문화연구에서 널리 사용되고 있다. 전유 참조.

문화연구(cultural studies) 문화적 가치와 의미의 복잡성에 관심을 두는 사회분석의 총체. 문화, 문화적 전환 참조.

문화의 경제화(economization of culture) 문화적 삶이 현금 거래가 오가는 상업주의와 자본 축적의 논리에 의해 지배당하고 있음을 지칭하는 용어. 경제의 문화화와 대비됨.

문화의 상품화(commodification of culture) 로컬 문화가 대량생산 방식에 의해 만들어진 문화적 양식으로 대체되는 현상. 맥도널드화 참조.

문화 유물론(cultural materialism) 문화 영역과 경제 영역은 밀접히 상호 관련되어 있어서 어느 한쪽이 더 지배적이라고 말할 수 없다는 이론적 관점임. 경제 결정론을 극복하려는 시도임. 포스트마르크스주의 참조.

문화자본(cultural capital) 사람을 뚜렷이 구분되게 하고 우월하거나 지배적으로 보이게 하는 생활양식과 소비패턴을 일컬음. 위치재 참조. 경제자본과 구분되는 기술이나 지식을 지칭하기도 함. 인적자본으로도 불림. 사회자본 참조.

문화적 근시안(cultrual myopia) 어떤 국가 혹은 문화적 양상이 유일하다거나 우월하다고 추론하는 경향.

문화적 생산(cultural production) 문화가 일상적인 사회적 실천에서 핵심적이라고 보는 시각에 입각해서, 문화는 물질적 토대의 반영물일 뿐만 아니라 사회를 형성해 나가는 주요한 요소라고 이해함. **문화적 생산양식**, **경제 결정론** 참조.

문화적 생산양식(cultural mode of production) 문화가 현대 경제에서 가장 중요한 문제라고 보는 시각에 입각하여, 문화산업의 등장, 물적 대상의 **심미화**, 그리고 현대의 경영(관리)에 있어서 문화의 중요성을 강조함.

문화적 실천(cultural practies) 문화는 단순한 관념이 아니라 물질적 실천의 산물이라는 사실에 주목하는 용어임. 즉 문화는 사상임과 동시에 행동임. **담론적 실천**, **물질적 실천** 참조.

문화적 전환(cultural turn) 많은 사회과학 분야의 주요 논점이 문화로 집중하는 경향. 이러한 경향은 언어의 문제와 관념이 재현되는 방식에 주목하기 때문에 종종 '언어적 전환'으로도 불림.

문화전파(cultural transmission) 지역 하위문화를 통해 가치와 규범이 다음 세대로 전파된다는 생각. **빈곤의 문화**, **전염적 궁핍** 참조.

문화정치(cultural politics) 문화적 이슈가 단지 미학, 취향, 스타일 등만 고려하는 것이 아니라 권력과 경쟁적인 '생활양식'의 결과로 나타나는 물질적인 보상의 문제와도 관련되어 있음을 나타내는 용어.

문화 제국주의(cultural imperialism) 사회 내에서 특정한 행태들을 '일탈적인', '비자연적인' 타자로 솎아냄으로써 이외의 행태를 '자연적'이라고 범주화하는 방식을 지칭하기 위해 아이리스 영(Iris Marion Young)이 사용한 용어. **타자화** 참조.

문화지구(cultural quarters) 주로 이전의 산업 시설 부지에 현재 다양한 종류의 문화산업 및 창조적인 산업이 들어서 있는 도심부 근처의 지구. **창조계급** 참조.

문화횡단(transculturation) **혼성성**과 관련하여 지배적 문화와 종속적 문화가 호혜적으로 상호작용하는 것을 지칭함.

물신숭배(commodity fetishism) 사람들이 소비재의 취득에 집착하는 경향. 이러한 사물은 **사용가치**뿐만 아니라 사회적 지위나 생활양식을 강화하는 상징적 가치를 동시에 갖게 됨. **신포드주의**의 핵심 요소 중 하나임. **심미화** 참조.

물질적 공간적 실천(material spatial practices) 축적 및 사회적 재생산을 촉진하기 위해서 화폐, 재화, 사람이 공간을 가로질러 이동하는 흐름을 지칭함. **담론적 실천**과 대비됨.

물질화(materialization) 어떤 서비스를 물질적인 형태로 재구조화하여 구입, 판매, 운송될 수 있게 하는 것.

물화(reification) 사람을 사물로 간주하는 것. (그러나 반드시 사람의 행위주체성을 부인하는 것은 아님)

미시권력(micropowers) 사회적 통제가 실행되는 통로로서의 일상적인 상호작용을 일컬음. **규율 체제** 참조.

민영화(privatization) 이전에는 공공 부문에 의해 분배되고 소유된 재화 및 서비스에 대하여 사적 소유권 그리고/또는 사적 시장 분배 메커니즘을 도입하기 위해 고안된 일련의 다양한 정책들. **자산 매각**, **상업화**, **상품화**, **시장화** 참조.

민족경관(ethnoscape) 많은 현대 도시에서 볼 수 있는 이동성이 높은 집단들(여행가, 이민자, 피난민, 망명자, 이주노동자 등)의 다양한 경관을 지칭하는 아파두라이(Arjun Appadurai)의 용어.

민족기술지(ethnography) 민족집단의 가치와 규준 등 문화에 관한 연구. 참여관찰, 비구조적 질문과 같은 질적 연구 방법과 관련되어 있음.

민족 마을(ethnic village) 한 도시 안에서 거주지 분화를 보이며 조밀한 사회적 네트워크가 특징인 문화를 지닌 소수집단.

민족성(ethnicity) 민족집단의 문화와 생활양식. 도시 내에서 뚜렷한 거주지역을 형성하는 경우가 많음. 인종집단과 대비됨. 게토 참조.

민족집단(ethnic group) 구별된 문화를 구성원이 공유하는 소수집단. 이는 인종집단 개념과는 개념적으로 구별되지만 실제로는 서로 밀접한 관련이 있음. 민족성 참조.

밀집이론(crowding theory) 도시 내 고밀도 환경은 피로와 긴장을 유발함으로써 폭력, 은둔, 혹은 정신적·육체적 질병을 야기할 수 있다는 이론. 인간의 행태에 대한 문화의 중개적 영향을 간과하는 경향이 있음. 행동주의, 결정론적 이론 참조.

반복성(recursiveness) 구조화 이론의 핵심 요소 중 하나로서, 사회체계는 수많은 사람들의 일상적 상호작용으로 구성된다는 점을 일컬음. 반복적 사회적 실천으로도 지칭됨.

반본질주의(anti-essentialism) 진실 또는 정체성과 같은 현상들 이면에 본질이 존재한다는 사상을 거부함. 본질주의의 정반대 개념.

반스케일적 접근법(anti-scalar approach) 사회적·경제적 과정은 근린지구, 도시, 지역, 국가와 같이 구획화된 지리적 공간이나 분석 '수준'으로 나누어질 수 없다고 주장하는 관점. 네트워크 사회, 비스케일적 접근, 흐름의 공간 참조.

발언 옵션(voice option) 공동체적 행동 단체가 수행하는 직접적인 운동 전략으로서, '출구' 옵션이나 '충성' 옵션과 대비됨. 공동체 행동, '세력권' 정치 참조.

발칸화(Balkanization) 도시의 행정 단위가 그보다 작은 다수의 로컬 정부들로 쪼개지는 현상을 지칭함. 대도시 분절화로 불리기도 함.

방리유(Banlieue) 프랑스의 도시에서 이주민들이 점유하고 있는 교외 불량주택지구를 지칭함. 비동빌 참조.

방어공간(defensible space) 최근의 주택개발은 사람들이 인지하고, 탐험하고, 통제할 수 있는 공간을 결여하고 있다는 주장.

배제(exclusion) 특정 종류의 사람들이 다양한 자원(공공 서비스 포함)에 접근하는 것을 막는 사회적 과정. 문화유산처럼 비물질적인 자원도 포함됨. 자격규칙, 사회적 폐쇄 참조.

배제불가성(non-excludability) 어떤 종류의 재화나 서비스는 그에 대해 대가를 지불하려고 하지 않는 사람들임에도 공급할 수밖에 없는 것들이 있음. 공공재 이론, 거부불가성 참조.

배제의 공간(spaces of exclusion) 보다 강력한 집단에 의해 특정 집단이 배제되어 있는 구역. 대개 특정 집단에 대한 고정관념을 근거로 형성됨. 폐쇄 공동체, 타자화, 정화된 공동체 참조.

배타적 용도구역제(exclusionary zoning) 특정 종류의 활동과 사람들이 관내지역으로 이동하는 것을 규제하는 도시계획 정책. 정화된 공동체 참조.

배타적 폐쇄(exclusionary closure) 부, 지위, 권력 등에서 우월한 집단이 다른 집단을 배제하는 과정을 지칭. 사회적 폐쇄라고도 불림.

배태성(embeddedness) 경제행위는 (신고전경제학에서 주장하는 것처럼) 불변의 보편적 가치에 의해 결정되는 것이 아니라 시간 및 공간에 특수적인 문화적 가치와 깊이 연루되어 있음. 사회적 배태성으로도 불림. 문화, 상황성 참조.

범위의 경제(economies of scope) 다양한 종류의 상품을 개별적으로 만들지 않고 일정한 범위에 걸쳐 생산할 때 생산비용을 줄이는 요인. 범위의 외부경제와 범위의 내부경제가 있음. 신포드주의의 핵심적인 부분 중 하나임.

범위의 내부경제(internal economies of scope) 기업이 생산하는 제품의 종류가 많아지는 경우에 생산비용을 낮추는 요인. 범위의 내부경제가 쇠퇴할 경우, 기업은 범위의 외부경제를 활용하기 위하여 수직적 분산을 지향함. 신산업공간 참조.

범위의 외부경제(external economies of scope) 기업이 속하는 산업 부문의 규모가 클 때 (가령, 생산자가 매우 많을 때) 발생하는 범위의 경제. 범위의 내부경제와 대비됨.

법률상 영역(de jure territories) 법에 따라 규정된 지리적 지역(예 : 정치 지역 및 행정 지역과 같은 지역에는 법적 구속력이 작동하게 됨). 도시 기능지역과 대비됨. 행정구역 분할 참조.

벙커 건축(bunker architecture) 특정한 사회 구성원들을 (일반적으로, 혐오스럽다거나 부유층을 위협한다고 간주한다고 생각되는 사람들을) 배제하기 위해 계획된 건물. 폐쇄 공동체, 탐지경관 참조.

벽 없는 수용소(asylum-without-walls) 서비스 의존적 게토의 동의어.

변방(borderlands) 지리적으로 혹은 은유적으로 지배적 문화의 주변에 위치한 공간으로서, 변방에서는 새로운 유형의 혼성적 정체성이 발생할 수 있음. 혼성성, 한계역 공간, 헤테로토피아, 제3의 공간 참조.

변증법(dialectic) 추론 및 분석의 한 형태로서, 대립물의 활용과 조화와 관련되어 있음. 사회공간 변증법 참조.

변형된 공동체(community transformed) 교외지역을 중심으로 새로운 형태의 공동체 생활이 형성되고 있다는 주장.

보보스(보헤미안 부르주아지)[BOBOs(Bohemian-Bourgeois)] 브룩스(Brooks)가 내부도시에 살고 있는 신중산계급을 지칭하기 위해 사용한 용어로서, 이들은 쾌락주의와 같은 보헤미안적 생활양식과 근면함이라는 부르주아지의 특성 모두를 갖고 살아감. 보헤미아, 창조계급 참조.

보복주의 도시(revanchist city) 사회경제적 강자들이 젠트리피케이션, 사유화, 탈규제와 같은 과정을 통해 강자들의 권한을 거듭 주장하면서 '보복(revenge)'(불어인 revanche로부터 연유됨)이 일어나는 도시를 지칭하기 위한 닐 스미스(Neil Smith)의 용어임.

보충성 원리(subsidiarity) 국가적 차원의 의사결정이 가장 적합한 차원에서 일어나야 된다고 보는 아이디어(주로 지역사회까지 내려와야 한다고 봄). 권한 이양, 탈중심화 참조.

보헤미아(보헤미안 엔클레이브)[Bohemia(Bohemian enclaves)] 도시 내에서 '대안적인' 혹은 자유주의적인 생활양식을 갖춘 사람들이 밀집한 지구를 지칭하는데, 이들은 (가령, 노동보다는 오락을 즐기고,

핵가족과 다른 형태의 가구를 구성하는 것과 같이) 기존의 '부르주아지' 생활양식과 뚜렷하게 대비된다. 창조계급 참조.

복지국가(welfare state) 질병, 실업, 중독과 같은 이유로 사람들이 도움을 필요로 할 때 돕기 위해 고안된 일련의 제도 및 사회적 구성.

복지국가주의(welfare statism) 국가는 모든 시민이 적절한 수준의 삶을 누릴 수 있도록 보장해야 한다는 주장으로서, 완전 고용의 지향, 높은 수준의 최저임금, 안전한 노동 환경 구축, 그리고 부유층의 소득을 빈곤층에게 이전하는 정책 등으로 나타남.

복지 다원주의(welfare pluralism) 국가 기관에 의한 일반적 공급에 의존하기보다는 자원봉사 부문 및 사적 부문의 기관을 포함한 다양한 기관에 의해 복지 필요가 충족되는 체계. 혼합적 복지경제로도 알려져 있음. 외부계약, 사유화 참조.

복지 코포라티즘(welfare corporatism) 어떤 집단들이 정부로부터 (수주 계약이나 세제 혜택과 같은) 다양한 특혜를 얻기 위해 기업적인 방식으로 연합함으로써 정부에 대한 접근성에서 특혜를 누리려는 사회를 일컬음. 빈곤층보다는 대규모 사업체나 노동조직 등이 이에 해당됨. 코포라티즘 참조.

본질주의(essentialism) 사람들의 행동 및 사회체계를 결정하거나 영향을 크게 미치는 기본적이면서 변화하지 않는 요소들이 존재한다는 관념(예 : 남성과 여성의 행동 간에는 고유한 차이가 존재한다는 또는 자본주의 사회를 다스리는 경제학의 기본적인 불변의 법칙들이 존재한다는 사고). 반본질주의와 대조됨. 사회 구성주의 참조.

부동산 선도 개발(property-led development) 민간 투기세력들이 주도하는 사무용 토지개발에 의한 도시재생 방식.

부르주아지화 논제(embourgeoisement thesis) 교외지역으로 이동한 노동계급이 소비나 핵가족을 기반으로 하는 중산층의 생활양식을 채택한다는 주장. 물신숭배 참조.

분리(segregation) 소수집단이 도시 내에서 불균등하게 분포하는 경향(예 : 거주지 분화가 나타남). 집단들이 완전히 분리되어 거주하는 것은 매우 드물게 나타남. 따라서 연구들은 분리의 정도를 측정함. 게토, 상이성 지수, 동화 참조.

불균등선거구획(malapportionment) 균등하지 않은 규모로 선거구를 구획하는 것. 게리맨더링 참조.

붐버브(boomburb) 기존의 도시 중심부 외곽에서 급속하게 성장하는 교외지역을 지칭함. 에지시티, 테크노버브 참조.

브리콜라주(bricolage) 잡다한 것들이 모여 있는 상태를 표현하는 프랑스어로, 구조주의자였던 레비-스트로스는 원시적 문화에서 이질적 요소들이 복잡하게 섞여 있는 상태를 지칭하기 위해 이 용어를 사용함. 문화연구 분야에서는 대중음악과 같은 문화적 형태에서 새롭게 발견되는 요소들의 혼재 양상을 기술하는 데에 사용되기도 함. 전유, 크리올화, 문화순응, 혼성성, 노마드화, 문화횡단 참조.

블록버스팅(blockbusting) 흑인 주택 구매자에게 백인 우세 지역의 공가를 소개하는 일부 부동산 에이전트(부동산업자)의 관행. 이는 흑인 주택 구매자의 백인 우세 지역으로의 이주를 유도함으로써 백인이 하락한 가격에라도 주택을 팔고 이주해 나갈 것이라는 부동산 에이전트의 기대하에서 이루어짐. 또한 이를 통해 부동산 에이전트는 백인이 하락한 가격에 매각한 주택에 대해 더 높은 가격을 매겨 흑인 가구를 상대로 한 주택 매매가 가능하도록 함.

비개인적 경쟁(impersonal competition) 시카고 인간생태학파가 제시한 개념으로서, 도시 내에서 사람들이 부나 사회적 지위에 따라 분산되어 가는 경제적 과정을 지칭함.

비공식 경제(informal economy) 공식적으로 기록되지 않는 경제활동으로서 종종 '은닉' 경제라고도 불림.

비동빌(Bidonvilles) 프랑스의 도시에서 이주민들이 거주하고 있는 교외지역의 불량주택지구를 지칭함. 보다 최근에는 방리유라 불림.

비스케일적 접근(non-scalar approach) 지리학적 분석 중, 어떤 (사회적) 과정을 특정 스케일이나 분석 수준과 일치시키는 것을 (가령, 근린지구, 도시, 기업, 제도와 같은 지리적 · 제도적인 것에 일치시키는 것을) 거부하는 접근법을 지칭함.

비영리 부문(not-for-profit sector) 미국에서 자선사업이나 자원봉사 부문을 지칭하는 데에 사용되는 용어임.

비정규직화(casualization) 파트타임, 임시직, 일용직과 같은 비핵심 부문의 노동자들이 선호되는 현상을 지칭함. 수량적 유연성으로 불리기도 함.

비지리적 세계(ageographia) 소킨(Sorkin)이 포스트모던 도시가 디즈니랜드를 중심으로 건설된 테마 공원과 비슷하다는 점을 지칭하며 사용한 용어. 디즈니화, 초현실성, 포스트모더니즘, 시뮬라크라 참조.

빈곤의 문화(culture of poverty) 빈곤은 독특한 문화의 결과물이라는 주장. 전염적 궁핍이라는 개념과 깊이 연관되어 있음.

빈곤의 여성화(feminization of poverty) 여성이 상대적으로 박탈된 하위계급이 되어 가는 사회적 과정. 가령 여성가장의 한부모 가족의 경우 정부의 복지수당에 의존하거나 저임금 서비스 부문에 갇혀 있는 사례들이 증가하고 있음.

사실상 영역(de facto territories) 공통의 이해나 생활양식과 같은 요인을 근거로 하여 정의되는 지역. 법률상 영역과 대비되는 용어임.

사용가치(use value) 소비자에게의 (주택과 같은) 재화의 효용. 교환가치와 연관성이 있지만 구별됨.

사유주의(privatism) 대부분의 서구 자본주의 사회를 지탱하고 있는 이데올로기로서, 부의 사적 소유와 시장에 의한 재화와 서비스의 분배가 우월하다는 것에 대한 믿음을 근간으로 한다. 자유주의 참조.

사회공간 변증법(sociospatial dialectic) 사람이 도시를 구성함과 동시에 도시구조가 사람에 영향을 미치는 상호작용 과정을 일컫는 에드워드 소자(Edward Soja)의 용어.

사회공간적 분화(sociospatial differentiation) 거주지 분화의 동의어.

사회공학(social engineering) 과학적 원리에 기반한 합리적 계획에 의해 사회를 향상시킬 수 있다는 믿음. 가령 슬럼지구 제거나 도시재개발 계획 등의 사례가 있음.

사회 구성주의(social constructionism) 사람들 간의 차이의 대부분은 그들의 타고난 특성의 결과로 나타나는 것이 아니라 사회에서 타자에 의해 여겨지는 방식의 결과로 나타난다고 주장하는 접근. 장소 및 기술의 특성과 관련된 차이뿐만 아니라 민족성 및 젠더와 관련된 차이에도 적용될 수 있음. 장소, 인종차별주의, 성차별주의 참조. 본질주의와 비교할 것.

사회 다윈주의(social Darwinism) 식물과 동물의 자연 세계에서 작용하는 경쟁의 법칙이 도시사회지리학의 연구에서도 적용될 수 있다는 관점. **시카고학파**, **인간생태학** 참조.

사회복지(social well-being) **삶의 질 지표** 참조.

사회생물학(sociobiology) 인간의 행태는 생물학적, 유전적 요인에 의해 설명될 수 있다는 관점. **사회 구성주의**에 의해 거부되고 있음.

사회운동(social movements) 다양한 대중적 지지를 받는 압력집단과 단체들이 주로 기존의 정치체제 밖에서 사회변화를 요구하며 호소하는 행위. 신사회운동, 도시사회운동이라고도 불림. **집합적 소비** 이론의 주요 구성 요소.

사회자본(social capital) 신뢰, 호의, 공감과 같은 중요한 공동체적 자원을 기반으로 하는 사회적 네트워크. 어떤 사람들은 이를 사회적 배제와 억압의 원천이라고 생각함. **정화된 공동체** 참조.

사회적 거리(social distance) 계급, 사회적 지위, 권력과 같은 요인이 사회생활에 있어서 사람들을 분리한다는 점을 지칭함. 쌍방향적 욕망의 결과일 수도 있지만, 대체로 권력을 가진 사람들이 이를 보다 선호하는 경향이 있음. 종종 물리적 거리로 표출되기도 하는데, **거주지 분화**는 이것이 가시화된 결과임.

사회적 게이트키퍼(social gatekeepers) 부족한 자원 및 시설(예 : 주택, 모기지 금융, 복지 혜택)에 대한 접근 여부를 결정하는 (민간 부문 및 공공 부문) 전문가, 관리자, 관료. **결정 규칙**, **관리주의**, **일선관료** 참조.

사회적 경제(social economy) 공공 부문과 민간 부문 사이에 위치한 **사회적 기업**들로 구성된 경제를 지칭함. **사회적 기업** 참조.

사회적 기업(social enterprises) 특정 집단이나 공동체를 위한 사회적 이익을 달성하기 위해 상업적 활동을 활용하는 조직. **사회적 경제**, **제3부문** 참조.

사회적 기업가(social entrepreneurs) 사회 정책에 있어서의 혁신 인자. 사회적 기업의 핵심적인 주도자.

사회적 양극화(social polarization) 사회 내 집단 간의 불평등이 커지는 것. 극빈층과 최상류층의 증가를 의미하기도 함(예 : 중산층의 축소로 사회구조가 모래시계 모양으로 변하는 것).

사회적 임금(social wage) 시민들의 복지를 위하여 국가가 실행하는 (가령 노동시장의 통제와 같은) 각종 공공 서비스와 활동. **복지국가주의** 참조.

사회적 재생산(social reproduction) 자본주의 사회의 기능유지를 위해 필수적인 노동력과 소비자를 재생산하는 데 요구되는 각종 요소들(예 : 가정, 학교, 보건 서비스, 복지국가 등). 자본주의 모순을 극복하는 복지국가의 역할을 강조하는 마르크스주의 이론의 핵심적인 부분. 과거에는 **기능주의**라고 많은 비판을 받음.

사회적 지위(social rank) **요인생태학** 연구가 밝힌 바와 같이 도시 내 거주지 구조에서 가장 중요한 차원 중 하나로서, 거주자의 물질적 부에 있어서 나타나는 계급적 차이를 의미함. **가족적 지위**, **인종적 지위**, **다중 박탈** 참조. **영역적 사회지표**와 유사한 결과를 나타내기도 함.

사회적 폐쇄(social closure) 권력 집단이 다른 집단을 부와 지위와 권력에서 배제시키는 과정의 또 다른 명칭. 배타적 폐쇄라고도 불림. **정화된 공동체** 참조.

사회지역분석(social area analysis) 사회변화 측정을 도시의 지리적 구조와 관련시키고자 주로 쉐브키(Shevky)와 벨(Bell)에 의해 1950년대에 수행된 연구. 인간생태학의 시카고학파에 의해 영향을 받았으며 이후 요인생태학에 영향을 미침. 도시구조의 지리적 분석을 가리키는 데 일반적으로 사용되는 용어이기도 함.

산업도시(industrial cities) (소위 '굴뚝 산업'으로도 불리는) 제조업 부문이 중심이 되어 19세기부터 등장한 도시 형태. 탈산업도시와 대비됨.

삶의 질 지표(quality-of-life indices) 사람들의 삶에 대한 사회적 척도(경제적 지표를 보완하는 데 또는 대체하는 데 사용됨). 사회적 지표라고도 하며 사회복지의 척도임. 영역적 사회지표 참조.

상대적 자율성(relative autonomy) 이데올로기적 상부구조는 사회의 경제적 토대에 의해 결정되는 것은 아니라는 구조주의적 접근에서 사용되는 개념. 경제결정론, 기능주의, 중층결정, 국가기구 참조.

상대주의(relativism) 진실과 지식은 시대와 장소에 따라 상대적이라는 주장. 체현적 지식, 상황성 참조.

상부구조(superstructure) 정통 마르크스주의 이론에서 나온 용어로서, 국가와 법 등 생산체제 이외의 모든 사회 구성요소를 지칭함. 시민사회와 유사한 인식. 국가기구 참조.

상상의 공동체(imagined communities) 베네딕트 앤더슨(Benedict Anderson)이 고안한 용어로서, 민족정체성이라는 감정을 구성하는 데에 이용되는 담론들을 기술하면서 사용함.

상상의 지리(imaginative geographies) 우리가 사람이나 장소를 재현하는 데에 있어서 자신의 가치나 믿음을 투사하는 방식. 지리적 상상력 참조.

상실된 공동체(community lost) 도시화로 인해 공동체 생활이 파괴되었다는 주장. '남겨진 공동체', '변형된 공동체'와 대비됨.

상업화(commercialization) 공공 조직이 (가령, 사용자들에게 요금을 부과하는 것처럼) 마치 민간 부문의 기업처럼 행동하는 경향. 기업조직화라고도 불림. 기업화 참조.

상이성 지수(index of dissimilarity) 소수집단의 거주지가 도시 내에서 어느 정도 분리되어 있는가를 나타내는 계량적 수치.

상징자본(symbolic capital) 사회적 위치, 취향, 소유자의 구별짓기를 반영하는 재화와 서비스. 기념비적 건축과 같은 건물에 반영되기도 함. 심미화, 문화자본, 위치재, 상징적 거리 두기 참조.

상징적 거리 두기(symbolic distancing) 사람들이 다양한 형태의 과시적 소비(주거 입지 및 주택 유형을 포함하여)를 통해 사회적 지위를 나타내고자 하는 경향. 상징자본 참조.

상품화(commodification) 상품과 서비스 분배를 위해 공적 부문의 분배 메커니즘이 아닌 사적 시장을 이용하는 것. 재상품화와 시장화 참조.

상호주체성(intersubjectivity) 사람들이 일상적 경험을 통해 자기 자신에 대해 갖고 있는 공유된 의미. 생활세계 참조.

상호텍스트성(intertextuality) 텍스트의 의미는 독자나 관찰자와의 상호작용의 결과 항상 끊임없이 변화한다는 점을 지칭하는 용어. 해체로 알려진 분석의 한 형식. 모방적 접근과 대비됨.

상황성(situatedness) 글쓰기를 포함하는 모든 종류의 재현은 시공간적으로 특수한 문화와 가치를 지닌 사람들에 의해 창조된 것이라는 점을 의미함. 신고전주의 경제학에서와 같이 인간의 행태에는 시간과 공간을 넘어 보편적인 불변의 패턴이 있다는 주장을 거부함. 상황적 지식으로도 명명됨.

생명력(biotic forces) 시카고학파가 사용한 용어로서, 도시 내에서 거주지 분화와 분리를 야기하는 경제적 경쟁력을 일컬음. 생물학적 유추, 사회 다윈주의 참조.

생물학적 유추(biological analogy) 동식물의 세계에서 차용된 개념을 도시 내 거주지 패턴에 관한 연구에 적용하는 것. 시카고학파, 인간생태학, 사회 다윈주의 참조.

생산력(forces of production) 특정 생산양식의 기술적 토대. 생산의 사회적 관계 참조.

생산양식(mode of production) 한 사회의 생산력이 조직되는 방식. 자본주의나 사회주의는 생산양식의 한 형태임. 생산양식은 생산력과 생산의 사회적 관계로 구성되어 있음. 사회적 재생산, 노동의 사회적 분업, 노동의 기술적 분업 방식과 관련되어 있음.

생산의 사회적 관계(social relations of production) 자본주의적 생산양식을 가능케 하는 다양한 법적, 제도적, 사회적 장치를 지칭함. 생산력 참조.

생산회로(circuit of production) 자본이나 화폐가 노동력과 생산수단에 투자되어 더 많은 상품을 생산, 판매함으로써 이윤이라는 형태로 더 많은 자본이나 화폐를 획득하는 과정을 지칭함. 시공간 압축 참조.

생태적 근대화(ecological modernization) 기술중심적 접근 참조.

생태적 접근(ecological approach) 도시에 대한 공간적, 지리적 분석의 일종으로서 인간생태학을 지칭하기도 함. 도시사회지리를 연구함에 있어서 식물 종이나 동물 종이 확산되는 과정에서 유추한 이론적 틀을 사용함. 시카고학파 참조.

생태학적 오류(ecological fallacy) 총체적 정보가 담긴 데이터로부터 개별에 관한 추정을 할 때 발생할 수 있는 잠재적 실수(예를 들어 도시 전체에 관한 데이터로부터 개별 주거지역에 관해 추정을 할 경우). 개인주의적 오류 참조.

생활세계(lifeworld) 일상적 삶이 형성하는 루틴화된 패턴. 현상학과 관련된 개념으로서, 사람들이 자기의 거주 공간에 부여하는 문화적 의미에 초점을 둠. 아비투스, 시간지리학 참조.

서발턴 계급(subaltern classes) 원래 그람시가 한 사회 내에서 지배계급의 헤게모니에 예속되어 있는 집단을 지칭하기 위해 사용한 개념임. 군사용어로 '서발턴'은 장교계급 바로 아래의 계급을 지칭함. 포스트식민 이론에서 식민주의에 예속된 사람들을 강조하면서 이 용어를 사용함.

서비스 의존적 게토(service-dependent ghetto) 공동체 기반의 서비스와 인접한 내부도시 일대에 과거의 정신질환자들이나 도움이 필요한 집단이 집중하는 경향을 지칭함. 벽 없는 수용소로도 일컬어짐. 지역사회 보호 참조.

선형 모델(sectoral model) 호머 호이트(Homer Hoyt)에 의해 주창된 도시 주거 구조 모델로서 주거지역의 계층적 차이는 선형적으로 배열되어 나타난다고 제시함. 동심원 모델과 비교할 것. 여과 참조.

설계 결정론(design determinism) 도시에서 물리적 환경과 건축 설계가 인간의 행태에 미치는 영향을 탐구하는 분야. 행동주의, 밀집이론, 방어공간 참조.

성운형 메트로폴리스(galactic metropolis) 식별 가능한 단일한 도시 중심보다는 도시지역이 성운처럼 분산되어 있는 포스트모던 도시를 가리키는 용어. 포스트모더니즘, 포스트모던 글로벌 메트로폴리스 참조.

성장연합(growth coalitions) 도시와 지역의 경제발전을 고양하는 전략을 실시하기 위해 공공 부문과 민간 부문 이익집단들이 파트너십을 형성하는 것. 대부분 지역 내로 공공 자금뿐만 아니라 민간 부문 투자를 유치하는 전략을 구사. 시민 선전주의와 시민 기업가주의로도 불림. 레짐이론 참조. 반성장연합도 있음. 배타적 용도구역제 참조.

성차별주의(sexism) 특정한 성이 열등하다고 규정하는 일련의 태도, 사상, 행동. 젠더, 페미니즘 참조.

성찰성(reflexvitiy) 사람들이 자기가 처한 상황을 파악하고 이에 기반해서 의사결정을 할 수 있는 역량을 지칭함. 인간 행위주체성 참조.

성찰적 축적(reflexive accumulation) 래시와 어리(Scott Lash & John Urry)가 서비스, 지식집약적 산업, 상품의 심미화 등을 특징으로 하는 새로운 경제를 지칭하면서 사용한 용어임. 래시와 어리는 유연적 전문화나 유연적 축적이 생산 지배적 개념이기 때문에 문화산업의 성장을 간과한다는 측면에서 본 개념이 보다 우월하다고 주장한 바 있음.

세계도시(world cities) 글로벌 도시 참조.

세계화(worlding) 식민화된 영토를 재현하는 데에 사용되는 담론으로서, 어떤 장소가 재현되는 방식을 지칭하기도 함. 식민주의 담론 참조.

세력권 정치(turf politics) 공동체 행동을 일컬음.

섹슈얼리티(sexuality) 성에 대한 생각과 개념. 인간의 성적 활동은 기본적으로 문화적 가치에 의해 학습된 행동양식이라는 인식이 암묵적으로 내재되어 있음.

소비(consumption) 상품과 서비스의 구매 및 활용. 물신숭배 참조.

소수집단(minority group) 특정 인종, 종교, 국적, 문화 등의 요인을 특징으로 하는 사회 내의 하위 범주 집단.

소외(alienatioin) 일반적으로 특정 사람들이 다른 사람들에 의해 지배당하는 방식을 지칭하는 용어임. 마르크스주의 이론에서는, 자본주의 생산양식에서 노동자가 자신의 노동과 자신이 만든 사물에 대해 통제력을 상실하는 것을 지칭함.

소유의 문화(culture of property) 계급 및 민족성과 같은 요인들과 관련된 사회적 행동에 의해 국가 또는 지역 내 주택시장이 사회적으로 구성되는 방식.

수량적 유연성(numerical flexibility) 산출의 차이에 맞추기 위해 노동 투입량을 조정하는 기업(그리고 공공 부문 기관)의 능력. 일시적, 시간제, 임시 고용의 노동 형태로 나타남.

수사(trope) 스토리텔링에서 나타나는 규칙적인 패턴 혹은 관례를 의미함. 가령, 할리우드 영화의 스토리텔링은 주로 '시스템'에 대한 개인의 승리를 수사로 함.

수직적 분산(vertical disintegration) 회사나 조직이 어떤 일을 외부의 조직에게 하청을 주는 상태. 수직적 통합과 대비됨. 외부계약 참조.

수직적 통합(vertical integration) 여러 기능이 복잡한 상호 의존적 계층관계에 있는 거대한 조직으로 통합되어 있는 구조. 수직적 분산과 대비됨.

수행(performance) 생물학적 본질이 아닌 특정한 행동양식을 통해 정체성이 사회적으로 구성되는 방식. 주체성, 주체 위치 참조.

수행성(performativity) 정체성이 구성되는 과정. 수행 참조. 노동자의 수행을 감독하는 행위를 일컫기도 함. 결과물 산출에 있어서 노동자 생산성과 노동효율성과 관련되기도 하며, 노동자가 서비스 직종에서처럼 특정한 역할을 수행하는 정도를 지칭하기도 함. 새로운 형태의 거버넌스를 통한 포스트모더니즘을 규정하는 요소로 쓰임. '뉴웨이브' 경영 이론의 핵심 요소이기도 함.

순간성(instanciation) 사회 구조란 사람들과는 무관하게 '저기 밖에' 독립적으로 존재하는 것이 아니라, 사람들의 일상적 상호작용을 통해 항상 창조되고 있음을 가리키는 용어. 구조화 이론 참조.

숭배(fetishizing) 사회분석에 있어서 특정 이론, 원리, 개념 혹은 요인의 중요성을 과장하는 것. 가령, 사회 과정에 있어서 '공간'의 역할을 지나치게 과장하는 것. 계급 갈등을 은폐하는 방식을 비판하는 것에서 시작된 용어임. 물신숭배 참조.

슘페터적 근로복지국가(Schumpeterian workfare state, SWS) 개인의 수요보다는 국가 경제의 국제 경쟁력 향상이 더 우선시되는 새로운 유형의 복지국가. 케인스주의적 복지국가와는 달리, SWS는 자율적 결정, 개입의 최소화, 잠재적 복지대상자에 대한 소득 조사 등에 기반하는 경향이 있음.

스케일(scale) 지리적 과정이 상이한 차원(예 : 글로벌, 국가, 지역, 근린지구, 가구 등)에서 일어난다는 것을 나타내기 위해 지리학자들이 사용하는 용어. 각 과정들은 복잡한 방식으로 상호 연관되어 있다는 인식이 증가하고 있음. 글로벌-로컬 연계 참조.

스펙터클(spectacle) 사회생활에서 점차 이미지가 지배적으로 되어 감을 지칭. 물신숭배 참조. 도시가 점차 대규모 이벤트나 스펙터클한 경관을 통해 판촉되어 가는 경향을 지칭하기도 함. 디즈니화, 축제 소매업 참조.

시간지리학(time-geography) 해거스트란트에서 시작된 연구로서, 사람의 일상생활에 시간과 공간이 어떤 영향을 끼치는지를 조사한 것에서 비롯됨. 권위 제약, 능력 제약, 결합 제약 참조.

시공간 수렴(time-space convergence) 새로운 운송체계가 이동성을 극적으로 향상시킴으로써 '축소된 세계'를 야기했다는 주장. 거리화와 대비됨.

시공간 압축(time-space compression) 데이비드 하비(David Harvey)가 제시한 용어로서, 기술적 변화를 포함한 다양한 과정이 자본의 축적 속도를 가속화하는 과정을 지칭함.

시너지(synergy) 혼성성 참조.

시네키즘(synekism) 거주지가 지역적 네트워크를 형성하면서 사회적, 경제적 혁신을 주도해 나가는 과정을 지칭하는 에드워드 소자의 용어.

시대정신(zeitgeist) 지배적 이데올로기나 헤게모니적 담론과 같이 시대를 대표하는 정신을 일컬음.

시뮬라크라(simulacra) 재현하고자 하는 원래의 현실과 구분하기 어려운 이미지나 모사물을 지칭함. 이는 그 자체로 생명력을 가지고 있기 때문에 원본 없는 모사물이라고도 지칭된다. 포스트모던 문화의 주요 요소. 포스트모더니즘, 초현실성 참조.

시민권(citizenship) 개인과 공동체 그리고/또는 국가 간의 관계.

시민 기업가주의(civic entrepreneurialism) 시민 선전주의 참조.

시민사회(civil society) 민간 기업영역, 가정 및 자원봉사 영역 등 정부를 제외한 나머지 사회구성 요소.

시민 선전주의(civic boosterism) 지방정부가 투자유치와 민간부문 자본과의 합작을 통해 지역경제를 활성화하려는 시도. 시민 기업가주의라고도 함. 연합 구축, 성장연합, 거버넌스, 도시 기업가주의 참조.

시선(gaze) 어떤 관찰자에 의해 사람이나 장소가 감시, 조사, 분석됨을 지칭. 대체로 이러한 관찰자는 세계를 특권적 위치에서, 객관적으로, 가치 중립적으로 기술할 수 있다는 생각과 관련되어 있음. 식민주의와 관련하여 제국주의적 시선으로도 불림. 데카르트적 접근, 모방적 접근 참조. 사회 구성주의에 의해 논박되고 있음.

시장성 검사(market testing) 어떤 기업이 자신이 생산한 상품이나 서비스를 시장에 공급하기 이전에 다양한 외부 조직을 참여, 경쟁입찰, 계약하게 함으로써 내부의 효율성을 검사하는 과정. 내부계약, 외부계약 참조.

시장화(marketization) 재화와 서비스의 분배를 시장 원리에 맡기는 것. 내부 시장, 상품화 참조.

시카고학파(Chicago School) 20세기 초반 시카고에서 활동한 사회학자 집단을 일컬음. 이들은 도시 내의 다양한 하위문화에 관심을 가졌고, 동식물의 세계에서 차용한 개념을 거주지 패턴 연구에 적용했다는 점을 특징으로 함. 이와 관련해서는 인간생태학 참조. 한편, 이 용어는 20세기 후반 시카고를 중심으로 하여 통화주의 경제 정책을 지지했던 경제학자 그룹을 지칭하기도 함.

식민주의(colonialism) 어떤 국가가 새로운 거주지를 만듦으로써 다른 영토를 지배하는 것. 제국주의의 산물임. 포스트식민 이론 참조.

식민주의 담론(colonial discourse) 식민주의와 관련된 사회적 실천과 태도를 일컬음. 담론, 제국주의, 포스트식민 이론 참조.

신경제지리학(new economic geography) 신고전주의 경제학의 추상적 합리성을 극복하고 문화, 배태성, 그리고 경제적 형태와 과정의 로컬 의존성 등을 고려하는 경제지리학의 새로운 흐름을 총칭함.

신고전주의 경제학(neoclassical economics) 시장 메커니즘의 가치를 신봉했던 18세기 말과 19세기 초의 사상을 발전시키려는 시도로서, 넓은 경제적 사안들보다는 미시적인 수준에서의 개별 시장 문제에 초점을 둔다. 이 접근법은 인간의 경제활동에서 불변의, 보편적인 원리를 발견하고자 하며, 경제활동의 사회적 맥락은 고려하지 않는 경향을 띤다. 배태성 및 상황성과 비교할 것.

신국가주의(neostatism) 국제적 경쟁력을 확보하기 위해 국가가 직접적으로 개입하는 상황을 지칭. 신코포라티즘, 신자유주의와 대비됨.

신다원주의(neopluralism) 다원주의에 대한 광범위한 비판 때문에 새롭게 등장한 다원주의의 형태.

신마르크스주의(neo-Marxism) 20세기의 사회와 사회이론의 발전을 고려하여 고전 마르크스주의 이론을 발전시키려는 시도. 종종 마르크스주의 이론 혹은 포스트마르크스주의로도 불림.

신사회운동(new social movements) 사회운동, 정체성의 정치 참조.

신산업공간(new industrial spaces) 기업이 지리적으로 특정 공간에 집중하여 하청이나 협력 관계와 같은 조밀한 네트워크를 형성하고 있는 것을 지칭함. 대체로 전자산업이나 생명공학과 같은 혁신적인 기업과 관련되어 있음. 종종 '신산업지구'로 불리기도 하지만, 신산업지구는 도시 내의 보다 협소한 산업공간에 국한되어 사용됨. 유연적 전문화, 신포드주의와 관련되어 있음.

신식민주의(neocolonialism) 식민주의 지배 이후 과거의 식민 지배 권력이 구식민지를 지배하는 것. **포스트식민 이론** 참조.

신의 장난(God trick) 사회 비평가 도나 해러웨이(Donna Haraway)가 사회에 대한 많은 과학적 연구가 가정하고 있는 가치 중립성을 비판하면서 제시한 용어. 가령 많은 과학적 연구는 마치 '전지전능한 신적인 위치'에서의 조망할 수 있는 능력이 있다고 가정하고 있는데, 이는 **사회 구성주의**에 논박되고 있음. **상황성**, **포스트구조주의** 참조.

신자유주의 정책(신자유주의)[neoliberal policies (neoliberalism)] **사유화** 및 **탈규제** 등 다양한 유형의 **뉴라이트** 정책을 통해 경쟁력을 지닌 경제를 이루고자 전략. **신코포라티즘** 및 **신국가주의**와 비교할 것. 신고전 자유주의라고 일컫기도 함.

신코포라티즘(neocorporatism) 경제의 경쟁력을 향상시키기 위해 사회조직을 기업적으로 조직한 형태. **슘페터적 근로복지국가** 참조. **신자유주의**, **신국가주의**와 대비됨.

신포드주의(neo-Fordism) 유연성을 중심으로 하는 새로운 축적체제로서, 대량생산을 기반으로 하는 포드주의 축적체제를 대체해 오고 있음. 이는 종종 특수한 노동 과정이나 산업 조직을 지칭하는 보다 협소한 의미로도 사용됨. **포드주의**와 비교할 것.

실증주의 이론(positive theory) 실제 존재하는 것과 관련된 이론. **규범적 이론**의 반의어.

심리적 과부하(psychological overload) 도시 환경은 사람들에게 거리감, 비인간화, 일탈행위를 유도할 수 있는 자극을 끊임없이 제공한다는 인식. **행동주의**, **이익사회** 참조.

심미화(일상생활의 심미화)[aestheticization(of everyday life)] 원래는 계급 갈등의 문제가 고급예술에 의해 희석되는 상황을 지칭하기 위해 사용된 용어지만, 오늘날에는 보다 넓은 의미에서 일상생활에서 기호나 외관이 더욱 중요시되는 현상을 총칭함. 특히, 이 용어는 소비과정과 물질적 대상물이 사용자의 사회적 위치를 나타내는 현상을 설명하는 데에 사용됨. **교환가치**, **위치재**, **상징자본**, **사용가치** 참조.

심상지도(mental map) 지역에 대해 사람들이 마음속으로 형성하는 이미지. **인지적 거리** 참조.

아노미(anomie) 사람들에 대한 사회적 약속과 규범의 영향력이 약화된 상태를 일컬음. 종종 도시적 삶의 고립성과 관련됨. **이익사회** 참조.

아비투스(habitus) 사회이론가 피에르 부르디외(Pierre Bourdieu)가 제시한 개념으로서, 사람들의 물질적, 담론적 요소를 포괄하고 있는 **생활세계**와 관련된 **문화**를 지칭함.

양가성(ambivalence) **포스트식민주의 이론**에서 사용되는 용어로서, 식민지배자와 피식민지인의 관계는 끌어당김과 밀어냄의 혼합을 특징으로 한다는 것을 표현하는 데에 사용됨. 이 관점에 따르면, 식민지배자들의 것은 식민지인에 의해 완벽하게 복제될 수 없기 때문에 모든 식민지적 관계는 양가적일 수밖에 없음. 이에 따라 모방은 결국 흉내내기일 수밖에 없음. 양가성은 권력을 탈중심화하는 경향이 있는데, 왜냐하면 권력을 가진 자들의 입장에서 양가성은 혼성성을 야기할 수 있기 때문임.

양극화(polarization) **사회적 양극화** 참조.

언어적 전환(lingustic turn) 사회과학이 언어와 재현의 문제로 관심을 전환했던 것을 가리킴. **문화적 전환**의 동의어.

에스노버브(ethnoburb) 특정한 민족집단이 클러스터를 형성하고 있는 교외지역. **붐버브**, **에지시티**, **테크노버브** 참조.

에지시티(edge cities) 신문기자인 조엘 개류(Joel Garreau)가 거대한 대도시지역의 외곽에 나타나는 최근의 도시 개발을 기술하기 위해 만들어 낸 개념으로서, 도시 중심에서 떨어져 있으면서 사무실과 쇼핑몰 등을 중심으로 기능적으로 독립된 결절을 이룸. **탈중심화**, **외부도시** 참조.

엔클레이브(enclave) 장기간에 걸쳐 형성된 소수민족집단의 거주지를 지칭하는데, 일반적으로 **게토**만큼 뚜렷이 분리되어 있지는 않다. **거류지**의 반대말.

엔터프라이즈 지구(enterprise zones) 세금 면제나 설계 규제 완화와 같은 특별한 인센티브를 통해 외부의 투자에 기반한 경제적 발전을 촉진하려는 지구.

여과(filtering) 호머 호이트(Homer Hoyt)에 의해 주장된 논제로서 주거 이동성 이면의 주요 원동력은 부유층을 위한 신규 주택 건설이며, 이로 인해 경제적 지위가 상대적으로 더 높은 가구는 오래된 주택으로부터 나와 도시 바깥쪽으로 이주하게 되며, 경제적 지위가 상대적으로 더 낮은 가구는 경제적 지위가 상대적으로 더 높은 가구가 이주함으로써 발생한 공가를 점유하게 됨. **선형 모델** 참조. 주거 이동성의 **침입** 모델과 대비됨.

여성 만보객(flâneuse) 여성 여행자/관찰자(인터넷 서핑자를 의미하기도 함).

여성화(feminization) 여성의 수와 영향력이 확대되어 가는 삶의 영역. 대개 사업장을 대상으로 할 때 사용됨.

역돌봄 법칙(inverse-care law) 의료보장제도와 같은 복지 서비스는 이를 가장 필요로 하는 지역에서 가장 열악하다는 것을 뜻함. 이에 대한 증거는 모순적인 까닭에 이는 법칙이라기보다는 경향이라고 이해하는 것이 타당함. **인종 선호 가설**, **영역적 정의**, **극빈층** 참조.

역사유물론(historical materialism) **고전 마르크스주의**의 기반이 되는 철학. 모든 사회적 행위는 생산수단이라는 물질적 토대 위에서 전개된다고 이해함.

역설적 공간(paradoxical space) **제3의 공간**의 동의어.

연합 구축(coalition building) 도시의 공식, 비공식 이해 집단이 정치적 목표를 관철시키기 위해 연합하는 것. 레짐이론과 관련됨. **성장연합** 참조.

열망 지역(공간)[aspiration region(or space)] 잠재적 이주자가 열망하는 도시 지역을 가리키며 주거 이동성에 관한 행태적 연구에서 사용되는 용어임. 이는 **행동(활동) 공간** 및 **인식 공간**의 산물임.

영역성(territoriality) 이 용어는 다양한 맥락에서 사용, 해석되고 있음. 우선, 인간은 타고날 때부터 특정한 영역을 확보함으로써 안전, 안정, 사생활에 대한 욕구를 충족하고 개인의 **정체성**을 표현하려는 욕망을 지니고 있음을 일컫는 데 사용됨. **사회생물학**에서는 이를 '텃세(세력권)'라고도 지칭하나, 이러한 설명은 오늘날의 **사회 구성주의자**들에 의해 반박되고 있음. 또한 포스트모던 사상에서는 (가족제도와 같이) 사람들의 욕망을 억압하는 모든 제도를 일컫는 개념이기도 함. 한편, 정치권력이 특정 도시나 지역과 같은 지리적 토대 위에서 여러 지원과 자원을 동원하려는 전략을 지칭하기도 함.

영역적 사회지표(territorial social indicators) 도시 내 주거지역 또는 지방정부 지역과 같은 특정 유형의 지역과 연관된 사회적 불리(또는 필요)의 척도. **영역적 정의**의 정도를 평가하는 데 사용될 수 있음.

영역적 정의(territorial justice) 지역의 필요에 비례해

서 지역에 자원을 배분하는 것. 영역적 사회지표 참조.

오리엔탈리즘(Orientalism) 에드워드 사이드가 동양은 유럽의 사회적 구성물이라는 점을 주장하면서 사용한 용어임.

외부계약(contracting-out) 한 기업이 어떤 재화나 서비스의 공급을 외부의 다른 기업에게 맡기는 것. 경쟁입찰과 관련되어 있지만, 반드시 경쟁입찰과 동일하지는 않음. 하청, 거리 두기, 아웃소싱으로도 불림. 시장성 검사 참조.

외부도시(exopolis) 에지시티를 특징으로 하는 '안과 밖이 뒤집힌' 대도시를 지칭하는 에드워드 소자의 용어. 포스트모던 글로벌 메트로폴리스 참조.

외부성(externality) 도시에서의 활동들로 인해 나타나는 효과. 대가를 직접 지불하지 않은 사람들이 이득을 얻거나 보상을 받지 못한 사람들에게 전가되는 비용(또는 불이익)이 될 수 있음. 파급효과 및 제3자 효과라고 일컫기도 함. 무임승차자를 양산하기도 함.

외부화(생산의 외부화)[externalization(of production)] 기업이 어떤 과업을 다른 기업에게 하청을 주는 행위로서 수직적 분산으로도 불림. 대개 시장의 다변화와 기술적 변화에 대응하고 생산 비용을 낮추는 과정에서 이러한 대응이 나타남. 규모의 내부경제가 점차 쇠퇴하는 것과 관련되어 있음.

외연적 축적체제(extensive regime of accumulation) 자본주의의 발전 국면 중 하나로, 이윤의 증가가 노동 생산성의 향상에 의한 것이 아니라 생산규모나 시장의 확대에 의한 경우를 지칭함. 조절이론의 핵심 개념임. 내포적 축적체제, 유연적 축적체제와 대비됨.

요새도시(fortress cities) 사회적 불평등, 범죄, 폭력, 그리고 위험한 집단을 배척하기 위한 감시 체제를 특징으로 하는 도시. 폐쇄 공동체, 사회적 양극화, 탐지경관, 감시 참조.

요인분석(factor analysis) 복잡한 데이터 세트 내의 주요 패턴을 요약하기 위해 사용되는 다변량 계량기법. 분석기법상 주성분분석과 매우 유사함. 요인생태학 참조.

요인생태학(factorial ecology) 도시 내 주거 패턴 연구에 요인분석 및 주성분분석을 적용함. 생태적 접근, 인간생태학 참조.

용도구역제(zoning) 배타적 용도구역제 참조.

워스주의 이론(Wirthian theory) 도시는 거대한 규모와 이질적인 도시생활을 특징으로 하기 때문에 범죄와 질병의 발생률이 높고 사회가 탈조직화되어 있다는 루이스 워스(Louis Worth)의 주장을 따르는 도시 이론. 정신적 과부하 참조.

원격기술(telematics) 컴퓨터나 디지털 미디어 장비를 인공위성이나 광통신망에 연결하는 서비스. 가상공간 참조.

위임화(delegation) 탈중심화의 한 형태. 여러 기능들과 관리 책임이 근린지구 수준의 사무실로 이전되기는 하지만, 예산과 목표와 관련된 로컬 자율성은 중앙에 의해 엄격하게 통제됨. 탈집중화, 권한 이양 참조.

위치성(positonality) 한 개인이 채택하는 가치. 어떤 저술은 현실에 대한 객관적인 거울이 아니라 그 저술이 생산된 문화적 맥락을 반영한다는 주장과 관련되어 있음. 모방적 접근과 대비됨. 맥락적 이론, 상황성 참조.

위치재(positional good) 소비자의 지위를 나타내는 재화. 문화자본 참조.

위험사회(risk society) 울리히 벡(Ulrich Beck)에 따

르면 현대 사회의 위험은 과거의 사회에서보다 훨씬 큼.

유산경관(heritage landscapes) 리노베이션이나 다른 용도로의 전환을 통해 보존해 온 오래된 도시구조물.

유연적 전문화(flexible specialization) 비숙련노동을 활용하는 대량생산 방식이 숙련노동을 활용하는 소규모 기업이 전문화된 제품을 일괄생산하는 방식으로 대체되고 있음을 지칭하는 용어. **조절이론**에서 **신포드주의**라는 개념과 유사하지만, 접근 방식에 있어서는 거시경제적 변동과 기업의 변화에 대한 관심이 낮은 주의적 개념임. **주의주의** 참조.

유연적 축적(flexbile accumulation) **내포적 축적체제**가 유연적 생산에 기반을 둔 새로운 체제에 의해 대체되었을 지칭하면서 사용되는 개념. **조절이론**, **신포드주의**, **유연화**, **유연적 전문화** 참조.

유연화(flexibilization) 기업이 시장 수요의 다변화에 대응하기 위해 자기의 상품을 조절할 수 있는 능력을 고양시키려는 전략. 공공 부문과 민간 부문, 기업 조직과 노동 실천 모두에 적용될 수 있음. **기능적 유연성**, **수량적 유연성** 참조.

육체성(corporeality) 몸의 이미지는 단순히 생물학적 차이의 결과가 아니라 다양한 기호와 의미화 체제를 통해 사회적으로 구성된다는 것을 인식하는 용어. **본질주의**와 반대됨.

응집(congregation) 소수자 집단이 자발적인 선택에 의해 형성한 거주지 클러스터. 이와 달리 **분리**는 구조적 제약이나 차별에 의해 대체로 비자발적으로 나타남.

의미화(significatioin) 장소, 사람, 사물 등이 글쓰기나 기타 재현의 형식을 통해 의미를 부여받는 과정. **재현의 공간** 참조.

의미화 실천(signifying practices) 문화적 의미를 내포하는 사회활동. **재현**, **의미화**, **기표**, **기의**, **의미화 체계** 참조.

의미화 체계(signifying systems) 문화는 기호, 상징, 물질적 활동과 관련되어 있기 때문에 세계에 대한 해석과 이해에 영향을 끼친다는 것을 지칭함.

의사국가(quasi-state) 이전에는 중앙정부 및 지방정부에 의해 실행되었지만 현재는 민주적 지배의 전통적 경로 밖에 있는 역할들을 맡게 된 새로운 기관들. **거버넌스**, **특수법인**, **그림자 국가** 참조.

의사시장(quasi-market) 소비자가 중개인을 통하여 재화와 서비스를 구입하는 시장. 가령, 병원직원이나 의사가 건강관리를 받고자 하는 경우 이에 해당됨. **내부 시장** 참조.

의사정치적 구조(parapolitical structure) 정치에서 개인들과 국가를 중재하는 비공식 집단(예 : 기업단체, 노조, 지역사회단체, 자원봉사단체 등). **성장연합**, **거버넌스** 참조.

이념형(ideal type) 어떤 개념을 도출하거나 분석적 정확성을 달성하기 위해 현실을 단순화하거나 과장하는 분석에서 유래한 개념.

이데올로기(ideology) 부유층이나 지배층의 이익을 정당화하는 데에 이용되는 관념. 신념 체계를 의미하는 일반적 용어로 사용되기도 함.

이데올로기적 상부구조(ideological superstructure) 학교나 가족과 같이 부유층이나 지배층의 이익에 복무하는 제도들의 총체. 경제적 토대와 대비되는 개념임. **국가기구**로 불리기도 함. **상대적 자율성** 참조.

이미지공학(imagineering) (디즈니랜드에서와 같이) 다른 장소와 유사한 특성을 지닌 장소를 의도적으로 창조하는 것. 이는 문화를 하나의 피상적인 장식으로 창조하는 과정으로 간주되기도 함. 디즈니화, 타장소성, 맥도널드화, 장소상실, 시뮬라크라 참조.

이분법(binaries) 사람이나 개념을 한 쌍으로 (가령, 남성/여성, 일반인/환자, 정상인/미친, 이성애자/동성애자, 참/거짓, 사실/허구, 진짜/가짜 등과 같이) 범주화하는 것. 이는 배제나 대상화를 유발하기도 함.

이성애-가부장제(heteropatriachy) 이성애적 가치가 지배하는 가부장제를 일컫는 용어.

이성애-가부장제 환경(heteropatriarchal environment) 가부장제 및 이성애 가치가 지배적으로 나타나는 지역(예 : 도시의 대부분 지역).

이성중심주의(logocentricism) 내적 의미와 논리로 이루어진 세계가 있다는 믿음.

이익사회(gesellschaft) 퇴니에스가 제시한 개념으로서, 사람들 간의 느슨한 사회관계를 특징으로 하는 도시화된 환경을 지칭함. 공동사회와 반대됨.

이주노동자(gastarbeiter) 독일과 같은 유럽 대륙에서 주로 터키 출신의 '이주노동자'를 지칭하는 용어. 오랫동안 유럽에 거주해 왔음에도 불구하고, 일시적인 노동자로 간주되기 때문에 완전한 시민권을 갖지 못한 경우가 많음.

이중도시(dual cities) 거대한 대도시 지역에서 부, 지위, 유행 등이 사회적으로 더욱 불균등해지는 현상을 지칭함. 글로벌 도시, 사회적 양극화 참조.

이중적 해석(double hermeneutic) 연구자는 자신의 가치뿐만 아니라 자신이 연구하는 사람들의 가치도 인식해야 한다는 의미에서 사용됨. 해석학, 상황성 참조.

이차적 관계(secondary relationships) 가족이나 친구 관계보다는 특정한 목적을 달성하기 위해 형성된 관계. 표현적 상호작용, 도구적 상호작용 참조.

인간생태학(human ecology) 도시 내의 거주지 분포 패턴을 식물 종과 동물 종의 세계에서 유추하는 이론. 시카고학파의 접근임.

인간주의(humanism) 인간에게는 공통의 인간성이 있다는 믿음. 따라서 인간 행태를 이해할 수 있는 공통된 특징이 있다고 가정함. 이는 담론 이론에 의해 반박되고 있음.

인간 행위주체성(human agency) 행위주체성의 동의어. 주의주의 참조.

인식 공간(awareness space) 직접적 접촉(활동 공간) 및 간접적 정보원(예 : 신문, 부동산 중개인)에 의해 사람 또는 가구가 지식을 지니고 있는 도시의 모든 지역. 열망 지역 참조.

인종 선호 가설(race-preference hypothesis) 일부 민족집단(전형적으로 미국 흑인 또는 라틴아메리카계 사람들)이 공공 및 민간 부문 서비스 공급의 최저 수준을 받는다는 주장. 극빈층 가설 참조.

인종적 지위(ethnic status) 요인생태학 관점에서 본 도시 주거 구조의 주요 측면들 중 하나의 측면. 민족성의 차이. 가족적 지위, 사회적 지위 참조.

인종집단(racial group) 주로 피부색이나 얼굴 생김새와 같은 외모의 특징을 근거로 하여 생물학적으로 뚜렷이 구분된다고 간주되는 집단. 이러한 신체적 차이가 머리카락 색상의 차이보다 더 중요하다고 할 근거가 없기 때문에, 인종집단은 여러 신체적 특질 중 민족적으로 중요하다고 생각되는 것들이 선택되어 형성된 범주임. 인종차별주의, 민족성, 민족집단 참조.

인종차별주의(racism) 생물학적으로 다르다고 틀리게 가정된 특정 인종 집단에 대해서 부정적인 특징들을 부여하려는 일련의 사고 및 사회적 관행. 민족 집단 참조.

인지적 거리(cognitive distance) 사람들이 도시 공간 상에서 자신의 심상지도를 바탕으로 하여 인지한 거리로서 물리적 거리와는 다르며, 도시 환경의 상징적 측면과 연관되어 있음.

일선관료(street-level bureaucrats) 주택 검사원이나 경찰관처럼 공중과 직접적인 접촉을 갖는 관리자. 결정 규칙, 관리주의 참조.

일차적 관계(primary relationships) 가족 구성원 및 친구 간의 사회적 관계. 이차적 관계와 대비됨.

일탈적 하위문화(deviant subculture) 일탈적 하위집단 참조.

일탈적 하위집단(deviant subgroup) 다수자 집단과는 매우 다른 가치와 규범을 갖고 있는 사회집단. 거주지 분화의 원인이 되기도 함. 일탈적 하위문화, 문화 참조.

임시직 노동자(contingent workers) 수량적 유연성을 보이는 노동자. 기능적 유연성과 비교할 것.

임파워먼트 지구(empowerment zones) 미국의 도시 재생 정책에서, 공공기관, 민간기업, 커뮤니티 단체 간의 협력을 특징으로 하는 지역. 엔터프라이즈 지구 참조.

잉여가치(surplus vale) 칼 마르크스의 노동가치론의 핵심 요소 중 하나임. 어떤 상품을 생산한 노동자에게 지불되는 임금과 그 상품이 시장에서 교환되는 과정에서 부여되는 가격 간의 격차를 의미함. 교환가치, 사용가치 참조.

자격 규칙(eligibility rules) 누가 도시에서의 부족자원에 대해 접근할 수 있는지를 결정하는 데 있어 사회적 게이트키퍼가 사용하는 준거 기준. 이러한 준거 기준은 명료하거나 암묵적일 수 있음. 대개는 주택 관리자와 같은 공공 관리에게 적용되지만 민간 부문(예 : 부동산 중개인 또는 금융업자)에도 적용될 수 있음. 결정 규칙이라고 일컫기도 함.

자민족중심주의(ethnocentricism) 어떤 문화가 다른 문화들보다 우월하다고 보는 입장으로서, 주로 서양이 기술적·도덕적으로 우월하다는 관점을 비판하는 데에 사용됨. 유럽의 문화가 보다 우월하다고 할 때에는 유럽 중심주의라고 표현되기도 함.

자본 재구성(recapitalization) 비즈니스의 이익을 최상위 정치적 의제로 삼기 위해 고안된 다양한 뉴라이트 정책을 광범위하게 지칭하는 용어. 슘페터적 근로복지국가 참조.

자산 매각(asset sales) 공공 부문이 소유한 공익사업 및 자산(공공주택과 같은)을 민간 부문에 매각하는 것. 사유화 참조.

자연지역(natural ares) 시카고 인간생태학파가 제시한 개념으로서, 도시 내에서는 특정 사회집단이 특정 도시구역을 점유하는 자연적 경향이 있음을 일컬음. 지배 참조.

자연화(naturalization) 계급, 젠더, 인종, 연령, 국적 등의 요인을 중심으로 사회적으로 구성된 차이가 자연적이고 불가피하다고 간주하는 과정. 본질주의 참조.

자원봉사단체(volunary organization) 도시의 동호회나 압력단체를 가리킴. 가령, 직업과 관련된 모임, 종교 조직, 커뮤니티 단체, 복지단체 등이 있음.

자원봉사 부문(voluntary sector) 일반적으로는 자원봉사 기관을 지칭하지만 흔히 구호품, 자선 신탁, 압력 단체와 같은 복지 요구를 충족하게 하려고 노력하는 다양한 비영리 기관을 지칭함.

자유방임(laissez-faire) 다수의 19세기 자본주의 사회에서 지지하던 이데올로기로, 국가는 민간 시장의 작동에 개입해서는 안 된다고 주장. 뉴라이트 참조.

자유주의(liberalism) 서양 민주주의의 근간이 되는 이념. 개인의 권리는 사회 전체의 권리에 대해서 종속되어 있지 않다는 믿음을 특징으로 하면서, 반대 의견에 대한 관용을 강조하고 결과의 평등보다는 기회균등을 강조함. 신자유주의 정책, 자유지상주의, 뉴라이트 참조.

자유지상주의(libertarianism) 개인의 재산권을 보장하는 것과는 별도로, 국가는 개인이 원하는 것을 할 수 있도록 방임해야 한다는 주장으로서 뉴라이트 이론의 일종임.

자체조달(self-provisioning) 복지를 필요로 하는 개인이 국가에 의존하기보다는 자기 스스로 준비를 해야 하는 상황을 지칭함. 자조, 자원봉사 부문, 민간 부문 등이 대안이 될 수 있음. 가내화 참조.

잔여적 복지국가(residual welfare state) 복지 수요에 대하여 가족, 자원봉사단체, 민간 부문 등에서 더 이상 충족할 수 없는 최후의 상태에서 국가의 복지 개입이 이루어지는 국가를 지칭함. 포스트복지사회 참조.

잔여화(residualization) 복지 지출 삭감으로 인해 소외된 소수민족에 대한 공공 서비스가 제한됨. 게토화 참조.

장기 지속(longue durée) 구조화 이론에서 사용되는 개념으로서, 가족이나 법률제도와 같은 사회제도가 진화해 나가는 시간을 지칭함. 현존, 지속 참조.

장기 호황(long boom) 조절이론에 입각한 개념으로서, 2차 세계대전 이후 1945년부터 1970년대 중반까지 서양 경제에 있어서 생산과 소비가 상대적으로 조화를 이루었던 (포드주의) 시기를 가리킴. 포드주의, 축적체제 참조.

장소(place) 지리학자들이 특정 영역이나 공간의 특성은 (물질적 기반을 갖고 있으면서도) 사회적 구성된다는 점을 지칭하면서 사용하는 개념. 사회 구성주의 참조.

장소 마케팅(place marketing) 장소 판촉 참조.

장소상실(placelessness) 현대 도시의 공간이 다른 장소를 모델로 하여 조성되는 경향을 지칭함. 이 결과 공간은 일률적이고 정체불명의 모조품과 같이 되어가고 있음. 타장소성, 시뮬라크라 참조.

장소의 사이성(betweenness of place) 어떤 지역의 속성은 그 지역 내부에 살고 있는 사람의 주관적 해석뿐만 아니라 그 지역에 대한 외부 주민의 인지에 의해서도 영향을 받는다는 주장. 장소, 사회 구성주의 참조.

장소 판촉(place promotion) 광고, 로비, 세금 면제와 같은 인센티브를 통해 경제 개발을 일으키려는 전략을 지칭함. 관광을 촉진하기도 함. 시민 선전주의 참조.

장소혼(genius loci) 장소에는 고유한 '영혼'이 있다는 관념으로서, 소설, 시, 회화에서 종종 이러한 것을 포착하고자 함.

장애차별적 지리학(ableist geography) 기본적으로 사람을 비장애인으로 간주함으로써 장애인이 경험하는 여러 문제를 간과하는 지리적 연구를 총칭함. 이러한 부류의 연구는 결과적으로 장애인에 대한 억압을 지속시킴.

재상품화(recommodification) 시장 외부에 있던 재화와 서비스를 시장 메커니즘 내로 재할당하는 것. 시장화, 상품화와 유사함.

재생산(reproduction) 마르크스주의 이론이 생물학에서 차용한 은유적 표현으로서, 자본주의에서 모든 요소는 자본주의 체제의 유지를 보장하는 데에 필요하다는 것을 함축함. 사회적 재생산을 일컫는 용어이기도 함. 축적 참조.

재시설화(reinstitutionalization) 정신병원과 같은 복지시설의 폐쇄 이후, 과거에 복지시설에서 보호받았던 환자들이 감옥처럼 다른 시설에서 삶을 마감하게 되는 과정. 탈시설화 참조.

재영역화(reterritorialization) 도시 공간이 강력한 경제적 이익을 위해 재구조화되는 것을 지칭하기 위해 마누엘 카스텔(Manuel Castells)이 제시한 용어. 젠트리피케이션, 보복주의 도시 참조. 탈영역화의 반의어.

재정 불균형(fiscal imbalance) 도시지역의 수요와 그 수요를 충족할 수 있는 가용 자원 간의 불일치. 미국 도시에서 중심도시 정부가 주로 겪고 있는 문제. 교외착취론 참고.

재정 압박(fiscal stress) 재정 불균형 참조.

재정적 중상주의(fiscal mercantilism) 지방정부가 지방세 수입을 올려줄 토지이용을 유인함으로써 재정을 확충하려는 시도. 시민 선전주의와 시민 기업가주의와 유사함.

재중심화(recentralization) 탈중심화 이후 도시 중심으로 여러 시설들이 재집중하는 흐름을 지칭. 젠트리피케이션 참조.

재현(representation) 사회가 사회 그 자체와 그 주변 세계를 드러내는 모든 방식.

재현의 공간(spaces of representation) 르페브르가 사용한 용어로서, 도시 내에서 새로운 공간적 실천들이 계획, 상상되는 방식을 지칭함. 물질적 실천, 공간의 재현 참조.

저항 문화(counter-culture) 한 사회의 지배적 가치에 반하는 하위문화. 저항 위치, 헤테로토피아 참조.

저항 위치(counter-site) 사회의 주류 밖에 있는 공간으로서 저항 문화를 반영함. 헤테로토피아 참조.

저항의 공간(spaces of resistance) '대안적' 생활양식을 형성함으로써 다수의 주류 생활양식에 도전하는 도시지역. 저항 위치, 헤테로토피아, 한계역 공간, 역설적 공간, 제3의 공간 참조.

전략적 본질주의(strategic essentialism) 해체주의자들이 정치적 공동목표를 이루기 위해 본질주의적 태도를 일시적으로 수용하는 것. 본질주의, 해체, 담론, 사회 구성주의 참조.

전문직화 논지(professionalization thesis) 서양 사회의 사회구조가 전문직과 관리직 집단의 증가를 보이고 있다는 주장. 프롤레타리아화 논지와 비교할 것. 창조도시 참조.

전산업도시(preindustrial city) 산업혁명이 일어나기 이전 산업 기반이 없었던 도시.

전염적 궁핍(transmitted deprivation) 빈곤한 부모로 인해 기술을 전수받지 못하고 성취동기도 낮기 때문에 빈곤이 나타난다는 설명을 지칭함.

전유(appropriation) 포스트식민 사회가 제국주의의 문화적 요소들을 흡수하는 것. 양가성, 혼성성, 흉내내기 참조. 보다 넓은 의미에서는 상이한 문화적 요소를 차용하고 혼합하는 것을 지칭하기도 함. 특히 다양한 대중음악 장르의 등장을 설명하는 데에 적용됨. 절충주의라고도 불림. 브리콜라주 참조.

전이도시(transitional cities) 공산주의 체제하에 있었던 중앙 계획 경제가 점차 시장이 주도하는 자본주의 경제로 변화하는 상태에 있는 도시를 지칭함.

전이지대(zone in transition) 시카고 인간생태학파의 이론이 제시한 개념으로서 도시 중심과 노동계급 주택 지구 사이에 나타나는 동심원 지대를 일컬음. 공장과 불량주택지구가 혼재하고 있으며, 대개 이민자나 '사회적 일탈자'로 간주되는 사람들이 거주하는 경향을 띰.

전체론적 담론(totalizing discourse) 전체론적 서사 참조.

전체론적 서사(totalizing narrative) 세계를 이해함에 있어서 우월하다고 주장하는 이론.

절충주의(syncretism) 전유 참조.

정당화(legitimation) 자본주의를 정당한 것으로 만드는 사회적 과정. 정당화 기구 참조.

정당화 기구(legitimating agent) 특정한 방식으로 특정 아이디어나 행동을 보급함으로써 자본주의 체제를 수용하도록 만드는 기관(예 : 사회 공공주택의 보급이나 교육에서 시민권 사상을 가르치는 것). 헤게모니, 헤게모니적 담론, 이데올로기, 지방정부 참조.

정보경제(information economy) 현대 경제에서 (과학적, 기술적이면서도 유행과 관련되어 있는) 지식의 중요성이 증대됨을 표현하기 위해 사용되는 용어. 심미화 참조.

정보도시(informational city) 마누엘 카스텔이 정보경제와 관련된 도시구조를 설명하기 위해 사용한 용어. 가상공간, 흐름의 공간 참조.

정신적 과부하(psychic overload) 도시적 사회관계의 다양성, 밀도, 익명성이 근심이나 신경질환을 발생하게 한다는 주장. 심리적 과부하와 유사한 용어임.

정체(polity) (민주주의 정부, 파시즘적 정부와 같은) 정부의 형태. 시민사회 참조.

정체성(identity) (계급, 인종, 연령, 장소와 같이) 자기 자신에 대한 관점을 구성하는 요소를 지칭함. 문화연구에서는 정체성을 담론에 의한 불안정한 산물로 간주하기 때문에, (단수가 아닌 복수의) '정체성들'로 표현함. 이는 본질주의와 대비됨. 호명, 주체성 참조.

정체성의 정치(identity politics) 특정 정체성에 기반한 정치행동. 보통 계급 투쟁 이외의 정치행동을 지칭할 때 쓰임(가령 게이인권이나 장애인 행동 단체 등). 장소와 깊은 연관이 있음. 공동체 행동 참조.

정화된 공간(purified space) 정화된 공동체 참조.

정화된 공동체(purified communities) 리처드 세넷(Richard Sennett)이 제시한 용어로서, 어떤 집단은 자신들이 다른 열등하다고 생각되는 집단으로부터 스스로 분리되고자 하는 경향을 띤다는 것을 지칭함. 진정성 참조.

제국주의(imperialism) 어떤 국가가 원거리에 떨어져 있는 영토를 지배하는 행위와 태도. 지배의 중심성이 강할 때 나타나며, 제국주의는 식민주의로 나아감. 식민주의 담론, 포스트식민 이론 참조.

제국주의 담론(imperialist discourse) 식민 지배의 근거이자 이를 정당화하는 관념을 지칭함. 식민주의, 제국주의, 포스트식민 사회/국가 참조.

제3부문(third sector) 공공 부문과 민간 부문 사이에 위치하고 있는 경제로서 자원봉사단체나 사회적 기업 등을 예로 들 수 있음. 사회적 경제 참조.

제3의 공간(third space) 식민주의하에서 두 개의 문화가 만나 형성하는 의미의 혼합을 지칭함. **양가성**, **혼성성**, **한계역공간**, **역설적 공간** 참조.

제3자 효과(third-party effect) **외부성**의 동의어.

젠더(gender) 남성과 여성 간의 (생물학적 차이라기보다는) 사회적, 심리적, 문화적 차이를 일컬음. **페미니즘**, **이성애－가부장제**, **가부장제**, **성차별주의** 참조.

젠더 역할(gender roles) 젠더에 따른 수행에 있어서 '남성적인' 방식과 '여성적인 방식'을 뜻함. **수행성** 참조.

젠트리피케이션(gentrification) 중산층 전문가와 같은 상대적으로 부유한 사회집단의 유입을 통해 쇠퇴하는 도심 환경의 개조 및 재생. 빈곤층 원주민의 퇴거를 야기함. 일부 도시들에서의 동성애자 주거지역의 발달과도 연관됨.

조작도시 가설(manipulated city hypothesis) 사적인 이익을 가진 집단 연합체가 도시의 법적, 제도적 틀을 통해 자신들에게 유리하게 자원을 배분할 수 있다는 주장. **연합 구축**, **성장연합**, **의사정치적 구조**, **레짐 이론** 참조.

조절양식(mode of regulation) 한 사회의 갈등은 다양한 법률과 제도에 내재된 규범, 규칙, 규제에 의해 중재된다는 **조절이론**의 핵심 개념. **축적체제** 참조.

조절이론(regulation theory) 마르크스주의에서 갈라져 나온 사상으로 노동 실천, 산업 조직, 사회 조직의 변화를 거시적 경제발전과 민족국가 간의 관계 변화와 관련짓는 이론. **축적체제**, **조절양식**, **포드주의**, **신포드주의** 참조.

주류집단(charter group) 사회에서 지배적 **문화**를 지니는 다수 집단.

주변(margins) 지배적인 지역에 대한 변두리 지역. 또한 지배적인 문화의 변두리에서 위치함으로 인해 새로운 혼성적 정체성이 형성될 수 있는 문화를 지칭하는 은유적 표현이기도 함. **변방**, **혼성성** 참조.

주성분분석(principal components analysis) 대량의 데이터 세트를 요약하기 위해 지리학자들이 사용하는 계량적 기법. 분석기법상 요인분석과 매우 유사하며 **요인생태학**에서 사용됨.

주의주의(voluntarism) 사회복지 수요를 충족시키고자 자원봉사 부문을 활용하는 것. **그림자 국가** 참조. 또는 인간은 거의 모든 방향에서 무한대로 진화하는 결정을 내릴 수 있는 존재임을 상상하는 사회분석의 한 종류를 지칭함. 따라서 이러한 접근은 인간에게 가해지는 제약의 역할을 폄하함. **경제 결정론**과 반대됨.

주체성(subjectivity) 사람들이 자기 자신과 주변의 세계에 대해 갖고 있는 관점으로서, 이는 지속적으로 변화함. **문화연구**에서 이러한 관점을 (본질주의에서 주장하는 것처럼) 타고난 특성에서 기인하는 안정적 요인으로 이해하는 것이 아니라, **이데올로기**와 **담론**의 산물이라고 간주함. **정체성**과 유사한 개념이지만, 자아, 경험, 담론이 상이한 맥락에서 형성하는 상호작용의 결과라는 측면에서 보다 역동적인 개념임. **공간화된 주체성** 참조.

주체 위치(subject positions) (**계급**, 나이, **젠더**와 같이) 특정 범주의 사람들에 대한 담론이 가정하고 있는 그들의 행동 및 사고 방식. 이는 **주체성**과 상호작용하면서 **정체성**을 형성함.

주체 형성(subject formation) **정체성**이 사회적으로 구성되는 과정. **사회 구성주의** 참조. **본질주의**의 반대.

주택 건축 조합(housing association) 영국에서 주택

공급의 비영리적 자발적 부문.

중심화(centralization) 어떤 활동들을 공간적으로 더 큰 단위로 통합하는 것. 복지국가의 공공 서비스 부문이 축소되는 현상을 지칭하기도 하고, 도시 중심으로의 회귀 현상을 지칭하기도 함. 탈중심화의 반대말.

중층결정(overdetermination) 마르크스주의 이론에서, 사회구조와 인간 행위는 한 가지 이상의 요인에 의해 결정되기 때문에 경제적 요인 한 가지로 환원될 수는 없다는 점을 지칭하는 개념임. 경제 결정론과 대비됨. 상대적 자율성 참조.

지대격차(rent gap) 도심 쇠퇴 지역의 현재 지대와 도심재생에 따른 잠재적 시장 지대 간의 차이. 지대격차가 클 경우 도심 재재발 및 젠트리피케이션이 발생할 수 있음. 보복주의 도시도 참조할 것.

지리적 상상력(geographical imagination) 지리학자들은 상이한 장소들에 배어 있는 문화적 가치의 다양성을 (그리고 그러한 가치가 사람을 재현하는 틀로서 어떤 영향력을 가지고 있는지를) 이해할 필요가 있다는 점을 함의하는 용어. 맥락적 이론, 상황성 참조.

지리정보시스템(geographical information systems) 마이크로 시뮬레이션 참조.

지방 국가(local state) 지방정부의 또 다른 명칭. 지방정부란 자본주의 체제를 유지하고 그 이면의 계급 이해를 관철시키는 역할을 한다는 마르크스주의 이론과 관련됨. 기능주의 참조.

지배(dominance) 시카고학파에서 사용한 개념으로서, 특정한 토지이용이나 특정한 인구집단이 도시의 특정 지구를 지배하는 과정을 지칭함. 일반적인 의미에서 권력 관계를 지칭하기도 함. 인간생태학 참조.

지속(durée) 구조화 이론에서 사용되는 용어로서 루틴화된 일상이 이루어지는 시간적 길이를 지칭함. 현존, 생활세계, 지속 기간 참조.

지속가능성(sustainability) 다양하게 해석되기 때문에 논란의 여지가 많지만, 대체로 미래 세대에 이르기까지 장기적으로 지속될 수 있는 방식의 경제적 발전을 지칭함. 환경중심적 접근, 기술중심적 접근, 도시사회적 지속가능성 참조.

지역교환거래체계(local eonomic trading systems, LETS) 일정한 지역 내에서 경제활동에 종사하는 사람들이 국가의 공식 화폐를 사용하지 않고 재화와 서비스의 상호 교환을 기반으로 하여 구축한 국지적 신용 체계를 가리킴.

지역 분화(areal differentiation) 거주지 분화나 사회공간적 분화를 일컬음. 일반적인 의미에서 도시의 사회적 관계망보다는 상업활동과 산업활동 지역을 지칭하는 데에 사용됨.

지역기반 도시 정책(area-based urban policy) 특정 도시지역을 겨냥한 정책. 예로는 엔터프라이즈 지구.

지역사회 보호(community care) 로컬 커뮤니티 차원에서 필요한 사람들을 대상으로 커뮤니티 기반 전문가 팀이 지원을 하는 소규모 분산 시설 내 또는 개별 가구 내에서의 보호. 탈시설화와 관련됨. 불충분한 재원 및 자원 때문에 비판을 받는 정책임. 따라서 커뮤니티에 '의한' 보호가 아니라 커뮤니티 '내' 보호를 의미하는 용어임.

지점(장소) 특수적 서비스[point-(or place-) specific services] 학교나 도서관과 같이 특정한 지점에 입지하고 있는 공공 혹은 민간 서비스. 도달 서비스와 반대.

지향성(intentionality) 물리적 대상은 그 자체로서 고유의 의미를 내재하고 있는 것이 아니라, 의도된 용도와의 관계 속에서 의미를 획득한다는 것을 일컬음.

진정성(authenticity) 순수한, 근본적 문화가 존재한다는 관념. 양가성이라는 개념에 의해 반박됨. 또한 포스트모던 이론에서 '현실'을 시뮬라크라라는 현실에 대한 모사물과 구분하는 데에 이용됨. 양가성 참조.

집합적 소비(collective consumption) 일반적으로 공적 부문이 제공하는 재화와 서비스를 일컬음. 간혹 문자 그대로 (강의와 같이) 사람들이 집합적으로 소비하는 서비스를 지칭하기도 함. 이 용어는 신마르크스주의자인 마누엘 카스텔의 이론에 기원을 둠. 그에 따르면, 개별 자본주의 기업이 공급하기에는 너무 비싼 까닭에 공적부문에서 비시장적 수단을 통해 제공하는 서비스는 자본주의의 유지에 핵심적임. 이 이론은 일차적으로 도시를 공공 서비스의 소비를 위한 장소라고 정의하는데, 이는 상당한 비판을 받은 바 있음. 신마르크스주의, 공공재 참조.

차량 이동성(automobility) 서구 사회에서 자동차와 이를 지원하는 모든 시스템이 주민들의 삶에 영향력을 끼치는 지배적 힘이 되고 있음을 지칭하는 용어.

차이(difference) 각 사회범주가 서로 연관되어 사회적으로 구성되는 양식을 인식하는 용어. 이분법 참조. 본질주의와 반대됨.

창조계급(creative class) 리차드 플로리다(Richard Florida)가 제시한 개념으로서, 도시의 경제적 성장을 주도하는 데에 핵심적인 역할을 수행한다고 생각되는 예술가 및 전문가 집단을 총칭함. 보보스, 보헤미아, 창조도시, 신산업공간 참조.

창조도시(creative cities) 다양한 사람들이 중첩된 사회적 네트워크 상에서 상호작용을 함으로써 집합적 학습이 일어난 결과 제조업과 서비스업 부문에서 혁신이 일어난 도시.

창조산업(creative industries) 종종 문화산업과 혼용됨. 광고, 디자인, 건축과 같은 창조산업은 영화, 음악, 공연예술과 같은 문화산업에 비해 보다 기능적인 비즈니스를 지향하는 산업을 가리킴.

천이(succession) 시카고 인간생태학파가 제시한 개념으로서, 어떤 새로운 사회집단은 초기의 침입 단계 이후 자신들의 거주 지구를 지배하기 시작한다는 점을 지칭함. 지배, 자연지역, 사회 다원주의 참조.

체계(system) 접근에 따라 매우 상이한 방식으로 해석되는 용어이지만, 대체로 전체를 이루는 부분 간의 상호 의존적 관계라고 정의될 수 있음. 구조화 이론에서 체계는 사람들이 수행하는 모든 행위의 결과임. 구조, 반복성, 성찰성 참조.

체현(embodiment) 몸이 광범위한 의미체제를 통하여 사회적으로 구성되는 과정. 육체성과 체현적 지식 참조.

체현적 지식(embodied knowledge) 정신과 육체의 분리라는 데카르트적 이분법을 극복하고 지식이란 사람들의 특수한 맥락에서 파생된다고 이해하려는 관점에서 파생된 개념임. 국지적 지식으로도 불림. 배태성, 상황성 참조.

초공간(hyperspace) (디즈니랜드와 같이) 초현실성이 지배하는 환경.

초국적기업(transnationals) 상품의 생산, 분배, 판매가 두 개의 국가 이상에서 이루어지는 기업. 기업의 활동이 글로벌 스케일에서 통합되어 이루어지는 기업을 지칭하기도 함. 글로벌화, 글로벌-로컬 연계 참조.

초국적 도시성(transnational urbanism) 둘 이상의 국가들과 다양한 연계를 지니는 이주자들에 의해 형성된 새로운 도시 양식. 영구적 이주자(**동화**를 경험할 가능성 높음)와 주류사회로부터 배제될 가능성이 높은 일시적 이주자로 과거에 구분하는 방식과 대조됨. 이동성이 높은 노동력을 필요로 하는 **초국적기업**의 성장 및 자본주의의 유연적 형태와 관련이 있음. 엘리트층이거나 빈곤층임. **디아스포라** 참조.

초유기체적 문화(superorganic culture) 칼 사우어와 버클리 문화지리학파가 제시한 매우 문제적인 개념. 진화론적 이론에서 유래한 개념으로서, 어떤 지역의 문화는 다른 문화와 경합하는 과정에서 형성되어 어떤 사회를 지배하는 실체로 작용함.

초현실성(hyperreality) (광고에서와 같이) 현실에 근거를 두지 않은 채 그 내적 의미들 간의 상호 관계를 통해 재현되는 기호들의 총체. 아울러, 재현의 원래 대상이었던 원본과는 완전히 분리된 혹은 원본보다 보다 중요한 의미를 갖춘 모사물을 지칭하기도 함. **시뮬라크라** 참조.

축적(accumulation) 마르크스주의 이론에서 자본이 획득되는 방식을 지칭하는 개념. 이 용어는 단순히 이윤 창출 체계를 의미할 뿐만 아니라 부와 자산의 소유권이 고도로 집중화되는 체계를 가리킴.

축적체제(regime of accumulation) 조절이론에 핵심적인 추상적 개념. 조절이론은 자본주의 사회가 생산과 소비를 원활히 이어주는 일련의 안정적인 사회, 경제, 제도적 배치가 주기적으로 나타남으로써 유지된다고 주장. **조절양식**, **포드주의**, **신포드주의** 참조.

축제 소매업(festival retailing) 스펙터클 경관을 특징으로 하는 복합 쇼핑 센터. **물신숭배**, **스펙터클** 참조.

출구 옵션(exit option) 어떤 지역에서 문제가 발생했을 때 그 지역을 떠나는 전략. '**충성**' 옵션 및 '**발언**' 옵션과 대비됨.

충성 옵션(loyalty option) 어떤 문제에 직면했을 때 사직이나 휴직을 택하는 전략. '**출구**' 옵션 및 '**발언**' 옵션과 대비됨.

친성장연합(pro-growth coalition) **성장연합**의 또 다른 명칭. **시민 기업가주의**도 참조.

침입(invasion) 시카고 인간생태학파가 식물 종 및 동물 종 연구에서 차용한 개념으로서, 어떤 새로운 사회집단이 기존의 주거지역을 '침입'하기 시작하는 과정을 일컬음. **여과**와 대비됨. **천이** 참조.

캘리포니아학파(California School) 현대 로스앤젤레스의 도시 형태를 포스트모던 혹은 포스트포드주의 사회에서 나타나는 전형적인 도시구조로 해석해 온 학자 집단. 로스앤젤레스학파로도 불리움. 이들은 거래비용 분석과 조절이론에 기반하여 산업 집적을 설명하기도 한다. **신산업공간** 참조.

케인스주의(Keynseainsim) 1950~1960년대 **복지국가**의 버팀목이 되었던 일련의 정책들. 케인스주의의 목표는 정부 지출을 통해 침체된 수요를 활성화함으로써 경제를 관리하는 것이었음. 즉, '수요 관리'에 의한 경제 관리를 의미함. 이 접근은 1970년대 인플레이션 및 높은 실업률에 의해 토대가 흔들림. **포드주의**의 주요 요소임. **포스트케인스주의** 참조.

케인스주의적 복지국가(Keynesian welfare state, KWS) 케인스주의적 수요–관리 정책을 근간으로 하는 **복지국가**. 보편적 복지, 시민으로서의 권리, 사회적 임금을 통한 삶의 기준 향상을 특징으로 함. **케인스주의**, **복지국가주의** 참조.

코스모폴리스(cosmopolis) 에드워드 소자가 포스트모던 도시 형태의 표현로서의 로스앤젤레스를 가리키는 용어. 외부도시, 성운형 메트로폴리스, 헤테로폴리스, 로스앤젤레스학파, 포스트모던 글로벌 메트로폴리스 참조. 또한 다양성과 차이를 수용하고 북돋울 수 있는 유토피아적 도시를 창조하려는 샌더콕(Sandercock)의 도시계획 과정을 일컫는 용어이기도 함.

코포라티즘(corporatism) 기업이나 노동 조직과 같은 어떤 이익 단체가 정부에 특권적인 접근을 할 수 있는 혜택을 갖고 있는 사회 조직의 형태. 경제적 목표를 달성하기 위해 협력하는 것을 특징으로 함. 신코포라티즘, 복지 코포라티즘 참조.

퀴어(queer) 동성애를 낮추어 부르는 말이지만 퀴어 이론가들이 전략적으로 사용해 옴.

퀴어 이론(queer theory) 미셸 푸코의 연구에 의해 촉발된 이론으로서, 성 정체성이 유연하며 사회적으로 구성된다는 것을 드러내려는 이론. 동성애를 폄하하는 용어인 '퀴어'를 채택하는 것은 섹슈얼리티를 둘러싼 사회적 담론의 억압적 성격을 역설적인 방식으로 주목하게 하려는 시도.

퀴어 정치(queer politics) 퀴어네이션(Queer Nation)과 같은 게이 행동집단이 추구하는 정치적 실천. 섹슈얼리티에 대해 주류 사회가 당연하게 여기는 규범들을 전복하는 행위인 공공장소에서 하는 동성 간 키스나 결혼식 패러디 등이 이에 해당됨.

크리올화(Creolization) 원주민과 식민 지배자 간의 혼혈 인종과 문화적 교류를 나타내는 용어로서 문화적 혼합을 지칭하는 데에 사용되기도 함. 혼성성 참조.

키노 자본주의(keno capitalism) (키노 게임에서 카드를 무작위적으로 뽑는 것처럼) 로스앤젤레스의 도시 구조가 무작위적인 요소들의 집합으로 구성되어 있음을 지칭하는 용어. 중앙 집중적인 산업도시의 반대 개념. 포스트모던 글로벌 메트로폴리스, 외부도시 참조.

타자화(othering) 식민화된 사람들을 둘러싼 담론을 지칭하는 포스트식민 이론의 주요 개념 중 하나임. 특정 사람을 열등하다고 간주하는 사고 방식을 지칭하기도 함. 푸코의 저술에서 이러한 타자는 권력으로부터 배제되어 있는데, 이는 수감자, 게이, 정신질환자 등을 포함한다. 대상화, 포스트식민 이론 참조.

타장소성(elsewhereness) 도시 내의 상점 및 기타 공간들이 다른 시대, 다른 장소로부터 이미지를 차용해 오는 경향. 장소상실, 시뮬라크라 참조.

탈규제(deregulation) 국가의 독점을 와해시키는 대신 경쟁을 강화하고 다수의 민간기관이 재화와 서비스를 제공하도록 하는 정책. 노동자의 권리를 잠식함으로써 노동시장을 탈규제하고 노동의 유연성을 증가시키는 데 적용될 수 있음. 상품화, 시장화 참조.

탈로컬화(delocalization) 로컬 수준에서의 경제적, 사회적 관계가 글로벌화에 의해 파괴되는 것을 지칭함. 이는 모든 장소를 등질화하기보다는 새롭거나 혼성적인 양식의 출현으로 이어지기도 한다. 글로컬화, 글로벌-로컬 연계, 맥도널드화 참조.

탈병원화(dehospitalization) 보다 널리 사용되고 있는 탈시설화와 같은 의미임. 대규모의 제도화된 시설 대신에 최근 소규모 시설 환경을 갖춘 공동체 기반의 돌봄이 보편화되고 있음을 가리킴. 지역사회 보호 참조.

탈분권화(demunicipalization) 지방정부의 권력 및 책임을 축소시키기 위한 중앙정부의 시도. 영국에서 공공주택 신규 건축에 대한 제한과 함께 지방정부 소유 주택의 매매에 대해 특별히 적용됨. 거버넌스, 게토화, 잔여화 참조.

탈산업사회(postindustrial societies) 서비스 활동이

지배적인 도시. 종종 **탈산업화**의 결과로 나타남. **포스트모던** 소비 및 문화 양식과 **포스트복지사회**의 특징이 나타나기도 함.

탈산업화(deindustiralization) 제조업 부문에 있어서 고용규모가 감소하거나 국가 총생산에서 차지하는 비중이 감소하는 것을 지칭함. **탈산업사회** 참조.

탈숙련화(deskilling) 특정한 직종에 요구되는 숙련도와 지식을 낮추려는 전략.

탈시설화(deinstitutionalization) 장기 요양이 필요한 사람을 위한 제도화된 시설이 폐쇄되는 대신, 새로운 유형의 돌봄 방식이 이를 대체하는 것. 이러한 대안적 돌봄 방식은 간호사, 의사, 사회복지사 등과 같은 전문가들이 공동체 기반으로 팀을 조직하여 소규모 돌봄 시설을 갖춘 개별 가족들을 방문하여 지원하는 방식임. **지역사회 보호**, **합리화**, **재시설화**, **자체조달**, **가내화** 참조.

탈연방화(defederalization) 미국의 경우 복지 정책의 책임이 연방정부에서 주정부로 전가되고 있음을 가리키는 용어. 예산 규모의 한계나 **근로복지**와 같은 정책이 탈연방화의 요인임. **탈중심화**, **공동화**, **포스트복지국가** 참조.

탈영역화(deterritorialization) 포스트모던 사회에서 정체성과 의미의 성격이 불안정화되는 경향을 의미함. 특히 근린지구, 지역, 국가와 같은 특정 공간과 관련되어 있던 여러 정체성들이 퇴색하고 있음. 한편, 도시 재구조화를 지칭하는 일반적인 어휘로 사용되기도 함. **재영역화**와 대비됨. **해체**, **맥도널드화** 참조.

탈중심화(decentralization) 사람, 고용, 서비스가 내부도시로부터 교외지역과 시역을 넘어선 원거리의 배후지역으로까지 이동해 나가는 현상. 제조업, 서비스업, 공공 부문의 조직 구조가 분절화되어 지리적으로 분산되는 경향을 지칭하기도 함. **탈집중화**, **위임화**, **에지시티**, **거리 체감 현상** 참조.

탈집중화(deconcentration) 탈중심화의 동의어. **위임화**, **권한 이양** 참조.

탐색 공간(search space) 새로운 입지를 위해 잠재적 이주자가 탐색하는 지역. **열망 지역**, **인식 공간**, **활동 공간** 참조.

탐지경관(scanscape) 마이크 데이비스가 로스앤젤레스에서 사용되고 있는 전자감시 전략을 기술하면서 사용한 용어인데, 이는 바람직하지 않다고 간주되는 집단을 도시 내 특정 구역에서 배제하는 데에 이용됨. **판옵티콘** 참조.

테일러리즘(과학적 관리주의)(Taylorism) 미국의 공학자 프레데릭 테일러(Frederick Taylor)가 발전시킨 생각을 총칭하는 용어임. 포드는 디트로이트에서 대량생산체제에 기반을 둔 자동차 공장을 설립하면서 테일러가 제시한 노동 과정 관리 이론을 적용함. 과학적 관리주의라고도 명명됨. 테일러주의는 과업의 단순화, 노동자에 대한 경영진의 통제, '시간–행동' 연구의 활용 등을 통해 노동을 효율적인 방식으로 재편하고자 했음. **포드주의** 참조.

테크노버브(technoburb) 기술집약적 산업이 집중되어 있고 상대적으로 독립되어 있는 교외지역이나 에지시티를 지칭함. **에지시티**, **신산업공간** 참조.

텍스트(text) **문화연구**의 핵심 개념으로서, 사회적 의미를 수반하는 모든 형태의 재현을 지칭함. 단지 문자화된 글만이 아니라 그림, 경관, 건물까지도 포함함. **담론**, **해체** 참조.

투영적 자기확인(projective identification) 자기 자신의 문화를 다른 문화의 실패를 상상하면서 정의하고자 하는 경향. 이분법, 타자화 참조.

투자와 기술적 변화(investment and technical change) 새로운 기계나 설비에 투자되는 자본. 이는 대개 고용 축소를 동반함.

특수법인(quango) 사이비 비정부기구를 뜻함. 거버넌스, 공동화 참조.

티핑 포인트(tipping point) 거주지역에 이주해 오는 새로운 소수집단이 확연히 많아져서 원주민이 갑작스럽고 신속하게 그 거주지역 밖으로 이주해 가는 상태. '블록버스팅' 및 침입 참조.

파급 효과(spillover) 외부성의 동의어.

파리아 도시(pariah city) 극단적인 사회문제와 재정적 난관에 봉착해 있다고 낙인찍힌 도시. 재정 불균형 참조.

파편적 도시성(splintering urbanism) 인터넷과 같은 새로운 정보통신기술에 대한 접근성의 차이로 인해 나타나는 도시 내 불평등의 심화. 가상공간, 사회적 양극화 참조.

판옵티콘(panopticon) 19세기에 제레미 벤담은 중앙탑을 통해 수감자를 항상적인 감시 상태에 두는 감옥 모형을 계획했는데, 이러한 감옥을 은유적으로 표현하는 용어임. 현대 사회에서 사람들을 조사하고 통제하는 과정을 지칭하는 데에 이용되는 개념. 규율 사회, 시선 참조.

패러다임 도시(paradigmatic city) 특정 시대에 도시의 패턴과 변화 과정의 핵심 특징을 동시대의 다른 어떤 도시보다 뚜렷하게 보여 주는 도시. 예를 들어, 19세기에는 맨체스터가, 20세기 초반에는 시카고가, 그리고 (논란의 여지가 있지만) 20세기 후반과 21세기에는 로스앤젤레스가 패러다임 도시라고 할 수 있음. 시카고학파, 로스앤젤레스학파 참조.

페미니스트 지리학(feminist geography) 남성과 여성 간의 불평등의 원인을 밝힘으로써 성 평등을 달성하려는 지리적 분석.

페미니즘(feminism) 남성과 여성의 동등한 권리를 주창하는 광범위한 사회운동. 또한 여성의 억압을 가져오는 다양한 과정들을 드러내려고 하는 다양한 형태의 학문적 분석. 젠더, 가부장제, 성차별주의 참조.

폐쇄 공동체(gated community) 위험하고 불쾌한 사회집단을 배척하기 위해 방벽, 울타리, 관문, 사설 경비원 등을 갖추고 있는 폐쇄적인 주거지역을 지칭. 요새도시, 정화된 공동체, 판옵티콘, 탐지경관, 배제의 공간 참조.

포드주의(Fordism) 20세기 초반 헨리 포드(Henry Ford)가 디트로이트 자동차 공장에서 구현한 대량생산 방식. 조절이론에서 이 개념은 2차 세계대전 이후 케인스주의, 대량생산, 복지국가에 입각한 지배적 축적체제를 지칭함.

포스트구조주의(poststructuralism) 기표와 기의 간의 밀접한 관계를 강조하는 구조주의와는 달리, 포스트구조주의는 이들이 분열되어 있고 끊임없는 유동적 상태에 있음을 가정하는 분석형태. 해체, 텍스트, 상호 텍스트성 참조.

포스트마르크스주의(post-Marxism) 신마르크스주의의 동의어. 고전 마르크스주의에 비해 문화적 이슈를 중요시하는 대신에, 경제 결정론을 피하고자 함. 메타서사를 극복하고자 하는 다양한 포스트모던, 포스트구조주의적 관점을 포괄하는 일반적 용어이기도 함.

포스트메트로폴리스(postmetropolis) 포스트모던 글로벌 대도시를 의미하는 새로운 용어. 성운형 메트로폴리스, 헤테로폴리스 참조.

포스트모더니즘(postmodernism) 다양한 의미를 갖고 있음. 우선 세계를 이해함에 있어서 하나의 우월한 관점이 있을 수 있다는 관념을 거부함(메타서사, 전체론적 서사 참조). 둘째, 소위 해체라는 분석 방법을 지칭함. 셋째, 건축, 문학, 광고와 같은 분야에서 절충주의, 역설, 파스티셰(pastiche) 등을 특징으로 하는 양식을 지칭함. 마지막으로 신포드주의나 유연적 축적의 시대와 상응하는 문화적 경향이나 역사 시대를 지칭함.

포스트모던 글로벌 메트로폴리스(postmodern global metropolis) 에드워드 소자가 로스앤젤레스의 구조를 새로운 도시 형태의 원형으로 기술하면서 사용한 용어. 성운형 메트로폴리스, 캘리포니아학파 참조.

포스트복지국가(사회)(postwelfare state/society) 잔여화, 민영화와 같이 현대 복지국가에서 나타나고 있는 광범위한 변화를 포착하려는 용어. 사회가 사유주의와 자족의 윤리를 중시하는 방향으로의 문화적 전환을 지칭하기도 함 신포드주의와 관련되어 있음. 슘페터적 근로복지국가 참조.

포스트식민 사회(국가)(postcolonial society/state) 식민주의 이후 독립한 사회(국가)를 지칭. 전유, 양가성, 혼성성과 관련되어 있음.

포스트식민 이론(postcolonial theory) 식민주의와 탈식민화 이후의 시기에 있어서 서양이 비서양 세계를 재현하는 담론을 연구하는 접근 방법. 서양의 사상이 우월하다는 관념을 전복하려는 관점에 서 있음. 자민족중심주의, 식민주의, 제국주의, 타자화 참조.

포스트케인스주의(post-Keynesianism) 케인스주의의 대안으로 부상한 경제 이론을 지칭함과 동시에, 케인스주의적 복지국가의 사멸 이후 나타난 거시적 측면에서의 사회경제적 조건을 일컫는 용어이기도 함. 케인스주의, 포스트복지국가/사회 참조.

표현적 상호작용(expressive interaction) (스포츠 클럽에 참여하는 것과 같이) 원초적 즐거움을 토대로 한 이차적 관계. 도구적 상호작용과 대비됨.

프롤레타리아화 논지(proletarianization thesis) 서양 사회의 구조가 하위 사회 계층들로 편향되어 가고 있다는 주장. 전문직화 논지와 비교할 것. 탈숙련화, 사회적 양극화 참조.

하위문화(subculture) 사회의 주류 문화와 다른 가치들과 규범들의 집단. 거주지 분화로 표출됨. 일탈적 하위집단이라고 일컫기도 함.

하위문화 이론(subcultural theory) 새로운 하위문화는 도시적 생활에서 탄생한다고 믿으면서 계급, 민족성, 가족적 지위 등의 요소가 도시 안에서 행동에 어떤 영향을 미치는지를 연구하는 접근.

하위주택시장(housing submarkets) 다양한 제도적 메커니즘을 통해 특정 유형의 사람들(예 : 계급, 연령, 민족성의 측면에서)에 의해 거주되는 경향이 있는 도시의 국지적 지역 내 주택의 구별되는 유형. 망효과, 관리주의 참조.

하청(subcontracting) 한 조직이 일정한 계약하에 다른 조직으로부터 재화나 서비스를 공급받는 상황을 지칭함. 외부계약 참조.

한계역 공간(liminal space) 문화가 혼재되어 있거나 새로운 혼성적 문화를 창조하는 사이공간 또는 영역. 양가성, 변방, 헤테로토피아, 혼성성, 역설적 공간, 제3의 공간 참조.

합리화(rationalization) 산업 기반을 폐쇄하여 고용 감소의 결과를 가져오는 것. 복지국가 내의 여러 복지시설을 폐쇄하는 것도 이에 해당됨. 탈산업화 참조.

합성 이론(compositional theory) 민족성, 친족, 거주지, 직업이 도시의 거주지에서 나타나는 행동에 미치는 영향을 연구하는 이론. 하위문화 이론과 비슷하며 행동주의와 반대됨.

해방주의 논제(emancipation thesis) 민족집단의 거주지 분리가 소수집단의 진흥에 도움이 된다는 주장. 고립주의 논제와 대비됨.

해석학(hermeneutics) 세계에 대한 사람들의 관점, 사유, 해석이 지니는 복잡성을 탐구하는 이론.

해체(deconstruction) (텍스트라고 하는) 다양한 형태의 재현이 표현하는 담론을 분석하는 것. 재현물이 갖는 의미는 독자(관찰자)와 텍스트 간의 상호작용에 따라 항상 변화함.

핵가족(nuclear family) 기혼부부와 부양 자녀로 구성된 가족. 대개 이상적인 가족 형태로 인식됨. 많은 교외지역의 특징이지만 서양 사회에서 중요성이 감소하는 추세임. 가족적 지위 참조.

행동(활동) 공간[action(or activity) space] 사람들이 직접적으로 접촉을 하는 도시 내 모든 지역의 총합을 가리키며 주거 이동성에 관한 행태적 연구에서 사용되는 용어임. 인식 공간, 열망 지역 참조.

행동주의(behaviourism) 자극에 대한 사람들의 반응을 연구하는 초창기 심리학의 접근 방법. 사회적 요인들의 개입을 무시하는 경향이 있음. 행태주의 참조.

행위주체성(agency) 사람이 무엇을 선택하거나 행위를 취함으로써 자신의 운명에 영향을 끼칠 수 있는 역량을 가리킴. 구조주의나 결정론적 이론은 대체로 이러한 측면을 간과하는 경향이 있음. 이 용어는 종종 인간 행위주체성으로 불리기도 하며, 경제 결정론과 대비되는 개념임. 성찰성 참조.

행정구역 분할(jurisdictional partitioning) 민족국가를 재화와 서비스 배분에 책임을 지는 정치적 및 행정적 단위로 분할. 발칸화, 법률상 영역 참조.

행태적 동화(behavioural assimilation) 소수집단이 보다 광범위한 사회(또는 주류집단)의 문화를 수용하는 과정. 구조적 동화와 대비됨.

행태주의(behaviouralism) 자극에 대한 사람의 반응이 어떤 사회적 요인에 의해 매개되는가를 연구하는 심리학적 접근 방법. 행동주의와 반대됨.

행태주의 접근(behavioural approach) 사람의 활동과 의사결정 과정을 그들이 인지하는 세계 내에서 설명하려는 접근 방법. 행태주의 참조.

헤게모니(hegemony) 동의를 통한 지배를 일컫는데, 대개 사람들의 태도를 형성하는 헤게모니적 담론에 의한 것임. 호명 참조. 경관과 건축물에 대한 도상학에 반영되기도 함.

헤게모니적 담론(hegemonic discourse) 지배적인 이데올로기 혹은 사회 내에서 지배적인 관념의 총체. 담론, 헤게모니 참조.

헤테로토피아(heterotopia) 주류사회의 밖에 있는 또는 주류사회에 반하는 다양한 문화로 구성된 공간을 지칭하기 위해 미셸 푸코가 사용한 용어. 종종 저항 위치(counter-site)라고 불리움. 보다 넓은 문화로부터 떨어져 있는 배의 모습에서 유추함. 오늘날 포스트모더니즘 문화를 언급하면서 사용되는 일반적 용어이기도 함. 대타성, 변방, 한계역 공간, 저항의 공간, 제3의 공간 참조.

헤테로폴리스(heteropolis) 포스트메트로폴리스 참조.

현상학(phenomenology) 외부의 객관적 실체보다는 세계에 대한 사람들의 주관적 해석에 초점을 두는 일련의 시각. **모방적 접근법**과 비교할 것. **생활세계** 참조.

현장(locales) 사람 간 상호작용이 발생하는 분명한 환경이나 맥락. **구조화 이론**, **맥락적 이론**, **반복성** 참조.

현존(dasein) **구조화 이론**에서 사람들의 생애 시간을 지칭하기 위해 사용된 용어. **지속** 및 **지속 기간**과 대비됨.

혐오도시(disfigured city) 박탈당한 사람들이 무계획적으로 거주하는 도시. **호화도시**의 반의어.

형태 지역(morphological regions) 뚜렷한 토지이용, 건축물, 경관을 특징으로 하는 단위 지역. **형태 형성** 참조.

형태 형성(morphogenesis) 도시 형태의 물리적 구조를 창출하고 변화시키는 과정.

호명(interpellation) 사람이 자기 자신의 모습이라고 간주하는 담론. 가령 시민이라는 관념을 들 수 있음. 마르크스주의에 있어서 **헤게모니적 담론**이라는 개념과 관련되어 있음. **국가기구**, **주체성** 참조.

호화도시(figured city) 부유한 사람에 의해, 부유한 사람을 위해 계획된 도시. **혐오도시**와 대비됨. **보복주의 도시** 참조.

혼성성(hybridity) 포스트식민 이론에서 문화적 융합에 의해 새롭게 형성된 문화적 형태를 지칭하는 용어임. 원래 인종적 우월성을 위협할 수 있다는 제국주의적 관념에 뿌리를 두고 있지만, 오늘날에는 정체성이란 안정적인 것이 아니라 양가성으로 구성되어 있다는 사실을 지칭하는 데에 사용되고 있음. 이 용어는 문화가 동화의 과정을 통해 쉽게 섞일 수 있다고 가정한다는 측면에서 비판받기도 함. **한계역 공간**, **제3의 공간**, **시너지**, **문화횡단** 참조.

혼합적 복지경제(mixed economy of welfare) 국가가 복지 공급을 모두 책임지는 것이 아니라, 자원봉사단체나 민간 부문을 포함하는 다양한 행위주체들이 공동으로 책임지는 시스템. **복지 다원주의**라고 불리움.

환경 조건화(environmental conditioning) 사람의 행위는 사회적 환경에 강력하게 영향을 받는다는 주장. 감각적 자극이 결핍된 환경에서 자란 사람에게서 사회적, 지적 기술의 결핍이 나타난다고 설명하는 데 주로 이용됨. **행태주의**, **문화전파** 참조. **행동주의**와 반대됨.

환경중심적 접근(ecocentric approach) 환경 문제는 자본주의 체제의 근본적인 변화가 있을 때에만 해결될 수 있다는 믿음하에 이루어지는 다양한 생태 운동을 총칭함. 탈중심화된 참여 민주주의가 더욱 강화되어야 한다고 주장함. **기술중심적 접근**과 대비됨.

회전(rotation) 요인분석에서 데이터 세트 내에서 가장 뚜렷한 패턴을 도출하기 위해 수행하는 기술적인 과정. **주성분분석**에서도 사용됨. **요인생태학** 참조.

후기 모더니즘(late modernism) 앤서니 기든스가 포스트모더니즘과 관련된 문화적·정치적 실천을 지칭하면서 사용한 용어. 기든스는 포스트모더니즘이 과거의 모더니즘과의 완전히 단절된 것이라기보다는, 지식인과 시민 간의 높은 성찰성을 특징으로 하는 후기 단계의 모더니즘이라고 이해함. 또한 후기 모더니즘은 군국주의와 **감시**를 특징으로 함.

후기 자본주의(late capitalism) 현행의 자본주의가 그 이전 시대와는 근본적으로 다른 국면에 진입했음을 지칭하는 용어로서, **글로벌화**, 다양한 상품의 대량생산, 도덕적 상대주의와 관련된 **포스트모더니즘** 문화를 특징으로 함. **유연적 축적체제**이나 **신포드주의**의 동의어로 사용되기도 함.

흉내내기(mimicry) **포스트식민 이론**에서 피식민지인들이 지배 집단의 문화를 모방하는 것을 지칭하는 용어임. 이는 **혼성성**과 조롱을 발전시킴으로써 지배 집단의 권위에 대한 침해하기도 함. **양가성**, **한계역 공간**, **제3의 공간** 참조.

흐름의 공간(spaces of flows) 마누엘 카스텔이 **정보경제**와 관련된 공간구조를 묘사하기 위해 사용한 용어. **가상공간**, **거리화**, **시공간 압축** 참조.

참고문헌

Abu-Lughod, J. (1969) Testing the theory of social area analysis: the ecology of Cairo, Egypt, *American Sociological Review* **34**, 198–212

Abu-Lughod, J. and Foley, M.M. (1960) Consumer strategies, in N. Foote *et al.* (eds) *Housing Choices and Constraints* McGraw-Hill, New York

Ackroyd, P. (2000) *London: The Biography* Chatto & Windus, London

Aglietta, M. (1979) *A Theory of Capitalist Regulation* New Left Books, London

Aitken, S. (1990) Local evaluations of neighbourhood change, *Annals, Association of American Geographers* **80**, 247–67

Allen, J. (1998) Europe of the neighbourhoods: class, citizenship and welfare regimes, in A. Madanipour, G. Cars and J. Allen (eds) *Social Exclusion in European Cities: Processes, experiences and responses* Jessica Kingsley, London

Allen, J., Massey, D. and Cochrane, A. (1998) *Rethinking the Region* Routledge, London

Allen, M. (1997) *Ideas That Matter: The worlds of Jane Jacobs* Ginger Press, Owen Sound, Ontario.

Amin, A. (2002) Spatialities of globalization *Environment and Planning A* **34**, 385–99

Amin, A. and Graham, S. (1997) The ordinary city, *Transactions of the Institute of British Geographers* **22**, 411–29

Amin, A. and Thrift, N. (1992) Neo-Marshallian nodes in global networks, *International Journal of Urban and Regional Research* **116**, 571–87

Amin, A.T. and Thrift, N. (eds) (2002) *Cities: Reimagining the urban* Polity Press, Cambridge

Anderson, B. (1983) *Imagined Communities: Reflections on the origins and spread of nationalism* Verso, London

Anderson, K.J. (1988) Cultural hegemony and the race definition process in Chinatown, Vancouver: 1890–1980, *Environment and Planning D: Society and Space* **6**, 127–49

Angotti, T. (2006) Review essay: Apocalyptic anti-urbanism: Mike Davis and his planet of slums, *International Journal of Urban and Regional Research* **30**, 961–7

Appadurai, A. (1996) *Modernity at Large: Cultural dimensions of globalization* University of Minnesota Press, Minneapolis, MN

Archer, K. (1997) The limits to the imagineered city: sociospatial polarization in Orlando, *Economic Geography* **73**, 322–36

Atkinson, J. (1985) The changing corporation, in D. Clutterbuck (ed.) *New Patterns of Work* Gower, Aldershot

Badcock, B. (1989) Smith's rent gap hypothesis: an Australian view, *Annals of the Association of American Geographers* **79**, 125–45

Badcock, B. (1995) Building upon the foundations of gentrification: inner city housing development in Australia in the 1990s, *Urban Geography* **16**, 70–90

Baerwald, T. (1981) The site selection process of suburban residential builders, *Urban Geography* **2**, 351

Banfield, E.C. and Wilson, J.Q. (1963) *City Politics* Harvard University Press, Cambridge, MA

Barnett, C. (1997) Review of Thirdspace: journeys to Los Angeles and other real and imagined places, *Transactions of the Institute of British Geographers* **22**, 529–30

Bassand, M. (1990) *Urbanization: Apportionment of space and culture* Graduate School and University Centre, CUNY, New York

Baudrillard, J. (1988) *Selected Writings* Polity Press, Cambridge

Baudrillard, J. (1989) *America* Verso, London

Beauregard, R.A. (1999) Breakdancing on Santa Monica Boulevard, *Antipode* **31**, 396–9

Beck, U. (1992) *Risk Society: Towards a new modernity* Sage, London

Beck, U., Bonss, W. and Lau, C. (2003) The theory of reflexive modernization, *Theory, Culture, and Society*, **20**, 1–33

Beck, U. and Willms, J. (2003) *Conversations with Ulrich Beck* (trans. M. Pollak) Polity Press, London

Bell, C.R. and Newby, H. (1976) Community, communion, class and community action, in D.T. Herbert and R.J. Johnston (eds) *Social Areas in Cities* Vol. 2: *Spatial Perspectives on Problems and Policies* John Wiley, Chichester

Bell, D. (1973) *The Coming of Post-industrial Society* Heinemann, London

Bell, D. (1991) Insignificant other: lesbian and gay geographies, *Area* **23**, 323–9

Bell, D. and Jayne, M. (eds) (2004) *City of Quarters: Urban villages in the contemporary city* Ashgate, Aldershot

Bell, D. and Valentine, G. (eds) (1997) *Consuming Geographies: We are what we eat* Routledge, London

Benkler, Y. (2006) *The Wealth of Networks*, Yale University Press, New Haven, CT

Berman, M. (1995) 'Justice/just us': rap and social injustice in America, in A. Merrifield and E. Swyngedouw (eds) *The Urbanization of Injustice* Lawrence & Wishart, London

Berry, B.J.L. and Kasarda, J.D. (1977) *Contemporary Urban Sociology* Macmillan, New York

Bhabha, H.K. (1994) *The Location of Culture* Routledge, London

Binnie, J. (1995) Trading places: consumption, sexuality and the production of queer space, in D. Bell and G. Valentine (eds) *Mapping Desire: Geographies of sexuality* Routledge, London

Blakeley, E. and Snyder, M.G. (1999) *Fortress America: Gated communities in the United States* Brookings Institution Press, Washington, DC

Blom, P. (2004) *Encyclopédie: The triumph of reason in an unreasonable age* Fourth Estate, London

Blomley, N. (1989) Interpretive practices, the state and the locale, in J. Wolch and M. Dear (eds) *The Power of Geography* Unwin Hyman, London

Blomley, N. (1993) Editorial: Making space for law, *Urban Geography* **14**, 6

Blomley, N. and Clark, G. (1990) Law, theory and geography, *Urban Geography* **11**, 433–46

Blowers, A. (1994) *Planning for a Sustainable Environment* Earthscan, London

Blowers, A. (1999) The unsustainable city?, in S. Pile, C. Brook and C. Mooney (eds) *Unruly Cities? Order, disorder* Open University Press/Routledge, London

Blum, V. and Nast, H. (1996) Where's the difference? The heterosexualization of alterity in Henri Lefebvre and Jacques Lacan, *Environment and Planning D: Society and Space* **14**, 559–80

Bogardus, E. (1962) Social distance in the city, in E. Burgess (ed.) *The Urban Community* University of Chicago Press, Chicago, IL

Bondi, L. (1991) Gender divisions and gentrification: a critique, *Transactions of the Institute of British Geographers* **16**, 290–8

Bondi, L. (1992) Gender, symbols and urban landscapes, *Progress in Human Geography* **16**, 157–70

Bondi, L. (1998a) Gender, class and urban space: public and private space in contemporary urban landscapes, *Urban Geography* **19**, 160–85

Bondi, L. (1998b) Sexing the city, in R. Fincher and J.M. Jacobs (eds) *Cities of Difference* The Guilford Press, New York

Booth, C. (1903) *Life and Labour of the People of London* Macmillan, London

Booth, C., Darke, J. and Yeandle, S. (eds) (1996) *Changing Places: Women's lives in the city* Paul Chapman, London

Borchert, J. (1991) Futures of American cities, in J.F. Hart (ed.) *Our Changing Cities* Johns Hopkins University Press, Baltimore, MD, pp. 218–50

Bottoms, A.E. and Wiles, P. (1992) Housing markets and residential crime areas, in D.J. Evans, N.R. Fyfe and D.T. Herbert (eds) *Crime, Policing and the State* Routledge, London

Bourdieu, P. (1977) *Outline of a Theory of Practice* Cambridge University Press, Cambridge

Bourdieu, P. (1984) *Distinction: A social critique of the judgement of taste* Routledge & Kegan Paul, London

Bourne, L.S. (1981) *The Geography of Housing* Edward Arnold, London

Boyer, C. (1992) Cities for sale: merchandising history at South Street Seaport, in M. Sorkin (ed.) *Variations on a Theme Park* Noonday, New York

Boyer, C. (1995) The great frame up: fantastic appearances in contemporary spatial politics, in H. Liggett and D. Perry (eds) *Spatial Practices* Sage, London

Boyle, M. (1995) Still on the agenda? Neil Smith and the reconciliation of capital and consumer approaches to the explanation of gentrification, *Scottish Geographical Magazine* **111**, 120–3

Bramley, G. and Lancaster, S. (1998) Modelling local and small-area income distributions in Scotland, *Environment and Planning C: Government and Policy* **16**, 681–706

Brandon, R. (2002) *Auto Mobile: How the car changed life* Macmillan, Basingstoke

Breheny, M. (1995) The compact city and transport energy consumption, *Transactions, Institute of British Geographers* **20**, 81–101

Brenner, N.T.N. (ed.) (2002) *Spaces of Neoliberalism: Urban restructuring in North America and Western Europe* Oxford, Blackwell

Brenner, N. and Theodore, N. (2002) Cities and the geography of 'actually existing neoliberalism', in N. Brenner and N. Theodore (eds) *Spaces of Neoliberalism: Urban restructuring in North America and Western Europe* Blackwell, Oxford, 2–32

Bristow, E. (1997) *Vice and Vigilance* Gill & Macmillan, Dublin

Brooks, D. (2000) *Bobos in Paradise: The new upper class and how they got there* Simon & Schuster, New York

Bryant, C.G.A. and Jary, D. (eds) (1991) *Giddens's Theory of Structuration: A critical appreciation* Routledge, London

Burgess, E.W. (1924) The growth of the city: an introduction to a research project, *Publications, American Sociological Society* **18**, 85–97

Burgess, E.W. (ed.) (1926) *The Urban Community* University of Chicago Press, Chicago, IL

Burgess, E.W. (1964) Natural area, in J. Gould and W.L. Kolb (eds) *Dictionary of the Social Sciences* Free Press, New York

Burgess, J. and Jackson, P. (1992) Streetwork: an encounter with place, *Journal of Geography in Higher Education* **16**, 151–7

Butler, R. and Bowlby, S. (1997) Bodies and spaces: an exploration of disabled people's experience of public space, *Environment and Planning D: Society and Space* **15**, 411–33

Butler, T. (1997) *Gentrification and the Middle Classes* Ashgate, Aldershot

Butler, T. and Robson, G. (2001) Social capital, gentrification and neighbourhood change in London: a comparison of three South London neighbourhoods, *Urban Studies* **38**, 2145–62

Caldwell, S.B., Clarke, G.P. and Keister, L.A. (1998) Modelling regional changes in US household income and wealth: a research agenda, *Environment and Planning C: Government and Policy* **16**, 707–22

Calhoun, J.B. (1962) Population density and social pathology, *Scientific American* **206**, 139–48

Campbell, C. (1987) *The Romantic Ethic and the Spirit of Modern Consumerism* Blackwell, Oxford

Campbell, J. and Oliver, M. (1996) *Disability Politics: Understanding our past, changing our future* Routledge, London

Carlstein, T., Parkes, D. and Thrift, N. (1978) *Human Activity and Time Geography* Edward Arnold, London

Castells, M. (1977) *The Urban Question* Edward Arnold, London

Castells, M. (1983) *The City and the Grassroots* Edward Arnold, London

Castells, M. (1989) *The Informational City* Blackwell, Oxford

Castells, M. (1996) *The Rise of the Network Society* Vol. 1 Blackwell, Oxford

Castells, M. (1997) *The Power of Identity* Vol. 2 of *The Information Age* Blackwell, Oxford

Castells, M. (1998) *End of Millennium* Vol. 3 of *The Information Age* Blackwell, Oxford

Castells, M. and Murphy, K. (1982) Cultural identity and urban structure: the spatial formation of San Francisco's gay community, in N. Fainstein and S. Fainstein (eds) *Urban Policy Under Capitalism* Sage, Beverly Hills, CA

Central Housing Advisory Committee (1969) *Council Housing: Purposes, procedures and priorities* HMSO, London

Chandler, B., Fitton, H., Forsyth, L. and Massey, D.W. (1993) Liverpool, in A. Montanari, G. Curdes and L. Forsyth (eds) *Urban Landscape Dynamics* Avebury, Aldershot

Chandler, R. (1973a) Introduction, in *Pearls are a Nuisance* Penguin, Harmondsworth, pp. 7–10

Chandler, R. (1973b) The simple art of murder, in *Pearls are a Nuisance*, Penguin, Harmondsworth, pp. 181–99

Chatterton, P. and Hollands, R. (2003) *Urban Nightscapes: Youth cultures, pleasure spaces and power* Routledge, London

Chauncey, G. (1995) *Gay New York; The making of a gay male world, 1890–1940* Flamingo, Glasgow

Chouinard, V. and Grant, A. (1996) On being not even anywhere near 'The Project': ways of putting ourselves in the picture, in N. Duncan (ed.) *Bodyspace* Routledge, London

Christensen, J. (1982) The politics of redevelopment: Covent Garden, in D.T. Herbert and R.J. Johnston (eds) *Geography and the Urban Environment* Vol. 4 John Wiley, Chichester

Christopherson, S. (1994) The fortress city: privatized spaces, consumer citizenship, in A. Amin (ed.) *Post-Fordism: A reader* Blackwell, Oxford

Christopherson, S. and Storper, M. (1986) The city as studio: the world as back lot: the impact of vertical disintegration on the location of the motion picture industry, *Environment and Planning D: Society and Space* **4**, 305–20

Clark, G. (1990) The geography of law, in R. Peet and N. Thrift (eds) *New Models in Geography* Unwin Hyman, London

Clark, G. (1992) 'Real' regulation: the administrative state, *Environment and Planning A* **24**, 615–27

Clark, W.A.V. (1991) Problems of integrating an urban society, in J. Hart (ed.) *Our Changing Cities* Johns Hopkins University Press, Baltimore, MD

Clark, W.A.V. and Onaka, J.L. (1983) Life-cycle and housing adjustments as explanations of residential mobility, *Urban Studies* **20**, 47–58

Clarke, D.B. (2003). *The Consumer Society and the Postmodern City* Routledge, London

Clarke, D.B. and Bradford, M.G. (1998) Public and private consumption and the city, *Urban Studies* **35**, 865–88

Coetzee, J.M. (2003) The misfits, in J. Shepard (ed.) *Writers at the Movies* Marion Boyars, London

Cohen, P. (1997) Out of the melting-pot into the fire next time: imagining the East End as city, body, text, in S. Westwood and J. Williams (eds) *Imagining Cities: Scripts, signs, memory* Routledge, London

Collinson, P. (1963) *The Cutteslowe Walls* Faber & Faber, London

Cooke, P. and Lazzeretti, L. (eds) (2008) *Creative Cities: Cultural clusters and local economic development* Edward Elgar, Cheltenham

Couch, C.F. and Percy, S. (eds) (2003) *Urban Regeneration in Europe* Blackwell, Oxford

Couch, S.R. (2000) The cultural scene of disasters: conceptualizing the field of disasters and popular culture, *International Journal of Mass Emergencies and Disasters* **18**, 21–38

Coulton, C., Chan, T., Schramm, M. and Michelbank, K. (2008) *Pathways to Foreclosure: A longitudinal study of mortgage loans. Cleveland and Cuyahoga County, 2005–2008*, Center on Urban Poverty and Community Development, Mandel School of Applied Social Sciences

Coyle, D. (1997) *The Weightless World: Strategies for managing the digital economy* Capstone, Oxford

Crang, M. (1998) *Cultural Geography* Routledge, London

Crang, M. (2002) Between places: producing hubs, flows and networks, *Environment and Planning A* **34**, 569–74

Crawford, M. (1992) The world in a shopping mall, in M. Sorkin (ed.) *Variations on a Theme Park* Noonday Press, New York

Curdes, G. (1993) Spatial organization of towns at the level of the smallest urban unit: plots and buildings, in A. Montanari, G. Curdes and L. Forsyth (eds) *Urban Landscape Dynamics: A multi-level innovation process* Avebury, Aldershot, pp. 281–94

Curry, J. and Kenney, M. (1999) The paradigmatic city: post industrial illusion and the Los Angeles School, *Antipode* **31**, 1–28

Dahl, R. (1961) *Who Governs?* Yale University Press, New Haven, CT

Dahmann, D. (1985) Assessments of neighbourhood quality in metropolitan America, *Urban Affairs Quarterly* **20**, 511–36

D'Arcy, E. and Keogh, G. (1997) Towards a property market paradigm of urban change *Environment & Planning A* **29** (4), 685–706

Darden, J. (1980) Lending practices and policies affecting the American metropolitan system, in S.D. Brunn and J.O. Wheeler (eds) *The American Metropolitan System: Present and future* Winston, New York

Davies, W.K.D. (1984) *Factorial Ecology* Gower, Aldershot

Davis, M. (1990) *City of Quartz: Excavating the future in Los Angeles* Verso, London

Davis, M. (1992) Fortress Los Angeles: the militarization of urban space, in M. Sorkin (ed.) *Variations on a Theme Park* Noonday Press, New York

Davis, M. (1998) *Ecology of Fear: Los Angeles and the imagination of disaster* Metropolitan Books, New York

Davis, M. (2000) *Magical Urbanism: Latinos reinvent the US city* Verso, London

Davis, M. (2006) *Planet of Slums* Verso, New York

Dear, M. (1999) *The Postmodern Urban Condition* Blackwell, Oxford

Dear, M.J. (2000) *The Postmodern Urban Condition* Blackwell, Oxford

Dear, M. (2005) Comparative urbanism, *Urban Geography* **26**, 247–51

Dear, M. and Flusty, S. (1998) Postmodern urbanism, *Annals of the Association of American Geographers* **88**, 50–72

Dear, M.J. and Moos, A.I. (1986) Structuration theory in urbun analysis: 2. Empirical application, *Environment and Planning* **A 18** (3), 351–73

Dear, M. and Taylor, S.M. (1982) *Not On Our Street: Community attitudes towards mental health care* Pion, London

Dear, M., Wilton, Lord, R., Gaber, S. and Takahashi, L. (1997) Seeing people differently: the sociospatial construction of disability, *Environment and Planning **D**: Society and Space* **15**, 455–80

Dear, M. and Wolch, J. (1987) *Landscapes of Despair* Princeton University Press, Princeton, NJ

Dear, M. and Wolch, J. (1989) How territory shapes social life, in J. Wolch and M. Dear (eds) *The Power of Geography: How territory shapes social life* Unwin Hyman, Boston, MA

Dear, M. and Wolch, J. (1991) *Landscapes of Despair* Princeton University Press, Princeton, NJ

Dear, M. and Wolch, J. (1993) *Malign Neglect: Homelessness in an American city* Jossey-Bass, New York

Deas, I., Robson, B., Wong, C. and Bradford, M. (2003) Measuring neighbourhood deprivation: a critique of the index of multiple deprivation, *Environment and Planning **C*** **21**, 883–903

de Certeau, M. (1985) *The Practice of Everyday Life* University of California Press, Berkeley, CA

Delaney, D. (1993) Geographies of judgement: the doctrine of changed conditions and the geopolitics of race, *Annals, Association of American Geographers* **83**, 48–65

Dench, G., Gavron, K. and Young, M. (2006) *The New East End: Kinship, race and conflict* Profile, London

Deutsche, R. (1991) Boy's town, *Environment and Planning D: Society and Space* **9**, 5–30

Diamond, D. (1991) Managing urban change: the case of the British inner city, in R. Bennett and R. Estall (eds) *Global Change and Challenge* Routledge, London

Dick, P.K. (1999) *Do Androids Dream of Electric Sheep?* Gollancz, London

DiMaggio, P., Hargitta, E., Neuman, R.W. and Robinson, J.P. (2001) Social implications of the Internet, *Annual Review of Sociology* **27**, 307–36

Domosh, M. (1996) *Invented Cities: The creation of landscape in nineteenth-century New York and Boston* Yale University Press, New Haven, CT

Douglas, J. (1977) Existential sociology, in J. Douglas and J.M. Johnson (eds) *Existential Sociology* Cambridge University Press, Cambridge

Dowling, R. (1993) Femininity, place and commodities: a retail case study, *Antipode* **25**, 295–318

Dowling, R. (1998) Suburban stories' gendered lives: thinking through difference, in R. Fincher and J.M. Jacobs (eds) *Cities of Difference* Guilford, New York

Downing, P.M. and Gladstone, L. (1989) *Segregation and Discrimination in Housing: A review of selected studies and legislation* Library of Congress, Congressional Research Report 89–317, Washington, DC

Drake, S. and Cayton, H.R. (1962) *Black Metropolis* Harper & Row, New York

Drier, P. and Atlas, J. (1995) US housing problems, politics, and policies, *Housing Studies* **10** (2), 245–70

Duncan, J.S. and Duncan, N. (2004) *Landscapes of Privilege: The politics of the aesthetic in the American suburb* Routledge, New York

Duncan, N. (1996) Renegotiating gender and sexuality in public and private spaces, in N. Duncan (ed.) *Bodyspace* Routledge, London

Duncan, O.D. and Duncan, B. (1955) Occupational stratification and residential distribution, *American Journal of Sociology* **50**, 493–503

Dunford, M. (1990) Theories of regulation, *Environment and Planning **D**: Society and Space* **8**, 297–321

Duvall, E.M. (1971) *Family Development* J.B. Lippincott, Philadelphia, PA

Edel, M., Sclar, E. and Luria, D. (1984) *Shaky Palaces: Homeownership and social mobility in Boston's suburbanization* Columbia University Press, New York

Edwards, J. (1995) Social policy and the city: a review of recent policy developments, *Urban Studies* **32**, 695–712

Egerton, J. (1990) Out but not down: lesbians' experience of housing, *Feminist Review* **35**, 75–88

Engels, F. (1844) *The Condition of the Working Class in England* Panther, London (1969 reprint)

Entrikin, N. (1991) *The Betweeness of Place* Johns Hopkins University Press, Baltimore, MD

Fainstein, S. (1997) The egalitarian city: the restructuring of Amsterdam, *International Planning Studies* **2** (3), 295–314

Falzon, C. (1998) *Foucault and Social Dialogue* Routledge, London

Faris, R.E.L. and Dunham, H.W. (1939) *Mental Disorders in Urban Areas* University of Chicago Press, Chicago, IL

Feagin, J.R. (1997) *The New Urban Paradigm: Critical perspectives on the city* Rowman & Littlefield, Lanham, MD

Featherstone, M. and Lash, S. (eds) (1999) *Spaces of Culture: City, nation, world* Sage, London

Feins, J.D. and Bratt, R.G. (1983) Barred in Boston: racial discrimination in housing, *Journal of American Planning Association* **49**, 344–55

Filion, P. (1996) Metropolitan planning objectives and implementation constraints: planning in a post-Fordist and postmodern age, *Environment & Planning A* **28** (9), 1637–60

Firey, W. (1945) Sentiment and symbolism as ecological variables, *American Sociological Review* **10**, 140–8

Fischer, C.S. (1976) *The Urban Experience* Harcourt Brace Jovanovich, New York

Fischer, C.S. (1981) The public and private worlds of city life, *American Sociological Review* **46**, 306–16

Fitzgerald, J. (1991) Class as community: the dynamics of social change *Environment and Planning D: Society and Space* **9**, 117–28

Florida, R. (1995) Towards the learning region, *Futures* **27**, 527–36

Florida, R. (2002) *The Rise of the Creative Class* Basic Books, New York

Florida, R. (2004) *Cities and the Creative Class* Routledge, London

Foggin, P. and Polese, M. (1977) *The Social Geography of Montreal in 1971* Research Paper No. 88, Centre for Urban and Community Studies, University of Toronto

Ford, L. (1994) *Cities and Buildings: Scryscrapers, skid rows and suburbs* Johns Hopkins University Press, Baltimore, MD

Ford, L.R. (2003) *America's New Downtowns: Revitalization or reinvention?* Johns Hopkins University Press, Baltimore, MD

Foucault, M. (1984) *The History of Sexuality*: Vol. 1 *An Introduction* Penguin, Harmondsworth

French, S. (1993) Disability, impairment or something in between?, in J. Swain, V.K. Finkelstein, S. French and M. Oliver (eds) (1993) *Disabling Barriers – Enabling Environments* Sage, London

Friedland, R. (1981) Central city fiscal stress: the public costs of private growth, *International Journal of Urban and Regional Research* **5**, 356–75

Friedmann, J. and Woolff, K. (1982) World city formation: an agenda for research and action, *International Journal of Urban and Regional Research* **6**, 309–44

Friedrichs, J. and Alpheis, H. (1991) Housing segregation of immigrants in West Germany, in E.D. Huttman (ed.) *Urban Housing Segregation of Minorities in Western Europe and the United States* Duke University Press, London

Galster, G.C. and Hester, G.W. (1981) Residential satisfaction: compositional and contextual correlates, *Environment and Behaviour* **13**, 735–58

Gans, H. (1962) *The Urban Villagers* Free Press, New York

Gans, H. (1967) *The Levittowners* Allen Lane, London

Garcia, P. (1985) Immigration issues in urban ecology, in L. Maldonado and J. Moore (eds) *Urban Ethnicity in the United States* Sage, Beverly Hills, CA

Garreau, J. (1992) *Edge City: Life on the new frontier* Doubleday, New York

Giddens, A. (1979) *Central Problems in Social Theory* Macmillan, London

Giddens, A. (1985) *A Contemporary Critique of Historical Materialism* Polity Press, Cambridge

Giddens, A. (1984) *The Constitution of Society: Outline of the theory of structuration* Polity Press, Cambridge

Giddens, A. (1989) *Sociology* Polity Press, Cambridge

Giddens, A. (1991) Structuration theory: past, present and future, in G.A. Bryant and D. Jary (eds) *Giddens' Theory of Structuration: A critical appreciation* Routledge, London

Gleeson, B. (1998) Justice and the disabling city, in R. Fincher and J.M. Jacobs (eds), *Cities of Difference* Guilford Press, New York

Gober, P., McHugh, K.E. and Reid, N. (1991) Phoenix in flux: household instability, residential mobility and neighbourhood change, *Annals, Association of American Geographers* **81**, 80–8

Golledge, R. (1993) Geography and the disabled: a survey with special reference to vision impaired and blind populations, *Transactions, Institute of British Geographers* **18**, 63–85

Goodman, D. and Chant, C.E. (eds) (1999) *European Cities and Technology: Industrial to post-industrial city* Routledge, London

Goodwin, M. and Painter, J. (1996) Local governance, the crises of Fordism and the changing geographies of regulation, *Transactions of the Institute of British Geographers* **21**, 635–48

Goodwin, M.S., Duncan, S. and Halford, S. (1993) Regulation theory, the local state and the transition of urban politics, *Environment and Planning D: Society and Space* **11**, 67–88

Gordon, P. and Richardson, H.W. (1999) Review essay: Los Angeles, City of Angels? No city of angles, *Urban Studies* **36**, 575–91

Goss, J. (1993) The 'magic of the mall': an analysis of form, function and meaning in the contemporary retail environment, *Annals, Association of American Geographers* **83**, 18–47

Graham, S. and Marvin, S. (2001) *Splintering Urbanism* Routledge, London

Gramsci, A. (1973) *Selections From the Prison Notebooks* (trans. O. Hoare and G. Nowell-Smith) Lawrence & Wishart, London

Green, A.E. (1998) The geography of earnings and incomes in the 1990s, *Environment and Planning C: Government and Policy* **29**, 129–47

Gregory, D. (1989) Areal differentiation and post-modern human geography, in D. Gregory and R. Walford (eds) *Horizons in Human Geography* Barnes & Noble, Totowa, NJ

Grosz, E. (1992) Bodies-cities, in B. Colomina (ed.) *Sexuality and Space* Princeton Architectural Press, Princeton, NJ

Guy, S. and Henneberry, J. (eds) (2002) *Development and Developers: Perspectives on property* Oxford, Blackwell

Habermas, J. (1989) *The Structural Transformation of the Public Sphere* MIT Press, Cambridge, MA

Haggett, P. (1994) Geography, in R. Johnston, D. Gregory and D. Smith (eds) *The Dictionary of Human Geography* Blackwell, Oxford

Hahn, H. (1986) Disability and the urban environment: a perspective on Los Angeles, *Environment and Planning D: Society and Space* **4**, 273–88

Hall, S. and Jefferson, T. (eds) (1976) *Resistance through Rituals: Youth subcultures in postwar Britain* Hutchinson, London

Hall, T. (1998) *Urban Geography* Routledge, London

Hall, T. and Hubbard, P. (1996) The entrepreneurial city: new urban politics, new urban geographies, *Progress in Human Geography* **20**, 153–74

Hamnett, C. (1991) The blind men and the elephant: the explanation of gentrification, *Transactions of the Institute of British Geographers* **17**, 173–89

Hamnett, C. (1992) Gentrifiers or learnings? A response to Neil Smith, *Transactions of the Institute of British Geographers* **17**, 116–19

Hamnett, C. (1998) *The New Urban Frontier* (book review essay), *Transactions of the Institute of British Geographers* **23**, 412–16

Hamnett, C. (1999) *Winners and Losers: Home ownership in modern Britain* UCL Press, London

Hamnett, C. (2003) *Unequal City: London in the global arena* Routledge, London

Hanson, S. and Pratt, G. (1995) *Gender, Work and Space* Routledge, London

Haraway, D. (1991) *Simians, Cyborgs and Women: The reinvention of nature* Routledge, London

Harris, C.D. and Ullman, E.L. (1945) The nature of cities, *Annals of the American Academy of Political and Social Science* **242**, 7–17

Harvey, D. (1969) *Explanation in Geography* Arnold, London

Harvey, D. (1972) *Society, the City and the Space Economy of Urbanism* Resources Paper No. 18, Commission on College Geography, Association of American Geographers, Washington, DC

Harvey, D. (1973) *Social Justice and the City* Arnold, London

Harvey, D. (1975) Class structure in a capitalist society and the theory of residential differentiation, in R. Peel, M. Chisholm and P. Haggett (eds) *Processes in Physical and Human Geography* Heinemann, London

Harvey, D. (1978) Labour, capital and the class struggle around the built environment, in K.R. Cox (ed.) *Urbanization and Conflict in Market Societies* Methuen, London

Harvey, D. (1982) *The Limits to Capital* Basil Blackwell, Oxford

Harvey, D. (1989a) From managerialism to entrepreneurialism: the transformation of urban governance in late capitalism, *Geografiska Annaler* **71B**, 3–17

Harvey, D. (1989b) *The Condition of Postmodernity* Blackwell, Oxford

Harvey, D. (1992) Social justice, postmodernism and the city, *International Journal of Urban and Regional Research* **16**, 588–601

Harvey, D. (1993) From space to place and back again: reflections on the condition of postmodernity, in J. Bird, B. Curtis, T. Putnam and L. Tickren (eds) *Mapping the Futures: Local cultures, global change* Routledge, London

Harvey, D. (1996) *Justice, Nature and the Geography of Difference* Blackwell, Oxford

Harvey, D. (2003) *The Capital of Modernity: Paris in the Second Empire* Routledge, New York

Hayden, D. (2003) *Building Suburbia: Green fields and urban growth, 1820–2000* Pantheon, New York

Heidegger, M. (1971) *Poetry, Language, Thought* Harper & Row, New York

Herbert, D.T. (1977) Crime delinquency and the urban environment, *Progress in Human Geography* **1**, 208–39

Hesse, B. (1997) White governmentality: urbanism, nationalism, racism, in S. Westwood and J. Williams (eds) *Imagining Cities: Scripts, signs, memory* Routledge, London

Hiebert, D.L. and Ley, D. (2003) Assimilation, cultural pluralism, and social exclusion among ethnocultural groups in Vancouver, *Urban Geography* **24** (1), 16–44

Hindle, P. (1994) Gay communities and gay space in the city, in S. Whittle (ed.) *The Margins of the City: Gay men's urban lives* Arena, Aldershot

Holloway, S.L. and Valentine, G. (eds) (2000) *Children's Geographies: Playing, living, learning* Routledge, London

Holston, J. (2001) *Urban citizenship and Globalization: Global city-regions – trends, theory, policy* Oxford University Press, Oxford

Hooker, E. (1965) Male homosexuals and their 'worlds', in J. Mermor (ed.) *Sexual Inversion* Basic Books, New York

Hornstein, J.M. (2005) *A Nation of Realtors: A cultural history of the twentieth-century American middle class* Duke University Press, Durham, NC

Howarth, C., Kenway, P., Palmer, G. and Street, C. (1998) *Monitoring Poverty and Social Exclusion: Labour's inheritance* New Policy Institute and Joseph Rowntree Foundation, London

Hoyt, H. (1939) *The Structure and Growth of Residential Neighborhoods in American Cities* Federal Housing Administration, Washington, DC

Hubbard, P. (2004) Manuel Castells, in P. Hubbard, K. Kitchin and G. Valentine (eds) *Key Thinkers on Space and Place* Sage, London

Hubbard, P. (2005) Accommodating Otherness: anti-asylum centre protest and the maintenance of white priviledge, *Transactions of the Institute of British Geographers* **30**, 52–66

Hudson, R. and Williams, A. (1999) *Divided Europe* Sage, London

Hunter, F. (1953) *Community Power Structure: A study of decision makers* University of North Carolina Press, Chapel Hill, NC

Huttman, E.D. (1991) Subsidized housing segregation in Western Europe: stigma and segregation, in E. Huttman, W. Blauw and J. Saltman (eds) *Urban Housing Segregation of Minorities in Western Europe and the United States* Duke University Press, Durham, NC

Imrie, R. (1996) *Disability and the City: International perspectives* Paul Chapman, London

Imrie, R. and Thomas, H. (1999) *British Urban Policy and the Urban Development Corporations* (2nd edn) Paul Chapman, London

Ingersoll, R. (1992) The disappearing suburb, *Design Book Review* **26**

Jablonsky, T. (1993) *Pride in the Jungle* Johns Hopkins University Press, Baltimore, MD

Jackson, P. (1989) *Maps of Meaning* Unwin Hyman, London

Jackson, P. (1991a) Mapping meanings: a cultural critique of locality studies, *Environment and Planning* **A 23**, 219

Jackson, P. (1991b) The cultural politics of masculinity: towards a social geography, *Transactions of the Institute of British Geographers* **16**, 199–213

Jackson, P. (1999) Postmodern urbanism and the ethnographic void, *Antipode* **31**, 400–2

Jackson, P. and Smith, S. (1984) *Exploring Social Geography* Allen & Unwin, London

Jackson, P. and Thrift, N. (1995) Geographies of consumption, in D. Miller (ed.) *Acknowledging Consumption* Routledge, London

Jacobs, J. (1961) *The Death and Life of Great American Cities* Vintage, New York

Jacobs, J.M. (1996) *Edge of Empire: Postcolonialism and the City* Routledge, London

James, F.J., McCummings, B.I. and Tynan, E.A. (1984) *Minorities in the Sunbelt* NJ Center for Urban Policy Research, Rutgers University, New Brunswick, NJ

James, S. (1990) Is there a 'place' for children in geography?, *Area* **22**, 278–83

Jameson, F. (1984) *Post-modernism or the Cultural Logic of Late Capitalism* Duke University Press, Durham, NC

Jamoul, L. and Wills, J. (2008) Faith in politics, *Urban Studies* **45**, 2035–56

Janson, C.-G. (1971) A preliminary report on Swedish urban spatial structure, *Economic Geography* **47**, 249–57

Jeffery-Poulter, S. (1991) *Peers, Queers and Commons: The struggle for gay law reform from 1950 to the present* Routledge, London

Jessop, B. (1997) The entrepreneurial city: re-imagining localities, redesigning economic governance or restructuring capital, in N. Jewson and S. MacGregor (eds) *Transforming Cities: Contested governance and new spatial divisions* Routledge, London

Jessop, B. (2002) Liberalism, neoliberalism, and urban governance: a state-theoretic perspective, *Antipode* **34**, 452–72

Johnston, L. and Valentine, G. (1995) Wherever I lay my girlfriend, that's my home: the performance and surveillance of lesbian identities in domestic environments, in D. Bell and G. Valentine (eds) *Mapping Desire: Geographies of sexuality* Routledge, London

Johnston, R.J. (1971) *Urban Residential Patterns: An introductory review* Bell & Sons Ltd, London

Johnston, R.J. (1978) *Political, Electoral and Spatial Systems* Oxford University Press, London

Johnston, R.J. (1984) *City and Society* (2nd edn) Hutchinson, London

Johnston, R.J., Pattie, C.J., Dorling, D.F.L. and Rossiter, D.J. (2001) *From Votes to Seats: The operation of the UK electoral system since 1945* Manchester University Press, Manchester

Johnston, R. Forrest, J. and Poulsen, M. (2002) Are there ethnic enclaves/ghettos in English cities?, *Urban Studies* **39**, 591–618

Johnston, R. and Poulsen, M. (2006) Ethnic residential segregation in England: getting the right message across, *Environment and Planning A* **38**, 2195–9

Johnston, R., Poulsen, M. and Forrest, J. (2002) From modern to post-modern? Contemporary ethnic segregation in four US metropolitan areas, *Cities* **19**, 161–72

Johnston, R., Poulsen, M. and Forrest, J. (2003) And did the walls come tumbling down? Ethnic segregation in four US metropolitan areas, 1980–2000, *Urban Geography* **24**, 560–81

Johnston, R., Poulsen, M. and Forrest, J. (2004) The comparative study of ethnic residential segregation in the USA, 1980–2000, *Tijdschrift voor Economische en Sociale Geografie* **95**, 550–69

Johnston, R. Poulsen, M. and Forrest, J. (2007) The geography of ethnic residential segregation: a comparative study of five countries, *Annals of the Association of American Geographers* **97**, 713–38

Johnston, R.J. and Sidaway, J.D. (2004) *Geography and Geographers: Anglo-American human geography since 1945* Arnold, London

Jonas, E.G. and Wilson, D. (eds) (1999) *The Urban Growth Machine* State University of New York Press, Albany, NY

Jones, C. and Porter, R. (1998) *Reassessing Foucault: Power, medicine and the body* Routledge, London

Judge, D., Stoker, G. and Wolman, H. (eds) (1995) *Theories of Urban Politics* Sage, London

Kearns, A. (1995) Active citizenship and local governance: political and geographical dimensions, *Political Geography* **14**, 155–75

Keith, M. and Cross, M. (1992) Racism and the postmodern city, in M. Cross and M. Keith (eds) *Racism, the City and the State* Routledge, London

Keller, S. (1968) *The Urban Neighborhood* Random House, New York

Killworth, P.D. *et al.* (1990) Estimating the size of personal networks, *Social Networks* **12**, 289–312

King, A.D. (ed.) (1997) *Culture, Globalization and the World System: Contemporary conditions for the representation of identity* University of Minnesota Press, Minneapolis, MN

Kirby, S. and Hay, I. (1997) (Hetero)sexing space: gay men and 'straight' space in Adelaide, South Australia, *Professional Geographer* **49**, 295–305

Knack, S. (2002) Social capital and the quality of government: evidence from the States, *American Journal of Political Science* **41**, 772–85

Knopp, L. (1987) Social theory, social movements and public policy: recent accomplishments of the gay and lesbian movements in Minneapolis, Minnesota, *International Journal of Urban and Regional Research* **11**, 243–61

Knopp, L. (1990) Exploiting the rent gap: the theoretical significance of using illegal appraisal schemes to encourage gentrification in New Orleans, *Urban Geography* **11**, 48–64

Knopp, L. (1992) Sexuality and the spatial dynamics of capitalism, *Environment and Planning D: Society and Space* **10**, 651–69

Knox, P.L. (1984) Styles, symbolism and settings: the built environment and the imperatives of urbanised capitalism, *Architecture et comportement* **2**, 107–22

Knox, P.L. (1986) Disadvantaged households and service provision in the inner city, in G. Heinritz and E. Lichtenberger (eds) *The Take-off of Suburbia and the Crisis of the Central City* Steiner, Stuttgart

Knox, P.L. (ed.) (1993) *The Restless Urban Landscape* Prentice-Hall, Englewood Cliffs, NJ

Knox, P.L. (1994) *Urbanization* Prentice-Hall, Englewood Cliffs, NJ

Knox, P.L. (2005) Vulgaria: the re-enchantment of suburbia, *Opolis* **1** (2), 33–46

Knox, P.L. (2008) *Metroburbia, USA* Rutgers University Press, New Brunswick, NJ

Knox, P.L., Agnew, J. and McCarthy, L. (2003) *The Geography of the World Economy* (4th edn) Edward Arnold, London

Kodras, J. (1997) The changing map of American poverty in an era of economic restructuring and political realignment, *Economic Geography* **72**, 67–93

Krutnik, F. (1997) Something more than the night: tales of the noir city, in D.B. Clarke (ed.) *The Cinematic City* Routledge, London

Kurpick, S. and Weck, S. (1998) Policies against social exclusion at the neighbourhood level in Germany: the case of Northrhine-Westphalia, in A. Madanipour, G. Cars and J. Allen (eds) *Social Exclusion in European Cities: Processes, experiences and responses* Jessica Kingsley, London

Laan Bouma-Doff, W. van den (2007) Confined contact: residential segregation and ethnic bridges in the Netherlands, *Urban Studies* **44**, 997–1017

Lake, R.W. (1999) Postmodern urbanism, *Antipode* **31**, 393–5

Lash, S. and Urry, J. (1994) *Economies of Signs and Space* Sage, London

Latham, A. (2004) Ed Soja, in P. Hubbard, R. Kitchin and G. Valentine (eds) *Key Thinkers on Space and Place* Sage, London

Lauria, M. (1996) *Reconstructing Urban Regime Theory: Regulating urban politics in a global economy* Sage, Beverly Hills, CA

Lees, L. (1994) Rethinking gentrification: beyond the positions of economics or culture, *Progress in Human Geography* **18**, 137–50

Lees, L. (1997) Ageographia, heterotopia, and Vancouver's new public library, *Environment and Planning D: Society and Space* **15**, 321–37

Lees, L. (2000) A re-appraisal of gentrification: towards a geography of gentrification, *Progress in Human Geography* **24**, 389–408

Lefebvre, H. (1991) *The Production of Space* Blackwell, Oxford

Leslie, D.R. and Reimer, S. (2003) Gender, modern design, and home consumption *Environment & Planning D: Society and Space* **21** (3), 293–317

Lewis, M. (1994) A sociological pubcrawl around gay Newcastle, in S. Whittle (ed.) *The Margins of the City: Gay men's urban lives* Arena, Aldershot

Lewis, P. (1983) The galactic metropolis, in R.H. Platt and G. Mackinder (eds) *Beyond the Urban Fringe* University of Minnesota Press, Minneapolis, MN

Ley, D. (1974) *The Black Inner City as Frontier Post* Association of American Geographers, Washington, DC

Ley, D. (1983) *A Social Geography of the City* Harper & Row, New York

Ley, D. (1996) *The New Middle Class and the Remaking of the Central City* Oxford University Press, Oxford

Leyshon, A. and Thrift, N. (1997) *Money Space: Geographies of monetary transformation* Routledge, London

Lichtenstein, R. (2008) *On Brick Lane* Penguin, London

Liebow, E. (1967) *Tally's Corner* Little, Brown, Boston, MA

Lineberry, R.L. (1977) *Equality and Urban Policy* Sage, Beverly Hills, CA

Lipietz, A. (1986) New tendencies in the international division of labor: regimes of accumulation and modes of regulation, in A. Scott and M. Storper (eds) *Production, Work, Territory: The geographical anatomy of industrial capitalism* Routledge, London

Lister, R. (1998) From equality to social inclusion: New Labour and the welfare state, *Critical Social Policy* **18**, 215–26

Locke, K. (2001) *Grounded Theory in Management Research* Sage, London

Lofland, L. (1973) *A World of Strangers* Basic Books, New York

Lomnitz, L. and Diaz, R. (1992) Cultural grammar and bureaucratic rationalization in Latin American cities, in R. Morse and J. Hardoy (eds) *Rethinking the Latin American City* Woodrow Wilson Press Center, Washington, DC

Longhurst, R. (1998) (Re)presenting shopping centres and bodies: questions of pregnancy, in R. Ainley (ed.) *New Frontiers of Space, Bodies and Gender* Routledge, London

Low, S. (2003) *Behind the Gates: Life, security and the pursuit of happiness in fortress America* Routledge, New York

Luke, T. (1994) Placing power/siting space: the local and the global in the New World Order, *Environment and Planning D: Society and Space* **12**, 613–28

Luke, T. (1997) *Ecocritique: Contesting the politics of nature, economics, and culture* University of Minnesota Press, Minneapolis, MN

Lynch, K. (1960) *The Image of the City* MIT Press, Cambridge, MA.

Lynch, K. (1984) Reconsidering 'The Image of the City', in R.M. Hoister and L. Rodwin (eds) *Cities of the Mind* Plenum, New York

Lynd, R.S. and Lynd, H.M. (1956) *Middletown* Harcourt Brace Jovanovich, New York

Macey, D. (1993) *The Lives of Michel Foucault* Vintage, London

Mackenzie, S. (1988) Building women, building cities: toward gender sensitive theory in the environmental disciplines, in C. Andrew and B. Milroy (eds) *Life Spaces* University of British Columbia Press, Vancouver

MacLaran, A. (1993) *Dublin* Belhaven, London

MacLaran, A. (ed.) (2003) *Making Space: Property development and urban planning* Edward Arnold, London

MacLeod, G. (2002) From urban entrepreneurialism to a 'revanchist city'? On the spatial injustices of Glasgow's renaissance, *Antipode* **34**, 602–24

Madanipour, A., Cars, G. and Allen, J. (eds) (1998) *Social Exclusion in European Cities: Processes, experiences and responses* Jessica Kingsley, London

Maddock, S. and Parkin, D. (1994) Gender cultures: how they affect men and women at work, in M.V. Davidson and R.V. Burke (eds) *Women in Management: Current research issues* Paul Chapman, London

Madsen, P.P. and Plunz, R. (eds) (2001) *The Urban Lifeworld: Formation, perception, representation* Spon Press, London

Marcuse, P. (1997) The ghetto of exclusion and the fortified enclave: new patterns in the United States, *American Behavioral Scientist* **41**, 311–26

Marston, S. (1990) Who are the people? Gender, citizenship, and the making of the American nation, *Environment and Planning D: Society and Space* **8**, 449–58

Maslow, A.H. (1970) *Motivation and Personality* Harper & Row, New York

Massey, D. (1984) *Spatial Divisions of Labour* Macmillan, Basingstoke (2nd edn 1995)

Massey, D. (1992) Politics and space/time, *New Left Review* **196**, 65–84

Massey, D. (2005) *For Space* Sage, London

Massey, D. and Catalano, A. (1978) *Capital and Land* Arnold, London

Mayhew, H. (1862) *The Criminal Prisons of London* Griffin, Bohn & Co., London

Mazierska, E. and Rascaroli, I. (eds) (2003) *From Moscow to Madrid: Postmodern cities, European cinema* I.B. Tauris, London

McAuslan, P. (2003) *Bringing the Law back in: Essays in land, law, and development* Ashgate, Burlington, VT

McCullen, S.C. and Smith, W.J. (2004) *The Geography of Poverty in the Atlanta Region* Andrew Young School of Policy Studies, Fiscal Research Center, Census Issue 7, Atlanta, GA

McDowell, L. (1995) Body work: heterosexual gender performances in city workplaces, in D. Bell and G. Valentine (eds) *Mapping Desire: Geographies of sexuality* Routledge, London

McDowell, L. (1996) Spatializing feminism: geographic perspectives, in N. Duncan (ed.) *Bodyspace: Destabilizing geographies and gender and sexuality* Routledge, London

McGuigan, J. (1996) *Culture and the Public Sphere*, Routledge, London

McKenzie, E. (1994) *Privatopia: Homeowner associations and the rise of residential private government* Yale University Press, New Haven, CT

McNeill, D. (1999) Globalization and the European city, *Cities* **16**, 143–7

McNeill, D. (2004a) Barcelona as imagined community; Pasqual Maragall's spaces of engagement, *Transactions of the Institute of British Geographers* **26**, 340–52

McNeill, D. (2004b) Mike Davis, in P. Hubbard, R. Kitchin and G. Valentine (eds) *Key Thinkers on Space and Place* Sage, London

Merrifield, A. (1993) Space and place: a Lefebvrian reconciliation, *Transactions of the Institute of British Geographers* **18**, 516–31

Merrifield, A. (1996) Public space: integration and inclusion in public life, *City* **5–6**, 57–72

Merrifield, A. (1999) The extraordinary adventures of Edward Soja: inside the 'trialetics of spatiality', *Annals of the Association of American Geographers* **89**, 345–8

Merrifield, A. (2002) *MetroMarxism: A Marxist tale of the city* Routledge, New York

Miller, A. (1987) *The Drama of Being a Child* Virago Press, London

Miller, D., Jackson, P., Thrift, N., Holbrook, B. and Rowlands, M. (1998) *Shopping, Place and Identity* Routledge, London

Mitchell, D. (2004) Peter Jackson, in P. Hubbard, R. Kitchin and G. Valentine (eds) *Key Thinkers on Space and Place* Sage, London

Mommas, H. (2004) Cultural clusters and the post-industrial city: towards the remapping of urban cultural policy, *Urban Studies* **41**, 507–32

Moos, A. (1989) The grassroots in action: gays and seniors capture West Hollywood, California, in J. Wolch and M. Dear (eds) *The Power of Geography* Unwin Hyman, London

Morris, S. (2002) Testing the boundaries, the *Guardian*, 10 August, p. 8

Moudon, A.V. (1992) The evolution of twentieth-century residential forms: an American case study, in J.W.R. Whitehand and P.J. Larkham (eds) *Urban Landscapes: International perspectives* Routledge, London, pp. 170–206

Muller, P.O. (1981) *Contemporary Suburban America* Prentice-Hall, Englewood Cliffs, NJ

Mumford, L. (1940) *The Culture of Cities* Secker & Warburg, London

Murdie, R.A. (1969) *Factorial Ecology of Metropolitan Toronto, 1951–1961* Research paper No. 116, Department of Geography, University of Chicago

Murphy, L. (1995) Mortgage finance and housing provisions in Ireland 1970–1990, *Urban Studies* **32**, 135–84

Musterd, S. (1991) Neighbourhood change in Amsterdam, *Tijdschrift voor Economische en Sociale Geographie* **82**, 30–9

Musterd, S. (2005) Social and ethnic segregation in Europe: levels, causes and effects, *Journal of Urban Affairs* **27**, 3331–48

Myslik, W.D. (1996) Renegotiating the social/sexual identities of places, in N. Duncan (ed.) *Bodyspace* Routledge, London

Negus, K. (1992) *Producing Pop: Culture and conflict in the popular music industry* Edward Arnold, London

Negus, K. (1999) *Music Genres and Corporate Cultures* Routledge, London

Newman, O. (1972) *Defensible Space* Macmillan, New York

Newson, J. and Newson, E. (1965) *Patterns of Infant Care in an Urban Community* Penguin, Harmondsworth

Newton, K. (1978) Conflict avoidance and conflict suppression, in K. Cox (ed.) *Urbanization and Conflict in Market Societies* Methuen, London

Nijman, J. (1999) Cultural globalization and the identity of place: the reconstruction of Amsterdam, *Ecumene* **6**, 146–64

Nijman, J. (2000) The paradigmatic city, *Annals of the Association of American Geographers* **90**, 135–45

O'Connor, A., Tilly, C. and Bobo, L.D. (eds) (2001) *Urban Inequality. Evidence from four cities* Russell Sage Foundation, New York

Ohmae, K. (1995) *The End of the Nation-State: The rise of regional economies* Free Press, New York

Oliver, M. (1998) Theories of disability in health practice and research, *British Medical Journal* **7170**, 1446–9

Oliver, M.L., Johnson, J.H. and Farrell, W.C. Jr (1993) Anatomy of a rebellion: a political-economic analysis, in R. Gooding-Williams (ed.) *Reading Rodney King: Reading urban uprising* Routledge, New York

O'Loughlin, J. (1976) The identification and evaluation of racial gerrymandering, *Annals, Association of American Geographers* **72**, 165–84

O'Loughlin, J. and Freiedrichs, J. (eds) (1996) *Social Polarization in Post-industrial Metropolises* Walter de Gruyter, New York

Omni, M. and Winant, H. (1993) The Los Angeles 'Race Riot' and contemporary US politics, in R. Gooding-Williams (ed.) *Reading Rodney King: Reading urban uprising* Routledge, New York

Oncu, A. and Weyland, P. (1997) *Space, Culture and Power: New identities in globalizing cities* Zed Books, Atlantic Heights, NJ

Orfield, M. (2002) *American Metro Politics: The new suburban reality* Brookings Institutions Press, Washington, DC

O'Riordian, T. (1981) *Environmentalism* Pion, London

Orleans, P. (1973) Differential cognition of urban residents: effects of scale on social mapping, in R. Downs and D. Stea (eds) *Image and Environment* Aldine, Chicago, IL

Pacione, M. (1982) Evaluating the quality of the residential environment in a deprived council estate, *Geoforum* **13**, 45–55

Pacione, M. (1997) The geography of educational disadvantage in Glasgow, *Applied Geography* **17** (3), 169–92

Pacione, M. (2004) Environments of disadvantage: geographies of persistent poverty in Glasgow, *Scottish Geographical Magazine* **120**, 117–32

Paddison, M. and Miles, R.S. (eds) (2006) *Culture-led Urban Regeneration* Routledge, London

Pagano, M.A. and Bowman, A.O. (1995) *Cityscapes and Capital: The politics of urban redevelopment* Johns Hopkins University Press, Baltimore, MD

Pahl, R. (1969) Urban social theory and research, *Environment and Planning A* **1**, 143–53

Pahl, R.E. (1984) *Divisions of Labour* Blackwell, Oxford

Pain, R. (1991) Space, violence and social control: integrating geographical and feminist analyses of women's fear of crime, *Progress in Human Geography* **15**, 415–31

Pain, R.H. (1997) Social geographies of woman's fear of crime, *Area* **22**, 231–44

Panayi, P. (2008) *Spicing Up British Life: The multiculturalization of food* Reaction Books, London

Park, C. (1994) *Sacred Worlds* Routledge, London

Park, D.C., Radford, J.P. and Vickers, M.H. (1998) Disability studies in human geography, *Progress in Human Geography* **22**, 208–33

Park, R.E. (1916) The city: suggestions for the investigation of human behaviour in an urban environment, *American Journal of Sociology* **20**, 577–612

Park, R.E., Burgess, E.W. and McKenzie, R.D. (1925) *The City* University of Chicago Press, Chicago, IL

Parker, S. (2004) *Urban Theory and the Urban Experience: Encountering the city* Routledge, London

Parkin, F. (1979) *Marxism and Class Theory: A bourgeois critique* Tavistock, London

Patterson, A. and Theobold, K.S. (1995) Sustainable development, Agenda 21 and the new local governance in Britain, *Regional Studies* **29**, 773–8

Pawson, E. and Banks, G. (1993) Rape and fear in a New Zealand city, *Area* **25**, 55–63

Peach, C. (1998) South Asian and Caribbean ethnic minority housing choice in Britain, *Urban Studies* **35**, 1657–80

Peach, G.C.K. (1984) The force of West Indian identity in Britain, in C. Clarke, D. Ley and G.C.K. Peach (eds) *Geography and Ethnic Pluralism* Allen & Unwin, London

Peck, J. (1998) Postwelfare Massachusetts, *Economic Geography* Extra Issue for the 1998 Meeting of the Association of American Geographers, 25–29 March, pp. 62–82

Peck, J. (1999) New Labourers? Making a new deal for the 'workless class', *Environment and Planning C: Government and Policy* **17**, 345–72

Peck, J. (2005) Struggling with the creative class, *International Journal of Urban and Regional Research* **29**, 740–70

Peck, J. and Jones, M. (1995) Training and enterprise councils: Schumpeterian workfare state or what?, *Environment and Planning A* **27**, 1361–96

Peck, J. and Tickell, A. (2002) Neoliberalizing space, in N. Brenner and N. Theodore (eds) *Spaces of Neoliberalism: Urban restructuring in North America and Western Europe* Blackwell, London

Pepper, D. (1996) *Modern Environmentalism: An introduction* Routledge, London

Perkin, J. (1993) *Victorian Women* John Murray, London

Perl, E., Lynch, K. and Hormer, J. (1994) Perspectives on mortgage lending and redlining, *Journal of the American Planning Association* **60**, 344–54

Phelps, N.A. and Parsons, N. (2003) Edge urban geographies: notes from the margins of Europe's capital cities, *Urban Studies* **40**, 1725–49

Phillips, D. (1998) Black minority ethnic concentration, segregation and dispersal in Britain, *Urban Studies* **35**, 1681–702

Phillips, D. (2006) Parallel lives? Challenging discourses of British Muslim self-segregation, *Environment and Planning D: Society and Space* **24**, 25–40

Phillips, D., Davis, C. and Radcliff, P. (2007) British Asian narratives of urban space, *Transactions of the Institute of British Geographers* **32**, 217–34

Phillips, D. and Karn, V. (1991) Racial segregation in Britain: patterns, processes and policy approaches, in E.D. Huttman (ed.) *Urban Housing Segregation of Minorities in Western Europe and the United States*, Duke University Press, Durham, NC

Phillips, T. (2005) Britain 'sleepwalking' to segregation, the *Guardian*, 19 September, 1

Philo, C. (1991) Delimiting human geography: new social and cultural perspectives, in C. Philo (ed.) *New Words, New Worlds: Reconceptualising social and cultural geography* Social and Cultural Geography Study Group of the Institute of British Geographers, Lampeter

Pile, S. (1993) Human agency and human geography revisited: a critique of 'new models' of the self, *Transactions, Institute of British Geographers* **18**, 122–39

Pinch, S. (1979) Territorial justice and the city: a case study of social services for the elderly in Greater London, in D. Herbert and D. Smith (eds) *Social Problems and the City: Geographical perspectives* Oxford University Press, Oxford

Pinch, S. (1985) *Cities and Services: The geography of collective consumption* Routledge & Kegan Paul, London

Pinch, S. (1989) The restructuring thesis and the study of public services, *Environment and Planning A* **21**, 905–26

Pinch, S. (1993) Social polarization: a comparison of evidence from Britain and the United States, *Environment and Planning A* **25**, 779–95

Pinch, S. (1997) *Worlds of Welfare: Understanding the changing geographies of social welfare provision* Routledge, London

Pinch, S. and Storey, A. (1992) Who does what where? A household survey of the division of domestic labour in Southampton, *Area* **24**, 5–12

Ponte, R. (1974) Life in a parking lot: an ethnography of a homosexual drive-in, in E. Goode and R.R. Troiden (eds) *Sexual Deviance and Sexual Deviants* William Morrow, New York

Porter, L. and Barber, A. (2007) Planning the cultural quarter in Birmingham's Eastside, *European Planning Studies* **15**, 1327–48

Poulsen, M.F. and Johnston, R.J. (2000) The ghetto model and ethnic concentration in Australian cities, *Urban Geography* **21** (1), 26–44

Raban, J. (1975) *Soft City* Fontana, New York

Rabinowitz, H. (1996) The developer's vernacular: the owner's influence on building design, *Journal of Architectural and Planning Research* **13** (1), 34–42

Radford, J.P. (1979) Testing the model of the preindustrial city: the case of ante-bellum Charleston, South Carolina, *Transactions of the Institute of British Geographers* **4**, 392–410

Ratcliff, P. (1997) Race, housing and the city, in N. Jewson and S. MacGregor (eds) *Transforming Cities: Contested governance and new spatial divisions* Routledge, London

Ravetz, A. (1980) *Remaking Cities* Croom Helm, London

Rees, P. and Phillips, D. (1996) Geographical spread: the national picture, in P. Ratcliffe (ed.) *Ethnicity in 1991 Census* Vol. 3 *Social Geography and Ethnicity in Britain* HMSO, London

Reibel, M. (2000) Geographic variation in mortgage discrimination: evidence from Los Angeles, *Urban Geography* **21** (1), 45–60

Reiff, D. (1993) *Los Angeles: Capital of the third world* Phoenix, London

Relph, E. (1976) *Place and Placelessness* Pion, London

Rich, R. (1979) Neglected issues in the study of urban service distributions, *Urban Studies* **16**, 143–56

Ritzdorf, M. (1989) The political economy of urban service distribution, in R. Rich (ed.) *The Politics of Urban Public Services* Lexington Books, Lexington, MA

Ritzer, G. (2005) *Enchanting a Disenchanted World* (2nd edn) Pine Forge Press, Thousand Oaks, CA

Robins, K. (1991) Tradition and translation: national culture in its global context, in J. Corner and S. Harvey (eds) *Enterprise and Heritage* Routledge, London

Robson, B.T. (1975) *Urban Social Areas* Clarendon Press, Oxford

Room, G. (1995) Poverty and social exclusion: the new European agenda for policy and research, in G. Room (ed.) *Beyond the Threshold* Policy Press, Bristol

Rose, H.M. (1970) The development of an urban sub-system: the case of the negro ghetto, *Annals, Association of American Geographers* **60**, 1–17

Rossi, P. (1980) *Why Families Move* (2nd edn) Free Press, Glencoe, IL

Rubin, B. (1979) Aesthetic ideology and urban design, *Annals, Association of American Geographers* **69**, 360

Rutheiser, C. (1996) *Imagineering Atlanta* Verso, New York

Sack, R. (1992) *Place, Modernity and the Consumer's World* Johns Hopkins University Press, Baltimore, MD

Said, E. (1978) *Orientalism: Western conceptions of the Orient* Routledge, London

Sandweiss, E. (1992) *Design Book Review*, **26**

Sarre, P., Phillips, D. and Skellington, R. (1989) *Ethnic Minority Housing: Explanations and policies* Avebury, Aldershot

Sassen, S. (1991) *The Global City: New York, London, Tokyo* Princeton University Press, Princeton, NJ

Sassen, S. (1997) *Losing Control? Sovereignty in an age of globalization* John Wiley, Chichester

Sassen, S. (1999a) Digital networks and power, in M. Featherstone and S. Lash (eds) *Spaces of Culture: City, nation, state* Sage, London

Sassen, S. (1999b) *Guests and Aliens* NewYork Press, New York

Sassen, S. (2001) *The Global City* (2nd edn) Princeton University Press, Princeton, NJ

Savage, M. and Warde, A. (1993) *Urban Sociology, Capitalism and Modernity* Macmillan, Basingstoke

Sawyer, R.K. (2006) *Explaining Creativity: The science of human innovation* Oxford University Press, Oxford

Sayer, A. (1989) On the dialogue between humanism and historical materialism in geography, in A. Kobayashi and S. Mackenzie (eds) *Remaking Human Geography* Unwin Hyman, London

Schein, R.H. (1997) The place of landscape: a conceptual framework for interpreting an American scene, *Annals, Association of American Geographers* **87**, 660–80

Schmid, C.F. (1960) Urban crime areas, *Sociology Review* **25**, 527–42, 655–78

Schmid, C.F. and Schmid, S.E. (1972) *Crime in the State of Washington* Law and Justice Planning Office, Washington State Planning and Community Affairs Agency, Olympia, WA

Scott, A. (1986) Industrial organization and location: division of labor, the firm and spatial process, *Economic Geography* **62**, 215–31

Scott, A. (1988) *Metropolis: From the division of labour to urban form* University of California Press, Berkeley, CA

Scott, A.J. (1999) Los Angeles and the LA School: a response to Curry and Kenney, *Antipode* **31**, 37–44

Scott, D., Alcock, P., Russell, L. and Macmillan, R. (2000) *Moving Pictures: Realities of voluntary action* Policy Press, Bristol

Sennett, R. (1971) *The Uses of Disorder: Personal identity and city life* Allen Lane, London

Sennett, R. (1990) *The Conscience of the Eye: The design and social life of cities* Knopf, New York

Sennett, R. (1994) *Flesh and Stone: The body and the city in Western civilization* Faber & Faber, London

Sennett, R. (1997) The search for a place in the world, in N. Ellen (ed.) *Architecture of Fear* Princeton Architectural Press, New York

Shaw, C.R. (1929) *Delinquency Areas* University of Chicago Press, Chicago, IL

Shaw, C.R. and McKay, H.D. (1942) *Juvenile Delinquency and Urban Areas* University of Chicago Press, Chicago, IL

Shields, R. (1989) Social spatialization and the built environment: the West Edmonton Mall, *Environment and Planning D: Society and Space* **7**, 147–64

Short, J.R., Benton, L.M., Luce, W.N. and Walton, J. (1993) Reconstructing the image of an industrial city, *Annals, Association of American Geographers* **83**, 207–24

Short, J.R., Kim, Y., Kuss, M. and Wells, H. (1996) The dirty little secret of world city research, *International Journal of Urban and Regional Research* **20**, 697–717

Shuker, R. (1998) *Key Concepts in Popular Music* Routledge, London

Sibley, D. (1990) Invisible women? The contribution of the Chicago School of Social Service Administration to urban analysis, *Environment and Planning A* **22**, 733–45

Sibley, D. (1995) *Geographies of Exclusion: Society and difference in the West* Routledge, London

Simmel, G. (1969) The metropolis and mental life, in R. Sennett (ed.) *Classic Essays on the Culture of Cities* Appleton Century Crofts, New York

Simon, D. (2008) The Wire, *Guardian Weekend*, 6 September, 22–8

Simonsen, K. (1991) Towards an understanding of the contextuality of mode of life, *Environment and Planning D: Society and Space* **9**, 417–31

Sjoberg, A. (1960) *The Pre-industrial City: Past present and future* Free Press, New York

Skelton, T. and Valentine, G. (eds) (1998) *Cool Places: Geographies of youth cultures* Routledge, London

Slater, T. (2002) Looking at the 'North America City' through the lens of gentrification discourse, *Urban Geography* **23**, 131–53

Smart, B. (2000) A political economy of the new times? Critical reflections on the network society and the ethos of informational capitalism, *European Journal of Social Theory* 3, 51–65

Smith, C.A. and Smith, C.J. (1978) Locating natural neighbours in the urban community, *Area* **10**, 102–10

Smith, C.J. (1980) Neighbourhood effects on mental health, in D. Herbert and R.J. Johnston (eds) *Geography and the Urban Environment* John Wiley, Chichester

Smith, C.J. (1984) Economic determinism and the provision of human services, in A. Kirby, P. Knox and S. Pinch (eds) *Public Service Provision and Urban Development* Croom Helm, London

Smith, D.M. (1973) *The Geography of Social Well-being in the United States* McGraw-Hill, New York

Smith, D.M. (1977) *Human Geography: A welfare approach* Edward Arnold, London

Smith, D.M. (1994) *Geography and Social Justice* Blackwell, Oxford

Smith, N. (1984) *Uneven Development: Nature, capital and the production of space* Blackwell, Oxford

Smith, N. (1992) Blind man's buff or Hamnett's methodological individualism in search of gentrification, *Transactions, Institute of British Geographers* **17**, 110–15

Smith, N. (1996) *The New Urban Frontier: Gentrification and the revanchist city* Routledge, London

Smith, P.F. (1977) *The Syntax of Cities* Hutchinson, London

Smith, S.J. (1986) *Crime, Space and Society* Cambridge University Press, Cambridge

Smith, S.J. (1988) Political interpretations of 'racial segregation' in Britain, *Environment and Planning* **D**: *Society and Space* **6**, 423–44

Smith, S.J. (1989a) Social relations, neighbourhood structure and fear of crime in Britain, in D. Evans and D.T. Herbert (eds) *The Geography of Crime* Routledge, London

Smith, S.J. (1989b) Society, space and citizenship: a human geography for the 'new times'?, *Transactions, Institute of British Geographers* **14**, 144–56

Soja, E. (1980) The socio-spatial dialectic, *Annals of the Association of American Geographers* **70**, 207–25

Soja, E. (1989) *Postmodern Geographies: The reassertion of space in critical social theory* Verso, London

Soja, E. (1992) Inside exopolis: scenes from Orange County, in M. Sorkin (ed.) *Variations on a Theme Park: The new American city and the end of public space* Noonday Press, New York

Soja, E. (1996) *Thirdspace: Journeys to Los Angeles and other real and imagined spaces* Blackwell, Oxford

Soja, E. (1997) Six discourses on the postmetropolis, in S. Westwood and J. Williams (eds) *Imagining Cities: Scripts, signs and memory* Routledge, London

Soja, E. (2000) *Postmetropolis: Critical studies of cities and regions* Blackwell, Oxford

Sorkin, M. (ed.) (1992) *Variations on a Theme Park* Noonday Press, New York

Spain, D. (1992) *Gendered Spaces* University of North Carolina Press, Chapel Hill, NC

Staeheli, L. (1989) Accumulation, legitimation and the provision of public services in the American metropolis, *Urban Geography* **10**, 229–50

Stein, M. (1960) *The Eclipse of Community* Harper & Row, New York

Stenger, J. (2001) Return to Oz: the Hollywood redevelopment project or film history as urban renewal, in M. Shield and T. Fitzmaurice (eds) *Cinema and the City* Blackwell, Oxford

Storper, M. (1999) The Poverty of Paleo-Leftism: a response to Curry and Kenny, *Antipode* **31**, 37–44

Strauss, A. and Corbin, J. (1998) *Basics of Qualitative Research: Techniques and theories for developing grounded theory* Sage, London

Stubbs, J.G. and Barnett, J.R. (1992) The geographically uneven development of privatisation: towards a theoretical approach, *Environment and Planning A* **24**, 1117–35

Sunley, P. (2008) Relational economic geography: a partial understanding or new paradigm?, *Economic Geography* **84**, 1026

Suttles, G. (1968) *The Social Order of the Slum: Ethnicity and territory in the inner city* University of Chicago Press, Chicago, IL

Swann, P. (2001) From workshop to backlot: the Greater Philadelphia Film Office, in M. Shiel and T. Fitzmaurice (eds) *Cinema and the City* Blackwell, Oxford

Takahashi, L.M. (1998) Community responses to human service delivery in US cities, in R. Fincher and J.M. Jacobs (eds) *Cities of Difference* Guilford, New York

Taylor, P.J. (2004) *World City Network: A global urban analysis* Routledge, London

Taylor, P.J. and Hadfield, H. (1982) Housing and the state: a case study and structuralist interpretation, in K. Cox and R.J. Johnston (eds) *Conflict, Politics, and the Urban Scene* Longman, London

Taylor, T. (1997) *Global Pop* Routledge, London

Teaford, J.C. (1997) *Post-Suburbia: Government and politics in the edge cities* Johns Hopkins University Press, Baltimore, MD

Thrift, N. (1977) Time and theory in human geography, part one, *Progress in Human Geography* **1**, 65–101

Thrift, N. (1985) Flies and germs: a geography of knowledge, in D. Gregory and J. Urry (eds) *Social Relations and Spatial Structures* Macmillan, Basingstoke

Thrift, N. (1998) The rise of soft capitalism, in A. Herod, G. O'Tuathail and S.M. Roberts (eds) *An Unruly World? Globalization, governance and geography* Routledge, London

Thrift, N. (2005) *Knowing Capitalism* Sage, London

Tickell, A. and Peck, J. (1996) The return of the Manchester men: men's words and men's deeds in the remaking of the local state, *Transactions, Institute of British Geographers* **21**, 595–616

Tiebout, C.M. (1956) A pure theory of local expenditures, *Journal of Political Economy* **64**, 416–24

Toffler, A. (1970) *Future Shock* The Bodley Head, London

Tönnies, F. (1963) *Community and Society* (4th edn) (trans. C.P. Loomis) Harper, New York (first published 1887)

Troiden, R.R. (1974) Homosexual encounters in a highway bus stop, in E. Goode and R.R. Troiden (eds) *Sexual Deviance and Sexual Deviants* William Morrow, New York

Truslow Adams, J. (2001) *The Epic of America* Simon Publications, New York (first published by Scribner's, New York, 1931)

Tuan, Y.-F. (1974) *Topophilia* Prentice-Hall, Englewood Cliffs, NJ

Tuan, Y.-F. (1976) Geopiety: a theme in man's attachment to nature and place, in D. Lowenthal and M.J. Bowden (eds) *Geographies of the Mind* Oxford University Press, London

US National Committee on Urban Problems (1968) *Building the American City* US Government Printing Office, Washington, DC

Valentine, G. (1992) Images of danger: women's sources of information about the spatial distribution of male violence, *Area* **24**, 22–9

Valentine, G. (1995) Out and about: geographies of lesbian landscapes, *International Journal of Urban and Regional Research* **19**, 96–111

Valentine, G. (1996) (Re)negotiating the 'Heterosexual Street': lesbian productions of space, in N. Duncan (ed.) *BodySpace* Routledge, London

Van Arsdol, M.D. Jr *et al.* (1986) Retrospective and subsequent metropolitan residential mobility, *Demography* **5**, 249–57

Vance, J.E. (1971) Land assignment in pre-capitalist, capitalist and post-capitalist societies, *Economic Geography* **47**, 101–20

Wallace, R. (1989) 'Homelessness', contagious destruction of housing, and municipal service cuts in New York City: 1 – Demographics of a housing deficiency, *Environment and Planning A* **21** (12), 1585–1603

Wallace, R. and Fullilove, M.T. (1991) AIDS deaths in the Bronx 1983–1988: spatiotemporal analysis from a sociogeographic perspective, *Environment and Planning A* **23** (12), 1701–23

Walton, J. (2001) Film mystery as urban history, in M. Shiel and T. Fitzmaurice (eds) *Cinema and the City* Blackwell, Oxford

Ward, C. (1978) *The Child in the City* Architectural Press, London

Ward, D. and Zunz, O. (1992) Introduction, in D. Ward and O. Zunz (eds) *Landscapes of Modernity* Russell Sage Foundation, New York

Warner, W.L. and Lunt, P.S. (1941) *The Social Life of a Modern Community* Yale University Press, New Haven, CT

Warren, S. (1996) Popular cultural practices in the 'postmodern city', *Urban Geography* **17**, 545–67

Warrington, M.J. (1995) Welfare pluralism or the shadow state? The provision of social housing in the 1990s, *Environment and Planning A* **27**, 1341–60

Waterman, S. and Kosmin, B.A. (1988) Residential patterns and processes: a study of Jews in three London boroughs, *Transactions, Institute of British Geographers* **13**, 79–95

Watson, J.B. (1913) Psychology as the behaviouralist views it, *Psychological Review* **20**, 158–77

Webber, M.M. (1964) The urban place and nonplace urban realm, in M.M. Weber *et al.* (eds) *Explorations into Urban Structure* University of Pennsylvania Press, Philadelphia, PA

Weber, M. (1947) *The Theory of Social and Economic Organization* Free Press, Glencoe, IL

Weightman, B. (1981) Commentary: towards a geography of the gay community, *Journal of Cultural Geography* **1**, 106–12

Weir, S. (1976) Red line districts, *Roof* **1**, 109–14

Weisman, L.K. (1992) *Discrimination by Design* University of Illinois Press, Urbana, IL

Weiss, M. (1987) *The Rise of the Community Builder* Columbia University Press, New York

Wellman, B. (1987) *The Community Question Re-evaluated* Research Paper 166, Center for Urban and Community Studies, University of Toronto

Wendell, S. (1997) Towards a feminist theory of disability, in L.J. Davis (ed.) *The Disability Studies Reader* Routledge, London

Werlen, B. (1993) *Society, Action, and Space: An alternative human geography* Routledge, London

White, P. (1984) *The West European City: A social geography* Longman, London

White, P. and Winchester, H.P.M. (1991) The poor in the inner city: stability and change in two Parisian neighbourhoods, *Urban Geography* **12**, 35–54

Whitehand, J.W.R. (1992) *The Making of the Urban Landscape* Blackwell, Oxford

Whitehand, J.W.R. and Carr, C.M.H. (2001) *The Twentieth Century Suburb: A morphological approach* Routledge, London

Whyte, W. (1956) *The Organization Man* Doubleday, New York

Williams, R. (1973) *The City and the Country* Chatto & Windus, London

Wilson, D. (1992) Space and social reproduction in local organizations: a social constructionist perspective, *Environment and Planning D: Society and Space* **10**, 215–30

Wilson, E. (1991) *The Sphinx in the City: Urban life, the control of disorder and women* University of California Press, Berkeley, CA

Winchester, H.P.M. and White, P. (1988) The location of marginalised groups in the inner city, *Environment and Planning D: Society and Space* **6**, 37–54

Wirth, L. (1928) *The Ghetto* University of Chicago Press, Chicago, IL

Wirth, L. (1969) Urbanism as a way of life, in R. Sennett (ed.) *Classic Essays on the Culture of Cities* Appleton-Century-Crofts, New York (first published 1938)

Wohlenberg, E. (1982) The geography of civility revisited: New York blackout looting, *Economic Geography* **58**, 29–44

Wolch, J. and Dear, M. (1993) *Malign Neglect: Homelessness in an American city* Jossey-Bass, San Francisco, CA

Wolch, J.R. (1981) The location of service dependent households in urban areas, *Economic Geography* **57**, 52–67

Wolch, J.R. (1989) The shadow state: transformations in the voluntary sector, in J. Wolch and M. Dear (eds) *The Power of Geography* Unwin Hyman, Boston, MA

Wolch, J.R. (1990) *The Shadow State: Government and voluntary sector in transition* The Foundation Center, New York

World Commission on Environment and Development (1987) *Our Common Future* (The Brundtland Report) Oxford University Press, Oxford

Wright, D.N.M. (1999) Sexuality, communality and urban space: an exploration of negotiated senses of communities amongst gay men in Brighton Unpublished PhD thesis, Department of Geography, University of Southampton

Wrigley, N. and Lowe, M. (eds) (1996) *Retailing, Consumption and Capital: Towards the new retail geography* Longman, London

Yiftachel, O. and Hedgcock, D. (1993) Urban social sustainability: the planning of an Australian city, *Cities* **May**, 139–57

Young, I. (1990) *Justice and the Politics of Difference* Princeton University Press, Princeton, NJ

Young, M. and Wilmott, P. (1957) *Family and Kinship in East London* Routledge & Kegan Paul, London

Zorbaugh, H.W. (1929) *The Gold Coast and the Slum* University of Chicago Press, Chicago, IL

Zukin, S. (1991) *Landscapes of Power: From Detroit to Disney World* University of California Press, Berkeley, CA

Zukin, S. (1995) *The Cultures of Cities* Blackwell, Oxford

찾아보기